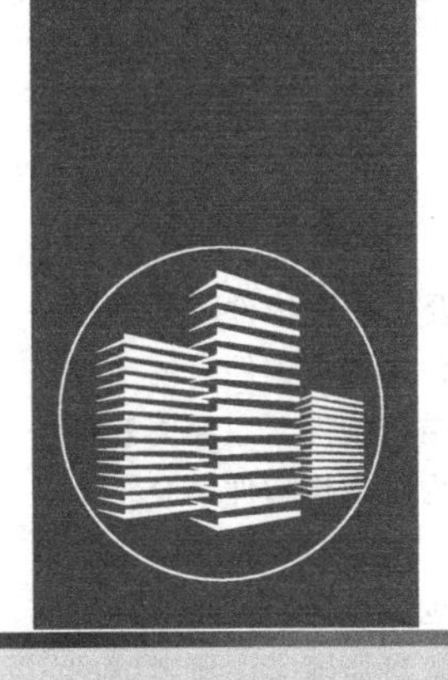

普通高等教育"十二五"规划教材

建筑结构设计原理

JIANZHU JIEGOU SHEJI YUANLI

第二版

李章政　编著

化学工业出版社

·北京·

内容提要

全书分为四篇，共15章。第一篇为结构设计原理基础；第二篇为混凝土结构构件，详细介绍了混凝土结构材料的性能，混凝土构件（受弯构件、受压构件、受拉构件、受扭构件）的受力特点、构造要求和承载力计算，以及预应力混凝土构件等；第三篇为砌体结构构件，主要内容包括砌体的力学性能、无筋砌体构件承载力、配筋砌体构件承载力；第四篇为钢结构构件，介绍了建筑钢材的性能、钢结构连接和钢结构构件计算。

本书可作为土木工程专业建筑工程方向（工民建方向）本科生教材，也可作为相关专业如工程管理、工程造价、建筑学等专业学生的参考书，还可供进一步学习及准备参加国家注册考试的工程技术人员参考。

图书在版编目(CIP)数据

建筑结构设计原理/李章政编著．—2版．—北京：化学工业出版社，2014.6（2023.8重印）
普通高等教育“十二五”规划教材
ISBN 978-7-122-20347-2

Ⅰ．①建…　Ⅱ．①李…　Ⅲ．①建筑结构-结构设计-高等学校-教材　Ⅳ．①TU318

中国版本图书馆CIP数据核字（2014）第071586号

责任编辑：满悦芝　　文字编辑：刘丽菲
责任校对：蒋　宇　　装帧设计：尹琳琳

出版发行：化学工业出版社（北京市东城区青年湖南街13号　邮政编码100011）
印　　装：涿州市般润文化传播有限公司
787mm×1092mm　1/16　印张24¾　字数672千字　2023年8月北京第2版第7次印刷

购书咨询：010-64518888　　售后服务：010-64518899
网　　址：http://www.cip.com.cn
凡购买本书，如有缺损质量问题，本社销售中心负责调换。

定　　价：78.00元

前　言

土木工程是工科中最古老的专业之一，也是颇具活力的专业。土木工程专业内细分为若干个专业方向，而不同专业方向的结构设计采用不同的国家标准。结构设计原理属于专业知识体系中的“结构基本原理和方法”知识领域，《建筑结构设计原理》冠以“建筑”二字是区别于桥梁结构、港口码头结构、水工结构等专业方向的结构设计原理。本书讲述建筑结构基本构件的设计计算和构造要求，内容包括荷载与极限状态设计理论，混凝土结构基本原理，砌体结构基本原理和钢结构基本原理，可以作为土木工程专业建筑工程方向（工民建方向）本科生教材，或作为相关专业如工程管理、工程造价、建筑学等专业学生的参考书，也可供工程技术人员进一步学习及准备参加国家注册考试的参考。

第二版按照现行荷载规范和各结构设计规范重新编写、修订，保留了第一版的特点。全书分为四个模块，即相对独立的四篇，第一篇结构设计原理基础、第二篇混凝土结构构件、第三篇砌体结构构件、第四篇钢结构构件，不同的教学需要，可采用不同的模块组合。比如结构设计原理课程，可以全部讲授；混凝土结构基本原理课程，可以选讲第一、二两篇；砌体结构基本原理，可选讲第一、三两篇；钢结构基本原理，可选讲第一、四两篇。“建筑结构设计原理”在土木工程专业知识体系中是一门承上启下的课程。相对于数学、力学等基础课程，它有着极强的专业背景；而对后续的专业课程而言，它又承担着理论基础的角色。因此，本书首先强调课程的基础性，系统地讲述理论体系；其次强调它的应用性，各类结构构件都给出了其应用背景，书中插入了大量的工程图片以提高初学者的感性认识。书中还安排了大量的实际问题的计算案例，并配有相当数量的思考题、选择题和计算题，帮助学生掌握概念、熟悉计算方法。

与第一版相比，充实、增加以下内容：结构设计状况的概念、钢筋的代换、钢筋混凝土I形截面受压构件、砌体结构双向偏心受压构件、配筋砌体中钢筋的耐久性要求，扩大了知识点；书末给出了选择题和计算题答案，以便于检查自己的学习效果。

本书重印时根据GB 50010—2010《混凝土结构设计规范》（2015年版）进行了订正。

学然后知不足，教然后知困。作者学识和见识都十分有限，本书不可避免地存在着不足，恳请读者提出宝贵的意见，达到教学相长之目的，也利于将来修改、完善。谢谢！

编者

甲午年丙寅月（2014年2月）· 川大江安

第一版前言

土木工程是工科中最古老的专业，也是最具活力的专业。长达两百年的发展使其人才培养体系日趋完善并与时俱进，各类课程既保留了基本理论又不断引入创新成果。众所周知，“建筑结构设计原理”是土木工程专业最重要的课程之一，它研究建筑结构的构成规律、各类外在荷载作用以及结构的承载能力，讲述不同材料构件的设计方法和构造要求。长久以来它被分为三门课程：“钢筋混凝土结构”、“钢结构”以及“砌体结构”，其中不乏重复和交叉的内容，学时要求特别长。随着高教改革的不断深入，目前国内大多数院校都在向强基础、宽专业方向发展，压缩专业课已成为一种趋势。事实上，高等教育并非终身教育，学生毕业后面临不断的技术创新，只有继续学习方可跟上时代的步伐。从这个意义上来说，高等教育只是学生职业生涯的基础，掌握专业基本理论是今后继续教育的根基。在这样的背景下，我们重新编写了“建筑结构设计原理”，将原有的三大结构课程整合，分离出基本理论，将共有的内容如结构上的荷载作用和结构设计统一方法集中编写，然后将各类材料构件设计原理独立成篇。整个体系既互相呼应以加强结构设计方法的贯通，又突出不同材料的特点，为工程应用打下了基础。

“建筑结构设计原理”在土木工程专业知识体系中是一门承上启下的课程。相对数学、力学等基础课程，它有着强烈的专业背景，而对后续的专业课程它又承担着理论基础的角色。因此，本书在编排上抓住这一特点。首先，强调它的基础性，除了系统地讲述理论体系，还安排了大量的习题，帮助学生掌握概念，熟悉计算方法；其次，强调它的工程性，书中插入了大量的工程图片，包括5.12汶川大地震中建筑结构的破坏，使学生在学习基础理论的过程中结合工程实践，了解可能的应用，同时也加深了对书本知识的理解。

编者长期从事土木工程专业的教学、科研与工程项目咨询工作，对如何传授建筑结构设计知识有一定的体会，因此集多年的思考编写了该教材。作为课程体系和教学方法改革的一种探索，本书不可避免地存在着缺点和不足，恳请读者提出宝贵意见，在此致以衷心的感谢！

编者

2009 年元月于四川大学

目 录

第一篇 结构设计原理基础

第二篇 混凝土结构构件

第四篇　钢结构构件

附录 计算用表

第一篇 结构设计原理基础

历史上第一栋高楼于1883年诞生于美国芝加哥（左图），高55m，由铁柱钢梁承重，成为人类居住、办公向空中发展的里程碑。1931年建成的纽约帝国大厦，高度达到381m，被称为摩天大楼。从那时起，中国人就梦想建造自己的高楼大厦。建造高楼要求结构设计理论、建筑材料、建筑设备、施工技术和施工管理等都要达到相当高的水准。1998年建成上海金茂大厦，88层、高度为421m（左起第二图），是当时中国的第一高楼；2008年在金茂大厦附近落成上海环球金融中心，101层、高492m；台北101大楼，因大楼共101层而得名，高度508m（左起第三图），2005年建成时为世界第一高楼；在建的上海中心，主体结构高580m，总高度632m。位于阿拉伯联合酋长国迪拜的哈利法塔（右图），由连为一体的管状多塔组成，具有太空时代的风格，该塔楼2010年初竣工，共162层，总高度达到828m，为当前世界第一高楼。高度超过152m的摩天大楼在中国发展很快，建成和在建的总体量已位居世界首位。

第1章　绪　　论

1.1　建筑和建筑结构

1.1.1　建筑

建筑乃建筑物的简称，是主要供人们生产、生活或从事其他活动的场所。有工业建筑、民用建筑、农业建筑、园林建筑之分，其中工业建筑（各种厂房）和民用建筑（住宅、商场、学校、医院…）习惯上称为“工民建”。建筑或建筑物又被人们称为房屋或楼房，它由建筑师构思创作，结构工程师、造价工程师和水、电、设备等其他专业工程师参与形成蓝图（建筑施工图、结构施工图、给排水施工图…），最后由建造师和建筑工人（历史上称为工匠）将设计图纸所描绘的建筑物变成地面实体。所以，建筑牵涉面广，是一个系统工程，具有庞大的行业队伍，历史悠久。

美观或美学上的要求是房屋的外在特质，取决于建筑师这类特殊艺术家的艺术细胞，好的建筑是一件艺术品，给人以美的感受，往往成为一个地方或一座城市的标志。

1.1.2　建筑结构

房屋的骨架部分称为建筑结构，它由基础、立柱（或墙体）、大梁、楼板、屋盖系统组成。建筑结构要承担各种外部作用，如荷载、温度变化、地基不均匀沉降、地震等。房屋的安全性、适用性和耐久性属于房屋的内在特质。内在特质取决于结构，即取决于结构工程师的正确设计，取决于建造师和建筑工人的精心组织、精心施工，还取决于监理工程师的质量监控。

建筑结构设计应遵循的原则是“技术先进、经济合理、安全适用、确保质量。”共十六个字。结构的安全和适用是结构赖以存在的基础，所以任何类型的建筑结构都必须满足以下基本要求。

（1）平衡　在静力荷载作用下，建筑结构整体和结构的任何一部分相对于地基不发生运动，即要求静止于地面。平衡是结构与机构的根本区别。所以，建筑结构整体或结构的任何一部分都应当是几何不变的。

在阵风、设备振动、地震等动力作用下，结构整体或其中某一部分会发生相对运动，产生位移、速度和加速度，这些参量需由动力学方程求解。

（2）稳定　建筑结构整体或结构的一部分作为刚体不允许发生危险的运动。所谓危险运动是指作为刚体失去稳定，如挑梁或雨篷倾覆、房屋倾斜。倾斜不大时虽然不会导致倒塌，但是会影响使用，比如意大利比萨斜塔曾一度关闭、苏州虎丘塔倾斜至今未对游客开放；倾斜过大会导致倒塌，例如1924年杭州雷峰塔倒塌，再例如2009年6月27日上海“莲花河畔景苑”小区一幢13层高楼倒覆。这种危险运动可能是由于结构自身不够强大所致，也可能是由于结构立足的地基产生不均匀沉降和滑移等造成。如图1-1所示的屋倾楼倒就是结构失去了稳定所致，带来的损失往往很大。设计上应该避免这种悲剧的发生。所以我国抗震设计规范要求建筑结构大震不倒，就是在遭遇千年一遇的地震烈度时，建筑结构作为整体不能倒塌。

图 1-1　整体失去稳定

(3) 承载能力　结构或结构的任何一部分在预计的荷载作用下，必须安全可靠，具备足够的承载能力（抵抗破坏的能力）、一定的材料强度储备。承载能力不足，严重时可导致柱毁、墙裂、梁断、屋塌，影响结构安全，影响人的生命、财产安全。图 1-2 为建筑结构承载力不足导致的房塌、柱毁实际案例。教训惨重，应为设计、施工者戒！

图 1-2　建筑结构承载力不足的教训

(4) 适用　建筑结构应当满足建筑物的使用目的，不应出现影响正常使用的过大变形、过宽的裂缝、局部损坏、振动等。

1.2　建筑结构的类型和特点

1.2.1　按材料分类

根据结构所用材料不同，建筑结构可分为混凝土结构、砌体结构、钢结构、木结构和混合结构五类。

1.2.1.1　混凝土结构

混凝土结构属于现代结构类型，它是以混凝土为主制成的结构，包括素混凝土结构、钢筋混凝土结构和预应力混凝土结构。所谓素混凝土结构，就是无筋或不配置受力钢筋的混凝土结构；钢筋混凝土结构则是配置普通受力钢筋的混凝土结构；而预应力混凝土结构是指配置受力的预应力筋，通过张拉或其他方法建立预加应力的混凝土结构。

混凝土是由水泥、水、细集料（砂）、粗集料（碎石、卵石）和掺合剂（减水剂、增塑剂、早强剂等），经搅拌、浇筑、成型后制成的人工石材，它是建筑工程领域中应用极为广泛的一种建筑材料。混凝土的抗压强度较高，而抗拉强度则较低。因此，未配置受力钢筋的素混凝土结构的应用受到限制，一般只用作基础垫层或室外地坪、基础、柱墩等，不能用在承受拉力、弯矩的结构构件中。

钢筋混凝土结构中配置有由受力的普通钢筋、钢筋网形成的钢筋骨架，承载能力和变形性能显著提高。预应力混凝土结构中除配置有普通受力钢筋外，还配有预应力筋，变形性能进一步改善，抗裂能力明显提高。钢筋混凝土结构和预应力混凝土结构都由钢筋和混凝土两种材料组成，它们能够结合在一起有效地共同工作，主要是由于下述三个方面的原因。

① 钢筋与混凝土的接触面上存在黏结强度，能够传递两者之间的相互作用力，使之共同受力；

② 钢筋与混凝土的温度线膨胀系数很接近，钢筋为 1.2×10^{-5}（1/℃），混凝土为 $1.0\times10^{-5}\sim1.5\times10^{-5}$（1/℃）。当温度变化时，钢筋和混凝土的变形基本相等，不会破坏两者之间的黏结，能够保证结构的整体性；

③ 钢筋包裹于混凝土之中，避免了与大气的接触，不会锈蚀，从而保证了耐久性。

钢筋混凝土结构是目前应用最广泛的结构，具有节省钢材、就地取材、耐火耐久、可模性好、整体性好等多项优点。钢筋混凝土结构的缺点表现在结构自重大，抗裂性能差，现浇结构模板用量大、工期长，隔热隔声效果较差。随着科学技术的进步，这些缺点正在被逐一克服。采用轻质高强混凝土，可以克服自重大的缺点；采用预应力混凝土结构可以控制裂缝宽度，甚至可以保证在使用过程中不开裂；采用预制构件，可减少模板、缩短工期。

1.2.1.2　砌体结构

由砖、石、混凝土砌块等块体材料和砂浆经砌筑而成的结构，称为砌体结构。砌体结构大量用于居住建筑（住宅）和一般民用房屋（办公楼、商店、宾馆、医院、教学楼等），其中以砖砌体的应用最为广泛。

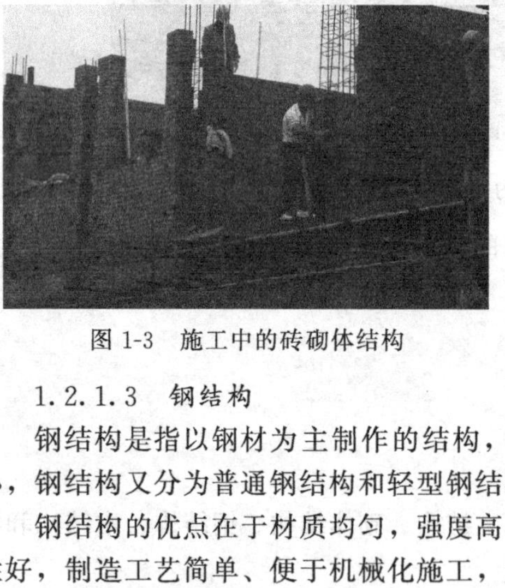

图 1-3　施工中的砖砌体结构

砌体结构是古老的建筑结构之一，能够延续至今，说明自身具有优势。砌体结构的优点在于：①取材方便，造价低廉；②良好的耐火性和耐久性；③保温、隔热、隔声，节能效果好；④施工简单，技术容易普及。

砌体结构也存在一些不足，那就是材料强度低，结构自重大，整体性差，施工劳动强度大。如图 1-3 所示为施工中的砖砌体结构，主要靠人工操作。

1.2.1.3　钢结构

钢结构是指以钢材为主制作的结构，属于现代结构类型。根据所用钢材截面尺寸的大小，钢结构又分为普通钢结构和轻型钢结构两种。

钢结构的优点在于材质均匀，强度高，构件截面尺寸小、重量轻，塑性和延性好，可焊性好，制造工艺简单、便于机械化施工，无污染、可再生；钢结构的缺点是钢材易腐蚀、维护成本高，耐火性较差，造价较高。

1.2.1.4　木结构

木结构是以木材为主制作的结构，是一种古老的建筑结构。图 1-4 为保留下来的仍然在使用的山区民居和具有一定历史的场镇老街，这种结构通常为二层或三层，梁、柱、楼板均为木材制作，为了耐久性要求，一般都要上涂料。屋面为小青瓦，属于轻型屋盖。可以看出历史的厚重，也是“秦砖汉瓦”的传承。

由于受自然条件的局限和曾经人为大量砍伐的破坏，致使我国木材资源缺乏，木材使用受到国家的严格限制。目前仅在山区、林区和部分农村地区建房，才采用木结构。城市区域、乡镇居民点等已不再修建木结构房屋。在古建筑的维修中，要求修旧如旧，仍然采用木

图 1-4　古老的木结构

结构。仿古结构如武汉的黄鹤楼、南昌的滕王阁、永济的鹳雀楼等都采用的是钢筋混凝土结构。

在一些地方，仍有用木材制造一般厂房的屋架，如图 1-5 所示的平面桁架结构：上弦和受压腹杆采用木材，下弦和受拉腹杆采用角钢或钢筋。

图 1-5　钢木屋架

木结构的优点在于制作简单、自重轻、容易加工，缺点是易燃、易腐、易受虫蛀、变形较大。

北美加拿大和一些欧洲国家，地方广阔，而人烟稀少，木材资源比较丰富。一些开发商开发出了装配式木结构楼房，如图 1-6 所示。它采用所有构件工厂制作、现场安装的施工工艺，可以修到五～六层，成为名副其实的洋房别墅。科学技术的进步，使古老的木结构焕发出了青春。

图 1-6　新式木结构洋房

1.2.1.5　混合结构

由两种或两种以上材料为主制作的结构称为混合结构。

① 钢木结构：图 1-5 所示的屋架，由钢制拉杆和木制压杆组成钢木混合桁架。

② 砖木结构：老式多层砌体房屋，多采用砖木结构。砖墙、砖柱作为竖向承重构件，木梁、木楼板作为水平承重构件，再配上瓦屋盖。

③ 砖混结构：现代多层砌体房屋，一般采用砖混结构。砖墙、砖柱作为竖向承重构件，钢筋混凝土作为水平承重构件（钢筋混凝土梁、钢筋混凝土楼板、钢筋混凝土屋盖）。

④ 钢-混凝土混合结构：超高层建筑中的混合结构一般是钢-混凝土混合结构，由钢框架或钢骨混凝土框架与钢筋混凝土筒体结构所组成的结构体系共同承受竖向作用和水平作用。上海金茂大厦、上海环球金融中心、台北101大楼，其结构形式都是采用的钢-混凝土混合结构。

1.2.2 按结构受力性能分类

根据结构受力性能不同，建筑结构可分为平面结构和空间结构两类，每类中又包含若干种结构型式。

1.2.2.1 平面结构

平面结构是指构件平行布置，传力途径主要沿平面内，空间作用不明显的一类结构型式。平面结构包括排架结构、框架结构、剪力墙结构和筒体结构等，设计计算时按平面力系分析，可减少内力计算的工作量。

（1）排架结构　屋面横梁或屋架在柱顶处铰接，柱脚与基础固接，横梁（屋架）、柱、基础是主要的承重部分。每根横梁和相应的柱形成一榀平面排架，简化图形如图1-7（a）所示。假设横梁刚度无穷大，则在外荷载作用下柱顶的水平位移相等，该结构为一次超静定结构。

排架结构主要用于单层工业厂房，一般是钢筋混凝土柱、基础，预应力混凝土屋架（大梁）、屋面板，采用预制安装；对吊车吨位大的重型厂房，可采用钢结构。

（2）框架结构　梁柱之间刚性连接、柱与基础固接形成的刚架，称为框架结构。框架结构中，梁、柱、基础是主要的承重部分。沿房屋的横向和纵向可分别划分出若干榀框架，每榀框架成为平面刚架。一榀横向平面框架的简化图形如图1-7（b）所示，该示意图为四层两跨框架。框架结构在内力分析时属于高次超静定结构，手工计算时需要专门的方法，如竖向荷载作用下可用分层法（弯矩分配法）或弯矩二次分配法计算内力，水平荷载作用下可采用反弯点法或修正反弯点法（D值法）计算内力。

框架结构的房屋在多层和高层建筑中应用广泛，可以是钢筋混凝土框架，也可以是钢框架。如图1-8所示为钢筋混凝土框架结构房屋，其中墙体只起维护、分隔作用，不参与受力。这种维护墙、隔墙统称为填充墙，因其仅承受自身的重力，故又叫自承重墙。

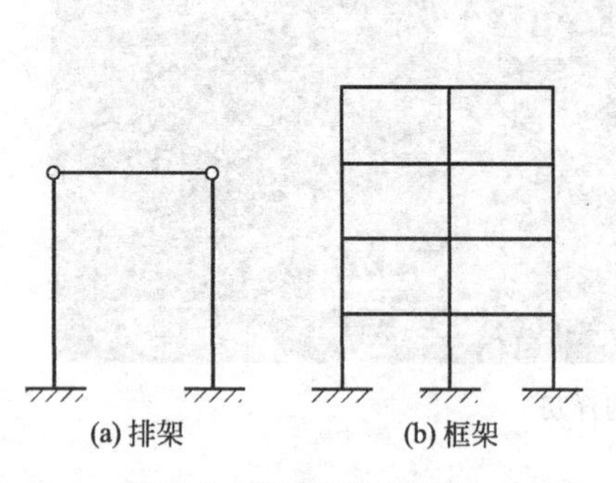

图1-7　排架和框架简图

图1-8　钢筋混凝土框架结构房屋

（3）剪力墙结构　纵横布置的成片的钢筋混凝土墙体主要承受水平荷载引起的截面剪力，故称为剪力墙。其中从顶层到基础贯通的剪力墙为落地剪力墙，从顶层向下不连通到基础、通过梁柱支撑的剪力墙为框支剪力墙。剪力墙与钢筋混凝土楼盖、屋盖整体连接，形成剪力墙结构。剪力墙结构多用于高层建筑。

图 1-9 为施工中的含剪力墙结构的房屋，左边为剪力墙、右边为框架，这种结构又可称为框架-剪力墙结构。

(4) 筒体结构 筒体包括由多片剪力墙围成的核心筒，由密柱深梁组成的框筒等。这种结构的抗侧移能力和抗扭能力都很强，通常用于高层和超高层建筑。在实际应用中，有框架-核心筒、筒中筒和多束筒等型式。图 1-10 为筒体结构应用的典范，其中左图为马来西亚佩特纳斯双塔大厦，1998 年建成，结构型式为钢筋混凝土框架-核心筒，总高 452m；右图为位于美国芝加哥的威利斯大厦，1974 年建成，结构型式为钢结构多束筒，总高 442m。

图 1-9 钢筋混凝土剪力墙结构房屋

图 1-10 筒体结构

1.2.2.2 空间结构

承重构件布置成空间形状，三维受力，不能简化为平面力系，而只能按空间力系进行受力分析的结构，称为空间结构。空间结构跨越能力远远超过平面结构，所以又称为大跨度空间结构，主要用于使用上需要大空间的体育场馆、歌舞剧院、航站楼、飞机库等建筑。古代空间结构有拱券结构、穹顶结构、薄壳结构，现代空间房屋结构的型式多种多样，主要有以下几种。

(1) 网格结构 由若干杆件按照某种有规律的几何图形通过节点连接起来的空间结构称为网格结构。网格结构中，平者为网架、曲者为网壳。网架、网壳结构的基本受力构件是二力杆件，承受轴心拉力或压力作用，截面受力均匀，可充分利用材料的强度。杆件一般由钢管制作。

21 世纪初，四川大学先后建成两座体育馆：望江体育馆和江安体育馆，如图 1-11 所示。望江体育馆为网壳结构（左图），江安体育馆为网架结构（右图）。

(2) 悬索结构 悬索结构是以只能承受拉力的钢索作为基本承重构件，并将索按照一定

图 1-11 网格结构实例

图 1-12　新式膜结构——索穹顶结构

规律布置所构成的一类结构体系。悬索结构包括索网、侧边构件和下部支承结构三大部分，主要用于体育建筑、工业车间、文化生活建筑及特殊构筑物等。

（3）膜结构　膜结构也称织物结构，是20世纪中后期发展起来的一种新型大跨度空间结构型式。它以织物材料为膜材，由气压支撑或柔性支承结构使膜面产生一定的预张力，从而形成具有一定刚度、能够覆盖大空间的结构体系。

单一的充气膜结构已很少采用。索穹顶结构是新型的膜结构，它由一系列连续的拉索和数量较少的压杆构成主要受力体系，覆以膜材，构成完整的屋盖。1988年汉城（今韩国首尔）奥运会体操馆（图1-12，直径120m）首次采用这种结构型式，其后许多国家的体育场馆纷纷效仿，并作了一些技术上的改进。

（4）管桁结构　由薄壁钢管形成的桁架称为钢管桁架结构或管桁结构。它与一般桁架结构的区别在于连接节点的方式不同：一般桁架采用节点板连接，管桁结构在节点处采用杆件直接焊接的相贯节点。

管桁结构近年来在大跨度空间结构中得到了广泛的应用。

1.3　建筑结构构件体系

建筑结构是房屋的承重骨架，该骨架的组成部件称为构件。构件是结构的基本单元，建筑结构设计原理就是以构件作为研究对象，讨论各构件的设计方法。

1.3.1　基本构件及传力途径

1.3.1.1　基本构件

建筑结构的基本构件按位置和作用可分为水平构件、竖向构件和基础三类。

（1）水平构件　水平构件包括梁、楼板等构件，用钢或钢筋混凝土制作。水平构件的作用是承受竖向荷载，如构件自重、楼面（屋面）活荷载。钢筋混凝土梁式、板式楼梯虽然是斜置的，但通常按水平构件（简支梁）进行内力计算。

（2）竖向构件　竖向构件包括墙、柱等构件，由钢、钢筋混凝土制作，也可由砌体充任。竖向构件的作用，一是支承水平构件（承担其力）；二是承受水平作用，如风荷载、水平地震作用。

（3）基础　基础位于结构的最下部（地面以下）。人们将基础称为下部结构，基础以上的结构称为上部结构。基础可由砌体、素混凝土、钢筋混凝土等制作，其作用是承受上部结构传来的荷载，并经过扩散后传给地基。

1.3.1.2　传力途径

单层、多层房屋以竖向荷载为主要荷载，控制结构设计；高层和超高层房屋水平荷载成为主要荷载，控制结构设计。结构构件的传力途径如下：

竖向荷载通过板⇒梁⇒柱⇒柱下基础⇒地基的顺序传递，或通过板⇒墙⇒墙下基础⇒地基的途径传递。

水平荷载通过外墙面⇒楼盖⇒柱（或内墙）⇒柱下基础（或墙下基础）⇒地基的方式传递。

所以，板、梁、柱、墙和基础是建筑结构中受力、传力的基本构件。它们承受的内力不同，变形形式也不相同。

1.3.2 基本构件受力分类

根据上述基本构件受力状态的不同，可将构件分为受弯构件、受拉构件、受压构件和受扭构件四类。

1.3.2.1 受弯构件

受弯构件包括楼板，主、次梁，楼梯的梯段梁、梯段板、平台梁和平台板，扩展式钢筋混凝土基础等构件。这类构件在外荷载作用下，产生弯曲变形和剪切变形。弯曲变形使轴线挠曲，截面转动；剪切变形使截面发生相对错动。梁截面内存在弯矩 M 和剪力 V，板内剪力较小、以承担弯矩为主。设计时需要考虑抗弯承载力（或正应力强度）和抗剪承载力（或剪应力强度）两个方面的条件。

1.3.2.2 受拉构件

受拉构件包括屋架中的受拉腹杆、下弦杆件以及其他结构中设置的拉杆等构件。受拉构件分轴心受拉构件和偏心受拉构件两种。

轴心受拉构件横截面上只存在轴心拉力 N，仅产生沿轴线方向的伸长变形，截面上受力均匀。对钢构件而言，这种受力方式是最好的受力方式；但对钢筋混凝土构件来说，这种受力却并不好，因为混凝土受拉开裂后退出工作，全部拉力将由钢筋承担；对砌体结构而言，如果受拉截面沿通缝，那将是很糟糕的，因为通缝只有砂浆，抗拉能力很低。

偏心受拉构件，又称为拉弯构件。截面上承担轴心拉力 N、弯矩 M 和剪力 V 的作用，构件主要产生沿轴线方向的伸长和弯曲两种变形，其次还产生剪切变形。偏心受拉构件可能全截面受拉，也可能部分截面受拉、部分截面受压。截面上应力分布不均匀，偏心方向一侧的拉应力大、边缘达到最大值，另一侧的拉应力小（或为压应力）。

1.3.2.3 受压构件

受压构件包括墙、柱、屋架上弦杆和受压腹杆等构件。受压构件分轴心受压构件和偏心受压构件两种。

轴心受压构件截面上仅存在轴心压力 N，引起沿轴线方向的压缩变形。截面上压应力分布均匀，构件较短时属于强度问题，构件较长时需要考虑压杆稳定问题、还要考虑纵向弯曲的影响。

偏心受压构件，又称为压弯构件。截面上承受轴心压力 N、弯矩 M 和剪力 V 的作用，构件主要产生沿轴线方向的压缩和弯曲两种变形，还可能产生剪切变形。偏心受压构件可能全截面受压，也可能部分截面受压、部分截面受拉。截面上应力分布不均匀，偏心方向一侧的压应力大、边缘达到最大值，另一侧的压应力小（或为拉应力）。

1.3.2.4 受扭构件

截面内力存在扭矩 T 的构件，称为受扭构件。受扭构件包括雨篷梁（挑檐梁），框架结构的边梁和吊车梁等构件。纯扭构件在工程上很少见，往往是以弯扭、剪扭、弯剪扭的面目出现，构件产生组合变形。构件横截面上同时存在正应力和剪应力，钢构件需要用强度理论计算折算应力（等效应力、相当应力），钢筋混凝土构件采取分别计算钢筋、相应部位钢筋叠加的方法设计这类构件。

1.4 结构设计理论的发展过程

有巢氏构木为巢，土木方兴，建筑的历史已有数千年。古代建筑结构设计和建造都是工匠凭经验而为之，没有理论指导。先秦著作《考工记》、赵宋官方颁布的《营造法式》、清朝雍正年间颁布的《工部工程做法则例》和民间流传的《鲁班经》等，都是工程经验的总结。它们都可以指导生产实际，但往往导致构件截面大、材料利用率低、使用空间狭窄等缺陷。

建筑结构设计理论始于19世纪西方国家，迄今为止还不到二百年的历史。最先出现的容许应力法，应用了上百年；而后提出的破损阶段设计法，应用时间较短；后来发展起来的极限状态设计法也有大约五十年的工程实践。

1.4.1 容许应力法

法国人纳维1826年出版《材料力学》一书，提出了容许应力法或许用应力法。这一方法被结构设计所采用，一直到20世纪50年代；它对其他工程结构的设计现在仍然还有影响。

容许应力法以弹性理论为基础，确定结构（构件）特定部位的应力，使其不超过容许应力，便能保证安全、可靠：

$$\sigma \leqslant [\sigma] = \frac{\sigma_k}{K} \tag{1-1}$$

式中 σ——由标准荷载与构件截面公称尺寸所计算的应力；

$[\sigma]$——材料的容许应力；

σ_k——材料标准强度（极限应力），塑性材料如钢材取屈服极限，脆性材料如砖、石取强度极限；

K——大于1的安全系数，用以考虑各种不确定性因素的影响，凭工程经验取值。

容许应力法中，一切量值都是确定值，这一方法属于定值法。该法计算简单，至今材料力学仍将其作为重点内容讲授，并反复进行强度条件的三类计算。这种方法的缺陷在于不能从定量上度量结构的可靠度，更不能使各类结构安全度达到同一水准。容易让人将安全系数与构件的安全度等同，一些人错误地认为只要给定了安全系数，结构就百分之百可靠；或认为安全系数大结构安全度就高。实践中，安全系数在砖、石砌体结构中取值最大，但并不能说明砌体结构比钢结构、比钢筋混凝土结构更安全。定值法无法考虑材料的变异、抗力的变异和作用的变异对结构安全度的影响，所以应用一百余年后于20世纪中叶被淘汰出局。

1.4.2 破损阶段设计法

破损阶段设计法，同样属于“定值法”。20世纪50年代初，我国东北地区首先颁布了按破损阶段的设计规范，其原则是结构构件到达破损阶段时的计算承载能力不应小于标准荷载引起的构件内力乘以承载能力安全系数K。以钢筋混凝土受弯构件为例，其表达式为：

$$KM \leqslant M_u \tag{1-2}$$

式中 M_u——构件最终破坏时的承载能力；

K——安全系数，用来考虑结构安全的所有因素，由工程经验确定。

这种方法假定材料均已达到塑性状态，依据截面能抵抗的破损内力建立公式，结束了长期以来假定混凝土为弹性体的局面，采用一个安全系数，构件有了总的安全度的概念。承载能力的计算依据材料的平均强度，安全系数伴随着荷载效应而决定，该法又可称为最大荷载设计法。1955年制定的《钢筋混凝土结构设计暂行规范》(规结6—55)，采用了这一方法。

1.4.3 极限状态设计法

简单地说，超过某一状态就不能满足要求，该状态称为极限状态。极限状态设计法经历了由半概率半经验极限状态设计法到以概率为基础的近似极限状态设计法的转变，全概率极限状态设计法是将来的发展方向。

1.4.3.1 半概率极限状态设计法

半概率极限状态设计法考虑了材料强度和荷载的变异性，以概率为基础，用概率方法确定它们的取值：

$$f_k=\mu_f-\alpha_f\sigma_f \tag{1-3}$$

$$Q_k=\mu_Q+\alpha_Q\sigma_Q \tag{1-4}$$

式中 f_k、Q_k——材料强度和荷载的标准值；

μ_f、μ_Q——材料强度和荷载的平均值；

σ_f、σ_Q——材料强度和荷载的标准差；

α_f、α_Q——材料强度和荷载取值的保证系数，当保证率为95%时，$\alpha=1.645$；当保证率为97.7%时，$\alpha=2$。

分项安全系数仍由工程经验确定，没有与概率挂钩，所以这个方法又称为半概率半经验法。我国20世纪60年代引进前苏联规范，70年代自己制定规范，采用的就是半概率极限状态设计法。1973年颁布《砖石结构设计规范》、1974年颁布《钢结构设计规范》和《钢筋混凝土结构设计规范》，应力为变量的设计表达式仍然采用容许应力法的公式形式，但安全系数由多系数分析决定：

$$\sigma\leqslant[\sigma]=\frac{f_{yk}}{K_1K_2K_3}=\frac{f_{yk}}{K} \tag{1-5}$$

式中 K——结构的安全系数，$K=K_1K_2K_3$；

K_1——荷载安全系数；

K_2——材料安全系数；

K_3——调整系数。

1.4.3.2 近似概率极限状态设计法

近似概率极限状态设计法的进展之一就是将半概率极限状态设计法中分项安全系数由工程经验确定改由概率方法确定，理论上的突破点在于提出了一次二阶矩法。这个方法既有确定的极限状态，又可给出不超过该极限状态的概率（可靠度），因而是一种较为完善的概率极限状态设计方法。但分析中忽略了基本变量随时间变化的关系，确定基本变量的概率分布时有一定的近似性，并将一些复杂关系作了线性化处理，所以这是一种近似概率设计方法。

我国1984年颁布了《建筑结构设计统一标准》(GBJ 68—84)，2001年又颁布了《建筑结构可靠度设计统一标准》(GB 50068—2001)，2008年颁布《工程结构可靠性设计统一标准》(GB 50153—2008)，它们均规定我国各类建筑结构设计规范应统一采用以概率理论为基础的极限状态设计方法。以这些标准为依据，先后出现80年代系列规范、2000版系列规范和2010版系列规范。现在执行的是2010版系列规范。

1.5 课程的性质和学习要求

本课程讲述建筑结构各组成构件的材料性能，受力特点，设计计算和构造要求，从属于“结构基本原理和方法”知识体系，是专业课之一。与之配套的先修课程为高等数学、理论力学、材料力学、建筑材料、房屋建筑学等，后续课程为建筑结构设计、基础工程、高层建筑、建筑结构抗震等，所以本课程在土木工程专业建筑工程方向（或工民建方向）学生的知识结构中的地位是：承上启下。

本教材共分四篇：第一篇结构设计原理基础，第二篇混凝土结构构件，第三篇砌体结构构件，第四篇钢结构构件。不同材料的结构构件，同样的受力，但表现行为却不同，源于材料性能有差异。学习中要注意基本理论的连贯性，还要注意受力相同的构件，由不同材料制作，在设计计算和构造要求上的差异。本课程和其他课程相比，具有下述几个特点：

（1）材料的特殊性　除钢材外，混凝土、砖、石、砌块等的力学性能均不同于材料力学中所学的均质弹性材料的力学性能。即便是钢材，也还要考虑局部塑性变形。有鉴于此，材料力学的公式不能照抄照搬，许多情况下不能直接应用。

（2）公式的实验性　由于混凝土材料、砌体结构材料性能的特殊性，计算公式一般是建立在试验分析的基础之上的，有许多属于经验公式或半理论半经验公式。要注意公式的适用范围，或限制条件。

（3）设计的规范性　建筑结构构件设计计算的依据是现行的国家标准或规范。本书直接涉及到的国家标准和规范有：《工程结构可靠性设计统一标准》（GB 50153—2008），《建筑结构荷载规范》(GB 50009—2012)，《混凝土结构设计规范》(GB 50010—2010)，《砌体结构设计规范》(GB 50003—2011)，《钢结构设计规范》(GB 50017—2003)。规范条文根据重要性分四个层次，一是必须严格执行的条文，即强制性条文（黑体字印刷）；二是要严格遵守的条文，非这样不可，正面词用“必须”，反面词用“严禁”；三是应该遵守的条文，在正常情况下均应如此，正面词用“应”，反面词用“不应”、“不得”；四是允许稍有选择或允许有选择的条文，表示允许稍有选择，在条件许可时应首先这样做，正面词用“宜”，反面词用“不宜”；表示允许有选择，在一定条件下可以这样做的，用词为“可”。要熟悉规范用词，及其不同含义。

（4）解答的多样性　构件设计没有标准答案。比如承受给定内力的钢筋混凝土构件，其截面形式、截面尺寸、配筋方式和数量，都可以有多种答案。没有对错之分，只有合理性之别。同一问题可有多种选择，答案并不唯一，这是与先修课程的最显著区别。

学习中有两点需要重视：重视向实践学习，重视各种构造措施。

课程的实践性很强。书本理论来源于生产实践，是大量工程实践经验的总结和升华。课程学习过程中，要注意向工程实践学习，根据课程进度抽空到附近工地现场参观，将理论和实际联系起来，就能够达到活学的目的，以便将来更好地为社会服务。

构造措施，是针对结构计算中未能详细考虑或难以定量计算的诸多因素所采取的技术措施。它与结构计算是结构设计中相辅相成的两个方面，同等重要，不可偏废其一。所以要求除了学会计算外，还要重视构造措施。结构设计必须满足各项构造要求。

思考题

1-1　什么是建筑结构？

1-2　按照材料的不同，建筑结构可分为哪几类？

1-3　何谓构件？建筑结构主要有哪些构件？

1-4　砌体结构和木结构均是古老的建筑结构，它们各自有何优点和缺点？

1-5　什么是钢筋混凝土剪力墙？

1-6　结构设计应遵循的原则是什么？

1-7　本门课程有些什么特点？

1-8　构造措施的含义是什么？结构设计是否可以不采取构造措施？

选择题

1-1　排架结构的杆件连接方式是屋面横梁与柱顶铰接，(　　)。

A. 柱脚与基础底面固接　　B. 柱脚与基础顶面固接

C. 柱脚与基础底面铰接　　D. 柱脚与基础顶面铰接

1-2　下列构件中不属于水平构件的是（　　）。

A. 屋架　　B. 框架梁　　C. 框架柱　　D. 雨篷板

1-3　我国现行结构设计规范采用的设计理论是（　　）极限状态设计法。

A. 容许应力　　B. 半概率　　C. 全概率　　D. 近似概率

1-4　建筑结构必须满足的基本要求是：平衡、稳定、承载力和（　　）。

A. 适用　　B. 经济　　C. 优质　　D. 美观

1-5　容许应力法由（　　）建立，最早出现在材料力学中，这是人类用科学理论指导结构设计的开始。

A. 圣维南　　B. 胡克　　C. 泊松　　D. 纳维

1-6　框架结构中，构件之间采取（　　）。

A. 铰接连接　　B. 半铰接连接　　C. 刚性连接　　D. 半刚性连接

1-7　结构设计规范条文用词“必须”表该条要求（　　）。

A. 应该遵守　　B. 要严格遵守　　C. 一般应遵守　　D. 可以选择

1-8　结构设计规范中应该遵守的条文，表示在正常情况下均应如此，正面词用“应”，反面词用“不应”和（　　）。

A. 不得　　B. 不宜　　C. 不可　　D. 严禁

第 2 章　结构上的荷载及其取值

2.1　建筑结构设计基本规定

2.1.1　结构的安全等级

根据结构破坏后果的严重程度，我国将建筑结构划分为三个安全等级，见表 2-1。建筑结构进行结构设计时，应根据结构破坏后可能产生的后果（危及人的生命、造成经济损失、产生社会影响等）的严重性采用不同的安全等级。不同的安全等级在设计计算中用重要性系数 γ_0 来体现，与安全等级一级、二级、三级相对应的结构重要性系数 γ_0 分别取值为 1.1、1.0 和 0.9。

表 2-1　建筑结构的安全等级

安全等级	破坏后果	建筑物类型
一级	很严重	重要的房屋
二级	严重	一般的房屋
三级	不严重	次要的房屋

同一建筑物内的各种结构构件宜与整个结构采用相同的安全等级，但允许对部分结构构件根据其重要程度和综合经济效益进行适当调整。如提高某一结构构件的安全等级所需额外费用很少，又能减轻整个结构的破坏，从而大大减少人员伤亡和财物损失，则可将该结构构件的安全等级比整个结构的安全等级提高一级，但一级不能提高；相反，如果某一结构构件的破坏并不影响整个结构或其他结构构件，则可将其安全等级降低一级，但三级不能降低。

2.1.2　结构的设计基准期

结构设计所采用的荷载统计参数（如平均值、标准差、变异系数、最大值、最小值等）取值，需要一个时间参数，这个时间参数称为设计基准期；或为确定可变作用（荷载）等的取值而选用的时间参数，定义为设计基准期。

我国建筑结构的设计基准期为 50 年。以荷载统计来说明这个 50 年的意义：以 50 年内的一定高度的最大风速确定基本风压力，以 50 年内空旷地带的最大积雪深度确定基本雪压力。

我国港口工程结构的设计基准期为 50 年，公路桥涵结构的设计基准期为 100 年。

2.1.3　结构的设计使用年限

结构的设计使用年限是设计规定的结构或结构构件不需要进行大修即可按预定目的使用的年限。它是设计规定的一个时段，在这一规定的时段内，结构只需要进行正常的维护而不需要进行大修就能按预期目的使用，并完成预定的功能。也就是说，房屋建筑结构在正常设计、正常施工、正常使用和维护下应达到的使用年限，如达不到这个年限则意味着设计、施工、使用与维护的某一环节上出现了非正常情况，应查找原因。

建筑结构的设计使用年限应按表 2-2 采用。

表 2-2　建筑结构的设计使用年限

类　别	设计使用年限/年	示　例
1	5	临时性建筑结构
2	25	易于替换的结构构件
3	50	普通房屋和构筑物
4	100	纪念性建筑和特别重要的建筑结构

很明显，结构设计基准期和结构的设计使用年限是两个不同的概念，两者不能混淆或等同。对于普通房屋和构筑物，设计基准期和使用年限都是 50 年。

2.2　建筑结构上的荷载及其分类

使结构产生效应（结构或构件的内力、应力、位移、应变、裂缝等）的各种原因称为作用。直接施加在建筑结构上的集中力或分布力为直接作用，引起结构外加变形或约束变形的原因（如地基变形、混凝土收缩、焊接变形、温度变化和地震等）为间接作用。通常将直接作用称为荷载，间接作用称为××作用（如地震作用、温度作用）。

荷载可按随时间、空间的变异和结构反应特点来分类。

2.2.1　按随时间的变异分类

作用或荷载按随时间的变异分类，是对荷载的基本分类。它直接关系到概率模型的选择，而且按各类极限状态设计时所采用的代表值与其出现的持续时间长短有关。《建筑结构荷载规范》(GB 50009—2012) 将荷载分为永久荷载、可变荷载和偶然荷载三类。

2.2.1.1　永久荷载

永久荷载是指在结构使用期间，其值不随时间变化，或其变化与平均值相比可以忽略不计，或其变化是单调的并能趋于限值的荷载。

永久荷载的特点是其统计规律与时间参数无关（图 2-1），可采用随机变量概率模型来描述。例如结构自重（材料自身重量产生的荷载——重力），其量值在整个设计基准期内基本保持不变或单调变化而趋于限值，随机性只是表现在空间位置的变异上。结构自重，习惯上称为恒荷载，简称恒载。

结构上的永久荷载除结构自重外，还包括土压力、预应力等。当水位不变时，水压力按永久荷载考虑。

2.2.1.2　可变荷载

可变荷载是指在结构使用期间，其值随时间变化，且其变化与平均值相比不可以忽略不计的荷载。

可变荷载的特点是其统计规律与时间参数有关（图 2-2），必须采用随机过程概率模型来描述。

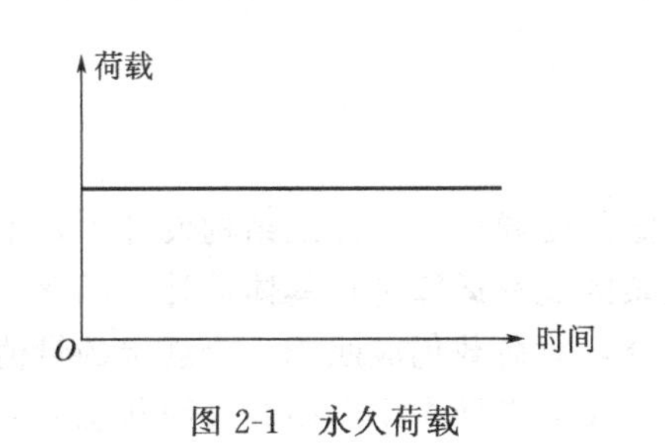

图 2-1　永久荷载

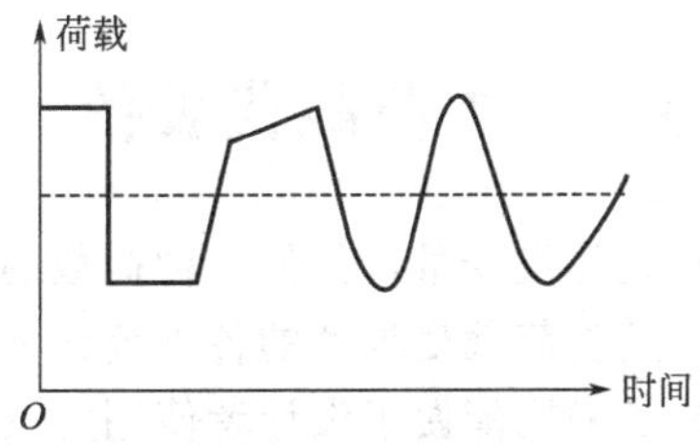

图 2-2　可变荷载

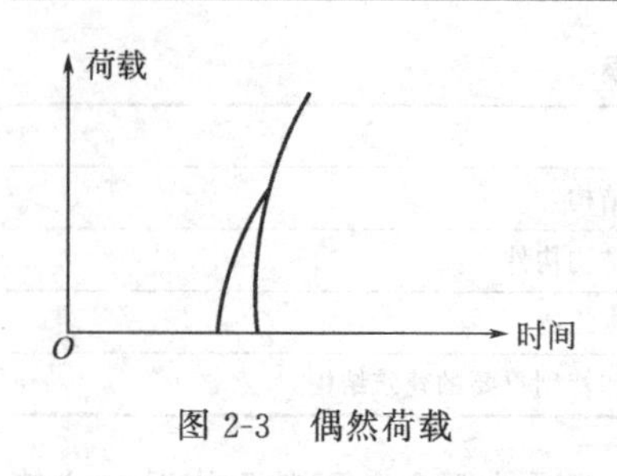

图 2-3　偶然荷载

建筑结构上的可变荷载有楼面活荷载、屋面活荷载和积灰荷载、吊车荷载、风荷载、雪荷载等。水位变化时，水压力按可变荷载考虑。

2.2.1.3　偶然荷载

偶然荷载是指在结构使用年限内不一定出现，而一旦出现其量值很大，且持续时间很短的荷载。

偶然荷载的特点是在结构设计基准期内可能不出现，一旦出现量值很大持续时间很短，如图 2-3 所示。

建筑结构上的偶然荷载包括爆炸力、撞击力。地震是间接作用，称为地震作用，而不能称为地震力或地震荷载，属于偶然作用，而非偶然荷载。

2.2.2　按空间位置的变异分类

荷载按空间位置的变异分类，是由于进行荷载效应组合时，必须考虑荷载在空间的位置及其所占面积大小。根据空间位置变异，荷载可分为固定荷载和自由荷载两类。

2.2.2.1　固定荷载

固定荷载是指在结构上具有固定分布的荷载。其特点是荷载出现的空间位置固定不变，但其量值可能具有随机性。例如楼面上固定的设备荷载，屋面上的水箱重力等，都属于固定荷载。

2.2.2.2　自由荷载

自由荷载是指在结构上一定范围内可以任意分布的荷载。其特点是可以在结构一定空间上任意分布，出现的位置和量值都可能是随机的。例如，厂房的吊车荷载、教室内的人员荷载就是自由荷载。楼面上、屋面上的自由荷载又称为活荷载，简称活载。

2.2.3　按结构的反应特点分类

荷载按结构的反应特点分类，主要是因为进行结构分析时，对某些出现在结构上的荷载（或作用）需要考虑其动力效应（加速度反应）。由此可分为静态荷载（或静力荷载）和动态荷载（或动力荷载）两类，其依据不在于荷载本身是否具有动力特性，主要在于它是否引起结构不可忽略的加速度。

2.2.3.1　静态荷载

静态荷载是指使结构产生的加速度可以忽略不计的荷载。楼面上的活荷载，本身可能具有一定的动力特性，但使结构产生的动力效应可以忽略不计，归类为静态荷载。

2.2.3.2　动态荷载

动态荷载是指使结构产生的加速度不可以忽略不计的荷载（或作用）。动态荷载或动力荷载需要用结构动力学方法进行结构分析，但对于吊车荷载，设计时可采用增大量值（乘以动力系数）的方法按静力荷载处理，预制构件的搬运、吊装受力分析也可作如此处理。

2.3　永久荷载代表值

荷载是随机变量，任何一种荷载的大小都有一定的变异性。在建筑结构设计中，不可能直接引用反映荷载变异性的各种统计参数，通过复杂的概率运算进行具体设计。因此，在设计时，除了采用能便于设计者使用的设计表达式以外，对荷载仍应赋予一个规定的量值，该规定量值称为荷载代表值。荷载代表值也可以这样定义：设计中用以验算极限状态所采用的荷载量值。

永久荷载以标准值为其代表值。荷载标准值是荷载的基本代表值，为设计基准期内最大荷载统计分布的特征值。永久荷载标准值，对于分布线荷载用 g_k 表示，集中荷载用 G_k 表示。

永久荷载主要是结构自重及粉刷、装修、固定设备等的重量。变异来源于单位体积重量的变异和结构（构件）尺寸的不定性，经过研究发现永久荷载的变异性不大，而且多为正态分布，所以一般以其分布的均值作为荷载标准值，即可按结构设计规定的尺寸和材料或构件单位体积的自重（或单位面积的自重）平均值确定。对于自重变异性较大的材料，尤其是制作屋面的轻质材料，考虑到结构的可靠性，在设计中应根据荷载对结构的有利或不利，分别取其自重的下限值或上限值。

选自《建筑结构荷载规范》附录 A 的部分常用材料和构件的单位自重见表 2-3，供教学需要时查用。表中对某些自重变异较大的材料，分别给出了自重的上限值和下限值。

表 2-3　部分常用材料和构件自重

名　称	自重	备　注
1. 单位体积自重/(kN/m³)		
钢	78.5	
花岗石、大理石	28.0	
普通砖	18.0(19.0)	240mm×115mm×53mm(684 块/m³)(机器制)
灰砂砖	18.0	砂：白灰＝92：8
水泥空心砖	9.8	290mm×290mm×140mm(85 块/m³)
水泥空心砖	10.3	300mm×250mm×110mm(121 块/m³)
水泥空心砖	9.6	300mm×250mm×160mm(83 块/m³)
蒸压粉煤灰砖	14.0～16.0	干重度
混凝土空心小砌块	11.8	390mm×390mm×190mm
瓷面砖	17.8	150mm×150mm×8mm(5556 块/m³)
水泥砂浆	20.0	
石灰砂浆、混合砂浆	17.0	
石膏砂浆	12.0	
纸筋石灰泥	16.0	
素混凝土	22.0～24.0	振捣或不振捣
钢筋混凝土	24.0～25.0	
浆砌普通砖	18.0	
浆砌机砖	19.0	
2. 单位面积自重/(kN/m²)		
贴瓷砖墙面	0.50	包括水泥砂浆打底，共厚 25mm
水泥粉刷墙面	0.36	20mm 厚，水泥粗砂
水磨石墙面	0.55	25mm 厚，包括打底
水刷石墙面	0.50	25mm 厚，包括打底
石灰粗砂粉刷	0.34	20mm 厚
外墙拉毛墙面	0.70	包括 25mm 水泥砂浆打底
钢丝网抹灰吊顶	0.45	
麻刀灰板条顶棚	0.45	吊木在内，平均灰厚 20mm
砂子灰板条顶棚	0.55	吊木在内，平均灰厚 25mm
松木板顶棚	0.25	吊木在内
三夹板顶棚	0.18	吊木在内
硬木地板	0.20	厚 25mm，剪刀撑、钉子等自重在内
松木地板	0.18	
小瓷砖地面	0.55	包括水泥粗砂打底
水磨石地面	0.65	10mm 面层，20mm 水泥砂浆打底

【例题 2-1】 钢筋混凝土矩形梁截面尺寸300mm×500mm，梁的底面和侧面用20mm厚混合砂浆抹灰，试求梁的自重标准值g_k（线荷载）。

【解】 自重线荷载为重度（重力密度=单位体积重）乘以构件截面面积。

由表2-3可知，钢筋混凝土自重介于24.0～25.0kN/m³之间，该荷载对梁的承载力不利，取上限值25.0kN/m³；混合砂浆自重17.0kN/m³。

$$g_k=25.0\times0.3\times0.5+17.0\times(0.3+0.5\times2+0.02\times2)\times0.02$$
$$=3.75+0.46$$
$$=4.21\text{kN/m}$$

【例题 2-2】 浆砌机制砖内墙厚240mm，双面用石灰粗砂粉刷，试确定每平方米墙面自重标准值。

【解】 由表2-3得到浆砌机制砖砌体自重19.0kN/m³，石灰粗砂粉刷自重0.34kN/m²。每平方米墙体重为砌体单位体积自重乘以墙厚，再加上粉刷层重力，即

$$19.0\times0.24+0.34\times2=5.24\text{kN/m}^2$$

2.4 可变荷载代表值

2.4.1 可变荷载代表值的概念

可变荷载应根据设计要求采用标准值、组合值、频遇值或准永久值作为代表值。

2.4.1.1 可变荷载标准值

可变荷载标准值是可变荷载的基本代表值，其他代表值都是由标准值来计算。可变荷载标准值为设计基准期内最大荷载统计分布的特征值（例如均值、众值、中值或某个分位值）。

由于荷载本身的随机性，最大荷载也是随机变量，原则上也可用它的统计分布来描述。对某类荷载，当有足够资料而有可能对其统计分布做出合理估计时，可取最大荷载分布的特征值为标准值。对大部分自然荷载，包括风荷载、雪荷载，习惯上都以其规定的平均重现期来定义标准值；对资料不充分的可变荷载，根据已有工程实践经验，通过分析判断，协议一个公称值作为标准值。

可变荷载标准值，对分布线荷载用q_k表示，对集中荷载用Q_k表示。

2.4.1.2 可变荷载组合值

可变荷载组合值是指使组合后的荷载效应在设计基准期内的超越概率，能与该荷载单独出现时的相应概率趋于一致的荷载；或使组合后的结构具有统一规定的可靠指标的荷载。可变荷载组合值可作如下理解：两种或两种以上的可变荷载同时作用于结构上时，所有可变荷载都达到其单独出现时可能达到的最大值的概率极小，因此除主导荷载（产生最大效应的荷载）仍可以其标准值为代表值以外，其他伴随荷载均应以小于标准值的荷载为代表值，此值即为可变荷载组合值。

可变荷载组合值为可变荷载标准值乘以小于1.0的组合值系数ψ_c，即$\psi_c q_k$，或$\psi_c Q_k$。

2.4.1.3 可变荷载频遇值

可变荷载频遇值是指在设计基准期内，其超越的总时间为规定的较小比率或超越频率为规定频率的荷载值。也就是说，可变荷载频遇值是指在设计基准期内被超越的总时间为设计基准期（50年）的一小部分的荷载，多数时间超不过这个量值。

很明显，可变荷载频遇值低于标准值，取值为可变荷载标准值乘以小于1.0的频遇值系数ψ_f，即$\psi_f q_k$，或$\psi_f Q_k$。

2.4.1.4 可变荷载准永久值

可变荷载准永久值是指在设计基准期内，其超越的总时间约为设计基准期一半的荷载

值。这是设计基准期内经常可达到或被超过的荷载，它对结构的影响类似于永久荷载。

可变荷载准永久值为可变荷载标准值乘以小于 1.0 的准永久值系数 ψ_q，即 $\psi_q q_k$，或 $\psi_q Q_k$。

2.4.2　可变荷载取值

2.4.2.1　民用建筑楼面均布活荷载

民用住宅、商店、办公楼等楼面人群荷载、家具、办公桌椅、商品柜台等活荷载具有时间和空间变异，按均匀分布荷载建立统计模型，经过大量调查，并进行统计分析确定取值。

民用建筑楼面均布活荷载标准值及其组合值系数、频遇值系数和准永久值系数，应按表 2-4 的规定采用。

设计楼面梁、墙、柱及基础时，表 2-4 中的楼面活荷载标准值可乘以小于 1.0 的折减系数。折减系数的取值不应小于下列规定：

表 2-4　民用建筑楼面均布活荷载标准值及其组合值系数、频遇值系数和准永久值系数

项次	类别			标准值/(kN/m²)	组合值系数 ψ_c	频遇值系数 ψ_f	准永久值系数 ψ_q
1	(1)住宅、宿舍、旅馆、办公楼、医院病房、托儿所、幼儿园			2.0	0.7	0.5	0.4
	(2)试验室、阅览室、会议室、医院门诊室			2.0	0.7	0.6	0.5
2	教室、食堂、餐厅、一般资料档案室			2.5	0.7	0.6	0.5
3	(1)礼堂、剧场、影院、有固定座位的看台			3.0	0.7	0.5	0.3
	(2)公共洗衣房			3.0	0.7	0.6	0.5
4	(1)商店、展览厅、车站、港口、机场大厅及其旅客等候室			3.5	0.7	0.6	0.5
	(2)无固定座位的看台			3.5	0.7	0.5	0.3
5	(1)健身房、演出舞台			4.0	0.7	0.6	0.5
	(2)运动场、舞厅			4.0	0.7	0.6	0.3
6	(1)书库、档案库、贮藏室			5.0	0.9	0.9	0.8
	(2)密集柜书库			12.0	0.9	0.9	0.8
7	通风机房、电梯机房			7.0	0.9	0.9	0.8
8	汽车通道及客车停车库	(1)单向板楼盖(板跨不小于 2m)和双向板楼盖(板跨不小于 3m×3m)	客车	4.0	0.7	0.7	0.6
			消防车	35.0	0.7	0.5	0.0
		(2)双向板楼盖(板跨不小于 6m×6m)和无梁楼盖(柱网不小于 6m×6m)	客车	2.5	0.7	0.7	0.6
			消防车	20.0	0.7	0.5	0.0
9	厨房	(1)餐厅		4.0	0.7	0.7	0.7
		(2)其他		2.0	0.7	0.6	0.5
10	浴室、卫生间、盥洗室			2.5	0.7	0.6	0.5
11	走廊、门厅	(1)宿舍、旅馆、医院病房、托儿所、幼儿园、住宅		2.0	0.7	0.5	0.4
		(2)办公楼、餐厅、医院门诊部		2.5	0.7	0.6	0.5
		(3)教学楼及其他可能出现人员密集的情况		3.5	0.7	0.5	0.3
12	楼梯	(1)多层住宅		2.0	0.7	0.5	0.4
		(2)其他		3.5	0.7	0.5	0.3
13	阳台	(1)可能出现人员密集的情况		3.5	0.7	0.6	0.5
		(2)其他		2.5	0.7	0.6	0.5

注：1. 本表所给各项活荷载适用于一般使用条件，当使用荷载较大、情况特殊或有专门要求时，应按实际情况采用。

2. 第 6 项书库活荷载当书架高度大于 2m 时，书库活荷载尚应按每米书架高度不小于 2.5kN/m² 确定。

3. 第 8 项中的客车活荷载只适用于停放载人少于 9 人的客车；消防车活荷载只适用于满载总重为 300kN 的大型车辆；当不符合本表的要求时，应将车轮的局部荷载按结构效应等效的原则，换算为等效均布荷载。

4. 第 8 项消防车活荷载，当双向板楼盖板跨介于 3m×3m～6m×6m 之间时，应按跨度线性插值确定。

5. 第 12 项楼梯活荷载，对预制楼梯踏步平板，尚应按 1.5kN 集中荷载验算。

6. 本表各项荷载不包括隔墙自重和二次装修荷载；对固定隔墙的自重应按永久荷载考虑，当隔墙位置可灵活自由布置时，非固定隔墙的自重应取不小于 1/3 的每延米长墙重（kN/m）作为楼面活荷载的附加值（kN/m²）计入，且附加值不应小于 1.0kN/m²。

（1）设计楼面梁时的折减系数

① 第 1（1）项当楼面梁从属面积[1]超过 25m² 时，应取 0.9；

② 第 1（2）～7 项当楼面梁从属面积超过 50m² 时，应取 0.9；

③ 第 8 项对单向板楼盖的次梁和槽形板的纵肋应取 0.8；对单向板楼盖的主梁应取 0.6；对双向板楼盖的梁应取 0.8；

④ 第 9～13 项应采用与所属房屋类别相同的折减系数。

（2）设计墙、柱和基础时的折减系数

① 第 1（1）项应按表 2-5 规定采用；

② 第 1（2）～7 项应采用与其楼面梁相同的系数；

③ 第 8 项的客车对单向板楼盖应取 0.5；对双向板楼盖和无梁楼盖应取 0.8；

④ 第 9～13 项应采用与所属房屋类别相同的折减系数。

表 2-5　活荷载按楼层的折减系数

墙、柱、基础计算截面以上的层数	1	2～3	4～5	6～8	9～20	>20
计算截面以上各楼层活荷载总和的折减系数	1.00(0.90)	0.85	0.70	0.65	0.60	0.55

注：当楼面梁的从属面积超过 25m² 时，应采用括号内的系数。

2.4.2.2　屋面活荷载

房屋建筑的屋面按使用不同，分为不上人屋面，上人屋面、屋顶花园和屋顶运动场地四类，其中不上人屋面的活荷载主要是施工荷载、检修荷载。房屋建筑的屋面，其水平投影面上的屋面均布活荷载标准值及其组合值系数、频遇值系数和准永久值系数的取值，不应小于表 2-6 的规定。

表 2-6　屋面均布活荷载标准值及其组合值系数、频遇值系数和准永久值系数

项次	类　　别	标准值/(kN/m²)	组合值系数 ψ_c	频遇值系数 ψ_f	准永久值系数 ψ_q
1	不上人屋面	0.5	0.7	0.5	0.0
2	上人屋面	2.0	0.7	0.5	0.4
3	屋顶花园	3.0	0.7	0.6	0.5
4	屋顶运动场地	4.0	0.7	0.6	0.4

注：1. 不上人的屋面，当施工或维修荷载较大时，应按实际情况采用；对不同类型的结构应按有关设计规范的规定采用，但不得低于 0.3 kN/m²。

2. 当上人的屋面兼作其他用途时，应按相应楼面活荷载采用。

3. 对于因屋面排水不畅、堵塞等引起的积水荷载，应采取构造措施加以防止；必要时，应按积水的可能深度确定屋面活荷载。

4. 屋顶花园活荷载不应包括花圃土石等材料自重。

屋面均布活荷载，不应与雪荷载同时组合。

2.4.2.3　吊车荷载

吊车有手动吊车、电动葫芦和桥式吊车等类型。如图 2-4 所示为桥式吊车，由小车和桥架（大车）组成，小车在桥架上作横向移动，而桥架或大车可沿吊车梁作纵向移动。吊车荷载是单层工业厂房中主要的可变荷载。

（1）吊车竖向荷载标准值　吊车竖向荷载标准值，应采用吊车的最大轮压或最小轮压。吊车轮压取决于吊车自重和额定起吊重量。实践表明，由各工厂设计生产的相同型号的起重

[1] 楼面梁的从属面积应按梁两侧各延伸二分之一梁间距的范围内的实际面积确定。

机械，参数和尺寸不完全一样，所以，结构设计时应直接参照制造厂商的产品规格作为确定轮压的依据。

(2) 吊车水平荷载标准值　吊车的水平荷载分纵向和横向两种，分别由吊车的大车和小车的运行机构在启动或制动时引起的惯性力产生，惯性力为运行质量与运行加速度的乘积，但必须通过制动轮与钢轨间的摩擦传递给厂房结构。因此，吊车的水平荷载取决于制动时的轮压和它与钢轨间的滑动摩擦系数。

图 2-4　厂房吊车荷载

吊车纵向水平荷载标准值，应按作用在一边轨道上所有刹车轮的最大轮压之和的10%采用；该项荷载的作用点位于刹车轮与轨道的接触点，其方向与轨道方向一致。

吊车横向水平荷载标准值，应取横行小车重量与额定起重量（质量）之和的下列百分数，并乘以重力加速度。

① 软钩吊车：当额定起重量不大于10t时，应取12%；当额定起重量为16～50t时，应取10%；当额定起重量不小于75t时，应取8%。

② 硬钩吊车：应取20%。

横向水平荷载应等分于桥架的两端，分别由轨道上的车轮平均传至轨道，其方向与轨道垂直，并考虑正反两个方向的刹车情况。

(3) 吊车荷载的组合值、频遇值和准永久值　吊车荷载的组合值系数、频遇值系数和准永久值系数可按表2-7采用。

表2-7　吊车荷载的组合值系数、频遇值系数和准永久值系数

吊车工作级别		组合值系数 ψ_c	频遇值系数 ψ_f	准永久系数 ψ_q
软钩吊车	工作级别A1～A3	0.70	0.60	0.50
	工作级别A4、A5	0.70	0.70	0.60
	工作级别A6、A7	0.70	0.70	0.70
硬钩吊车及工作级别A8的软钩吊车		0.95	0.95	0.95

多台吊车同时满载的可能性较小，小车又同时出现在最不利位置的可能性更小，因此对多台吊车荷载可以折减。

2.4.2.4　雪荷载

雪荷载属于屋面荷载，按屋面水平投影面积计算。雪荷载标准值（面积荷载）应按式(2-1)计算：

$$s_k = \mu_r s_0 \tag{2-1}$$

式中　s_k——雪荷载标准值，kN/m^2；

μ_r——屋面积雪分布系数，与屋面形式有关；如单跨单坡屋面，坡度不超过25°时，$\mu_r=1.0$；坡度为30°时，$\mu_r=0.85$；坡度为35°时，$\mu_r=0.7$；坡度为40°时，$\mu_r=0.55$；

s_0——基本雪压，kN/m^2。

基本雪压是根据全国672个地点的气象台站建站开始到2008年所记录到的最大雪压或

积雪深度资料，经统计得出的50年一遇最大雪压，即重现期为50年的最大雪压，以此规定当地的基本雪压。作为例子，给出几个城市的基本雪压如下：北京0.40，天津0.40，上海0.20，沈阳0.50，南京0.65，西安0.25，乌鲁木齐0.90，武汉0.50，成都0.10。

雪荷载组合值系数可取0.7；频遇值系数可取0.6；准永久值系数按雪荷载分区Ⅰ、Ⅱ和Ⅲ的不同，分别取0.5、0.2和0。准永久值雪荷载分区和融化速度有关，南方积雪容易融化为Ⅲ区，北方多数地区为Ⅱ区，内蒙古、黑龙江、吉林、青海、新疆的大部分地区为Ⅰ区。

2.4.2.5 风荷载

风荷载属于动态荷载，设计中乘以系数后按静态荷载对待。在结构的风振计算中发现，一般是第1振型起主要作用，所以采用平均风压乘以风振系数作为风压标准值。而垂直于建筑物表面的风荷载标准值，应按下述公式计算：

$$w_k = \beta_z \mu_s \mu_z w_0 \tag{2-2}$$

式中 w_k——风荷载标准值，kN/m^2；

β_z——高度 z 处的风振系数；

μ_s——风荷载体型系数；

μ_z——风压高度变化系数；

w_0——基本风压，kN/m^2。

基本风压 w_0 是根据全国各气象台站历年来的最大风速纪录，按照基本风压要求，将不同风仪高度和时次时距的年最大风速，统一换算为离地10m高，自记10min平均年最大风速（m/s）。根据该风速数据，再经过统计计算而确定出来的50年一遇的最大风速，作为当地的基本风速 v_0。再按式（2-3）确定基本风压，但不得小于0.3kN/m^2。

$$w_0 = \frac{1}{2}\rho v_0^2 \tag{2-3}$$

ρ 为空气密度（t/m^3），可根据所在地的海拔高度 z(m) 按式（2-4）近似估算：

$$\rho = 0.00125e^{-0.0001z} \tag{2-4}$$

作为例子，下面给出几个城市的基本风压值：北京0.45，上海0.55，重庆0.40，昆明0.30，成都0.30，深圳0.75，吐鲁番0.85，厦门0.80，青岛0.60。对于高层建筑、高耸结构以及对风荷载比较敏感的其他结构，基本风压应适当提高。

风荷载的组合值系数、频遇值系数和准永久值系数可分别取0.6、0.4和0。

思考题

2-1 什么是永久荷载、可变荷载和偶然荷载？

2-2 何谓荷载标准值？它与荷载代表值之间有何关系？

2-3 结构的安全等级如何划分？

2-4 雪荷载基本值如何确定？其准永久值系数依据什么确定？

2-5 如何确定吊车横向水平荷载标准值？

2-6 建筑结构的设计使用年限有什么规定？

选择题

2-1 建筑结构的设计基准期是（ ）。

A. 30年 B. 50年 C. 70年 D. 100年

2-2 桥梁结构的设计基准期是（ ）。

A. 30年 B. 50年 C. 70年 D. 100年

2-3　下列何项房屋建筑结构的设计使用年限为 100 年？（　　）

A. 革命纪念馆　　B. 大型商场　　C. 高层住宅楼　　D. 教学楼

2-4　结构上的作用分为如下两类时，其中前者也称为荷载的是（　　）。

A. 偶然作用和可变作用　　B. 可变作用和永久作用

C. 间接作用和直接作用　　D. 直接作用和间接作用

2-5　下列荷载中，不属于可变荷载范畴的是（　　）。

A. 屋面活荷载　　B. 风荷载　　C. 吊车荷载　　D. 爆炸力

2-6　下列荷载中，属于静力荷载的是（　　）。

A. 撞击力　　B. 吊车荷载　　C. 雪荷载　　D. 风荷载

2-7　对于土压力Ⅰ、风荷载Ⅱ、检修荷载Ⅲ、结构自重Ⅳ，属于可变荷载的是（　　）。

A. Ⅰ、Ⅱ　　B. Ⅲ、Ⅳ　　C. Ⅰ、Ⅳ　　D. Ⅱ、Ⅲ

2-8　基本风压是以当地比较空旷平坦，地面上离地 10m 高处统计所得的若干年一遇的 10min 平均最大风速为标准确定的。该时间是（　　）。

A. 5 年　　B. 25 年　　C. 50 年　　D. 70 年

2-9　普通住宅房屋，楼面活荷载标准值为（　　）kN/m^2。

A. 1.5　　B. 2.0　　C. 2.5　　D. 3.0

2-10　商场楼面活荷载的组合值系数 ψ_c 应为（　　）。

A. 0.5　　B. 0.6　　C. 0.7　　D. 0.8

计　算　题

2-1　现浇钢筋混凝土楼面的做法是：20mm 厚水泥砂浆面层，80mm 厚钢筋混凝土现浇板，20mm 厚石灰砂浆抹底。试计算楼板自重标准值（kN/m^2）。

2-2　砖混结构房屋外墙由普通砖砌成，墙厚 370mm，外墙面贴瓷砖，内墙面用石灰粗砂粉刷，试计算每平方米墙面的墙体自重标准值。

2-3　钢筋混凝土楼盖中，梁的间距为 2.7m，楼面活荷载标准值 $2.0kN/m^2$，试求梁承担的活荷载标准值 q_k。

第3章 建筑结构设计方法

3.1 结构的功能要求和极限状态

3.1.1 结构的功能要求

建筑结构在规定的设计使用年限内，应满足安全性、适用性和耐久性三项功能要求。

(1) 安全性　安全性是指建筑结构在正常施工和正常使用时，能承受可能出现的各种作用；当发生火灾时，在规定时间内可保持足够的承载力；在设计规定的偶然事件（如罕遇地震、爆炸、撞击等）发生后，仍能保持必需的整体稳定性。所谓整体稳定性，即在偶然事件发生时和发生后，建筑结构仅产生局部的损坏而不致发生连续倒塌。

(2) 适用性　适用性是指建筑结构在正常使用时具有良好的使用性能或工作性能。例如，受弯构件在使用时不出现过大的挠度，混凝土构件、砌体墙和柱等构件不产生让使用者感到不安全的裂缝宽度等。

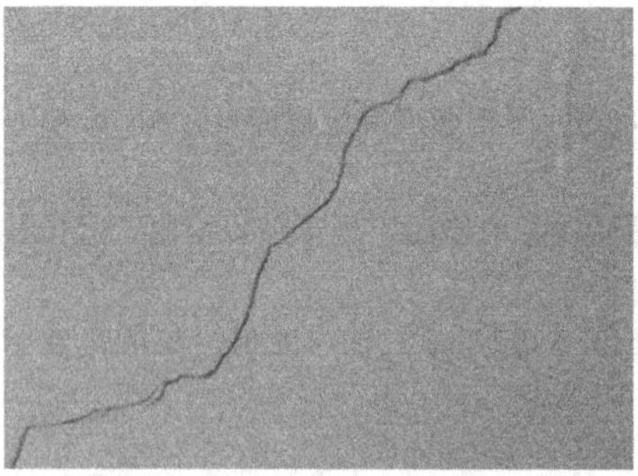

如图 3-1 所示的裂缝，就可能让使用者感到不安全，不满足适用性要求。

图 3-1　影响适用性的裂缝

(3) 耐久性　耐久性是指建筑结构在正常使用和正常维护的情况下，应具有足够的耐久性能。所谓足够的耐久性能，就是要求结构在规定的工作环境中、在预定时期内、其材料性能的劣化不导致结构出现不可接受的失效概率，即在正常维护条件下结构能够使用到规定的设计使用年限。

因为结构所处环境是混凝土劣化、钢筋锈蚀，引起性能衰退的外因，所以有必要对环境进行分类。混凝土结构的环境类别是指混凝土暴露表面所处的环境条件，设计时可根据实际情况确定适当的环境类别。环境类别不同，设计计算不同，对混凝土的质量要求不同，对钢筋的保护措施不同。

混凝土结构暴露的环境类别，现行规范分为一、二 a、二 b、三 a、三 b、四、五共七个类别，见表 3-1。表中干湿交替主要指室内潮湿、室外露天、地下水浸润、水位变化的环境。非严寒和非寒冷地区与严寒和寒冷地区的区别主要在于有无冰冻及冻融循环现象。根据《民用建筑热工设计规范》(GB 50176) 的规定，最冷月平均温度≤－10℃、日平均温度≤5℃的天数不少于 145d 的地区为严寒地区；最冷月平均温度高于－10℃但≤0℃，日平均温度≤5℃的天数不少于 90d 且少于 145d 的地区为寒冷地区。

建筑结构构件大多处于一类环境，这是最好的环境；少数处于二 a 类环境和二 b 类环境，这类环境稍差一些，混凝土较易劣化。三 a、三 b 类环境主要是指近海海风、盐渍土及使用除冰盐的环境。滨海室外环境与盐渍土地区的地下结构、北方城市冬季依靠喷洒盐水消除冰雪而对立交桥、周边结构及停车楼，都可能造成钢筋腐蚀的不利影响。在这类环境下的混凝土结构，需要加大混凝土保护层厚度、严格限制裂缝宽度，才能确保耐久性。

表3-1　混凝土结构的环境类别

环境类别	条　　件
一	室内干燥环境；无侵蚀性静水浸没环境
二a	室内潮湿环境；非严寒和非寒冷地区的露天环境； 非严寒和非寒冷地区与无侵蚀性的水或土壤直接接触的环境； 严寒和寒冷地区的冰冻线以下与无侵蚀性的水或土壤直接接触的环境
二b	干湿交替环境；水位频繁变动环境；严寒和寒冷地区的露天环境； 严寒和寒冷地区的冰冻线以上与无侵蚀性的水或土壤直接接触的环境
三a	严寒和寒冷地区冬季水位变动区环境；受除冰盐影响环境；海风环境
三b	盐渍土环境；受除冰盐作用环境；海岸环境
四	海水环境
五	受人为或自然的侵蚀性物质影响的环境

注：1. 室内潮湿环境是指构件表面经常处于结露或湿润状态的环境。

2. 严寒和寒冷地区的划分应符合现行国家标准《民用建筑热工设计规范》(GB 50176) 的有关规定。

3. 海岸环境和海风环境宜根据当地情况，考虑主导风向及结构所处迎风、背风部位等因素的影响，由调查研究和工程经验确定。

4. 受除冰盐影响环境是指受到除冰盐盐雾影响的环境；受除冰盐作用环境是指被除冰盐溶液溅射的环境以及使用除冰盐地区的洗车房、停车楼等建筑。

5. 暴露的环境是指混凝土结构表面所处的环境。

上述安全性、适用性和耐久性是结构可靠的标志，称为结构的可靠性。结构的可靠性可以定义为：结构在规定的时间内、在规定的条件下，完成预定功能的能力。保证结构可靠性的一般措施有以下两点。

① 结构设计时，应根据下列要求采取适当的措施，使结构不出现或少出现可能的损坏：避免、消除或减少结构可能受到的危害；采用对可能受到的危害反应不敏感的结构类型；采用当单个构件或结构的有限部分被意外移除或结构出现可接受的局部损坏时，结构的其他部分仍能保存的结构类型；不宜采用无破坏预兆的结构体系；使结构具有整体稳固性。

② 宜采取下列措施满足对结构的基本要求：采用适当的材料；采用合理的设计和构造；对结构的设计、制作、施工和使用等制定相应的控制措施。

3.1.2　结构功能的极限状态

若结构满足功能要求，则结构“可靠”或“有效”，否则结构“不可靠”或“失效”。区分结构工作状态“可靠”与“不可靠”的界限，就是极限状态。在极限状态以内，可靠；超出极限状态，不可靠。

整个结构或结构的一部分超过某一特定状态就不能满足设计规定的某一功能要求，此特定状态称为该功能的极限状态。极限状态分为承载能力极限状态和正常使用极限状态两类。

3.1.2.1　承载能力极限状态

承载能力极限状态对应于结构或结构构件达到最大承载能力或不适于继续承载的变形。当结构或结构构件出现下列状态之一时，应认为超过了承载能力极限状态：①结构构件或连接因超过材料强度而破坏，或因过度变形而不适于继续承载；②整个结构或其一部分作为刚体失去平衡（如倾覆等）；③结构转变为机动体系；④结构或结构构件丧失稳定（如压屈等）；⑤结构因局部破坏而发生连续倒塌；⑥地基丧失承载能力而破坏（如失稳等）；⑦结构或结构构件的疲劳破坏。

结构或结构构件一旦超过承载能力极限状态，将造成结构全部或部分破坏或倒塌，如图

图 3-2 超过承载能力极限状态的案例

3-2 所示，因此而导致的损失可能较大、也可能很大。所以，设计中对所有结构构件都必须按承载能力极限状态进行计算，以保证结构功能要求的“安全性”。

3.1.2.2 正常使用极限状态

正常使用极限状态对应于结构或结构构件达到正常使用或耐久性能的某项规定限值。当结构或结构构件出现下列状态之一时，就认为超过了正常使用极限状态：①影响正常使用或外观的变形；②影响正常使用或耐久性能的局部损坏（包括裂缝）；③影响正常使用的振动；④影响正常使用的其他特定状态。

虽然超过正常使用极限状态的后果一般不如超过承载能力极限状态那样严重，但也不可小视，因为它影响适用性、耐久性的功能要求。设计中要进行正常使用极限状态验算，如验算受弯构件的挠度、混凝土构件的裂缝宽度等。

3.1.3 结构的设计状况

所谓设计状况，就是代表一定时段内实际情况的一组设计条件，设计应做到在该组条件下结构不超越有关的极限状态。结构设计时应根据结构在施工、使用中的环境条件和影响，区分不同的设计状况。不同设计状况的结构体系、结构所处环境条件、经历的时间长短都是不同的，所以设计时所采用的计算模式、作用（或荷载）、材料性能的取值及结构的可靠度水平也有差异。

结构设计时分四种不同的设计状况：持久设计状况，短暂设计状况，偶然设计状况，地震设计状况。

3.1.3.1 持久设计状况

持久设计状况是在结构使用过程中一定出现，且持续时间很长的设计状况，其持续时间一般与设计使用年限为同一数量级。

持久状况适用于结构使用时的正常情况，因为持续时间很长，所以结构可能承受的荷载设计时均需考虑，还要接受结构是否能完成其预定功能的考验。按持久状况设计时，必须进行承载能力极限状态和正常使用极限状态的计算。

3.1.3.2 短暂设计状况

短暂设计状况是在结构施工和使用过程中出现概率较大，而与设计使用年限相比，其持续时间很短的设计状况。

短暂设计状况适用于结构出现的临时情况，包括结构施工和维修时的情况等。施工阶段属于短暂设计状况，其结构体系、所承受的荷载与使用阶段也不相同，设计时要根据具体情况而定。如图 3-3 所示的钢筋混凝土墩柱，在施工过程中顶部处于自由状态，与成桥后有梁体约束的情况不一样。所以这时的墩柱，应按悬臂构件进行计算。这个阶段是短暂的，故一般只进行承载能力极限状态计算，必要时才作正常使用极限状态计算。

图 3-3　施工中的墩柱

3.1.3.3　偶然设计状况

偶然设计状况是在结构使用过程中出现概率很小，且持续时间很短的设计状况。

偶然设计状况适用于结构出现的异常情况，包括结构遭受火灾、爆炸、撞击时的情况等。这种状况出现的概率极小，且持续时间极短。结构在极短时间内承受的作用以及结构的可靠度水平等在设计中都需要特殊考虑。偶然设计状况的设计原则是：主要承重结构不致因非主要承重结构发生破坏而导致丧失承载能力，或允许主要承重结构发生局部破坏而剩余部分在一段时间内不发生连续倒塌。显然，偶然设计状况只需要进行承载能力极限状态计算，不必考虑正常使用极限状态。

3.1.3.4　地震设计状况

地震设计状况是结构遭受地震时的设计状况，在抗震设防地区必须考虑地震设计状况。

地震作用虽然也属于偶然作用，但它具有与火灾、爆炸、撞击或局部破坏等偶然作用不同的特点：其一，我国很多地区处于地震设防区，需要进行抗震设计且很多结构是由抗震设计控制的；其二，地震作用是能够统计并有统计资料的，可根据地震的重现期确定地震作用。有鉴于此，单独提出地震设计状况。地震设计状况应进行承载能力极限状态计算，可根据需要进行正常使用极限状态设计。

3.2　概率分布与保证率

荷载和材料性能都具有变异性，结构构件的承载能力也具有变异性。如果变异与时间无关，则称为随机变量，否则称为随机过程。随机表现出量值的不确定性，但它满足统计规律，对这类问题分析和处理的数学基础是概率论与数理统计。

3.2.1　随机变量的统计参数

3.2.1.1　统计参数定义

设有随机变量 X，其可能取值的全体称为母本，可能取值的部分 x_1、$x_2 \cdots x_n$ 称为样本。常用的统计参数有平均值、标准差和变异系数，样本的统计参数定义如下。

（1）平均值 μ

$$\mu = \frac{1}{n}(x_1 + x_2 + \cdots + x_n) = \frac{1}{n}\sum_{i=1}^{n} x_i \tag{3-1}$$

式中　x_i——随机变量的第 i 个值；

n——随机变量的取值个数。

（2）标准差 σ

$$\sigma = \sqrt{\frac{1}{n-1}\sum_{i=1}^{n}(x_i - \mu)^2} \tag{3-2}$$

（3）变异系数 δ

$$\delta = \frac{\sigma}{\mu} \tag{3-3}$$

当 $n \to \infty$ 时，样本统计参数收敛于母本统计参数。而在母本统计参数值中，μ 称为数学期望，σ 称为均方差。在一般的实际应用中，当 n 较大时，就不再严格区分样本统计参数和母本统计参数。

3.2.1.2　统计参数的意义

(1) 平均值表明随机变量取值的集中程度、整体水平或波动中心。

(2) 标准差和变异系数，均表明随机变量取值的分散程度，或波动大小。当平均值相同时，可直接用标准差比较两个或多个随机变量取值的分散程度；当平均值不相同时，只能用变异系数（相对标准差）进行比较。

3.2.2　正态分布

许多工程问题的随机变量一般服从正态分布或近似服从正态分布，因此近似概率极限状态设计理论以正态分布为基础。

3.2.2.1　概率密度函数

正态分布用 $N(\mu,\sigma)$ 表示，平均值和标准差两个参数都出现在概率密度函数中。

$$f(x)=\frac{1}{\sqrt{2\pi}\sigma}\exp\left[-\frac{(x-\mu)^2}{2\sigma^2}\right] \tag{3-4}$$

函数曲线如图 3-4 所示。该曲线的主要特点为：①对称性，曲线对称于 $x=\mu$；②单峰值，曲线只有一个峰值点 $f(\mu)=1/(\sqrt{2\pi}\sigma)$；③渐近性，当 x 趋于 $+\infty$ 或 $-\infty$ 时，$f(x)$ 趋于零，以 x 轴为渐近线；④存在拐点，在平均值左右一倍标准差处曲线出现拐点（反弯点）。

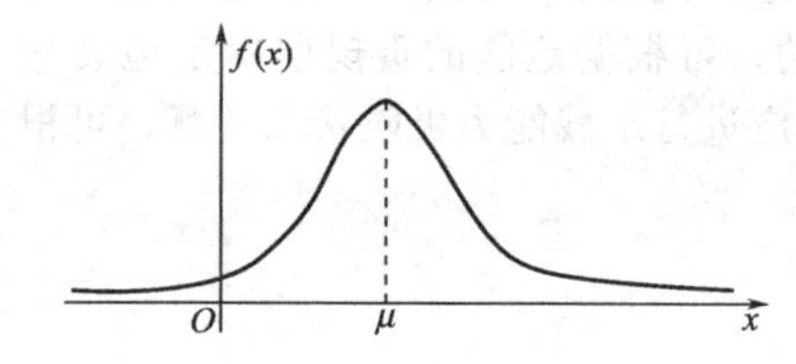

图 3-4　正态分布概率密度函数曲线

根据数学上概率密度的概念，图 3-4 曲线下的面积代表相应概率，图形的总面积为 1，平均值附近的面积所占比例较大。

3.2.2.2　概率分布函数

给定随机变量 X，它的取值不超过实数 x 的概率 $P(X\leqslant x)$ 是 x 的函数，这个函数称为 X 的分布函数，简称分布函数，用 $F(x)$ 表示。对于正态分布应有

$$F(x)=P(X\leqslant x)=\int_{-\infty}^{x} f(t)\mathrm{d}t=\frac{1}{\sqrt{2\pi}\sigma}\int_{-\infty}^{x}\exp\left[-\frac{(t-\mu)^2}{2\sigma^2}\right]\mathrm{d}t \tag{3-5}$$

由分布函数的定义可知，随机变量 X 的值落在区间 $[a,b]$ 内的概率为：

$$P(a\leqslant X\leqslant b)=F(b)-F(a) \tag{3-6}$$

X 的取值不超过 a 和大于 b 的单边概率分别为：

$$P(X\leqslant a)=F(a) \tag{3-7}$$

$$P(X>b)=1-F(b) \tag{3-8}$$

由积分式 (3-5) 表示的分布函数 $F(x)$ 不便于计算，实际计算中可通过标准正态分布来计算。所谓标准正态分布是指 $\mu=0$、$\sigma=1$ 的正态分布 $N(0,1)$，此时的分布函数由 $\Phi(x)$ 表示：

$$\Phi(x)=\frac{1}{\sqrt{2\pi}}\int_{-\infty}^{x}\exp\left(-\frac{t^2}{2}\right)\mathrm{d}t \tag{3-9}$$

标准正态分布的分布函数可查正态概率积分表。表 3-2 给出了部分 Φ 值，可参考。

表 3-2　正态概率积分表

x	−4.20	−3.70	−3.20	−3.00	−2.70	−2.00	−1.65
$\Phi(x)$	0.00001335	0.00010780	0.00068710	0.00135000	0.00346700	0.02275000	0.04947000
x	−1.64	−1.00	0.00	1.00	2.00	3.00	4.00
$\Phi(x)$	0.05050000	0.15870000	0.50000000	0.84130000	0.97725000	0.99865000	0.99996833

一般正态分布和标准正态分布的分布函数之间存在如下关系

$$F(x)=\Phi\left(\frac{x-\mu}{\sigma}\right) \tag{3-10}$$

通过式（3-10），一般正态分布的概率计算问题就解决了。

【例题 3-1】 分别计算正态分布随机变量 X 的数值落入区间 $[\mu-\sigma,\ \mu+\sigma]$、$[\mu-2\sigma,\ \mu+2\sigma]$ 和 $[\mu-3\sigma,\ \mu+3\sigma]$ 的概率。

【解】 利用式（3-6）、式（3-10）和表 3-2 进行计算。

$$P(\mu-\sigma\leqslant X\leqslant\mu+\sigma)=F(\mu+\sigma)-F(\mu-\sigma)$$
$$=\Phi(1)-\Phi(-1)=0.8413-0.1587=0.6826$$
$$P(\mu-2\sigma\leqslant X\leqslant\mu+2\sigma)=F(\mu+2\sigma)-F(\mu-2\sigma)$$
$$=\Phi(2)-\Phi(-2)=0.97725-0.02275=0.9545$$
$$P(\mu-3\sigma\leqslant X\leqslant\mu+3\sigma)=F(\mu+3\sigma)-F(\mu-3\sigma)$$
$$=\Phi(3)-\Phi(-3)=0.99865-0.001350=0.9973$$

计算结果可用图表示，见图 3-5。说明正态分布的随机变量其取值规律为：以平均值为中心，一倍标准差范围内的概率为 68.26%，二倍标准差范围内的概率为 95.45%，三倍标准差范围内的概率为 99.73%。

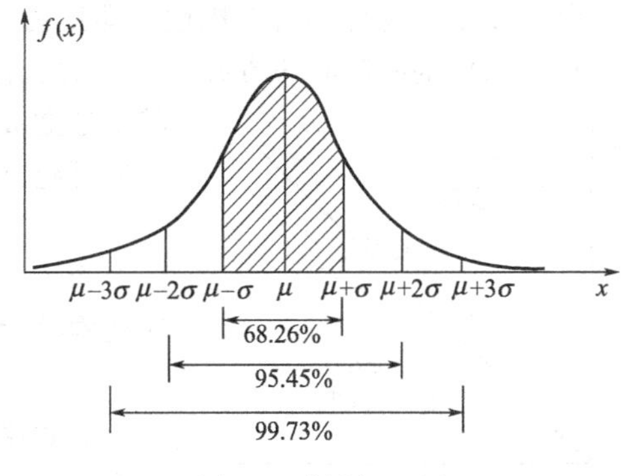

图 3-5　例题 3-1 图

3.2.3　保证率

保证率为单边概率，建筑结构设计原理中主要涉及到材料强度的保证率问题。材料强度属于随机变量，考虑为正态分布，若取材料强度以“某值”为标准，则实际强度值大于“某值”的概率，称为“某值”具有的保证率。由单边概率的计算公式（3-8），得

$$P(X>\mu-1.645\sigma)=1-F(\mu-1.645\sigma)=1-\Phi(-1.645)$$
$$=1-\frac{1}{2}\times(0.04947+0.05050)=0.95$$

说明实际材料强度大于平均值减 1.645 倍标准差的概率为 95%，若以“平均值减 1.645 倍标准差”作为材料强度的标准取值，则保证率为 95%。换言之，实际工程中材料强度低于这个值的概率仅为 5%，这就是风险。

同理

$$P(X>\mu-2\sigma)=1-F(\mu-2\sigma)=1-\Phi(-2)$$
$$=1-0.02275=0.9773$$

说明实际材料强度大于平均值减 2 倍标准差的概率为 97.73%，若以“平均值减 2 倍标准差”作为材料强度的标准取值，则保证率为 97.73%。换言之，实际工程中材料强度低于

这个值的概率仅为2.27%，也就是风险概率为2.27%。

材料强度标准值应具有95%及以上的保证率。建筑结构中混凝土材料、砌体取保证率为95%，所以材料强度标准值为

$$f_k=\mu_f-1.645\sigma_f=\mu_f(1-1.645\delta_f) \tag{3-11}$$

钢筋和钢材的冶金出厂标准要求材料强度保证率不低于95%。即冶金废品限值为平均值减去α_f倍标准差（$\alpha_f\geqslant 1.645$），强度低于这个值者作为废品不予出厂。所以，钢筋、钢材的强度标准值具有不小于95%的保证率。

3.3　结构可靠度理论

3.3.1　结构的极限状态方程

（1）作用效应S　由作用引起的结构或结构构件的反应，例如内力（轴力、弯矩、剪力、扭矩等）、变形和裂缝宽度等，称为作用效应，用S表示。由直接作用（荷载）引起的内力、变形和裂缝等效应，又称为荷载效应。

荷载引起的内力和变形效应可由材料力学或结构力学方法计算。作用和作用效应之间是一种因和果的关系，作用具有随机性，作用效应也具有随机性。

（2）抗力R　结构或结构构件承受作用效应的能力称为抗力，用R表示。

影响结构抗力的主要因素是结构的几何参数和材料性能。因制作偏差和安装误差会导致几何参数的变异，结构材料由于材质和生产工艺的影响，其强度和变形性能也会有差异，因此，结构或结构构件具有随机性，即抗力R具有随机性。

（3）结构的极限状态方程　结构的工作性能可用结构的功能函数来描述。若结构设计时需要考虑n个随机变量，即X_1、$X_2\cdots X_n$，则由这n个随机变量可建立起结构的功能函数Z：

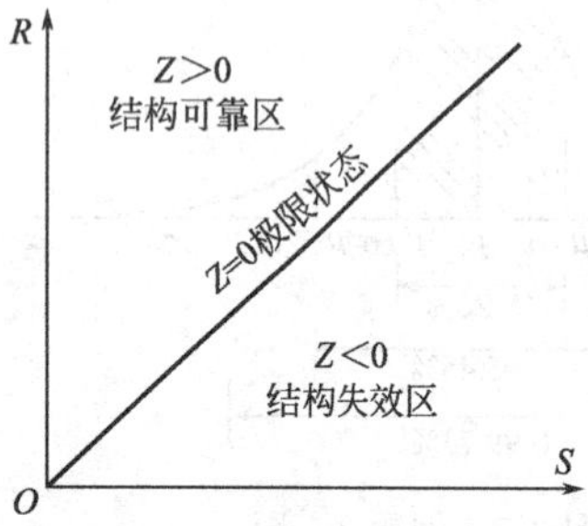

$$Z=g(X_1, X_2, \cdots, X_n) \tag{3-12}$$

为了分析的方便，将随机变量简化为两个：荷载效应S和结构抗力R，于是有

$$Z=g(R, S)=R-S \tag{3-13}$$

上式中R和S是随机变量，函数Z也是随机变量。实际工作中，可能出现以下三种情况（见图3-6）：

图3-6　结构所处状态

$Z>0$　结构处于可靠状态，对应于图中左上区域；

$Z<0$　结构处于失效状态，对应于图中右下区域；

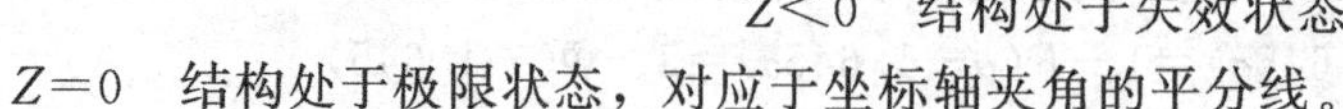

$Z=0$　结构处于极限状态，对应于坐标轴夹角的平分线。

显然，保证结构或结构构件不失效的条件应该是$Z\geqslant 0$。由极限状态所对应的结构功能函数，就是结构的极限状态方程：

$$Z=g(R, S)=R-S=0 \tag{3-14}$$

3.3.2　结构的可靠度

假设R、S均服从正态分布，平均值分别为μ_R、μ_S，标准差分别为σ_R、σ_S，则Z亦服从正态分布，平均值和标准差按下列公式计算：

$$\mu_Z=\mu_R-\mu_S \tag{3-15}$$

$$\sigma_Z=\sqrt{\sigma_R^2+\sigma_S^2} \tag{3-16}$$

结构的可靠度定义为结构在规定的时间内（结构的设计使用年限），在规定的条件下

（正常勘测设计、正常施工、正常使用和正常维护），完成预定功能的概率，用 P_s 表示。$P_s=P(Z\geqslant 0)$，又称为可靠概率。反之，结构在规定的时间内、规定的条件下不能完成预定功能的概率 P_f，称为失效概率，且有 $P_f=P(Z<0)$。结构的可靠概率和失效概率之和应为1（或100%）：

$$P_s+P_f=1 \tag{3-17}$$

由式（3-17）可知，可靠概率上升，失效概率下降；可靠概率下降，失效概率上升。只要知道了失效概率，可靠概率也就确定了。由失效概率的定义可得

$$P_f=P(Z<0)=F(0)=\Phi\left(\frac{0-\mu_z}{\sigma_z}\right)=\Phi\left(-\frac{\mu_z}{\sigma_z}\right) \tag{3-18}$$

令

$$\beta=\frac{\mu_z}{\sigma_z}=\frac{\mu_R-\mu_S}{\sqrt{\sigma_R^2+\sigma_S^2}} \tag{3-19}$$

称 β 为可靠指标。式（3-18）成为

$$P_f=\Phi(-\beta) \tag{3-20}$$

由表3-2给出的正态概率积分表，可得到可靠指标 β 与失效概率 P_f 的对应关系，见表3-3。

表3-3　可靠指标与相应的失效概率

β	1.0	2.0	2.7	3.0	3.2	3.7	4.2
P_f	1.587×10^{-1}	2.275×10^{-2}	3.467×10^{-3}	1.350×10^{-3}	6.871×10^{-4}	1.078×10^{-4}	1.335×10^{-5}

式（3-20）表明，已知可靠指标便能计算失效概率，所以可靠指标 β 可以代替失效概率 P_f。由表3-3可知，可靠指标增大，失效概率下降，也即可靠概率上升。可靠指标 β 愈大，结构愈可靠。建筑结构设计采用可靠指标，而不直接采用可靠概率。

公式中采用了平均值 μ_Z（一阶原点矩）和标准差 σ_Z（σ_Z^2 为方差，又称二阶中心矩），且考虑 Z 为 R、S 的线性函数，所以这个方法又称为一次二阶矩法。再者，假定为正态分布，假定为线性函数关系，只用到了平均值和标准差两个参数，并非实际的概率分布，所以这个方法只能算是近似概率设计方法。

【例题3-2】 某钢筋混凝土轴心受拉构件，已知荷载效应（轴力）服从正态分布，平均值18kN，标准差3.5kN；结构抗力也服从正态分布，平均值35kN，标准差4.0kN。试求可靠概率。

【解】 首先求可靠指标，然后计算失效概率，最后求可靠概率。

$$\beta=\frac{\mu_R-\mu_S}{\sqrt{\sigma_R^2+\sigma_S^2}}=\frac{35-18}{\sqrt{4.0^2+3.5^2}}=3.20$$

$$P_f=\Phi(-\beta)=\Phi(-3.20)=6.871\times10^{-4}$$

$$P_s=1-P_f=1-6.871\times10^{-4}=0.9993=99.93\%$$

3.3.3　按可靠指标的设计准则

在结构设计时，根据结构物的安全等级，规定的可靠指标（又称目标可靠指标）进行设计的准则，称为按可靠指标的设计准则。

结构构件设计时采用的可靠指标，是用校准法求得的。所谓“校准法”就是根据对20世纪80年代以前的结构构件进行反复计算和综合分析，求得其平均可靠指标来确定其后设计时应采用的目标可靠指标。对于承载能力极限状态的可靠指标，不小于表3-4的规定。从表中可以看出，桥梁结构的可靠指标高于建筑结构的可靠指标1.0。

表 3-4　结构构件承载能力极限状态的可靠指标

破坏类型	建筑结构 安全等级			桥梁结构 安全等级		
	一	二	三	一	二	三
延性破坏	3.7	3.2	2.7	4.7	4.2	3.7
脆性破坏	4.2	3.7	3.2	5.2	4.7	4.2

注：当承受偶然作用时，结构构件的可靠指标应符合专门规范的规定。

建筑结构构件正常使用极限状态的可靠指标，根据其可逆程度宜取 0～1.5。可逆程度较高的结构构件取值较低，可逆程度较低的结构构件取值较高。可逆极限状态是指产生超越状态的作用被移掉后，将不再保持超越状态的一种极限状态；不可逆极限状态是指产生超越状态的作用被移掉后，仍将永久保持超越状态的一种极限状态。

3.4　结构极限状态设计方法

按可靠指标的设计准则并不直接用于具体设计，结构的具体设计方法是极限状态设计方法。极限状态设计方法中，采用荷载分项系数和抗力分项系数（或材料分项系数），简化设计公式形式，以符合人们长期以来的习惯。而各分项系数的确定，是以可靠指标和工程经验为依据的。

3.4.1　承载能力极限状态设计

任何结构构件、不管处于何种设计状况，均应进行截面承载能力设计，以确保安全。截面承载能力极限状态下的设计表达式为：

$$\gamma_0 S_d \leqslant R_d \tag{3-21}$$

式中　γ_0——结构重要性系数，对持久设计状况和短暂设计状况，安全等级为一级的结构构件不应小于 1.1，安全等级为二级的结构构件不应小于 1.0，安全等级为三级的结构构件不应小于 0.9；对偶然设计状况和地震设计状况不应小于 1.0；

S_d——荷载组合的效应设计值；

R_d——结构构件抗力设计值。

结构构件抗力设计值在后续的相关章节中详细讲述，荷载组合的效应设计值是荷载组合中的最不利值，下面介绍荷载组合的效应。持久设计状况和短暂设计状况承载能力极限状态计算时采用基本组合，基本组合就是永久荷载和可变荷载组合；偶然设计状况承载力极限状态计算时采用偶然组合，偶然组合就是永久荷载、可变荷载及一个偶然荷载的组合；地震设计状况承载力极限状态计算时采用地震组合，地震组合就是地震作用和其他作用（荷载）的组合。

本书后面将 $\gamma_0 S_d$ 作为一个整体称为相应内力设计值，分别用轴力设计值 N、弯矩设计值 M、剪力设计值 V 和扭矩设计值 T 取而代之：即 $N=\gamma_0 S_d$，$M=\gamma_0 S_d$，$V=\gamma_0 S_d$，$T=\gamma_0 S_d$。

3.4.1.1　基本组合

（1）荷载组合　各个荷载组合后称为荷载设计值。可变荷载控制的组合，应按下式计算

$$G+Q=\sum_{j=1}^{m}\gamma_{G_j}G_{jk}+\gamma_{Q_1}\gamma_{L_1}Q_{1k}+\sum_{i=2}^{n}\gamma_{Q_i}\gamma_{L_i}\psi_{c_i}Q_{ik} \tag{3-22}$$

式中　γ_{G_j}——第 j 个永久荷载分项系数，当其荷载对结构不利时应取 1.2；对结构有利时，一般情况下应取 1.0，对结构的倾覆、滑移或漂浮验算应取 0.9；

γ_{Q_i}——第 i 个可变荷载分项系数，其中 γ_{Q_1} 为主导可变荷载 Q_1 的分项系数，一般情况下取 1.4；对于标准值大于 $4kN/m^2$ 的工业房屋楼面结构的活荷载应取 1.3；

γ_{L_i}——第 i 个可变荷载考虑结构设计使用年限的荷载调整系数，其中 γ_{L_1} 为主导可变荷载 Q_1 考虑设计使用年限的调整系数，楼面和屋面活荷载该系数取值为：使用年限 5 年取 0.9，使用年 50 年取 1.0，使用年限 100 年取 1.1；

G_{jk}——第 j 个永久荷载标准值；

Q_{1k}——起控制作用的一个可变荷载（主导可变荷载）标准值[1]；

Q_{ik}——第 i 个可变荷载标准值；

ψ_{c_i}——可变荷载 Q_i（或 q_i）的组合值系数，取值参见本书 2.4 节；

m——参与组合的永久荷载数；

n——参与组合的可变荷载数。

永久荷载控制的组合，应按式（3-23）计算

$$G+Q=\sum_{j=1}^{m}\gamma_{G_j}G_{jk}+\sum_{i=1}^{n}\gamma_{Q_i}\gamma_{L_i}\psi_{c_i}Q_{ik} \tag{3-23}$$

式中　γ_{G_j}——第 j 个永久荷载分项系数，对结构不利时应取 1.35。

由可变荷载控制的组合，γ_G 一般取 1.2，工程上又称为“1.2 组合”；由永久荷载控制的组合，γ_G 取 1.35，又称为“1.35 组合”。

当为均匀分布的线荷载时，公式中的 G、Q 应改为 g、q。由组合后的荷载（荷载设计值）根据力学关系计算相应效应，就是荷载组合的效应设计值，公式形式为

$$\gamma_0 S_d=\gamma_0 S_d(G+Q) \tag{3-24}$$

式中 $S_d(\cdot)$ 为荷载组合的效应函数。函数表达式和荷载有关，也和结构类型有关，例如均布荷载 $g+q$ 作用下的简支梁，设计算跨度为 l_0，净跨度为 l_n，则跨中弯矩设计值和支座剪力设计值分别为：

$$M=\gamma_0 S_d=\gamma_0\frac{1}{8}(g+q)l_0^2,\ V=\gamma_0 S_d=\gamma_0\frac{1}{2}(g+q)l_n$$

（2）荷载效应组合　对于线弹性结构，荷载和效应成比例，荷载组合的效应和荷载效应组合，两者相等。所以，可以先分别计算荷载效应，然后按下列公式进行荷载效应组合。

由可变荷载（效应）控制的组合

$$\gamma_0 S_d=\gamma_0\left(\sum_{j=1}^{m}\gamma_{G_j}S_{G_jk}+\gamma_{Q_1}\gamma_{L_1}S_{Q_1k}+\sum_{i=2}^{n}\gamma_{Q_i}\gamma_{L_i}\psi_{c_i}S_{Q_ik}\right) \tag{3-25}$$

式中　γ_{G_j}——第 j 个永久荷载分项系数，对结构不利时应取 1.2；

S_{G_jk}——第 j 个永久荷载标准值的效应；

S_{Q_1k}——起控制作用的一个可变荷载（主导可变荷载）标准值的效应；

S_{Q_ik}——第 i 个可变荷载标准值的效应。

由永久荷载（效应）控制的组合

$$\gamma_0 S_d=\gamma_0\left(\sum_{j=1}^{m}\gamma_{G_j}S_{G_jk}+\sum_{i=1}^{n}\gamma_{Q_i}\gamma_{L_i}\psi_{c_i}S_{Q_ik}\right) \tag{3-26}$$

式中 γ_{G_j} 取 1.35。

---

[1] 当无法明显判断哪一个可变荷载起控制作用时，可将各可变荷载依次取为 Q_{1k} 进行组合，选最不利的组合用于设计计算。

3.4.1.2 偶然组合

对于偶然组合，荷载效应组合的设计值宜按下列规定确定：偶然荷载的代表值不乘分项系数；与偶然荷载同时出现的其他荷载可根据观测资料和工程经验采用适当的代表值。各种情况下荷载效应的设计值公式，可由有关规范另行规定。

3.4.1.3 地震组合

对于地震组合，由水平地震作用、竖向地震作用、重力荷载和风荷载进行组合，同时还要考虑承载力抗震调整系数。地震组合的效应设计值，宜根据重现期为475年的地震作用（基本烈度）确定，详见《建筑抗震设计规范》(GB 50011—2010)。

【例题 3-3】 某砖混住宅楼，采用简支空心楼板，板宽0.9m，计算跨度3.3m，包括板间灌缝在内的板自重产生的恒载标准值为$1.6kN/m^2$。板顶采用20mm厚水泥砂浆抹面，板底采用20mm厚纸筋石灰泥粉刷。楼面活荷载标准值$2.0kN/m^2$，组合值系数$\psi_c=0.7$。结构安全等级为二级，设计使用年限为50年，试计算板跨中弯矩设计值。

【解】 (1) 沿板长方向均匀分布的线荷载标准值

20mm厚水泥砂浆面层：$20.0\times0.02\times0.9=0.36kN/m$

板自重（含板缝）：$1.6\times0.9=1.44kN/m$

20mm厚纸筋石灰泥粉刷：$16.0\times0.02\times0.9=0.288kN/m$

恒载标准值：$g_k=0.36+1.44+0.288=2.088kN/m$

活载标准值：$q_k=2.0\times0.9=1.8kN/m$

(2) 先将荷载组合，然后计算效应

可变荷载控制的组合，“1.2组合”：

$$g+q=\gamma_G g_k+\gamma_Q\gamma_L q_k=1.2\times2.088+1.4\times1.0\times1.8=5.026kN/m$$

永久荷载控制的组合，“1.35组合”：

$$g+q=\gamma_G g_k+\gamma_Q\gamma_L\psi_c q_k=1.35\times2.088+1.4\times1.0\times0.7\times1.8=4.583kN/m$$

取两者的较大值计算弯矩。

$$M=\gamma_0 S_d=\gamma_0\frac{1}{8}(g+q)l_0^2=1.0\times\frac{1}{8}\times5.026\times3.3^2=6.84kN\cdot m$$

(3) 先计算荷载标准值产生的效应，然后进行效应组合

$$M_{Gk}=\frac{1}{8}g_k l_0^2=\frac{1}{8}\times2.088\times3.3^2=2.84kN\cdot m$$

$$M_{Qk}=\frac{1}{8}q_k l_0^2=\frac{1}{8}\times1.8\times3.3^2=2.45kN\cdot m$$

可变荷载控制的组合，“1.2组合”：

$$M=\gamma_0 S_d=\gamma_0(\gamma_G M_{Gk}+\gamma_Q\gamma_L M_{Qk})$$
$$=1.0\times(1.2\times2.84+1.4\times1.0\times2.45)=6.84kN\cdot m$$

永久荷载控制的组合，“1.35组合”：

$$M=\gamma_0 S_d=\gamma_0(\gamma_G M_{Gk}+\gamma_Q\gamma_L\psi_c M_{Qk})$$
$$=1.0\times(1.35\times2.84+1.4\times1.0\times0.7\times2.45)=6.24kN\cdot m$$

板跨中弯矩设计值应取两者中的较大值，即：$M=6.84kN\cdot m$。

【例题 3-4】 在恒载、活载和风载标准值作用下，某框架柱底截面的弯矩值分别为$29.60kN\cdot m$、$5.42kN\cdot m$和$6.85kN\cdot m$，已知活载组合值系数为0.7、风载组合值系数0.6，结构安全等级为一级，设计使用年限50年，试求柱底截面弯矩设计值（最大值）。

【解】 有“恒”、“活”、“风”三种荷载，且三种荷载引起的弯矩都是正值，说明三种荷

载同时出现才是危险状况。在 1.2 组合的公式中

$$\gamma_0 S_d = \gamma_0(\gamma_G S_{Gk} + \gamma_{Q_1}\gamma_{L_1} S_{Q_1k} + \sum_{i=2}^{n}\gamma_{Q_i}\gamma_{L_i}\psi_{c_i}S_{Q_ik})$$

风荷载是第 1 可变荷载（主导可变荷载），活荷载为第 2 可变荷载，所以

$$M=\gamma_0 S_d=\gamma_0(\gamma_G M_{Gk}+\gamma_{Q_1}\gamma_{L_1}M_{Q_1k}+\gamma_{Q_2}\gamma_{L_2}\psi_{c_2}M_{Q_2k})$$

$$=1.1\times(1.2\times29.60+1.4\times1.0\times6.85+1.4\times1.0\times0.7\times5.42)=55.46\text{kN}\cdot\text{m}$$

1.35 组合中，可变荷载不分主导和伴随，都用组合值参与组合。组合公式

$$\gamma_0 S_d = \gamma_0(\gamma_G S_{Gk} + \sum_{i=1}^{2}\gamma_{Q_i}\gamma_{L_i}\psi_{c_i}S_{Q_ik})$$

成为　$M=\gamma_0 S_d=\gamma_0(\gamma_G M_{Gk}+\gamma_{Q_1}\gamma_{L_1}\psi_{c_1}M_{Q_1k}+\gamma_{Q_2}\gamma_{L_2}\psi_{c_2}M_{Q_2k})$

$$=1.1\times(1.35\times29.60+1.4\times1.0\times0.6\times6.85+1.4\times1.0\times0.7\times5.42)$$

$$=56.13\text{kN}\cdot\text{m}$$

所以，柱底截面的弯矩设计值为：$M=56.13\text{kN}\cdot\text{m}$。

3.4.2　正常使用极限状态设计

对于正常使用极限状态，应根据不同的设计要求，采用荷载的标准组合、频遇组合或准永久组合，并按如下设计表达式进行设计：

$$S_d \leqslant C \tag{3-27}$$

式中　S_d——正常使用极限状态荷载组合的效应设计值；

C——结构或结构构件达到正常使用要求的规定限值，例如变形、应力、裂缝宽度、振幅、加速度、自振频率等的限值。

3.4.2.1　标准组合

(1) 标准组合的效应设计值可按式 (3-28) 确定：

$$S_d = S_d(\sum_{j=1}^{m}G_{jk} + Q_{1k} + \sum_{i=2}^{n}\psi_{c_i}Q_{ik}) \tag{3-28}$$

(2) 当作用与作用效应按线性关系考虑时，标准组合的效应设计值可按式 (3-29) 计算：

$$S_d = \sum_{j=1}^{m}S_{G_jk} + S_{Q_1k} + \sum_{i=2}^{n}\psi_{c_i}S_{Q_ik} \tag{3-29}$$

3.4.2.2　频遇组合

(1) 频遇组合的效应设计值可按式 (3-30) 确定：

$$S_d = S_d(\sum_{j=1}^{m}G_{jk} + \psi_{f_1}Q_{1k} + \sum_{i=2}^{n}\psi_{q_i}Q_{ik}) \tag{3-30}$$

(2) 当作用与作用效应按线性关系考虑时，频遇组合的效应设计值可按式 (3-31) 计算

$$S_d = \sum_{j=1}^{m}S_{G_jk} + \psi_{f_1}S_{Q_1k} + \sum_{i=2}^{n}\psi_{q_i}S_{Q_ik} \tag{3-31}$$

式中　ψ_{f_1}——可变荷载 Q_1 的频遇值系数；

ψ_{q_i}——可变荷载 Q_i 的准永久值系数。

3.4.2.3　准永久组合

(1) 准永久组合的效应设计值可按式 (3-32) 确定：

$$S_d = S_d(\sum_{j=1}^{m}G_{jk} + \sum_{i=1}^{n}\psi_{q_i}Q_{ik}) \tag{3-32}$$

(2) 当作用与作用效应按线性关系考虑时，准永久组合的效应设计值可按式 (3-33) 计算：

$$S_d = \sum_{j=1}^{m} S_{G_j k} + \sum_{i=1}^{n} \psi_{q_i} S_{Q_i k} \tag{3-33}$$

思考题

3-1 结构在规定的使用年限内应满足哪些功能要求？

3-2 随机变量的平均值、标准差有何统计上的意义？

3-3 结构的功能函数如何表达？实际工程中结构功能可能会出现哪些情况？

3-4 正态分布的随机变量，以 $\mu_f(1-1.645\delta_f)$ 为基准，实际取值不低于该基准值的概率（也即保证率）为多少？

3-5 什么是结构的设计状况？结构的设计状况分哪几种？

3-6 安全等级为二级的建筑结构构件，延性破坏的目标可靠指标应为多少？

3-7 结构的可靠概率和失效概率之间有什么关系？

3-8 承载能力极限状态和正常使用极限状态的含义是什么？

3-9 永久荷载分项系数在什么情况下取 1.35？在什么情况下取 0.9？

选择题

3-1 教学楼中教室的钢筋混凝土梁、板、柱的环境类别为（　　）。

A. 一类　　B. 二类　　C. 三类　　D. 四类

3-2 钢筋强度应具有的保证率是（　　）。

A. 95%　　B. 97.7%　　C. 不低于 95%　　D. 不低于 99.7%

3-3 设计使用年限为 50 年的房屋结构，其重要性系数 γ_0 不应（　　）。

A. 大于 1.1　　B. 小于 1.1　　C. 大于 1.0　　D. 小于 1.0

3-4 下列情况下，构件超过承载能力极限状态的是（　　）。

A. 在荷载作用下产生较大的变形而影响使用

B. 构件在动力荷载作用下产生较大的振动

C. 构件受拉区混凝土出现裂缝

D. 构件因过度变形而不适于继续承载

3-5 下列情况中，构件超过正常使用极限状态的是（　　）。

A. 构件因过度变形而不适于继续承载

B. 构件丧失稳定

C. 构件在荷载作用下产生较大的变形而影响使用

D. 构件因超过材料强度而破坏

3-6 建筑结构设计中，混凝土、砌体的材料强度保证率为（　　）。

A. 90%　　B. 95%　　C. 97%　　D. 99%

3-7 随机变量 X 的任意一个取值落入区间 $[\mu-3\sigma, \mu+3\sigma]$ 的概率是（　　）。

A. 63.3%　　B. 94.5%　　C. 97.9%　　D. 99.7%

3-8 计算基本组合的荷载效应时，由可变荷载效应控制的组合中，永久荷载分项系数 γ_G 取 1.2 的情况是（　　）。

A. 任何情况下　　B. 其效应对结构不利时

C. 其效应对结构有利时　　D. 验算抗倾覆和滑移时

3-9 荷载效应的基本组合是指（　　）。

A. 永久荷载效应与可变荷载效应、偶然荷载效应的组合

B. 永久荷载效应与可变荷载效应组合

C. 仅考虑永久荷载效应的组合

D. 永久荷载效应与偶然荷载效应组合

3-10 工业房屋楼面活荷载为 4.5kN/m²，则其分项系数 γ_Q 应为（　　）。

A. 1.3　　B. 1.4　　C. 1.2　　D. 1.1

计 算 题

3-1 某住宅房屋的楼面梁跨中截面，由永久荷载标准值引起的弯矩 $M_{Gk}=43.5kN \cdot m$，由楼面活荷载标准值引起的弯矩 $M_{Qk}=25.7kN \cdot m$。若结构的安全等级为二级，设计使用年限为 50 年，试求基本组合下的弯矩设计值。

3-2 钢筋混凝土矩形截面简支梁，截面尺寸为 250mm×500mm，计算跨度 3.60m，净跨度 3.23m。梁上作用有永久荷载标准值 15.6kN/m（不含梁自重），可变荷载标准值 $q_k=9.8kN/m$。结构的安全等级为二级，设计使用年限为 50 年，试计算按承载能力极限状态设计时的跨中弯矩设计值和支座剪力设计值。（注：计算跨中弯矩时，采用计算跨度；计算支座剪力时，采用净跨度。）

第二篇　混凝土结构构件

1824 年英国石匠约瑟夫·阿普斯丁发明波特兰水泥以后，由水泥为主制成的人工石材便广泛用于建造房屋。钢筋混凝土和预应力混凝土的先后出现，创造出了一种全新的建筑结构形式，受到人们偏爱。与砖石结构、木结构相比，混凝土结构确实是一种新结构，其应用历史仅一百多年。最近五十年中，混凝土结构在材料、结构应用、施工工艺、计算理论等诸多方面都获得了迅速发展，目前已成为应用最广泛的一种结构形式。

图示为 20 世纪世界上最高的钢筋混凝土建筑——柳京饭店。该饭店位于朝鲜平壤，地上 101 层、地下 4 层，钢筋混凝土剪力墙结构，呈金字塔形，总高度 319.80m。

第4章　混凝土结构材料的性能

4.1　混凝土的力学性能

4.1.1　混凝土的强度试验

混凝土是一种广泛应用的建筑材料，常用的有水泥混凝土和沥青混凝土两种。然而，建筑结构中通常使用水泥混凝土，所以本书“混凝土”特指水泥混凝土。

混凝土是以水泥、集料和水为主要原料，也可加入外加剂和矿物掺合料等材料，经拌合、成型、养护等工艺制作的、硬化后具有强度的工程材料。混凝土又称为人工石或人造石，用“砼”表示。水泥和水组成的水泥浆，结硬后形成水泥石（包括水泥结晶体和水泥胶凝体），水泥石则将集料黏结起来形成一个整体。集料和水泥石中的水泥结晶体作为骨架，用以承受外荷载。骨架具有弹性性能，水泥石中的水泥胶凝体具有塑性性质，所以混凝土为弹塑性材料。

4.1.1.1　混凝土的强度等级

混凝土在成形过程中，由于水泥石的收缩作用，在集料和水泥石的黏结处以及水泥石内部都不可避免地存在着微细裂缝。混凝土试块受压破坏的根本原因是，在外加压力作用下，试块纵向缩短的同时，横向发生膨胀变形，引起部分微细裂缝扩展与贯通。其破坏模式与试块的尺寸、端面条件及应力状态等因素有关。

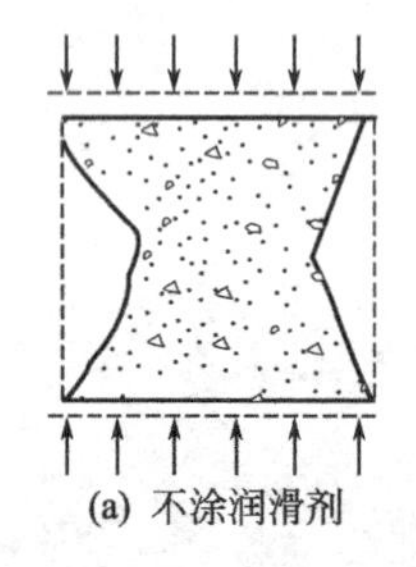

(a) 不涂润滑剂

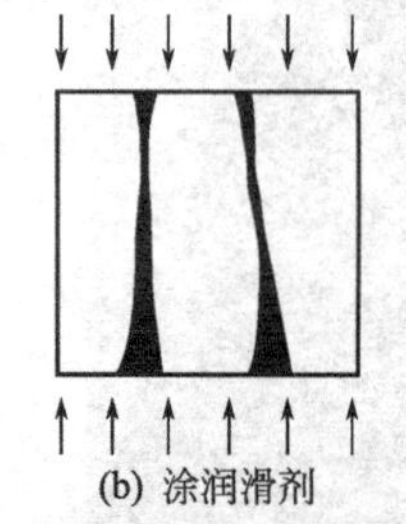

(b) 涂润滑剂

图4-1　混凝土立方体试块受压破坏

如图4-1所示为混凝土立方体试块的受压破坏模式。图4-1（a）为试验机压板与试块端面之间存在摩擦力，该摩擦力约束了试块的横向变形，起“箍”的作用。试块中部，因为“箍”的效应降低，所以随着压力的增大，试块中部外围混凝土不断剥落，形成两个相连的截锥体。但是，如果在压板和混凝土端面之间抹上润滑剂，摩擦力减小甚至趋于零，试块横向变形自由，在压力作用下纵向裂缝逐步扩展、贯通，产生纵向开裂破坏，如图4-1（b）所示。这种受压出现纵向裂缝的现象，可用材料力学中的第二强度理论或最大拉应变理论来解释。试块在纵向压应力作用下，由广义胡可定律可知，纵向产生压应变，但同时横向会产生拉应变，当该拉应变达到混凝土的极限拉应变时，混凝土便会纵向开裂。

因为摩擦力对混凝土横向变形的约束，使内部裂缝不能自由发展，所以压板与混凝土之间不加润滑剂时混凝土的抗压强度值大于横向自由膨胀时的抗压强度。试块中距压板愈远，“箍”的作用愈小，破坏形成截锥体。

试验还发现，立方体尺寸越小，抗压强度越高。一种观点认为，试块尺寸越小，混凝土内部缺陷（微细裂缝）越少、内部与表面硬化的差异也小，故小试块强度大于大试块。另一种解释是试验方法上的影响，认为试块尺寸小，端部“箍”的作用强，抗压强度高。这方面的机理还在探索之中，目前尚无统一定论。

为了便于比较，需统一试块尺寸和试验方法。我国混凝土材料试验中，国家标准规定以

图 4-2　混凝土立方体试块

150mm×150mm×150mm 立方体、在温度为（20±2)℃、相对湿度>95%的环境下养护 28 天、端面不加润滑剂的抗压试验作为参照标准。如图 4-2 所示为抗压试验前、后的混凝土立方体试块。取具有 95%保证率的立方体抗压强度作为立方抗压强度标准值 $f_{cu,k}$，以此作为确定混凝土强度等级的依据。同时，立方抗压强度标准值也是混凝土各种力学指标的基本代表值。

现行规范将混凝土的强度等级分为 C15、C20、C25、C30、C35、C40、C45、C50、C55、C60、C65、C70、C75 和 C80 共十四级，其中 C 代表混凝土（Concrete)，C 后数值为立方抗压强度标准值 $f_{cu,k}$。强度等级 C55 及其以下的混凝土称为普通混凝土，C60 及其以上的混凝土为高强度混凝土。根据《建筑桩基础技术规范》(JGJ 94—2008）附录所列，建筑结构中的预应力混凝土管桩（PC）和预应力混凝土空心方桩（PS）采用 C60 混凝土，而预应力高强度混凝土管桩（PHC）和预应力高强度混凝土空心方桩（PHS）则采用 C80 混凝土。目前工程上使用的高强度混凝土强度等级已经超过规范所规定的最高等级 C80，C100 以上的混凝土也有应用。

建筑结构中使用的混凝土强度等级最低为 C15。基础垫层和地坪以及素混凝土结构可采用 C15，钢筋混凝土结构应采用 C20 及其以上的混凝土。

4.1.1.2　混凝土棱柱体抗压强度试验

混凝土实际受压构件，并不是立方体，而是棱柱体（高度 H 大于边长 b)，且端面并不存在约束侧向变形的摩擦力。如图 4-3 所示为混凝土棱柱体抗压试验简图。根据圣维南原理，要消除试样端部摩擦力的影响，试样就必须具有一定高度 H，才能保证中部处于纯受压应力状态；但若 H 过大，在试样破坏前又会产生附加偏心（纵向弯曲）而使抗压强度降低。实践中人们一般认为，试样高度为边长的 2～4 倍（$H=2b\sim4b$）时最适宜。常用 150mm×150mm×300mm，150mm×150mm×450mm，150mm×150mm×600mm 的棱柱试样进行抗压试验。我国《普通混凝土力学性能试验方法》规定以 150mm×150mm×300mm 的棱柱体作为混凝土轴心抗压强度试验的标准试样。棱柱体破坏时，中部处于纯压应力状态，故中部出现数条纵向裂缝或独立存在、或与端部附近的斜裂缝连通，使混凝土彼此分离。

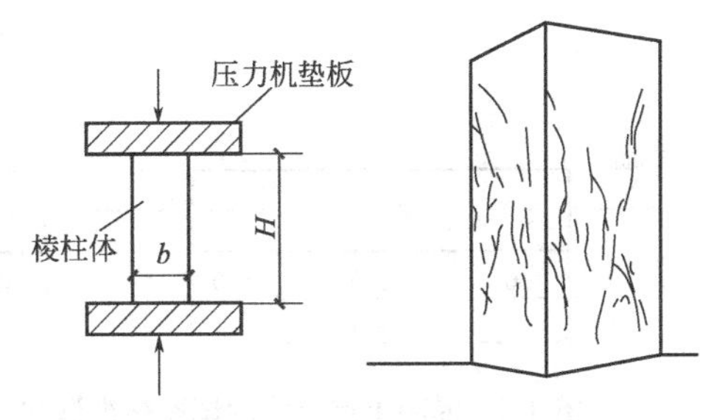

图 4-3　混凝土棱柱体抗压试验

混凝土棱柱体抗压试验强度值称为轴心抗压强度 f_c，它与混凝土的立方抗压强度大致呈线性关系。混凝土轴心抗压强度很少直接测试，实用中利用其与立方抗压强度的关系通过计算确定。

国内进行了大量的相同强度等级的混凝土棱柱体试样与立方体试样的抗压强度试验，得

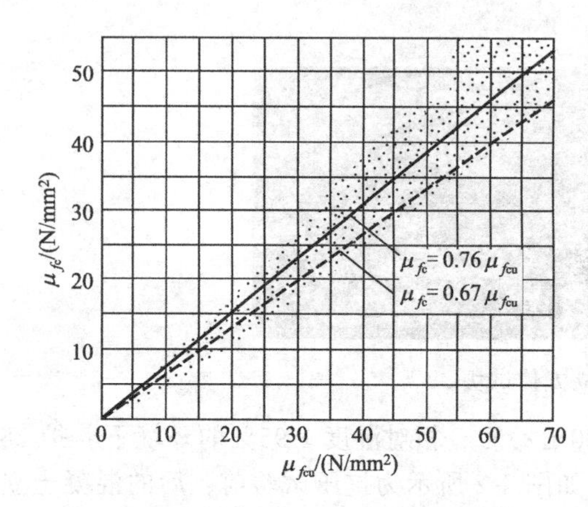

图 4-4 混凝土轴心抗压强度平均值与立方抗压强度平均值的关系

到抗压强度平均值之间的关系曲线如图 4-4 所示。由图可知，两者之间大致呈直线关系，统计平均值之间可回归成如下的经验公式：

$$\mu_{f_c}=0.76\mu_{f_{cu}} \tag{4-1}$$

考虑到实际构件制作、养护、受力等情况与实验室中试样的差异，并根据多年的工程经验，《混凝土结构设计规范》中实际采用式（4-1）计算结果的 0.88 倍（图 4-4 中的虚直线，比例系数 0.88×0.76=0.67）。

4.1.1.3 混凝土轴心抗拉强度试验

抗拉强度是混凝土的基本力学性能指标，可采用直接拉伸试验法和劈裂试验法来测定，亦可根据与立方抗压强度的关系进行计算。

（1）直接拉伸试验　直接轴心拉伸试验的混凝土标准试样如图 4-5 所示，尺寸为 100mm×100mm×500mm，两端各预埋一根直径为 16mm 的钢筋，埋入混凝土内深度 150mm，并置于试样轴线上。试验机的夹具夹紧钢筋后，缓慢对钢筋施加拉力，破坏时试样在没有钢筋的中部截面被拉断。拉断时截面上的平均应力即为混凝土的轴心抗拉强度 f_t：

$$f_t=\frac{F}{A} \tag{4-2}$$

式中　F——试样断裂时的拉力；

　　　A——试样横截面面积。

因为直接拉伸试验的缺点在于预埋钢筋位置存在误差，难以保证试样真正轴心受力。拉力偏心，对试验结果将会产生较大影响。所以，混凝土的直接拉伸试验已较少采用。

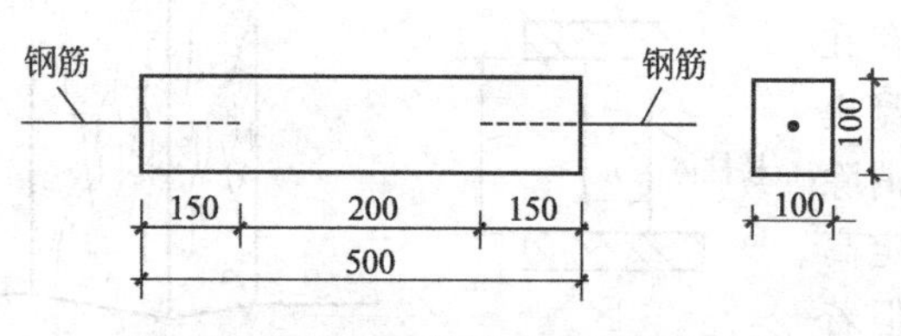

图 4-5 混凝土抗拉强度试验标准试样

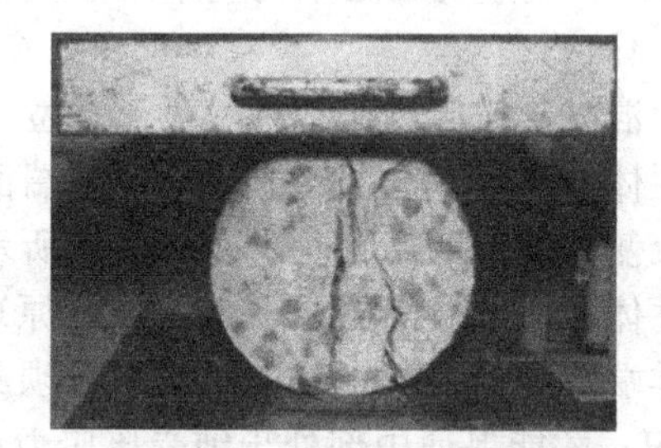

图 4-6 混凝土圆柱试样劈裂试验

（2）劈裂试验　目前，国内外都广泛采用劈裂试验法来测定混凝土的抗拉强度，如图 4-6 所示。该试验是在圆柱体试样上通过弧形垫条及垫层施加压力线荷载，在中间垂直截面上中部产生均匀的水平向拉应力 σ_1，其应力分布如图 4-7 所示。当该拉应力达到混凝土的抗拉强度时，试样沿中间垂直截面劈裂拉断。根据弹性理论分析结果，劈裂抗拉强度为：

$$f_{ts}=\sigma_1=\frac{2F}{\pi dl} \tag{4-3}$$

式中　F——劈裂破坏荷载；

　　　d——圆柱直径；

　　　l——圆柱长度。

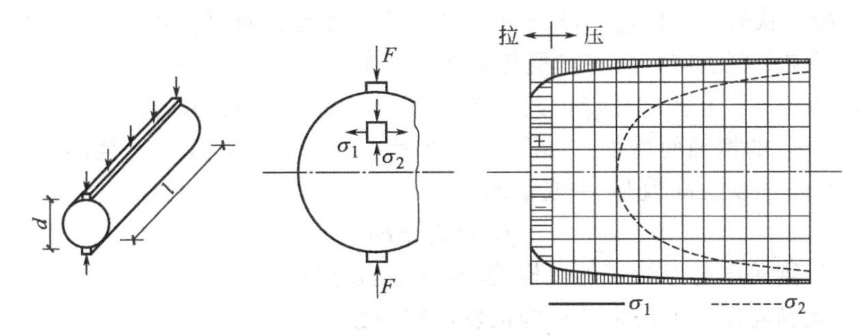

图 4-7　劈裂试验应力分布

试验表明：混凝土的劈裂抗拉强度 f_{ts} 略大于直接抗拉强度 f_t，劈裂抗拉试样的尺寸大小对试验结果有一定影响。标准圆柱试样的尺寸为直径 $d=150$mm，长度 $l=150$mm。除了圆柱试样外，还可采用 150mm×150mm×150mm 的标准立方体试样进行劈裂试验。若采用 100mm×100mm×100mm 的试样，测得的劈裂抗拉强度值应乘以尺寸换算系数 0.85。

4.1.1.4　混凝土复合受力时的强度

混凝土结构构件除单向受力外，还有可能承受轴力、弯矩、剪力和扭矩的共同作用，形成二向或三向应力状态。单向应力状态称为简单应力状态，二向应力状态和三向应力状态称为复合（或复杂）应力状态。试验发现，复合应力状态下混凝土的强度有明显变化。

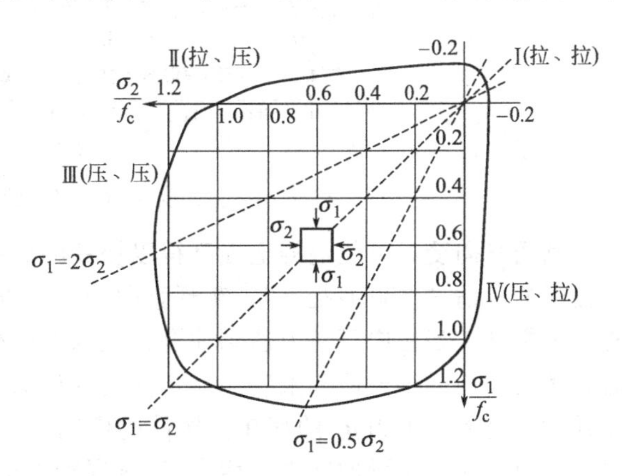

图 4-8　二向应力状态下混凝土的强度

（1）二向应力状态　对于由主应力 σ_1、σ_2 表示的二向应力状态，混凝土强度试验曲线如图 4-8 所示。从图中可以看出强度变化的特点为：二向受压（第Ⅲ象限）时，一向的混凝土强度随另一向压应力的增加而增加；二向受拉（第Ⅰ象限）时，一向的抗拉强度与另一向的拉应力无关，混凝土抗拉强度接近于单向抗拉强度；一向受拉、一向受压（第Ⅱ、Ⅳ象限）时，混凝土的强度均低于单向受力时的强度。

对于由法向正应力 σ 和切向剪应力 τ 表示的拉（压）剪复合受力，它是二向应力状态的一种特例，其强度曲线如图 4-9 所示。图中曲线表明，由于剪应力的存在，混凝土的抗压强度、抗拉强度下降；当 $\sigma/f_c<0.6$ 时，抗剪强度随压应力的增大而增大；而当 $\sigma/f_c>0.6$ 时，抗剪强度随压应力的增大而减小；抗剪强度总是随拉应力的增大而减小。

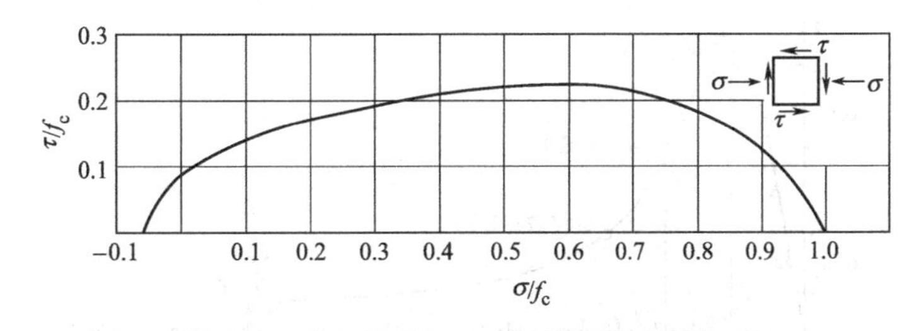

图 4-9　拉剪（压剪）复合受力时混凝土的强度

（2）三向应力状态　三向应力状态下混凝土的强度比二向应力状态时更加复杂，这里不作一般讨论。考虑混凝土圆柱体三向受压的情况，轴向压应力 $\sigma_1=\sigma$、另外两个方向的侧向压应力相等，设为 σ_2。有侧向压应力约束的混凝土的轴心抗压强度 $f_{cc}=\sigma_1=\sigma$，它随另外两个方向的压应力 σ_2 的增加而增加，如图 4-10 所示。试验证实，在一定范围内，三向受压时混凝土的轴心抗压强度提高值与 σ_2 成正比：

$$f_{cc}=f_c+k\sigma_2 \tag{4-4}$$

式中　f_{cc}——有侧向压应力约束的试样的轴心抗压强度；

f_c——无侧向压应力约束的试样的轴心抗压强度；

σ_2——侧向约束压应力；

k——侧向应力系数，试验测定大约为 4.5～7.0。

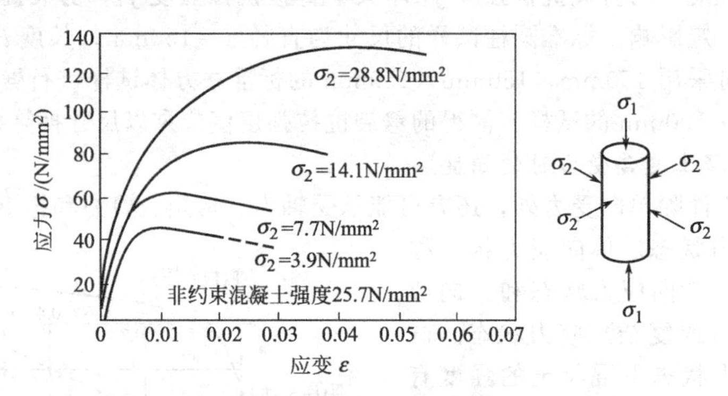

图 4-10　三向受压时混凝土的强度随侧向应力的变化

利用三向受压可使混凝土强度得以提高的这一特性，工程上的混凝土受压构件可做成侧向受限的所谓“约束混凝土”。实现侧向约束的方式有多种，但以螺旋箍筋柱和钢管混凝土柱最为常见。当柱内压应力达到使混凝土内部裂缝扩展而致体积膨胀挤压螺旋箍筋或钢管壁时，螺旋箍筋或钢管便起限制混凝土横向变形的作用，使混凝土三向受压，从而达到提高抗压强度的目的。因为 σ_2 的存在，构件的横向变形受到约束，所以不仅使竖向抗压强度得到提高，而且纵向变形的能力也增大了。《混凝土结构设计规范》对螺旋箍筋柱，取 $k=4.0$。

4.1.2　混凝土的变形性能

混凝土的变形可由外荷载引起，也可由非外力因素引起。荷载可产生短期变形——弹塑性变形、长期变形——徐变，非荷载因素引起的变形以材料的收缩变形为代表。

4.1.2.1　*荷载产生的短期变形*

（1）应力-应变关系　混凝土棱柱体试样轴心受压完整的应力-应变曲线如图 4-11 所示，总体上可分成上升 OC 和下降 CF 两部分，包含如下几个阶段。

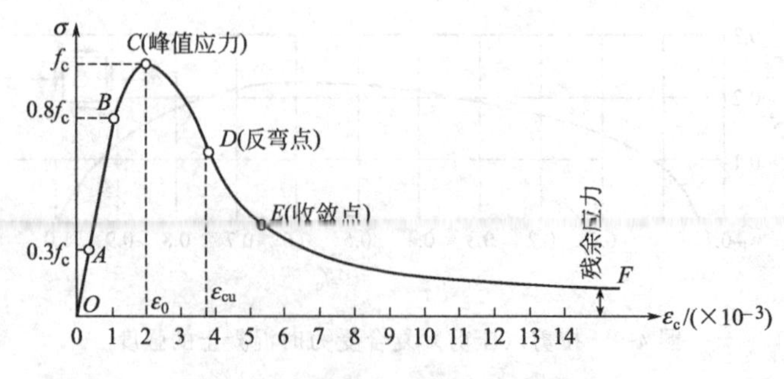

图 4-11　混凝土的应力-应变曲线

① 线弹性阶段 OA。当压应力较小时，混凝土的变形主要是由集料和水泥石中的水泥结晶体在压力作用下产生的弹性变形，水泥石中水泥胶凝体的塑性变形和初始微裂缝变化的影响都很小，材料表现出弹性性质。OA 段近似为一条直线，材料力学中的胡克定律可以应用。直线末端 A 点的应力称为比例极限，其值大约为 $0.3f_c \sim 0.4f_c$。

② 裂缝稳定扩展阶段 AB。应力超过 A 点以后，出现塑性变形，裂缝开始缓慢发展。若应力不再继续增加，则裂缝停止扩展，此时裂缝处于稳定状态。B 点称为临界点，其应力大约为 $0.8f_c$，它是混凝土长期抗压强度的依据。

③ 裂缝不稳定扩展阶段 BC。这一阶段内，试样所积蓄的弹性变形能大于裂缝发展所需要的能量，造成裂缝的快速扩展。这时即使荷载不再增加，裂缝也会继续发展。该阶段裂缝之扩展已处于不稳定状态。

最高点 C 的应力 σ_{max} 称为峰值应力，它作为棱柱体试样的抗压强度 f_c。C 点对应的应变 ε_0 为峰值应力所对应的应变，通常称为峰值应变，其值随混凝土强度等级的提高而增大，大约在 0.0015～0.0025 之间波动，平均值为 $\varepsilon_0=0.002$。构件均匀受压时，以峰值应变作为设计应变的限值。

④ 下降段 CF。应力到达峰值以后，裂缝迅速扩展，结构内部的整体性遭到严重破坏，传力路径不断减少，平均应力下降，形成曲线的下降段。其中 D 为曲线的拐点（工程上称为反弯点），此时试样在宏观上已完全破碎，压应变 ε_{cu} 大约为 0.003～0.005，称为混凝土的极限压应变，其值随混凝土强度等级的提高而减小，它是混凝土非均匀受压时设计压应变的限值；E 处曲率最大，称为收敛点。从收敛点开始以后的曲线（EF）称为收敛段，变形到此时，贯通的主裂缝已经很宽，对无侧向约束的混凝土已失去结构意义。

施加压力至 AB 段之某点时卸载，则卸载曲线与加载曲线并不重合，出现一个环，称为滞回环。滞回环的面积代表一次加载、卸载材料内部消耗的能量。但随着加载-卸载循环次数 n 的增多，滞回环逐渐减小。当 $n=5\sim10$ 时，加载-卸载曲线几乎重合，而且接近于一条直线，该直线的斜率为实测弹性模量。

混凝土轴心受拉时的应力-应变曲线与轴心受压的曲线相似，拉应力愈大，弹塑性性质愈明显。峰值应力为抗拉强度 f_t，此时对应的应变 ε_{tmax} 在 0.005%～0.027%之间波动。

(2) 混凝土的模量　由图 4-11 可知，混凝土的应力-应变关系为曲线，不能像材料力学那样简单地定义弹性模量 E。弹性模量是直线的斜率，可以用斜率来定义混凝土的模量，有切线模量和割线模量之分，如图 4-12 所示。

① 弹性模量 E_c　将混凝土受压时的 σ-ε 曲线的切线斜率 $\tan\alpha$ 定义为混凝土的切线模量，它和应力水平有关，不同的应力点上切线模量不同，不便于应用。人们将原点的切线斜率定义为混凝土的初始弹性模量，简称弹性模量，用 E_c 表示，即

$$E_c=\left.\frac{d\sigma}{d\varepsilon}\right|_{\varepsilon=0}=\tan\alpha_0 \tag{4-5}$$

原点切线斜率不易准确测定，国家标准《普通混凝土力学性能试验方法》规定 E_c 用下述方法测定：棱柱体试样，应力上限为 $0.5f_c$，下限为 0，反复加载-卸载 5～10 次，应力-应变曲线接近于直线，如图 4-13 所示，取该直线的斜率为弹性模量 E_c。E_c 的量值和混凝土的强度等级有关，科研人员找到了它们之间的定量关系，所以工程实际应用中不必再测试，直接计算就可以了。

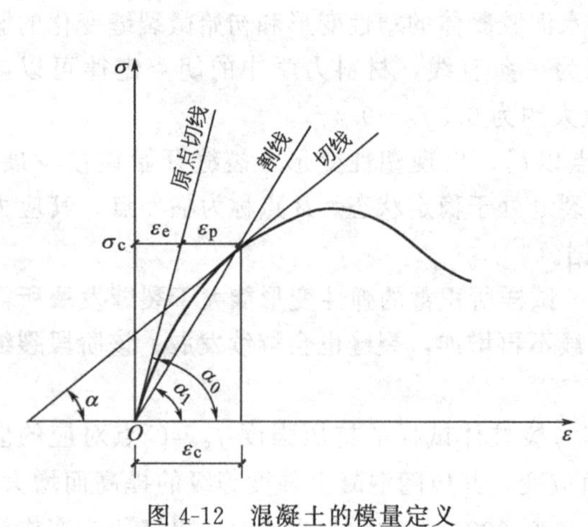

图 4-12 混凝土的模量定义

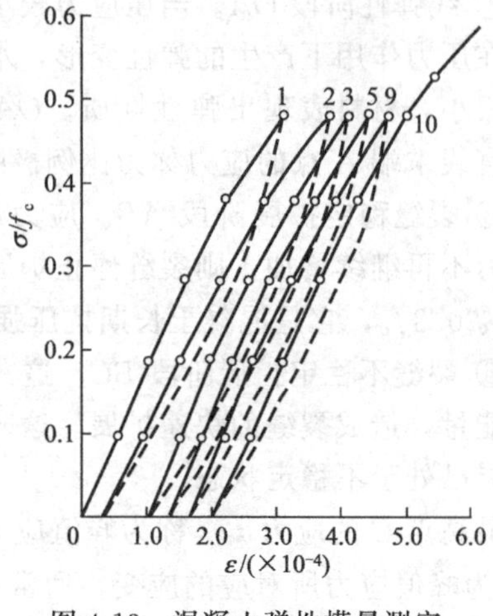

图 4-13 混凝土弹性模量测定

② 变形模量 E_c'。当应力较大时，作为原点切线斜率的弹性模量不能准确反映混凝土的实际情况。为此，将任一点的割线斜率（即割线模量）定义为变形模量，用 E_c' 表示。设任意点的应力为 σ_c，应变 ε_c 由弹性应变 ε_e 和塑性应变 ε_p 组成，如图 4-12 所示。按定义有

$$E_c' = \tan\alpha_1 = \frac{\sigma_c}{\varepsilon_c} = \frac{\varepsilon_e}{\varepsilon_c} \times \frac{\sigma_c}{\varepsilon_e} = \nu\tan\alpha_0 = \nu E_c \tag{4-6}$$

式中 $\nu=\varepsilon_e/\varepsilon_c$ 是混凝土受压时的弹性应变和总压应变的比值，称为混凝土的弹性系数，它与压应力水平有关。当 $\sigma_c \leqslant 0.3f_c$ 时，$\nu=1$；ν 随着应力的增大而减小，当应力接近 f_c 时，$\nu=0.4 \sim 0.7$。

混凝土受拉时的弹性模量与受压弹性模量取值相同；受拉变形模量可按式（4-6）计算，但此时应取 $\nu=0.5$。

4.1.2.2 荷载产生的长期变形

荷载产生的长期变形随时间的增长而增长，这种现象称为徐变。徐变是混凝土黏弹性、黏塑性特性的表现，也是材料在长期荷载作用下的变形性能。

(1) 徐变曲线 棱柱体受压时典型的徐变曲线如图 4-14 所示，它具有以下一些特点。

加载 在荷载作用期间，应变由两部分构成，即加载瞬时产生的瞬时弹性应变和随时间增长的徐变应变。徐变应变开始增加较快，以后逐渐减小并趋于稳定。徐变应变值大约为瞬时弹性应变的 1～4 倍。

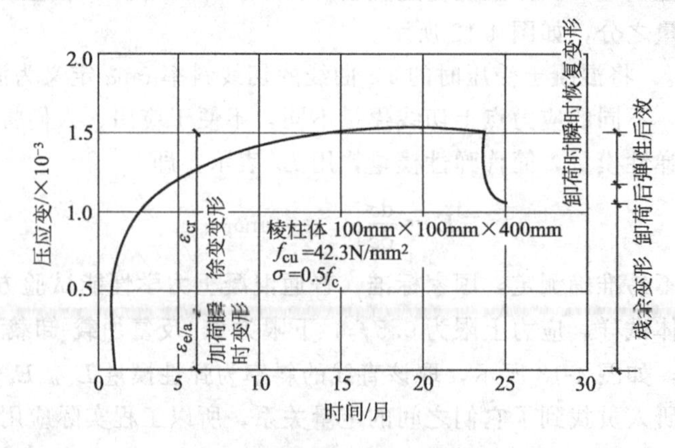

图 4-14 混凝土受压的徐变曲线

卸载　卸载后，弹性应变的大部分瞬时恢复，另一部分为弹性后效，经历一段时间得以恢复；剩下不能恢复的部分为遗留在混凝土中的残余应变。

(2) 影响徐变的主要因素

① 应力水平。应力越大，徐变越大；应力越小，徐变越小。当 $\sigma_c < 0.5f_c$ 时，徐变与应力成比例，称为线性徐变。线性徐变一年后趋于稳定，一般经历三年左右而终止。当 $\sigma_c > 0.5f_c$ 时，徐变增长大于应力增长，出现非线性徐变。当应力过高时，非线性徐变将会不收敛，它可直接引起构件破坏。

② 混凝土龄期。施加荷载时混凝土龄期愈小，徐变愈大；受荷龄期愈大，徐变愈小。

③ 材料配比。水泥用量越多，徐变越大；水灰比越大，徐变也越大；而集料的强度、弹性模量越高，则徐变越小。

④ 温度、湿度。养护温度高、湿度大，水泥水化作用充分，徐变就小。反之，构件工作温度越高，湿度越低，徐变就越大。

(3) 徐变对结构的影响　混凝土的徐变可使构件的变形增加，对结构有不利的影响，主要表现在：它使受弯构件挠度增大、使柱的附加偏心距增大、造成预应力混凝土的预应力损失，还可使截面上的应力重分布等几方面。

4.1.2.3　非荷载引起的变形

收缩变形是非荷载因素引起变形的代表。混凝土在结硬过程中，体积会发生变化。当在水中结硬时，体积要增大——膨胀；当在空气中结硬时，体积要缩小——收缩。混凝土的收缩应变比膨胀应变大得多，有试验数据说明收缩应变可达 $0.2\times10^{-3}\sim0.5\times10^{-3}$。收缩变形可分为凝缩变形和干缩变形两部分，前一部分是水泥胶凝体在结硬过程中本身的体积收缩，后一部分是自由水分蒸发引起的收缩。收缩应变与时间的关系曲线如图 4-15 所示。

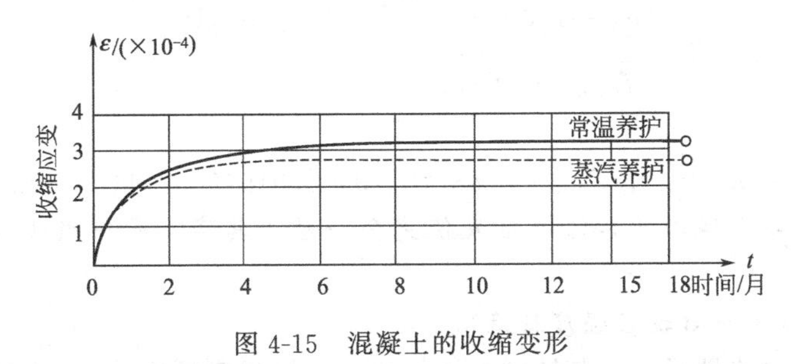

图 4-15　混凝土的收缩变形

混凝土的收缩对构件有害。它可使构件产生裂缝，影响正常使用；在预应力混凝土结构中，混凝土收缩可引起预应力损失。实际工程中，应设法减小混凝土的收缩，避免其不利影响。

试验表明，混凝土的收缩与很多因素有关，如：①水泥用量愈多，水灰比愈大，收缩愈大；②强度等级高的水泥制成的试样，收缩量大；③养护条件好，收缩量小；④集料弹性模量大，收缩量小；⑤振捣密实，收缩量小；⑥使用环境湿度大，收缩量小；⑦构件体积与表面积之比大，收缩量小。

4.2　混凝土的性能指标取值

4.2.1　混凝土的强度标准值

混凝土的强度指轴心抗压强度和轴心抗拉强度，它们都是随机变量，强度统计参数有平均值、标准差或变异系数，其基本指标就是具有 95%保证率的强度标准值，具体取值详见本书附表 1。下面介绍混凝土强度标准值的取值依据。

4.2.1.1 混凝土轴心抗压强度标准值

混凝土棱柱体抗压强度称为混凝土的轴心抗压强度，它是混凝土最基本的强度指标。工程上很少直接测定混凝土轴心抗压强度，而是通过立方体抗压强度进行换算。《混凝土结构设计规范》采用的混凝土轴心抗压强度标准值是由式（4-7）计算得到的：

$$f_{ck}=0.88\alpha_{c1}\alpha_{c2}f_{cu,k} \tag{4-7}$$

式中 α_{c1}——混凝土棱柱强度与立方强度之比，对 C50 及以下取 $\alpha_{c1}=0.76$，对 C80 取 $\alpha_{c1}=0.82$，中间按线性规律变化；

α_{c2}——对 C40 以上混凝土考虑脆性折减系数，对 C40 取 $\alpha_{c2}=1.0$，对 C80 取 $\alpha_{c2}=0.87$，中间按线性规律变化。

考虑到结构中混凝土强度与试样混凝土强度之间的差异，根据实践经验并结合统计数据分析，对试样混凝土的结果予以修正，取修正系数为 0.88。

按式（4-7）计算的结果，修约到 0.1N/mm^2。

【例题 4-1】 求 C30、C65 混凝土的轴心抗压强度标准值。

【解】（1）C30 混凝土 已知：$\alpha_{c1}=0.76$，$\alpha_{c2}=1.0$，$f_{cu,k}=30\text{N/mm}^2$

代入式（4-7）得

$$f_{ck}=0.88\alpha_{c1}\alpha_{c2}f_{cu,k}=0.88\times0.76\times1.0\times30=20.1\text{N/mm}^2$$

（2）C65 混凝土

$$\alpha_{c1}=0.76+\frac{0.82-0.76}{6}\times3=0.79$$

$$\alpha_{c2}=1.0-\frac{1.0-0.87}{8}\times5=0.919$$

$$f_{cu,k}=65\text{N/mm}^2$$

由式（4-7）得

$$f_{ck}=0.88\alpha_{c1}\alpha_{c2}f_{cu,k}=0.88\times0.79\times0.919\times65=41.5\text{N/mm}^2$$

对照附表 1 可以发现，计算结果与表值完全一致。其实，表中数据就是根据式（4-7）计算得到的。

4.2.1.2 混凝土轴心抗拉强度标准值

混凝土是典型的脆性材料，其抗拉性能很差。抗拉强度标准值 f_{tk} 大约是抗压强度标准值 f_{ck} 的 1/10～1/6，强度等级越高，这种差别就越大。设计中 f_{tk} 按下式计算：

$$f_{tk}=0.88\times0.395\alpha_{c2}f_{cu,k}^{0.55}(1-1.645\delta)^{0.45} \tag{4-8}$$

式中 δ 为混凝土立方强度变异系数，按表 4-1 取值；系数 0.395 和指数 0.55 为轴心抗拉强度与立方体抗压强度的折算关系，是根据试验数据进行统计分析以后确定的。

由式（4-8）计算得到的抗拉强度标准值，修约到 0.01N/mm^2。

表 4-1 混凝土立方强度变异系数

$f_{cu,k}$	C15	C20	C25	C30	C35	C40	C45	C50	C55	C60～C80
δ	0.21	0.18	0.16	0.14	0.13	0.12	0.12	0.11	0.11	0.10

【例题 4-2】 试确定 C40、C75 混凝土的轴心抗拉强度标准值。

【解】（1）C40 混凝土 已知：$\alpha_{c2}=1.0$，$\delta=0.12$，$f_{cu,k}=40\text{N/mm}^2$

代入式（4-8）得

$$f_{tk}=0.88\times0.395\alpha_{c2}f_{cu,k}^{0.55}(1-1.645\delta)^{0.45}$$
$$=0.88\times0.395\times1.0\times40^{0.55}\times(1-1.645\times0.12)^{0.45}=2.39\text{N/mm}^2$$

(2) C75 混凝土

$$\alpha_{c2}=1.0-\frac{1.0-0.87}{8}\times7=0.886$$
$$\delta=0.10,\ f_{cu,k}=75\text{N/mm}^2$$

代入式 (4-8) 得

$$f_{tk}=0.88\times0.395\alpha_{c2}f_{cu,k}^{0.55}(1-1.645\delta)^{0.45}$$
$$=0.88\times0.395\times0.886\times75^{0.55}\times(1-1.645\times0.10)^{0.45}=3.05\text{N/mm}^2$$

4.2.2　混凝土的强度设计值

材料强度属于结构抗力的组成部分，材料强度设计值由材料强度标准值除以材料分项系数而得。按可靠指标要求，混凝土材料分项系数取 $\gamma_c=1.40$，所以混凝土轴心抗压强度设计值 f_c、轴心抗拉强度设计值 f_t分别为：

$$f_c=\frac{f_{ck}}{\gamma_c}=\frac{f_{ck}}{1.40} \tag{4-9}$$

$$f_t=\frac{f_{tk}}{\gamma_c}=\frac{f_{tk}}{1.40} \tag{4-10}$$

其中 f_c 值修约到 0.1N/mm²，f_t 值修约到 0.01N/mm²。计算得到的不同强度等级混凝土的强度设计值，见附表 2。

【例 4-3】 由附表 1 已知 C50 混凝土的轴心抗压强度、抗拉强度标准值分别为 32.4N/mm² 和 2.64N/mm²，试确定强度设计值。

【解】 由式 (4-9)、式 (4-10) 计算可得抗压强度、抗拉强度设计值。

$$f_c=\frac{f_{ck}}{1.40}=\frac{32.4}{1.40}=23.1\text{N/mm}^2$$

$$f_t=\frac{f_{tk}}{1.40}=\frac{2.64}{1.40}=1.89\text{N/mm}^2$$

4.2.3　混凝土的弹性模量

混凝土的弹性模量即原点切线模量，与混凝土强度等级有关，强度等级越高，弹性模量越大。根据大量的试验结果，拟合得到由立方抗压强度标准值 $f_{cu,k}$计算 E_c 的经验公式，作为设计时采用：

$$E_c=\frac{10^5}{2.2+\dfrac{34.7}{f_{cu,k}}}\text{N/mm}^2 \tag{4-11}$$

上式计算的结果修约到 0.05×10^4N/mm²，见附表 3。

【例题 4-4】 试求 C55 混凝土的弹性模量。

【解】

$$E_c=\frac{10^5}{2.2+\dfrac{34.7}{f_{cu,k}}}=\frac{10^5}{2.2+\dfrac{34.7}{55}}=3.5324\times10^4\text{N/mm}^2$$

修约结果为：$E_c=3.55\times10^4\text{N/mm}^2$

4.3 钢筋的种类及其性能

所谓钢筋就是加固混凝土所用的钢条，它由碳素钢和合金钢加工制作而成。一般将直径 $d \geqslant 6$mm 的钢条称为钢筋，而将直径 $d < 6$mm 的钢条称为钢丝。钢筋交货时可以是直条，也可以是盘卷，如图 4-16 所示。直条钢筋的长度为 6～12m，长度允许偏差为 0～50mm。盘卷交货时，每盘应是一条钢筋，允许每批有 5%的盘数（不足两盘时可有两盘）由两条钢筋组成。其盘重和盘径由供需双方协商确定，每根盘条重量（质量）不应小于 500kg。

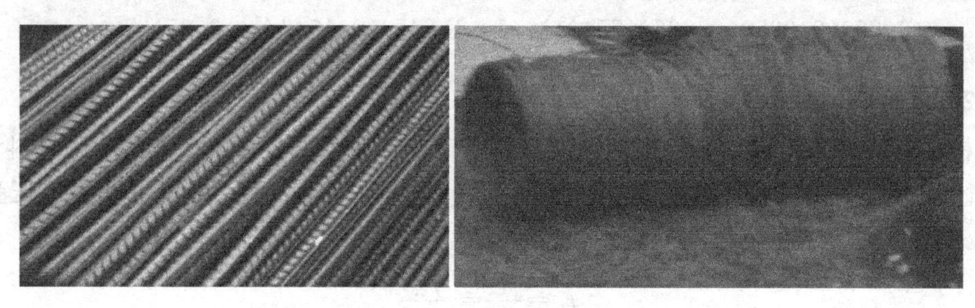

图 4-16 直条和盘卷钢筋

4.3.1 钢筋的种类

钢筋外形有光圆、螺纹、人字纹及月牙纹等形式，如图 4-17 所示。除了光圆钢筋以外，其他形式的钢筋统称为变形钢筋或带肋钢筋。因螺纹钢筋曾在工地上广泛应用，所以带肋钢筋俗称“螺纹钢筋或螺纹钢”。带肋钢筋表面有两条与钢筋轴线平行的均匀纵肋和沿长度方向均匀分布的横肋，横肋的肋纹形式过去主要为螺纹和人字纹，近年出现了月牙纹。月牙纹钢筋的横肋呈月牙形且不与纵肋相交，可以避免两肋相交处的应力集中，改善了钢筋的疲劳和冷弯性能，而且轧制方便。

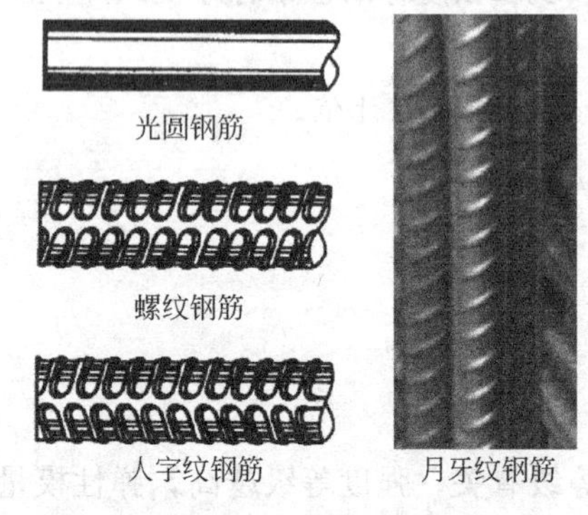

图 4-17 钢筋的外形

光圆钢筋表面光滑，横截面面积就是圆截面面积。带肋钢筋是在基圆的基础上附加了突起的肋，表面凹凸不平，横截面面积并不是圆的面积，而是基圆的面积加上纵肋和横肋的截面面积。将钢筋的横截面换算成一个圆截面，使两者面积相等，该换算圆的直径称为带肋钢筋的公称直径。显而易见，光圆钢筋的公称直径 d 就等于钢筋直径，而带肋钢筋的公称直径 d 小于钢筋表面外接圆的直径（外径）d_e，大于基圆直径（内径）d_i。带肋钢筋公称直径、内径、横肋高度和外径的对应关系见表 4-2。通常所说的钢筋直径，是指钢筋的公称直径。

表 4-2 带肋钢筋公称直径 d 与内径 d_i、横肋高 h 和外径 d_e 之间的对应关系 单位：mm

d	6	8	10	12	14	16	18	20	22	25	28	32	36	40	50
d_i	5.8	7.7	9.6	11.5	13.4	15.4	17.3	19.3	21.3	24.2	27.2	31.0	35.0	38.7	48.5
h	0.6	0.8	1.0	1.2	1.4	1.5	1.6	1.7	1.9	2.1	2.2	2.4	2.6	2.9	3.2
d_e	7.0	9.3	11.6	13.9	16.2	18.4	20.5	22.7	25.1	28.4	31.6	35.8	40.2	44.5	54.9

为了解决粗钢筋及配筋密集引起设计、施工的困难，构件中的钢筋可以采用并筋（钢筋束）的配置形式。直径 28mm 及以下的钢筋并筋数量不应超过 3 根；直径 32mm 的钢筋并

筋数量宜为 2 根；直径 36mm 及以上的钢筋不应采用并筋。并筋应按单根等效钢筋进行计算，等效钢筋的直径应按截面面积相等的原则换算确定。相同直径的二并筋等效直径可取为 1.41 倍单根钢筋直径；三并筋等效直径可取为 1.73 倍单根钢筋直径。二并筋可按纵向或横向的方式布置；三并筋宜按品字形布置，并均按并筋的截面形心作为等效钢筋的形心。

钢筋根据使用上的不同，可分为普通钢筋和预应力筋两类。

4.3.1.1　普通钢筋

用于钢筋混凝土结构中的钢筋和预应力混凝土结构中的非预应力钢筋，称为普通钢筋。普通钢筋由碳素钢、低合金钢热轧而成，又称热轧钢筋。经热轧成型并自然冷却的成品钢筋称为普通热轧钢筋，在轧制过程中通过控轧控冷工艺形成的细晶粒钢筋称为细晶粒热轧钢筋，轧制成型后经高温淬火、再余热处理的钢筋称为余热处理钢筋。

(1) 普通热轧钢筋　建筑结构中广泛采用普通热轧钢筋。按屈服强度标准值大小，将其分为以下四个级别。

HPB300 级（符号Φ）热轧光圆钢筋（Hot Rolled Plain Bars），由碳素钢经热轧而成，公称直径 6～22mm，规范推荐直径 6mm、8mm、10mm、12mm、14mm。

HRB335 级（符号Φ）、HRB400 级（符号Φ）、HRB500 级（符号Φ）热轧带肋钢筋（Hot Rolled Ribbed Bars），由低合金钢经热轧而成，其金相组织主要是铁素体加珠光体。热轧带肋钢筋的公称直径为 6～50mm，规范推荐直径 6mm、8mm、10mm、12mm、16mm、20mm、25mm、32mm、40mm、50mm。对于 HRB335 钢筋，采用直径不得超过 14mm。

HRB400 级、HRB500 级钢筋强度高、延性好、锚固性能好，混凝土结构中纵向受力钢筋宜优先采用，作为纵向受力的主导钢筋；HRB335 级钢筋虽然延性和锚固性能均较好，但强度较低，故应限制其应用，而新的钢筋生产标准已淘汰该级别的钢筋；HPB300 级钢筋强度低、锚固性能差，只用作板、基础和荷载不大的梁、柱受力钢筋，还可用作箍筋和其他构造钢筋。HRB600 级钢筋已有生产，在建筑上没有使用的经验，现行混凝土结构设计规范并未选用。

(2) 细晶粒热轧钢筋　细晶粒热轧带肋钢筋（Hot Rolled Ribbed Bars of Fine Grains）可采用两个级别，即 HRBF400 级（符号Φ^{F}）和 HRBF500 级（符号Φ^{F}），公称直径 6～50mm。该系列的钢筋在结构中应用不多，积累的经验有限，一般用于承受静力荷载的构件，经过试验验证后，方可用于疲劳荷载作用的构件。

(3) 余热处理钢筋　余热处理带肋钢筋（Remained Heat Treatment Ribbed Steel Bar）的强度级别为 RRB400 级（符号Φ^{R}），公称直径为 6～50mm。这种钢筋的强度虽然较高，但延性、可焊性、机械连接性能及施工适应性降低，其应用受到一定限制。RRB400 级钢筋一般可用于对变形性能及加工性能要求不高的构件中，如基础、大体积混凝土、楼板、墙体以及次要的中小结构构件。这种钢筋不宜用于直接承受疲劳荷载的构件。

工程上使用的普通钢筋，还有冷轧带肋钢筋、冷轧扭钢筋、冷拉钢筋等种类，但其应用相对较少，故这里不一一介绍。

4.3.1.2　预应力筋

预应力混凝土结构或构件中的预应力筋包括钢绞线、钢丝和预应力螺纹钢筋等种类。

(1) 钢绞线（符号Φ^{s}）　钢绞线是由多根高强度钢丝扭结而成并经消除应力（低温回火）后的盘卷状钢丝束，如图 4-18 所示。常用的钢绞线有 3 股、7 股等，截面以公称直径（钢绞线外接圆直径）度量。

钢绞线具有截面集中、比较柔软、盘弯后运输方便、与混凝土黏结性能良好等特点，可大大简化现场成束工序，是一种较理想的预应力筋，广泛应用于后张法大型构件。

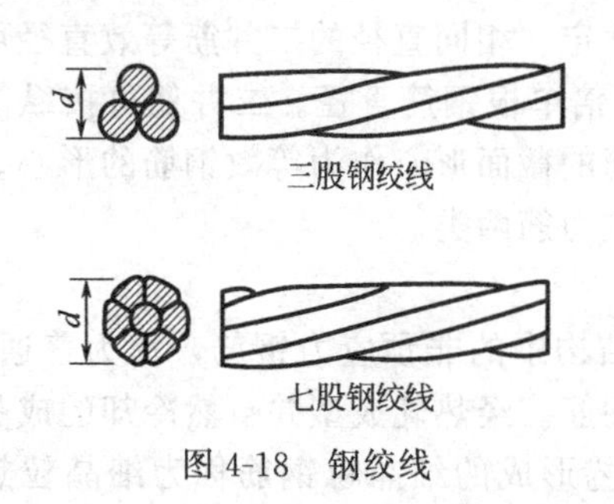

图 4-18 钢绞线

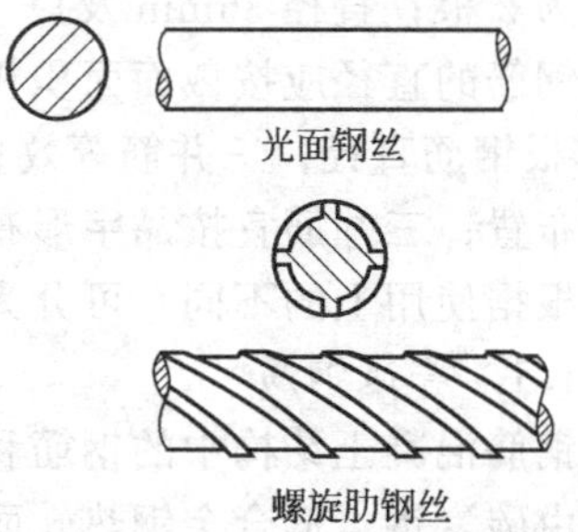

光面钢丝

螺旋肋钢丝

图 4-19 预应力钢丝

(2) 钢丝 预应力钢丝由优质碳素结构钢盘条经索氏体[1]化处理后，冷拉制成。根据表面不同，用作预应力筋的钢丝有光面钢丝、螺旋肋钢丝两种，如图 4-19 所示。钢丝的公称直径为 5mm、7mm、9mm，强度高，塑性好，但光面钢丝与混凝土的黏结力不如螺旋肋钢丝强。根据强度不同，预应力钢丝分中强度预应力钢丝和消除应力钢丝两类。

① 中强度预应力钢丝。抗拉强度介于 800～1200MPa 之间的预应力钢丝称为中强度预应力钢丝，抗拉强度不低于 1470MPa 的预应力钢丝为高强度预应力钢丝。光面中强度预应力钢丝用符号Φ^{PM}表示，螺旋肋中强度预应力钢丝则用符号Φ^{HM}表示。

② 消除应力钢丝。由高碳镇静钢光圆盘条钢筋经冷拔（用强力拉过比自身直径小的硬质合金拔丝模）制成的钢丝，经回火处理以消除残余应力。消除应力钢丝属于高强度预应力钢丝，其中光面消除应力钢丝用符号Φ^{P}表示，螺旋肋消除应力钢丝用符号Φ^{H}表示。

预应力筋还采用低松弛钢丝（或钢绞线）。与普通松弛钢丝不同的是，钢丝冷拔后在一定拉力条件下进行回火处理，以消除残余应力。经过这种工艺处理的钢丝，弹性极限和屈服强度提高，应力松弛率大大降低，故称为低松弛钢丝。在预应力混凝土结构中，低松弛钢丝（或钢绞线）可使预应力损失降低，提高构件的抗裂度，综合经济效益较好，目前国际上已大量采用这种钢丝（或钢绞线）。

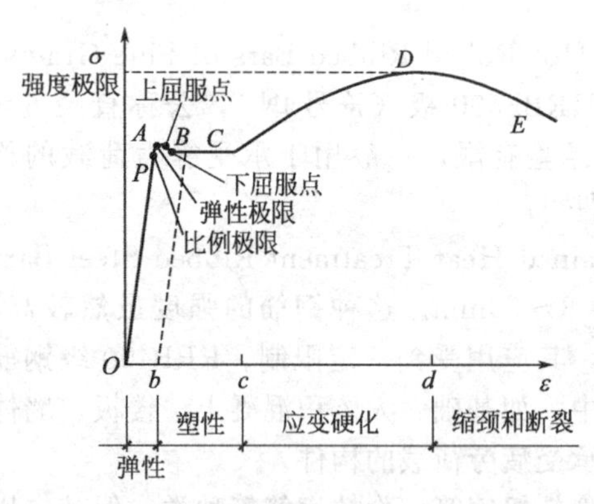

图 4-20 钢筋的应力-应变曲线

(3) 预应力螺纹钢筋（符号Φ^{T}） 预应力螺纹钢筋又称为精轧螺纹钢筋，是一种热轧成带有不连续的外螺纹的直条钢筋。该钢筋在任意截面处，均可用带有匹配形状的内螺纹的连接器或锚具进行连接或锚固。这是一种粗的预应力钢筋，公称直径范围为 18～50mm。

4.3.2 钢筋的力学性能

将钢筋试样在材料试验机上进行拉伸试验，得到应力-应变曲线如图 4-20 所示。根据拉伸试验的数据，可以测定其强度和变形参数。

4.3.2.1 材料强度

(1) 比例极限 f_p 应力、应变之间满足线性关系的最大应力，即图示直线段的最高点 P 的应力，称为比例极限，用 f_p 表示。当应力不超过比例极限时，胡克定律成立：$\sigma=E\varepsilon$，其中比例系数 E 称为弹性模量或杨氏模量。弹性变形的上限应力，即图中 A 点的应力，称为弹性极限。弹性极限和比例极限靠得很近，一般试验很难区分开，不作单独测定。

[1] 索氏体是钢铁显微组织的组成体之一，属于珠光体类。其硬度、强度和冲击韧性都较珠光体为高。

(2) 屈服点 f_y　当应力达到一定水平以后，应力不再增加或有略有下降（小范围内波动）而应变急剧增大的现象，称为屈服。这一阶段 ABC 称为屈服阶段，又称流动阶段。流动阶段的最大应力称为上屈服点，最小应力称为下屈服点。大量试验证实，下屈服点比较稳定，通常以此作为材料的屈服点，又称屈服极限或屈服强度，用 f_y 表示。屈服点是钢筋重要的力学指标，因为进入屈服阶段，表明材料已失去对变形的抵抗能力，所以应力达到屈服点就认为材料已破坏或失效。热轧钢筋（普通钢筋）都存在屈服现象，以屈服点作为材料强度的代表。

(3) 强度极限 f_u　试样所能承受的最大名义应力即极限荷载或最大拉力除以截面初始面积，定义为材料的强度极限，用 f_u 表示。强度极限之于单向拉伸，又称为抗拉强度（之于单向压缩又称为抗压强度），它就是图 4-20 中最高点 D 所对应的应力。当以屈服点作为强度计算的限值时，f_u 与 f_y 的差值可作为钢筋强度储备。强度储备的大小常用 f_y/f_u 表示，该比值称为屈强比。

对于无明显屈服现象的钢筋，应力-应变曲线如图 4-21 所示。一般取使试样产生 0.2% 残余应变所对应的应力作为名义屈服点或条件屈服点，用 $f_{0.2}$ 表示（对应于材料力学的 $\sigma_{0.2}$）。预应力筋强度高，无明显屈服现象。为了取值统一起见，《混凝土结构设计规范》规定，对预应力筋取条件屈服强度为极限抗拉强度的 0.85 倍。

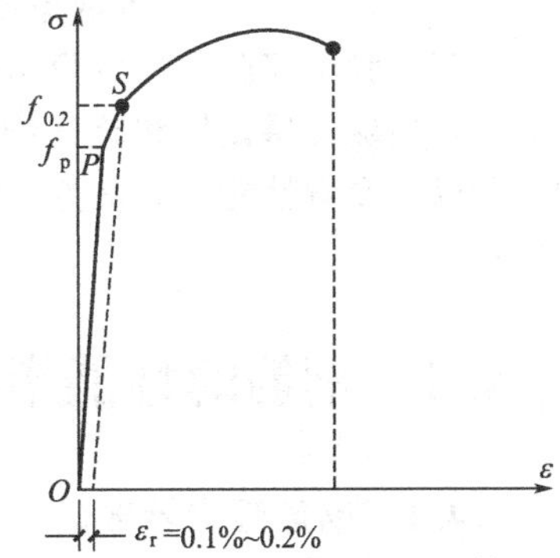

图 4-21　无明显屈服的钢筋应力-应变曲线

4.3.2.2　材料伸长率

伸长率是材料变形能力或塑性优劣的指标，是决定结构或构件是否安全可靠的主要因素之一。

(1) 最大力下总伸长率　最大拉应力 f_u 所对应的应变，即图 4-20 中曲线的最高点 D 所对应的横坐标 od 值，称为材料在最大拉力下的总伸长率，用 δ_{gt} 表示。最大拉力下的总伸长率反映了材料拉断前达到最大力（或抗拉强度）时的均匀拉应变，故又称为均匀伸长率。它是控制钢筋延性的指标，预应力筋要求 $\delta_{gt} \geqslant 3.5\%$，普通钢筋的 δ_{gt} 值也有相应的规定值（参见表 4-3）。

表 4-3　热轧钢筋的强度指标和塑性指标

<table>
<tr><th>强度等级</th><th>屈服极限
/(N/mm²)</th><th>抗拉强度
/(N/mm²)</th><th>断后伸长率
/%</th><th>最大力下总
伸长率/%</th></tr>
<tr><td>HPB300</td><td>300</td><td>420</td><td>25</td><td>10.0</td></tr>
<tr><td>HRB335</td><td>335</td><td>455</td><td>17</td><td rowspan="3">7.5</td></tr>
<tr><td>HRB400,HRBF400,RRB400</td><td>400</td><td>540</td><td>16</td></tr>
<tr><td>HRB500,HRBF500</td><td>500</td><td>630</td><td>15</td></tr>
</table>

注：直径 28～40mm 断后伸长率可降低 1%，直径＞40mm 断后伸长率可降低 2%。

(2) 断后伸长率　断后伸长率或延伸率是以拉断试样后的残余变形量来定义的。设试样初始标距长 l_0、断后标距长 l_1，则可定义断后伸长率或延伸率

$$\delta=\frac{l_1-l_0}{l_0}\times 100\% \tag{4-12}$$

断后伸长率的大小与试样的长短有关，分别用 δ_{10} 和 δ_5 表示用标准长试样和短试样测定的断后伸长率。塑性变形主要发生于试样的颈缩区域，而其他部位的塑性变形较小，拉断后

试样总的塑性变形相差不大，但原始长度不同，所以断后伸长率不同。标距长度越大，塑性变形相对值越低，故表现为$\delta_5>\delta_{10}$。金属材料通常以δ_5作为出厂参数。

断后伸长率愈大，标志着钢筋的塑性性能愈好。这样的钢筋不致突然发生危险的脆性破坏，因为断裂前钢筋有相当大的变形，所以它是有预兆的破坏，损失较小。强度和塑性这两个方面对钢筋都有要求。热轧钢筋的强度指标和塑性指标取值，详见表4-3。

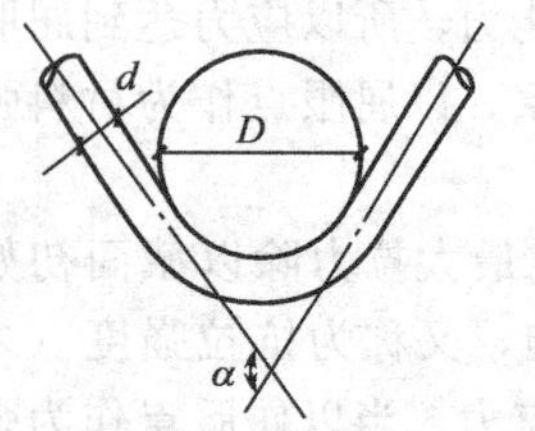

图4-22　冷弯试验示意图

4.3.2.3　冷弯性能

拉伸试验所得到的力学性能指标是单一的指标，而且还是静力指标；钢筋的冷弯性能是综合指标。冷弯性能由冷弯试验确定，如图4-22所示。在材料试验机上按照规定的弯心直径D用冲头加压，将钢筋弯曲180°后，再用放大镜检查钢筋表面，如果无裂纹、分层等现象出现，则认为钢筋的冷弯性能合格。

冷弯试验不仅能直接检验钢筋的弯曲变形能力或塑性性能，而且还能暴露钢筋内部的冶金缺陷，如硫、磷偏析和硫化物与氧化物的掺杂情况。这些内部冶金缺陷，将降低冷弯性能。所以，冷弯性能合格是鉴定钢筋在弯曲状态下的塑性应变能力和钢筋（钢材）质量的综合指标。

4.4　钢筋的性能指标取值

4.4.1　钢筋强度标准值

因为普通钢筋（热轧钢筋）受力时有明显的屈服现象，所以强度标准值直接根据屈服强度确定，用f_{yk}表示。钢筋级别后面的数值就是强度标准值（单位：N/mm²），如HRB400级钢筋，抗拉强度标准值为400N/mm²，见附表4。

预应力筋受拉时没有明显屈服现象出现，强度标准值由极限抗拉强度确定，而极限抗拉强度标准值f_{ptk}的取值见附表5。

4.4.2　钢筋强度设计值

4.4.2.1　普通钢筋强度设计值

对于强度为400MPa及以下的普通钢筋，材料分项系数$\gamma_s=1.10$，抗拉强度设计值f_y和抗压强度设计值f'_y取值相同，即

$$f_y=f'_y=\frac{f_{yk}}{\gamma_s}=\frac{f_{yk}}{1.10} \tag{4-13}$$

按式（4-13）计算得到的结果，修约到10N/mm²。对于HPB300级钢筋，就有

$$f_y=f'_y=\frac{300}{1.10}=272.7\text{N/mm}^2，修约为270\text{N/mm}^2$$

对HRB335级钢筋，应有

$$f_y=f'_y=\frac{335}{1.10}=304.5\text{N/mm}^2，修约为300\text{N/mm}^2$$

对HRB400、HRBF400级钢筋和RRB400级钢筋，应用式（4-13）得

$$f_y=f'_y=\frac{400}{1.10}=363.6\text{N/mm}^2，修约为360\text{N/mm}^2$$

但对于强度500MPa级钢筋，即HRB500、HRBF500级钢筋，γ_s取值为1.15，且计算结果修约到5N/mm²，所以得到抗拉强度设计值

$$f_y=f'_y=\frac{500}{1.15}=434.8\text{N/mm}^2\text{，修约为 }435\text{N/mm}^2$$

对轴心受压构件，当采用 HRB500、HRBF500 级钢筋时，钢筋的抗压强度设计值取 $f'_y=400\text{N/mm}^2$。

以上结果列于附表 6，可直接查用。当构件中配有不同种类的钢筋时，每种钢筋应采用各自的强度设计值。横向钢筋的抗拉强度设计值 f_{yv} 应按附表 6 中 f_y 的数值采用；当用作受剪、受扭、受冲切承载力计算时，其数值大于 360N/mm^2 时应取 360N/mm^2。

4.4.2.2　预应力筋强度设计值

预应力筋的应力-应变曲线没有明显流幅，按规定应以产生 0.2%残余应变所对应的应力 $f_{0.2}$（或 $\sigma_{0.2}$）作为条件屈服强度。但为统一起见，《混凝土结构设计规范》规定取条件屈服强度为极限抗拉强度的 0.85 倍，预应力筋的材料分项系数取为 $\gamma_s=1.20$，抗拉强度设计值的计算公式为

$$f_{py}=\frac{0.85f_{ptk}}{\gamma_s}=\frac{0.85f_{ptk}}{1.20} \tag{4-14}$$

将计算所得数值修约到 10N/mm^2 作为最后结果。但对于中强度预应力钢丝和螺纹钢筋，除按上述原则计算外，还考虑到工程经验，对抗拉强度设计值进行了适当调整。

虽然说钢筋的抗拉性能和抗压性能相同，但预应力筋的抗拉强度很高，当用于受压时抗压强度达不到这个数值。构件受压过程中，混凝土达到最大压应力时，高强度钢筋的应力并没有达到屈服或条件屈服，工程设计以构件压应变 0.002（普通混凝土的峰值应变）作为钢筋抗压强度设计值的限制条件。所以，确定预应力筋抗压强度设计值的公式为

$$f'_{py}=f_{py} \tag{4-15}$$

$$f'_{py}\leqslant E_s\varepsilon'_s=0.002E_s \tag{4-16}$$

式中　E_s——预应力筋的弹性模量，按附表 8 取值。

预应力筋的强度设计值详见附表 7。

4.4.3　钢筋代换

工地上往往需要进行钢筋代换。受力钢筋代换的基本原则是代换前后强度相等，即等强度代换，要求代换前后钢筋承担的极限拉力或极限压力相等。

假设原设计钢筋的抗拉强度设计值为 f_{y1}，公称直径为 d_1，根数为 n_1；代换钢筋的抗拉强度设计值为 f_{y2}，公称直径为 d_2，根数为 n_2；抗拉承载力相等要求

$$f_{y1}n_1\frac{\pi d_1^2}{4}=f_{y2}n_2\frac{\pi d_2^2}{4}$$

所以

$$n_2=\frac{n_1f_{y1}d_1^2}{f_{y2}d_2^2} \tag{4-17}$$

上式计算结果采用收尾法取整。

对于受压钢筋，同样可以得到代换根数为

$$n_2=\frac{n_1f'_{y1}d_1^2}{f'_{y2}d_2^2} \tag{4-18}$$

钢筋代换后，除满足承载力要求以外，尚应满足最大力下的总伸长率、裂缝宽度验算以及抗震规定，同时还需满足最小配筋率、钢筋间距、保护层厚度、钢筋锚固长度、接头面积百分率及搭接长度等构造要求。

设计图纸上的各种构造钢筋，如需代换，应按面积相等的原则进行代换，即

$$n_1\frac{\pi d_1^2}{4}=n_2\frac{\pi d_2^2}{4}$$

此时应有
$$n_2=\frac{n_1 d_1^2}{d_2^2} \tag{4-19}$$

【例题 4-5】 某钢筋混凝土构件，原设计配有3根公称直径为22mm的HRB500级纵向受拉钢筋，现拟改用公称直径为20mm的HRB400级钢筋，求所需钢筋根数。

【解】
$$n_2=\frac{n_1 f_{y1} d_1^2}{f_{y2} d_2^2}=\frac{3\times435\times22^2}{360\times20^2}=4.4，取整为5$$

即需要5根公称直径为20mm的HRB400级钢筋。

4.5 混凝土结构对材料的要求

4.5.1 混凝土结构对混凝土的要求

（1）对混凝土强度等级的要求 素混凝土结构的混凝土强度等级不应低于C15；钢筋混凝土结构的混凝土强度等级不应低于C20；采用强度等级不低于400MPa及以上的钢筋时，混凝土强度等级不宜低于C25。

预应力混凝土结构的混凝土强度等级不宜低于C40，且不应低于C30。

承受重复荷载的钢筋混凝土构件，混凝土强度等级不应低于C30。

实际工程中，现浇钢筋混凝土框架结构的板、梁、柱，大量采用C30及以上等级的混凝土，基础混凝土等级也多在C25及以上。

（2）耐久性对混凝土的特殊要求 耐久性对混凝土质量提出了更高的要求，《混凝土结构设计规范》对最大水胶比、最低强度等级、最大氯离子含量和最大碱含量等做出了具体规定。对于设计使用年限为50年的混凝土结构，其混凝土材料各项指标的要求详见表4-4；同时，还应采取相应的耐久性技术措施。

表4-4 结构混凝土材料的耐久性基本要求

环境等级	最大水胶比	最低强度等级	最大氯离子含量/%	最大碱含量/kg/m³
一	0.60	C20	0.30	不限制
二a	0.55	C25	0.20	3.0
二b	0.50(0.55)	C30(C25)	0.15	
三a	0.45(0.50)	C35(C30)	0.15	
三b	0.40	C40	0.10	

注：1. 氯离子含量系指其占胶凝材料总量的百分比。
2. 预应力构件混凝土中氯离子含量为0.06%；其最低混凝土强度等级宜按表中的规定提高两个等级。
3. 素混凝土构件的水胶比及最低混凝土强度等级的要求可适当放松。
4. 有可靠工程经验时，二类环境中的最低混凝土强度等级可降低一个等级。
5. 处于严寒和寒冷地区二b、三a类环境中的混凝土应使用引气剂，并可采用括号中的有关参数。
6. 当使用非碱活性集料时，对混凝土中的碱含量可不作限制。

一类环境中，设计使用年限为100年的钢筋混凝土结构的混凝土最低强度等级为C30，预应力混凝土结构的混凝土最低强度等级为C40；混凝土中的最大氯离子含量为0.06%；宜使用非碱活性集料，当使用碱活性集料时，混凝土中的最大碱含量为3.0kg/m³。二、三类环境中，设计使用年限 100 年的混凝土结构应采取专门的有效措施。

4.5.2 混凝土结构对钢筋质量的要求

用于混凝土结构的钢筋应满足下列要求。

(1) 具有适当的屈强比　屈服强度与抗拉强度的比值称为屈强比，它代表结构的强度储备。比值小则结构强度储备大，但比值过小会使钢筋的有效利用率太低；比值大则强度储备小，结构安全性能下降，所以需要有适当的屈强比。一般对有明显屈服点的钢筋，屈强比不应大于 0.8，对于没有明显屈服点的钢筋，屈强比不应大于 0.85。

(2) 足够的塑性　要求钢筋在断裂前应有足够的变形，使钢筋混凝土构件在将要破坏时给人们以预兆。另外，在施工时要对钢筋进行各种加工，所以钢筋还应有冷弯试验要求。

(3) 可焊性　要求钢筋具备良好的焊接性能，保证焊接强度，焊接后钢筋不产生过大的变形、不产生裂纹。施工中钢筋的焊接接头形式如图 4-23 所示。余热处理钢筋的可焊性差，不宜焊接。

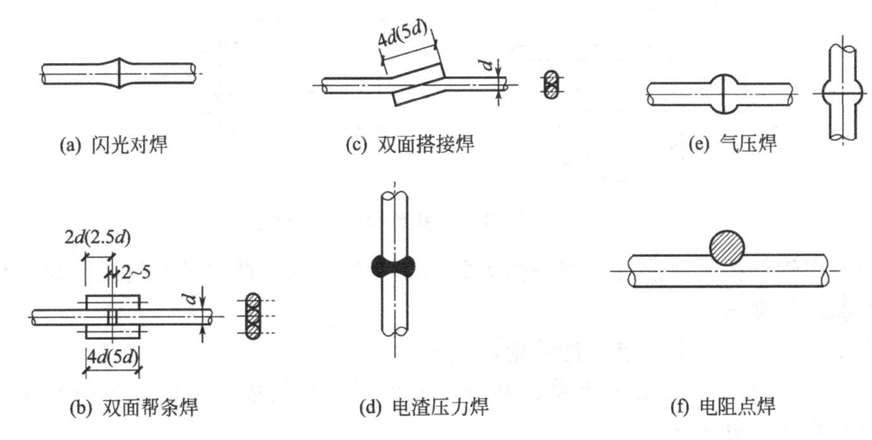

图 4-23　钢筋的焊接接头形式（括号内数字为非熟练工人施焊时使用）

(4) 与混凝土的黏结力　为了保证钢筋与混凝土共同工作，两者之间必须有足够的黏结力。钢筋表面形状对黏结力有明显影响，带肋钢筋优于光圆钢筋。

(5) 抗低温性能　在严寒地区的钢筋，对韧性指标有要求，保证在低温下不至于发生脆性破坏。

4.6 钢筋与混凝土的黏结

在钢筋混凝土结构构件中，钢筋受力后会产生与混凝土之间的相对滑动趋势，这将导致在钢筋与混凝土接触界面上产生沿钢筋纵向方向的分布力，以阻止滑动。这种纵向分布力的集度即剪应力称为黏结应力，纵向分布力的合力称为黏结力。黏结力简称为黏结，它是钢筋和混凝土这两种材料共同工作的基础。

4.6.1 黏结强度

钢筋和混凝土之间的黏结力主要由以下几部分组成：

① 混凝土凝结时，水泥胶凝体的化学作用使钢筋和混凝土在接触面上产生的胶结力；

② 混凝土凝结收缩将钢筋紧紧握裹，形成法向压力，在发生相对滑移趋势时产生的静摩擦力；

③ 钢筋表面粗糙不平或变形钢筋表面凸起的肋与混凝土之间的机械咬合力；

④ 当采用锚固措施后所造成的机械锚固力。

锚固是通过在钢筋一定长度上黏结应力的积累，或某种构造措施，将钢筋“固定”在混凝土中，以保证钢筋和混凝土共同工作，使两种材料各自正常、充分地发挥作用。

黏结强度就是钢筋单位表面面积所能承担的最大纵向剪应力，可通过拔出试验测定。如图 4-24 所示为拔出试验示意图。试验时将钢筋的一端埋置在混凝土中，在伸出的一端施加拉拔力 F，将钢筋拔出。黏结应力沿钢筋长度方向呈曲线形分布，应力不容易精确计算，一般按式（4-20）计算平均黏结应力

$$\tau=\frac{F}{\pi dl} \tag{4-20}$$

式中　d——钢筋直径；

l——钢筋埋置长度。

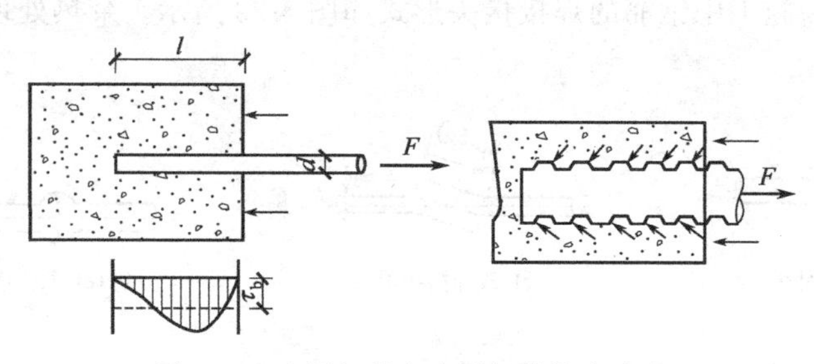

图 4-24　光圆钢筋和变形钢筋拔出试验

试验中，以钢筋拔出或混凝土劈裂作为黏结破坏的标志，此时的平均黏结应力代表钢筋与混凝土的黏结强度 τ_u。

由拔出试验可得到以下几点定性结论：

① 最大黏结应力在离开混凝土端面某一位置出现，且随拔出力的大小而变化，黏结应力沿钢筋长度是曲线分布的。

② 钢筋埋入长度越长，拔出力越大；但埋入长度过长时，则其尾部的黏结应力很小，基本上不起作用。

③ 黏结强度随混凝土强度等级的提高而增大。

④ 带肋钢筋（变形钢筋）的黏结强度高于光圆钢筋。

⑤ 钢筋末端做弯钩可大大提高拔出力。

4.6.2　保证黏结强度的措施

影响钢筋与混凝土之间黏结强度的因素很多，其中主要有钢筋表面形状、埋置长度、混凝土强度、浇筑位置、保护层厚度及钢筋净间距等，提高黏结力的措施就是从这些因素入手，工程设计和施工中有以下的一些措施可提高黏结力。

4.6.2.1　足够的锚固长度

受拉钢筋必须在支座内有足够的锚固长度，以便通过该长度上黏结应力的积累，使钢筋在靠近支座处能够充分发挥作用。

（1）基本锚固长度　受拉钢筋的基本锚固长度 l_{ab} 可由式（4-21）计算

$$l_{ab}=\alpha\frac{f_y}{f_t}d \tag{4-21}$$

式中　f_y——普通钢筋的抗拉强度设计值；

f_t——混凝土轴心抗拉强度设计值，当混凝土的强度等级高于 C60 时，按 C60 取值；

d——锚固钢筋的直径；

α——钢筋的外形系数，光圆钢筋 0.16，带肋钢筋 0.14。

(2) 受拉钢筋的锚固长度　受拉钢筋的锚固长度应根据锚固条件，按式 (4-22) 计算，且不应小于 200mm。

$$l_a = \zeta_a l_{ab} \tag{4-22}$$

式中 ζ_a 为锚固长度修正系数，按下列规定采用：带肋钢筋的直径大于 25mm 时取 1.10；环氧树脂涂层带肋钢筋取 1.25；施工过程中易受扰动的钢筋取 1.10；当纵向受力钢筋的实际配筋面积大于其设计计算面积时，修正系数取设计计算面积与实际配筋面积的比值，但对有抗震设防要求及直接承受动力荷载的结构构件，不应考虑此项修正；锚固钢筋的保护层厚度为 $3d$ 时修正系数可取 0.80，保护层厚度为 $5d$ 时修正系数可取 0.70，中间按内插取值，此处 d 为锚固钢筋的直径。同时满足多项时，锚固长度修正系数应连乘，但不应小于 0.6。

纵向受拉普通钢筋可采用末端弯钩和机械锚固，如图 4-25 所示。在钢筋末端配置弯钩和机械锚固是减小锚固长度的有效方式，其原理是利用受力钢筋端部锚头（弯钩、贴焊锚筋、焊接锚板或螺栓锚头等）对混凝土的局部挤压作用加大锚固承载力。锚头对混凝土的局部挤压保证了钢筋不会发生锚固拔出失效，但锚头前必须有一定的直段锚固长度，以控制锚固钢筋的滑移，使构件不致发生较大的裂缝和变形，因此，包括弯钩或锚固端头在内的锚固长度（投影长度）可取为基本锚固长度 l_{ab} 的 60%。此时，不再考虑锚固长度修正系数 ζ_a。

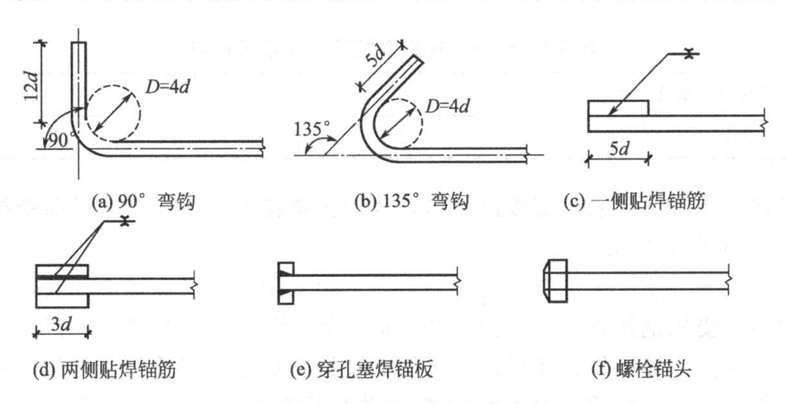

图 4-25　钢筋弯钩和机械锚固的形式和技术要求

(3) 受压钢筋锚固长度　混凝土结构构件中的纵向受压钢筋，当计算中充分利用其抗压强度时，锚固长度不应小于相应受拉锚固长度的 70%。

受压钢筋不应采用末端弯钩和一侧贴焊锚筋的锚固措施。

4.6.2.2　一定的搭接长度

钢筋长度不够时，可进行连接。受力钢筋的连接接头宜设置在受力较小处。在同一根受力钢筋上宜少设接头。在结构的重要构件和关键传力部位，纵向受力钢筋不应设置连接接头。

绑扎搭接是钢筋的连接方式之一。受力钢筋绑扎搭接时，通过钢筋与混凝土之间的黏结应力来传递钢筋与钢筋之间的内力，如图 4-26 所示。必须有一定的搭接长度，才能保证内力的传递和钢筋强度的充分利用。

同一构件中相邻纵向受力钢筋的绑扎搭接接头宜相互错开。钢筋绑扎搭接接头连接区段的长度为 1.3 倍搭接长度，凡搭接接头中点位于该连接区段长度内的搭接接头均属于同一连接区段，如图 4-27 所示。同一连接区段内纵向受力钢筋搭接接头面积百分率为该区段内有搭接接头的纵向受力钢筋与全部纵向受力钢筋截面面积的比值。当直径不同的钢筋搭接时，按直径较小的钢筋计算。

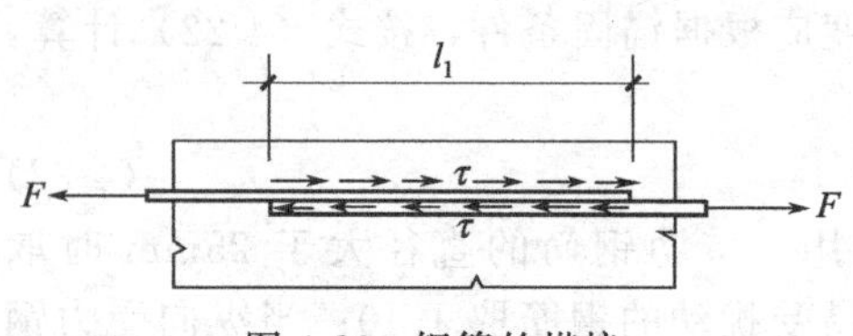

图 4-26 钢筋的搭接

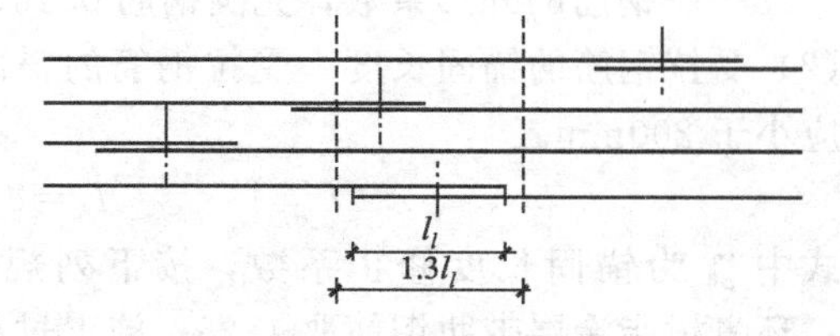

图 4-27 同一连接区段内纵向受拉钢筋的绑扎搭接接头

位于同一连接区段内的受拉钢筋搭接接头面积百分率：对梁类、板类构件，不宜大于25%；对柱类构件，不宜大于50%。当工程中确有必要增大受拉钢筋搭接接头面积百分率时，对梁类构件，不宜大于50%；对板、墙、柱及预制构件的拼接处，可根据实际情况放宽。

并筋采用绑扎连接时，应按每根单筋错开搭接的方式连接。接头面积百分率按同一连接区段内所有的单根钢筋计算。并筋中钢筋的搭接长度应按单筋分别计算。

纵向受拉钢筋绑扎搭接接头的搭接长度 l_l 按式（4-23）计算，且不应小于300mm。

$$l_l=\zeta_l l_a \tag{4-23}$$

式中 ζ_l 为纵向受拉钢筋搭接长度修正系数，按表4-5取值。当纵向搭接钢筋接头面积百分率为表的中间值时，修正系数可按内插取值。

表 4-5 纵向受拉钢筋搭接长度修正系数

纵向搭接钢筋接头面积百分率/%	≤25	50	100
ζ_l	1.2	1.4	1.6

构件中纵向受压钢筋当采用搭接连接时，其受压搭接长度不应小于纵向受拉钢筋搭接长度的70%，且不应小于200mm。

轴心受拉、小偏心受拉构件的纵向受力钢筋不得采用绑扎搭接接头；其他构件中的钢筋采用绑扎搭接时，受拉钢筋直径不宜大于25mm，受压钢筋直径不宜大于28mm。

钢筋连接除绑扎搭接以外，还可以采用机械连接和焊接。钢筋接头的传力性能不如直接传力的整根钢筋，因此应在受力较小处接头，避开关键受力部位，并需限制接头面积百分率。如图4-28所示为受力纵筋在同一位置接头的失效案例，造成重大损失。

4.6.2.3 光圆钢筋末端应做弯钩

光圆钢筋的黏结性能较差，故除轴心受压构件中的光圆钢筋及焊接钢筋网、焊接骨架中的光圆钢筋外，其余光圆钢筋的末端应做180°标准弯钩，弯后平直段长度不小于 $3d$，如图4-29所示。

图 4-28 同一位置纵筋接头失效案例

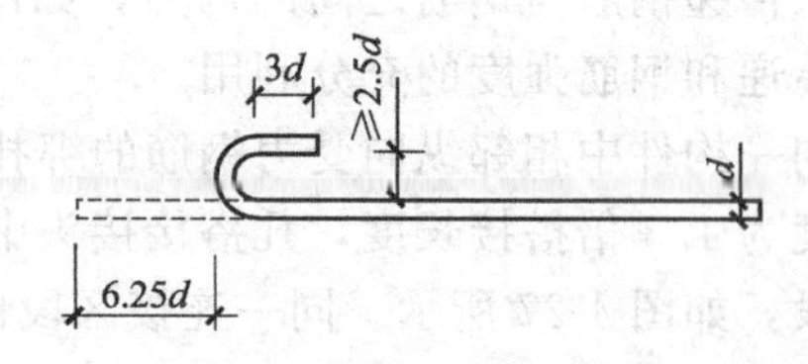

图 4-29 光圆钢筋的弯钩

4.6.2.4　混凝土应有足够的厚度

钢筋周围的混凝土应有足够的厚度（混凝土保护层厚度和钢筋间的净距），以保证黏结力的传递；同时为了减小使用时的裂缝宽度，在钢筋截面面积不变的前提下，尽量选择直径较小的钢筋以及带肋钢筋。

混凝土保护层定义为结构构件中钢筋外边缘至构件表面范围用于保护钢筋的混凝土，简称保护层。从混凝土碳化、脱钝和钢筋锈蚀的耐久性角度考虑，以最外层钢筋（包括箍筋、构造筋、分布筋等）的外边缘计算混凝土的保护层厚度。受力钢筋的保护层厚度 c_c 不应小于钢筋的公称直径 d（并筋时取等效直径），且不应小于最小厚度 c。设计使用年限为 50 年的混凝土结构，混凝土保护层的最小厚度的取值，见附表 9；考虑碳化速度的影响，设计使用年限为 100 年的混凝土结构，混凝土保护层的最小厚度不应小于附表 9 中数值的 1.4 倍。

规定钢筋之间足够的净间距，一是为了保证混凝土的施工质量，二是钢筋间混凝土对钢筋产生握裹作用以提高黏结强度。

4.6.2.5　配置横向钢筋

锚固区配置横向构造钢筋，可以改善钢筋与混凝土的黏结性能。当锚固钢筋的保护层厚度不大于 $5d$ 时，锚固长度范围内应配置横向构造钢筋，其直径不应小于 $d/4$；对梁、柱、斜撑等构件间距不应大于 $5d$，对板、墙等平面构件间距不应大于 $10d$，且均不应大于 100mm，此处 d 为锚固钢筋的直径。

4.6.2.6　注意浇筑混凝土时钢筋的位置

黏结强度与浇筑混凝土时的钢筋位置有关。在浇筑深度超过 300mm 以上的上部水平钢筋底面，由于混凝土的泌水使集料下沉和水分气泡的逸出，形成一层强度较低的混凝土层，它将削弱钢筋与混凝土的黏结作用。所以，对高度较大的梁应分层浇筑和采用二次振捣工艺。

思考题

4-1　混凝土立方体抗压强度能不能代表实际构件中混凝土的强度？既然用立方体抗压强度 f_{cu} 作为混凝土的强度等级，为什么还要有轴心抗压强度 f_c？

4-2　混凝土的基本强度指标有哪些？各用什么符号表示，它们之间有什么关系？

4-3　混凝土应力等于 f_c 时的应变 ε_0 和极限压应变 ε_{cu} 有什么区别？它们各在什么受力情况下考虑，其应变值大致为多少？

4-4　混凝土的受压变形模量有几种表达方式？混凝土的受压弹性模量如何测定、如何根据立方抗压强度标准值进行计算？

4-5　什么叫约束混凝土？处于三向受压的混凝土，其变形特点如何？

4-6　混凝土的收缩和徐变有什么不同？是由什么原因引起的？变形特点是什么？

4-7　混凝土的收缩和徐变对钢筋混凝土结构各有什么影响？减少收缩和徐变的措施有哪些？

4-8　如何选择混凝土的强度等级？

4-9　我国混凝土结构中使用的钢筋有几种？普通热轧钢筋的强度分哪几个等级，分别用什么符号表示？细晶粒热轧钢筋的强度分哪几个等级，分别用什么符号表示？

4-10　混凝土结构对钢筋性能的主要要求有哪些？

4-11　预应力筋的抗压强度设计值如何确定？

4-12　何谓断后伸长率？何谓屈强比？

4-13　为什么钢筋和混凝土能够共同工作？它们之间的黏结力是由哪几部分组成的？提高钢筋和混凝土之间的黏结力可采取哪些措施？

4-14 为什么钢筋绑扎搭接时应有一定的搭接长度？

4-15 黏结应力沿钢筋长度方向的分布图形如何？钢筋埋入混凝土中的长度无限增大时，黏结应力图形的长度是否也随之无限增大？为什么？

4-16 为使钢筋在混凝土中有可靠的锚固，可采取哪些措施？

选 择 题

4-1 C30混凝土的立方抗压强度标准值 $f_{cu,k}$ 取值为（ ）MPa。

A. 30 B. 30+1.645σ C. 35 D. 35−1.645σ

4-2 为减小混凝土徐变对结构的不利影响，以下措施何者正确？（ ）

A. 提早对结构施加荷载 B. 提高混凝土的密实度和养护湿度

C. 采用强度等级高的水泥 D. 加大水灰比

4-3 评定混凝土强度采用的标准试件尺寸，应为（ ）。

A. 150mm×150mm×150mm B. ϕ150mm×300mm

C. 100mm×100mm×100mm D. 200mm ×200mm ×200mm

4-4 同一强度等级的混凝土，各种力学指标的关系为（ ）。

A. $f_{cu} \geqslant f_c \leqslant f_t$ B. $f_{cu} > f_c > f_t$

C. $f_{cu} < f_c < f_t$ D. $f_{cu} > f_t > f_c$

4-5 配有螺旋筋的混凝土柱体，螺旋筋内混凝土的抗压强度 f_{cc} 高于 f_c 是因为螺旋筋（ ）。

A. 参与受压 B. 使混凝土密实

C. 使混凝土中不出现微裂缝 D. 约束了混凝土的横向变形

4-6 混凝土的水灰比增大、水泥用量增多，则混凝土的徐变及收缩值将（ ）。

A. 基本不变 B. 难以确定 C. 增大 D. 减小

4-7 混凝土的材料分项系数 γ_c 的取值为（ ）。

A. 1.10 B. 1.20 C. 1.30 D. 1.40

4-8 在下列钢筋中，具有明显屈服点的钢筋是（ ）。

A. 热轧钢筋 B. 碳素钢丝 C. 钢绞线 D. 精轧螺纹钢筋

4-9 对于无明显流幅的钢筋，其强度标准值取值的依据是（ ）。

A. 0.9倍极限强度 B. 0.2倍极限强度

C. 残余应变为0.2%时的应力 D. 极限抗拉强度

4-10 钢筋混凝土构件的混凝土强度等级不应低于（ ）。

A. C20 B. C15 C. C25 D. C30

4-11 预应力混凝土结构构件的混凝土强度等级不宜低于（ ）。

A. C20 B. C30 C. C35 D. C40

4-12 当采用HRB400级钢筋时，混凝土强度等级不宜低于（ ）。

A. C20 B. C25 C. C15 D. C30

4-13 HRB400钢筋的材料分项系数 γ_s 的取值为（ ）。

A. 1.10 B. 1.20 C. 1.30 D. 1.40

4-14 钢筋表面涂上环氧树脂，可提高抗锈蚀的能力，从而提高钢筋混凝土结构的耐久性能。对于环氧树脂涂层的带肋钢筋，其锚固长度修正系数应取下列何项？（ ）

A. 1.10 B. 1.25 C. 1.30 D. 1.40

4-15 受力钢筋不得采用绑扎搭接接头的构件是（ ）。

A. 受弯构件 B. 轴心受压构件

C. 偏心受压构件 D. 轴心受拉及小偏心受拉构件

4-16 纵向受拉钢筋采用绑扎接头，已知接头面积百分率为30%，问搭接长度修正系数应取下列何值？（ ）

A. 1.10 B. 1.20 C. 1.24 D. 1.30

计　算　题

4-1　试计算 C30 和 C55 混凝土的轴心抗压强度标准值、设计值，轴心抗拉强度标准值、设计值，以及弹性模量。

4-2　公称直径为 22mm 的 HRB400 级钢筋在 C30 混凝土中的基本锚固长度 l_{ab}应为多少？

4-3　某钢筋混凝土结构设计的受拉钢筋为 6 根直径 25mm 的 HRB400 级钢筋，假设工地上仅有直径为 20mm 的 HRB500 级钢筋，问需要几根方能满足要求？如果钢筋级别 HRB400 不变，而工地上只有直径 22mm 的钢筋，试确定代用钢筋的根数。

第5章　钢筋混凝土受弯构件

5.1　钢筋混凝土受弯构件的一般构造规定

5.1.1　截面形式和尺寸

楼板和梁是建筑结构中主要的受弯构件，楼梯梯段板、梯段梁和平台板、平台梁以及雨篷板、阳台挑梁等也都是受弯构件。除此以外，柱下独立基础的底板、条形基础的底板、筏形基础的筏板等也都属于受弯构件。所以，受弯构件是建筑结构中的主要受力构件，它可以归结为板和梁两类。

5.1.1.1. *板的截面形式和尺寸*

板的截面高度远小于板的跨度，现浇板一般为矩形截面，也可设置纸管或塑料管等形成空心截面；预制板的截面形式有空心板（多孔板）、槽形板和双 T 形板等，如图 5-1 所示。

(a) 空心板　(b) 槽形板　(c) 双T形板

图 5-1　预制板的截面形式

根据板的受力（或传力）情况可将板分为单向板、双向板和悬臂板三种类型。单向板和悬臂板单向传力、类似于梁，双向板沿两个方向传力。单向板包括对边支承的板，长向跨度 l_1 与短向跨度 l_2 之比 $l_1/l_2 \geqslant 3.0$ 的四边支承板；双向板包括两邻边支承板，三边支承板和 $l_1/l_2 \leqslant 2.0$ 的四边支承板。对于 $2.0 < l_1/l_2 < 3.0$ 的四边支承板，宜按双向板计算；也可按沿短向跨度方向的单向板计算，但沿长边方向仍有较大的弯矩存在，所以沿长边方向应布置足够数量的构造钢筋。

现浇楼板的厚度 h 可按下述原则拟定。钢筋混凝土单向板高跨比 $h/l_0 \geqslant 1/30$（l_0 为板的计算跨度），双向板 $h/l_0 \geqslant 1/40$；无梁支承的有柱帽板 $h/l_0 \geqslant 1/35$，无梁支承的无柱帽板 $h/l_0 \geqslant 1/30$；悬臂板 $h/l_0 \geqslant 1/12$。当板的荷载、跨度较大时，宜适当增大板厚；预应力板可适当减小厚度。拟定的板厚度，取 10mm 的倍数。同时，板厚度还需满足最小厚度的规定要求，比如民用建筑的楼面（屋面）板，单向板厚至少 60mm，双向板厚至少 80mm，无梁楼板最小厚度 150mm，现浇空心楼盖最小厚度 200mm。

为了节约材料、减轻自重及减小地震作用，现浇空心楼盖的应用逐渐增多。规范要求现浇空心楼板的体积空心率不宜大于 50%。

采用箱型内孔时，顶板厚度不应小于肋间净距的 1/15 且不应小于 50mm。当底板配置受力钢筋时，其厚度不应小于 50mm。内孔间肋宽与内孔高度比不宜小于 1/4，且肋宽不应小于 60mm，对预应力板不应小于 80mm。

采用管形内孔时，孔顶、孔底板厚均不应小于 40mm，肋宽与内孔径之比不宜小于 1/5，且肋宽不应小于 50mm，对预应力板不应小于 60mm。

5.1.1.2　梁的截面形式和尺寸

钢筋混凝土梁的截面形式主要有矩形、T 形、十字花篮形，如图 5-2 所示。若将 T 形梁的翼缘部分去掉一半，则形成所谓的倒 L 形。现浇楼盖梁一般采用矩形截面、T 形截面，边梁可按倒 L 形考虑；预制梁可采用矩形、T 形和花篮形截面。

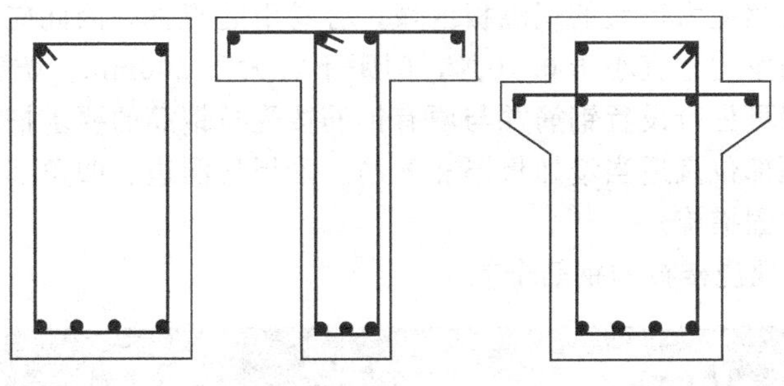

图 5-2　梁的截面形式

梁的截面高度 h，可由表 5-1 给出的高跨比 h/l_0 初步确定（l_0 为梁的计算跨度，超过 9m 时，表值乘 1.2）。当 $h \leqslant 800$mm 时，取 50mm 的倍数；当 $h > 800$mm 时，取 100mm 的倍数。

表 5-1　梁的高跨比

	简　支	连　续	悬　臂
独立梁或整体肋形梁的主梁	1/12～1/8	1/14～1/8	1/6
整体肋形梁的次梁	1/18～1/10	1/20～1/12	1/8

梁的截面宽度（或肋宽）b，对矩形截面 $b = h/3.5 \sim h/2.5$，对 T 形截面 $b = h/4 \sim h/2.5$。当 $b < 200$mm 时，可取 100mm、120mm、150mm、180mm；当 $b \geqslant 200$mm 时，取 50mm 的倍数。

5.1.2　板的配筋构造

双向板内两个正交方向都应配置受力钢筋，短跨方向的受力钢筋位于外侧，长跨方向的受力筋布置在内侧。板边、板角处配置构造钢筋，钢筋应在梁内、墙内或柱内可靠锚固。单向板内通常沿传力方向配置受力钢筋，在垂直于受力钢筋的方向布置分布钢筋，如图 5-3 所示。

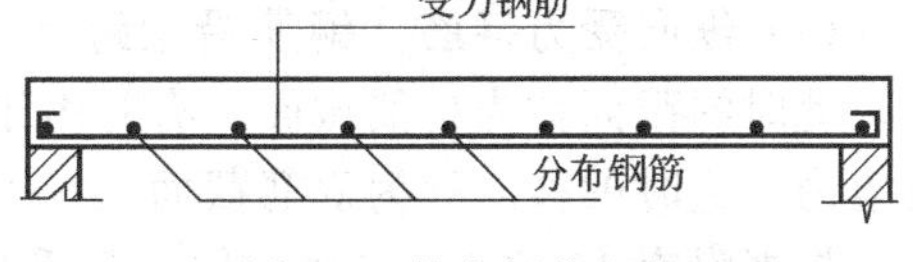

图 5-3　单向板的配筋

板的受力钢筋由计算或构造确定，一般采用 HPB300 级钢筋，也可采用 HRB335、HRB400 级钢筋，直径 6～10mm，间距为 70～200mm（当板厚 h 大于 150mm 时，间距不大于 $1.5h$ 且不大于 250mm）。

板的配筋形式有弯起式和分离式两种。因为分离式配筋施工方便，所以它已成为我国建筑工程中混凝土板的主要配筋形式。采用分离式配筋的多跨板，板底钢筋宜全部伸入支座；支座负弯矩钢筋向跨内延伸的长度应根据负弯矩图确定，并满足钢筋锚固的要求。

简支板或连续板下部纵向受力钢筋伸入支座的锚固长度不应小于 $5d$（d 为钢筋直径）。且宜伸过支座中心线。当连续板内温度应力、收缩应力较大时，伸入支座的长度宜适当增加。

单向板内的分布钢筋属于构造钢筋，布置在受力钢筋的内侧，与受力钢筋相互垂直，并在交点处绑扎或焊接。分布钢筋的作用是固定受力钢筋的位置，抵抗混凝土因温度变化及收缩产生的拉应力，还可将板上荷载均匀分布（传递）给受力钢筋。单位长度上分布钢筋的截面面积不宜小于单位宽度上受力钢筋截面面积的15%，且配筋率不宜小于0.15%；分布钢筋的间距不宜大于250mm，直径不宜小于6mm；当集中荷载较大时，分布钢筋的截面面积应增加，且间距不宜大于200mm。

在温度应力、收缩应力较大的现浇板区域，容易引起裂缝，因此应在板的表面双向配置防裂构造钢筋。配筋率均不宜小于0.10%，间距不宜大于200mm。防裂构造钢筋可利用原有钢筋贯通布置，也可另行设置钢筋并与原有钢筋按受拉钢筋的要求搭接或在周边构件中锚固。楼板平面的瓶颈部位宜适当增加板厚和配筋。沿板的洞边、凹角部位宜加配防裂构造钢筋，并采取可靠的锚固措施。

如图5-4所示为现浇楼板的钢筋全貌。

图5-4　现浇楼板的钢筋

混凝土厚板及卧置于地基上的基础筏板，当板的厚度大于2m时，除应沿板的上、下表面布置纵、横方向的钢筋外，尚宜在板厚度不超过1m范围内设置与板面平行的构造钢筋网片，网片钢筋直径不宜小于12mm，纵横方向的间距不宜大于300mm。

5.1.3　梁的配筋构造

5.1.3.1　梁内的钢筋

梁内通常配有纵向受力钢筋、架立钢筋、箍筋、弯起钢筋和纵向构造钢筋等，构成钢筋骨架，如图5-5所示。

(1) 纵向受力钢筋　钢筋沿梁跨度方向位于受拉区底部，承受弯矩在梁内产生的拉应力，此时的截面称为单筋截面；有时由于弯矩较大，在受压区也布置钢筋和混凝土一起承受压应力，这时的截面称为双筋截面。

根据附表10注5，受弯构件一侧受拉钢筋的配筋率按全截面面积扣除受压翼缘面积后的截面面积计算。设纵向受拉钢筋的截面面积为A_s，则配筋率ρ定义为：

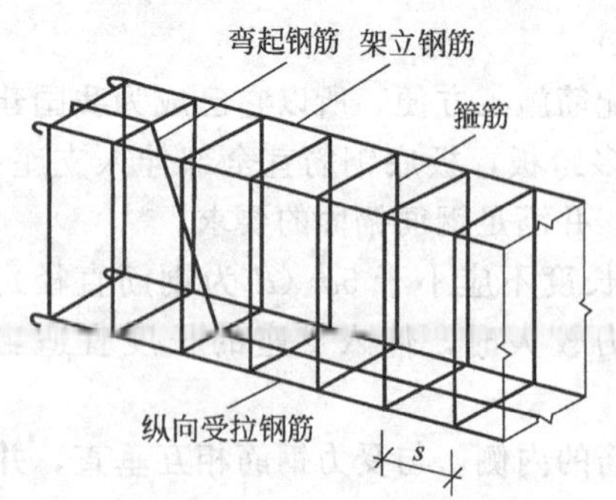

图5-5　梁内的钢筋骨架

$$\rho=\begin{cases}\dfrac{A_s}{bh}, & \text{T形、矩形截面}\\[2ex]\dfrac{A_s}{bh+(b_f-b)h_f}, & \text{倒T形、I形截面}\end{cases}\tag{5-1}$$

式中　b——矩形截面宽，T形、I形截面肋宽；

h——梁或板截面高；

b_f——T形、I形截面受拉翼缘宽度；

h_f——T形、I形截面受拉翼缘高度。

梁高≥300mm 时，纵向受力钢筋的直径不应小于 10mm，梁高<300mm 时，纵向受力钢筋的直径不应小于 8mm。常用直径为 12～25mm，宜优先选用较小直径的钢筋，以利于抗裂。当采用两种不同直径的钢筋时，其直径至少相差 2mm，以便施工识别，但也不宜大于 6mm。纵向受拉钢筋的根数不应少于 2 根，最好 3～4 根。钢筋尽量布置成一层，当一层排不下时，可布置成两层，应尽量避免出现三层、四层的情况（可采用并筋布置）。

伸入梁支座范围内的纵向钢筋不应少于 2 根。

(2) 架立钢筋 设在梁的受压区外缘两侧，和纵向受力钢筋平行。架立钢筋依构造而设，一般只有两根且直径较细，所以不考虑其分担的压应力。架立钢筋的作用一是固定箍筋的正确位置，形成骨架；二是承受因温度变化和混凝土收缩所产生的拉应力，防止产生收缩裂缝。双筋梁受压区配置的纵向受压钢筋，可兼作架立钢筋。

构造设置架立钢筋的直径 d 与梁的跨度 l 有关：当 $l<4$m 时，$d\geq8$mm；当 $l=4\sim6$m 时，$d\geq10$mm；当 $l>6$m 时，$d\geq12$mm。

(3) 箍筋 沿梁长按一定间距 s 放置，在侧立面上可以封闭，也可以不封闭。箍筋主要承受梁的剪力；还能联系梁内的受拉及受压纵向受力钢筋使其共同工作；也能固定纵向受力钢筋的位置，利于浇筑混凝土。箍筋位于纵向钢筋的外侧。

箍筋由抗剪计算和构造要求确定。截面高度大于 800mm 的梁，箍筋直径不宜小于 8mm；截面高度为 800mm 及以下的梁，箍筋直径不宜小于 6mm；梁中配有计算需要的纵向受压钢筋时，箍筋直径尚不应小于 $d/4$（d 为受压钢筋的最大直径）。

(4) 弯起钢筋 纵向受拉钢筋在梁支座附近向上弯起，称为弯起钢筋。弯起部分承担剪力作用，弯起后的水平段可以承担梁支座附近的负弯矩。弯起钢筋对梁而言，需要才配置，可有可无；而箍筋却是必需的。

箍筋和弯起钢筋统称为梁的横向钢筋或腹筋。

(5) 纵向构造钢筋 当梁截面较高时，为了防止在梁的侧面产生垂直于梁轴线的收缩裂缝，增强钢筋骨架的刚度，增强梁的抗扭作用，需在梁高的两个侧面沿高度配置纵向构造钢筋。规范规定，当梁的腹板高度 $h_w\geq450$mm 时，每侧纵向构造钢筋（不包括梁上、下部受力钢筋及架立钢筋）的截面面积不应小于腹板截面面积 bh_w 的 0.1%，且其间距不宜大于 200mm，但梁宽较大时可以适当放松，如图 5-6 所示。这种水平构造钢筋又称为腰筋。同一高度两侧的腰筋用拉筋予以固定，拉筋直径与箍筋直径相同，间距是箍筋间距的 2 倍。截面的腹板高度 h_w 取值为：对矩形截面，取有效高度；对 T 形截面，取有效高度减去翼缘高度；对 I 形截面，取腹板净高。

图 5-7 为钢筋混凝土框架结构中框架梁的实际配筋图，配有纵向受力钢筋、架立钢筋、箍筋和纵向构造钢筋，纵向构造钢筋之间设有拉筋，没有配置弯起钢筋。

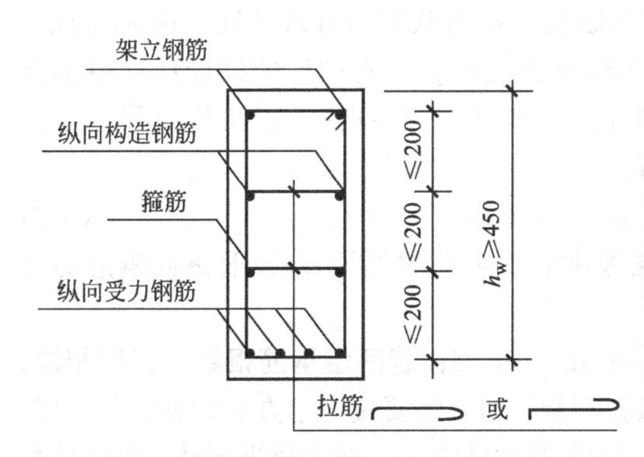

图 5-6 纵向构造钢筋的设置

图 5-7 梁的配筋案例

5.1.3.2　混凝土保护层厚度

梁的混凝土的保护层厚度（concrete cover）c_c，是指箍筋外边缘至构件截面表面之间的距离，如图5-8所示。因为楼板通常不配置箍筋，所以板的保护层厚度则时指外侧钢筋外边缘至板边的距离。保护层的作用，一是保护钢筋不直接受到大气的侵蚀，防止生锈，保证构件的耐久性；二是在发生火灾时避免钢筋过早软化，提高耐火极限；三是保证钢筋和混凝土有良好的黏结性能，共同工作。

受力钢筋的混凝土保护层厚度不应小于钢筋的公称直径 d（即 $c_c \geqslant d$），且不应小于规范规定的最小厚度 c（即 $c_c \geqslant c$）。梁、板、柱、墙的混凝土保护层最小厚度规定值见附表9。设计使用年限为50年的一类环境下的梁，当混凝土强度等级≤C25时 $c=25$mm，当混凝土强度等级≥C30时 $c=20$mm；对于一类环境下的板，当混凝土强度等级≤C25时 $c=20$mm，当混凝土强度等级≥C30时 $c=15$mm。

5.1.3.3　钢筋间净距

为了保证钢筋周围混凝土的浇筑质量，避免因钢筋锈蚀而影响结构的耐久性，增强钢筋和混凝土之间的黏结能力，梁的纵向受力钢筋间必须留有足够的净间距 s_n，如图5-9所示。梁下部钢筋水平方向的净间距 s_n 不应小于25mm和 d，d 为钢筋的最大直径（公称直径）；上部钢筋的净间距不应小于30mm和1.5d。当梁的下部纵向钢筋布置成两层时，上下钢筋必须对齐；钢筋布置超过两层时，两层以上的钢筋中距应比下面两层的中距增大一倍；各层钢筋之间的净间距不应小于25mm和 d。

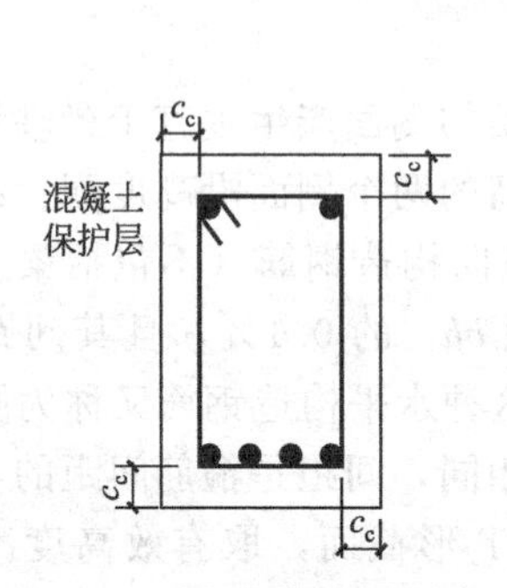

图5-8　混凝土保护层厚度

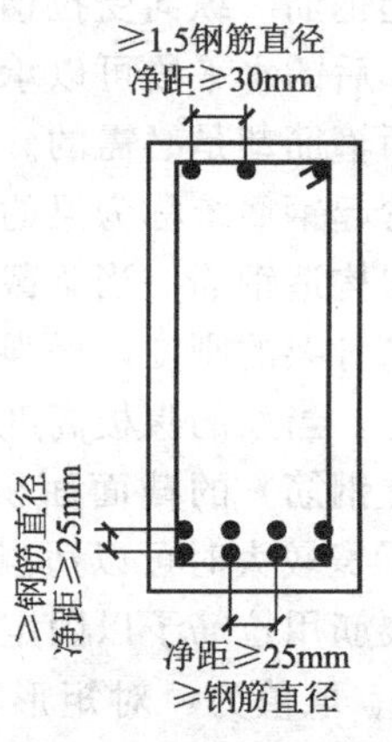

图5-9　钢筋净间距

5.1.4　截面的有效高度

纵向受拉钢筋合力中心到混凝土受压区边缘的距离，称为截面的有效高度，用 h_0 表示，如图5-10所示。截面的有效高度在钢筋混凝土和预应力混凝土结构构件的设计计算中都要用到。钢筋受力均匀，极限状态下应力都能达到 f_y，所以合力中心就是钢筋截面形心。设钢筋形心到混凝土受拉区边缘的距离为 a_s，则有

$$h_0=h-a_s \tag{5-2}$$

纵向钢筋合力作用点位置 a_s 与混凝土保护层厚度 c_c、箍筋的外径 d_{e1} 以及纵向钢筋的外径 d_e 等有关。

由几何关系可知，直径相同的单层钢筋 $a_s=c_c+d_{e1}+d_e/2$；若两层钢筋根数、直径相同，则有 $a_s=c_c+d_{e1}+d_e+s_n/2$；多层钢筋直径、根数不相同时，需要按力学方法计算形心位置。但是，在配筋计算时钢筋直径和根数都不知道，所以只能近似估算 a_s：假定取纵向受拉钢筋的外

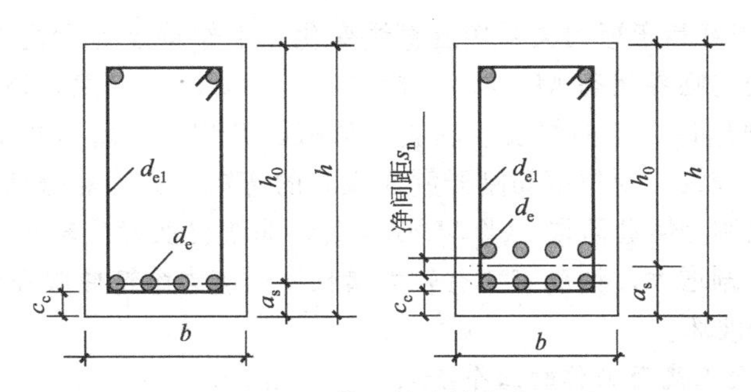

图 5-10　截面的有效高度

径 $d_e≈20mm$，箍筋的外径 $d_{e1}≈10mm$，则对于一类环境下的梁，混凝土强度等级≤C25 时，单层钢筋 $a_s=25+10+20/2=45mm$，双层钢筋 $a_s=25+10+20+25/2≈70mm$；混凝土强度等级≥C30 时，单层钢筋可取 $a_s=40mm$，双层钢筋可取 $a_s=65mm$。

因为板不配置箍筋，所以 $a_s=c_c+d_e/2$，设 $d_e=10mm$，则有 $a_s=c_c+5mm$。对于一类环境下的单向板和双向板沿短跨方向，当混凝土强度等级≤C25 时，可取 $a_s=25mm$；混凝土强度等级≥C30 时，可取 $a_s=20mm$；双向板沿长跨方向，a_s 取值应在短跨方向取值的基础上加上短跨钢筋的外径。

二 a 类环境下梁、板的 a_s 取值，可在一类环境下取值的基础上加 5mm。

若已知纵筋和箍筋的直径，则可直接按 a_s 的定义确定其取值，而不必再用估算值。

5.2　钢筋混凝土受弯构件正截面受力特点

5.2.1　适筋梁纯弯曲试验

如图 5-11 所示为一钢筋混凝土单筋矩形截面适筋梁的荷载试验简图。采用四点弯曲试验，即两端支座，中间部位的三分点对称施加两个集中荷载 F。略去梁的自重，在梁的中间区段产生纯弯曲变形。

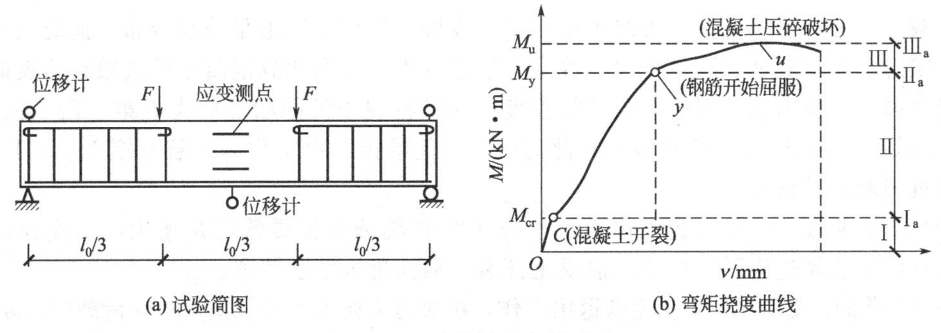

图 5-11　适筋梁纯弯曲试验

测点布置如图 5-11（a）所示。在梁的两个侧面沿高度方向布置应变测点，测量正应变沿梁高的变化规律；在受力钢筋表面粘贴应变片，测量钢筋的拉应变。在梁的跨中位置安放位移计（百分表或千分表），测定挠度；在两端支座处布置位移计，测量支座下陷，用于对跨中挠度测量值的修正。

5.2.1.1　位移-荷载曲线

试验采用逐级施加荷载 F（纯弯曲段的弯矩为 $M=Fl_0/3$）的加载方式，测定相应挠度 v。以挠度为横坐标，弯矩为纵坐标，实测得到的 M-v 关系曲线，如图 5-11（b）所示。

当M较小时，挠度和弯矩的关系接近直线变化，工作特点是梁尚未出现裂缝。弯矩增大到将开裂而未开裂的临界状态$M=M_{cr}$，标志着这一阶段的结束，该阶段称为第Ⅰ阶段。当M超过开裂弯矩M_{cr}以后，曲线发生转折，梁截面开裂，随着弯矩的增大，新裂缝不断出现，挠度增长速度较快。受拉钢筋刚开始屈服时的弯矩，称为屈服弯矩M_y。其工作特点是带裂缝，这一阶段称为第Ⅱ阶段。当$M>M_y$时，曲线再次发生转折，进入第Ⅲ阶段，裂缝急剧开展，挠度急剧增大，钢筋应变有较大增长，但应力维持屈服强度不变。当达到最大弯矩M_u时，梁开始破坏。

5.2.1.2　适筋梁正截面工作的三个阶段

在图5-11的M-v曲线上有两个明显的转折点，它们把梁的变形和受力分为三个阶段。与此同时，混凝土梁正截面（即横截面）的工作也经历三个阶段，如图5-12所示。

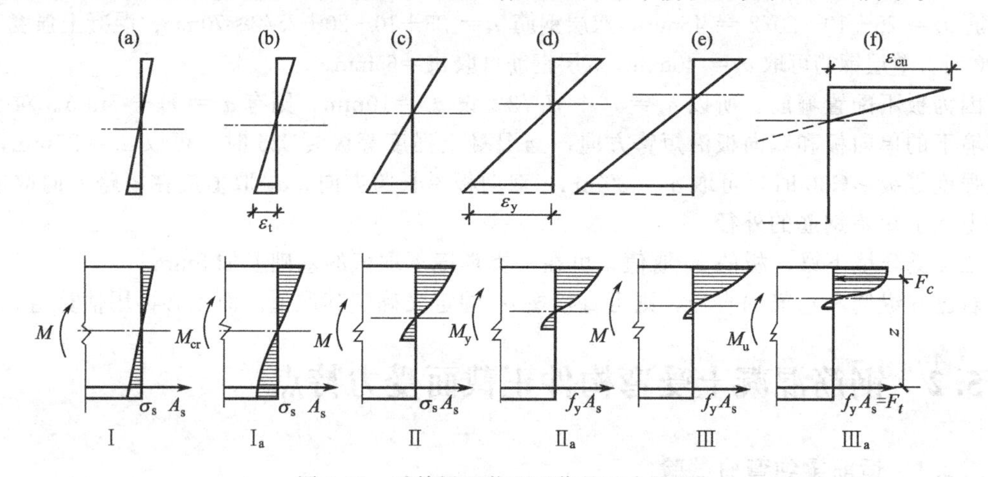

图5-12　适筋梁正截面工作的三个阶段

(1) 第Ⅰ阶段——弹塑性工作阶段　当弯矩较小时，梁基本上处于弹性工作状态，混凝土的应变和应力分布符合材料力学规律，即沿截面高度呈直线规律变化，如图5-12(a)所示，混凝土受拉区未出现裂缝。

荷载逐渐增加后，受拉区混凝土塑性变形发展，拉应力图形呈曲线分布，此时处于弹塑性工作状态。当荷载增加到使受拉区混凝土边缘纤维拉应变达到混凝土的极限拉应变时，混凝土将开裂，拉应力达到混凝土的抗拉强度。这种将裂未裂的状态标志着第Ⅰ阶段的结束，称为Ⅰ$_a$状态，如图5-12(b)所示，此时截面所能承担的弯矩称为开裂弯矩M_{cr}。Ⅰ$_a$状态是构件抗裂验算的依据。

(2) 第Ⅱ阶段——带裂缝工作阶段　当外力F继续增加导致弯矩增大时，受拉区混凝土边缘纤维应变超过极限拉应变，混凝土开裂，截面进入第Ⅱ阶段。

在开裂截面，受拉区混凝土逐渐退出工作，拉应力主要由钢筋承担；随着荷载的不断增大，裂缝向受压区方向延伸，中和轴（材料力学中称中性轴）上升，裂缝宽度加大，又出现新的裂缝；混凝土受压区的塑性变形有一定的发展，压应力图形呈曲线分布，如图5-12(c)所示。

当荷载继续增加使受拉钢筋的拉应力达到屈服强度f_y时，截面所承担的弯矩称为屈服弯矩M_y，这标志着第Ⅱ阶段的结束，称为Ⅱ$_a$状态，如图5-12(d)所示。Ⅱ$_a$状态是裂缝宽度验算和变形验算的依据。

(3) 第Ⅲ阶段——破坏阶段　随着受拉钢筋的屈服，裂缝急剧开展，宽度变大，构件挠度快速增加，形成破坏的前兆。因为中和轴高度上升，所以混凝土受压区高度不断缩小，如图5-12(e)所示。当受压区边缘混凝土压应变达到极限压应变ε_{cu}时，混凝土压碎，梁完全破坏，如图 5-12（f）所示。混凝土压碎作为第Ⅲ阶段结束的标志，称为$Ⅲ_a$状态。$Ⅲ_a$状态是构件承载能力计算的依据。

5.2.2 梁的正截面破坏特征

试验表明：同样的截面尺寸、跨度和同样材料强度的梁，由于配筋的不同，会发生不同形态的破坏。实践中发现，根据纵向受力钢筋数量的不同，钢筋混凝土梁存在适筋破坏、超筋破坏和少筋破坏三种形态。

5.2.2.1 适筋破坏

配筋率 ρ 适中（$\rho_{min} \leqslant \rho \leqslant \rho_{max}$）的梁，称为适筋梁。这种梁的破坏是钢筋首先屈服，裂缝开展很大，然后受压区混凝土达到极限压应变而压碎。前面所讨论的工作的三个阶段和应力、应变分布都是针对适筋梁而言。适筋梁的破坏事先有预兆，裂缝和挠度急剧发展，属于“塑性破坏”或延性破坏。钢筋与混凝土的强度均得到充分发挥。

5.2.2.2 超筋破坏

配筋率过大（$\rho > \rho_{max}$）的梁，称为超筋梁。因受压区混凝土被压碎而破坏，此时钢筋拉应力小于屈服强度。梁破坏时钢筋受力处于弹性阶段，裂缝宽度小，挠度也较小，无明显先兆，属于“脆性破坏”。

由于超筋梁的破坏属于脆性破坏，破坏前无预兆，并且受拉钢筋的强度未被充分利用而不经济，故不应采用。

适筋梁破坏与超筋梁破坏的分界称为界限破坏，其特征是钢筋屈服和混凝土压碎同时发生，此时配筋率 $\rho = \rho_{max}$。

5.2.2.3 少筋破坏

配筋率过小（$\rho < \rho_{min}$）的梁，称为少筋梁。这种梁，截面一旦开裂，受拉钢筋立即达到屈服强度，随即进入强化阶段，可因钢筋被拉断而破坏，也可由于裂缝开展过大（宽度大于 1.5mm）而被认为“破坏”。少筋梁的破坏仍然属于“脆性破坏”，设计时应避免。

$\rho = \rho_{min}$ 为少筋梁与适筋梁的界限配筋率，也即是适筋梁的最小配筋率。构造要求的最小配筋率 ρ_{min} 的取值规定，详见附表 10。只要满足 $\rho \geqslant \rho_{min}$ 的要求，就能保证梁不会发生少筋破坏。

5.2.3 受弯构件正截面承载能力计算方法

5.2.3.1 基本假定

钢筋混凝土受弯构件正截面承载能力计算以适筋梁$Ⅲ_a$工作状态为依据，并采用下列基本假定。

（1）截面应变保持平面　截面应变保持平面的假定又称为平截面假定。试验表明，在受压区，混凝土的压应变基本符合平截面假定，压应变直线分布。在受拉区，裂缝所在截面钢筋和混凝土之间发生了相对位移，开裂前原为同一个截面，开裂后部分混凝土受拉截面已劈裂为二，这种现象不符合平截面假定。然而，就跨过几条裂缝的平均拉应变而言，基本符合平截面假定。

（2）不考虑混凝土的抗拉强度　进入破坏阶段后，由于裂缝的发展，开裂截面中和轴以下的受拉混凝土所承担的拉应力很小，忽略其作用偏于安全。

（3）已知混凝土受压的本构关系　混凝土受压时应力-应变曲线的上升段简化为幂函数曲线，下降段简化为水平线，如图 5-13

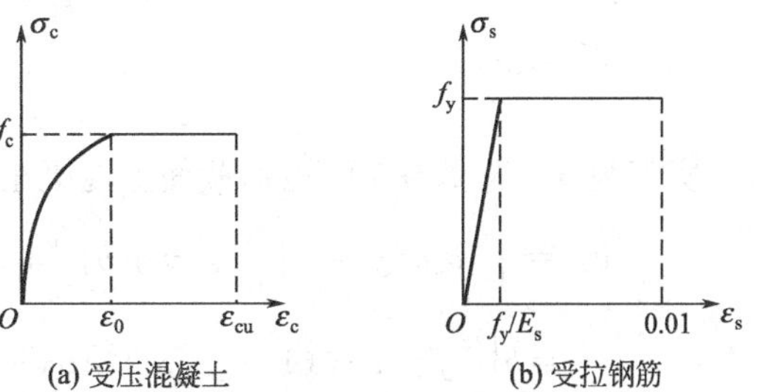

(a) 受压混凝土　(b) 受拉钢筋

图 5-13　材料的应力-应变简化曲线

(a) 所示。函数关系为：

当 $\varepsilon_c \leqslant \varepsilon_0$ 时

$$\sigma_c = f_c \left[1-\left(1-\frac{\varepsilon_c}{\varepsilon_0}\right)^n\right] \tag{5-3}$$

当 $\varepsilon_0 < \varepsilon_c \leqslant \varepsilon_{cu}$ 时

$$\sigma_c = f_c \tag{5-4}$$

其中

$$n = 2-\frac{1}{60}(f_{cu,k}-50) \tag{5-5}$$

$$\varepsilon_0 = 0.002+0.5(f_{cu,k}-50)\times 10^{-5} \tag{5-6}$$

$$\varepsilon_{cu} = 0.0033-(f_{cu,k}-50)\times 10^{-5} \tag{5-7}$$

式中 σ_c——混凝土压应变为 ε_c 时的混凝土压应力；

f_c——混凝土轴心抗压强度设计值；

ε_0——混凝土压应力达到 f_c 时的混凝土压应变，当计算的 ε_0 值小于 0.002 时，取 0.002；

ε_{cu}——正截面的混凝土极限压应变，当处于非均匀受压时，按式 (5-7) 计算，如计算的 ε_{cu} 值大于 0.0033 时，取为 0.0033，当处于轴心受压时取为 ε_0；

$f_{cu,k}$——混凝土立方抗压强度标准值；

n——系数，当计算的 n 值大于 2.0 时，取为 2.0。

(4) 已知钢筋的本构关系　受拉钢筋的应力-应变简化曲线如图 5-13 (b) 所示，曲线由斜直线和水平直线两段构成，屈服应变为 f_y/E_s，极限拉应变为 0.01。

当 $\varepsilon_s \leqslant f_y/E_s$ 时

$$\sigma_s = E_s\varepsilon_s \tag{5-8}$$

当 $f_y/E_s < \varepsilon_s \leqslant 0.01$ 时

$$\sigma_s = f_y \tag{5-9}$$

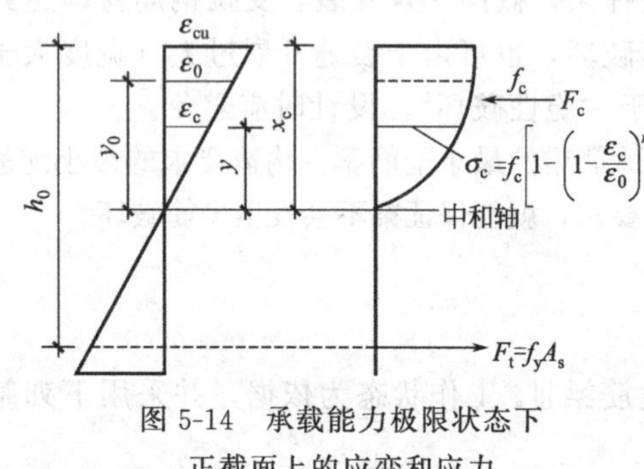

图 5-14　承载能力极限状态下正截面上的应变和应力

5.2.3.2　混凝土压力的合力

适筋梁当受压区边缘混凝土压应变 ε_c 达到极限压应变 ε_{cu} 时，作为承载能力计算的极限状态，平截面假定下的应变分布和相应的应力分布如图 5-14 所示。

按平截面假定，混凝土的受压区高度为 x_c，任意一点的应变和该点到中和轴的距离 y 成正比，混凝土压应力和 y 的关系为

当 $0 \leqslant y \leqslant y_0$ 时

$$\sigma_c = f_c\left[1-\left(1-\frac{\varepsilon_c}{\varepsilon_0}\right)^n\right] = f_c\left[1-\left(1-\frac{y}{y_0}\right)^n\right]$$

当 $y_0 \leqslant y \leqslant x_c$ 时

$$\sigma_c = f_c$$

宽度为 b、高度为 h 的矩形截面上混凝土压力合力的大小 F_c 应为

$$F_c = \int_0^{x_c}\sigma_c b\mathrm{d}y = b\int_0^{y_0}\sigma_c\mathrm{d}y + b\int_{y_0}^{x_c}\sigma_c\mathrm{d}y$$

$$= b\int_0^{y_0} f_c[1-(1-y/y_0)^n]\mathrm{d}y + b\int_{y_0}^{x_c} f_c\mathrm{d}y = f_c b x_c\left(1-\frac{1}{n+1}\times\frac{y_0}{x_c}\right)$$

将 $y_0/x_c = \varepsilon_0/\varepsilon_{cu}$ 代入上式，得

$$F_c = f_c b x_c \left[1 - \frac{\varepsilon_0}{(n+1)\varepsilon_{cu}}\right] \tag{5-10}$$

混凝土压力合力对中和轴取矩

$$\begin{aligned} M_F &= \int_0^{x_c} \sigma_c y b \mathrm{d}y = b\int_0^{y_0} \sigma_c y \mathrm{d}y + b\int_{y_0}^{x_c} \sigma_c y \mathrm{d}y \\ &= b\int_0^{y_0} f_c[1-(1-y/y_0)^n] y \mathrm{d}y + b\int_{y_0}^{x_c} f_c y \mathrm{d}y \\ &= f_c b x_c^2 \left[\frac{1}{2} - \frac{1}{(n+1)(n+2)}\left(\frac{y_0}{x_c}\right)^2\right] \end{aligned}$$

将 $y_0/x_c = \varepsilon_0/\varepsilon_{cu}$ 代入上式，得

$$M_F = f_c b x_c^2 \left[\frac{1}{2} - \frac{1}{(n+1)(n+2)}\left(\frac{\varepsilon_0}{\varepsilon_{cu}}\right)^2\right] \tag{5-11}$$

5.2.3.3　等效应力图形

如图 5-14 所示的应力分布为曲线分布，式（5-10）和式（5-11）也比较复杂，不便于工程实际应用。为此，规范将受压区混凝土应力图形简化为等效矩形图（见图 5-15），矩形图形的受压区高度 $x=\beta_1 x_c$ 称为计算受压区高度，简称受压区高度；$\alpha_1 f_c$ 为矩形分布的应力大小。这种简化中，有两个参数 β_1 和 α_1 需要确定。该应力图形的合力为

$$F_c = \alpha_1 f_c b x \tag{5-12}$$

对中和轴之矩为

$$M_F = \alpha_1 f_c b x (x_c - 0.5x) \tag{5-13}$$

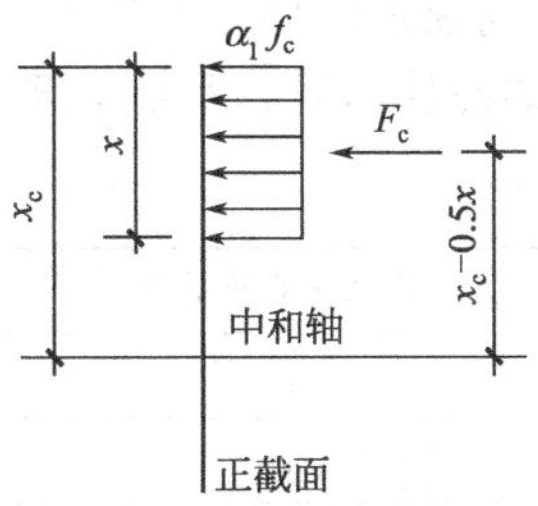

图 5-15　等效矩形应力图

静力等效的条件是：图 5-14 的应力分布与图 5-15 的应力分布的合力相等，作用点相同（对任一点之矩相等）；或力系向任一点简化，主矢相等，主矩相同。即式（5-10）和式（5-12）相等、式（5-11）和式（5-13）相等，由此可以解得

$$\beta_1 = \frac{x}{x_c} = 2 - \frac{1 - \dfrac{2}{(n+1)(n+2)}\left(\dfrac{\varepsilon_0}{\varepsilon_{cu}}\right)^2}{1 - \dfrac{1}{n+1}\left(\dfrac{\varepsilon_0}{\varepsilon_{cu}}\right)} \tag{5-14}$$

$$\alpha_1 = \left(1 - \frac{1}{n+1} \times \frac{\varepsilon_0}{\varepsilon_{cu}}\right) \times \frac{1}{\beta_1} \tag{5-15}$$

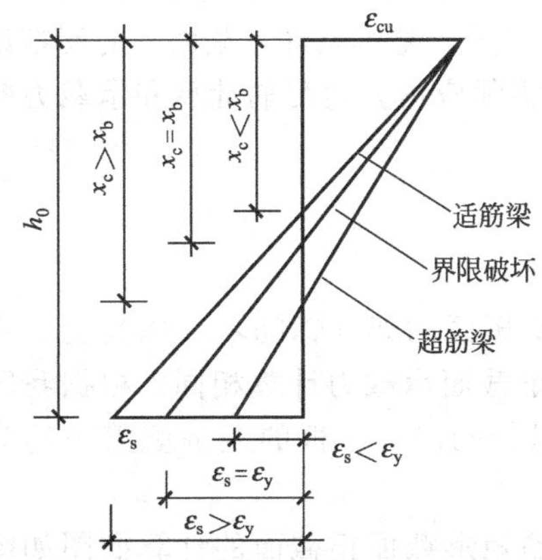

图 5-16　适筋梁、超筋梁、界限破坏时的截面平均应变

取 $n=2.0$，$\varepsilon_0=0.002$，$\varepsilon_{cu}=0.0033$，代入式（5-14）、式（5-15）得到 $\beta_1=0.824$、$\alpha_1=0.968$。规范规定混凝土强度等级≤C50 时，取 $\beta_1=0.8$、$\alpha_1=1.0$；对 C80 混凝土，取 $\beta_1=0.74$、$\alpha_1=0.94$；其间按线性内插法确定。β_1、α_1 也可依混凝土的强度等级按表 5-2 取值。

5.2.3.4　相对界限受压区高度 ξ_b

梁正截面破坏时受压区边缘混凝土压应变为 ε_{cu}，钢筋拉应变为 ε_s，根据平截面假定，应变分布为直线，如图 5-16 所示。当受压区高度 $x_c<x_b$ 时为适筋梁，当 $x_c=x_b$ 时为界限破坏，当 $x_c>x_b$ 时为超筋梁。所谓界限破坏就是受拉钢筋屈服和受压区边缘混凝土达到极限

压应变而压碎两者同时发生，适筋梁是钢筋先屈服，而超筋梁则是钢筋不屈服。设界限破坏时受压区高度为 x_b，与此相对应的矩形应力分布的受压区高度为 $\beta_1 x_b$，则比值 $\beta_1 x_b/h_0$ 称为相对界限受压区高度，用 ξ_b 表示。由相似比例关系有

$$\frac{x_c}{h_0}=\frac{\varepsilon_{cu}}{\varepsilon_{cu}+\varepsilon_s} \tag{5-16}$$

相对受压区高度定义为受压区高度（计算受压区高度）x 与截面有效高度的比值，即 $\xi=x/h_0$，考虑到 $x=\beta_1 x_c$，并利用式（5-16）得

$$\xi=\frac{\beta_1 x_c}{h_0}=\frac{\beta_1 \varepsilon_{cu}}{\varepsilon_{cu}+\varepsilon_s}=\frac{\beta_1}{1+\dfrac{\varepsilon_s}{\varepsilon_{cu}}}$$

界限破坏时，$\xi=\xi_b$，$x_c=x_b$，$\varepsilon_s=\varepsilon_y=f_y/E_s$，所以

$$\xi_b=\frac{\beta_1}{1+\dfrac{f_y}{E_s\varepsilon_{cu}}} \tag{5-17}$$

上式只适用于有明显屈服点的热轧钢筋。ξ_b 仅与钢筋种类和混凝土的强度等级有关，不同级别的热轧钢筋和不同强度等级的混凝土所对应的 ξ_b 值见表 5-2。对于无屈服点的钢筋(如冷轧钢筋、冷拉钢筋)，取 $\varepsilon_s=\varepsilon_y=0.002+f_y/E_s$，亦可得到相应的 ξ_b 计算公式。

表 5-2　β_1、α_1 和 ξ_b 取值

混凝土强度等级		C15～C50	C55	C60	C65	C70	C75	C80
β_1		0.8	0.79	0.78	0.77	0.76	0.75	0.74
α_1		1.0	0.99	0.98	0.97	0.96	0.95	0.94
ξ_b	HPB 300	0.576	0.566	0.556	0.547	0.537	0.528	0.518
	HRB 335	0.550	0.541	0.531	0.522	0.512	0.503	0.493
	HRB 400、RRB 400	0.518	0.508	0.499	0.490	0.481	0.472	0.463
	HRB500	0.482	0.473	0.464	0.456	0.447	0.438	0.429

5.3　钢筋混凝土受弯构件正截面承载力

钢筋混凝土受弯构件由弯矩 M 引起横截面开裂，破坏截面与构件轴线正交，称之为正截面破坏。正截面承载力计算，就是构件的抗弯承载能力计算，基本条件是截面上的弯矩设计值 M（考虑结构重要性系数后）不超过极限弯矩 M_u。实际应用分为配筋计算和承载力验算（或复核）两种情况，是板、梁设计计算的重点。

5.3.1　单筋矩形截面

5.3.1.1　基本公式与适用条件

所谓单筋矩形截面就是仅在受拉区配置受力钢筋，受压区的架立钢筋不考虑其受力作用。矩形截面和翼缘位于受拉边的 T 形截面板、梁，其正截面承载力计算相同。根据我国的实践经验，单筋矩形截面梁的经济配筋率大约为 0.6%～1.5%，板的经济配筋率约为 0.3%～0.8%。

（1）基本公式　承载能力极限状态下，受弯构件单筋矩形截面正截面的计算简图如图 5-17 所示，由静力平衡关系可得

$$f_y A_s=\alpha_1 f_c b x \tag{5-18}$$

$$M_u=\alpha_1 f_c bx(h_0-0.5x) \quad (5\text{-}19)$$

或

$$M_u=f_y A_s(h_0-0.5x) \quad (5\text{-}20)$$

式中　f_y——钢筋抗拉强度设计值；

A_s——纵向受拉钢筋截面面积；

f_c——混凝土轴心抗压强度设计值；

b——梁截面宽度；

x——混凝土受压区高度；

h_0——截面有效高度；

M_u——正截面极限抵抗弯矩。

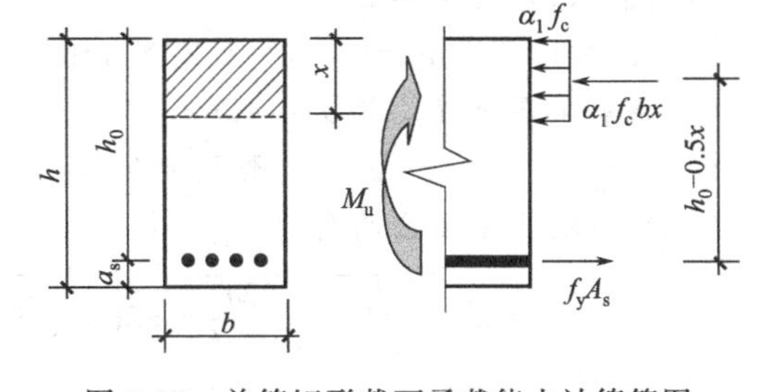

图 5-17　单筋矩形截面承载能力计算简图

(2) 公式的适用条件（适筋梁的条件）

① 防止发生超筋破坏

$$\xi\leqslant\xi_b，或 x\leqslant\xi_b h_0 \quad (5\text{-}21)$$

② 防止发生少筋破坏

$$\rho\geqslant\rho_{min}，或 A_s\geqslant\rho_{min}bh \quad (5\text{-}22)$$

5.3.1.2　基本公式的实际应用

(1) 截面设计　已知弯矩设计值（考虑结构重要性系数后）M、截面尺寸和材料参数，求纵向受拉钢筋截面面积。此时取 $M_u=M$，假定 a_s 并确定 h_0，由式 (5-19) 解出受压区高度 x：

$$x=h_0-\sqrt{h_0^2-\frac{2M}{\alpha_1 f_c b}} \quad (5\text{-}23)$$

若 $x\leqslant\xi_b h_0$，则不属于超筋梁；否则为超筋梁，这时就应加大截面尺寸、或提高混凝土强度等级、或改用双筋截面，以保证设计的梁不是超筋梁。

确认不会超筋后，由式 (5-18) 可解出受拉钢筋截面面积为

$$A_s=\frac{\alpha_1 f_c bx}{f_y} \quad (5\text{-}24)$$

若 $A_s\geqslant\rho_{min}bh$，则不属于少筋梁；否则为少筋梁，此时应取 $A_s=\rho_{min}bh$。确定所需钢筋截面面积后，可依据附表 13 或附表 14 的钢筋面积表选择合适的钢筋直径和根数。确定保护层厚度 c_c 和受拉钢筋合力点到混凝土受拉区边缘的距离 a_s，检验钢筋净间距是否满足要求。若截面有效高度 h_0 小于计算时假定的有效高度，则需验算截面承载能力。

(2) 承载能力验算　已知钢筋面积、截面尺寸和材料参数，验算或复核承载能力。一般先验算配筋率

$$\rho=\frac{A}{bh}\geqslant\rho_{min}=\max\left(0.20\%，45\frac{f_t}{f_y}\%\right) \quad (5\text{-}25)$$

保证不少筋，然后通过式 (5-18) 计算受压区高度 x：

$$x=\frac{f_y A_s}{\alpha_1 f_c b} \quad (5\text{-}26)$$

若 $x>\xi_b h_0$，说明超筋，此时取 $x=\xi_b h_0$。对于适筋梁，可由式 (5-19) 或 (5-20) 计算截面所能承受的最大弯矩（极限弯矩）M_u；但对于超筋梁，只能由式 (5-19) 计算 M_u。承载能力条件为：$M\leqslant M_u$。

【例题 5-1】　已知矩形截面梁尺寸为 $b\times h=300\text{mm}\times600\text{mm}$，由荷载设计值产生的弯矩设计值 $M=186.5\text{kN}\cdot\text{m}$；混凝土强度等级为 C25，采用 HRB400 级钢筋，一类环境。试确定纵向受力钢筋。

【解】（1）基本参数

$f_c=11.9\text{N/mm}^2$，$f_t=1.27\text{N/mm}^2$，$\alpha_1=1.0$，$f_y=360\text{N/mm}^2$，$\xi_b=0.518$

设钢筋单层放置，取 $a_s=45\text{mm}$

则 $h_0=h-a_s=600-45=555\text{mm}$

（2）混凝土受压区高度

$$x=h_0-\sqrt{h_0^2-\frac{2M}{\alpha_1 f_c b}}=555-\sqrt{555^2-\frac{2\times186.5\times10^6}{1.0\times11.9\times300}}=103.8\text{mm}$$

$<\xi_b h_0=0.518\times555=287.5\text{mm}$，不超筋

（3）配筋计算

$$A_s=\frac{\alpha_1 f_c bx}{f_y}=\frac{1.0\times11.9\times300\times103.8}{360}=1029\text{mm}^2$$

$$45\frac{f_t}{f_y}=45\times\frac{1.27}{360}=0.16<0.20$$

$\rho_{min}=0.20\%$

$\rho_{min}bh=0.20\%\times300\times600=360\text{mm}^2$

$<A_s=1029\text{mm}^2$，不会少筋

由附表14选配4Φ20，$A_s=1256\text{mm}^2$，钢筋布置见图5-18。完整的配筋除4根受力钢筋外，还有2根架立钢筋，每侧2根纵向构造钢筋，再加上箍筋。取保护层厚度 $c_c=c=25\text{mm}>d$，满足要求。钢筋外径 $d_e=22.7\text{mm}$；设箍筋采用Φ8，钢筋间的净间距 s_n 为

$$s_n=\frac{300-(25+8)\times2-22.7\times4}{3}=47.7\text{mm}$$

$s_n>d=20\text{mm}$，$s_n>25\text{mm}$，满足构造要求。

$a_s=c_c+d_{e1}+d_e/2=25+8+22.7/2=44.4\text{mm}$

$h_0=h-a_s=600-44.4=555.6\text{mm}>$ 计算假定值 555mm，不需要再验算承载能力。

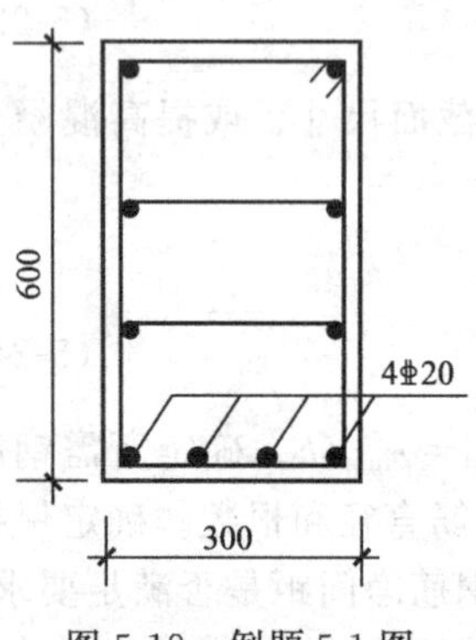

图5-18　例题5-1图

只要配筋后实际的 h_0 大于计算假定值（本例如此），梁、板的正截面承载力总能满足要求，不必验算承载力；因实配钢筋面积通常比计算值大，即使假定的 h_0 略小于实际配筋确定的值，一般也能保证承载能力极限值不低于荷载效应组合设计值 M。本题也可有其他配筋方式，比如3Φ22，$A_s=1140\text{mm}^2$。

【例题5-2】 某现浇楼板为单向板，板厚为80mm，采用C20混凝土，HPB300级钢筋，一类环境，每米板宽跨中弯矩设计值 $M=4.36\text{kN}\cdot\text{m/m}$。试确定受力钢筋。

【解】C20混凝土板，一类环境下混凝土保护层的最小厚度应为20mm，取 $a_s=25\text{mm}$。

$h_0=h-a_s=80-25=55\text{mm}$

$$x=h_0-\sqrt{h_0^2-\frac{2M}{\alpha_1 f_c b}}=55-\sqrt{55^2-\frac{2\times4.36\times10^6}{1.0\times9.6\times1000}}=9.0\text{mm}$$

$<\xi_b h_0=0.576\times55=31.7\text{mm}$，不超筋

$$A_s=\frac{\alpha_1 f_c bx}{f_y}=\frac{1.0\times9.6\times1000\times9.0}{270}=320\text{mm}^2$$

$$\rho_{min}=\max\left(0.20\%,\ 45\frac{f_t}{f_y}\%\right)=\max\left(0.20\%,\ 45\times\frac{1.10}{270}\%\right)=0.20\%$$

$$\rho=\frac{A_s}{bh}=\frac{320}{1000\times80}=0.40\%>\rho_{min}=0.20\%$$，不少筋

由附表 13 选配：ф 8@150（沿板宽方向以间距 150mm 布置ф 8 的钢筋），$A_s=335mm^2$。HPB300 钢筋为光圆钢筋，外径和公称直径相等，所以 $a_s=c+d/2=20+8/2=24mm$，截面有效高度 $h_0=h-a_s=80-24=56mm$ > 计算假定值 55mm，不必再验算截面承载能力。

【例题 5-3】 某矩形截面梁 $b\times h=250mm\times 500mm$，承担弯矩设计值 $M=245.8kN\cdot m$；采用 C30 混凝土，已配置受拉纵筋 4 ⏀ 25，箍筋拟采用ф 8 钢筋，一类环境。试验算正截面承载力。

【解】 (1) 截面的有效高度

$$\text{取 } c_c=d=25mm>c=20mm$$

$$a_s=c_c+d_{e1}+d_e/2=25+8+28.4/2=47.2mm$$

$$h_0=h-a_s=500-47.2=452.8mm$$

(2) 验算配筋率高度

$$45\frac{f_t}{f_y}=45\times\frac{1.43}{360}=0.18<0.20$$

$$\rho_{min}=\max\left(0.20\%,\ 45\frac{f_t}{f_y}\%\right)=\max(0.20\%,\ 0.18\%)=0.20\%$$

$$\rho=\frac{A_s}{bh}=\frac{1964}{250\times 500}=1.57\%>\rho_{min}=0.20\%\text{，不少筋}$$

(3) 承载力验算

$$x=\frac{f_yA_s}{\alpha_1 f_c b}=\frac{360\times 1964}{1.0\times 14.3\times 250}=197.8mm$$

$$<\xi_b h_0=0.518\times 452.8=234.6mm\text{，不超筋}$$

所设计的梁为适筋梁，由式 (5-20) 计算极限弯矩

$$M_u=f_yA_s(h_0-0.5x)=360\times 1964\times(452.8-0.5\times 197.8)N\cdot mm$$

$$=250.2kN\cdot m>M=245.8kN\cdot m\text{，正截面承载力满足要求。}$$

5.3.2 单筋 T 形截面

T 形截面由梁肋 ($b\times h$) 及挑出翼缘 [$(b_f'-b)\times h_f'$] 两部分组成，见图 5-19 和图 5-20。纵向受力钢筋集中布置在梁肋下部，以承担拉力；翼缘受压；梁肋或腹板，联系受压区混凝土和受拉钢筋，并承担剪力。T 形截面梁与矩形截面梁相比，不仅承载能力不会降低，而且能够节省混凝土，减轻构件自重。因此，T 形截面梁在工程上广泛应用。除独立 T 形梁以

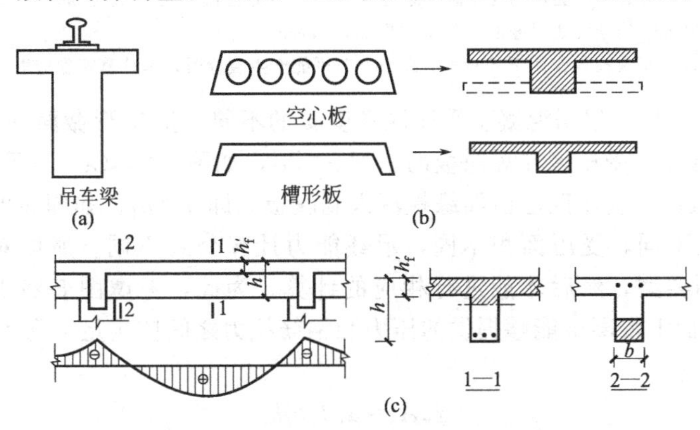

图 5-19　可按 T 形截面计算的常见截面

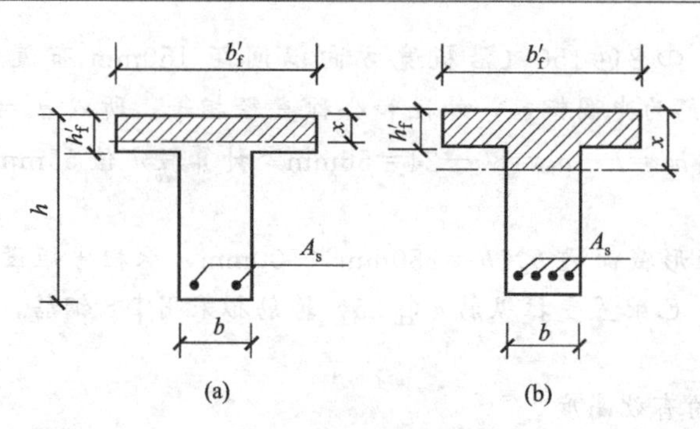

图 5-20　T 形截面类型

外，槽形板、多孔板、箱形截面、工字形梁、倒 L 形梁等都可按 T 形截面计算，如图 5-19 所示。此外，现浇楼盖的主梁、次梁跨中截面承受正弯矩［图 5-19（c）1-1 截面］，可按 T 形截面计算；支座截面承担负弯矩［图 5-19（c）2-2 截面］，翼缘受拉，应按矩形截面计算。

5.3.2.1　T 形截面受压翼缘计算宽度及截面类型

（1）T 形截面受压翼缘计算宽度　T 形截面梁，翼缘上同一高度的压应力沿宽度方向的分布不遵从材料力学理论，表现为离开肋部愈远，压应力愈小。当翼缘很宽时，考虑到远离梁肋处翼缘压应力很小，故在设计计算中把翼缘宽度限制在 b_f' 范围内，称 b_f' 为翼缘的计算宽度。即认为截面翼缘在 b_f' 范围内，作用其上的压应力沿宽度均匀分布，合力大小大致与实际不均匀分布的压应力图形等效。

T 形、I 形及倒 L 形截面受弯构件位于受压区的翼缘计算宽度 b_f'，现行规范规定应按表 5-3 所列各项中的最小值取用。

表 5-3　T 形、I 形及倒 L 形截面受弯构件翼缘计算宽度 b_f'

情况			T 形、I 形截面		倒 L 形截面
			肋形梁(板)	独立梁	肋形梁(板)
1	按计算跨度 l_0 考虑		$l_0/3$	$l_0/3$	$l_0/6$
2	按梁(纵肋)净距 s_n 考虑		$b+s_n$	—	$b+s_n/2$
3	按翼缘高度 h_f' 考虑	$h_f'/h_0 \geqslant 0.1$	—	$b+12h_f'$	—
		$0.1>h_f'/h_0 \geqslant 0.05$	$b+12h_f'$	$b+6h_f'$	$b+5h_f'$
		$h_f'/h_0<0.05$	$b+12h_f'$	b	$b+5h_f'$

注：1. 表中 b 为梁的腹板厚度。
2. 肋形梁在梁跨内设有间距小于纵肋间距的横肋时，可不考虑表中情况 3 的规定。
3. 加腋的 T 形、I 形和倒 L 形截面，当受压区加腋的高度 $h_h \geqslant h_f'$ 且加腋的长度 $b_h \leqslant 3h_h$ 时，其翼缘计算宽度可按表中情况 3 的规定分别增加 $2b_h$（T 形、I 形截面）和 b_h（倒 L 形截面）。
4. 独立梁受压区的翼缘板在荷载作用下经验算沿纵肋方向可能产生裂缝时，其计算宽度应取腹板宽度 b。

（2）T 形截面类型　根据混凝土受压区高度 x 的不同，将 T 形截面分成两类：

第一类 T 形截面　受压区在翼缘板内，即 $x \leqslant h_f'$，如图 5-20（a）所示；

第二类 T 形截面　受压区已由翼缘板深入到腹板，即 $x>h_f'$，如图 5-20（b）所示。

T 形截面类型不同，受压面积不同，承载能力计算公式不同。所以对于 T 形截面梁，首先要判定其截面类型，然后才能进行相应的计算。为此，考虑图 5-21 所示的特殊情形，即 $x=h_f'$，翼缘截面上混凝土能够提供的压力和钢筋拉力之间应满足平衡关系。

由 $\sum F_x=0$，得

$$f_y A_s=\alpha_1 f_c b_f' h_f' \tag{5-27}$$

由 $\sum M=0$，对钢筋合力中心取矩，得

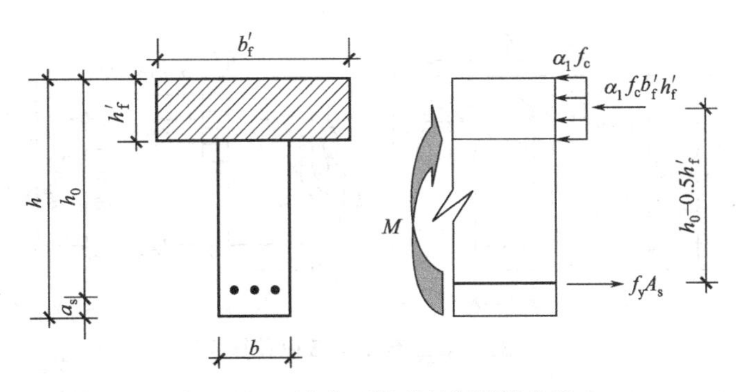

图 5-21　T 形截面类型判别计算简图

$$M=\alpha_1 f_c b_f' h_f'(h_0-0.5h_f') \tag{5-28}$$

上面两式为 $x=h_f'$ 时的平衡关系。等式右端为整个翼缘都受压时，所能提供的压力和力矩。如果等式的左边小于或等于右边，则有 $x\leqslant h_f'$，即为第一类 T 形截面，否则为第二类 T 形截面。所以有以下判定式：

截面设计时，若

$$M\leqslant\alpha_1 f_c b_f' h_f'(h_0-0.5h_f') \tag{5-29}$$

则为第一类 T 形截面，否则为第二类 T 形截面。

承载能力验算时，若

$$f_y A_s\leqslant\alpha_1 f_c b_f' h_f' \tag{5-30}$$

则为第一类 T 形截面，否则为第二类 T 形截面。

5.3.2.2　第一类 T 形截面承载能力计算

第一类 T 形截面梁承载能力计算的简图如图 5-22 所示，将该图与单筋矩形截面承载力计算简图（见图 5-17）比较可以发现，两者几乎完全一样，差别仅在于受压区截面宽度前面为 b、这里为 b_f'。

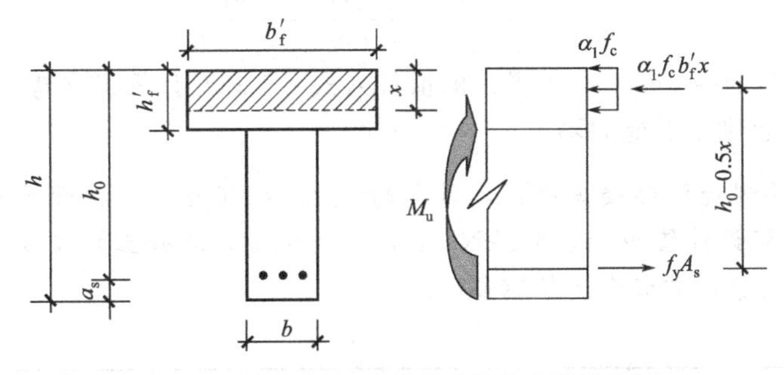

图 5-22　第一类 T 形截面承载能力计算简图

所以，第一类 T 形截面梁的截面设计和承载能力验算，都可以利用单筋矩形截面的公式和方法，只需以 b_f' 代替 b 即可。

因为 $x\leqslant h_f'$，所以 $x\leqslant\xi_b h_0$ 的条件一般都能满足，不会出现超筋破坏。配筋率 ρ 按梁肋面积计算，需要满足最小配筋率的要求，即：

$$\rho=\frac{A_s}{bh}\geqslant\rho_{\min} \quad 或 \quad A_s\geqslant\rho_{\min}bh \tag{5-31}$$

5.3.2.3　第二类 T 形截面承载能力计算

对于第二类 T 形截面，受压区已进入腹板，计算简图如图 5-23 所示。承载能力极限状态下混凝土压应力的合力可以分解为两部分：第一部分为翼缘悬挑部分承担的压力，合力为

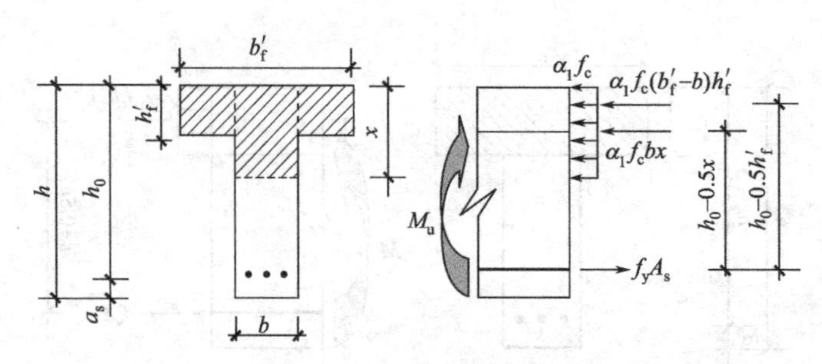

图 5-23 第二类 T 形截面计算简图

$\alpha_1 f_c(b_f'-b)h_f'$，作用点距钢筋合力中心（$h_0-0.5h_f'$）；第二部分为梁肋（腹板）部分承担的压力，合力 $\alpha_1 f_c bx$，作用点距钢筋合力中心（$h_0-0.5x$）。平衡条件为：

$$\alpha_1 f_c(b_f'-b)h_f'+\alpha_1 f_c bx=f_y A_s \tag{5-32}$$

$$M_u=\alpha_1 f_c(b_f'-b)h_f'(h_0-0.5h_f')+\alpha_1 f_c bx(h_0-0.5x) \tag{5-33}$$

适用条件仍然为 $x\leqslant\xi_b h_0$ 和 $\rho\geqslant\rho_{min}$。因为第二类 T 形截面梁配筋率一般较高，能满足最小配筋率的要求，所以不必单独验算配筋率。

（1）截面设计　取 $M_u=M$，由式（5-33）解出受压区高度 x：

$$x=h_0-\sqrt{h_0^2-\frac{2[M-\alpha_1 f_c(b_f'-b)h_f'(h_0-0.5h_f')]}{\alpha_1 f_c b}} \tag{5-34}$$

若 $x\leqslant\xi_b h_0$，则由式（5-32）可解得所需受拉钢筋截面面积

$$A_s=\frac{\alpha_1 f_c[(b_f'-b)h_f'+bx]}{f_y} \tag{5-35}$$

限制条件 $x\leqslant\xi_b h_0$ 若不满足，则需加大截面尺寸、或提高混凝土强度等级、或改成双筋截面。

（2）承载能力验算　先由式（5-32）解出 x：

$$x=\frac{f_y A_s-\alpha_1 f_c(b_f'-b)h_f'}{\alpha_1 f_c b} \tag{5-36}$$

当 $x>\xi_b h_0$ 时取 $x=\xi_b h_0$。然后将 x 的值代入式（5-33）计算极限弯矩 M_u；若 $M\leqslant M_u$，则承载能力足够，否则承载能力不足。

【例题 5-4】 某现浇肋形楼盖次梁，计算跨度 $l_0=5700$mm，截面尺寸如图 5-24 所示。已知梁跨中截面弯矩设计值 $M=116.5$kN·m，一类环境，混凝土的强度等级为 C30，HRB 400 级钢筋，试确定梁所需纵向受拉钢筋 A_s。

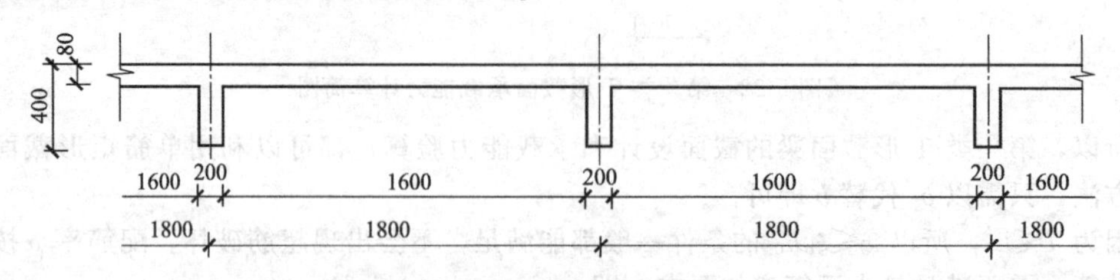

图 5-24 例题 5-4 图

【解】 一类环境，C30 混凝土，假设一层受力钢筋，则可取

$$a_s=40\text{mm},\quad h_0=h-a_s=400-40=360\text{mm}$$

翼缘计算宽度 b_f'，按梁的计算跨度考虑：$b_f'=l_0/3=5700/3=1900$mm

按梁肋净距 s_n 考虑：$b_f'=b+s_n=200+1600=1800$mm

按翼缘高度 h_f' 考虑：$h_f'/h_0=80/360=0.22>0.1$

上述三项中，取最小值作为 b_f'，即 $b_f'=1800\text{mm}$。

$$\alpha_1 f_c b_f' h_f'(h_0-0.5h_f')=1.0\times14.3\times1800\times80\times(360-0.5\times80)\text{N}\cdot\text{mm}$$
$$=658.9\text{kN}\cdot\text{m}>M=116.5\text{kN}\cdot\text{m}$$

属于第一类 T 形截面，用矩形截面的公式计算，将 b 换成 b_f'。

受压区高度

$$x=h_0-\sqrt{h_0^2-\frac{2M}{\alpha_1 f_c b_f'}}=360-\sqrt{360^2-\frac{2\times116.5\times10^6}{1.0\times14.3\times1800}}=12.8\text{mm}$$

$$A_s=\frac{\alpha_1 f_c b_f' x}{f_y}=\frac{1.0\times14.3\times1800\times12.8}{360}=915\text{mm}^2$$

$$45\frac{f_t}{f_y}=45\times\frac{1.43}{360}=0.18>0.20$$

$$\rho_{min}=0.20\%$$

$$\rho=\frac{A_s}{bh}=\frac{915}{200\times400}=1.14\%$$

$>\rho_{min}=0.20\%$，满足要求。

选配 3Φ20，$A_s=942\text{mm}^2$，布置如图 5-25 所示。经验算，净距满足构造要求，按实际配置钢筋计算的截面有效高度来验算承载能力，亦满足要求。

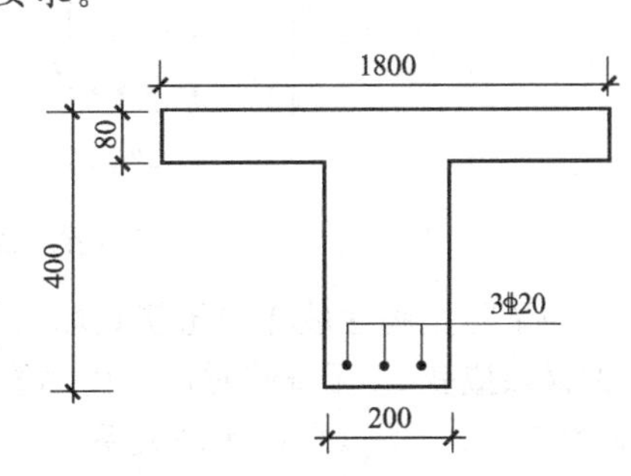

图 5-25　例题 5-4 配筋图

【例题 5-5】 T 形截面梁，已知 $b_f'=600\text{mm}$，$b=300\text{mm}$，$h_f'=100\text{mm}$，$h=800\text{mm}$，承受弯矩设计值 $M=703\text{kN}\cdot\text{m}$，采用 C30 混凝土，HRB400 钢筋，一类环境。试求纵向受拉钢筋面积。

【解】 取 $a_s=65\text{mm}$（设钢筋双层布置），则截面有效高度

$$h_0=h-a_s=800-65=735\text{mm}$$

截面类型判断

$$\alpha_1 f_c b_f' h_f'(h_0-0.5h_f')=1.0\times14.3\times600\times100\times(735-0.5\times100)\text{N}\cdot\text{mm}$$
$$=587.7\text{kN}\cdot\text{m}<M=703\text{kN}\cdot\text{m}$$

属于第二类 T 形截面。

配筋计算

$$x=h_0-\sqrt{h_0^2-\frac{2[M-\alpha_1 f_c(b_f'-b)h_f'(h_0-0.5h_f')]}{\alpha_1 f_c b}}$$

$$=735-\sqrt{735^2-\frac{2\times[703\times10^6-1.0\times14.3\times(600-300)\times100\times(735-0.5\times100)]}{1.0\times14.3\times300}}$$

$$=143.8\text{mm}$$

$<\xi_b h_0=0.518\times735=380.7\text{mm}$，满足要求。

$$A_s=\frac{\alpha_1 f_c[(b_f'-b)h_f'+bx]}{f_y}=\frac{1.0\times14.3\times[(600-300)\times100+300\times143.8]}{360}$$

$$=2905\text{mm}^2$$

选配 8Φ22，$A_s=3041\text{mm}^2$，按两层布置，每层 4 根钢筋。

5.3.3　双筋矩形截面

同时配置有按计算需要的纵向受拉钢筋和受压钢筋的梁，称为双筋截面梁。当截面上弯矩较大，而截面尺寸和混凝土强度等级又受到限制不能提高时，或当截面承受变号弯矩作用时，可采用双筋矩形截面。双筋梁可以提高承载能力，提高截面延性，减小构件变形，有利于抗震耗能。所以，在延性框架结构设计中，梁端截面必须配置足够的受压钢筋。但是从受力的角度讲，用一部分钢筋去承担压应力的做法，并不经济。因此，在设计时除上述情况以外，一般不采用双筋梁。

5.3.3.1　基本公式和适用条件

设受压钢筋截面面积为 A'_s，钢筋压力合力作用点到混凝土受压区外边缘的距离为 a'_s，其余符号同前，则极限状态时的计算简图如图 5-26 所示。由静力平衡条件得

$$f_y A_s = \alpha_1 f_c b x + f'_y A'_s \tag{5-37}$$

$$M_u = \alpha_1 f_c b x (h_0 - 0.5x) + f'_y A'_s (h_0 - a'_s) \tag{5-38}$$

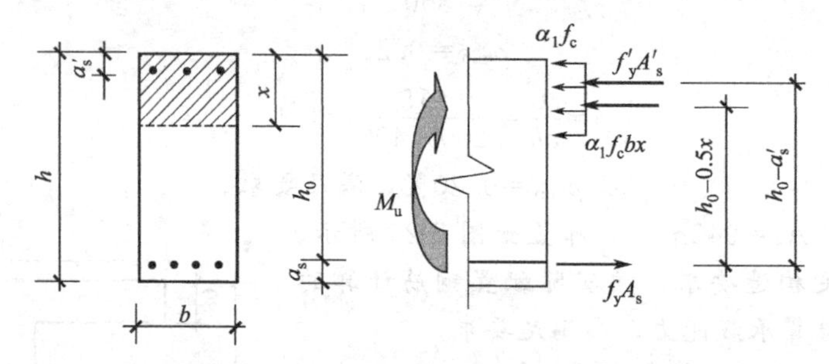

图 5-26　双筋矩形截面承载能力计算简图

为了防止脆性破坏（超筋破坏），需满足条件 $x \leqslant \xi_b h_0$（或 $\xi \leqslant \xi_b$）。受压区边缘混凝土达到极限应变 ε_{cu} 而压碎时，受压钢筋压应力 σ'_s 由压应变 ε'_s 确定。由于应变按线性规律分布（见图 5-27），所以存在比例关系：

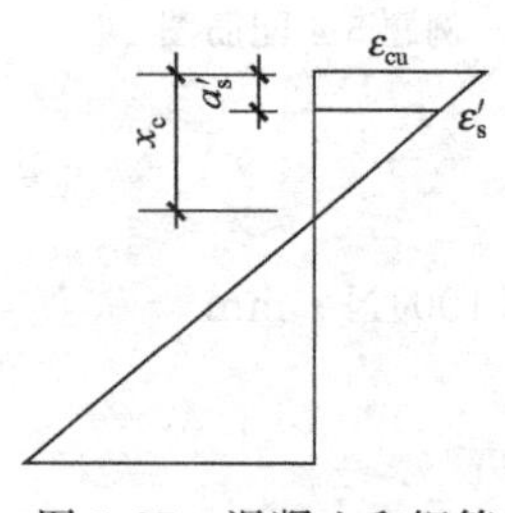

图 5-27　混凝土和钢筋的压应变

$$\varepsilon'_s = \frac{x_c - a'_s}{x_c}\varepsilon_{cu} = \left(1 - \frac{a'_s}{x_c}\right)\varepsilon_{cu} = \left(1 - \frac{\beta_1 a'_s}{x}\right)\varepsilon_{cu}$$

若取 $a'_s = 0.5x$ 或 $x = 2a'_s$，$\beta_1 = 0.8$，$\varepsilon_{cu} = 0.0033$，则 $\varepsilon'_s = 0.002$，即钢筋达到或刚刚超过屈服应变。据此，保证混凝土压碎的同时，受压钢筋应力达到设计值 f'_y 的条件是 $x \geqslant 2a'_s$。所以式（5-37）、式（5-38）的适用条件为：

$$2a'_s \leqslant x \leqslant \xi_b h_0 \tag{5-39}$$

当受压区高度 x 不满足 $x \geqslant 2a'_s$ 的条件时，受压钢筋应力达不到屈服值，精确计算比较复杂，可取 $x = 2a'_s$ 进行近似计算。此时混凝土的压力作用点与受压钢筋压力作用点重合，对该点取矩平衡，得到

$$M_u = f_y A_s (h_0 - a'_s) \tag{5-40}$$

纵向受压钢筋可因受压发生屈曲而向外凸出，引起保护层混凝土剥落甚至使受压区混凝土过早发生脆性破坏，所以规范规定应按一定间距设置封闭箍筋。

因为双筋矩形截面梁配筋率较高，所以不需要验算最小配筋率。

5.3.3.2　截面设计

已知截面尺寸 b、h，混凝土的强度等级，钢筋级别和弯矩设计值，求钢筋面积。仍然取 $M_u = M$，分两种情况讨论。

（1）情况 1：求 A'_s 和 A_s　现有平衡方程式（5-37）和式（5-38）两个，未知量有 x、

A_s' 和 A_s 三个，需要补充一个条件才能得到问题的唯一解答。考虑到双筋梁的配筋率较高，希望使总用钢量最小，即（A_s+A_s'）取极小值。若取 $f_y=f_y'$，则由式（5-37）和式（5-38）分别解得

$$A_s'=\frac{M-\alpha_1 f_c bx(h_0-0.5x)}{f_y(h_0-a_s')},\quad A_s=A_s'+\frac{\alpha_1 f_c bx}{f_y}$$

所以有

$$A_s+A_s'=\frac{2M-2\alpha_1 f_c bx(h_0-0.5x)}{f_y(h_0-a_s')}+\frac{\alpha_1 f_c bx}{f_y}$$

驻值条件

$$\frac{d(A_s+A_s')}{dx}=-\frac{2\alpha_1 f_c b(h_0-x)}{f_y(h_0-a_s')}+\frac{\alpha_1 f_c b}{f_y}=0$$

得

$$x=\frac{1}{2}(h_0+a_s')=\frac{1}{2}\left(1+\frac{a_s'}{h_0}\right)h_0 \tag{5-41}$$

因为二阶导数

$$\frac{d^2(A_s+A_s')}{dx^2}=\frac{2\alpha_1 f_c b}{f_y(h_0-a_s')}>0$$

所以式（5-41）确定的 x 使（A_s+A_s'）取极小值。

为满足适用条件，当 $x>\xi_b h_0$ 时，应取 $x=\xi_b h_0$；对于普通热轧钢筋，在常用的 a_s'/h_0 值情况下，由式（5-41）确定的 x 值一般满足 $x\geqslant\xi_b h_0$，故实用计算中可直接取

$$x=\xi_b h_0 \tag{5-42}$$

以上式作为补充方程，x 已知。由式（5-38）解得受压钢筋截面面积：

$$A_s'=\frac{M-\alpha_1 f_c bx(h_0-0.5x)}{f_y'(h_0-a_s')} \tag{5-43}$$

再由式（5-37）得受拉钢筋截面面积：

$$A_s=\frac{f_y'}{f_y}A_s'+\frac{\alpha_1 f_c bx}{f_y} \tag{5-44}$$

（2）情况 2：受压钢筋截面面积 A_s' 已知，只需求受拉钢筋截面面积 A_s。

直接由式（5-38）解出受压区高度 x：

$$x=h_0-\sqrt{h_0^2-\frac{2[M-f_y'A_s'(h_0-a_s')]}{\alpha_1 f_c b}} \tag{5-45}$$

根据 x 值的大小，分三种情况计算受拉钢筋截面面积。

① 当 $2a_s'\leqslant x\leqslant\xi_b h_0$ 时，直接由式（5-44）计算受拉钢筋截面面积。

② 当 $x<2a_s'$ 时，由式（5-40）得

$$A_s=\frac{M}{f_y(h_0-a_s')} \tag{5-46}$$

③ 当 $x>\xi_b h_0$（或 $\xi>\xi_b$）时，表明 A_s' 配置不足，可按“情况 1”计算 A_s' 和 A_s。

5.3.3.3　承载能力验算

由式（5-37）解出受压区高度 x

$$x=\frac{f_y A_s-f_y'A_s'}{\alpha_1 f_c b} \tag{5-47}$$

当 $2a_s'\leqslant x\leqslant\xi_b h_0$ 时，由式（5-38）计算 M_u；当 $x<2a_s'$ 时，由式（5-40）计算 M_u；当 $x>\xi_b h_0$ 时，取 $x=\xi_b h_0$，按式（5-38）计算 M_u。承载能力条件仍为 $M\leqslant M_u$。

【例题 5-6】 梁截面尺寸 $b=250\text{mm}$、$h=450\text{mm}$，C35 混凝土、HRB500 钢筋，环境类别一类。弯矩设计值 $M=302.6\text{kN}\cdot\text{m}$，按双筋梁设计，试确定纵向受力钢筋。

【解】 (1) 基本数据　$f_c=16.7\text{N/mm}^2$，$f_y=435\text{N/mm}^2$，$f'_y=435\text{N/mm}^2$，$\alpha_1=1.0$，$\xi_b=0.482$ 弯矩较大，设受拉钢筋双层布置、受压钢筋单层布置，取 $a_s=65\text{mm}$，$a'_s=40\text{mm}$，则 $h_0=h-a_s=450-65=385\text{mm}$

(2) 配筋计算

$$x=\xi_b h_0=0.482\times385=185.6\text{mm}$$

$$A'_s=\frac{M-\alpha_1 f_c bx(h_0-0.5x)}{f'_y(h_0-a'_s)}$$

$$=\frac{302.6\times10^6-1.0\times16.7\times250\times185.6\times(385-0.5\times185.6)}{435\times(385-40)}=508\text{mm}^2$$

$$A_s=\frac{f'_y}{f_y}A'_s+\frac{\alpha_1 f_c bx}{f_y}=\frac{410}{435}\times508+\frac{1.0\times16.7\times250\times185.6}{435}=2289\text{mm}^2$$

选配钢筋如下：

受压钢筋 2 Φ 20，$A'_s=628\text{mm}^2$

受拉钢筋 8 Φ 20，$A_s=2513\text{mm}^2$

钢筋的净间距及保护层厚度满足构造要求。

【例题 5-7】 已知梁截面尺寸 $b=200\text{mm}$，$h=500\text{mm}$，混凝土的强度等级为 C25，采用 HRB 400 级钢筋，弯矩设计值 $M=190\text{kN}\cdot\text{m}$，一类环境，已配受压钢筋 2 Φ 20（$A'_s=628\text{mm}^2$），求受拉钢筋截面面积（箍筋拟采用Φ6 钢筋）。

【解】 取混凝土保护层 $c_c=c=25\text{mm}$，$a'_s=c_c+d_{e1}+d_e/2=25+6+22.7/2=42.4\text{mm}$，并取 $a_s=70\text{mm}$（假定受拉钢筋双层布置），则有截面有效高度

$$h_0=h-a_s=500-70=430\text{mm}$$

混凝土受压区高度

$$x=h_0-\sqrt{h_0^2-\frac{2[M-f'_yA'_s(h_0-a'_s)]}{\alpha_1 f_c b}}$$

$$=430-\sqrt{430^2-\frac{2\times[190\times10^6-360\times628\times(430-42.4)]}{1.0\times11.9\times200}}=115.6\text{mm}$$

$$x<\xi_b h_0=0.518\times430=222.7\text{mm}$$

$$x>2a'_s=2\times42.4=84.8\text{mm}$$

受拉钢筋面积

$$A_s=\frac{f'_y}{f_y}A'_s+\frac{\alpha_1 f_c bx}{f_y}=628+\frac{1.0\times11.9\times200\times115.6}{360}=1392\text{mm}^2$$

可选配 5 Φ 22 钢筋，$A_s=1570\text{mm}^2$。

【例题 5-8】 已知梁截面尺寸 $b=250\text{mm}$，$h=600\text{mm}$，C30 混凝土，已配受拉纵筋 6 Φ 25（按双层布置，每层 3 根）、受压纵筋 3 Φ 18，弯矩设计值 $M=426.8\text{kN}\cdot\text{m}$，一类环境，箍筋采用Φ8 钢筋，试问该梁的正截面承载能力是否满足要求？

【解】 (1) 纵筋合力点的位置

压筋：取 $c_c=c=20\text{mm}>d=18\text{mm}$，满足要求

$$a'_s=c_c+d_{e1}+d_e/2=20+8+20.5/2=38.3\text{mm}$$

拉筋：取 $c_c=d=25\text{mm}>c=20\text{mm}$，满足要求

取钢筋层间竖向净间距 $s_n=d=25\text{mm}$

$$a_s = c_c + d_{e1} + d_e + s_n/2 = 25 + 8 + 28.4 + 25/2 = 73.9\text{mm}$$

(2) 正截面承载力验算

$$h_0 = h - a_s = 600 - 73.9 = 526.1\text{mm}$$

$$x = \frac{f_y A_s - f'_y A'_s}{\alpha_1 f_c b} = \frac{360 \times 2945 - 360 \times 763}{1.0 \times 14.3 \times 250} = 219.7\text{mm}$$

$$< \xi_b h_0 = 0.518 \times 526.1 = 272.5\text{mm}，不超筋$$

且 $x > a'_s = 2 \times 38.3 = 76.6\text{mm}$，压筋可屈服

所以 $M_u = \alpha_1 f_c bx(h_0 - 0.5x) + f'_y A'_s(h_0 - a'_s)$

$$= 1.0 \times 14.3 \times 250 \times 219.7 \times (526.1 - 0.5 \times 219.7) + 360 \times 763 \times (526.1 - 38.3)\text{N} \cdot \text{mm}$$

$$= 460.9\text{kN} \cdot \text{m} > M = 426.8\text{kN} \cdot \text{m}$$，梁的正截面承载力满足要求。

5.4 钢筋混凝土受弯构件斜截面承载力

5.4.1 钢筋混凝土受弯构件斜截面受力特点

受弯构件截面内一般剪力和弯矩同时存在，通常在支座附近区段剪力较大。剪力和弯矩共同作用的区段称为剪弯段。在剪力和弯矩共同作用下，主拉应力将使构件在剪弯段出现斜裂缝，如图 5-28 所示。斜裂缝的发展最终可导致斜截面破坏，这种破坏与正截面破坏相比，普遍具有脆性性质。

为了防止发生斜截面破坏，应当使构件具有合理的截面尺寸和合理的配筋构造、并配置必要的腹筋。梁的腹筋优先采用箍筋，也可采用弯起钢筋。楼板厚度较小，设置箍筋不便，楼板通常不配置抗剪钢筋。多数情况下，楼板所受剪力较小，靠板厚混凝土抗剪已有较大的安全储备；少数情况下，剪力较大，可通过增加板厚来解决抗剪问题。

5.4.1.1 剪弯段内梁的受力特点

在荷载较小，梁段未出现裂缝之前，梁处于弹性工作状态。弹性状态下钢筋混凝土梁内应力可按换算截面法计算（将钢筋换算成混凝土），任意一点 k 由弯矩 M 引起正应力 σ，剪力 V 引起剪应力 τ。这是典型的二向应力状态，当主拉应力 σ_{tp} 接近混凝土的抗拉强度 f_t 时，构件处于将裂未裂的临界状态。试验表明，斜裂缝出现前，腹筋的应力很小，对阻止和推迟斜裂缝的出现作用不明显。

当主拉应力达到混凝土的抗拉强度时，在剪弯段内将出现斜裂缝。斜裂缝出现后，梁的受力状态发生了质的变化，剪弯段内应力重新分布，不再维持均质弹性体的受力状态。

在梁端附近以斜裂缝为界，取出脱离体 $ABCDE$，如图 5-29 所示。其中 BC 为斜裂缝，CD 是混凝土剪应力和压应力共同作用的区域，称为剪压区。作用于该脱离体上的力有荷载产生

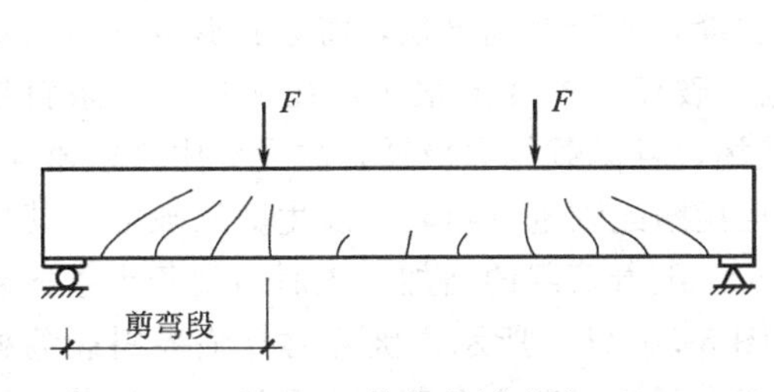

图 5-28 剪弯段斜裂缝

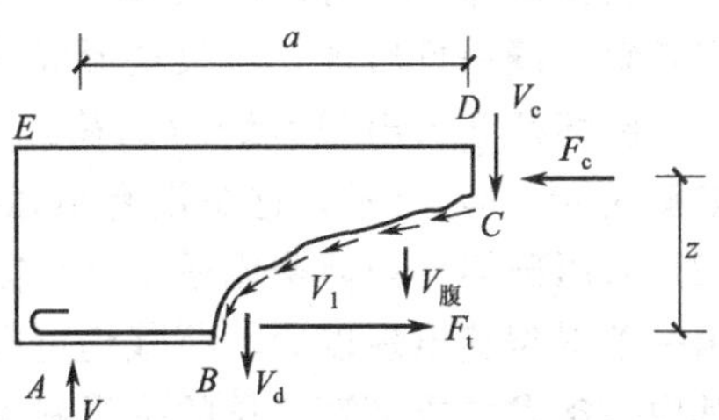

图 5-29 梁端斜裂缝脱离体

的剪力 V、剪压区混凝土的压力 F_c 和剪力 V_c、纵向钢筋拉力 F_t 和销栓作用传递的剪力 V_d、斜裂缝交界面集料的咬合与摩擦作用传递的剪力 V_1、与斜裂缝相交的腹筋拉力 $V_{腹}$。随着裂缝的开展，V_1 和 V_d 逐渐减小，极限状态下不予考虑。分析该脱离体可知：

(1) 斜裂缝的出现，使混凝土剪压区减小，导致压应力和剪应力增加，应力分布规律不符合材料力学理论；

(2) 与斜裂缝相交的纵向钢筋的拉力 F_t 大大增加。因为开裂前该拉力取决于 B 截面的弯矩，开裂后不考虑 V_d、V_1 和 $V_{腹}$ 的影响，平衡关系为

$$F_t z = Va = M_c$$

说明纵筋拉力取决于裂缝端点 C 处的弯矩，而 C 截面弯矩大于 B 截面弯矩；

(3) 斜裂缝出现后，腹筋直接承担部分剪力，与斜裂缝相交的箍筋和弯起钢筋的应力显著增大。腹筋能限制斜裂缝的开展和延伸，使梁的受剪承载能力有较大提高；箍筋还将提高斜裂缝交界面混凝土集料的咬合和摩擦作用，延缓沿纵向钢筋黏结劈裂裂缝的发展，防止混凝土保护层突然撕裂，提高纵向钢筋的销栓作用。

随着荷载的不断增加，剪弯段不断出现新的斜裂缝，裂缝宽度变大，斜裂缝向集中荷载作用点发展。在临近破坏时，斜裂缝中的一条发展成临界斜裂缝（破坏斜裂缝）。由于临界斜裂缝向荷载作用点延伸，使剪压区高度减小，剪应力和压应力增大，所以剪压区混凝土在剪应力和压应力作用下达到复合应力极限强度时，梁便宣告破坏。斜截面破坏时，纵向钢筋的拉应力一般低于屈服强度；若箍筋配置适当，则与斜裂缝相交的箍筋往往受拉屈服。

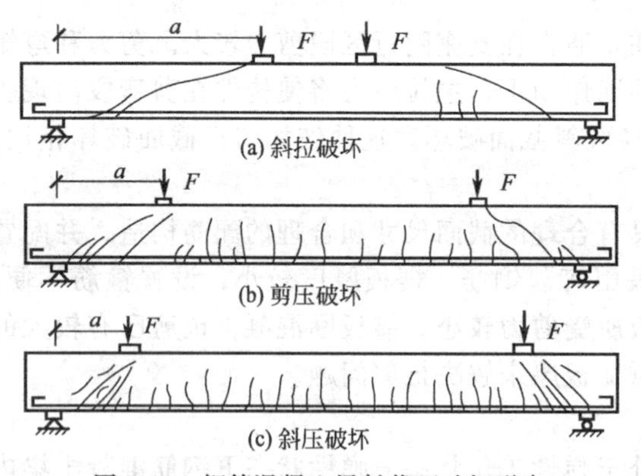

图 5-30 钢筋混凝土梁斜截面破坏形态

5.4.1.2 斜截面破坏的主要形态

经过试验研究，钢筋混凝土梁斜截面破坏分斜拉破坏、剪压破坏和斜压破坏三种，如图 5-30 所示。受弯构件到底发生哪种破坏形态，与剪跨比 λ、箍筋数量和截面尺寸等因素有关。

集中力到附近支座的距离 a 称为剪跨，将其与截面有效高度 h_0 的比值定义为剪跨比：

$$\lambda = \frac{a}{h_0} \tag{5-48}$$

根据需要，还可以定义广义剪跨比

$$\lambda = \frac{M}{Vh_0} \tag{5-49}$$

(1) 斜拉破坏　当剪跨比较大（$\lambda > 3$）或箍筋配置过少、间距过大时，发生斜拉破坏。其特点是斜裂缝一旦出现，就很快形成一条临界裂缝，并延伸到梁顶，将梁斜劈成两半而宣告破坏。破坏荷载与出现裂缝时的荷载相当接近，破坏前的变形很小，往往只有一条斜裂缝，如图 5-30 (a) 所示，这是没有预兆的脆性破坏，且承载能力极低，故设计中必须避免。

(2) 剪压破坏　当剪跨比适中（$1 \leqslant \lambda \leqslant 3$），且箍筋配置量恰当时，发生剪压破坏。其特点是第一条斜裂缝出现以后，荷载仍可有较大增长。随着荷载的增加，先后出现若干条斜裂缝，其中一条发展成又宽又长的临界斜裂缝，如图 5-30 (b) 所示。破坏时与临界斜裂缝相交的箍筋应力达到抗拉屈服强度，临界斜裂缝上端未开裂混凝土在剪应力和压应力的共同作用下达到极限。

对于有腹筋梁，只要配箍适量，即使 $\lambda>3$ 也可避免斜拉破坏而转为剪压破坏。因为斜裂缝产生后，与裂缝相交的箍筋不会立即受拉屈服，起到了限制斜裂缝开展的作用，从而避免了斜拉破坏。只有当箍筋屈服后，斜裂缝迅速向上发展，使上端剩余截面缩小，才会形成剪压破坏。

剪压破坏有一定的预兆，破坏时箍筋屈服，破坏荷载比出现裂缝时的荷载高，承载能力随配箍量的增大而增大，是斜截面承载能力计算的依据。但与适筋梁的正截面破坏相比，剪压破坏仍然属于脆性破坏。

(3) 斜压破坏　剪跨比很小（$\lambda<1$）或箍筋配置过多，而截面尺寸又过小时，发生斜压破坏。其特点是斜裂缝将集中力作用点和支座之间的梁腹分割成一些倾斜的小“短柱”，随着荷载的增加，短柱混凝土压应力达到 f_c 而被压碎。破坏时箍筋拉应力小于屈服值，钢筋强度不能充分利用。斜压破坏虽然承载力较高，但却是无预兆的脆性破坏，设计中应该避免。

在发生以上三种破坏时，斜截面受剪承载力各不相同（斜拉<剪压<斜压），但它们在达到峰值荷载时，跨中挠度都不大，破坏时荷载都会迅速下降，都属脆性破坏类型。其中：斜拉破坏为受拉脆性破坏，脆性性质最显著，斜压破坏为受压脆性破坏；剪压破坏界于受拉和受压脆性破坏之间，如图 5-31 所示。

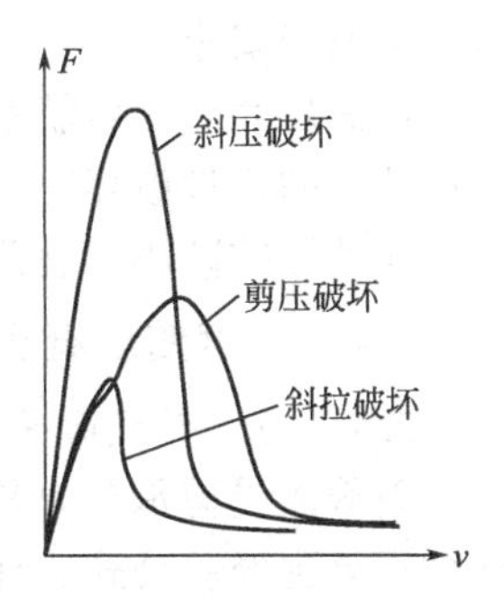

图 5-31　三种破坏形态时的荷载 F-挠度 v 曲线

5.4.1.3　影响斜截面受剪承载能力的主要因素

(1) 混凝土强度等级　混凝土的强度等级越高，抗拉强度就越高，所能承担的主拉应力值就大，所以斜截面的抗剪承载能力越强。试验表明，其他条件相同时，梁的抗剪承载能力与混凝土轴心抗拉强度之间大致成线性关系。

(2) 剪跨比　剪跨比愈大，梁的抗剪承载能力愈低，对于斜压破坏和剪压破坏情形十分明显。λ 对抗剪承载能力的影响程度与配箍率的大小和荷载种类有关。配箍率小时，剪跨比的影响较大，反之影响较小；对集中荷载作用的梁影响较大，对分布荷载作用的梁影响较小。但当 $\lambda\geqslant3$ 时，λ 对无腹筋梁抗剪承载力的影响已不明显。

(3) 配箍率和箍筋强度　梁截面上的箍筋形式有开口式和封闭式两种，如图 5-32 所示。同一截面与剪力方向一致的箍筋称为肢，箍筋肢数有双肢和多肢之分，如图 5-32 (a) 所示为封闭式双肢箍、如图 5-32 (b) 所示为开口式双肢箍，而如图 5-32 (c) 所示则为封闭式多肢（四肢）箍。设箍筋肢数为 n，每一肢箍筋的截面面积为 A_{sv1}，则同一截面箍筋各肢的全部截面面积 $A_{sv}=nA_{sv1}$。箍筋配筋率，又称为配箍率，用 ρ_{sv} 表示，按下式定义：

$$\rho_{sv}=\frac{A_{sv}}{bs}=\frac{nA_{sv1}}{bs} \tag{5-50}$$

式中　s——沿构件长度方向的箍筋间距；

b——梁截面宽度，T 形、I 形截面取腹板宽度。

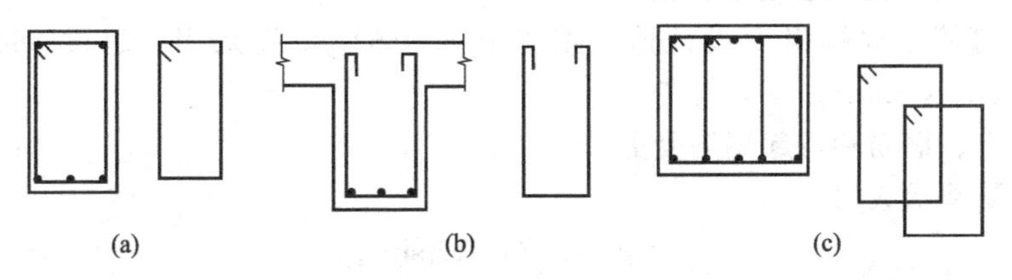

图 5-32　箍筋形式和肢数

斜裂缝出现前，箍筋应力很小。斜裂缝出现以后，混凝土不再承受主拉应力，与斜裂缝相交的箍筋承担混凝土退出的这部分拉力。试验表明，箍筋配筋率对梁抗剪承载能力影响明显，两者成线性关系。

箍筋强度 f_{yv} 提高，也能提高受弯梁的抗剪承载能力。

(4) 弯起钢筋 穿过斜裂缝的弯起钢筋，能承担拉力。因此，增大弯起钢筋的截面面积，提高弯起钢筋的强度等级，都可以增强梁的抗剪承载能力。

(5) 纵向钢筋配筋率 纵向钢筋也能抑制斜裂缝的开展，使剪压区增大，间接地提高梁的抗剪承载能力；纵筋自身通过销栓作用还可承受一定的剪力。经过试验分析得知，在 $\rho>1.5\%$ 时，纵筋对梁抗剪承载能力的影响才明显。因为梁的经济配筋率为 0.6%～1.5%，所以规范在抗剪承载能力计算公式中未考虑这一影响。

(6) 截面形式和尺寸 T形、I形截面有受压翼缘，增加了剪压区的面积，对斜拉破坏和剪压破坏的抗剪承载能力可提高 20%。忽略翼缘的作用，只取腹板宽度作为计算宽度，其结果偏于安全。

截面尺寸对无腹筋梁的抗剪承载能力有较大影响，尺寸大的构件，破坏时的平均剪应力比尺寸小的构件破坏时的平均剪应力低。对于有腹筋梁，因腹筋可抑制斜裂缝的开展，故尺寸效应的影响减小。规范在抗剪承载能力计算公式中未考虑这一影响。

5.4.2 钢筋混凝土受弯构件斜截面受剪承载力计算

5.4.2.1 斜截面受剪承载力计算公式

斜截面受剪承载力是以剪压破坏模式作为计算模型，以大量的试验数据为依据，经过统计分析得到经验公式。计算简图如图 5-33 所示，受剪承载力可以理解为混凝土的受剪承载力 V_c，与斜裂缝相交的箍筋受剪承载力 V_s、弯起钢筋的受剪承载力 V_{sb} 三部分，但现实中混凝土和箍筋的抗剪承载力不能精确分离开，$V_c+V_s=V_{cs}$ 只能作为一个整体出现在公式中。

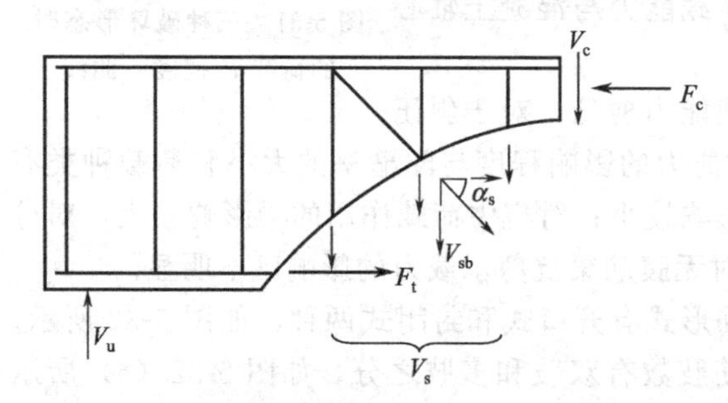

图 5-33 斜截面受剪承载力计算简图

(1) 混凝土和箍筋共同受剪 矩形、T形和I形截面受弯构件，混凝土和箍筋的受剪承载力为

$$V_u=V_{cs}=\alpha_{cv}f_tbh_0+f_{yv}\frac{A_{sv}}{s}h_0 \tag{5-51}$$

式中 α_{cv}——斜截面混凝土受剪承载力系数，对于一般受弯构件取 $\alpha_{cv}=0.7$；对集中荷载作用下（包括作用有多种荷载，其中集中荷载对支座截面或节点边缘所产生的剪力值占总剪力的75%以上的情况）的独立梁，取 $\alpha_{cv}=1.75/(\lambda+1)$，$\lambda$ 为计算截面的剪跨比，当 $\lambda<1.5$ 时，取 $\lambda=1.5$；当 $\lambda>3$ 时，取 $\lambda=3$。

f_t——混凝土抗拉强度设计值。

f_{yv}——箍筋的抗拉强度设计值，按附表 6 中的 f_y 值采用，超过 $360N/mm^2$ 时取 $360N/mm^2$。

(2) 混凝土、箍筋和弯起钢筋受剪

弯起钢筋受剪承载力

$$V_{sb}=0.8f_yA_{sb}\sin\alpha_s \tag{5-52}$$

考虑到弯起钢筋与破坏斜截面相交位置的不定性，其应力可能达不到屈服强度，因此式 (5-52) 中引入了弯起钢筋应力不均匀系数 0.8；斜截面上弯起钢筋的切线与构件纵向轴线

的夹角 α_s，一般可取 $\alpha_s=45°$，当梁高 $h>800$mm 时，可取 $\alpha_s=60°$。

混凝土、箍筋和弯起钢筋共同受剪，构件的受剪承载力为

$$V_u=V_{cs}+V_{sb} \tag{5-53}$$

(3) 无腹筋构件受剪承载力　不配置箍筋和弯起钢筋的一般板类受弯构件，其截面受剪承载力为

$$V_u=V_c=\alpha_{cv}\beta_h f_t bh_0 \tag{5-54}$$

式中，β_h 为截面高度影响系数，$\beta_h=(800/h_0)^{1/4}$，当 $h_0<800$mm 时，取 $h_0=800$mm；当 $h_0>2000$mm 时，取 $h_0=2000$mm。

受剪承载能力计算要求剪力设计值 V 不超过构件的受剪承载力，即：$V\leqslant V_u$。

上述经验公式，不适用于斜压破坏与斜拉破坏的情况。为防止出现这两种破坏，必须有相应的限制条件。

(1) 截面尺寸　为防止斜压破坏，并限制在使用阶段可能发生的斜裂缝宽度，要求构件截面尺寸不能过小或者说配箍率不能太大。现行规范以截面最小尺寸作为限制条件。

当 $h_w/b\leqslant 4$ 时

$$V\leqslant 0.25\beta_c f_c bh_0 \tag{5-55}$$

对 T 形或 I 形截面简支受弯构件，当有实践经验时，系数 0.25 可改用 0.3。

当 $h_w/b\geqslant 6$ 时

$$V\leqslant 0.2\beta_c f_c bh_0 \tag{5-56}$$

当 $4<h_w/b<6$ 时，按线性内插法确定。

式中　V——构件截面上的最大剪力设计值。

β_c——混凝土强度影响系数，当混凝土强度等级不超过 C50 时，取 $\beta_c=1.0$；当混凝土强度等级为 C80 时，取 $\beta_c=0.8$；其间按线性内插法确定。

f_c——混凝土轴心抗压强度设计值。

b——矩形截面的宽度，T 形或 I 形截面的腹板宽度。

h_0——截面的有效高度。

h_w——截面的腹板高度，矩形截面，取有效高度，T 形截面，取有效高度减去翼缘高度，I 形截面，取腹板净高。

(2) 最小配箍率　当配箍率过小时，会发生斜拉破坏。为避免这种破坏的发生，现行规范规定：当 $V>0.7f_t bh_0$ 时，箍筋的最小配筋率为

$$\rho_{sv,min}=0.24\frac{f_t}{f_{yv}} \tag{5-57}$$

要求 $\rho_{sv}\geqslant\rho_{sv,min}$。同时，还规定了箍筋的最大间距 s_{max}（见表 5-4）。如果箍筋间距过大，破坏时斜裂缝无箍筋相交，虽然满足了最小配箍率的要求，但箍筋起不到抗剪作用，避免不了斜拉破坏的发生，所以还要求 $s\leqslant s_{max}$。

表 5-4　梁中箍筋的最大间距 s_{max}　　单位：mm

梁高 h	$V>0.7f_t bh_0$	$V\leqslant 0.7f_t bh_0$
$150<h\leqslant 300$	150	200
$300<h\leqslant 500$	200	300
$500<h\leqslant 800$	250	350
$h>800$	300	400

5.4.2.2　计算截面位置

在进行正截面承载能力计算时，其计算位置是弯矩最大的截面，而在计算斜截面的受剪承载能力时，其剪力设计值的计算截面可能是剪力最大的截面，也可能不是剪力最大的截面，应按下列规定采用（见图 5-34）。

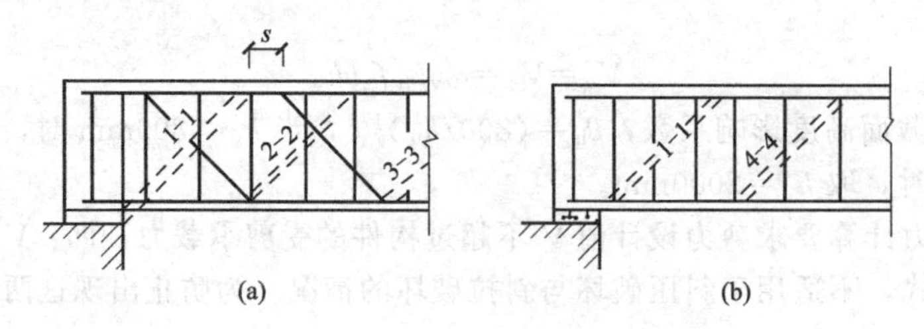

图 5-34　剪力设计值计算截面

(1) 支座边缘截面［图 5-34 中（a）、(b）截面 1-1，剪力最大］；

(2) 受拉区弯起钢筋弯起点处的截面［图 5-34（a）截面 2-2、3-3］［弯起钢筋前一排（对支座而言）的弯起点至后一排的弯终点之间的距离 s，应不大于 $V>0.7f_tbh_0$ 时箍筋的最大间距，即 $s \leqslant s_{max}$］；

(3) 箍筋间距或截面面积改变处的截面［图 5-34（b）截面 4-4］；

(4) 截面尺寸改变处的截面。

5.4.2.3　斜截面设计计算

(1) 仅配箍筋

① 验算截面尺寸。按式（5-55）或式（5-56）验算截面尺寸。如不满足，应加大截面尺寸、或提高混凝土强度等级，使其满足。

② 验算是否按计算配箍。

若

$$V \leqslant \alpha_{cv} f_t bh_0 \tag{5-58}$$

则不需要按计算配置箍筋，否则需要按计算确定箍筋数量。

按计算不需要箍筋的梁，应按构造要求（最大间距、最小直径）配置箍筋。当截面高度 $h>300$mm 时，应沿梁全长设置箍筋；当截面高度 $h=150\sim300$mm 时，可仅在构件端部各 1/4 跨度范围内设置箍筋；但当在构件中部 1/2 跨度范围内有集中荷载作用时，则应沿梁全长设置箍筋；当截面高度 $h<150$mm 时，可不设箍筋。

③ 计算箍筋。$A_{sv}=nA_{sv1}$ 中 n 和 A_{sv1} 均为未知量，箍筋间距 s 也未知，设计时可先根据构造要求确定箍筋肢数 n 和箍筋直径 d（n 和 A_{sv1} 已知），然后再计算间距 s。取 $V=V_u$，计算箍筋间距。

由式（5-51）解得

$$s=\frac{nA_{sv1}f_{yv}h_0}{V-\alpha_{cv}f_tbh_0} \tag{5-59}$$

选定的 s 应不超过最大间距 s_{max}，还应满足配箍率的要求：

$$\rho_{sv}=\frac{nA_{sv1}}{bs} \geqslant \rho_{sv,min} \tag{5-60}$$

当然，也可以先确定 n、s，后计算 A_{sv1}，从而确定箍筋直径；还可以根据构造要求和工程经验配好箍筋（选好箍筋肢数和直径），验算受剪承载力，能通过验算就行。

(2) 同时配置箍筋和弯起钢筋

① 验算截面尺寸。

② 验算是否需要弯起钢筋。按构造要求配箍筋，计算 V_{cs}。若 $V \leqslant V_{cs}$，则不需要弯起

钢筋；若 $V>V_{cs}$，则需配置弯起钢筋。

③ 弯起钢筋截面面积。取 $V=V_u$，由式（5-53）得

$$V_{sb}=V-V_{cs} \tag{5-61}$$

再由式（5-52）解得

$$A_{sb}=\frac{V_{sb}}{0.8f_y\sin\alpha_s} \tag{5-62}$$

弯起钢筋还应满足构造要求。

当然，也可以先确定弯起钢筋的截面面积，计算弯起钢筋承担的剪力 V_{sb}，再由混凝土和箍筋分担的剪力 $V_{cs}=V-V_{sb}$ 确定箍筋数量。

5.4.2.4　斜截面抗剪承载能力验算

（1）验算截面尺寸；

（2）验算配箍率；

（3）计算 V_u；

（4）判断：$V\leqslant V_u$，承载能力足够；$V>V_u$，承载能力不足。

【例题 5-9】 矩形截面简支梁，$b=250$mm，$h=500$mm，净跨径 $l_n=5600$mm，承受均布荷载设计值 $g+q=39$kN/m，混凝土的强度等级为 C25，安全等级为二级，一类环境，正截面承载力计算后已配 4 Φ22 纵向受力钢筋，箍筋采用 HPB300 级钢筋。试确定箍筋数量。

【解】（1）梁截面有效高度　纵筋排一层，外径 $d_e=25.1$mm，取保护层厚度 $c_c=c=25\text{mm}>d=22$mm，设箍筋直径为 6mm，则应有

$$a_s=c_c+d_{e1}+d_e/2=25+6+25.1/2=43.6\text{mm}$$

$$h_0=h-a_s=500-43.6=456.4\text{mm}$$

（2）剪力设计值　支座边缘的剪力由净跨径计算

$$V=\gamma_0\times\frac{1}{2}(g+q)l_n=1.0\times\frac{1}{2}\times39\times5.6=109.2\text{kN}$$

（3）验算截面尺寸

$$\beta_c=1.0$$

$$\frac{h_w}{b}=\frac{h_0}{b}=\frac{456.4}{250}=1.83<4$$

$$0.25\beta_c f_c bh_0=0.25\times1.0\times11.9\times250\times456.4\text{N}=339.4\text{kN}>V=109.2\text{kN}，满足$$

（4）验算是否需要计算配箍

$$\alpha_{cv}f_t bh_0=0.7\times1.27\times250\times456.4\text{N}=101.4\text{kN}<V=109.2\text{kN}\quad 需要计算配箍$$

（5）计算配箍　选直径为 6mm 的双肢箍：$n=2$，$A_{sv1}=28.3\text{mm}^2$

$$s=\frac{nA_{sv1}f_{yv}h_0}{V-\alpha_{cv}f_t bh_0}=\frac{2\times28.3\times270\times456.4}{(109.2-101.4)\times10^3}=894\text{mm}$$

因为 $s_{max}=200$mm（表 5-4），所以初步取 $s=200$mm。

（6）验算配箍率

$$\rho_{sv,min}=0.24\frac{f_t}{f_{yv}}=0.24\times\frac{1.27}{270}=0.11\%$$

$$\rho_{sv}=\frac{nA_{sv1}}{bs}=\frac{2\times28.3}{250\times200}=0.11\%=\rho_{sv,min}，满足。$$

箍筋配置方案为：ф6@200，沿梁全长布置。

【例题 5-10】 矩形截面独立简支梁 250mm×600mm，梁的计算简图和荷载设计值如图 5-35 所示（已考虑结构重要性系数）。纵向受力钢筋按两层考虑，取 $h_0=535\text{mm}$。混凝土的强度等级为 C30，箍筋选用 HPB300 级钢筋。试确定箍筋数量。

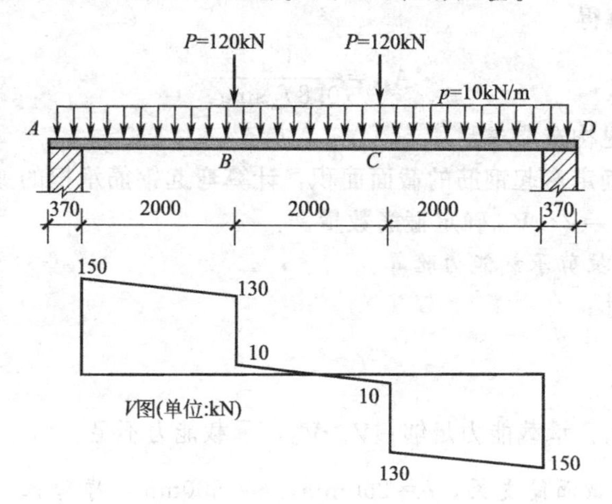

图 5-35 例题 5-10 图

【解】 (1) 支座剪力设计值

均布荷载的贡献：$V_1=\dfrac{1}{2}pl=\dfrac{1}{2}\times10\times6=30\text{kN}$

集中荷载的贡献：$V_2=P=120\text{kN}$

支座总剪力：$V=V_1+V_2=30+120=150\text{kN}$

集中荷载剪力值占总剪力的百分数：$\dfrac{V_2}{V}=\dfrac{120}{150}=80\%>75\%$

该梁为独立梁，集中荷载为主，应考虑剪跨比的影响。

$$\lambda=\frac{a}{h_0}=\frac{2000}{535}=3.74>3，取\ \lambda=3$$

$$\alpha_{cv}=\frac{1.75}{\lambda+1}=\frac{1.75}{3+1}=0.438$$

(2) 验算截面尺寸

$$\beta_c=1.0$$

$$\frac{h_w}{b}=\frac{h_0}{b}=\frac{535}{250}=2.14<4$$

$$0.25\beta_c f_c bh_0=0.25\times1.0\times14.3\times250\times535\text{N}=478.2\text{kN}$$
$$>V=150\text{kN}，满足$$

(3) 验算是否需要计算配箍

$$\alpha_{cv}f_t bh_0=0.438\times1.43\times250\times535\text{N}=83.8\text{kN}$$
$$<V=150\text{kN}，需要计算配箍$$

(4) 计算箍筋用量 采用直径为 8mm 的双肢箍，$n=2$，$A_{sv1}=50.3\text{mm}^2$

$$s=\frac{nA_{sv1}f_{yv}h_0}{V-\alpha_{cv}f_t bh_0}=\frac{2\times50.3\times270\times535}{(150-83.8)\times10^3}=219.5\text{mm}$$

取 $s=200\text{mm}<s_{max}=250\text{mm}$ 可行，即ф8@200 沿梁 AB、CD 段布置。

(5) 配箍率

$$\rho_{sv,min}=0.24\frac{f_t}{f_{yv}}=0.24\times\frac{1.43}{270}=0.13\%$$

$$\rho_{sv}=\frac{nA_{sv1}}{bs}=\frac{2\times50.3}{250\times200}=0.20\%>\rho_{sv,min}=0.13\%，满足要求。$$

BC 段内最大剪力设计值只有 10kN，计算不需要箍筋。可按构造配置箍筋Φ6@300、或Φ6@350；为了钢筋加工和施工方便，也可配Φ8@300、或Φ8@350。

【例题 5-11】 某一钢筋混凝土矩形截面简支梁，承受均匀分布荷载设计值 $g+q=$ 90kN/m，截面尺寸和纵向受力钢筋数量如图 5-36 所示，一类环境，安全等级为二级。混凝土的强度等级为 C30，箍筋为 HPB300 级钢筋、直径 6mm。试计算腹筋用量。

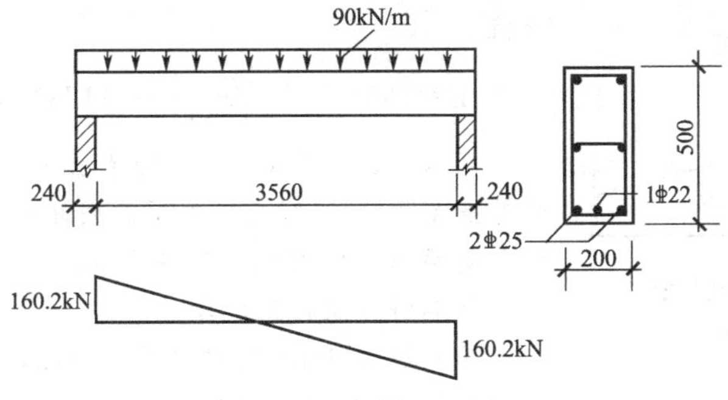

图 5-36　例题 5-11 图

【解】 第一种方案：配箍筋和弯起钢筋。

(1) 截面的有效高度　两种规格的钢筋，纵筋外径分别为 28.4mm 和 25.1mm，取 $c_c=d=25\text{mm}>c=20\text{mm}$，钢筋截面形心到受拉区边缘的距离

$$a_s=c_c+d_{e1}+纵筋形心到纵筋下边缘的距离$$

$$=25+6+\frac{982\times28.4/2+380.1\times25.1/2}{982+380.1}=44.7\text{mm}$$

$$h_0=h-a_s=500-44.7=455.3\text{mm}$$

(2) 剪力设计值

支座边缘：　$V=\gamma_0\times\frac{1}{2}(g+q)l_n=1.0\times\frac{1}{2}\times90\times3.56=160.2\text{kN}$

(3) 验算截面尺寸

$$\beta_c=1.0$$

$$\frac{h_w}{b}=\frac{h_0}{b}=\frac{455.3}{200}=2.3<4$$

$$0.25\beta_c f_c bh_0=0.25\times1.0\times14.3\times200\times455.3\text{N}=325.5\text{kN}$$

$$>V=160.2\text{kN}，满足$$

(4) 按构造配箍筋　选双肢箍Φ6@200：$n=2$，$A_{sv1}=28.3\text{mm}^2$

$$\rho_{sv,min}=0.24\frac{f_t}{f_{yv}}=0.24\times\frac{1.43}{270}=0.13\%$$

$$\rho_{sv}=\frac{nA_{sv1}}{bs}=\frac{2\times28.3}{200\times200}=0.14\%>\rho_{sv,min}，满足$$

$$V_{cs}=\alpha_{cv}f_t bh_0+f_{yv}\frac{A_{sv}}{s}h_0$$

$$=0.7\times1.43\times200\times455.3+270\times\frac{2\times28.3}{200}\times455.3$$

$$=125.9\times10^3\text{N}=125.9\text{kN}$$

（5）计算弯起钢筋

$$V_{sb}=V-V_{cs}=160.2-125.9=34.3\text{kN}$$

取 $\alpha_s=45°$，则有

$$A_{sb}=\frac{V_{sb}}{0.8f_y\sin\alpha_s}=\frac{34.3\times10^3}{0.8\times300\times\sin45°}=202.1\text{mm}^2$$

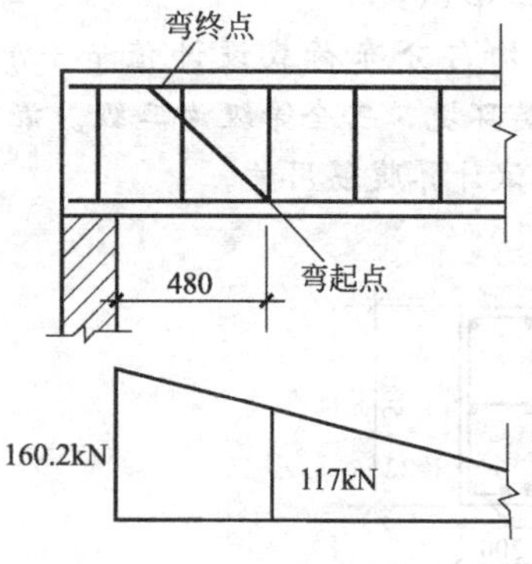

可将纵筋 1 Φ 22 弯起，$A_{sb}=380.1\text{mm}^2$。

（6）验算第一排弯起点处的斜截面受剪承载力

考虑到弯终点外的一定的平直段长度，取弯起点距支座边为 480mm，如图 5-37 所示，第一排弯起点处的剪力设计值

$$V=160.2\times\frac{1780-480}{1780}=117\text{kN}<V_{cs}=125.9\text{kN}$$

只需将箍筋 ϕ 6@200 沿梁全长布置，即可满足要求。此处若 $V>V_{cs}$，则需调整箍筋间距，因为纵向受力钢筋至少需要两根，已无钢筋可供弯起。

图 5-37　弯起点处斜截面承载力验算

第二种方案：只配箍筋。

选直径为 6mm 的双肢箍：$n=2$，$A_{sv1}=28.3\text{mm}^2$

$$s=\frac{nA_{sv1}f_{yv}h_0}{V-\alpha_{cv}f_tbh_0}=\frac{2\times28.3\times270\times455.3}{160.2\times10^3-0.7\times1.43\times200\times455.3}=101\text{mm}$$

取 $s=100\text{mm}<s_{max}=200\text{mm}$，即 ϕ 6@100，沿梁全长布置。

验算配箍率

$$\rho_{sv}=\frac{nA_{sv1}}{bs}=\frac{2\times28.3}{200\times100}=0.28\%>\rho_{sv,min}=0.13\%，满足$$

本例题梁的箍筋也可按 ϕ 8@170 进行配置。

5.4.3　钢筋混凝土受弯构件斜截面受弯承载能力

钢筋混凝土受弯构件斜截面除应保证受剪承载力以外，还应保证其受弯承载力。如图 5-38 所示为斜截面受弯承载力计算的简图。斜截面受弯承载能力要求斜截面受压区末端（图中 I-I 截面）的弯矩设计值 M 不超过斜截面的极限弯矩，而极限弯矩可由纵筋、腹筋承受的拉力对混凝土剪压区合力点 A 取矩求得。所以有：

$$M\leqslant M_u=f_yA_sz+\sum f_yA_{sb}z_{sb}+\sum f_{yv}A_{sv}z_{sv} \tag{5-63}$$

式中　z——纵向受拉钢筋的合力点至混凝土受压区合力点的距离，可近似取 $z=0.9h_0$；

z_{sb}——同一弯起平面内弯起钢筋的合力点至斜截面受压区合力点的距离；

z_{sv}——同一斜截面上箍筋的合力点至斜截面受压区合力点的距离。

式（5-63）中右边第二、第三项分别为弯起钢筋和箍筋的抗弯承载力，它们与斜截面的长度有关。这一长度的精确计算比较困难，规范规定斜截面的水平投影长度 c 全部由腹筋的抗剪来决定，即由式（5-64）确定 c 的取值：

$$V=\sum f_yA_{sb}\sin\alpha_s+\sum f_{yv}A_{sv} \tag{5-64}$$

式中 V 为斜截面受压区末端（图中 I-I 截面）的剪力设计值。

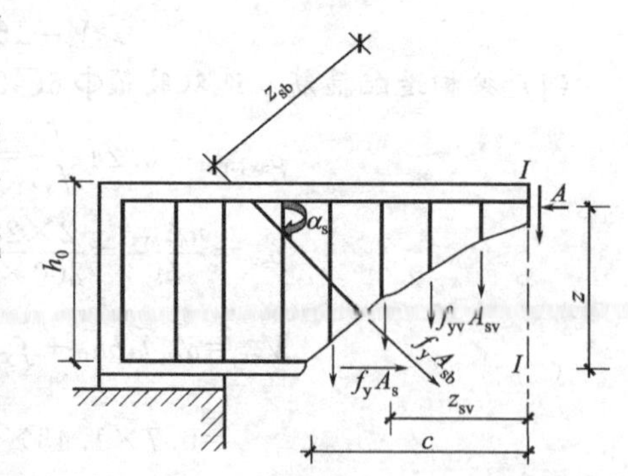

图 5-38　斜截面受弯承载力计算简图

实际设计中，一般不进行斜截面受弯承载力计算，而是采用构造措施来保证斜截面受弯承载力。这些措施除按规定配足箍筋以外，就是纵向受力钢筋的弯起、截断与锚固等方面要满足规定要求。

5.4.3.1　材料抵抗弯矩图

材料抵抗弯矩图简称抵抗矩图，就是沿梁长各正截面实际配置的纵向受力钢筋抵抗弯矩的图形，即 M_u 图。如图5-39所示为矩形截面简支梁承受均布荷载时的配筋图、弯矩图和 M_u 图。该梁配有四根纵向受力钢筋 2Φ22+2Φ20；M 图为抛物线 $a4b$；设钢筋总面积 A_s 刚好为计算值，则 M_u 图的外围线与 M 图的最大值相切于4点。如果 A_s 略大于计算值，则 M_u 图在 M 图的外侧，其水平线的位置由下式确定：

$$M_u=f_yA_s\left(h_0-\frac{f_yA_s}{2\alpha_1 f_c b}\right) \tag{5-65}$$

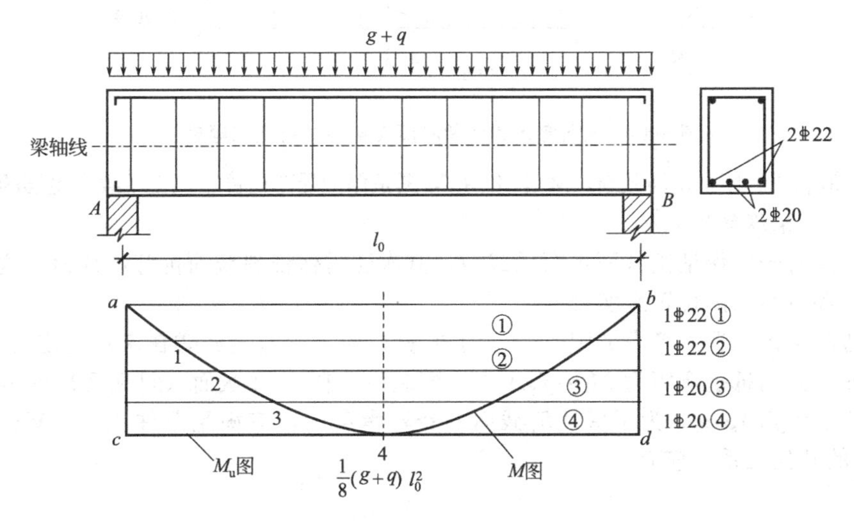

图5-39　配置通长直钢筋简支梁的材料抵抗弯矩图

每根钢筋所分担的抵抗矩数值，可近似地按该根钢筋的面积 A_{si} 占总面积 A_s 的比例来分配 M_u，即

$$M_{ui}=\frac{A_{si}}{A_s}M_u \tag{5-66}$$

如果所有纵向受力钢筋都伸入支座，则 $acdb$ 为 M_u 图，各钢筋的 M_{ui} 值用水平线示于图5-39。

图5-39中，4点处四根钢筋的强度利用充分，3点处①、②、③号钢筋的强度充分利用，而④号钢筋在3点以外（向支座方向）就不需要了，余类推。因此，将1、2、3、4四个点分别称为①、②、③、④号钢筋的“充分利用点（截面）”，而将a、1、2、3点分别称为①、②、③、④号钢筋的“不需要点（截面）”。

以图5-40说明钢筋弯起和截断后材料抵抗矩图的画法。设④号钢筋左侧在充分利用点以外的某点 E 向上弯起，在右侧的不需要点 F 处截断。钢筋弯起部分仍能抵抗部分弯矩，直至进入梁轴线以后的受压区，抵抗矩图的作法是：自弯起点 E 向下作垂线交抵抗矩图于 e 点；弯起钢筋与梁轴线的交点为 G，从 G 向下作垂线交①、②、③号钢筋抵抗矩图于 g 点（此时④号钢筋的弯起部分退出抗弯工作），连接 eg 形成斜坡状图形，梁左侧抵抗矩图为 $aige4$。因为钢筋一经截断，抵抗矩便不复存在，所以④号钢筋在 F 点截断后，抵抗矩图形成台阶状 fh，梁右侧的抵抗矩图为 $4fhjb$。

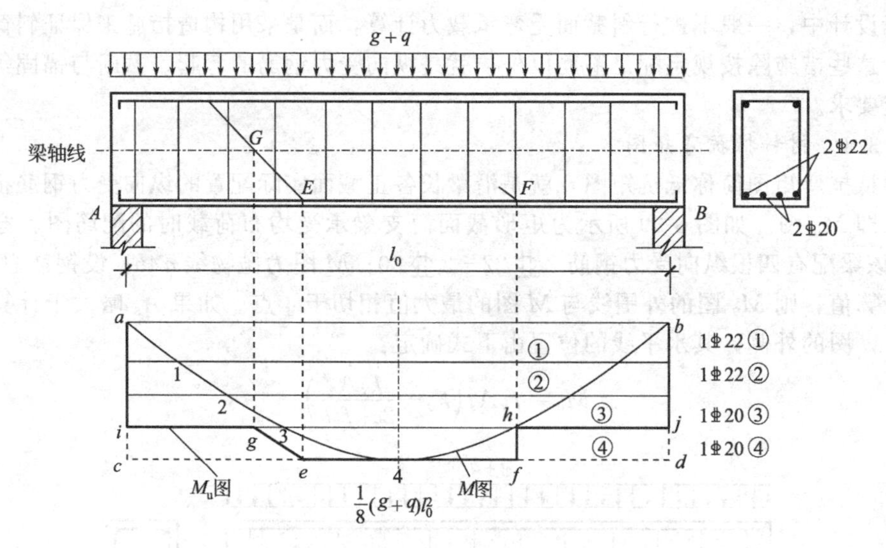

图 5-40　纵筋弯起和截断时简支梁的材料抵抗弯矩图

不管是钢筋弯起还是钢筋截断，M_u 图包住 M 图是保证受弯构件正截面承载力足够的必要条件。

5.4.3.2　梁纵筋的弯起

纵筋弯起首先应保证正截面抗弯承载力，其次还需保证斜截面抗弯承载力，这可以通过控制弯起点和弯终点的位置来实现。

（1）弯起点的位置　考虑如图 5-42 所示的斜截面，弯起钢筋③在未弯起之前的Ⅰ-Ⅰ截面（正截面）处的抵抗弯矩为 $M_{\mathrm{I}}=f_yA_{sb}z$；弯起后，在Ⅱ-Ⅱ截面（斜截面）处钢筋③的抵抗弯矩为 $M_{\mathrm{II}}=f_yA_{sb}z_b$。为了保证斜截面的受弯承载力，应满足条件 $M_{\mathrm{II}}\geqslant M_{\mathrm{I}}$，即 $z_b\geqslant z$。由图中的几何关系，应有

$$\frac{z_b}{\sin\alpha}=\frac{z}{\tan\alpha}+s$$

据此解得

$$s=\frac{z_b}{\sin\alpha}-\frac{z}{\tan\alpha}$$

考虑到 $z_b\geqslant z$，上式成为

$$s=\frac{z_b}{\sin\alpha}-\frac{z}{\tan\alpha}\geqslant\frac{z(1-\cos\alpha)}{\sin\alpha}$$

根据钢筋弯起角度常用值 $\alpha=\alpha_s=45°$或 $60°$，并取 $z=0.9h_0$，则有 $s=(0.37\sim0.52)h_0$。

现行规范对弯起点位置的规定是：在受拉区中，弯起钢筋的弯起点可设在按正截面受弯承载力计算不需要该钢筋的截面之前（充分利用点和不需要点之间）；但弯起钢筋与梁中心线的交点，应位于不需要该钢筋的截面之外（见图 5-41）；同时，弯起点与按计算充分利用该钢筋的截面之间的距离不应小于 $0.5h_0$。

（2）弯终点的位置　当按计算需要设置受剪弯起钢筋时，从支座起前一排的弯起点至后一排的弯终点的距离 s 应满足 $s\leqslant s_{max}$ 的条件。s_{max} 由表 5-4 按 $V>0.7f_tbh_0$ 一栏取用。

当设置弯起钢筋时，弯起钢筋的弯终点外应留有平行于梁轴线方向的锚固长度，且在受拉区不应小于 $20d$、在受压区不应小于 $10d$，d 为弯起钢筋的直径；梁底层钢筋中的角部钢筋不应弯起，顶层钢筋中的角部钢筋不应弯下。

弯起钢筋除利用纵向受力钢筋弯起外，还可单独设置。单独设置的弯起钢筋只能采用鸭筋，而不能采用浮筋。鸭筋和浮筋如图 5-43 所示。

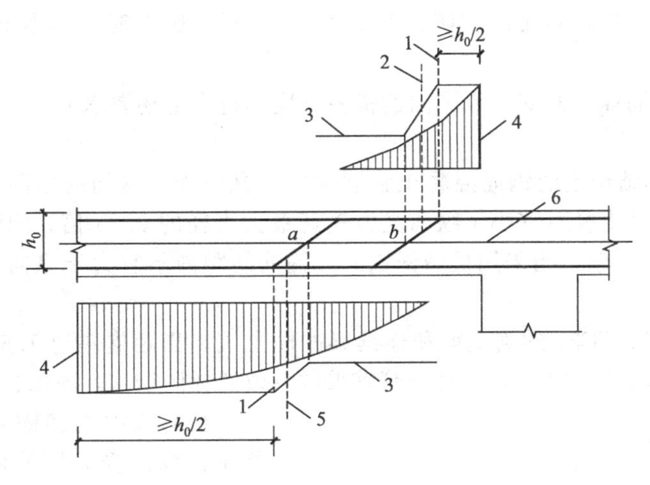

图 5-41　弯起钢筋弯起点与弯矩图的关系

1—受拉区的弯起点；2—按计算不需要钢筋“b”的截面；3—正截面受弯承载力图；4—按计算充分利用钢筋“a”或“b”强度的截面；5—按计算不需要钢筋“a”的截面；6—梁中心线

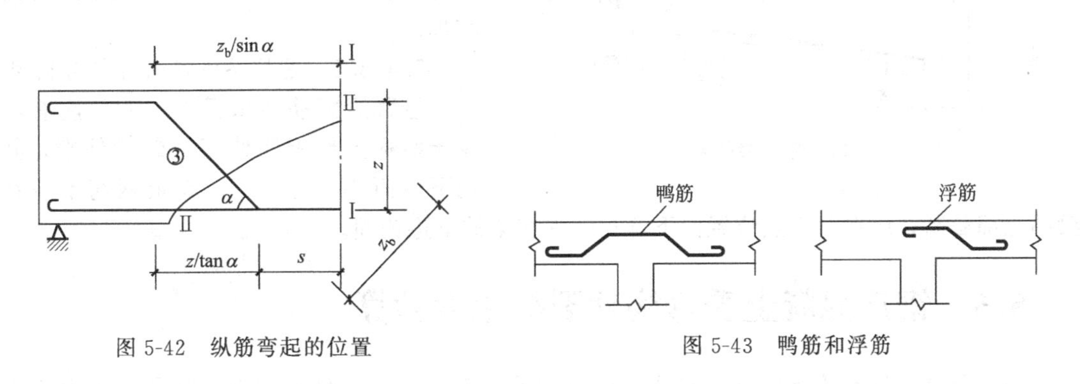

图 5-42　纵筋弯起的位置　　　图 5-43　鸭筋和浮筋

5.4.3.3　梁纵筋的截断

承受正弯矩的纵向受力钢筋一般不在跨内截断，而是将一部分（或全部）伸入支座锚固，一部分弯起；支座截面负弯矩纵向受拉钢筋不宜在受拉区截断，当必须截断时应符合下述规定。

（1）当 $V \leqslant 0.7 f_t b h_0$ 时，应延伸至按正截面受弯承载力计算不需要该钢筋的截面以外不小于 $20d$ 处截断，且从该钢筋强度充分利用截面伸出的长度不应小于 $1.2 l_a$。

（2）当 $V > 0.7 f_t b h_0$ 时，应延伸至按正截面受弯承载力计算不需要该钢筋的截面以外不小于 h_0 且不小于 $20d$ 处截断，且从该钢筋强度充分利用截面伸出的长度不应小于 $1.2 l_a + h_0$。

（3）若按上述规定的截断点仍位于负弯矩对应的受拉区内，则应延伸至按正截面受弯承载力计算不需要该钢筋的截面以外 $1.3 h_0$ 且不小于 $20d$ 处截断，且从该钢筋强度充分利用截面伸出的长度不应小于 $1.2 l_a + 1.7 h_0$。

5.4.3.4　纵向钢筋锚固

（1）梁内纵筋锚固

① 伸入梁支座范围内的纵向受力钢筋数量不应少于 2 根。

② 钢筋混凝土简支梁和连续梁简支端的下部纵向受力钢筋，从支座边缘算起伸入梁支座范围内的锚固长度应满足如下条件：

当 $V \leqslant 0.7 f_t b h_0$ 时，不小于 $5d$；

当$V>0.7f_tbh_0$时，对带肋钢筋，不小于$12d$；对光圆钢筋，不小于$15d$。此处，d为钢筋的最大直径。

如纵向受力钢筋伸入梁支座范围内的锚固长度不符合上述要求时，可采取弯钩或机械锚固措施。

③ 支承在砌体结构上的钢筋混凝土独立梁，在纵向受力钢筋的锚固长度范围内应配置不少于两个箍筋，其直径不宜小于纵向受力钢筋最大直径的0.25倍，间距不宜大于纵向受力钢筋最小直径的10倍；当采用机械锚固时，箍筋间距尚不宜大于纵向受力钢筋最小直径的5倍。

混凝土强度等级≤C25的简支梁和连续梁的简支端，当距支座边$1.5h$范围内作用有集中荷载，且$V>0.7f_tbh_0$时，对带肋钢筋宜采取有效的锚固措施，或取锚固长度≥$15d$。

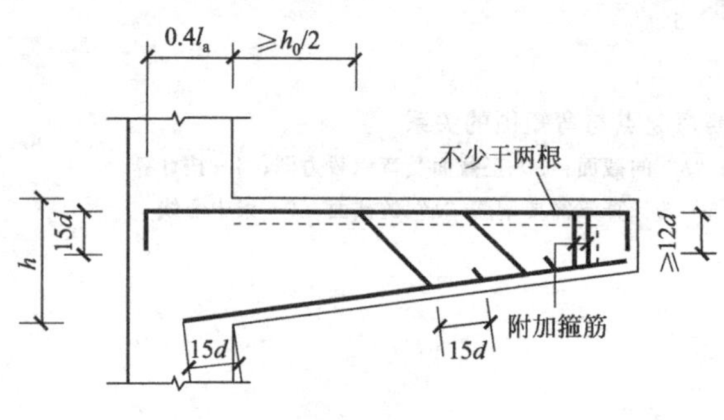

图 5-44 悬臂梁的配筋

(2) 板内纵筋锚固 简支板或连续板下部纵向受力钢筋伸入支座的锚固长度不应小于钢筋直径的5倍，宜伸过支座中心线。当连续板内温度应力、收缩应力较大时，伸入支座的长度宜适当增加。

5.4.3.5 悬臂梁纵筋的弯起与锚固

悬臂梁配筋要求见图5-44，应有不少于两根上部钢筋伸至悬臂梁外端，并向下弯折不小于$12d$；其余钢筋不应在梁的上部截断，应在弯起点位置向下弯折，并在梁的下边锚固。

5.5 钢筋混凝土受弯构件裂缝宽度验算

因为混凝土材料的抗拉能力较弱，所以钢筋混凝土结构构件带裂缝工作是一种普遍现象。如果裂缝宽度不大，并不影响正常使用和耐久性；但如果裂缝宽度过大，不仅影响人们心理上的安全感，而且更重要的是要影响结构的耐久性。裂缝宽度过大，就会使空气中的水汽侵入，使钢筋表面产生锈蚀。钢筋锈蚀随着时间的推移会越来越严重，影响结构的耐久性。所以，对钢筋混凝土构件的裂缝宽度要做出限制，以满足耐久性和适用性要求。

非荷载原因引起的裂缝采用构造措施或施工方法予以缓解或改善，比如设置构造钢筋可减小温度裂缝、收缩裂缝，设置混凝土后浇带可减小地基不均匀沉降的裂缝。对荷载引起的裂缝规定最大裂缝宽度限值，并进行验算。

裂缝控制等级分为三级：一级是严格要求不出现裂缝的构件，二级为一般要求不出现裂缝的构件，三级为允许出现裂缝的构件。钢筋混凝土结构构件的裂缝控制等级为三级；预应力混凝土结构构件的裂缝控制等级根据环境类别的不同，可以为一级、二级或三级裂缝控制等级。一级、二级裂缝控制等级，要求验算受拉边缘的应力；三级裂缝控制等级需验算正截面的裂缝宽度。

5.5.1 裂缝的出现和开展

钢筋混凝土纯弯构件在$\mathrm{I_a}$状态，处于将裂而未裂的临界，混凝土和钢筋共同承受拉应力。随着弯矩的增大，就会出现第一条或第一批裂缝。开裂后，裂缝截面的混凝土退出工作，拉应力为零；全部拉力由钢筋承担，所以钢筋拉应力会突然增大。

裂缝出现后，原来处于受拉状态的混凝土向裂缝两侧回缩，混凝土和钢筋之间产生相对滑移，裂缝开展。裂缝两侧附近的应力分布会发生变化，即混凝土拉应力从零开始逐渐恢复，钢筋拉应力慢慢下降，如图 5-45 所示。

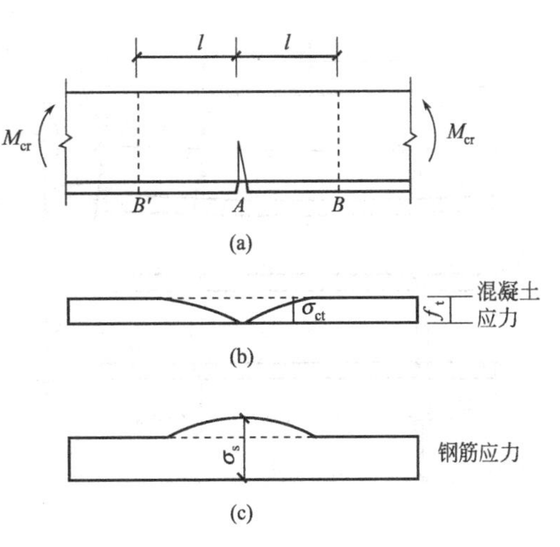

图 5-45　裂缝两侧拉应力变化

由于钢筋和混凝土之间的黏结作用，混凝土回缩受到阻碍，距离为 l 的 B 或 B' 处，混凝土不再回缩，应力分布又趋于均匀。距离 l 称为黏结应力作用长度（或传递长度）。

B 点（或 B' 点）以远的位置，混凝土承受的拉应力仍然较大，当弯矩再继续增加时，就有可能在这一区域的某个薄弱部位出现新裂缝。从理论上讲，裂缝间距在 $l\sim2l$ 范围之内。l 与黏结强度有关，随混凝土强度等级、配筋率、钢筋表面积大小等而变。

裂缝开展的宽度和裂缝间距有关。裂缝宽度计算时，采用平均裂缝间距。平均裂缝间距 l_{cr} 系根据试验资料总结出的经验公式计算：

$$l_{cr}=\beta\left(1.9c_s+0.08\frac{d_{eq}}{\rho_{te}}\right) \tag{5-67}$$

$$d_{eq}=\frac{\sum n_i d_i^2}{\sum n_i \nu_i d_i} \tag{5-68}$$

$$\rho_{te}=\frac{A_s}{A_{te}} \tag{5-69}$$

式中　β——对轴心受拉构件取 1.1，对其他受力构件取 1.0；

c_s——最外层受拉纵向钢筋外边缘至受拉区底边的距离，mm，$c_s=c_c+d_{e1}$，当 $c_s<20$ 时，取 $c_s=20$，当 $c_s>65$ 时，取 $c_s=65$；

d_{eq}——受拉区纵向钢筋的等效直径，mm；

d_i——受拉区第 i 种纵向钢筋的公称直径，mm；

n_i——受拉区第 i 种纵向钢筋的根数；

ν_i——受拉区第 i 种纵向钢筋的相对黏结特性系数，光圆钢筋取 0.7、带肋钢筋取 1.0，对于环氧树脂涂层钢筋，需再乘以 0.8；

ρ_{te}——按有效受拉混凝土截面面积计算的纵向受拉钢筋配筋率，在最大裂缝宽度计算中，当 $\rho_{te}<0.01$ 时，取 $\rho_{te}=0.01$；

A_{te}——有效受拉混凝土截面面积，对轴心受拉构件，取构件截面面积，对受弯构件和偏心受力构件，取 $A_{te}=0.5bh+(b_f-b)h_f$，此处，b_f、h_f 为受拉翼缘的宽度、高度；

A_s——受拉区纵向钢筋截面面积。

裂缝宽度还随深度而变化。构件受拉区边缘表面裂缝最宽，钢筋表面处裂缝宽度大约为构件受拉区边缘表面裂缝宽度的 1/5～1/3。需要计算的裂缝宽度是受拉钢筋形心水平处构件侧表面上的裂缝宽度。

5.5.2　平均裂缝宽度

平均裂缝宽度 w_m 等于构件裂缝区段 l_{cr} 内钢筋的平均伸长与相应水平处构件侧表面混

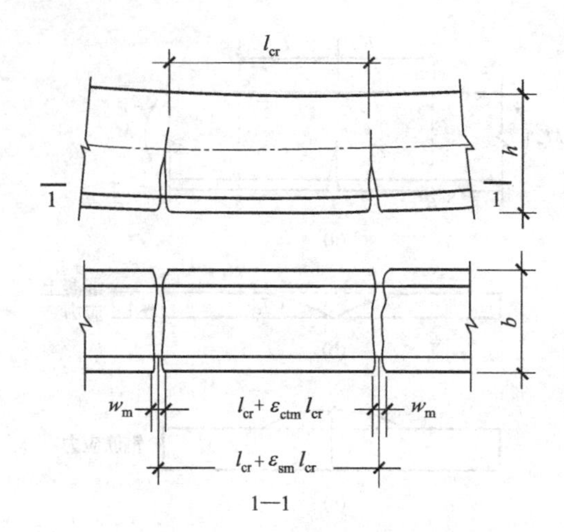

图 5-46　平均裂缝宽度计算简图

凝土平均伸长的差值，如图 5-46 所示。

$$w_m=\varepsilon_{sm}l_{cr}-\varepsilon_{ctm}l_{cr}=\varepsilon_{sm}\left(1-\frac{\varepsilon_{ctm}}{\varepsilon_{sm}}\right)l_{cr} \tag{5-70}$$

式中　ε_{sm}——纵向受拉钢筋的平均拉应变；

ε_{ctm}——与纵向受拉钢筋相同水平处侧表面混凝土的平均拉应变。

公式中的 $1-\varepsilon_{ctm}/\varepsilon_{sm}$ 可以看成是裂缝间混凝土伸长对裂缝宽度的影响系数，对受弯构件可近似取 0.77，则式 (5-70) 成为

$$w_m=0.77\varepsilon_{sm}l_{cr} \tag{5-71}$$

纵向受拉钢筋的平均拉应变按下式计算

$$\varepsilon_{sm}=\psi\frac{\sigma_{sq}}{E_s} \tag{5-72}$$

$$\psi=1.1-0.65\frac{f_{tk}}{\rho_{te}\sigma_{sq}} \tag{5-73}$$

$$\sigma_{sq}=\frac{M_q}{0.87h_0A_s} \tag{5-74}$$

式中　ψ——裂缝间纵向受拉钢筋应变不均匀系数，当 $\psi<0.2$ 时，取 $\psi=0.2$；当 $\psi>1.0$ 时，取 $\psi=1.0$，对直接承受重复荷载的构件，取 $\psi=1.0$；

σ_{sq}——按荷载准永久组合计算的钢筋混凝土构件纵向受拉普通钢筋应力，对受弯构件，按式 (5-74) 计算。

所以，对受弯构件而言，裂缝平均宽度为

$$w_m=0.77\psi\frac{\sigma_{sq}}{E_s}\left(1.9c_s+0.08\frac{d_{eq}}{\rho_{te}}\right) \tag{5-75}$$

5.5.3　最大裂缝宽度验算

5.5.3.1　最大裂缝宽度

最大裂缝宽度由平均裂缝宽度乘以“扩大系数得到”。“扩大系数”由试验结果的统计分析并参考使用经验确定。受弯构件在荷载短期效应组合作用下裂缝宽度基本上服从正态分布，变异系数为 0.4，取具有 95％保证率的“扩大系数”应为 $1+1.645\delta=1+1.645\times0.4=1.66$。长期作用影响包括混凝土进一步收缩、受压混凝土的应力松弛和滑移导致裂缝宽度随时间而增大，根据试验结果分析，取长期效应下的“扩大系数”为 1.5。所以

$$\begin{aligned}w_{max}&=1.66\times1.5w_m\\&=1.66\times1.5\times0.77\psi\frac{\sigma_{sq}}{E_s}\left(1.9c_s+0.08\frac{d_{eq}}{\rho_{te}}\right)\\&=1.9\psi\frac{\sigma_{sq}}{E_s}\left(1.9c_s+0.08\frac{d_{eq}}{\rho_{te}}\right)\end{aligned} \tag{5-76}$$

5.5.3.2　裂缝宽度验算

钢筋混凝土结构的裂缝控制等级为三级，按荷载准永久组合并考虑长期作用影响的效应计算的最大裂缝宽度，应符合下列规定：

$$w_{max}\leqslant w_{lim} \tag{5-77}$$

式中　w_{lim}——最大裂缝宽度限值，按附表 12 采用。

若不满足式 (5-77)，则应采取措施减小最大裂缝宽度。减小裂缝宽度的措施有：①增

大纵向受拉钢筋的截面面积；②在钢筋截面面积不变的情况下，采用较小直径的钢筋；③采用带肋钢筋；④提高混凝土强度等级；⑤增大构件截面尺寸；⑥减小混凝土保护层厚度 c_c。其中采用较小直径的带肋钢筋是减小裂缝宽度的最有效的措施。从式（5-76）可知，减小 c_s 可明显减小裂缝宽度，因 $c_s=c_c+d_{e1}$，故减小 c_c 可减小最大裂缝宽度。但是，保护层厚度不能随意减小，必须满足最小厚度 c 的要求，还应满足不小于钢筋公称直径的要求。

【例题 5-12】 已知矩形截面简支梁 $b=250$mm、$h=500$mm，计算跨度 5.6m，承受恒载标准值 6kN/m，活载标准值 15kN/m，活载准永久值系数 $\psi_q=0.5$。C25 混凝土，纵向受力钢筋为 4 ⌀20，箍筋⌀6@250，二 a 类环境，试验算裂缝宽度。

【解】（1）荷载效应

$$M_{Gk}=\frac{1}{8}\times 6\times 5.6^2=23.5\text{kN}\cdot\text{m}$$

$$M_{Qk}=\frac{1}{8}\times 15\times 5.6^2=58.8\text{kN}\cdot\text{m}$$

$$M_q=M_{Gk}+\psi_q M_{Qk}=23.5+0.5\times 58.8=52.9\text{kN}\cdot\text{m}$$

（2）中间参数计算

$$A_{te}=0.5bh=0.5\times 250\times 500=62500\text{mm}^2$$

$$\rho_{te}=\frac{A_s}{A_{te}}=\frac{1256}{62500}=0.0201>0.01$$

$$d_{eq}=\frac{d}{\nu}=\frac{20}{1.0}=20\text{mm}$$

二 a 类环境，C25 混凝土保护层厚度最小值为 $c=30$mm，纵向受力钢筋公称直径 20mm，可取 $c_c=c=30\text{mm}>d=20$mm。箍筋公称直径 6mm、纵筋外径为 22.7mm，所以

$$a_s=c_c+d_{e1}+d_e/2=30+6+22.7/2=47.4\text{mm}$$

$$h_0=h-a_s=500-47.4=452.6\text{mm}$$

$$\sigma_{sq}=\frac{M_q}{0.87h_0A_s}=\frac{52.9\times 10^6}{0.87\times 452.6\times 1256}=107.0\text{N/mm}^2$$

$$\psi=1.1-0.65\frac{f_{tk}}{\rho_{te}\sigma_{sq}}=1.1-0.65\times\frac{1.78}{0.0201\times 107.0}=0.562$$

$$0.2<\psi=0.562<1.0$$

（3）裂缝宽度验算

$$c_s=c_c+d_{e1}=30+6=36\text{mm}$$

$$w_{max}=1.9\psi\frac{\sigma_{sq}}{E_s}\left(1.9c_s+0.08\frac{d_{eq}}{\rho_{te}}\right)$$

$$=1.9\times 0.562\times\frac{107.0}{2.00\times 10^5}\times\left(1.9\times 36+0.08\times\frac{20}{0.0201}\right)$$

$$=0.08\text{mm}<w_{lim}=0.20\text{mm}，满足要求。$$

5.6 钢筋混凝土受弯构件挠度验算

5.6.1 混凝土结构受弯构件挠度限值

混凝土受弯构件变形属于正常使用极限状态，限制挠度的主要原因在于以下四个方面。

5.6.1.1 保证建筑的使用功能要求

结构构件产生过大挠曲变形，将损害甚至丧失其使用功能。如楼盖板、梁挠度过大，将

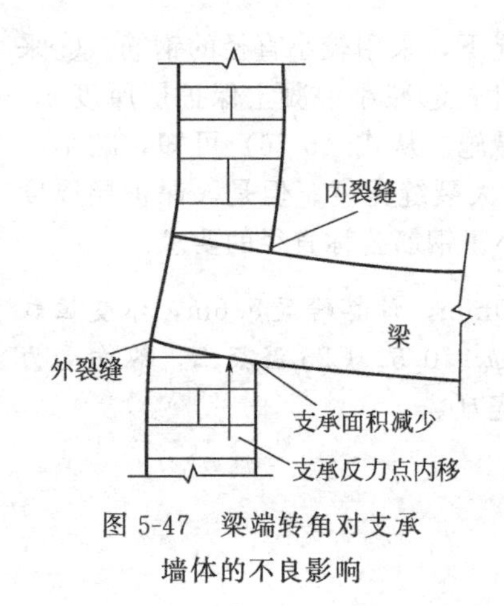

图 5-47　梁端转角对支承墙体的不良影响

使精密仪器、设备难以保持水平；吊车梁挠度过大，就会妨碍吊车正常运行；屋面构件挠度过大，会造成积水、以至于发生渗漏等现象。所以，从使用功能要求，挠度不应过大。

5.6.1.2　防止对结构构件产生不良影响

梁、板变形过大，会使其他结构构件的受力性能与设计中的假定不符。例如梁端旋转将使支承面积减小，支承反力偏心距增大。如图 5-47 所示，当梁支承在砖墙上时，可能使墙体沿梁顶、梁底出现内外水平裂缝，严重时将产生局部受压破坏或整体失稳破坏。限制梁的变形可以减小对这些结构构件产生的不良影响。

5.6.1.3　防止对非结构构件产生不良影响

梁、板过度变形将会引起非结构构件损坏或不能正常使用。如使门窗等活动部件不能正常开启、关闭，使石膏板、空心砖等脆性隔墙开裂、损坏，也可使天花板开裂等等。

5.6.1.4　保证人们的感觉在可接受的程度之内

限制变形，保证人们在外观感觉、心理感受上觉得安全。使用者个人的观点和感觉有差异，难以精确定量。有调查表明，从外观要求来看，挠度值宜控制在计算跨度的 1/250 之内。

随着高强度混凝土和钢筋的采用，构件截面尺寸相应减小，变形问题会更加突出。《混凝土结构设计规范》根据工程经验，规定了混凝土受弯构件的挠度限值（见附表 11）。

5.6.2　截面的抗弯刚度

挠度验算，主要取决于构件的刚度。钢筋混凝土受弯构件由于裂缝的存在，截面抗弯刚度不为常量，而是变化的，这不同于材料力学、结构力学中的 EI，这里用 B 表示钢筋混凝土受弯构件截面的抗弯刚度。

5.6.2.1　截面抗弯刚度的特点

研究发现，钢筋混凝土受弯构件的截面抗弯刚度具有以下特点。

① 随弯矩的增加而减小。一根梁的某一截面，当荷载变化导致弯矩不同时，其弯曲刚度会随之变化；同一荷载作用下的不同截面，弯矩不同，抗弯刚度也会不同。

② 随纵筋配筋率的降低而减小。试验表明，截面尺寸和材料都相同的适筋梁，纵筋配筋率大的截面抗弯刚度大，纵筋配筋率小的截面抗弯刚度小。

③ 沿构件跨度，截面抗弯刚度是变化的。截面不同，M 不同，抗弯刚度 B 不同，M 大的截面 B 小，M 小的截面 B 大；纯弯曲梁，M 相同，裂缝截面 B 小，裂缝间截面 B 大。

④ 随加载时间的增长而减小。试验表明，由于徐变的存在，荷载不变时，挠度会随时间而增长，截面的抗弯刚度相应减小。对于一般尺寸的构件，挠度变形三年以后可趋于稳定。在变形验算中，除了要考虑荷载的短期效应组合以外，还要考虑长期效应组合的影响。前者采用短期刚度 B_s，后者采用长期刚度 B，很明显，长期刚度低于短期刚度。

挠度计算时采用最小刚度原则：假定在同号弯矩区段内的刚度相等，并取该区段内最大弯矩处所对应的刚度；对于允许有裂缝的构件，它就是该区段内的最小刚度。最小刚度原则是偏于安全的。当支座截面刚度和跨中截面刚度之比不大于 2 或不小于 1/2 时，采用等刚度计算构件挠度，其误差不致超过 5%。

5.6.2.2　受弯构件短期刚度 B_s

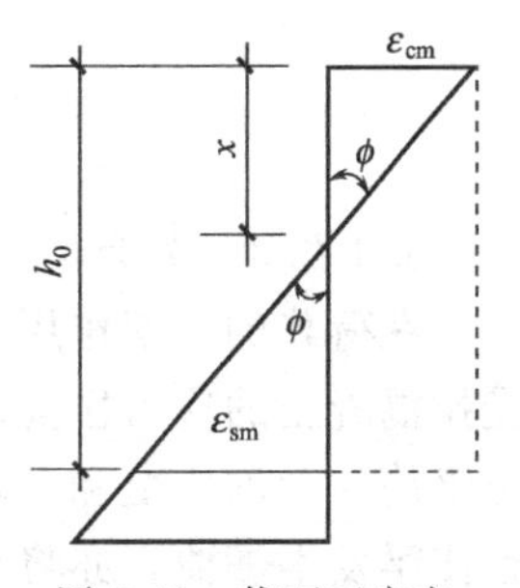

图 5-48　截面正应变与曲率的关系

平截面假定下，钢筋混凝土受弯构件正截面上钢筋的平均拉应变 ε_{sm}、受压区混凝土边缘的平均压应变 ε_{cm} 与曲率 ϕ 之间的几何关系如图 5-48 所示。

$$\phi=\frac{\varepsilon_{cm}}{x}=\frac{\varepsilon_{sm}+\varepsilon_{cm}}{h_0} \tag{5-78}$$

短期刚度采用荷载效应准永久组合，弯矩为 M_q，由材料力学关于抗弯刚度的定义有

$$B_s=\frac{M_q}{\phi}=\frac{M_q h_0}{\varepsilon_{sm}+\varepsilon_{cm}} \tag{5-79}$$

由式（5-72）和式（5-74）可得钢筋的平均拉应变

$$\varepsilon_{sm}=\frac{\psi M_q}{0.87h_0 E_s A_s} \tag{5-80}$$

受压区混凝土边缘平均压应变 $\varepsilon_{cm}=\psi_c\varepsilon_{cq}$（$\psi_c$ 为混凝土压应变不均匀系数），取混凝土的变形模量 $E_c'=\nu E_c$，则有

$$\varepsilon_{cm}=\psi_c\varepsilon_{cq}=\psi_c\frac{\sigma_{cq}}{E_c'}=\psi_c\frac{\sigma_{cq}}{\nu E_c} \tag{5-81}$$

受压区边缘混凝土压应力

$$\sigma_{cq}=\frac{M_q}{\alpha b h_0^2} \tag{5-82}$$

式中　α——与应力分布有关的系数，对线性分布的矩形截面 $\alpha=1/6$。

将式（5-82）代入式（5-81）得

$$\varepsilon_{cm}=\frac{M_q}{(\alpha\nu/\psi_c)E_c b h_0^2}=\frac{M_q}{\zeta E_c b h_0^2} \tag{5-83}$$

式中，$\zeta=\alpha\nu/\psi_c$，称为受压区边缘混凝土平均应变综合系数。

将式（5-80）、式（5-83）代入式（5-79）得到

$$B_s=\frac{E_s A_s h_0^2}{\dfrac{\psi}{0.87}+\dfrac{E_s A_s}{\zeta E_c b h_0}}$$

令 $\rho=A_s/(bh_0)$，$\alpha_E=E_s/E_c$，则有

$$B_s=\frac{E_s A_s h_0^2}{\dfrac{\psi}{0.87}+\dfrac{\alpha_E\rho}{\zeta}} \tag{5-84}$$

经过试验数据回归分析，可取

$$\frac{\alpha_E\rho}{\zeta}=0.2+\frac{6\alpha_E\rho}{1+3.5\gamma_f'} \tag{5-85}$$

$$\gamma_f'=\frac{(b_f'-b)h_f'}{bh_0} \tag{5-86}$$

式中　α_E——钢筋弹性模量与混凝土弹性模量的比值，$\alpha_E=E_s/E_c$；

ρ——纵向受拉钢筋配筋率（刚度计算配筋率），$\rho=A_s/(bh_0)$；

ψ——裂缝间纵向受拉钢筋应变不均匀系数，按式（5-73）计算；

γ_f'——受压翼缘截面面积与腹板有效面积的比值，当 $h_f'>0.2h_0$ 时，取 $h_f'=0.2h_0$；对矩形截面 $\gamma_f'=0$。

式（5-85）代入式（5-84）便得到受弯构件短期刚度的计算公式

$$B_s=\frac{E_sA_sh_0^2}{1.15\psi+0.2+\frac{6\alpha_E\rho}{1+3.5\gamma_f'}} \tag{5-87}$$

5.6.2.3　*截面抗弯刚度 B*

在荷载的长期作用下，由于混凝土发生徐变，会使梁的挠度随时间增长；又由于裂缝间受拉混凝土的应力松弛以及钢筋和混凝土的黏结滑移徐变使受拉混凝土不断退出工作，使受拉钢筋的平均应变和平均应力随时间增大；此外还会由于受拉区与受压区混凝土的收缩不一致使梁发生翘曲，亦将导致曲率的增大和刚度的降低。因此《混凝土结构设计规范》采用挠度增大系数来考虑荷载长期作用的影响来计算受弯构件挠度。设短期荷载作用下的挠度和刚度分别为 v_s 和 B_s，在荷载长期作用下的挠度和刚度分别为 v_l 和 B，挠度增大系数 θ 定义为 $\theta=v_l/v_s$，因为受弯构件的挠度与刚度成反比，所以

$$\theta=\frac{v_l}{v_s}=\frac{B_s}{B}$$

由此得到钢筋混凝土受弯构件的长期刚度 B 的计算公式：

$$B=\frac{B_s}{\theta} \tag{5-88}$$

式中　B_s——按荷载准永久组合计算的钢筋混凝土受弯构件的短期刚度。

θ——考虑荷载长期作用对挠度增大的影响系数，当 $\rho'=0$ 时，取 $\theta=2.0$；当 $\rho'=\rho$ 时，取 $\theta=1.6$；当 ρ' 为中间值时，θ 按线性内插法取用，即

$$\theta=2.0-0.4\frac{\rho'}{\rho}=2.0-0.4\frac{A_s'}{A_s} \tag{5-89}$$

此处，$\rho'=A_s'/(bh_0)$，$\rho=A_s/(bh_0)$。

对于翼缘位于受拉区的倒 T 形梁，由于在荷载短期效应组合作用下受拉混凝土参加工作较多，而在荷载长期效应组合作用下退出工作的影响较大，从而使挠度增大较多，因此 θ 值应增加 20%。

5.6.3　挠度验算

荷载准永久值作用下的挠度计算，可采用结构力学方法。例如均匀分布荷载作用下的简支梁，应有

$$\begin{aligned}v&=\frac{5}{384}\times\frac{(g_k+\psi_q q_k)l_0^4}{EI}=\frac{5}{48}\times\frac{l_0^2}{B}\times\frac{(g_k+\psi_q q_k)l_0^2}{8}\\&=\frac{5}{48}\times\frac{M_q l_0^2}{B}\end{aligned} \tag{5-90}$$

对于非均匀分布荷载，挠度可以写成

$$v=a\frac{M_q l_0^2}{B} \tag{5-91}$$

系数 a 根据荷载和支承情况，可以由图形相乘法予以确定。

挠度计算值 v 应不超过挠度限值 $v_{\lim}$，即：

$$v\leqslant v_{\lim} \tag{5-92}$$

若式 (5-92) 不满足，则应采取措施提高抗弯刚度，以减小挠度。理论上讲，提高混凝土强度等级、增加纵向受力钢筋用量、选用合理的截面形状（T 形、I 形）都能提高梁的抗弯刚度，但研究证明，其效果并不明显。从式 (5-87) 可以看到，增大梁的截面高度对抗弯刚度的提高最为有效。

【例题 5-13】 已知矩形截面简支梁 $b=250\text{mm}$、$h=500\text{mm}$，计算跨度 5.6m，承受恒载标准值 6kN/m，活载标准值 15kN/m、活载准永久值系数为 $\psi_q=0.5$。C25 混凝土，纵向受力钢筋为 4⌀20，箍筋Φ6@250，二a类环境，试验算挠度。

【解】（1）荷载效应

$$M_{Gk}=\frac{1}{8}\times 6\times 5.6^2=23.5\text{kN}\cdot\text{m}$$

$$M_{Qk}=\frac{1}{8}\times 15\times 5.6^2=58.8\text{kN}\cdot\text{m}$$

$$M_q=M_{Gk}+\psi_q M_{Qk}=23.5+0.5\times 58.8=52.9\text{kN}\cdot\text{m}$$

（2）中间参数计算

$$A_{te}=0.5bh=0.5\times 250\times 500=62500\text{mm}^2$$

$$\rho_{te}=\frac{A_s}{A_{te}}=\frac{1256}{62500}=0.0201>0.01$$

二a类环境，C25 混凝土保护层厚度最小值为 $c=30\text{mm}$，纵向受力钢筋公称直径 20mm，可取 $c_c=c=30\text{mm}>d=20\text{mm}$。箍筋公称直径 6mm、纵筋外径为 22.7mm，所以

$$a_s=c_c+d_{e1}+d_e/2=30+6+22.7/2=47.4\text{mm}$$

$$h_0=h-a_s=500-47.4=452.6\text{mm}$$

$$\sigma_{sq}=\frac{M_q}{0.87h_0A_s}=\frac{52.9\times 10^6}{0.87\times 452.6\times 1256}=107.0\text{N/mm}^2$$

$$\psi=1.1-0.65\frac{f_{tk}}{\rho_{te}\sigma_{sq}}=1.1-0.65\times\frac{1.78}{0.0201\times 107.0}=0.562>0.2\text{，且}<1.0$$

（3）抗弯刚度

矩形截面 $\gamma_f'=0$

$$\rho=\frac{A_s}{bh_0}=\frac{1256}{250\times 452.6}=0.0111$$

（注意这里是用 bh_0 计算配筋率，正截面承载力配筋时用 bh 计算配筋率，两者有差异）

$$\alpha_E=\frac{E_s}{E_c}=\frac{2.00\times 10^5}{2.80\times 10^4}=7.14$$

$$B_s=\frac{E_sA_sh_0^2}{1.15\psi+0.2+\dfrac{6\alpha_E\rho}{1+3.5\gamma_f'}}$$

$$=\frac{2.00\times 10^5\times 1256\times 452.6^2}{1.15\times 0.562+0.2+6\times 7.14\times 0.0111}=3.893\times 10^{13}\text{N}\cdot\text{mm}^2$$

$$\theta=2.0-0.4\frac{A_s'}{A_s}=2.0$$

$$B=\frac{B_s}{\theta}=\frac{3.893\times 10^{13}}{2}=1.9465\times 10^{13}\text{N}\cdot\text{mm}^2$$

（4）挠度验算

$$v=\frac{5}{48}\times\frac{M_q l_0^2}{B}=\frac{5}{48}\times\frac{52.9\times 10^6\times 5600^2}{1.9465\times 10^{13}}=8.9\text{mm}$$

$<v_{lim}=l_0/250=5600/250=22.4\text{mm}$，挠度满足要求。

思考题

5-1　钢筋混凝土矩形截面梁的高宽比一般为多少？现浇板的最小厚度取多少？

5-2 受弯构件正截面承载计算时配筋率如何定义？适筋梁，超筋梁和少筋梁的破坏特征有什么不同？

5-3 适筋梁从开始加载到破坏，经历了哪几个阶段，各阶段截面上应力应变分布、裂缝开展、中和轴位置、梁跨中挠度等变化的规律如何？

5-4 在什么情况下梁需要设置腰筋（纵向构造钢筋）？如何设置？

5-5 矩形截面应力图中的高度 x 的含义是什么？它是否是截面实际的受压区高度？

5-6 什么叫“界限”破坏？“界限”破坏时 ε_{cu} 及 ε_s 各等于多少？何谓相对界限受压区高度 ξ_b？它在受弯承载力计算中起什么作用？

5-7 适筋梁的适用条件是什么？其限制目的何在？

5-8 梁、板中应配置哪几种钢筋，各种钢筋起何作用？在构造上有什么要求？

5-9 楼板为何不设置箍筋？

5-10 混凝土保护层起什么作用？梁内纵向受拉钢筋的净间距应满足哪些条件？

5-11 什么情况下可采用双筋截面？受压钢筋起什么作用，为什么说在一般情况下采用受压钢筋是不经济的？

5-12 双筋矩形截面受弯构件，当受压区混凝土压碎时，受压钢筋的抗压强度设计值如何确定？

5-13 双筋矩形截面受弯构件不满足适用条件 $x \geqslant 2a_s'$ 时，应按什么公式计算正截面受弯承载力？并解释理由。

5-14 设计双筋梁时，当 A_s 和 A_s' 均未知时，则有三个未知数 A_s、A_s' 和 x，这个问题应如何解决？若 A_s' 已知时，如何求 A_s？

5-15 为什么需要确定 T 形截面梁的翼缘计算宽度？如何确定？

5-16 如何对 T 形截面梁进行分类？

5-17 现浇楼盖 T 形截面翼缘计算宽度 b_f' 依据什么取值？

5-18 T 形截面梁正截面受弯承载力计算公式与单筋及双筋矩形截面梁的正截面受弯承载力计算公式有何异同？

5-19 钢筋混凝土梁在荷载作用下，为什么会出现斜裂缝？

5-20 有腹筋梁沿斜裂缝破坏的主要形态有哪几种？它们的破坏特征是怎样的？满足什么条件才能避免这些破坏发生？

5-21 影响有腹筋梁斜截面承载力的主要因素有哪些？剪跨比的定义是什么？

5-22 配箍率 ρ_{sv} 的表达式是怎样的？它与斜截面受剪承载力有何关系？

5-23 斜截面受剪承载力计算时，应考虑哪些截面位置？

5-24 斜截面受剪承载力计算时，为什么要对梁的最小截面尺寸加以限制？

5-25 在一般情况下，限制箍筋最大间距的目的是什么？满足最大间距时，是不是一定就能满足最小配箍率 $\rho_{sv,min}$ 的规定？如果有矛盾，该怎样处理？

5-26 何谓材料的抵抗弯矩图，它与设计弯矩图应有怎样的关系？

5-27 为什么会发生斜截面受弯破坏？应采取哪些措施来保证不发生这些破坏？

5-28 纵向受拉钢筋一般不宜在受拉区截断，如必需截断时，应从不需要点外延伸一段长度，试解释其理由。

5-29 对钢筋混凝土受弯构件，为什么要控制裂缝宽度？

5-30 减小构件裂缝宽度的措施有哪些？

5-31 钢筋混凝土梁截面抗弯刚度有何特点？什么是最小刚度原则？

选 择 题

5-1 梁的混凝土保护层厚度是指（ ）。

A. 箍筋中心至梁表面的距离　　B. 箍筋外边缘至梁表面的距离

C. 纵筋外表面至梁中心的距离　　D. 纵筋截面形心至梁表面的距离

5-2 某矩形截面简支梁 $b \times h = 200\text{mm} \times 500\text{mm}$，混凝土强度等级为 C25，受拉区配置钢筋 4⏀14，箍筋ф6@200，一类环境，则该梁沿正截面破坏时为（ ）。

A. 界限破坏　　B. 适筋破坏
C. 少筋破坏　　D. 超筋破坏

5-3　少筋梁失效时的弯矩（　　）。
A. 小于开裂弯矩　　B. 大于开裂弯矩
C. 等于开裂弯矩　　D. 与开裂弯矩无关

5-4　验算 T 形截面梁的配筋率时，梁宽取值应为下列何项？（　　）
A. 梁腹宽 b　　B. 梁翼缘宽 b_f'
C. 2 倍梁腹宽　　D. 1.2 倍梁翼缘宽

5-5　双筋梁中受压钢筋 A_s' 的抗压强度设计值 f_y' 得到充分利用的条件是（　　）。
A. $\xi \leqslant \xi_b$　　B. $x \geqslant 2a_s'$　　C. $\xi = \xi_b$　　D. $x < 2a_s'$

5-6　条件相同的有腹筋梁，发生斜压、剪压、斜拉三种破坏形态时，梁的斜截面受剪承载力的大致关系是（　　）。
A. 斜压破坏的承载力＞剪压破坏的承载力＞斜拉破坏的承载力
B. 剪压破坏的承载力＞斜压破坏的承载力＞斜拉破坏的承载力
C. 剪压破坏的承载力＞斜压破坏的承载力＜斜拉破坏的承载力
D. 剪压破坏的承载力＞斜压破坏的承载力＝斜拉破坏的承载力

5-7　混凝土梁的下部纵向钢筋净间距要满足的要求是（d 为纵向受力钢筋的直径）（　　）。
A. $\geqslant d$ 且 $\geqslant$20mm　　B. $\geqslant 1.5d$ 且 $\geqslant$30mm
C. $\geqslant d$ 且 $\geqslant$30mm　　D. $\geqslant d$ 且 $\geqslant$25mm

5-8　适筋梁的破坏是（　　）。
A. 延性破坏　　B. 脆性破坏
C. 有时延性、有时脆性破坏　　D. 破坏时导致斜截面受弯破坏

5-9　下列关于梁内箍筋作用的叙述中，其中不对的是（　　）。
A. 增强构件抗弯能力　　B. 增强构件抗剪能力
C. 稳定钢筋骨架　　D. 增强构件抗扭能力

5-10　在室内干燥环境下，当混凝土强度等级为 C25 时，梁内受力钢筋的混凝土保护层最小厚度是（　　）。
A. 15mm　　B. 20mm　　C. 25mm　　D. 30mm

5-11　超筋梁的正截面承载力取决于（　　）。
A. 混凝土的抗压强度　　B. 混凝土的抗拉强度
C. 钢筋的强度及配筋率　　D. 箍筋的强度及配箍率

5-12　少超筋梁的正截面承载力取决于（　　）。
A. 混凝土的抗压强度　　B. 混凝土的抗拉强度
C. 钢筋的抗拉强度及配筋率　　D. 钢筋的抗压强度及配筋率

5-13　在进行梁的斜截面承载力计算时，对 $h_w/b=2.4$ 的梁，若 $V>0.25\beta_c f_c bh_0$，下述解决办法中正确的是（　　）。
A. 加密箍筋　　B. 加粗箍筋
C. 设置弯起钢筋　　D. 增大构件截面尺寸

5-14　在下列减小混凝土构件裂缝宽度的措施中，不正确的是（　　）。
A. 增加钢筋用量　　B. 增大截面尺寸
C. 采用直径粗的钢筋　　D. 采用直径较细的钢筋

5-15　在减小构件挠度的措施中，其中错误的是（　　）。
A. 提高混凝土强度等级　　B. 增大构件跨度
C. 增大截面高度　　D. 增加钢筋用量

5-16　提高受弯构件截面抗弯刚度最有效的措施是（　　）。
A. 增大截面高度　　B. 增大截面配筋率

C. 提高钢筋级别　　D. 提高混凝土强度等级

5-17　在计算受弯构件的挠度时，取用同号弯矩区段内的（　　）。

A. 最大刚度　　B. 平均刚度

C. 弯矩最大截面处的刚度　　D. 弯矩最小截面处的刚度

5-18　钢筋混凝土受弯构件，最大裂缝宽度和挠度计算采用（　　）。

A. 荷载基本组合　　B. 荷载标准组合

C. 荷载频遇组合　　D. 荷载准永久组合

计　算　题

（注：习题中构件的使用环境均为一类环境。）

5-1　已知一钢筋混凝土矩形截面简支梁 $b\times h=200\text{mm}\times450\text{mm}$，混凝土强度等级为C25，HRB400级钢筋，承受弯矩设计值 $M=65.3\ \text{kN}\cdot\text{m}$，试求 A_s。

5-2　已知矩形截面梁 $b\times h=200\text{mm}\times500\text{mm}$，荷载产生的弯矩设计值为 $M=168.9\text{kN}\cdot\text{m}$，混凝土强度等级C30，HRB500级钢筋，试选配受拉钢筋。

5-3　已知一钢筋混凝土简支梁，截面尺寸 $b\times h=250\text{mm}\times450\text{mm}$，计算跨度 $l_0=5.2\text{m}$，承受均布活荷载标准值12kN/m、组合值系数0.7，永久荷载标准值9.5kN/m，安全等级为二级，设计使用年限50年，试确定梁的纵向受力钢筋（采用C30混凝土，HRB400级钢筋）。

5-4　已知某楼面单向板厚100mm，混凝土强度等级C25，HPB300级钢筋，每米板宽跨中截面弯矩设计值为5.28kN·m/m，试配受力钢筋。

5-5　钢筋混凝土梁 $b\times h=200\text{mm}\times450\text{mm}$，C25混凝土，受拉区配4 Φ 14纵向受力钢筋，箍筋 Φ 6@200，试求该梁能承受的最大弯矩设计值。

5-6　一矩形梁 $b\times h=250\text{mm}\times500\text{mm}$，C30混凝土，受拉区配有4 Φ 20的纵向受力钢筋，箍筋 Φ 8@250，外荷载作用下的弯矩设计值 $M=145\text{kN}\cdot\text{m}$，试验算该梁是否安全。

5-7　T形截面梁，$b=300\text{mm}$，$b_f'=600\text{mm}$，$h=700\text{mm}$，$h_f'=120\text{mm}$，C30混凝土，HRB400级钢筋，已知弯矩设计值 $M=520\text{kN}\cdot\text{m}$，取 $a_s=65\text{mm}$，试求受拉钢筋 A_s。

5-8　T形截面梁，$b=300\text{mm}$，$b_f'=600\text{mm}$，$h=800\text{mm}$，$h_f'=100\text{mm}$，C30混凝土，HRB500级钢筋，弯矩设计值 $M=691\text{kN}\cdot\text{m}$，取 $a_s=65\text{mm}$，试求受拉钢筋 A_s。

5-9　某T形截面梁，$b=200\text{mm}$，$b_f'=400\text{mm}$，$h=400\text{mm}$，$h_f'=100\text{mm}$，C25混凝土，HRB335级钢筋，弯矩设计值 $M=140\text{kN}\cdot\text{m}$，取 $a_s=70\text{mm}$，求纵向受力钢筋 A_s。

5-10　T形截面梁，$b=200\text{mm}$，$b_f'=400\text{mm}$，$h=600\text{mm}$，$h_f'=100\text{mm}$，C30混凝土，受拉钢筋3 Φ 20，箍筋采用 Φ 8钢筋，承受弯矩设计值 $M=175\text{kN}\cdot\text{m}$，试验算截面是否安全。

5-11　一钢筋混凝土矩形截面梁 $b\times h=250\text{mm}\times500\text{mm}$，混凝土强度等级为C35，HRB400级钢筋，若梁承受的弯矩设计值 $M=340\text{kN}\cdot\text{m}$，试按双筋梁进行截面配筋。

5-12　已知某梁截面 $b\times h=200\text{mm}\times500\text{mm}$，C25混凝土，HRB400级钢筋，弯矩设计值 $M=210\text{kN}\cdot\text{m}$，取 $a_s=70\text{mm}$，$a_s'=45\text{mm}$，试按双筋梁进行截面配筋。

5-13　某矩形梁 $b\times h=200\text{mm}\times500\text{mm}$，混凝土强度等级为C25，HRB400级钢筋，弯矩设计值 $M=298\text{kN}\cdot\text{m}$，受压区已配置2 Φ 20受力纵筋，取 $a_s=70\text{mm}$，$a_s'=45\text{mm}$，试求截面所需的受拉钢筋面积 A_s。

5-14　钢筋混凝土梁 $b\times h=200\text{mm}\times400\text{mm}$，C25混凝土，HPB300级钢筋，已配受拉钢筋4 Φ 14，受压钢筋3 Φ 14，箍筋采用 Φ 6@200，弯矩设计值 $M=52.6\text{kN}\cdot\text{m}$，验算该截面是否安全。

5-15　矩形截面简支梁 $b\times h=250\text{mm}\times550\text{mm}$，净跨 $l_n=6000\text{mm}$，承受荷载设计值（包括梁自重）$g+q=50\text{kN/m}$，混凝土强度等级为C30，箍筋采用HPB300级钢筋，安全等级为二级。试确定箍筋数量。

5-16　矩形截面简支梁 $b\times h=250\text{mm}\times500\text{mm}$，净跨 $l_n=5400\text{mm}$，承受荷载设计值（包括梁自重）$g+q=30\text{kN/m}$，混凝土强度等级为C30。根据梁正截面受弯承载力计算，已配置4 Φ 20的受拉纵筋，箍筋拟采用HPB300钢筋，安全等级为二级，试配置箍筋。

5-17 某T形截面简支梁，$b=250\text{mm}$，$b_f'=600\text{mm}$，$h=850\text{mm}$，$h_f'=200\text{mm}$，$a_s=65\text{mm}$，计算截面承受剪力设计值 $V=296.8\text{kN}$（其中集中荷载产生的剪力值占80%），剪跨比 $\lambda=3.2$，C30混凝土，HPB300级钢筋作为箍筋，若采用双肢Φ8箍筋，确定箍筋间距 s。

5-18 某试验楼的简支楼盖大梁，截面250mm×500mm，计算跨度 $l_0=6000\text{mm}$。承受均布荷载作用，其中永久荷载（包括自重）标准值 $g_k=12.8\text{kN/m}$，楼面活荷载标准值 $q_k=16\text{kN/m}$、活荷载准永久值系数 $\psi_q=0.5$。采用C30混凝土，已配置4Φ20纵向受力钢筋，箍筋Φ6@250。试验算梁的裂缝宽度。

5-19 已知教学楼楼盖中一矩形截面简支梁，$b=300\text{mm}$，$h=600\text{mm}$，C35混凝土，配置4Φ20纵向受力钢筋，箍筋Φ6@300，计算跨度 $l_0=5700\text{mm}$。承受均布荷载，其中永久荷载（包括自重）标准值 $g_k=15\text{kN/m}$，楼面活荷载标准值 $q_k=20\text{kN/m}$，楼面活荷载准永久值系数 $\psi_q=0.5$。试验算梁的挠度。

第 6 章　钢筋混凝土受压构件

6.1　钢筋混凝土受压构件及其构造要求

6.1.1　钢筋混凝土受压构件简介

以承受轴向压力 N 为主的钢筋混凝土构件，称为受压构件。依据轴向压力 N 作用点的位置不同，钢筋混凝土受压构件可分为轴心受压构件和偏心受压构件，如图 6-1 所示。

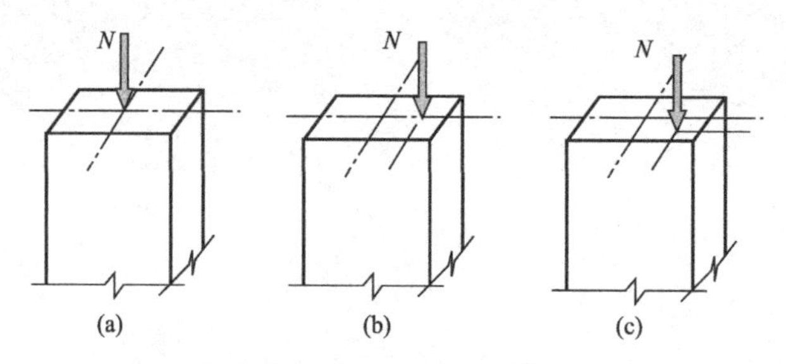

图 6-1　钢筋混凝土受压构件

6.1.1.1　钢筋混凝土轴心受压构件

工程上将轴向压力 N 作用于截面形心的构件，称为轴心受压构件，如图 6-1（a）所示。截面上压应变相等，材质均匀时受力均匀，材质不均匀时受力不均匀。混凝土材质虽然空间变异，但可以近似当成均质材料，认为压应力在截面上均匀分布。实际结构中，由于施工误差造成截面尺寸和钢筋位置的不准确，混凝土本身的不均匀性，以及荷载实际作用位置的偏差等原因，很难使轴向压力与构件截面形心完全重合，因此，几乎没有真正意义上的轴心受压构件。但桁架的受压腹杆（见图 6-2）可简化为轴心受压构件来计算，承受恒载为主的等跨框架结构的中柱也可以近似地当作轴心受压构件，屋架的上弦杆件按轴心受压构件设计。

图 6-2　钢筋混凝土轴心受压构件

6.1.1.2　钢筋混凝土偏心受压构件

轴向压力 N 作用于截面形心以外的构件，称为偏心受压构件。根据偏心方向不同，可分为单向偏心受压构件［如图 6-1（b）所示］和双向偏心受压构件［如图 6-1（c）所示］。本章不涉及双向偏心受压的问题，如有需要可参考相关文献。钢筋混凝土偏心受压构件，根据荷载偏心的大小，又可分为大偏心受压构件和小偏心受压构件两类。

钢筋混凝土偏心受压构件在工程上比较多见，例如多层框架结构的框架柱、单层厂房的排架柱等（见图 6-3）都是典型的偏心受压构件。

6.1.2　钢筋混凝土受压构件的材料和截面

6.1.2.1　受压构件的材料强度等级

受压构件正截面承载能力受混凝土强度等级影响较大，为充分利用混凝土的抗压性能，

图 6-3　钢筋混凝土偏心受压柱

节约钢材，减小构件截面尺寸，受压构件宜采用较高强度等级的混凝土。一般采用 C30～C50 混凝土，也可采用更高强度等级的混凝土。

在混凝土达到峰值压应变 ε_0 时，受压构件中与混凝土一起受压的钢筋的压应力不超过 $410N/mm^2$，所以不宜采用高强度钢筋来提高构件的受压承载能力。在偏心受压构件中，有钢筋要承受拉力作用，所以钢筋的强度等级又不宜过低。一般设计中常采用 HRB335、HRB400 和 HRB500 钢筋作为受压构件的纵向受力钢筋，采用 HPB300 或 HRB335、HRB400 钢筋作为箍筋。

6.1.2.2　受压构件的截面形式和尺寸

轴心受压构件多采用正方形截面、圆形截面，偏心受压构件主要采用矩形截面（设计成沿长边方向偏心），预制受压构件也可采用 I 形截面，如图 6-4 所示。T 形、L 形、十字形等异形截面有工程应用案例，但因受力复杂、施工不便、无抗震方面的经验，一般不提倡。

长细比过大，会因侧向挠曲而降低构件的抗压承载力，所以对长细比要有所限制。设构件的计算长度为 l_0，矩形截面长边尺寸为 h、短边尺寸为 b，通常要求 $l_0/h \leqslant 25$，$l_0/b \leqslant 30$，且最小边长不小于 300mm。柱截面的长边与短边的边长比不宜大于 3。有抗震设防要求时，柱截面面积由轴压比控制，即 $N/(f_c A) \leqslant$ 轴压比限值。截面尺寸在 800mm 以内时取 50mm 的倍数，800mm 以上时取 100mm 的倍数。

对于圆形截面，直径不宜小于 350mm；对于 I 形截面，其翼缘厚度不应小于 120mm，腹板厚度不宜小于 100mm。

6.1.3　钢筋混凝土受压构件的配筋构造

钢筋混凝土受压构件只配置纵向钢筋（受力钢筋、构造钢筋）和水平箍筋（横向钢筋），如图 6-5 所示。

图 6-4　受压构件常用截面

图 6-5　柱中钢筋

6.1.3.1 纵向钢筋的构造要求

轴心受压构件设置纵向受力钢筋有三个方面的目的：首先是协助混凝土承受压力，减小截面尺寸；其次是承受可能的弯矩，以及混凝土收缩和温度变化引起的拉应力；最后是防止构件发生突然的脆性破坏。

偏心受压构件的纵向受力钢筋主要承担偏心弯矩作用。纵向钢筋的配置有对称配筋和非对称配筋两种方式。在弯矩作用方向的两对边对称配置相同的纵向受力钢筋，称为对称配筋。对称配筋方式构造简单、施工方便、不易出错，但用钢量较大。在弯矩作用方向的两对边配置不相同的纵向受力钢筋，称为非对称配筋。非对称配筋方式的特点与对称配筋方式的特点相反。实际工程中，在风荷载和水平地震作用下，柱子可能承受变号弯矩作用，为了设计、施工的便利，通常采用对称配筋。

轴心受压构件的纵向受力钢筋应沿截面四周均匀对称布置，偏心受压构件的纵向受力钢筋布置在弯矩作用方向的两对边，圆柱中纵向受力钢筋宜沿周边均匀布置。

(1) 纵向受力钢筋的直径不宜小于 12mm，通常采用 12～32mm。全部纵向钢筋的配筋率不宜大于 5%，且不应小于最小配筋率 $\rho_{\min}$（见附表 10，其取值范围为 0.50%～0.70%）；一侧纵向钢筋的配筋率不应小于 0.20%。受压构件配筋率由相应纵筋面积除以构件全截面面积计算。

(2) 柱中纵向钢筋净距不应小于 50mm，不宜大于 300mm，即 50mm≤s_n≤300mm，如图 6-6 所示。

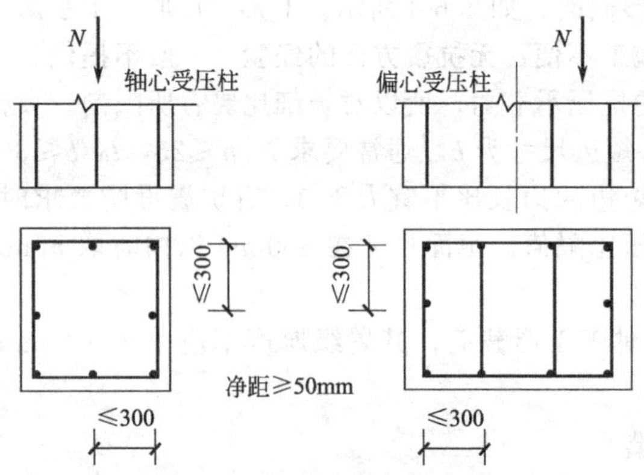

图 6-6 受压构件纵向钢筋净间距

(3) 当混凝土偏心受压构件的截面高度 h≥600mm 时，在柱的侧面上应设置直径不小于 10mm 的纵向构造钢筋，以保证纵向钢筋的净间距不大于 300mm，并相应设置复合箍筋或拉筋。

(4) 圆柱中纵向钢筋不宜少于 8 根，不应少于 6 根，且沿周边均匀布置。

(5) 在偏心受压柱中，垂直于弯矩作用平面的侧面上的纵向受力钢筋以及轴心受压柱中各边的纵向受力钢筋，其中距不宜大于 300mm。

水平浇筑的预制柱，纵向钢筋的最小净距，按第 5 章梁的要求采用。

6.1.3.2 箍筋的构造要求

箍筋除承担可能的剪力外，还能与纵筋形成骨架；防止纵筋受力后外凸（压屈）；当采用密排箍筋时还能约束核心区内混凝土，提高其抗压强度和极限压应变。受压构件应采用封闭式箍筋（末端 135°弯钩，弯钩末端平直段长度不应小于 5 倍箍筋直径），以保证钢筋骨架的整体刚度，保证构件在破坏阶段时对纵向钢筋和混凝土的侧向约束作用。

(1) 箍筋的直径和间距　箍筋直径不应小于 $d/4$，且不应小于 6mm，d 为纵向钢筋的最大直径；箍筋的间距不应大于 400mm 及构件截面的短边尺寸，且不应大于 $15d$，d 为纵向受力钢筋的最小直径。

当柱中全部纵向受力钢筋的配筋率大于 3%时，箍筋直径不应小于 8mm，间距不应大于纵向受力钢筋最小直径的 10 倍，且不应大于 200mm。

(2) 设置复合箍筋　当柱截面短边尺寸大于 400mm 且各边纵向钢筋多于 3 根时，或当柱截面短边尺寸不大于 400mm 但各边纵向钢筋多于 4 根时，应设置复合箍筋。

矩形和圆形截面受压构件采用的箍筋形式如图 6-7 所示。

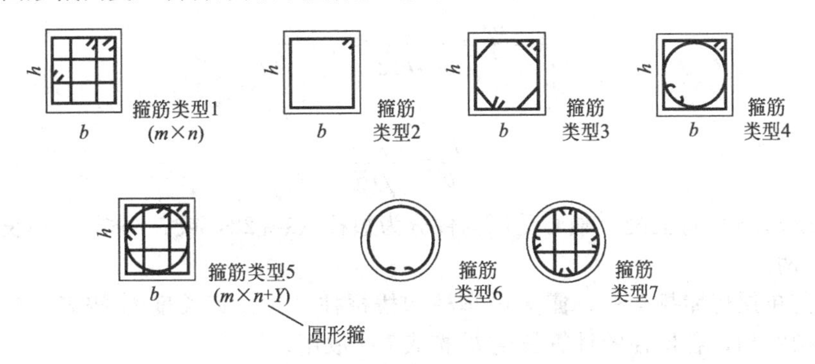

图 6-7　矩形和圆形截面受压构件箍筋形式

(3) 复杂截面箍筋　对于截面形状复杂的构件，不可采用具有内折角的箍筋，因为内折角处受拉箍筋的合力向外，可能使该处混凝土保护层崩裂。应采用分离式箍筋，如图 6-8 所示。

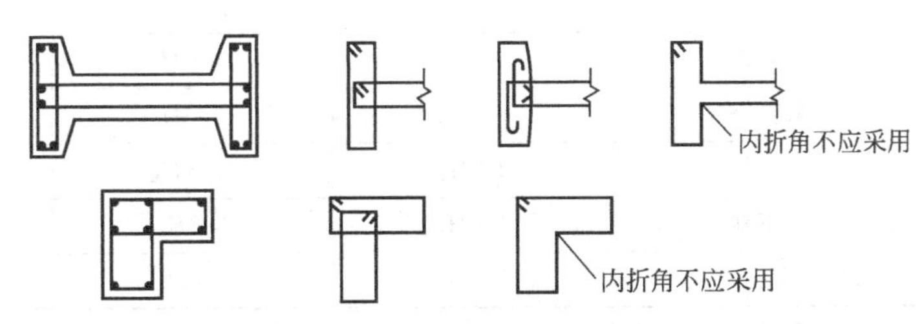

图 6-8　复杂截面分离式箍筋

6.1.3.3　*混凝土保护层厚度*

房屋结构中，柱是主要的受压构件，柱中钢筋的混凝土保护层厚度要求与钢筋混凝土受弯构件中梁的要求相同（见第 5 章），保护层最小厚度 c 的取值见附表 9。

6.2　钢筋混凝土轴心受压构件正截面承载力计算

6.2.1　钢筋混凝土轴心受压构件的破坏特征

6.2.1.1　*钢筋混凝土轴心受压构件分类*

钢筋混凝土轴心受压构件按箍筋配置方式可分为普通箍筋柱、螺旋箍筋柱和焊接环筋柱，如图 6-9 所示。普通箍筋柱配置纵向受力钢筋和普通箍筋，螺旋箍筋柱配置纵向受力钢筋和螺旋箍筋，焊接环筋柱配置纵向受力钢筋和焊接环式箍筋。螺旋箍筋和焊接环式箍筋统称为间接钢筋。间接钢筋的间距应不大于 80mm 及 $d_{cor}/5$（d_{cor} 为间接钢筋内表面确定的核心截面直径），且不小于 40mm。

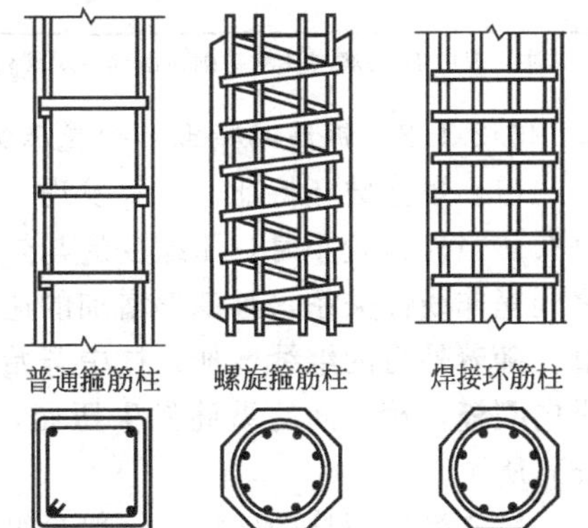

图 6-9　钢筋混凝土轴心受压柱分类

构件的受压性能与长细比 λ 有关，而长细比由构件的计算长度 l_0 和截面的最小惯性半径 i 按式 (6-1) 计算

$$\lambda=\frac{l_0}{i} \tag{6-1}$$

对常用的矩形截面，因为

$$\lambda=\frac{l_0}{i}=\frac{l_0}{b/\sqrt{12}}=\sqrt{12}\frac{l_0}{b}$$

所以

$$\frac{l_0}{b}=\frac{\lambda}{\sqrt{12}} \tag{6-2}$$

根据λ或l_0/b可将混凝土轴心受压构件分为短柱（$\lambda\leqslant28$，或$l_0/b\leqslant8$）和长柱（$\lambda>28$，或$l_0/b>8$）两类。

刚性屋盖单层房屋排架柱、露天吊车柱和栈桥柱，其计算长度l_0按表6-1取用；一般多层房屋框架结构，各层柱的计算长度l_0按表6-2取用。

表6-1　刚性屋盖单层房屋排架柱、露天吊车柱和栈桥柱的计算长度

柱的类别		l_0		
		排架方向	垂直排架方向	
			有柱间支撑	无柱间支撑
无吊车房屋柱	单跨	$1.5H$	$1.0H$	$1.2H$
	两跨及多跨	$1.25H$	$1.0H$	$1.2H$
有吊车房屋柱	上柱	$2.0H_u$	$1.25H_u$	$1.5H_u$
	下柱	$1.0H_l$	$0.8H_l$	$1.0H_l$
露天吊车柱和栈桥柱		$2.0H_l$	$1.0H_l$	—

注：1. 表中H为从基础顶面算起的柱子全高；H_l为从基础顶面至装配式吊车梁底面或现浇式吊车梁顶面的柱子下部高度；H_u为从装配式吊车梁底面或从现浇式吊车梁顶面算起的柱子上部高度。

2. 表中有吊车房屋排架柱的计算长度，当计算中不考虑吊车荷载时，可按无吊车房屋柱的计算长度采用，但上柱的计算长度仍按有吊车房屋采用。

3. 表中有吊车房屋排架柱的上柱在排架方向的计算长度，仅适用于H_u/H_l不小于0.3的情况；当H_u/H_l小于0.3时，计算长度采用$2.5H_u$。

表6-2　框架结构各层柱的计算长度

楼盖类型	柱的类别	l_0
现浇楼盖	底层柱	$1.0H$
	其余各层柱	$1.25H$
装配式楼盖	底层柱	$1.25H$
	其余各层柱	$1.5H$

注：表中H为底层柱从基础顶面到一层楼盖顶面的高度；对其余各层柱为上下两层楼盖顶面之间的高度。

6.2.1.2　钢筋混凝土轴心受压构件的破坏特征

（1）短柱破坏特征　试验发现，轴心荷载作用下短柱的整个截面上压应变基本上呈均匀分布。当外力较小时，压缩变形与外力之间满足线性关系；当外力稍大后，压缩变形与外力之间呈非线性关系，且变形增加的速度快于荷载增长的速度，配置纵筋越少，这个现象越明显。随着外力的继续增加，柱中开始出现微细裂缝，在临近破坏荷载时，柱四周出现明显的纵向裂缝，箍筋间的纵筋发生压屈，向外凸出，混凝土被压碎而致整个柱破坏，如图6-10(a)所示。

轴心受压短柱的破坏，一般是纵筋先达到屈服强度，再继续增加一些荷载后，混凝土达到最大应力值，构件破坏。当采用高强度（屈服强度>400N/mm²）的纵筋时，也可能在混凝土达到最大应力时，纵筋没有达到屈服强度，在继续变形一段后，构件破坏。无论受压钢筋是否屈服，构件的最终承载能力都以混凝土压碎作为控制条件。

（2）长柱破坏特征　对于长柱，由各种偶然因素造成的初始偏心距的影响不能忽略。加载后由于初始偏心距将产生附加弯矩，附加弯矩产生水平挠曲，水平挠曲又加大了偏心距。随着荷载的增加，截面一侧出现横向裂缝，临近破坏时，另一侧混凝土压碎剥落、箍筋间纵向钢筋压屈外凸，如图 6-10（b）所示。所以，长柱是在弯矩和轴力共同作用下发生破坏的，而对于长细比 λ 很大的长柱，还有可能发生“压杆失稳”现象。

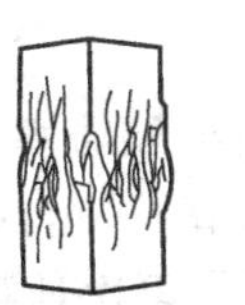

(a) 短柱受压破坏

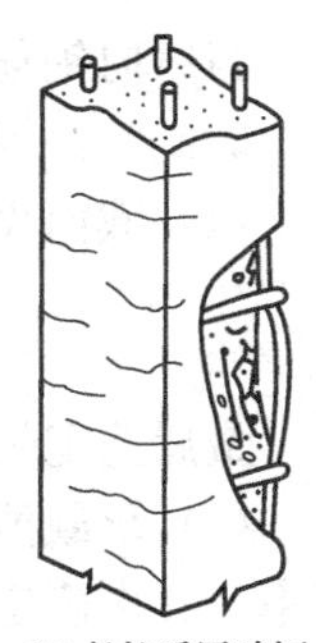

(b) 长柱受压破坏

图 6-10　钢筋混凝土轴心受压柱的破坏

长柱的破坏荷载低于相同条件下短柱的破坏荷载。实用上采用一个降低系数 φ 来反映这种承载力随长细比增大而降低的现象，称 φ 为稳定系数。稳定系数可按表 6-3 取值，对矩形截面也可由下式近似计算：

$$\varphi=\frac{1}{1+0.002(l_0/b-8)^2} \tag{6-3}$$

公式中若 $l_0/b<8$，则应取 $l_0/b=8$。经过计算分析表明，当 $l_0/b\leqslant 40$ 时，公式计算值与表列数值相差不致超过 3.5%。对于任意截面，也可由上式计算，只需取 $b=\sqrt{12}i$。

表 6-3　钢筋混凝土轴心受压构件的稳定系数

l_0/b	≤8	10	12	14	16	18	20	22	24	26	28
l_0/d	≤7	8.5	10.5	12	14	15.5	17	19	21	22.5	24
l_0/i	≤28	35	42	48	55	62	69	76	83	90	97
φ	1.00	0.98	0.95	0.92	0.87	0.81	0.75	0.70	0.65	0.60	0.56
l_0/b	30	32	34	36	38	40	42	44	46	48	50
l_0/d	26	28	29.5	31	33	34.5	36.5	38	40	41.5	43
l_0/i	104	111	118	125	132	139	146	153	160	167	174
φ	0.52	0.48	0.44	0.40	0.36	0.32	0.29	0.26	0.23	0.21	0.19

注：表中 l_0 为构件的计算长度，按表 6-1、表 6-2 取用；b 为矩形截面的短边尺寸；d 为圆形截面的直径；i 为截面的最小惯性半径。

6.2.2　普通箍筋柱正截面承载力计算

钢筋混凝土轴心受压构件，正截面承载力 N_u 由两部分组成：混凝土抗压承载力 $N_{uc}=f_cA$ 和纵向钢筋的抗压承载力 $N_{us}=f'_yA'_s$，即 $N_u=f_cA+f'_yA'_s$。但是，为了保证与偏心受压构件正截面承载力计算具有相近的可靠度，应乘以系数 0.9；考虑长柱的水平挠曲影响，还应乘以稳定系数 φ。

6.2.2.1　基本公式

$$N\leqslant N_u=0.9\varphi(f_cA+f'_yA'_s) \tag{6-4}$$

式中　N——轴心压力设计值；

φ——钢筋混凝土构件的稳定系数；

A——构件截面面积；

A'_s——全部纵向钢筋截面面积。

当纵向钢筋配筋率大于3%时，式（6-4）中的A应改用（$A-A'_s$）代替。

6.2.2.2 公式应用

（1）截面设计 首先确定φ值，然后由式（6-4）取等号计算纵筋截面面积

$$A'_s=\frac{N/(0.9\varphi)-f_cA}{f'_y} \tag{6-5}$$

最后选配钢筋，验算最小配筋率。

（2）承载能力复核（验算） 全部条件已知，验算式（6-4）是否成立。一般首先验算配筋率，其次确定稳定系数φ，再次计算N_u，最后比较判断。

【例题 6-1】 某一钢筋混凝土轴心受压柱，承受轴心压力设计值1550kN。正方形截面300mm×300mm，计算长度$l_0=4800$mm，C30混凝土，纵向受力钢筋为HRB400级热轧带肋钢筋、箍筋采用HPB300级热轧光圆钢筋。试选配纵向受力钢筋和箍筋。

【解】 （1）纵向受力钢筋

$$l_0/b=4800/300=16\text{，查表 6-3 得 }\varphi=0.87$$

$$A'_s=\frac{N/(0.9\varphi)-f_cA}{f'_y}=\frac{1550\times10^3/(0.9\times0.87)-14.3\times300^2}{360}$$
$$=1924\text{mm}^2$$

选配4⌀25，$A'_s=1964\text{mm}^2$，布置在截面四角，每侧两根钢筋。验算配筋率：

全部纵筋配筋率

$$\rho'=\frac{A'_s}{A}=\frac{1964}{300\times300}=2.18\%$$
$$>\rho_{min}=0.55\%$$

一侧纵筋配筋率

$$\frac{A'_s/2}{A}=\frac{1964/2}{300\times300}=1.09\%>0.20\%$$

且满足$\rho'<3\%$，所以配筋符合要求。

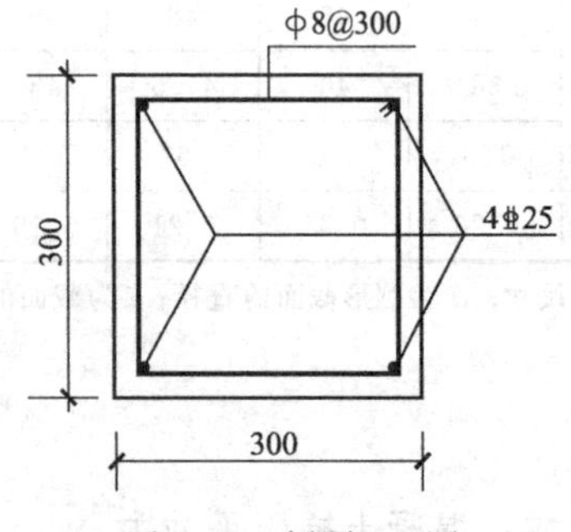

图 6-11 例题 6-1 图

（2）箍筋 按构造要求确定箍筋。构造要求对于直径，不小于6mm，不小于$d/4=25/4=6.25$mm，确定直径为8mm；构造要求对于箍筋间距，不应大于400mm，不应大于构件截面的短边尺寸300mm，且不应大于$15d=15\times25=375$mm，取间距为300mm。

（3）截面配筋图，见图 6-11。

【例题 6-2】 某现浇钢筋混凝土框架底层柱，$H=4.6$m，截面尺寸400mm×400mm，C40混凝土，纵向配筋8⌀22，沿截面周边均匀对称布置。承受轴心压力设计值$N=3500$kN，试验算正截面受压承载能力。

【解】 （1）验算配筋率

全部纵筋配筋率

$$\rho'=\frac{A'_s}{A}=\frac{3041}{400\times400}=1.90\%>\rho_{min}=0.60\%\text{，且}<3\%(A\text{ 采用全截面面积})$$

一侧纵筋配筋率(每侧3根纵筋，面积1140mm²)

$$\frac{1140}{400\times400}=0.71\%>0.20\%\text{，满足要求}$$

(2) 柱的计算长度（查表 6-2）

$$l_0=1.0H=1.0\times4600=4600\text{mm}$$

(3) 稳定系数

$$l_0/b=4600/400=11.5$$

按式（6-3）计算

$$\varphi=\frac{1}{1+0.002(l_0/b-8)^2}=\frac{1}{1+0.002\times(11.5-8)^2}=0.976$$

（插值法查表 6-3：$\varphi=0.96$，两者之间有差别，相差 1.7%，确实不超过 3.5%）

(4) 承载能力验算

$$N_u=0.9\varphi(f_cA+f'_yA'_s)=0.9\times0.976\times(19.1\times400^2+360\times3041)\text{N}$$

$$=3646\text{kN}>N=3500\text{kN}$$ 承载能力满足要求

（本题若按 $\varphi=0.96$ 计算，$N_u=3586\text{kN}$ 承载能力仍然满足要求）

6.2.3　螺旋箍筋柱正截面承载力计算

试验表明，压力较小时，间接钢筋（螺旋箍筋、焊接环筋）受力较小，作用不明显；当压力较大时，混凝土纵向裂缝发展，横向变形加大，对间接钢筋产生压应力，间接钢筋反过来约束混凝土的侧向膨胀，间接钢筋的作用才逐渐显现出来。在间接钢筋约束混凝土侧向变形从而提高混凝土的强度和变形能力的同时，间接钢筋中产生了拉应力。当外力逐渐增大，间接钢筋的拉应力达到抗拉屈服极限时，就不能再有效地约束混凝土的侧向变形，混凝土的抗压强度就不能再提高了，这时构件达到破坏临界状态。间接钢筋外的混凝土保护层在间接钢筋受到较大拉应力时就开裂、剥落，计算时不考虑这部分混凝土的作用。

螺旋箍筋柱和焊接环筋柱的正截面承载力计算，采用相同的公式。

6.2.3.1　截面极限承载能力

承载能力计算时只考虑间接钢筋所包围的核心截面内的混凝土，它的抗压强度 f_{cc} 因间接钢筋的套箍作用而提高。在式（4-4）中取侧向应力系数 $k=4$，则有

$$f_{cc}=f_c+4\sigma_2 \tag{6-6}$$

极限状态下，取间接钢筋为脱离体，如图 6-12 所示。由力平衡条件 $\sum F_x=0$ 得

$$2f_{yv}A_{ss1}=\sigma_2sd_{cor}$$

所以

$$\sigma_2=\frac{2f_{yv}A_{ss1}}{sd_{cor}} \tag{6-7}$$

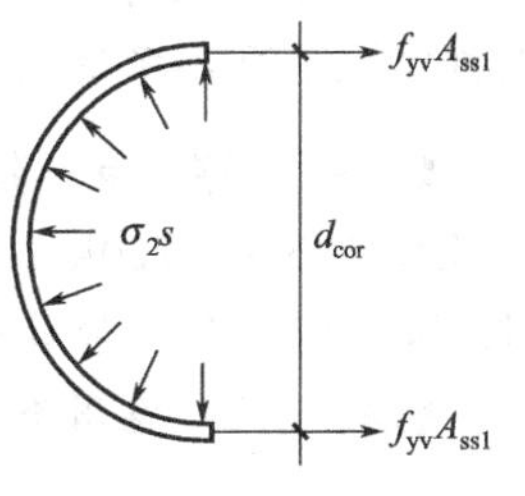

图 6-12　间接钢筋脱离体受力图

式中　f_{yv}——间接钢筋抗拉强度设计值，按附表 6 中 f_y 取值，不受 360N/mm^2 的限制；

A_{ss1}——单根间接钢筋的截面面积；

s——沿构件轴线方向的间接钢筋间距；

d_{cor}——构件核心截面直径，即间接钢筋内表面之间的距离。

将式（6-7）代入式（6-6）得核心截面内混凝土的抗压强度

$$f_{cc}=f_c+\frac{8f_{yv}A_{ss1}}{sd_{cor}} \tag{6-8}$$

截面极限抗压承载能力由核心混凝土和纵向钢筋分担，理论值为

$$N_u=f_{cc}A_{cor}+f'_yA'_s \tag{6-9}$$

将式（6-8）代入式（6-9）：

$$N_u = f_c A_{cor} + f'_y A'_s + \frac{8 f_{yv} A_{ss1}}{s d_{cor}} \times \frac{\pi d_{cor}^2}{4}$$
$$= f_c A_{cor} + f'_y A'_s + \frac{2 f_{yv} \pi d_{cor} A_{ss1}}{s}$$

令
$$A_{sso} = \frac{\pi d_{cor} A_{ss1}}{s} \tag{6-10}$$

称 A_{sso} 为间接钢筋换算面积，则有

$$N_u = f_c A_{cor} + f'_y A'_s + 2 f_{yv} A_{ss0} \tag{6-11}$$

6.2.3.2　极限抗压承载能力规范公式

一方面考虑到高强度混凝土受间接钢筋约束程度的降低，在式（6-11）右边第三项中引入折减系数 α；另一方面还要考虑到与偏心受压构件保持较一致的可靠度，等式右端乘以系数 0.9，所以规范给出的设计计算公式为

$$N \leqslant N_u = 0.9(f_c A_{cor} + f'_y A'_s + 2\alpha f_{yv} A_{sso}) \tag{6-12}$$

式中，α 为间接钢筋对混凝土约束的折减系数，当混凝土强度等级≤C50 时，取 $\alpha=1.0$；当混凝土强度等级为 C80 时，取 $\alpha=0.85$；其间按线性内插法确定。

利用式（6-12）进行配筋计算时，纵筋和间接钢筋均未知，不可求解。通常先配置纵筋，假定间接钢筋直径，计算间接钢筋间距；或由构造要求配好间接钢筋，计算纵筋截面面积。应用中还应注意以下问题：

① 为了防止混凝土保护层过早剥落，按式（6-12）计算的构件受压承载力设计值不应超过同样材料和截面的普通箍筋柱承载力设计值的 1.5 倍。

② 当构件长细比较大时，间接钢筋因受偏心影响难以充分发挥其提高核心混凝土抗压强度的作用，故规定只在 $l_0/d \leqslant 12$（d 为圆形受压构件的直径）的轴心受压构件中采用。

③ 计算中只考虑核心混凝土的截面面积 A_{cor}，当外围混凝土较厚时，按式（6-12）计算得到的承载力有可能小于按式（6-4）算得的承载力；或当间接钢筋换算面积 A_{sso} 小于全部纵向钢筋面积的 25%时，太少的间接钢筋难以保证对混凝土发挥有效的约束作用。上述两种情况下都不考虑间接钢筋的影响，直接按普通箍筋柱的公式（6-4）计算。

【例题 6-3】 有一钢筋混凝土螺旋箍筋柱，截面为圆形，直径 $d=400$mm，承受轴心压力设计值 $N=2700$kN，计算长度 $l_0=4200$mm，混凝土强度等级为 C35，纵向钢筋采用 HRB400 级钢筋、螺旋箍筋采用 HPB300 级钢筋，一类环境。试选配纵筋和箍筋。

【解】（1）适用条件

$$\frac{l_0}{d} = \frac{4200}{400} = 10.5 < 12，\text{适用于螺旋箍筋柱}$$

（2）选配纵筋

试配 8Φ20 的纵向受压钢筋，$A'_s=2513\text{mm}^2$。验算配筋率

$$\rho' = \frac{A'_s}{A} = \frac{2513}{\pi \times 400^2/4} = 2.0\% < 5\%\text{且} > 0.55\%，\text{满足}$$

（3）计算确定螺旋箍筋间距

取混凝土保护层厚度 $c_c=c=20$mm，螺旋箍筋采用Φ8，$A_{ss1}=50.3\text{mm}^2$。

$$d_{cor} = d - 2(c_c + d_{e1}) = 400 - 2 \times (20 + 8) = 344\text{mm}$$

$$A_{cor} = \frac{\pi}{4} d_{cor}^2 = \frac{\pi}{4} \times 344^2 = 9.294 \times 10^4\text{mm}^2$$

由式（6-12）取等号计算间接钢筋换算面积

$$A_{ss0}=\frac{N/0.9-f_cA_{cor}-f'_yA'_s}{2\alpha f_{yv}}$$

$$=\frac{2700\times10^3/0.9-16.7\times9.294\times10^4-360\times2513}{2\times1.0\times270}=1006\text{mm}^2$$

$$>25\%A'_s=25\%\times2513=628.3\text{mm}^2$$

再由式（6-10）解算螺旋箍筋间距

$$s=\frac{\pi d_{cor}A_{ss1}}{A_{ss0}}=\frac{\pi\times344\times50.3}{1006}=54\text{mm}$$

取 $s=50\text{mm}$：$s=50\text{mm}>40\text{mm}$；$s=50\text{mm}<80\text{mm}$，且

$$s=50\text{mm}<\frac{d_{cor}}{5}=\frac{344}{5}=68.8\text{mm}\quad 满足构造要求。$$

（4）验算承载力

按普通箍筋柱计算（$\varphi=0.95$）

$$N_{u普}=0.9\varphi(f_cA+f'_yA'_s)=0.9\times0.95\times(16.7\times\pi\times200^2+360\times2513)\text{N}$$
$$=2568\text{kN}$$

按螺旋箍筋柱计算

$$A_{ss0}=\frac{\pi d_{cor}A_{ss1}}{s}=\frac{\pi\times344\times50.3}{50}=1087\text{mm}^2$$

$$N_{u螺}=0.9(f_cA_{cor}+f'_yA'_s+2\alpha f_{yv}A_{ss0})$$
$$=0.9\times(16.7\times9.294\times10^4+360\times2513+2\times1.0\times270\times1087)\text{N}$$
$$=2739\text{kN}>N=2700\text{kN}$$

且满足条件：$N_{u螺}=2739\text{kN}<1.5N_{u普}=1.5\times2568=3852\text{kN}$

6.3　钢筋混凝土偏心受压构件正截面承载力计算

6.3.1　偏心受压构件的破坏特征

受压柱正截面往往同时承受轴心压力 N 和弯矩 M 的作用，这两个内力可以等效为一个偏心压力 N 的作用，该压弯组合构件称为偏心受压构件。偏心受压构件轴向压力对截面形心的偏心距（荷载偏心距）e_0 由内力设计值计算：

$$e_0=\frac{M}{N}\tag{6-13}$$

由于工程实际存在着荷载作用位置的不定性、混凝土质量的不均匀性和施工偏差等诸多因素，都可能产生附加偏心距 e_a。参照已有经验，规范规定了附加偏心距的绝对值为 20mm、相对值为 $h/30$，并取较大值用于计算：

$$e_a=\max(20,\ h/30)\tag{6-14}$$

构件的初始偏心距 e_i 为荷载偏心距与附加偏心距之和：

$$e_i=e_0+e_a\tag{6-15}$$

当偏心距很小时，接近于轴心受压；当偏心距很大时，接近于受弯。所以，轴心受压和受弯是偏心受压的两种极端情况，偏心受压的受力性能和破坏形态介于轴心受压破坏和受弯破坏之间。偏心受压构件的最终破坏是由于受压混凝土的压碎所造成的，但引起混凝土受压破坏的原因有所不同，破坏形态可以分为大偏心受压破坏和小偏心受压破坏两类。

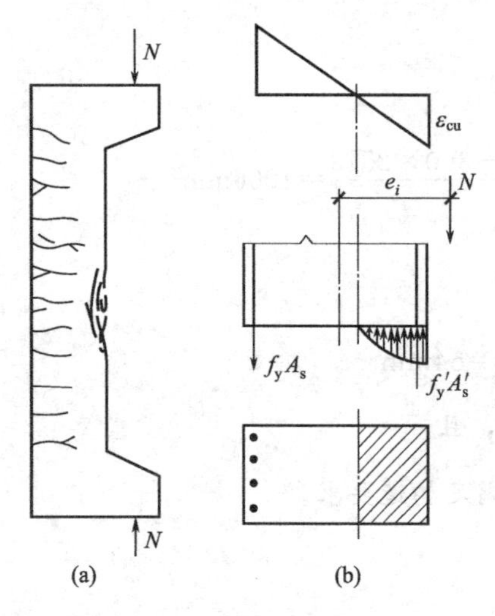

图 6-13 大偏心受压破坏形态

6.3.1.1 大偏心受压破坏

当偏心距较大，且受拉钢筋配置不太多时，发生大偏心受压破坏。在偏心荷载作用下，靠近轴向力作用的一侧受压、另一侧受拉，即近侧受压、远侧受拉。荷载达到一定数值时，首先在受拉区产生横向裂缝；随着荷载的增加，裂缝不断开展，裂缝截面处的拉应力完全由钢筋承担；受拉钢筋屈服后，受拉变形的发展大于受压变形，中和轴上升，混凝土受压区高度迅速减小，最后受压区出现纵向裂缝而混凝土被压碎，构件宣告破坏，如图 6-13（a）所示。破坏时受压区边缘混凝土的压应变为极限压应变 ε_{cu}，受压钢筋一般能达到屈服强度。破坏时截面上的应变分布、应力分布如图 6-13（b）所示。

大偏心受压破坏的特征是：首先是受拉钢筋达到屈服，其次是受压钢筋屈服，最后混凝土压碎。因为破坏始于受拉区，所以又称为“受拉破坏”。大偏心受压破坏，变形较大，裂缝明显，属于有预兆的延性破坏。

6.3.1.2 小偏心受压破坏

在偏心距较小或很小时，会发生小偏心受压破坏；或者偏心距虽然较大、但配置了很多的受拉钢筋，也会发生小偏心受压破坏。

偏心距很小时，构件全部截面受压，靠近轴向力一侧的压应力较大，另一侧的压应力较小。破坏时压应力较大一侧混凝土先达到极限压应变混凝土被压碎，钢筋应力能达到抗压屈服强度；另一侧混凝土和钢筋的压应力均低于各自的抗压强度。截面上的应变分布、应力分布如图 6-14（c）所示。

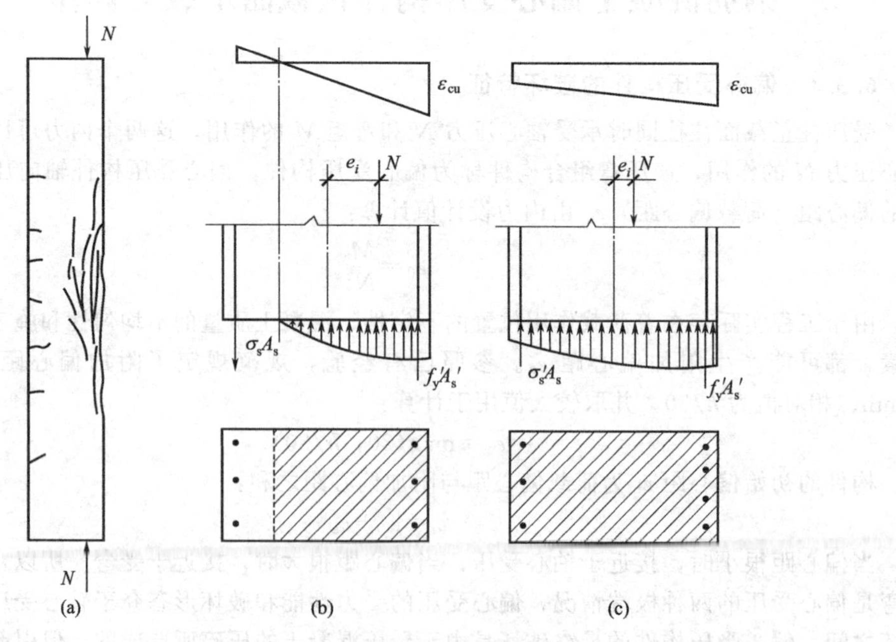

图 6-14 小偏心受压破坏形态

当偏心距较小或偏心距较大但受拉钢筋配置过多时，构件截面大部分受压、小部分受拉。破坏时受压区混凝土压碎，钢筋屈服；受拉区拉应力很小，虽有横向裂缝出现但不明显，受拉钢筋应力达不到屈服值，构件破坏情形如图 6-14（a）所示。截面上的应变分布、应力分布如图 6-14（b）所示。

小偏心受压破坏的特征是：破坏由受压区混凝土压碎引起，离轴向力近的一侧钢筋受压屈服，另一侧钢筋可能受拉、也可能受压，但都不屈服。由于破坏始于受压区，所以小偏心受压破坏又称为“受压破坏”。这种破坏经历的变形较小，无明显预兆，属于脆性破坏。

6.3.1.3　界限破坏

偏心受压构件在“受拉破坏”和“受压破坏”之间存在一种界限状态，称为界限破坏。界限破坏的特征是受拉钢筋应力达到屈服的同时，受压混凝土出现纵向裂缝并被压碎。界限破坏时，混凝土受压区高度（计算高度）$x=\xi_b h_0$，规范将界限破坏归于大偏心受压进行设计计算。大、小偏心受压的定量条件为：①大偏心受压，$x \leqslant \xi_b h_0$；②小偏心受压，$x > \xi_b h_0$。

6.3.1.4　承载力相关性

对于给定截面尺寸、配筋和混凝土强度等级的偏心受压构件，截面所能承受的轴力 N_u 和弯矩 M_u 并不是唯一的，更不是各自独立的，而是相互关联、相互影响的。构件在不同的轴力和弯矩组合下达到承载力极限，二元函数 $f(M_u, N_u)=0$ 表示的这一组合关系称为弯矩-轴力承载力相关性。实测承载力 M_u-N_u之间的相关曲线如图 6-15 所示。

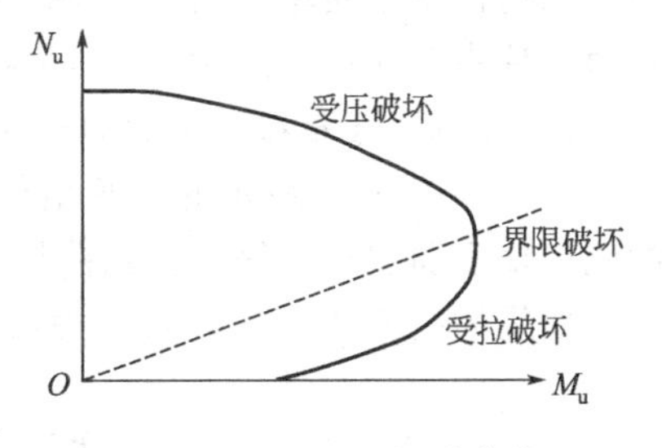

图 6-15　M_u-N_u 相关曲线

在小偏心受压（受压破坏）的情况下，随着轴向力的增加，构件的抗弯承载能力随之减小；随着弯矩的增大，构件的抗压承载力下降。但在大偏心受压（受拉破坏）的情况下，随着轴向力的增加，反而使抗弯承载力提高；随着弯矩的增加，受压承载力提高。在界限破坏状态，构件承受弯矩的能力达到最大值。相关曲线在横坐标轴上的交点对应于受弯，在纵坐标轴上的交点则对应于轴心受压，此为两种特殊情况。

6.3.2　偏心受压构件挠曲二阶效应

6.3.2.1　二阶效应的概念

设在构件端部作用有一对轴向外力 P 和一对端弯矩 M_0，如图 6-16（a）所示，则按材料力学计算的内力为：$N=P$，$M=M_0$。在弯矩 M 作用下，构件将发生挠曲（弯曲变形），如图 6-16（b）所示。挠曲的侧移（水平位移）最大值为 δ，则在此变形后的状态下，构件中部截面内力最大：$N=P$，$M=M_0+P\delta$。弯矩增量 $\Delta M=P\delta$，该增量弯矩与竖向压力 P 和侧移 δ 有关，它又会引起曲率增大。这种由竖向压力（轴向压力）P 在产生了挠曲变形的杆件引起的曲率和弯矩增大的现象，称为挠曲二阶效应或 P-δ 效应。

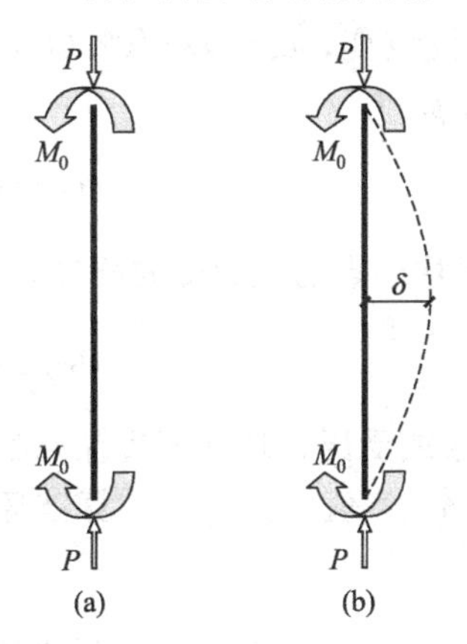

图 6-16　挠曲二阶效应

重力 P 在发生侧移的结构中引起附加内力和附加变形的现象，称为重力二阶效应或 P-Δ 效应。重力二阶效应属于结构整体层面的问题，一般在结构整体分析时考虑，可采用有限元法和增大系数法来分析这一影响。

挠曲二阶效应（或 P-δ 效应）属于构件层面的问题。对于短柱，侧移很小，可以不考虑附加内力；但对于长柱，侧移较大，应考虑其影响。考虑挠曲二阶效应后，控制截面的弯矩可以写成如下形式：

$$M=M_0+P\delta=\left(1+\frac{P\delta}{M_0}\right)M_0=\left(1+\frac{N\delta}{M_0}\right)M_0=\eta_{ns}M_0$$

即控制截面的弯矩等于初始弯矩乘以一个大于或等于 1.0 的系数 η_{ns}，将该系数称为弯矩增大系数。弯矩增大系数定义如下：

$$\eta_{ns}=1+\frac{N\delta}{M_0} \tag{6-16}$$

一般情况下，设杆件两端的弯矩分别为 M_1 和 M_2（绝对值大的弯矩为 M_2，绝对值小的弯矩为 M_1），构件上下支点之间的距离为 l_c（构件计算长度），当 $M_1/M_2\leqslant 0.9$ 且构件轴压比 $N/(f_cA)\leqslant 0.9$ 时，若偏心方向的长细比 l_c/i 满足条件

$$l_c/i\leqslant 34-12(M_1/M_2) \tag{6-17}$$

则可不考虑轴向压力在挠曲杆件中产生的附加弯矩影响，此时的杆件可以称为“短柱”；否则应考虑挠曲二阶效应，此时的受压构件可称为“长柱”。值得注意的是，在式（6-17）中，当构件按单曲率弯曲时，M_1/M_2 取正值，否则取负值。即柱中无反弯点时，M_1/M_2 取正值；柱中存在反弯点时，M_1/M_2 取负值。

6.3.2.2 弯矩增大系数的理论公式

考虑如图 6-16 所示的端弯矩相同的情况，构件上下支点之间的距离为 l_c，两端铰接柱的侧向挠度曲线近似符合正弦曲线 $y=\delta\sin(\pi x/l_c)$。

曲线的曲率 ϕ 和 y 之间的关系为

$$\phi=-\frac{d^2y}{dx^2}=\delta\left(\frac{\pi}{l_c}\right)^2\sin\frac{\pi x}{l_c}=y\frac{\pi^2}{l_c^2}$$

所以得到

$$y=\frac{l_c^2}{\pi^2}\phi \tag{6-18}$$

根据变形的平截面假定，可求得曲率和应变的关系

$$\phi=\frac{\varepsilon_c+\varepsilon_s}{h_0} \tag{6-19}$$

对于界限破坏情况，混凝土受压区边缘应变 $\varepsilon_c=1.25\varepsilon_{cu}=1.25\times0.0033$（系数 1.25 为考虑柱在长期荷载作用下，混凝土徐变引起的应变增大系数），钢筋拉应变 $\varepsilon_s=\varepsilon_y=f_y/E_s$，取 HRB500 热轧带肋钢筋强度设计值 435N/mm^2 来计算钢筋的拉应变，$\varepsilon_s=435/(2.00\times10^5)=2.175\times10^{-3}$。如此，由式（6-19）可得界限破坏时的曲率 ϕ_b 为

$$\phi_b=\frac{1.25\times0.0033+2.175\times10^{-3}}{h_0}=\frac{1}{159h_0} \tag{6-20}$$

破坏时最大曲率在柱中点，由式（6-18）和式（6-20）可求得柱中点的最大侧向挠度 δ：

$$\delta=\frac{l_c^2}{\pi^2}\phi_b=\frac{l_c^2}{\pi^2}\times\frac{1}{159h_0}=\frac{1}{1569}\frac{l_c^2}{h_0} \tag{6-21}$$

对于小偏心受压构件，离轴向力较远一侧钢筋可能受拉不屈服或受压，且受压边缘混凝土应变值一般也小于 0.0033，截面破坏时的曲率小于界限破坏曲率 ϕ_b 值。为此，计算破坏曲率时需引进一个修正系数 ζ_c：

$$\zeta_c=\frac{0.5f_cA}{N} \tag{6-22}$$

对于大偏心受压构件，截面破坏时的曲率大于界限破坏曲率 ϕ_b 值，但受拉钢筋屈服时的曲率则小于 ϕ_b 值，而破坏弯矩和受拉钢筋屈服时能承受的弯矩很接近，所以计算曲率可视为和界限曲率相等。规范规定，由式（6-22）计算所得的 $\zeta_c>1.0$ 时，取 $\zeta_c=1.0$。

修正后的跨中侧移为

$$\delta=\frac{1}{1569}\frac{l_c^2}{h_0}\zeta_c=\frac{1}{1569/h_0}\left(\frac{l_c}{h_0}\right)^2\zeta_c \tag{6-23}$$

取 $h=1.1h_0$ 或 $h_0=h/1.1$，得

$$\delta=\frac{1}{1300/h_0}\left(\frac{l_c}{h}\right)^2\zeta_c \tag{6-24}$$

式（6-24）代入式（6-16），整理得到弯矩增大系数的理论公式

$$\eta_{ns}=1+\frac{1}{1300(M_0/N)/h_0}\left(\frac{l_c}{h}\right)^2\zeta_c \tag{6-25}$$

实际应用时，在此公式的基础上进行适当调整。

如果杆端弯矩不相等，设分别为 M_1 和 M_2，并且以绝对值较大者为 M_2，则可将其等效为相等的端弯矩 $M_0=C_mM_2$ 进行处理。

6.3.2.3　一般柱的挠曲二阶效应

除排架结构柱外，其他偏心受压构件考虑轴向力在挠曲杆件中产生的二阶效应后控制截面的弯矩设计值，应按下列公式计算：

$$M=C_m\eta_{ns}M_2 \tag{6-26}$$

$$C_m=0.7+0.3\frac{M_1}{M_2} \tag{6-27}$$

$$\eta_{ns}=1+\frac{1}{1300(M_2/N+e_a)/h_0}\left(\frac{l_c}{h}\right)^2\zeta_c \tag{6-28}$$

当 $C_m\eta_{ns}$ 小于 1.0 时取 1.0；对剪力墙及核心筒墙，可取 $C_m\eta_{ns}$ 等于 1.0。

式中　C_m——构件端截面偏心距调节系数，当小于 0.7 时取 0.7；

η_{ns}——弯矩增大系数；

N——与弯矩设计值 M_2 相应的轴向压力设计值；

e_a——附加偏心距；

ζ_c——截面曲率修正系数，当计算值大于 1.0 时取 1.0。

由式（6-27）可知，对于反弯点在中间段的构件，C_m 值将恒小于 0.7。规范规定，当 C_m 计算值小于 0.7 时取 0.7，这就意味着对于反弯点在中间段的构件，取杆端弯矩绝对值较小的弯矩 M_1 为零，这时构件产生单曲率弯曲。这样的处理，对构件的承载力而言是偏于安全的。

在反弯点位于柱高中部时，二阶效应虽然增大构件中部各截面的曲率和弯矩，但增大后的弯矩通常不能超过柱两端截面的弯矩。这时会出现 $C_m\eta_{ns}$ 小于 1.0 的情况，由式（6-26）可见，M 小于 M_2。实际上，端弯矩 M_2 为控制截面弯矩。因此规范规定，当 $C_m\eta_{ns}$ 小于 1.0 时取 1.0。对于剪力墙和核心筒墙，因为二阶弯矩影响很小，可以忽略不计，故取 $C_m\eta_{ns}$ 等于 1.0。

6.3.2.4　排架柱的挠曲二阶效应

排架结构柱考虑二阶效应的弯矩设计值可按下列公式计算：

$$M=\eta_sM_0 \tag{6-29}$$

$$\eta_s=1+\frac{1}{1500e_i/h_0}\left(\frac{l_0}{h}\right)^2\zeta_c \tag{6-30}$$

$$e_i=e_0+e_a \tag{6-31}$$

式中　η_s——弯矩增大系数；

M_0——一阶弹性分析柱端弯矩设计值；

e_0——轴向压力对截面形心的偏心距，$e_0=M_0/N$；

l_0——排架柱的计算长度，按表 6-1 取用。

【例题 6-4】 某钢筋混凝土矩形截面柱，$b\times h=400\text{mm}\times 500\text{mm}$，计算长度 $l_c=4200\text{mm}$，C30 混凝土。承受轴心压力设计值 $N=1200\text{kN}$，柱端弯矩 $M_1=200\text{kN}\cdot\text{m}$、$M_2=250\text{kN}\cdot\text{m}$（沿长边方向作用，按单曲率弯曲），一类环境。试确定控制截面的弯矩设计值。

【解】 (1) 判断是否考虑挠曲二阶效应

$$\frac{M_1}{M_2}=\frac{200}{250}=0.8<0.9$$

$$\frac{N}{f_cA}=\frac{1200\times10^3}{14.3\times400\times500}=0.42<0.9$$

$$i=\frac{h}{\sqrt{12}}=\frac{500}{\sqrt{12}}=144.3\text{mm}$$

$$\frac{l_c}{i}=\frac{4200}{144.3}=29.1>34-12(M_1/M_2)=34-12\times0.8=24.4$$

应考虑挠曲二阶效应。

(2) 弯矩设计值

$$C_m=0.7+0.3\frac{M_1}{M_2}=0.7+0.3\times0.8=0.94>0.7$$

$$\zeta_c=\frac{0.5f_cA}{N}=\frac{0.5\times14.3\times400\times500}{1200\times10^3}=1.19>1.0\text{，取 }\zeta_c=1.0$$

附加偏心距 $e_a=20\text{mm}$，取 $a_s=40\text{mm}$，则 $h_0=h-a_s=500-40=460\text{mm}$，所以

$$\eta_{ns}=1+\frac{1}{1300(M_2/N+e_a)/h_0}\left(\frac{l_c}{h}\right)^2\zeta_c$$

$$=1+\frac{1}{1300\times(250\times10^3/1200+20)/460}\times\left(\frac{4200}{500}\right)^2\times1.0$$

$$=1.11$$

$$C_m\eta_{ns}=0.94\times1.11=1.043>1.0$$

$$M=C_m\eta_{ns}M_2=1.043\times250=260.75\text{kN}\cdot\text{m}$$

考虑二阶效应后的弯矩设计值用于截面设计。

6.3.3　对称配筋矩形截面偏心受压构件正截面承载力计算

在实际工程中，偏心受压构件截面上有时会承受变号弯矩的作用，例如框架柱在水平风荷载作用下、排架柱在水平风荷载和吊车制动荷载作用下，截面上的弯矩正负号会随着荷载方向的变化而变化，构件截面的受拉侧、受压侧也随之变化。为了适应这种情况，构件截面设计时往往采用对称配筋的方法，即截面两侧采用规格相同、面积相等的钢筋。有时为了构造简单、便于施工，也采用对称配筋方式。事实上，实际工程中大多数偏心受压构件都采用对称配筋的方式。

6.3.3.1　基本公式及适用条件

与受弯构件一样，引用平截面假定，不考虑混凝土的受拉作用，受压混凝土采用等效矩

形应力图形，大偏心受压时受拉钢筋屈服、受压钢筋一般都能屈服，小偏心受压时近侧受压钢筋屈服、远侧钢筋不屈服（受拉或受压）。

（1）大偏心受压的基本公式及适用条件　大偏心受压承载能力极限状态时的计算简图如图 6-17 所示，由平衡条件可得：

$$N \leqslant \alpha_1 f_c bx + f'_y A'_s - f_y A_s \tag{6-32}$$

$$Ne \leqslant \alpha_1 f_c bx(h_0 - 0.5x) + f'_y A'_s (h_0 - a'_s) \tag{6-33}$$

式中　e——轴向压力作用点至纵向受拉钢筋合力点的距离，由图 6-17 中的几何关系应有：

$$e = e_i + h/2 - a_s \tag{6-34}$$

上述公式的适用条件首先应该满足大偏心受压，即受压区高度 $x \leqslant \xi_b h_0$，这也是保证构件破坏时，受拉钢筋应力能达到抗拉屈服强度设计值的条件；其次还应保证构件破坏时，受压钢筋应力达到抗压强度设计值，要求 $x \geqslant 2a'_s$。

若 $x < 2a'_s$，说明受压钢筋不屈服。可近似地取 $x = 2a'_s$，此时混凝土合力点与受压钢筋合力点重合，对该点取矩得：

$$Ne' \leqslant f_y A_s (h_0 - a'_s) \tag{6-35}$$

式中　e'——轴向压力作用点至受压区钢筋合力点的距离，由图 6-17 中的几何关系应有：

$$e' = e_i - h/2 + a'_s \tag{6-36}$$

（2）小偏心受压的基本公式　小偏心受压承载能力极限状态时的计算简图如图 6-18 所示，由平衡条件可得：

$$N \leqslant \alpha_1 f_c bx + f'_y A'_s - \sigma_s A_s \tag{6-37}$$

$$Ne \leqslant \alpha_1 f_c bx(h_0 - 0.5x) + f'_y A'_s (h_0 - a'_s) \tag{6-38}$$

$$\sigma_s = \frac{f_y}{\xi_b - \beta_1}(\xi - \beta_1) = \frac{f_y}{\xi_b - \beta_1}\left(\frac{x}{h_0} - \beta_1\right) \tag{6-39}$$

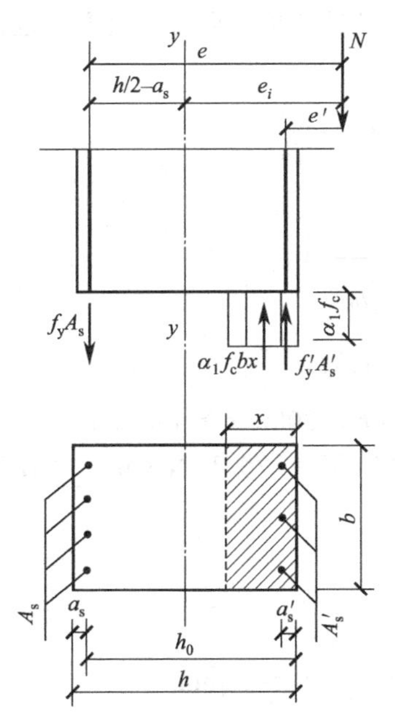

图 6-17　矩形截面大偏心受压承载力计算简图

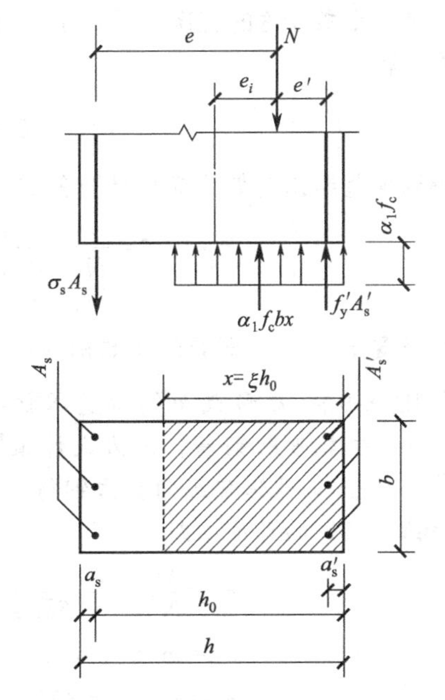

图 6-18　矩形截面小偏心受压承载力计算简图

6.3.3.2　截面设计

在基本公式中取等号进行截面设计，计算钢筋用量。

(1) 大偏心受压构件截面设计 对于普通热轧钢筋 HPB300、HRB335、HRB400 和 HRB500，因为 $f_y=f'_y$，对称配筋时 $A_s=A'_s$，所以 $f'_yA'_s-f_yA_s=0$。由式 (6-32) 取等号直接解出受压区高度 x：

$$x=\frac{N}{\alpha_1 f_c b} \tag{6-40}$$

若 $2a'_s\leqslant x\leqslant\xi_b h_0$，则由式 (6-33) 取等号解得所需钢筋截面面积为：

$$A_s=A'_s=\frac{Ne-\alpha_1 f_c bx(h_0-0.5x)}{f'_y(h_0-a'_s)} \tag{6-41}$$

若 $x<2a'_s$，则由式 (6-35) 取等号得到钢筋截面面积

$$A_s=A'_s=\frac{Ne'}{f_y(h_0-a'_s)} \tag{6-42}$$

若 $x>\xi_b h_0$，应按小偏心受压进行截面设计。

根据计算所需钢筋截面面积选配钢筋，并验算最小配筋率：一侧纵筋配筋率不小于 0.20%、全部纵筋配筋率不小于 0.60%（纵筋为 HPB300、HRB335）或 0.55%（纵筋为 HRB400、RRB400）或 0.50%（纵筋为 HRB500），当采用 C60 以上强度等级的混凝土时，全部纵筋的最小配筋百分率还应提高 0.10。

(2) 小偏心受压构件截面设计 由式 (6-37)、式 (6-38) 和式 (6-39) 三个方程，求解三个未知量：钢筋截面面积 A_s（或 A'_s）、钢筋拉应力 σ_s 和受压区高度 $x=\xi h_0$，有唯一解答。设 $f_y=f'_y$，将式 (6-39) 代入式 (6-37) 解得

$$f'_yA'_s=\frac{N-\alpha_1 f_c bh_0\xi}{(\xi_b-\xi)/(\xi_b-\beta_1)}$$

上式代入式 (6-38)，整理得

$$Ne\left(\frac{\xi_b-\xi}{\xi_b-\beta_1}\right)=\alpha_1 f_c bh_0^2\xi(1-0.5\xi)\left(\frac{\xi_b-\xi}{\xi_b-\beta_1}\right)+(N-\alpha_1 f_c bh_0\xi)(h_0-a'_s)$$

这是一个关于 ξ 的三次方程，手工计算十分不便。经过分析，可将三次方程近似地简化为一次方程

$$\xi(1-0.5\xi)\left(\frac{\xi_b-\xi}{\xi_b-\beta_1}\right)\approx 0.43\,\frac{\xi_b-\xi}{\xi_b-\beta_1}$$

则可得到规范给出的如下简化计算公式：

$$\xi=\frac{N-\xi_b\alpha_1 f_c bh_0}{\dfrac{Ne-0.43\alpha_1 f_c bh_0^2}{(\beta_1-\xi_b)(h_0-a'_s)}+\alpha_1 f_c bh_0}+\xi_b \tag{6-43}$$

受压区高度 $x=\xi h_0$，钢筋截面面积的计算公式同式 (6-41)。

【例题 6-5】 矩形截面偏心受压柱，截面尺寸 $b\times h=300\text{mm}\times400\text{mm}$，C30 混凝土，HRB400 级热轧带肋钢筋。内力设计值[1] $N=365.4\text{kN}$，$M=170.1\text{kN}\cdot\text{m}$。对称配筋，取 $a_s=a'_s=40\text{mm}$，试选配纵向受力钢筋。

【解】 (1) 初始偏心距

$$e_0=\frac{M}{N}=\frac{170.1\times10^3}{365.4}=465.5\text{mm}$$

$$e_a=\max(20,\ h/30)=\max(20,\ 400/30)=20\text{mm}$$

$$e_i=e_0+e_a=465.5+20=485.5\text{mm}$$

[1] 本章后面内容所涉及到的弯矩设计值，如仅给出轴力 N 和弯矩 M，则表明已按 6.3.2 节方法考虑了挠曲二阶效应后的数值；若给出轴力 N 和端弯矩 M_1、M_2，就应先考虑挠曲二阶效应，再进行截面设计。

(2) 判断偏心受压类型

$$h_0=h-a_s=400-40=360\text{mm}$$

$$x=\frac{N}{\alpha_1 f_c b}=\frac{365.4\times10^3}{1.0\times14.3\times300}=85.2\text{mm}$$

$$<\xi_b h_0=0.518\times360=186.5\text{mm}，大偏心受压$$

(3) 配筋计算

$x=85.2\text{mm}>2a_s'=2\times40=80\text{mm}$，受压钢筋可屈服

$e=e_i+h/2-a_s=485.5+400/2-40=645.5\text{mm}$

$$A_s=A_s'=\frac{Ne-\alpha_1 f_c bx(h_0-0.5x)}{f_y'(h_0-a_s')}$$

$$=\frac{365.4\times10^3\times645.5-1.0\times14.3\times300\times85.2\times(360-0.5\times85.2)}{360\times(360-40)}=1040\text{mm}^2$$

(4) 验算配筋率

一侧纵筋

$$\frac{A_s}{bh}=\frac{A_s'}{bh}=\frac{1040}{300\times400}=0.87\%>0.20\%$$

全部纵筋

$$\frac{A_s+A_s'}{bh}=\frac{2A_s}{bh}=\frac{2\times1040}{300\times400}=1.73\%>0.55\%，且<5\%$$

配筋率满足要求。配筋结果：每侧配筋 4 Φ 20，$A_s=A_s'=1256\text{mm}^2$，如图 6-19 所示。

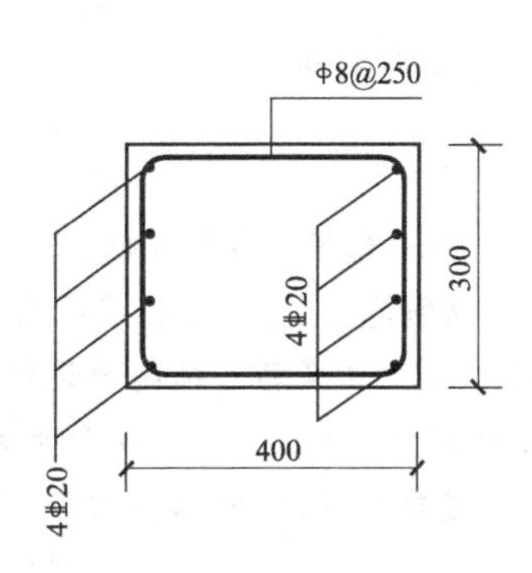

图 6-19 例题 6-5 截面配筋图

【例题 6-6】 某钢筋混凝土框架结构，标准层层高 3.6m，矩形截面柱，截面尺寸 $b\times h=400\text{mm}\times500\text{mm}$，二楼柱截面轴向力设计值 $N=400\text{kN}$，端弯矩设计值 $M_1=-180\text{kN}\cdot\text{m}$、$M_2=240\text{kN}\cdot\text{m}$。采用 C30 混凝土，HRB400 钢筋。对称配筋，取 $a_s=a_s'=40\text{mm}$，试配纵向受力钢筋。

【解】 (1) 初始偏心距

$$e_0=\frac{M}{N}=\frac{240\times10^3}{400}=600\text{mm}$$

$$e_a=\max(20，h/30)=\max(20，500/30)=20\text{mm}$$

$$e_i=e_0+e_a=600+20=620\text{mm}$$

$$h_0=h-a_s=500-40=460\text{mm}$$

(2) 判断是否考虑挠曲二阶效应

$$M_1/M_2=-180/240=-0.75<0.9$$

$$\frac{N}{f_c A}=\frac{400\times10^3}{14.3\times400\times500}=0.14<0.9$$

$$i=\frac{h}{\sqrt{12}}=\frac{500}{\sqrt{12}}=144.3\text{mm}$$

$$\frac{l_c}{i}=\frac{3600}{144.3}=24.9<34-12(M_1/M_2)=34+12\times0.75=43$$

不必考虑挠曲二阶效应，$M=M_2=240\text{kN}\cdot\text{m}$。

(3) 判断偏心受压类型

$$x=\frac{N}{\alpha_1 f_c b}=\frac{400\times10^3}{1.0\times14.3\times400}=69.9\text{mm}$$

$$<\xi_b h_0=0.518\times460=238.3\text{mm}，大偏心受压$$

(4) 配筋计算

$$x=69.9\text{mm}<2a_s'=2\times40=80\text{mm}，受压钢筋不屈服$$

$$e'=e_i-h/2+a_s'=620-500/2+40=410\text{mm}$$

$$A_s=A_s'=\frac{Ne'}{f_y(h_0-a_s')}=\frac{400\times10^3\times410}{360\times(460-40)}=1085\text{mm}^2$$

(5) 验算配筋率

一侧纵筋

$$\frac{A_s}{bh}=\frac{A_s'}{bh}=\frac{1085}{400\times500}=0.54\%>0.20\%，满足$$

全部纵筋

$$\frac{A_s+A_s'}{bh}=\frac{2A_s}{bh}=\frac{2\times1085}{400\times500}=1.09\%>0.55\% \quad 满足$$

配筋结果：每侧可配3 ⌀22，$A_s=A_s'=1140\text{mm}^2$；每侧也可配4 ⌀20，$A_s=A_s'=1256\text{mm}^2$。

【例题6-7】 矩形截面偏心受压柱，截面尺寸 $b\times h=400\text{mm}\times500\text{mm}$，C30混凝土，HRB400级纵筋。轴向力设计值 $N=2400\text{kN}$，弯矩设计值 $M=168\text{kN}\cdot\text{m}$。对称配筋，取 $a_s=a_s'=40\text{mm}$，试配纵向受力钢筋。

【解】 (1) 初始偏心距

$$e_0=\frac{M}{N}=\frac{168\times10^3}{2400}=70\text{mm}$$

$$e_a=\max(20，h/30)=\max(20，500/30)=20\text{mm}$$

$$e_i=e_0+e_a=70+20=90\text{mm}$$

(2) 判断偏心受压类型

$$h_0=h-a_s=500-40=460\text{mm}$$

$$x=\frac{N}{\alpha_1 f_c b}=\frac{2400\times10^3}{1.0\times14.3\times400}=419.6\text{mm}$$

$$>\xi_b h_0=0.518\times460=238.3\text{mm}，小偏心受压$$

(3) 配筋计算

$$e=e_i+h/2-a_s=90+500/2-40=300\text{mm}$$

$$\xi=\frac{N-\xi_b\alpha_1 f_c bh_0}{\frac{Ne-0.43\alpha_1 f_c bh_0^2}{(\beta_1-\xi_b)(h_0-a_s')}+\alpha_1 f_c bh_0}+\xi_b$$

$$=\frac{2400\times10^3-0.518\times1.0\times14.3\times400\times460}{\frac{2400\times10^3\times300-0.43\times1.0\times14.3\times400\times460^2}{(0.8-0.518)\times(460-40)}+1.0\times14.3\times400\times460}+0.518$$

$$=0.758$$

$$x=\xi h_0=0.758\times460=348.7\text{mm}$$

$$A_s=A_s'=\frac{Ne-\alpha_1 f_c bx(h_0-0.5x)}{f_y'(h_0-a_s')}$$

$$=\frac{2400\times10^3\times300-1.0\times14.3\times400\times348.7\times(460-0.5\times348.7)}{360\times(460-40)}$$

$=994\text{mm}^2$

(4) 验算配筋率

一侧纵筋：$\dfrac{A_s}{bh}=\dfrac{A'_s}{bh}=\dfrac{994}{400\times500}=0.50\%>0.20\%$，满足

全部纵筋：$\dfrac{A_s+A'_s}{bh}=\dfrac{2A_s}{bh}=\dfrac{2\times994}{400\times500}=0.99\%>0.55\%$，满足

配筋结果：每侧配筋 4 Φ 18（$A_s=A'_s=1017\text{mm}^2$），也可配 3 Φ 22（$A_s=A'_s=1140\text{mm}^2$）。

【例题 6-8】 矩形截面偏心受压柱，截面尺寸 $b\times h=400\text{mm}\times500\text{mm}$，C30 混凝土，HRB500 级纵筋。轴向力设计值 $N=800\text{kN}$，弯矩设计值 $M=320\text{kN}\cdot\text{m}$。对称配筋，取 $a_s=a'_s=40\text{mm}$，试配纵向受力钢筋。

【解】 初始偏心距

$$e_0=\frac{M}{N}=\frac{320\times10^3}{800}=400\text{mm},\quad e_a=20\text{mm}$$

$$e_i=e_0+e_a=400+20=420\text{mm}$$

解算受压区高度并确定纵筋面积

$$h_0=h-a_s=500-40=460\text{mm}$$

$$e=e_i+h/2-a_s=420+500/2-40=630\text{mm}$$

HRB500 钢筋，抗压强度和抗拉强度设计值不相同，对称配筋时也需求解联立方程。将已知数据代如式（6-32）、式（6-33）并取等号，得到：

$$800\times10^3=1.0\times14.3\times400x$$

$$800\times10^3\times630=1.0\times14.3\times400x(460-0.5x)+435A_s(460-40)$$

解得受压区高度 x

$x=139.9\text{mm}<\xi_b h_0=0.482\times460=221.7\text{mm}$，与大偏心受压的假设相符

解算钢筋面积　$A_s=A'_s=1037\text{mm}^2$

验算配筋率

一侧纵筋：$\dfrac{A_s}{bh}=\dfrac{A'_s}{bh}=\dfrac{1037}{400\times500}=0.52\%>0.20\%$，满足

全部纵筋：$\dfrac{A_s+A'_s}{bh}=\dfrac{2A_s}{bh}=\dfrac{2\times1037}{400\times500}=1.04\%>0.50\%$，满足

配筋结果：每侧配筋 3 Φ 22（$A_s=A'_s=1140\text{mm}^2$）。

6.3.3.3　承载能力验算（复核）

承载能力验算时，已知轴向力设计值 N 和弯矩设计值 M，同时也配好了纵向受力钢筋，验算承载能力是否满足要求。承载力验算可按以下步骤进行：

(1) 基本参数　用前面公式计算 e_0、e_a、e_i，进而确定 e 或 e'，h_0。

(2) 验算配筋率

(3) 计算受压区高度并判断偏心受压类型

$$x=\frac{N+f_yA_s-f'_yA'_s}{\alpha_1 f_c b}$$

若 $x\leqslant\xi_b h_0$，则为大偏心受压，否则为小偏心受压。对于小偏心受压，需将式（6-39）代入式（6-37）重新计算 x。

(4) 承载力验算　当 $2a'_s\leqslant x\leqslant\xi_b h_0$ 时的大偏心受压和小偏心受压的情形，验算不等式

(6-33) 或式 (6-38)，若成立，则承载力满足要求，否则承载力不满足要求。大偏心受压，如果 $x<2a'_s$，则需验算不等式 (6-35)。

【例题 6-9】 矩形截面柱，截面尺寸 $b\times h=300\text{mm}\times500\text{mm}$，C30 混凝土，对称配筋，每侧实配 3 ⌽ 20。轴向力设计值 $N=500\text{kN}$，弯矩设计值 $M=180\text{kN}\cdot\text{m}$。取 $a_s=a'_s=40\text{mm}$，试问该柱的承载力是否满足要求？

【解】 基本数据

$$e_0=\frac{M}{N}=\frac{180\times10^3}{500}=360\text{mm},\ e_a=20\text{mm}$$

$$e_i=e_0+e_a=360+20=380\text{mm}$$

$$e=e_i+h/2-a_s=380+500/2-40=590\text{mm}$$

$$h_0=h-a_s=500-40=460\text{mm}$$

配筋率验算

一侧纵筋：$\dfrac{A_s}{bh}=\dfrac{A'_s}{bh}=\dfrac{942}{300\times500}=0.63\%>0.20\%$，满足

全部纵筋：$\dfrac{A_s+A'_s}{bh}=\dfrac{942+942}{300\times500}=1.26\%>0.55\%$，满足

受压区高度

$$x=\frac{N+f_yA_s-f'_yA'_s}{\alpha_1f_cb}=\frac{500\times10^3}{1.0\times14.3\times300}=116.6\text{mm}$$

$$<\xi_bh_0=0.518\times460=238.3\text{mm}$$

$$\text{且 } x>2a'_s=2\times40=80\text{mm}$$

承载力验算

$$\alpha_1f_cbx(h_0-0.5x)+f'_yA'_s(h_0-a'_s)=1.0\times14.3\times300\times116.6\times(460-0.5\times116.6)$$

$$+360\times942\times(460-40)=343.4\times10^6\text{N}\cdot\text{mm}$$

$$>Ne=500\times10^3\times590=295\times10^6\text{N}\cdot\text{mm}$$，承载力满足要求。

6.3.3.4 求极限承载能力

所谓求极限承载能力，就是在已经配好受力纵筋的基础上，轴向力设计值 N 和弯矩设计值 M 两个量中，已知其中一个量，求另外一个量的极限值。如果已知轴向力 N，求偏心受压柱所承担的弯矩 M_u，则可按以下步骤进行。

(1) 基本参数　确定截面有效高度 h_0、附加偏心距 e_a。

(2) 验算配筋率

(3) 计算受压区高度并判断偏心受压类型

$$x=\frac{N+f_yA_s-f'_yA'_s}{\alpha_1f_cb}$$

若 $x\leqslant\xi_bh_0$，则为大偏心受压，否则为小偏心受压。对于小偏心受压，需将式 (6-39) 代入式 (6-37) 重新计算 x。

(4) 求初始偏心距　对于 $2a'_s\leqslant x\leqslant\xi_bh_0$ 时的大偏心受压和小偏心受压的情形，由式 (6-33) 或式 (6-38) 解得

$$e=\frac{\alpha_1f_cbx(h_0-0.5x)+f'_yA'_s(h_0-a'_s)}{N}$$

则初始偏心距为

$$e_i = e - h/2 + a_s$$

对于 $x < 2a_s'$ 时大偏心受压的情形，由式（6-35）解得

$$e' = \frac{f_y A_s (h_0 - a_s')}{N}$$

初始偏心距为

$$e_i = e' + h/2 - a_s'$$

（5）荷载偏心　$e_0 = e_i - e_a$

（6）构件能够承担的弯矩　$M_u = Ne_0$

若已知荷载偏心距 e_0，求构件能承受的轴向压力 N_u，则可按如下步骤进行：

（1）基本数据　用前面公式计算 e_a、e_i，进而确定 e 或 e'，h_0。

（2）配筋率验算

（3）计算受压区高度 x　假设大偏心受压，由式（6-32）和式（6-33）消去 N，便可解出 x，

$$x = (h_0 - e) \pm \sqrt{(h_0 - e)^2 + \frac{2[f_y A_s e + f_y' A_s' (h_0 - e - a_s')]}{\alpha_1 f_c b}}$$

有两个根，选择与题相符的一个根作为受压区高度 x。

若 $x > \xi_b h_0$，说明是小偏心受压，则应由式（6-37）、式（6-38）和式（6-39）重新解算 x，过程就不再讨论了。

（4）轴向力极限值 N_u

对于大偏心受压且 $2a_s' \leqslant x \leqslant \xi_b h_0$ 时，由式（6-32）应有

$$N_u = \alpha_1 f_c bx + f_y' A_s' - f_y A_s$$

对于大偏心受压且 $x < 2a_s'$ 时，由式（6-35）应有

$$N_u = \frac{f_y A_s (h_0 - a_s')}{e'}$$

对于小偏心受压，若 $x > h$，则取 $x = h$，$\sigma_s = -f_y'$，由下式计算极限轴力

$$N_u = \alpha_1 f_c bx + 2f_y' A_s'$$

否则，由式（6-39）计算应力 σ_s，需要满足条件 $-f_y \leqslant \sigma_s \leqslant f_y$；再由式（6-37）取等号计算 N_u。

【例题6-10】 已知偏心受压构件的截面尺寸 $b \times h = 400\text{mm} \times 600\text{mm}$，采用C25混凝土，每侧配置4ф20受力纵筋，取 $a_s = a_s' = 45\text{mm}$。该构件承受轴向压力设计值 $N = 1200\text{kN}$，试求该截面在 h 方向能承受的弯矩设计值。

【解】 基本参数

$$h_0 = h - a_s = 600 - 45 = 555\text{mm}$$

$$e_a = 20\text{mm}$$

配筋率验算

一侧纵筋：$\frac{A_s}{bh} = \frac{A_s'}{bh} = \frac{1256}{400 \times 600} = 0.52\% > 0.20\%$，满足

全部纵筋：$\frac{A_s + A_s'}{bh} = \frac{1256 + 1256}{400 \times 600} = 1.05\% > 0.55\%$，满足

受压区高度

$$x = \frac{N}{\alpha_1 f_c b} = \frac{1200 \times 10^3}{1.0 \times 11.9 \times 400} = 252\text{mm}$$

$$<\xi_b h_0=0.518\times555=287.5\text{mm}，\text{大偏心受压}$$

$$\text{且有 } x=252\text{mm}>2a_s'=2\times45=90\text{mm}$$

初始偏心距

$$e=\frac{\alpha_1 f_c bx(h_0-0.5x)+f_y'A_s'(h_0-a_s')}{N}$$

$$=\frac{1.0\times11.9\times400\times252\times(555-0.5\times252)+360\times1256\times(555-45)}{1200\times10^3}$$

$$=621\text{mm}$$

$$e_i=e-h/2+a_s=621-600/2+45=366\text{mm}$$

荷载偏心距

$$e_0=e_i-e_a=366-20=346\text{mm}$$

构件沿 h 方向能够承担的弯矩

$$M_u=Ne_0=1200\times346\times10^{-3}=415.2\text{kN}\cdot\text{m}$$

【例题 6-11】 矩形截面偏心受压柱，已知 $b=500$mm、$h=750$mm，C30 混凝土，对称配筋，每侧纵筋 4 ⌀25，已知轴向压力偏心距 $e_0=465$mm。取 $a_s=a_s'=45$mm，试求该柱能够承受的轴向力设计值 N_u。

【解】 基本参数

$$h_0=h-a_s=750-45=705\text{mm}$$

$$e_a=\max(20, h/30)=\max(20, 750/30)=25\text{mm}$$

$$e_i=e_0+e_a=465+25=490\text{mm}$$

$$e=e_i+h/2-a_s=490+750/2-45=820\text{mm}$$

配筋率验算

一侧纵筋：$\dfrac{A_s}{bh}=\dfrac{A_s'}{bh}=\dfrac{1964}{500\times750}=0.52\%>0.20\%$，满足

全部纵筋：$\dfrac{A_s+A_s'}{bh}=\dfrac{1964+1964}{500\times750}=1.05\%>0.55\%$，满足

受压区高度 x

$$h_0-e=705-820=-115\text{mm}$$

$$x=(h_0-e)\pm\sqrt{(h_0-e)^2+\frac{2f_y'A_s'(h_0-a_s')}{\alpha_1 f_c b}}$$

$$=-115\pm\sqrt{(-115)^2+\frac{2\times360\times1964\times(705-45)}{1.0\times14.3\times500}}$$

$$=-115\pm379.2=\begin{cases}264.2\text{mm}\\-494.2\text{mm}\end{cases}$$

取 $x=264.2$mm。$x<\xi_b h_0=0.518\times705=365.2$mm，大偏心受压，且有 $x>2a_s'=2\times45=90$mm。构件所能承担的轴向力极限值

$$N_u=\alpha_1 f_c bx+f_y'A_s'-f_yA_s=\alpha_1 f_c bx$$

$$=1.0\times14.3\times500\times264.2\text{N}=1889\text{kN}$$

6.3.4　非对称配筋矩形截面偏心受压构件承载力计算

非对称配筋（$A_s\neq A_s'$）与对称配筋相比，用钢量可以下降，但施工上不方便、且容易出错，实际应用较少采用这种方式。这里只介绍非对称配筋的截面设计，承载能力复核问题同对称配筋。

6.3.4.1 截面类型判别

根据分析，可用 e_i 的数值初步判断偏心受压类型：

(1) $e_i \leqslant 0.3h_0$，属于小偏心受压；

(2) $e_i > 0.3h_0$，可能属于小偏心受压，也可能属于大偏心受压。通常先按大偏心受压计算钢筋 A_s、A'_s，计算过程中若不符合大偏心受压的条件，则转为按小偏心受压计算。

6.3.4.2 大偏心受压截面设计

(1) 求 A_s 和 A'_s　与双筋梁类似，为了使总用钢量最少，取 $x=\xi_b h_0$，并由式 (6-33) 解得 A'_s

$$A'_s=\frac{Ne-\alpha_1 f_c bx(h_0-0.5x)}{f'_y(h_0-a'_s)} \tag{6-44}$$

若 $A'_s<0.20\%bh$，则取 $A'_s=0.20\%bh$，按已知 A'_s 求 A_s 的方法计算受拉钢筋截面面积；若 $A'_s \geqslant 0.20\%bh$，则由式 (6-32) 得

$$A_s=\frac{f'_y}{f_y}A'_s+\frac{\alpha_1 f_c bx-N}{f_y} \tag{6-45}$$

若 $A_s<0.20\%bh$ 或者 A_s 为负值，则说明按大偏心受压所作的设计与实际不符，应按小偏心受压构件重新计算。

(2) 已知 A'_s、求 A_s

由式 (6-33) 解出受压区高度 x

$$x=h_0-\sqrt{h_0^2-\frac{2[Ne-f'_y A'_s(h_0-a'_s)]}{\alpha_1 f_c b}} \tag{6-46}$$

若 $2a'_s \leqslant x \leqslant \xi_b h_0$，则由式 (6-45) 计算 A_s；若 $x<2a'_s$，则由式 (6-35) 解得

$$A_s=\frac{Ne'}{f_y(h_0-a'_s)} \tag{6-47}$$

若 $x>\xi_b h_0$，说明所设定的 A'_s 过少，应按第 (1) 种方法重新求 A'_s 和 A_s；若 A'_s 设定值并不过少，则应按小偏心受压构件进行设计。

6.3.4.3 小偏心受压截面设计

小偏心受压构件应满足 $x>\xi_b h_0$ 和 $-f'_y \leqslant \sigma_s \leqslant f_y$ 的条件。小偏心受压构件，远侧钢筋 A_s 一般不屈服，只在少数情况下才屈服，为使用钢量最省，可取

$$A_s=\rho_{\min} bh=0.20\%bh \tag{6-48}$$

将式 (6-37) 代入式 (6-38) 消去 $f'_y A'_s$ 项，并与式 (6-39) 联立

$$\begin{cases} Ne'=\alpha_1 f_c bx(a'_s-0.5x)+\sigma_s A_s(h_0-a'_s) \\ \sigma_s=\dfrac{f_y}{\xi_b-\beta_1}\left(\dfrac{x}{h_0}-\beta_1\right) \end{cases} \tag{6-49}$$

由式 (6-49) 求解 x 和 σ_s，式中 e' 按式 (6-36) 计算。如若 σ_s 不在 $[-f'_y, f_y]$ 范围内，应取界限值。若越过下界，则取 $\sigma_s=-f'_y$，相应的 x 由式 (6-49) 的第二式重新确定为

$$x=(2\beta_1-\xi_b)h_0 \tag{6-50}$$

但若计算的 σ_s 越过上界，则应取 $\sigma_s=f_y$，相应的 x 取值为 $x=\xi_b h_0$。

已知 x 和 σ_s 后，由式 (6-37) 即可解出受压钢筋截面面积

$$A'_s=\frac{N-\alpha_1 f_c bx+\sigma_s A_s}{f'_y} \tag{6-51}$$

对于轴向压力作用点靠近截面形心的小偏心受压构件，当 A'_s 比 A_s 大得多，且轴力很

大时，截面实际形心轴偏向 A_s' 一边，以致轴向力的偏心改变了方向，再加上附加偏心距 e_a 可能与 e_0 反向，所以当偏心距很小时，有可能在离轴向力较远的一侧混凝土发生先压坏的现象。这种破坏现象称为非对称配筋小偏心受压反向破坏。为了避免反向破坏的发生，规范规定：矩形截面非对称配筋的小偏心受压构件，当 $N>f_c bh$ 时，尚应按式（6-52）、式（6-53）进行验算

$$Ne'\leqslant f_c bh(h_0'-0.5h)+f_y' A_s(h_0'-a_s) \tag{6-52}$$

$$e'=0.5h-a_s'-(e_0-e_a) \tag{6-53}$$

式中　e'——轴向压力作用点至受压纵向钢筋合力点的距离；

h_0'——纵向受压钢筋合力点至截面远边的距离，即 $h_0'=h-a_s'$。

【例题 6-12】 矩形截面柱 $b=300\text{mm}$，$h=400\text{mm}$，轴向压力设计值 $N=300\text{kN}$，弯矩设计值 $M=165\text{kN}\cdot\text{m}$。采用 C25 混凝土，HRB400 级钢筋。取 $a_s=a_s'=45\text{mm}$，试配纵向受力钢筋 A_s' 和 A_s。

【解】 初步判断偏心受压类型

$$e_0=\frac{M}{N}=\frac{165\times10^3}{300}=550\text{mm}，e_a=20\text{mm}$$

$$e_i=e_0+e_a=550+20=570\text{mm}$$

$$h_0=h-a_s=400-45=355\text{mm}$$

$$e_i=570\text{mm}>0.3h_0=0.3\times355=106.5\text{mm}，可按大偏心受压计算$$

计算纵筋面积

$$e=e_i+h/2-a_s=570+400/2-45=725\text{mm}$$

取 $x=\xi_b h_0=0.518\times355=183.9\text{mm}$

$$A_s'=\frac{Ne-\alpha_1 f_c bx(h_0-0.5x)}{f_y'(h_0-a_s')}$$

$$=\frac{300\times10^3\times725-1.0\times11.9\times300\times183.9\times(355-0.5\times183.9)}{360\times(355-45)}$$

$$=401\text{mm}^2>0.20\%bh=0.2\%\times300\times400=240\text{mm}^2$$

$$A_s=\frac{f_y'}{f_y}A_s'+\frac{\alpha_1 f_c bx-N}{f_y}=401+\frac{1.0\times11.9\times300\times183.9-300\times10^3}{360}$$

$$=1391\text{mm}^2>0.20\%bh=240\text{mm}^2$$

全部纵筋配筋率

$$\frac{A_s+A_s'}{bh}=\frac{1391+401}{300\times400}=1.49\%>0.55\%，满足$$

受拉钢筋可选 4⌀22（$A_s=1520\text{mm}^2$），受压钢筋可选 2⌀18（$A_s'=509\text{mm}^2$）。

【例题 6-13】 已知柱截面尺寸 $b\times h=400\text{mm}\times550\text{mm}$，内力设计值 $N=600\text{kN}$，$M=360\text{kN}\cdot\text{m}$。采用 C35 混凝土，HRB400 级钢筋，已配置受压钢筋 3⌀22（$A_s'=1140\text{mm}^2$）。取 $a_s=a_s'=45\text{mm}$，试求纵向受拉钢筋 A_s。

【解】 初步判断偏心受压类型

$$e_0=\frac{M}{N}=\frac{360\times10^3}{600}=600\text{mm}，e_a=20\text{mm}$$

$$e_i=e_0+e_a=600+20=620\text{mm}$$

$$h_0=h-a_s=550-45=505\text{mm}$$

$$e_i=620\text{mm}>0.3h_0=0.3\times505=151.5\text{mm}，可按大偏心受压计算$$

受压区高度

$$e=e_i+h/2-a_s=620+550/2-45=850\text{mm}$$

$$x=h_0-\sqrt{h_0^2-\frac{2[Ne-f'_yA'_s(h_0-a'_s)]}{\alpha_1 f_c b}}$$

$$=505-\sqrt{505^2-\frac{2\times[600\times10^3\times850-360\times1140\times(505-45)]}{1.0\times16.7\times400}}$$

$$=106.4\text{mm}$$

$$<\xi_b h_0=0.518\times505=261.6\text{mm}$$，大偏心受压假定正确

同时满足 $x>2a'_s=2\times45=90\text{mm}$

受拉钢筋

$$A_s=\frac{f'_y}{f_y}A'_s+\frac{\alpha_1 f_c bx-N}{f_y}=1140+\frac{1.0\times16.7\times400\times106.4-600\times10^3}{360}$$

$$=1448\text{mm}^2>0.20\%bh=0.20\%\times400\times550=440\text{mm}^2$$

全部纵筋配筋率

$$\frac{A_s+A'_s}{bh}=\frac{1448+1140}{400\times550}=1.18\%>0.55\%$$满足

受拉钢筋可配 4 Φ 22（$A_s=1520\text{mm}^2$）。

【例题 6-14】 柱截面尺寸 $b\times h=300\text{mm}\times500\text{mm}$，内力设计值 $N=2000\text{kN}$，弯矩设计值 $M=180\text{kN}\cdot\text{m}$，采用 C30 混凝土，HRB400 级钢筋。取 $a_s=a'_s=40\text{mm}$，试确定纵向受力钢筋。

【解】 初步判断偏心受压类型

$$e_0=\frac{M}{N}=\frac{180\times10^3}{2000}=90\text{mm},\quad e_a=20\text{mm}$$

$$e_i=e_0+e_a=90+20=110\text{mm}$$

$$h_0=h-a_s=500-40=460\text{mm}$$

$$e_i=110\text{mm}<0.3h_0=0.3\times460=138\text{mm}$$，小偏心受压

配远侧钢筋

因为 $0.20\%bh=0.20\%\times300\times500=300\text{mm}^2$，所以远侧配 2 Φ 16（$A_s=402\text{mm}^2$）。

计算受压区高度 x 和远侧钢筋应力 σ_s

$$e'=e_i-h/2+a'_s=110-500/2+40=-100\text{mm}$$

将已知参数代入式（6-49）

$$2000\times10^3\times(-100)=1.0\times14.3\times300x(40-0.5x)+402\times(460-40)\sigma_s$$

$$\sigma_s=\frac{360}{0.518-0.8}\left(\frac{x}{460}-0.8\right)$$

解得 $x=353.2\text{mm}>\xi_b h_0=0.518\times460=238.3\text{mm}$，确实为小偏心受压。远侧钢筋拉应力为

$$\sigma_s=\frac{360}{0.518-0.8}\left(\frac{353.2}{460}-0.8\right)=41.1\text{N/mm}^2<f_y=360\text{N/mm}^2$$

受压钢筋面积

$$A'_s=\frac{N-\alpha_1 f_c bx+\sigma_s A_s}{f'_y}=\frac{2000\times10^3-1.0\times14.3\times300\times353.2+41.1\times402}{360}$$

$$=1392\text{mm}^2$$

可配 3 Φ 25（$A'_s=1473\text{mm}^2$），或配 4 Φ 22（$A'_s=1520\text{mm}^2$）。

因为 $f_c bh=14.3\times300\times500=2145\times10^3\text{N}=2145\text{kN}>N=2000\text{kN}$

所以不需要再按式（6-52）进行验算。

6.3.5　I形截面偏心受压构件承载力计算

现浇刚架及拱架中，由于结构构造原因，经常出现I形截面偏心受压构件；单层工业厂房中，为了节省混凝土和减轻构件自重，对于较大尺寸的预制柱一般采用I形截面。

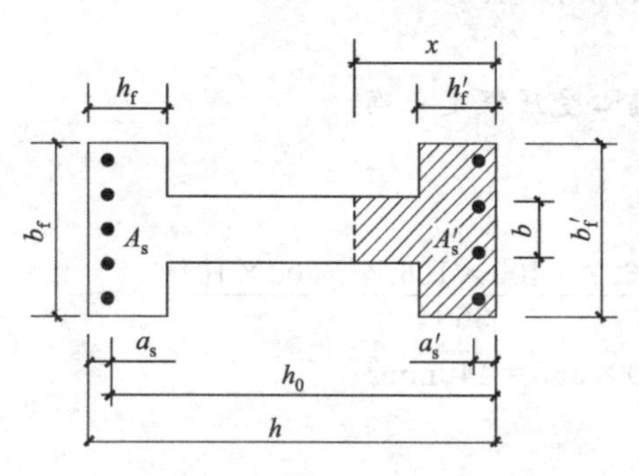

图 6-20　I形截面尺寸参数和纵筋布置

I形截面柱的截面尺寸及纵筋如图 6-20 所示，其正截面的破坏形态和矩形截面相同，但是，受压区可能仅限制于一侧翼缘，也可能进入腹板，也可能进入另一侧翼缘，计算公式较矩形截面复杂。

6.3.5.1　I形截面大偏心受压

（1）计算公式及适用条件　I形截面大偏心受压构件，当受压区高度 $x \leqslant h'_f$ 时，按宽度为受压翼缘计算宽度 b'_f 的矩形截面计算，受压翼缘计算宽度 b'_f 的确定方法见第 5 章。

当受压区高度 $x > h'_f$ 时，应考虑整个受压翼缘板和部分腹板的受压作用，承载力计算基本公式为

$$N \leqslant \alpha_1 f_c bx + \alpha_1 f_c (b'_f - b) h'_f + f'_y A'_s - f_y A_s \tag{6-54}$$

$$Ne \leqslant \alpha_1 f_c bx (h_0 - 0.5x) + \alpha_1 f_c (b'_f - b) h'_f (h_0 - 0.5h'_f) + f'_y A'_s (h_0 - a'_s) \tag{6-55}$$

上述公式的适用条件首先应该满足大偏心受压，即受压区高度 $x \leqslant \xi_b h_0$，这也是保证构件破坏时，受拉钢筋应力能达到抗拉屈服强度设计值的条件；其次还应保证构件破坏时，受压钢筋应力达到抗压强度设计值，要求 $x \geqslant 2a'_s$。

若 $x < 2a'_s$，说明受压钢筋不屈服，此时的公式为式（6-35）。

（2）对称配筋计算　实际工程中，对称配筋的I截面应用较多，计算方法如下：首先按式（6-56）计算受压区高度（假定采用 400MPa 及以下纵筋）

$$x = \frac{N}{\alpha_1 f_c b'_f} \tag{6-56}$$

然后按 x 的不同取值，分为以下三种情况：

① 当 $2a'_s \leqslant x \leqslant h'_f$ 时，按式（6-33）计算纵筋面积（将公式中的 b 换成 b'_f）；

② 当 $x < 2a'_s$ 时，按式（6-35）计算纵筋面积；

③ 当 $x > h'_f$ 时，由式（6-54）重新求解 x，需满足大偏心受压的条件 $x \leqslant \xi_b h_0$，并由式（6-55）计算纵筋面积。

6.3.5.2　I形截面小偏心受压

（1）I形截面小偏心受压构件，当受压区进入腹板时，承载力计算基本公式为

$$N \leqslant \alpha_1 f_c bx + \alpha_1 f_c (b'_f - b) h'_f + f'_y A'_s - \sigma_s A_s \tag{6-57}$$

$$Ne \leqslant \alpha_1 f_c bx (h_0 - 0.5x) + \alpha_1 f_c (b'_f - b) h'_f (h_0 - 0.5h'_f) + f'_y A'_s (h_0 - a'_s) \tag{6-58}$$

其中远侧钢筋的应力 σ_s 由式（6-39）计算。

（2）I形截面小偏心受压构件，当受压区跨越腹板进入另一侧翼缘（$x > h - h_f$）时，承载力计算的基本公式为

$$N \leqslant \alpha_1 f_c bx + \alpha_1 f_c (b'_f - b) h'_f + \alpha_1 f_c (b_f - b)(x + h_f - h) + f'_y A'_s - \sigma_s A_s \tag{6-59}$$

$$\begin{aligned} Ne \leqslant\ & \alpha_1 f_c bx (h_0 - 0.5x) + \alpha_1 f_c (b'_f - b) h'_f (h_0 - 0.5h'_f) \\ & + \alpha_1 f_c (b_f - b)(x + h_f - h)\left(h_f - \frac{h_f + x - h}{2} - a_s\right) + f'_y A'_s (h_0 - a'_s) \end{aligned} \tag{6-60}$$

（3）I形截面小偏心受压构件，为了防止破坏始于远离轴向力一侧，当采用非对称配筋

时，若 $N>f_cA$，则应按下式进行验算：

$$N[0.5h-a_s'-(e_0-e_a)]\leqslant f_cbh(h_0'-0.5h)+f_c(b_f-b)h_f(h_0'-0.5h_f)+f_c(b_f'-b)h_f'(0.5h_f'-a_s')+f_y'A_s'(h_0'-a_s) \tag{6-61}$$

式中　h_0'——截面远侧边缘到近侧纵向钢筋合力点的距离，$h_0'=h-a_s'$。

6.4　钢筋混凝土偏心受压构件斜截面承载力计算

偏心受压构件，一般情况下剪力较小，可不进行斜截面承载力验算。但对于有较大水平力作用的框架柱、有横向力作用的屋架上弦压杆，剪力影响比较大，需要进行斜截面承载能力计算。

6.4.1　轴向压力对斜截面受剪承载力的影响

轴向压力的存在使构件受剪承载力发生明显变化，变化幅度随轴向压力的增大而增大。有了轴向压力，可以延缓斜裂缝的出现和开展，使混凝土剪压区高度增大，因而受剪承载力得以提高。试验表明，在轴压比的限值范围内，斜截面水平投影长度与相同参数的无轴向压力的梁相比基本不变，故轴向压力对箍筋所承担的剪力没有明显影响。

然而，轴向压力对构件受剪承载力的有利作用也是有限的，当轴压比 $N/(f_cA)=0.3\sim0.5$ 时，受剪承载力达到最大值；若再增加轴向压力，将导致受剪承载力的降低，并转变为带斜裂缝的正截面小偏心受压破坏。规范取轴向压力对受剪承载力的贡献为：$V_N=0.07N$，且明确规定当 $N>0.3f_cA$ 时，取 $N=0.3f_cA$，以此来限制轴向压力对受剪承载力提高的范围。

6.4.2　偏心受压构件斜截面受剪承载力计算

6.4.2.1　计算公式

通过对偏心受压构件、框架柱试验资料的分析，对矩形、T 形及 I 形截面钢筋混凝土偏心受压构件的斜截面承载力计算，可在集中荷载作用下的独立梁计算公式的基础上，加一项轴向压力所提高的受剪承载力设计值 V_N。如此就有

$$V\leqslant\frac{1.75}{\lambda+1}f_tbh_0+f_{yv}\frac{A_{sv}}{s}h_0+0.07N \tag{6-62}$$

式中　N——与剪力设计值 V 相应的轴向压力设计值；当 $N>0.3f_cA$ 时，取 $N=0.3f_cA$；

λ——偏心受压构件计算截面的剪跨比。

计算截面的剪跨比 λ 应按下列规定取用：

(1) 对各类结构的框架柱，宜取 $\lambda=M/(Vh_0)$；对框架结构中的框架柱，当其反弯点在层高范围内时，可取 $\lambda=H_n/(2h_0)$；当 $\lambda<1$ 时，取 $\lambda=1$；当 $\lambda>3$ 时，取 $\lambda=3$；此处，M 为计算截面上与剪力设计值相应的弯矩设计值，H_n 为柱净高。

(2) 对其他偏心受压构件，当承受均布荷载时，取 $\lambda=1.5$；当承受有集中荷载（或多种荷载作用，但集中荷载引起的剪力占总剪力的 75%及其以上）时，取 $\lambda=a/h_0$，当 $\lambda<1.5$ 时，取 $\lambda=1.5$；当 $\lambda>3$ 时，取 $\lambda=3$；此处，a 为集中荷载至支座或节点边缘的距离。

如果剪力设计值符合如下条件：

$$V\leqslant\frac{1.75}{\lambda+1}f_tbh_0+0.07N \tag{6-63}$$

则可不进行斜截面受剪承载力计算，而仅需按构造要求配置箍筋。

6.4.2.2　限制条件

若构件截面尺寸过小，就会导致截面上的平均剪应力过大，引起斜压破坏。为此，规范

规定偏心受压构件截面尺寸必须满足下列条件。

（1）当 $h_w/b \leqslant 4$ 时

$$V \leqslant 0.25\beta_c f_c b h_0 \tag{6-64}$$

（2）当 $h_w/b \geqslant 6$ 时

$$V \leqslant 0.2\beta_c f_c b h_0 \tag{6-65}$$

（3）当 $4 < h_w/b < 6$ 时，按线性内插法确定。

β_c 为混凝土强度影响系数：当混凝土强度等级不超过 C50 时，取 $\beta_c = 1.0$；当混凝土强度等级为 C80 时，取 $\beta_c = 0.8$；其间按线性内插法确定。

【例题 6-15】 框架结构中的框架柱，$b \times h = 400\text{mm} \times 600\text{mm}$，柱净高 $H_n = 3.6\text{m}$，柱端剪力设计值 $V = 300\text{kN}$，相应的轴向压力设计值 $N = 700\text{kN}$，反弯点位于层高范围内。C30 混凝土，箍筋采用 HPB300 级钢筋，设 $a_s = a_s' = 40\text{mm}$，试确定箍筋数量。

【解】 验算截面尺寸

$$h_0 = h - a_s = 600 - 40 = 560\text{mm}$$

$$\frac{h_w}{b} = \frac{h_0}{b} = \frac{560}{400} = 1.4 < 4$$

$$0.25\beta_c f_c b h_0 = 0.25 \times 1.0 \times 14.3 \times 400 \times 560\text{N}$$

$$= 800.8\text{kN} > V = 300\text{kN}，满足要求$$

验算是否需要计算配箍筋

$$0.3 f_c A = 0.3 \times 14.3 \times 400 \times 600\text{N} = 1029.6\text{kN} > N = 700\text{kN}$$

$$\lambda = \frac{H_n}{2h_0} = \frac{3600}{2 \times 560} = 3.2 > 3，取 \lambda = 3$$

$$\frac{1.75}{\lambda+1} f_t b h_0 + 0.07N = \frac{1.75}{3+1} \times 1.43 \times 400 \times 560 \times 10^{-3} + 0.07 \times 700$$

$$= 189.14\text{kN} < V = 300\text{kN}，需要按计算配置箍筋$$

计算箍筋

选ϕ8 双肢箍，$A_{sv} = 2 \times 50.3 = 100.6\text{mm}^2$，由式（6-62）得箍筋间距计算式

$$s \leqslant \frac{f_{yv} A_{sv} h_0}{V - \left(\frac{1.75}{\lambda+1} f_t b h_0 + 0.07N\right)} = \frac{270 \times 100.6 \times 560}{(300 - 189.14) \times 10^3} = 137\text{mm}$$

可取 $s = 130\text{mm}$，箍筋配筋方案为：ϕ8@130。

6.5　钢筋混凝土偏心受压构件裂缝宽度验算

试验表明，钢筋混凝土偏心受压构件当 $e_0/h_0 \leqslant 0.55$ 时，裂缝宽度较小，均能符合要求，可不必验算；但当 $e_0/h_0 > 0.55$ 时，裂缝宽度较大，是否满足要求，需经验算方能得知。

偏心受压构件的最大裂缝宽度计算公式与受弯构件相同，参见 5.5 节的相关公式，摘录于下：

$$w_{max} = 1.9\psi \frac{\sigma_{sq}}{E_s}\left(1.9c_s + 0.08\frac{d_{eq}}{\rho_{te}}\right)$$

$$\psi = 1.1 - 0.65\frac{f_{tk}}{\rho_{te}\sigma_{sq}}（<0.2 时，取 \psi = 0.2；>1 时，取 \psi = 1）$$

$$d_{eq}=\frac{\sum n_i d_i^2}{\sum n_i \nu_i d_i}$$

$$\rho_{te}=\frac{A_s}{0.5bh+(b_f-b)h_f}(<0.01\text{ 时，取 }\rho_{te}=0.01)$$

但按荷载准永久组合计算的纵向受拉钢筋的应力 σ_{sq} 应按下列公式计算：

$$\sigma_{sq}=\frac{N_q(e-z)}{A_s z} \tag{6-66}$$

$$z=\left[0.87-0.12(1-\gamma_f')\left(\frac{h_0}{e}\right)^2\right]h_0 \tag{6-67}$$

$$e=\eta_s e_0+h/2-a_s \tag{6-68}$$

$$\eta_s=1+\frac{1}{4000e_0/h_0}\left(\frac{l_0}{h}\right)^2 \tag{6-69}$$

式中　e——轴向压力作用点至纵向受拉钢筋合力点的距离；

e_0——荷载准永久组合下的偏心距，取为 M_q/N_q；

z——纵向受拉钢筋合力点至截面受压区合力点的距离；

A_s——离轴向力较远一侧受拉钢筋的截面面积；

η_s——使用阶段的轴向压力偏心距增大系数，当 $l_0/h\leqslant 14$ 时，取 $\eta_s=1.0$；

γ_f'——受压翼缘截面面积与腹板有效截面面积的比值：$\gamma_f'=(b_f'-b)h_f'/(bh_0)$，矩形截面 $\gamma_f'=0$。

【例题 6-16】 有一矩形截面柱，截面尺寸 $b\times h=400\text{mm}\times 600\text{mm}$，计算长度 $l_0=6\text{m}$，C30 混凝土，对称配筋，受拉和受压钢筋均为 4 Φ 20（$A_s=A_s'=1256\text{mm}^2$），箍筋采用 HPB300 钢筋，直径 6mm。荷载准永久组合内力为 $N_q=400\text{kN}$，$M_q=150\text{kN}\cdot\text{m}$。试验算是否满足非严寒非寒冷地区露天环境中使用的裂缝宽度要求。

【解】 环境类别为二 a 类，$c=25\text{mm}$。取保护层厚度 $c_c=c=25\text{mm}>d=20\text{mm}$，则

$$a_s=c_c+d_{e1}+d_e/2=25+6+22.7/2=42.4\text{mm}$$

$$h_0=h-a_s=600-42.4=557.6\text{mm}$$

$$e_0=\frac{M_q}{N_q}=\frac{150\times 10^3}{400}=375\text{mm}$$

$$\frac{e_0}{h_0}=\frac{375}{557.6}=0.673>0.55\text{ 需要验算裂缝宽度}$$

二 a 类环境下，裂缝宽度限值为 $w_{lim}=0.20\text{mm}$。

$$\frac{l_0}{h}=\frac{6000}{600}=10<14\text{，取 }\eta_s=1.0$$

$$e=\eta_s e_0+h/2-a_s=1.0\times 375+600/2-42.4=632.6\text{mm}$$

$$z=\left[0.87-0.12(1-\gamma_f')\left(\frac{h_0}{e}\right)^2\right]h_0$$

$$=\left[0.87-0.12\times(1-0)\times\left(\frac{557.6}{632.6}\right)^2\right]\times 557.6=433.1\text{mm}$$

$$\rho_{te}=\frac{A_s}{0.5bh+(b_f-b)h_f}=\frac{1256}{0.5\times 400\times 600+0}$$

$$=0.0105>0.01$$

$$\sigma_{sq}=\frac{N_q(e-z)}{A_s z}=\frac{400\times 10^3\times(632.6-433.1)}{1256\times 433.1}=146.7\text{N/mm}^2$$

$$\psi=1.1-0.65\frac{f_{tk}}{\rho_{te}\sigma_{sq}}=1.1-0.65\times\frac{2.01}{0.0105\times 146.7}=0.252>0.2\text{ 且}<1.0$$

$$d_{eq}=\frac{d}{\nu}=\frac{20}{1.0}=20\text{mm}$$

$$c_s=c_c+d_{el}=25+6=31\text{mm}$$

$$w_{max}=1.9\psi\frac{\sigma_{sq}}{E_s}\left(1.9c_s+0.08\frac{d_{eq}}{\rho_{te}}\right)$$

$$=1.9\times0.252\times\frac{146.7}{2.00\times10^5}\times\left(1.9\times31+0.08\times\frac{20}{0.0105}\right)$$

$$=0.07\text{mm}<w_{lim}=0.20\text{mm}$$，满足要求

思考题

6-1 钢筋混凝土受压构件的纵筋有哪些构造要求？

6-2 钢筋混凝土受压构件的箍筋起什么作用？有何构造要求？

6-3 钢筋混凝土轴心受压构件和偏心受压构件是如何区分短柱和长柱的？

6-4 钢筋混凝土轴心受压柱的破坏特征是什么？计算中如何考虑长柱的影响？

6-5 何谓 P-δ 效应和 P-Δ 效应？

6-6 钢筋混凝土偏心受压构件正截面有哪两种破坏形态？破坏特征是什么？

6-7 为什么要考虑附加偏心距 e_a？如何取值？

6-8 钢筋混凝土偏心受压构件对称配筋和不对称配筋各有何优缺点？

6-9 对称配筋时，如何判别偏心受压的类型？如何进行矩形截面柱的配筋计算？

6-10 钢筋混凝土偏心受压构件正截面承载力计算中，弯矩设计值 M 与基本计算公式中的 Ne 是否相同？Ne 的物理意义是什么？

6-11 小偏心受压构件中远离轴向力一侧的钢筋可能有几种受力状态？

6-12 没有集中荷载直接作用的框架柱，如何确定其剪跨比 λ？

6-13 轴向压力对钢筋混凝土偏心受压构件的受剪承载力有何影响？

6-14 怎样计算偏心受压构件斜截面承载力？

6-15 什么情况下要验算柱的裂缝宽度？

选择题

6-1 钢筋混凝土受压短柱的承载能力取决于（ ）。

A. 混凝土的强度　B. 箍筋强度和间距

C. 纵向钢筋　D. 混凝土强度和纵向钢筋

6-2 配有间接钢筋的轴心受压柱，核心混凝土的抗压强度高于轴心抗压强度 f_c 是因为间接钢筋（ ）。

A. 承受了部分压力　B. 承受了部分剪力

C. 约束了混凝土侧向变形　D. 使混凝土中不出现微裂缝

6-3 对于钢筋混凝土轴心受压柱，其他条件相同时，以下说法正确的是（ ）。

A. 短柱的承载力高于长柱的承载力　B. 短柱的承载力低于长柱的承载力

C. 短柱的承载力等于长柱的承载力　D. 短柱的延性高于长柱的延性

6-4 钢筋混凝土轴心受压构件，采用 C30 混凝土，HRB400 级纵向钢筋，则其配筋率不应小于（ ）。

A. 0.50%　B. 0.55%　C. 0.60%　D. 0.65%

6-5 钢筋混凝土受压构件中，纵向受力钢筋的直径不宜小于（ ）。

A. 8mm　B. 10mm　C. 12mm　D. 14mm

6-6 偏心受压构件考虑 P-δ 效应后，内力值会发生变化，即（ ）。

A. M 增大，N 不变　B. M 不变，N 增大

C. M 增大，N 减小　D. M 不变，N 减小

6-7 对称配筋小偏心受压柱，在达到承载能力极限状态时，受力纵筋的应力状态是（ ）。

A. A_s 和 A_s' 均屈服　　B. A_s' 和 A_s 都不屈服
C. A_s 屈服而 A_s' 不屈服　　D. A_s' 屈服而 A_s 不屈服

6-8 钢筋混凝土偏心受压构件，其大、小偏心受压的根本区别是（　）。
A. 截面破坏时受拉钢筋是否屈服
B. 偏心距的大小
C. 截面破坏时受压钢筋是否屈服
D. 受压一侧混凝土是否达到极限压应变

6-9 大偏心受压柱的破坏特征之一是在破坏时（　）。
A. 离纵向力较近一侧的受力钢筋首先受拉屈服
B. 离纵向力较近一侧的受力钢筋首先受压屈服
C. 离纵向力较远一侧的受力钢筋首先受拉屈服
D. 离纵向力较远一侧的受力钢筋首先受压屈服

6-10 矩形截面受压柱，$b=400$mm，$h=500$mm，则附加偏心距 $e_a=$（　）。
A. 12.3mm　　B. 20mm　　C. 16.7mm　　D. 30mm

6-11 钢筋混凝土大偏心受压构件，当 M 或 N 变化时对构件安全有影响的判断中，下述何项正确？（　）
A. M 不变时，N 越大越危险　　B. N 不变时，M 越大越安全
C. M 不变时，N 越小越危险　　B. N 不变时，M 越小越危险

6-12 偏心受压构件一侧纵向受力钢筋的最小配筋率为 0.20%，对工字形对称配筋截面，其截面尺寸为 $b=150$mm，$h=800$mm，$b_f'=b_f=500$mm，$h_f'=h_f=120$mm，$h_0=755$mm，则其一侧的最小配筋截面面积是（　）mm^2。
A. 240　　B. 227　　C. 408　　D. 368

6-13 关于小偏心受压柱正截面承载能力的论述中，下列何项正确？（　）
A. 随着 N 的增大，抗弯能力增大　　B. 随着 N 的增大，抗弯能力减小
C. 随着 N 的增大，抗弯能力不变　　D. 随着 N 的减小，抗弯能力减小

6-14 矩形截面大偏心受压构件非对称配筋时取 $x=\xi_b h_0$，这是为了（　）。
A. 保证不发生小偏心受压破坏　　B. 使总的钢筋用量最少
C. 保证钢筋强度充分发挥　　D. 保证混凝土不被压碎

6-15 框架结构中框架柱净高 4.2m，截面有效高度 460mm，则斜截面承载能力计算时的剪跨比应取（　）。
A. $\lambda=1.0$　　B. 9.13　　C. $\lambda=3.0$　　D. 4.57

6-16 钢筋混凝土偏心受压柱斜截面抗剪承载力（　）。
A. 随着 N 的增大而增大　　B. 随着 M 的增大而增大
C. 随着 N 的增大而减小　　D. 随着 M 的增大而减小

6 17 当柱的剪力设计值 $V>0.25\beta_c f_c bh_0$ 时，应采取措施使其满足 $V\leqslant 0.25\beta_c f_c bh_0$。下列措施中正确的是（　）。
A. 增大箍筋直径　　B. 减小箍筋间距
C. 提高箍筋的抗拉强度值　　D. 加大截面尺寸

6-18 钢筋混凝土受压柱，需要进行裂缝宽度验算的情况是（　）。
A. 轴心受压柱　　B. 小偏心受压柱
C. 大偏心受压柱　　D. 大偏心受压柱，且 $e_0/h_0>0.55$

计　算　题

（计算题中构件环境类别为一类）

6-1 某钢筋混凝土正方形截面轴心受压柱，截面边长 350mm。计算长度 $l_0=6$m，承受轴心压力设计值 $N=1800$kN，采用 C30 混凝土，纵筋选用 HRB400 级钢筋、箍筋为 HPB300 级钢筋。试配置纵向受压钢筋和箍筋。

6-2 某大厦门厅现浇钢筋混凝土底层柱，采用直径 $d=600$mm 的圆形截面，计算长度 $l_0=6.3$m，轴心力设计值 $N=4300$kN。C30 混凝土，已配纵筋 9 ⌽18（$A_s'=2290\text{mm}^2$），沿周边均匀布置。螺旋箍筋采用 HPB300 级钢筋，试确定该柱的螺旋箍筋。

6-3 某钢筋混凝土矩形截面柱，$b\times h=350\text{mm}\times500\text{mm}$，计算长度 $l_c=3900$mm，C30 混凝土。承受轴心压力设计值 $N=1000$kN，柱端弯矩 $M_1=220\text{kN}\cdot\text{m}$、$M_2=250\text{kN}\cdot\text{m}$（沿长边方向作用，按相反曲率弯曲），试确定控制截面的弯矩设计值。

6-4 某单层厂房排架柱的上柱截面 500mm × 500mm，计算长度 7.2m。C30 混凝土，纵向钢筋采用 HRB400 级钢筋，箍筋为 HPB300 级钢筋。排架的内力计算结果为 $M_0=75.2\text{kN}\cdot\text{m}$，$N=260.8$kN。考虑挠曲二阶效应，确定控制截面的弯矩设计值（取 $a_s=a_s'=40$mm）。

6-5 已知矩形截面柱的截面尺寸 $b=400$mm、$h=500$mm 承受轴向压力设计值 $N=1120$kN，弯矩设计值 $M=448\text{kN}\cdot\text{m}$。采用 C35 混凝土，HRB400 级钢筋，取 $a_s=a_s'=40$mm，试按对称配筋方式确定纵向受力钢筋。

6-6 已知荷载作用下柱的轴心压力设计值 $N=396$kN，杆端弯矩设计值 $M_1=0.92M_2$，$M_2=236\text{kN}\cdot\text{m}$，单曲率弯曲，截面尺寸：$b=300$mm，$h=450$mm，$a_s=a_s'=40$mm；混凝土强度等级为 C35，钢筋采用 HRB400 级；$l_c/h=6$。求钢筋截面积 $A_s=A_s'$。

6-7 已知柱截面尺寸 $b=400$mm、$h=600$mm，承受轴心压力设计值 $N=2500$kN，弯矩设计值 $M=210\text{kN}\cdot\text{m}$。采用 C30 混凝土，HRB400 级钢筋，取 $a_s=a_s'=40$mm，试按对称配筋方式确定纵向受力钢筋。

6-8 某钢筋混凝土偏心受压构件，已知轴心力设计值 $N=4000$kN，杆端弯矩设计值 $M_1=0.88M_2$，$M_2=380\text{kN}\cdot\text{m}$，柱端弯矩产生反向曲率。截面尺寸：$b=400$mm，$h=700$mm，$a_s=a_s'=40$mm；混凝土强度等级为 C40，采用 HRB400 级热轧带肋钢筋；$l_c=l_0=3.6$m。求钢筋截面积 $A_s=A_s'$。

6-9 已知矩形截面偏心受压柱，$b=400$mm、$h=600$mm，承受轴心压力设计值 $N=800$kN，弯矩设计值 $M=320\text{kN}\cdot\text{m}$。采用 C30 混凝土，对称配筋，每侧实配钢筋 4 ⌽22，箍筋为 HPB300 级钢筋，直径 8mm。试验算受压承载能力。

6-10 某钢筋混凝土矩形截面柱，$b\times h=300\text{mm}\times400\text{mm}$，C30 混凝土，对称配筋，每侧配置 4 ⌽20 纵向受力钢筋。轴力设计值 $N=600$kN，取 $a_s=a_s'=40$mm，试求该构件在 h 方向能承受的弯矩设计值。

6-11 框架柱截面尺寸：$b=450$mm，$h=700$mm，$a_s=a_s'=40$mm；混凝土强度等级为 C35，对称配置纵筋，每侧 4 ⌽20。轴向力的偏心距 $e_0=620$mm，求截面能承受的轴向力设计值 N_u。

6-12 已知矩形截面柱尺寸 $b\times h=400\text{mm}\times600\text{mm}$，内力设计值 $N=750$kN，$M=330\text{kN}\cdot\text{m}$。采用 C30 混凝土，HRB400 级钢筋，取 $a_s=a_s'=40$mm，按非对称方式配筋，试确定纵向受力钢筋 A_s 和 A_s'。

6-13 已知柱截面尺寸 $b\times h=300\text{mm}\times600\text{mm}$，内力设计值 $N=800$kN，$M=280\text{kN}\cdot\text{m}$。混凝土为 C30，纵向钢筋为 HRB335 级。已配受压钢筋为 4 ⌽14，取 $a_s=a_s'=40$mm，试确定钢筋 A_s。

6-14 某钢筋混凝土矩形截面对称配筋构件，采用 C30 混凝土，HRB400 级纵向钢筋，HRB335 级箍筋⌽8 @200，保护层厚度取 20mm，截面尺寸 300mm×350mm，构件计算长度 $l_0=2400$mm，已知轴心受压时所能承受的最大轴力设计值 $N_u=1961.76$kN，试求偏心受压界限破坏时的轴力设计值和弯矩设计值。

6-15 某偏心受压框架结构框架柱，截面尺寸 $b\times h=400\text{mm}\times600\text{mm}$，柱净高 $H_n=3.2$m，内力设计值 $V=280$kN，相应的 $N=750$kN，反弯点位于层高范围之内。混凝土强度等级为 C30，箍筋用 HPB300 钢筋，取 $a_s=a_s'=40$mm，试确定柱的箍筋。

6-16 某钢筋混凝土偏心受压柱，$b=300$mm、$h=400$mm，计算长度 $l_0=4.0$m。已知 $N_q=240$kN，$M_q=124.8\text{kN}\cdot\text{m}$，对称配筋，每侧配置 4 ⌽20 的纵向受力钢筋，箍筋为 HPB300 钢筋，直径 8mm，C30 混凝土。试验算裂缝宽度。

第 7 章　钢筋混凝土受拉构件

7.1　钢筋混凝土受拉构件的受力特点及构造要求

承受轴向拉力的构件，称为受拉构件。依据轴向力的作用线是否通过构件截面形心，受拉构件分为轴心受拉构件和偏心受拉构件两大类。

用钢筋混凝土构件承受拉力，从材料强度角度看并不合理。因为混凝土的抗拉强度很低，用于受拉是用其弱势；随着拉力增大，裂缝宽度增大，于耐久性也不利。因此，不少承受较大拉力的构件通常采用钢构件，比如钢桁架、钢网架。钢筋混凝土结构中局部有受拉构件时，一般还是采用钢筋混凝土，这样节点处理比较方便，外围混凝土还能对钢筋起到有效的防护作用。受拉构件的应用实例有钢筋混凝土屋架或托架的受拉弦杆以及砌体结构墙梁中的钢筋混凝土托梁等构件。

钢筋混凝土圆形水池、圆形筒仓沿环向方向也可以简化为轴心受拉，如图 7-1（a）所示；钢筋混凝土屋架的力学计算模型是桁架，杆件均为二力杆，下弦杆件和受拉腹杆可以按轴心受拉构件设计，如图 7-1（b）所示。墙梁是由支承墙体的钢筋混凝土托梁及其以上计算高度范围内的墙体所组成的组合构件，托梁以下形成大空间或大门洞，如图 7-2 所示。墙梁可分为简支墙梁、框支墙梁和连续墙梁三类，由墙梁的荷载传递规律分析可知，钢筋混凝土托梁截面上通常存在轴力（拉力）、弯矩和剪力，是典型的偏心受拉构件。

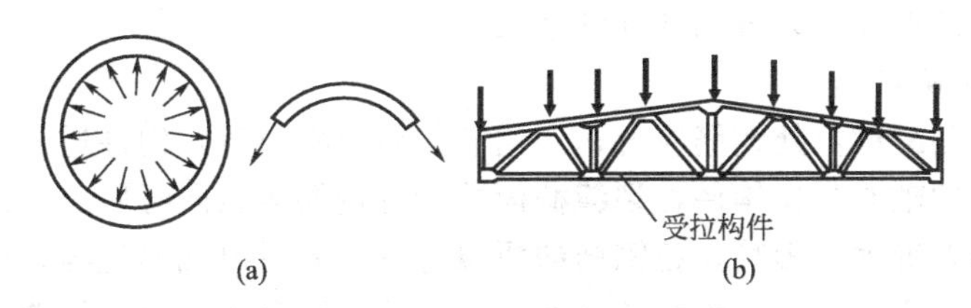

图 7-1　钢筋混凝土轴心受拉构件

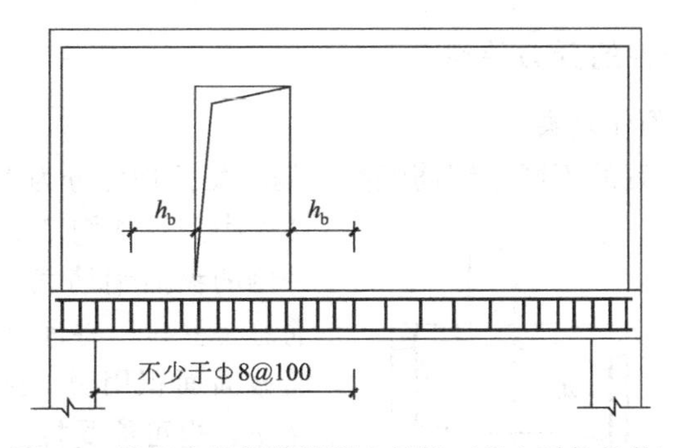

图 7-2　墙梁中的钢筋混凝土托梁（偏心受拉构件）

7.1.1　轴心受拉构件的受力特点

钢筋混凝土轴心受拉构件在加载过程中，轴心力 N 和截面平均正应变 ε_t 之间的关系以及裂缝分布情况如图 7-3 所示，其受力过程分为三个阶段。

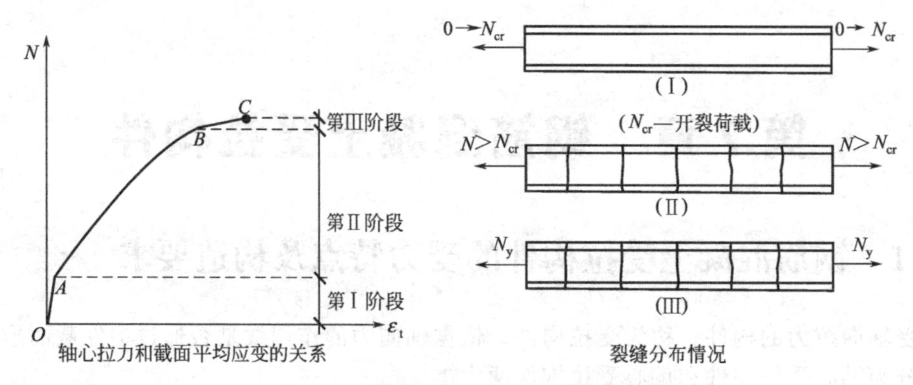

图 7-3 钢筋混凝土轴心受拉构件受力过程

7.1.1.1 第Ⅰ阶段

从加载到混凝土开裂前，属于第Ⅰ阶段。此时轴向拉力较小，由于钢筋和混凝土之间的黏结力，混凝土和钢筋都处于弹性受力状态，应力与应变大致成正比。荷载与截面上的平均应变基本上呈线性关系，即图中的 OA 直线段。

7.1.1.2 第Ⅱ阶段

混凝土开裂后到钢筋屈服前，属于第Ⅱ阶段。荷载增加到使构件上最薄弱截面的混凝土拉应变达到极限拉应变（相应的应力达到抗拉强度）时，出现第一条裂缝；随着荷载的继续增大，先后在一些截面上出现裂缝。裂缝截面混凝土不再承受拉力，所有拉力由钢筋承担。在相同的拉力增量 ΔN 作用下，平均应变增量 $\Delta\varepsilon_t$ 加大，反映在图上就是 AB 曲线段的斜率比 OA 直线段的斜率小。

裂缝间混凝土和钢筋共同受力，当混凝土的拉应力小于抗拉强度时，裂缝间距基本稳定。随着荷载的继续增加，裂缝宽度逐渐增大。

7.1.1.3 第Ⅲ阶段

当轴心拉力使裂缝截面处钢筋应力达到钢筋的屈服极限时，构件进入破坏状态，此为第Ⅲ阶段。对于真正的轴心受拉构件，裂缝截面处所有钢筋应当同时屈服，但受材质的不均匀性、钢筋位置的误差等因素影响，各钢筋的屈服有一个先后出现的过程。屈服过程中，裂缝宽度迅速扩展，达到不适于继续承载的状态。若钢筋无明显屈服点，裂缝宽度不是很大，但构件可能被拉断。

7.1.2 偏心受拉构件的受力特点

7.1.2.1 偏心受拉构件分类

按照偏心拉力作用位置的不同，钢筋混凝土偏心受拉构件分为大偏心受拉和小偏心受拉两种类型，如图 7-4 所示。将靠近轴向拉力一侧的纵向钢筋截面面积用 A_s 表示，该钢筋总是受拉；将远离轴向拉力一侧的纵向钢筋截面面积用 A_s' 表示，该侧纵向钢筋可能受压，也可能受拉。

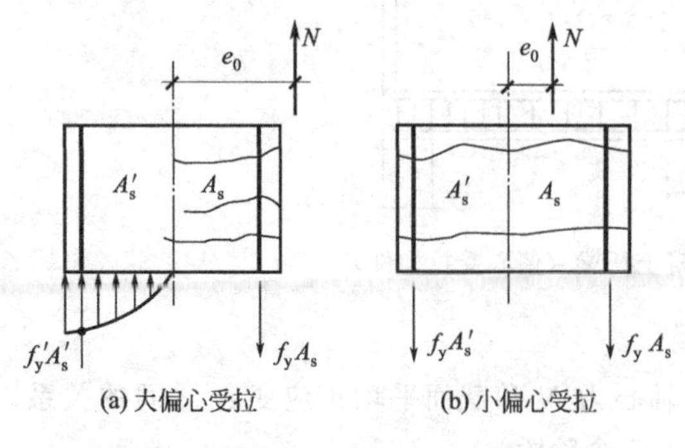

图 7-4 钢筋混凝土偏心受拉构件分类

(1) 大偏心受拉构件。拉力 N 作用在纵向受力钢筋 A_s 和 A_s' 之外的偏心受拉构件，称为大偏心受拉构件［见图 7-4 (a)］。此时，荷载偏心距 e_0 满足条件：

$$e_0=\frac{M}{N}>0.5h-a_s \tag{7-1}$$

(2) 小偏心受拉构件。拉力 N 作用在纵向受力钢筋 A_s 和 A'_s 之间的偏心受拉构件，称为小偏心受拉构件 [见图 7-4 (b)]。此时，荷载偏心距 e_0 满足条件：

$$e_0=\frac{M}{N}\leqslant 0.5h-a_s \tag{7-2}$$

需要注意的是，偏心受拉构件设计计算时，不需要考虑附加偏心距，而直接按荷载偏心距 e_0 计算；弯矩设计值也不需要考虑挠曲二阶效应。

7.1.2.2　大偏心受拉构件的受力特点

由于拉力作用于 A_s 和 A'_s 之外，所以整个受力过程中都存在混凝土受压区。破坏时，裂缝不会贯通，距轴向力较远一侧的钢筋 A'_s 及混凝土受压，距轴向力较近一侧的钢筋 A_s 受拉。当 A_s 配置适量时，破坏特征与大偏心受压构件破坏相同，A_s 和 A'_s 都能达到屈服强度；当 A_s 配置过多时，受拉钢筋可能不屈服；当 $x<2a'_s$ 时，受压钢筋 A'_s 不屈服。

7.1.2.3　小偏心受拉构件的受力特点

拉力作用于 A_s 和 A'_s 之间，整个截面受拉，截面上的拉应变呈梯形分布，中和轴在截面以外。临近破坏时，截面全部裂通，开裂截面混凝土退出工作，拉力全部由钢筋承担，A_s 和 A'_s 一般都受拉屈服。

7.1.3　钢筋混凝土受拉构件的构造要求

7.1.3.1　轴心受拉构件构造要求

(1) 纵向受力钢筋沿截面周边均匀对称布置，优先选用直径较小的钢筋（有利于减小裂缝宽度）；

(2) 为避免配筋过少引起脆性破坏，按构件截面面积计算的一侧纵向受拉钢筋的配筋率，不应小于 $45f_t/f_y\%$，同时不应小于 0.20%；

(3) 从受力的角度看，轴心受拉构件并不需要箍筋，但为了固定纵筋位置，并形成钢筋骨架，仍需设置箍筋。箍筋直径不小于 6mm，间距不宜大于 200mm，对屋架的腹杆不宜超过 150mm。

7.1.3.2　偏心受拉构件构造要求

(1) 矩形截面偏心受拉构件的纵向钢筋应沿偏心方向两侧边布置；

(2) 纵向钢筋应满足最小配筋率的要求：受拉侧的最小配筋率 $\rho_{min}=\max(0.20, 45f_t/f_y)\%$，受压侧最小配筋率 $\rho'_{min}=0.20\%$；

(3) 箍筋由受剪承载能力计算确定，箍筋的构造按钢筋混凝土受弯构件的要求处理。

7.2　钢筋混凝土轴心受拉构件承载力计算

钢筋混凝土轴心受拉构件承载能力极限状态时，因混凝土开裂退出工作，只有钢筋受力，所以承载能力计算公式为：

$$N\leqslant N_u=f_yA_s \tag{7-3}$$

式中　N——轴心拉力设计值；

　　f_y——钢筋的抗拉强度设计值。

【例题 7-1】 某钢筋混凝土屋架下弦截面尺寸 $b\times h=250\text{mm}\times300\text{mm}$，恒载标准值产生的轴心拉力 $N_{Gk}=200\text{kN}$，活载标准值产生的轴心拉力 $N_{Qk}=80\text{kN}$（组合值系数 $\psi_c=0.7$）。

构件安全等级为一级，设计使用年限50年，一类环境。采用C30混凝土，HRB400级钢筋，试按承载能力条件确定纵向受拉钢筋。

【解】（1）轴心拉力设计值　取基本组合：可变荷载控制＋永久荷载控制

$$N=\gamma_0(\gamma_G N_{Gk}+\gamma_L\gamma_Q N_{Qk})=1.1\times(1.2\times200+1.0\times1.4\times80)=387.2\text{kN}$$

$$N=\gamma_0(\gamma_G N_{Gk}+\gamma_L\gamma_Q\psi_c N_{Qk})$$

$$=1.1\times(1.35\times200+1.0\times1.4\times0.7\times80)=383.2\text{kN}$$

所以取 $N=387.2\text{kN}$ 进行承载力计算。

（2）配筋计算　取 $N=N_u$，由式（7-3）得

$$A_s=\frac{N}{f_y}=\frac{387.2\times10^3}{360}=1076\text{mm}^2$$

可初步选配 $4\Phi20$（$A_s=1256\text{mm}^2$）。沿截面周边均匀布置，即布置在四角，每侧 $2\Phi20$，面积 628mm^2。验算配筋率

$$45\frac{f_t}{f_y}=45\times\frac{1.43}{360}=0.18>0.20$$

$$\rho_{min}=0.20\%$$

$$\rho_{一侧}=\frac{A_{s一侧}}{A}=\frac{628}{250\times300}=0.84\%>\rho_{min}=0.20\%\text{满足}$$

应该注意，轴心受拉构件的钢筋用量并不总是由承载能力决定的。在许多情况下，裂缝宽度验算对纵向钢筋用量起决定性作用（见7.4节）。

7.3　钢筋混凝土偏心受拉构件承载力计算

7.3.1　偏心受拉构件正截面承载力计算

7.3.1.1　大偏心受拉构件正截面承载力

钢筋混凝土大偏心受拉构件，截面上存在受压区，承载力极限状态时的计算简图如图7-5所示。由平衡关系可得：

$$N\leqslant f_y A_s-\alpha_1 f_c bx-f'_y A'_s \tag{7-4}$$

$$Ne\leqslant\alpha_1 f_c bx(h_0-0.5x)+f'_y A'_s(h_0-a'_s) \tag{7-5}$$

式中　e——轴向拉力作用点至 A_s 合力点的距离，$e=e_0-h/2+a_s$。

基本公式式（7-4）、式（7-5）的适用条件为 $2a'_s\leqslant x\leqslant\xi_b h_0$。若 $x>\xi_b h_0$，则表明受压混凝土将可能先于受拉钢筋屈服而被压碎，与超筋梁的破坏形式类似，设计时应提高混凝土强度等级或加大截面尺寸来避免这种情况的出现；若 $x<2a'_s$，则截面破坏时受压钢筋不能屈服，此时可取 $x=2a'_s$，即假定受压区混凝土的压力合力作用点与钢筋压力作用点重合，对该点取距平衡得：

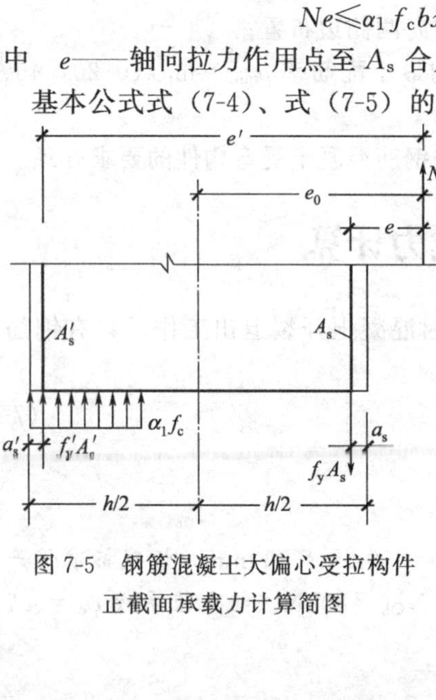

$$Ne'=f_y A_s(h_0-a'_s) \tag{7-6}$$

式中　e'——轴向拉力作用点至 A'_s 合力点的距离，$e'=e_0+h/2-a'_s$。

图7-5　钢筋混凝土大偏心受拉构件正截面承载力计算简图

截面设计时，式（7-4）、式（7-5）取等号计算钢筋面积。

（1）对称配筋，计算钢筋面积　钢筋混凝土大

偏心受拉构件对称配筋时，受压钢筋不屈服，可直接由式（7-6）解出钢筋截面面积

$$A_s=A_s'=\frac{Ne'}{f_y(h_0-a_s')} \tag{7-7}$$

（2）非对称配筋，求 A_s 和 A_s'　有三个未知量 x、A_s 和 A_s'，只有两个方程式（7-4）和式（7-5），此时可取 $x=\xi_b h_0$，由式（7-5）解得

$$A_s'=\frac{Ne-\alpha_1 f_c bx(h_0-0.5x)}{f_y'(h_0-a_s')} \tag{7-8}$$

若计算所得 $A_s'\geqslant 0.20\%bh$，则由式（7-4）解出 A_s

$$A_s=\frac{f_y'}{f_y}A_s'+\frac{N+\alpha_1 f_c bx}{f_y} \tag{7-9}$$

但若是 $A_s'<0.20\%bh$，则应取 $A_s'=0.20\%bh$，按已知 A_s' 求 A_s 之法计算 A_s。

（3）非对称配筋，已知 A_s' 求 A_s　由式（7-5）解出受压区高度 x：

$$x=h_0-\sqrt{h_0^2-\frac{2[Ne-f_y'A_s'(h_0-a_s')]}{\alpha_1 f_c b}} \tag{7-10}$$

若 $2a_s'\leqslant x\leqslant\xi_b h_0$，则由式（7-9）计算 A_s；若 $x<2a_s'$，则由式（7-6）解得

$$A_s=\frac{Ne'}{f_y(h_0-a_s')} \tag{7-11}$$

若 $x>\xi_b h_0$，则应提高混凝土强度等级或加大截面尺寸，或增大受压钢筋截面面积 A_s'，使其满足条件 $x\leqslant\xi_b h_0$。

7.3.1.2　小偏心受拉构件正截面承载力

小偏心受拉构件，整个截面受拉。承载能力极限状态时，裂缝贯通全截面，钢筋受拉屈服，计算简图如图 7-6 所示。由平衡关系有：

$$Ne\leqslant f_y A_s'(h_0-a_s') \tag{7-12}$$

$$Ne'\leqslant f_y A_s(h_0-a_s') \tag{7-13}$$

式中　e——轴向拉力作用点至 A_s 合力点的距离，$e=h/2-e_0-a_s$；

e'——轴向拉力作用点至 A_s' 合力点的距离，$e'=h/2+e_0-a_s'$。

配筋计算时取等号，由式（7-12）、式（7-13）得

$$A_s'=\frac{Ne}{f_y(h_0-a_s')} \tag{7-14}$$

$$A_s=\frac{Ne'}{f_y(h_0-a_s')} \tag{7-15}$$

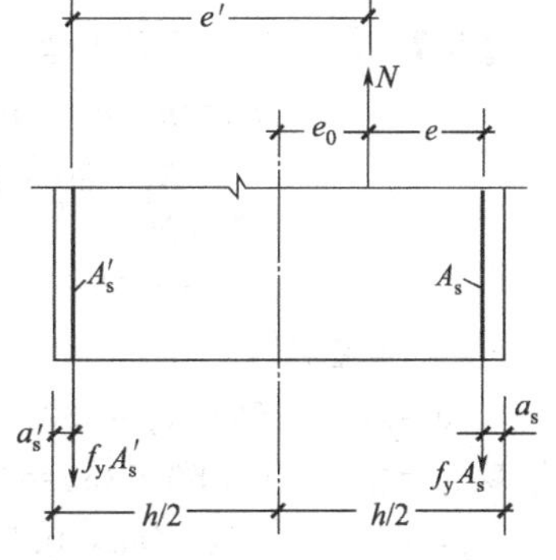

图 7-6　钢筋混凝土小偏心受拉构件正截面承载力计算简图

若小偏心受拉构件采用对称配筋方式，则应按式（7-14）、式（7-15）算得的较大截面面积配筋。因为 $e'>e$，所以应取式（7-15）的结果作为配筋的依据，此时远侧受拉钢筋一般不屈服。

【例题 7-2】 矩形截面偏心受拉构件，$b\times h=300\text{mm}\times 450\text{mm}$，轴向拉力设计值 $N=700\text{kN}$，弯矩设计值 $M=77\text{kN}\cdot\text{m}$。C25 混凝土，HRB400 级钢筋，一类环境，试配置纵向受力钢筋。

【解】（1）偏心受拉类型

取 $a_s=a_s'=45\text{mm}$，$h_0=h-a_s=450-45=405\text{mm}$

$$e_0=\frac{M}{N}=\frac{77\times10^3}{700}=110\text{mm}$$

$$<0.5h-a_s=0.5\times450-45=180\text{mm}$$，属于小偏心受拉

(2) 最小配筋率

$$45\frac{f_t}{f_y}=45\times\frac{1.27}{360}=0.16<0.20$$

$$\rho_{min}=0.20\%,\ \rho'_{min}=0.20\%$$

$$\rho_{min}bh=\rho'_{min}bh=0.20\%\times300\times450=270\text{mm}^2$$

(3) 轴向力作用点到 A'_s、A_s 合力点的距离

$$e=h/2-e_0-a_s=450/2-110-45=70\text{mm}$$

$$e'=h/2+e_0-a'_s=450/2+110-45=290\text{mm}$$

(4) 配筋计算

$$A'_s=\frac{Ne}{f_y(h_0-a'_s)}=\frac{700\times10^3\times70}{360\times(405-45)}=378\text{mm}^2$$

$$>\rho'_{min}bh=270\text{mm}^2$$

$$A_s=\frac{Ne'}{f_y(h_0-a'_s)}=\frac{700\times10^3\times290}{360\times(405-45)}=1566\text{mm}^2$$

$$>\rho_{min}bh=270\text{mm}^2$$

A'_s 可配 2⌽16（$A'_s=402\text{mm}^2$），A_s 可配 5⌽20（$A_s=1570\text{mm}^2$）。

【例题 7-3】 矩形截面偏心受拉构件，$b\times h=250\text{mm}\times400\text{mm}$，内力设计值 $N=100\text{kN}$，$M=80\text{kN}\cdot\text{m}$。C20 混凝土，HRB335 级钢筋，取 $a_s=a'_s=45\text{mm}$，试配纵向受力钢筋。

【解】 (1) 偏心受拉类型

$$h_0=h-a_s=400-45=355\text{mm}$$

$$e_0=\frac{M}{N}=\frac{80\times10^3}{100}=800\text{mm}$$

$$>0.5h-a_s=0.5\times400-45=155\text{mm}$$，属于大偏心受拉

(2) 确定 A'_s

$$e=e_0-0.5h+a_s=800-0.5\times400+45=645\text{mm}$$

取 $x=\xi_bh_0=0.550\times355=195.3\text{mm}$

$$A'_s=\frac{Ne-\alpha_1f_cbx(h_0-0.5x)}{f'_y(h_0-a'_s)}$$

$$=\frac{100\times10^3\times645-1.0\times9.6\times250\times195.3\times(355-0.5\times195.3)}{300\times(355-45)}=-604\text{mm}^2$$

$$<0.20\%bh=0.20\%\times250\times400=200\text{mm}^2$$

可配 2⌽12，面积 $A'_s=226\text{mm}^2>200\text{mm}^2$。按已知 A'_s 求 A_s。

(3) 确定 A_s

$$x=h_0-\sqrt{h_0^2-\frac{2[Ne-f'_yA'_s(h_0-a'_s)]}{\alpha_1f_cb}}$$

$$=355-\sqrt{355^2-\frac{2\times[100\times10^3\times645-300\times226\times(355-45)]}{1.0\times9.6\times250}}$$

$$=55.4\text{mm}<\xi_bh_0=0.550\times355=195.3\text{mm}$$

且 $x<2a'_s=2\times40=80\text{mm}$，所以应由式 (7-11) 计算 A_s。

$$e'=e_0+h/2-a'_s=800+400/2-45=955\text{mm}$$

$$A_s=\frac{Ne'}{f_y(h_0-a'_s)}=\frac{100\times10^3\times955}{300\times(355-45)}=1027\text{mm}^2$$

验算配筋率

$$45\frac{f_t}{f_y}=45\times\frac{1.10}{300}=0.165<0.20$$

$$\rho_{\min}=0.20\%$$

$$\rho=\frac{A_s}{A}=\frac{1027}{250\times400}=1.03\%>\rho_{\min}=0.20\%，满足$$

A_s 可配 7Φ14（$A_s=1077\text{mm}^2$），并筋布置。

7.3.2　偏心受拉构件斜截面承载力计算

一般偏心受拉构件，在承受拉力和弯矩的同时，也存在着剪力。当剪力较大时，应进行斜截面受剪承载能力计算。

在轴心拉力作用下，构件上可能产生横贯全截面的初始垂直裂缝；施加横向荷载后，构件顶部裂缝闭合，而底部裂缝加宽，且斜裂缝可能穿过初始垂直裂缝向上发展。斜裂缝呈现宽度较大，倾角也较大，斜裂缝末端剪压区高度减小，甚至没有剪压区，从而受剪承载能力有明显的降低。偏心受拉构件受剪承载力降低程度与拉力的大小有关，规范取 $0.2N$。试验发现，轴向拉力对箍筋的受剪承载能力没有影响。

矩形、T 形和 I 形截面的钢筋混凝土偏心受拉构件，其斜截面受剪承载力应符合下列规定：

$$V\leqslant\frac{1.75}{\lambda+1}f_tbh_0+f_{yv}\frac{A_{sv}}{s}h_0-0.2N \tag{7-16}$$

式中　N——与剪力设计值 V 相应的轴向拉力设计值；

λ——计算截面的剪跨比，与第 6 章钢筋混凝土偏心受压构件的取值相同。

当$\frac{1.75}{\lambda+1}f_tbh_0<0.2N$ 时，取$\frac{1.75}{\lambda+1}f_tbh_0=0.2N$，此时式（7-16）成为

$$V\leqslant f_{yv}\frac{A_{sv}}{s}h_0 \tag{7-17}$$

同时还要求

$$f_{yv}\frac{A_{sv}}{s}h_0\geqslant0.36f_tbh_0 \tag{7-18}$$

钢筋混凝土偏心受拉构件的截面尺寸同样需要验算，验算公式与钢筋混凝土受弯构件的式（5-55）、式（5-56）相同。

7.4　钢筋混凝土受拉构件裂缝宽度验算

钢筋混凝土受拉构件在使用期间的开裂问题是设计中重点关注的问题，很多情况是裂缝控制截面设计，承载能力反倒不是主要矛盾。不管是轴心受拉还是偏心受拉，最大裂缝宽度不得超过裂缝宽度限值。

最大裂缝宽度的计算，对于轴心受拉构件和偏心受拉构件有微小差别。以下只介绍差异部分，与受弯构件、大偏心受压构件相同的计算公式和符号就不再重复。

（1）轴心受拉构件最大裂缝宽度

$$w_{max}=2.7\psi\frac{\sigma_{sq}}{E_s}\left(1.9c_s+0.08\frac{d_{eq}}{\rho_{te}}\right) \tag{7-19}$$

$$\rho_{te}=\frac{A_s}{A} \tag{7-20}$$

$$\sigma_{sq}=\frac{N_q}{A_s} \tag{7-21}$$

（2）偏心受拉构件最大裂缝宽度

$$w_{max}=2.4\psi\frac{\sigma_{sq}}{E_s}\left(1.9c_s+0.08\frac{d_{eq}}{\rho_{te}}\right) \tag{7-22}$$

$$\rho_{te}=\frac{A_s}{0.5bh} \tag{7-23}$$

$$\sigma_{sq}=\frac{N_q e'}{A_s(h_0-a_s')} \tag{7-24}$$

式中　e'——轴向拉力（准永久组合下的轴力 N_q）作用点至受压区或受拉较小边纵向钢筋合力点的距离。

【例题 7-4】 对应例题 7-1 中的钢筋混凝土屋架下弦，可变荷载准永久值系数 $\psi_q=0.5$，箍筋按构造配置Φ6@200。环境类别为一类，试验算裂缝宽度。

【解】 一类环境下屋架裂缝宽度限值 $w_{lim}=0.20mm$（附表 12 注 2）。屋架下弦为轴心受拉构件，在例题 7-1 中按承载能力条件已配置纵向受力钢筋 4Φ20。

（1）计算钢筋应力

$$N_q=N_{Gk}+\psi_q N_{Qk}=200+0.5\times80=240kN$$

$$\sigma_{sq}=\frac{N_q}{A_s}=\frac{240\times10^3}{1256}=191N/mm^2$$

（2）裂缝间钢筋应变不均匀系数

$$\rho_{te}=\frac{A_s}{bh}=\frac{1256}{250\times300}=0.0167>0.01$$

$$\psi=1.1-0.65\frac{f_{tk}}{\rho_{te}\sigma_{sq}}=1.1-0.65\times\frac{2.01}{0.0167\times191}=0.69>0.20，且<1.0$$

（3）裂缝宽度验算

$$d_{eq}=\frac{d}{\nu}=\frac{20}{1.0}=20mm$$

取保护层厚度 $c_c=d=c=20mm$，则 $c_s=c_c+d_{e1}=20+6=26mm$。

$$w_{max}=2.7\psi\frac{\sigma_{sq}}{E_s}\left(1.9c_s+0.08\frac{d_{eq}}{\rho_{te}}\right)$$
$$=2.7\times0.69\times\frac{191}{2.00\times10^5}\times\left(1.9\times26+0.08\times\frac{20}{0.0167}\right)$$
$$=0.26mm>w_{lim}=0.20mm，不满足要求$$

（4）重新配筋

试配 8Φ16（$A_s=1608mm^2$），再验算裂缝宽度：

$$\sigma_{sq}=\frac{N_q}{A_s}=\frac{240\times10^3}{1608}=149.3N/mm^2$$

$$\rho_{te}=\frac{A_s}{bh}=\frac{1608}{250\times300}=0.0214>0.01$$

$$\psi=1.1-0.65\frac{f_{tk}}{\rho_{te}\sigma_{sq}}=1.1-0.65\times\frac{2.01}{0.0214\times149.3}=0.69$$

$d_{eq}=d=16\text{mm}$

取保护层厚度 $c_c=c=20\text{mm}>d=16\text{mm}$，则 $c_s=c_c+d_{e1}=20+6=26\text{mm}$。

$$\begin{aligned}w_{max}&=2.7\psi\frac{\sigma_{sq}}{E_s}\left(1.9c_s+0.08\frac{d_{eq}}{\rho_{te}}\right)\\&=2.7\times0.69\times\frac{149.3}{2.00\times10^5}\times\left(1.9\times26+0.08\times\frac{16}{0.0214}\right)\\&=0.15\text{mm}\\&<w_{lim}=0.20\text{mm},\text{满足要求}\end{aligned}$$

说明由承载能力条件所配纵筋，不能满足裂缝宽度限值要求。裂缝控制截面设计，对于受拉构件大多如此。本例题试配的纵向受拉钢筋 8⌀16（$A_s=1608\text{mm}^2$），经过裂缝宽度验算可行，钢筋沿截面周边布置（每边三根）；箍筋按构造配置Φ6@200。最后的截面配筋图如图 7-7 所示。

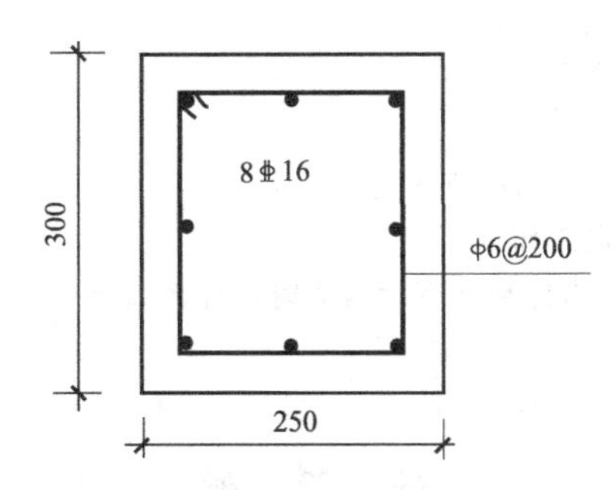

图 7-7　例题 7-4 截面配筋图

思　考　题

7-1　钢筋混凝土轴心受拉构件有哪些配筋构造要求？

7-2　钢筋混凝土轴心受拉构件在开裂前、开裂后及破坏时的受力特点如何？

7-3　轴心受拉构件的受拉钢筋用量通常按什么条件确定？

7-4　钢筋混凝土偏心受拉构件，其大、小偏心受拉是怎样区分的？大、小偏心受拉构件的正截面受拉承载力如何计算？

7-5　试比较矩形截面双筋梁、非对称配筋大偏心受压构件和大偏心受拉构件三者正截面承载力计算的异同。

7-6　说明为什么对称配筋矩形截面偏心受拉构件①在小偏心受拉情况下，A_s' 不可能达到 f_y；②在大偏心受拉情况下，A_s' 不可能达到 f_y'。

7-7　轴向拉力对受拉构件的受剪承载力有何影响？在抗剪计算时如何考虑这一影响？

7-8　钢筋混凝土受拉构件的裂缝宽度如何验算？

选　择　题

7-1　钢筋混凝土轴心受拉构件的承载力取决于（　　）。

A. 混凝土强度　　B. 箍筋强度

C. 纵向钢筋的强度和面积　　D. 纵筋、箍筋和混凝土强度

7-2　钢筋混凝土偏心受拉构件设计计算时所用偏心距为（　　）。

A. e_0　　B. e_a　　C. $e_i=e_0+e_a$　　D. ηe_i

7-3　钢筋混凝土小偏心受拉构件，截面（　　）。

A. 存在受压区　　B. 中和轴在截面内

C. 拉应变小于压应变　　D. 中和轴在截面外

7-4　钢筋混凝土偏心受拉构件，其大小偏心受拉的界限是以（　　）而确定的。

A. 偏心距的大小　　B. 受拉钢筋是否屈服

C. 受压区高度 x　　D. 拉力 N 作用于 A_s、A_s' 的位置不同

7-5　在小偏心受拉构件设计中，基本公式计算出的钢筋用量满足关系（　　）。

A. $A_s > A_s'$　　B. $A_s < A_s'$　　C. $A_s = A_s'$　　D. $A_s = 0.2\% bh > A_s'$

7-6　钢筋混凝土大偏心受拉构件的设计计算过程中，如果计算出的 $A_s' < 0$，则 A_s' 按构造要求配置，而后再计算 A_s。若出现 $x < 2a_s'$ 的情况，则说明（　　）。

A. 纵筋 A_s 不屈服　　B. 纵筋 A_s' 不屈服　　C. 不需要纵筋 A_s　　D. 纵筋 A_s' 配置过少

7-7　轴向拉力 N 对钢筋混凝土构件的受剪承载力有不利影响，规范取降低值为（　　），并不得超过 $1.75 f_t b h_0/(\lambda+1)$。

A. $0.3N$　　B. $0.2N$　　C. $0.1N$　　D. $0.07N$

7-8　正常使用阶段，钢筋混凝土受拉构件（　　）。

A. 是带裂缝工作的，但应限制裂缝宽度

B. 是不带裂缝工作的

C. 是带裂缝工作的，裂缝宽度与荷载成正比

D. 各截面处钢筋和混凝土共同工作

7-9　钢筋混凝土矩形截面轴心受拉构件裂缝宽度验算时，计算 $\rho_{te} = A_s/A_{te}$ 所用有效受拉混凝土截面面积为：A_{te} =（　　）。

A. $0.5bh$　　B. $0.8bh$　　C. bh　　D. $1.2bh$

计 算 题

7-1　处于一类环境下的某钢筋混凝土矩形截面拉杆，截面尺寸 250mm×250mm，采用 C20 混凝土，配置纵向受力钢筋 8Φ14。该拉杆承受轴心拉力设计值 N=360kN，试验算其承载力。

7-2　某钢筋混凝土轴心受拉构件，截面尺寸 $b \times h$=250mm×250mm，恒载轴力标准值 N_{Gk}=150kN，活载轴力标准值 N_{Qk}=60kN，可变荷载组合值系数 ψ_c=0.7、准永久值系数 ψ_q=0.5。混凝土为 C25，纵向钢筋采用 HRB335 级，箍筋按构造配置Φ6@200，一类环境，结构安全等级为二级，设计使用年限 50 年。试按承载能力条件和裂缝宽度要求确定纵向受力钢筋（取裂缝宽度限值 w_{lim}=0.20mm）。

7-3　矩形截面偏心受拉构件，$b \times h$=250mm×400mm，内力设计值 N=500kN，M=50kN·m。设 $a_s = a_s'$=40mm，C30 混凝土，HRB400 级纵向钢筋，试按承载能力条件确定纵向受力钢筋 A_s 和 A_s'。

7-4　钢筋混凝土偏心受拉构件，处于一类环境，截面尺寸 $b \times h$=200mm×350mm，采用 C25 混凝土、HRB400 纵筋和 HPB300 箍筋。纵向受力钢筋已经配置如下：靠近轴向拉力一侧 2Φ16，远离轴向拉力一侧 2Φ12。取 $a_s = a_s'$=40mm，求此构件在 e_0=55mm 时所能承受的轴向拉力。

7-5　钢筋混凝土偏心受拉构件，处于一类环境，截面尺寸 $b \times h$=300mm×400mm，采用 C25 混凝土、HRB335 纵筋和 HPB300 箍筋。构件作用轴向拉力设计值 N=200kN，剪力设计值 V=120kN（横向均布荷载引起），试配置箍筋。

第8章　钢筋混凝土受扭构件

8.1　受扭构件的受力特点及构造要求

截面内力含扭矩 T 的构件，称为受扭构件。仅有扭矩者，称为纯扭构件；同时存在扭矩、剪力和弯矩者，称为复合受扭构件。扭转变形是构件的基本变形之一，钢筋混凝土雨篷梁（或挑檐梁）、框架结构边梁（见图 8-1）、螺旋楼梯、厂房吊车梁等构件存在这种变形形式。

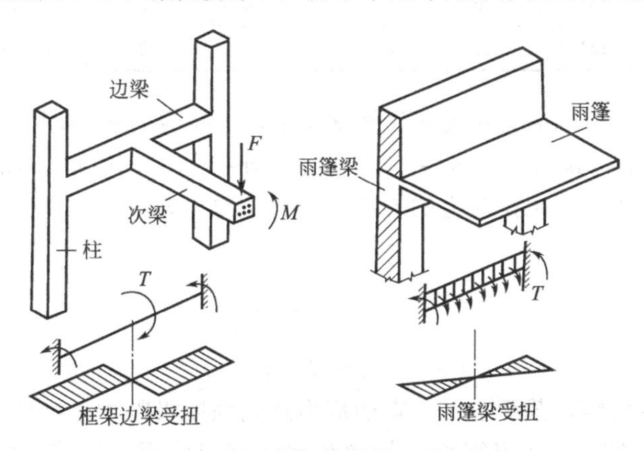

图 8-1　典型的钢筋混凝土受扭构件

扭转可以分为平衡扭转和约束扭转两类。平衡扭转是指扭矩由荷载直接引起，其值可由平衡方程求出的扭转，例如雨篷梁、厂房吊车梁的扭转就是平衡扭转。协调扭转是指由相邻构件的位移受到该构件的约束而引起的扭转，扭矩值需结合变形协调条件才能求得，例如框架边梁受到次梁端部负弯矩的作用在边梁引起的扭转就是协调扭转。平衡扭转，其扭矩在构件中不会产生内力重分布；而协调扭转的扭矩会由于构件开裂产生内力重分布而减小。本书只讨论平衡扭转。

8.1.1　混凝土纯扭构件的受力特点

在实际工程中，纯扭转变形的构件很少，一般是在弯矩、剪力、扭矩共同作用下产生组合变形，即复合受扭。然而，纯扭构件的受力性能是复合受扭构件承载能力计算的基础，所以研究纯扭构件的受力性能十分必要。

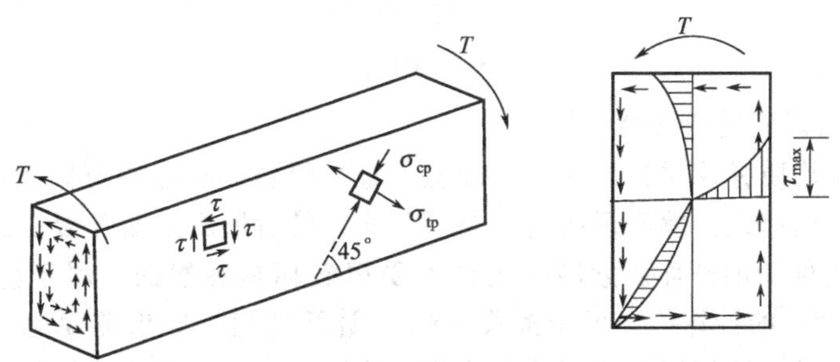

图 8-2　矩形截面纯扭构件弹性应力分布

8.1.1.1　素混凝土纯扭构件的受力特点

矩形截面构件在扭矩 T 作用下，产生的扭转变形不符合平截面假定，截面之间除产生相对转动以外，截面本身还会发生翘曲变形。根据弹性力学的理论解答，均质弹性材料截面上的剪应力分布如图 8-2 所示。最大剪应力发生在截面边缘之长边中点，其值为：

$$\tau_{\max}=\frac{T}{\alpha b^2 h} \tag{8-1}$$

式中　b——矩形截面的短边长度；

h——矩形截面的长边长度；

α——与 h/b 有关的系数，见表 8-1。

表 8-1　矩形截面最大扭转剪应力系数 α

h/b	1.0	1.5	2.0	2.5	3.0	4.0	6.0	8.0	10.0
α	0.208	0.231	0.246	0.258	0.267	0.282	0.299	0.307	0.313

与最大剪应力相对应的应力单元示于图 8-2 中，主拉应力 σ_{tp} 和主压应力 σ_{cp} 分别与构件轴线成 45°或 135°夹角，其大小为 $\sigma_{tp}=\sigma_{cp}=\tau_{\max}$。当主拉应力达到材料的抗拉强度时，首先在截面长边中点处沿垂直于主拉应力的方向开裂，裂缝与轴线成 45°角。弹性材料的开裂扭矩，由式（8-1）可知：

$$\tau_{\max}=f_t=\frac{T_{cr}}{\alpha b^2 h}$$

所以

$$T_{cr}=\alpha b^2 h f_t \tag{8-2}$$

对于理想弹塑性材料，截面上某一点的应力达到强度极限时，构件并不立即破坏，只是局部材料进入塑性状态，构件仍能承受外加荷载，直到截面上的剪应力全部达到抗拉强度（$\tau=\tau_{\max}=f_t$）时，构件才达到极限受扭承载力。极限状态下，理想弹塑性材料矩形截面受扭构件截面上的剪应力分布如图 8-3（a）所示。为便于计算，可近似地将截面上的剪应力分布划分为四个部分，两个梯形和两个三角形，如图 8-3（b）所示。三角形部分形成一个力偶，梯形部分形成另一个力偶，两力偶之和就是极限扭矩。因为

F_1＝三角形面积×$f_t=b^2f_t/4$，力偶臂 1＝三角形形心之间的距离 $(3h-b)/3$；

F_2＝梯形面积×$f_t=b(2h-b)f_t/4$，力偶臂 2＝梯形形心之间的距离 $(3h-b)b/[3(2h-b)]$。

所以应有：

$$\begin{aligned}T_u&=F_1\times\text{力偶臂 1}+F_2\times\text{力偶臂 2}\\&=\frac{b^2}{4}f_t\times\frac{3h-b}{3}+\frac{b(2h-b)}{4}f_t\times\frac{(3h-b)b}{3(2h-b)}=\frac{b^2}{6}(3h-b)f_t\end{aligned}$$

若令

$$W_t=\frac{b^2}{6}(3h-b) \tag{8-3}$$

则有

$$T_u=W_t f_t \tag{8-4}$$

W_t——受扭构件的截面受扭塑性抵抗矩。

混凝土既不是均质弹性材料，又不是理想弹塑性材料。长边中点附近出现与构件成 45°夹角的斜裂缝后，迅速地以螺旋形向上、向下延伸，最后形成三面开裂一面受压的空间斜曲面（见图 8-4），构件随即破坏。素混凝土构件受扭破坏是突然的，属于脆性破坏。实测开裂扭矩高于式（8-2）的计算值，低于按式（8-4）计算的值。要想准确地确定截面上剪应力的真实分布十分困难，比较切实可行的办法是在按塑性应力分布计算的基础上，根据试验结果乘以一个降低系数。

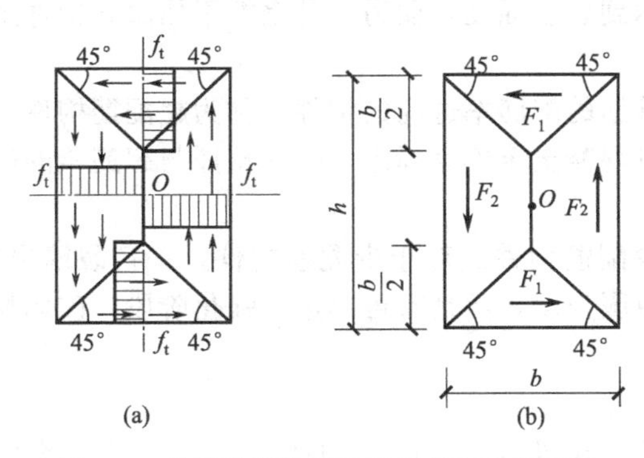

图 8-3　理想弹塑性材料矩形截面受扭极限状态截面上剪应力分布

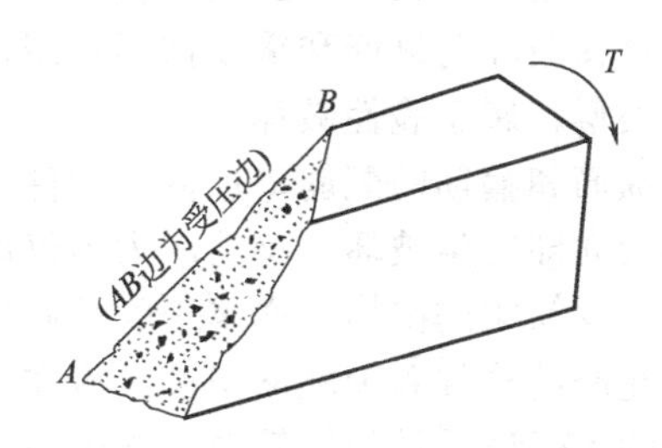

图 8-4　混凝土纯扭构件破裂曲面

试验表明，对于高强度混凝土，其降低系数约为 0.7，对于普通混凝土，其降低系数接近 0.8，为计算方便，统一取 0.7。所以开裂扭矩可按下式计算：

$$T_{cr}=0.7W_tf_t \tag{8-5}$$

对于素混凝土构件，极限扭矩和开裂扭矩比较接近；但对于钢筋混凝土构件，极限扭矩则远远大于开裂扭矩。

8.1.1.2　钢筋混凝土纯扭构件的受力特点

钢筋混凝土纯扭构件并不沿垂直于斜裂缝的方向配置抗扭钢筋，而是采用沿截面对称布置的纵向钢筋和封闭的横向箍筋构成钢筋骨架，如图 8-5（a）所示。试验发现，抗扭钢筋对提高构件的抗裂性能作用不大，开裂扭矩仍可用式（8-5）计算。螺旋形斜裂缝与构件轴线夹角 α［见图 8-5（b）］与抗扭钢筋的用量有关，一般介于 30°～60°之间。

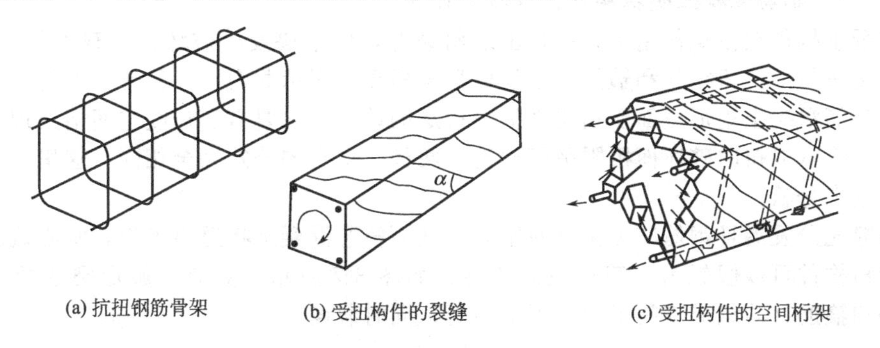

(a) 抗扭钢筋骨架　(b) 受扭构件的裂缝　(c) 受扭构件的空间桁架

图 8-5　钢筋混凝土受扭构件的受力性能

多条螺旋形斜裂缝形成后的钢筋混凝土构件，可以看成如图 8-5（c）所示的变角度空间桁架，其中纵向钢筋相当于受拉弦杆，箍筋相当于受拉竖腹杆，裂缝之间接近构件表面一定厚度的混凝土形成承担斜向压力的斜腹杆，且斜腹杆的倾角 α 随钢筋用量不同而变化。按照这样假定形成的模型称为变角度空间桁架模型。因为混凝土开裂后，钢筋尚可继续承担拉力，因而能使受扭构件的承载能力大大提高。

钢筋混凝土受扭构件的破坏类型与抗扭钢筋的用量有关。

（1）低配筋构件　抗扭钢筋配置适中的构件，称为适筋构件，又称为低配筋构件。在扭矩作用下，纵筋和箍筋首先达到屈服强度，然后混凝土被压碎而破坏。低配筋构件的破坏特点与适筋梁的破坏特点类似，属于延性破坏。

（2）部分超配筋构件　纵筋和箍筋配筋比率相差较大，称为部分超配筋构件。部分超配筋构件破坏时，仅配筋率较小的纵筋或箍筋达到屈服强度，而另一种钢筋不屈服。构件虽然具有一定的延性，但较低配筋构件的延性小。

（3）超配筋构件和少配筋构件 纵筋和箍筋的配筋率过高的构件，称为超配筋构件。这种构件在破坏时纵筋和箍筋都不屈服，而是以混凝土压碎为标志。破坏特征与超筋梁的破坏特征类似，属于脆性破坏。

纵筋和箍筋的配筋率过低的构件，称为少配筋构件。对于少配筋构件，一旦裂缝出现，构件会立即发生破坏。钢筋应力不仅能达到屈服强度，而且有可能进入强化阶段，破坏特征类似于少筋梁的破坏，亦属于脆性破坏。

超配筋构件和少配筋构件，应在设计中避免。

为了保证设计的钢筋混凝土受扭构件为适筋构件（或低配筋构件），得有一个定量的控制参数。如图 8-6 所示，设抗扭纵筋的总截面面积为 A_{stl}，抗扭箍筋的单肢截面面积为 A_{stl}、间距为 s，从箍筋内表面计算的截面核心部分的短边和长边长度分别为 b_{cor} 和 h_{cor}，截面周长为 $u_{cor}=2(b_{cor}+h_{cor})$。受扭构件纵筋和箍筋在数量上和强度上的相对关系，用纵筋和箍筋的配筋强度比 ζ 来表征。配筋强度比 ζ 定义为纵筋与箍筋的体积比与强度比的乘积，即：

$$\zeta=\frac{A_{stl}s}{A_{st1}u_{cor}}\times\frac{f_y}{f_{yv}}=\frac{f_yA_{stl}s}{f_{yv}A_{st1}u_{cor}} \tag{8-6}$$

试验表明，当 ζ 在 0.5～2.0 范围内时，钢筋混凝土受扭构件破坏时其纵筋和箍筋基本能达到屈服强度。为稳妥起见，规范限制条件为

$$0.6\leqslant\zeta\leqslant1.7 \tag{8-7}$$

当计算的 ζ 值大于 1.7 时，取 $\zeta=1.7$ 用于承载力计算。试验还发现，当 $\zeta=1.2$ 左右时为钢筋达到屈服的最佳值。因截面内力平衡的需要，对不对称配置纵向钢筋截面面积的情况，在用式（8-6）计算时只取对称布置的纵向钢筋截面面积。

8.1.1.3 钢筋混凝土受扭构件极限扭矩计算

素混凝土构件在扭矩作用下，一旦出现斜裂缝，便很快发生破坏，承载力低，延性差。若构件配置适量的抗扭纵筋和箍筋，不仅可显著提高抗扭承载力，而且使变形能力增强，延性较好。钢筋混凝土矩形截面受扭构件极限扭矩的计算，主要有变角度空间桁架理论和斜向弯曲破坏理论（或扭曲破坏面极限平衡理论）两种，得到的公式完全相同。这里以变角度空间桁架理论来分析。

在裂缝充分发展且钢筋应力接近屈服时，截面核芯混凝土将退出工作，实心截面的钢筋混凝土受扭构件可以假想为一箱形截面构件，如图 8-7 所示。具有螺旋形裂缝的混凝土外壳、纵筋和箍筋共同组成空间桁架以抵抗扭矩，同时假设：

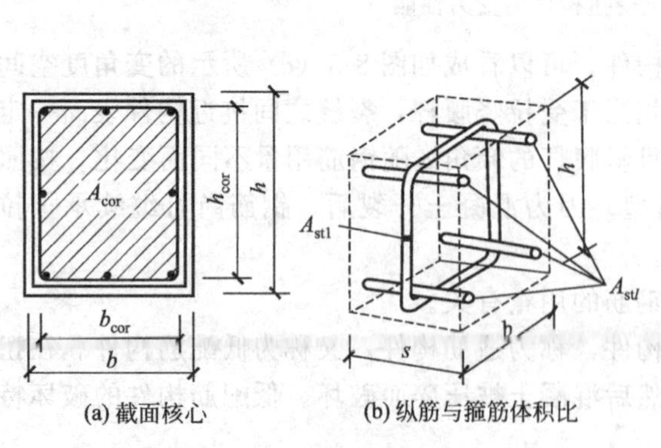

图 8-6 配筋强度比

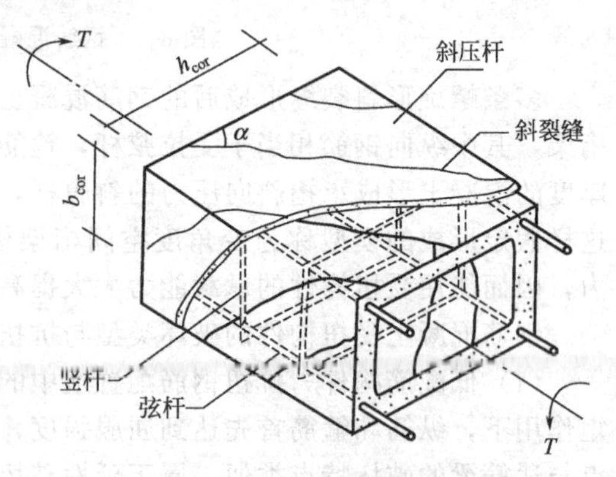

图 8-7 变角度空间桁架

① 混凝土只承受压力，具有螺旋形裂缝的混凝土外壳组成桁架的斜压杆，其倾角为 α。因 α 随配筋强度比的变化而变化，故称为变角度空间桁架；

② 纵筋和箍筋只承受拉力，分别作为桁架的弦杆和竖腹杆；

③ 忽略核芯混凝土的抗扭作用及钢筋的销栓作用。

变角度空间桁架模型的计算简图如图 8-8 所示。设桁架的高度和宽度分别为 h_{cor} 和 b_{cor}，考虑图 8-8（b）所示的一个侧面上的受力，即纵筋拉力 N_{stl}、箍筋拉力 N_{sv} 和混凝土的压力 F_c 三部分。

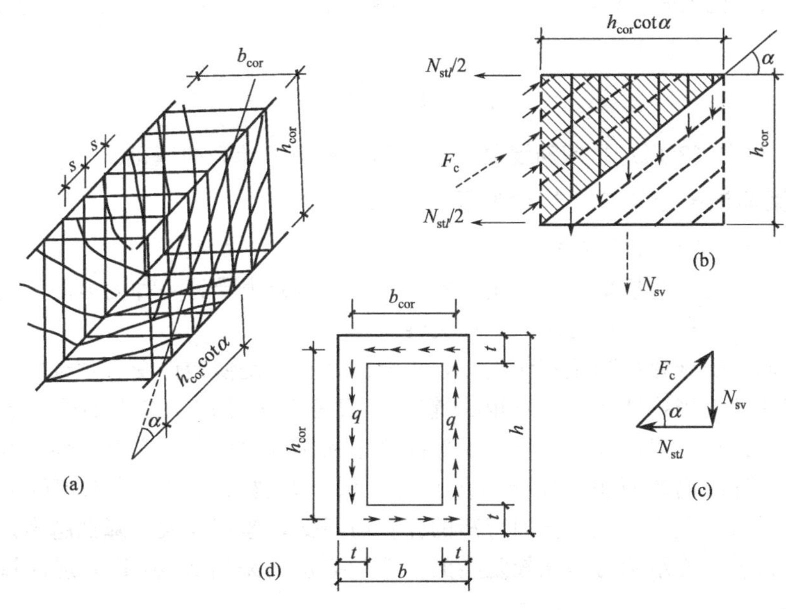

图 8-8　变角度空间桁架计算简图

纵向钢筋 A_{stl} 沿截面周边均匀对称布置，在高度为 h_{cor} 的侧面内的纵向钢筋面积为（A_{stl}/u_{cor}）h_{cor}，故该侧面上纵筋的极限拉力为

$$N_{stl}=f_y\frac{A_{stl}}{u_{cor}}h_{cor} \tag{8-8}$$

在高度为 h_{cor} 范围内，构件纵向长度为 $h_{cor}\cot\alpha$，该长度上的箍筋截面面积为（A_{st1}/s）$h_{cor}\cot\alpha$，故箍筋承受的极限拉力为

$$N_{sv}=f_{yv}\frac{A_{st1}}{s}h_{cor}\cot\alpha \tag{8-9}$$

纵向钢筋拉力 N_{stl}、箍筋拉力 N_{sv} 和混凝土斜压杆的压力 F_c 构成一个平面平衡力系，由图 8-8（c）所示的力三角形（或平衡条件）可得

$$\cot\alpha=\frac{N_{stl}}{N_{sv}} \tag{8-10}$$

将式（8-8）、式（8-9）代入式（8-10），解得

$$\cot\alpha=\frac{N_{stl}}{N_{sv}}=\sqrt{\frac{f_y A_{stl}s}{f_{yv}A_{st1}u_{cor}}}$$

考虑到式（8-6），则有

$$\cot\alpha=\sqrt{\zeta} \tag{8-11}$$

均质弹性材料薄壁截面的扭转问题，可由弹性力学方法（如薄膜比拟法）求解。剪应力 τ 在薄壁截面上形成剪力流，单位长度上的剪力流强度 $q=\tau t$，如图 8-8（d）所示。对于变

角度空间桁架模型，侧面上的剪力流强度由箍筋拉力计算

$$q=\frac{N_{sv}}{h_{cor}}=f_{yv}\frac{A_{st1}}{s}\cot\alpha=f_{yv}\frac{A_{st1}}{s}\sqrt{\zeta} \tag{8-12}$$

整个截面上的剪力流强度 q 所构成的两个力偶应与极限扭矩 T_u 相平衡，故得

$$T_u=(qh_{cor})b_{cor}+(qb_{cor})h_{cor}=2qb_{cor}h_{cor}$$

令 $A_{cor}=b_{cor}h_{cor}$（截面核芯部分的面积），则有

$$T_u=2qA_{cor} \tag{8-13}$$

将式（8-12）代入式（8-13），得到钢筋混凝土矩形截面受扭构件极限扭矩 T_u 的理论表达式

$$T_u=2\sqrt{\zeta}f_{yv}\frac{A_{st1}A_{cor}}{s} \tag{8-14}$$

式（8-5）和式（8-14）是钢筋混凝土受扭构件承载力计算的基础。

8.1.2　钢筋混凝土弯剪扭构件的受力特点

8.1.2.1　承载力之间的相关性

弯矩与扭矩或剪力与扭矩同时作用于构件，一种承载力受另一种内力的影响，通常使承载力降低，这种现象称为承载力之间的相关性。

受弯构件同时受到弯矩和扭矩作用时，扭矩的存在总是使构件受弯承载力降低，这种现象称为弯扭相关性。当构件承受的弯矩 M 较大、扭矩 T 较小时，二者的叠加效果使截面上部纵筋的压应力减小，但仍处于受压；下部纵筋中的拉应力增大，它对截面的承载力起控制作用，加速了下部纵筋的屈服，使受弯承载力降低。T 越大，构件能承担的 M 降低越多。同理，截面的受扭承载力一般也会因弯矩的存在而降低，弯矩越大、降低越多。

弯扭构件精确计算承载力是比较复杂的，简化方法是采用 M 和 T 分别计算纵筋，叠加相应位置的钢筋。

构件受剪承载力因扭矩的存在而降低，或受扭承载力因剪力的存在而降低，这种现象称为剪扭相关性。因为剪力引起的剪应力和扭矩引起的剪应力在构件的一个侧面（剪应力方向一致的侧面）发生叠加效应，所以一种内力的存在会使另一种承载力下降。

剪扭构件的受剪性能比较复杂，完全按照相关关系进行承载力计算是很困难的。规范采用混凝土相关的办法，在混凝土承载力一项中引进承载力降低系数 β_t 来解决这个问题。并且各自分别计算箍筋，最后叠加箍筋。

8.1.2.2　复合受扭构件的破坏形态

弯剪扭复合受扭构件由于三种内力之间的比例关系不同，配筋情况不同，破坏形态也不相同。研究发现，复合受扭构件可能的破坏形态有以下几种。

（1）弯型破坏　当 T/M 较小时，弯矩起主导作用，以发生弯曲变形为主、扭转变形为辅，裂缝从构件下部开始，然后向两个侧面发展，上部混凝土在弯矩产生的压应力和扭矩产生的拉应力共同作用下，以压碎而告终。扭矩的存在对受压区混凝土有利，但却使受拉区钢筋拉应力增加，破坏时下部纵向受拉钢筋达到屈服强度，类似于受弯构件的破坏。这类破坏因弯矩引起，所以称为弯型破坏。

（2）扭型破坏　当 T/M 较大、而顶部纵筋又少于底部纵筋时，构件顶部当弯矩产生的压应力被扭矩产生的拉应力抵消后，将首先开裂，然后向两侧发展。顶部钢筋因扭而受拉先屈服，最后底部混凝土受压破坏。这类破坏因扭矩引起，所以称为扭型破坏。

（3）剪扭破坏　当 T 和 V 都较大并起控制作用时，由于扭矩和剪力的共同作用使构件的一个侧面首先开裂，然后向底部和顶部发展，形成螺旋形裂缝，最后在另一个侧面被压

坏。破坏时与斜裂缝相交的纵筋和箍筋达到屈服。这类破坏因剪力和扭矩所引起，所以称为剪扭破坏。

(4) 剪压型破坏　当弯矩和剪力作用明显，而扭矩很小时，构件可能发生类似于受弯构件的剪压型破坏。

8.1.3　钢筋混凝土受扭构件的配筋构造要求

8.1.3.1　受扭纵筋

受扭纵向钢筋的配筋率应大于或等于最小配筋率：

$$\rho_{tl}=\frac{A_{stl}}{bh}\geqslant\rho_{tl,\min}=0.6\sqrt{\frac{T}{Vb}}\frac{f_t}{f_y} \tag{8-15}$$

当 $T/(Vb)>2.0$ 时，取 $T/(Vb)=2.0$；对箱形截面，b 应以 b_h（箱形截面的短边尺寸）代替。

受扭纵向钢筋应沿构件截面周边均匀对称布置。矩形截面的四角以及 T 形、I 形截面各分块矩形的四角，均需设置受扭纵筋。受扭纵筋的间距不应大于 200mm，也不应大于梁截面短边长度（见图 8-9）。

受扭纵筋的接头和锚固要求均应按受拉钢筋的相应要求考虑。架立钢筋和腰筋可作为受扭纵筋来利用。

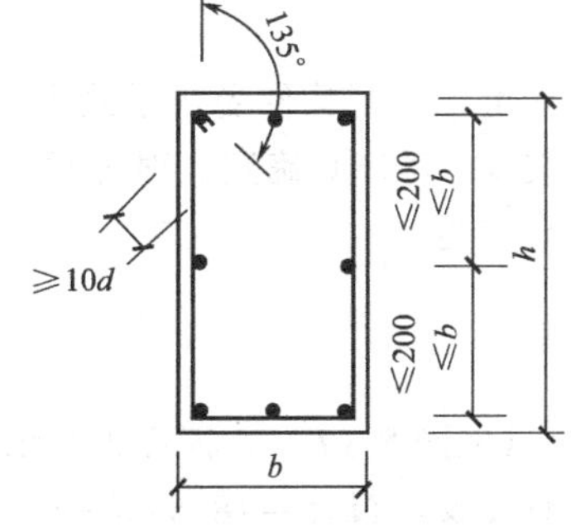

图 8-9　受扭钢筋的布置

8.1.3.2　受扭箍筋

弯剪扭构件中，抗剪和抗扭总的箍筋配筋率应不低于最小配筋率：

$$\rho_{sv}=\frac{A_{sv}}{bs}\geqslant\rho_{sv,\min}=0.28\frac{f_t}{f_{yv}} \tag{8-16}$$

因为在整个周长上均承受拉力，所以受扭箍筋必须做成封闭式，沿截面周边布置。当采用复合箍筋时，位于截面内部的箍筋不应计入受扭所需的箍筋面积。为了能将箍筋的端部锚固在截面的核心部分，受扭所需箍筋的末端应做成 135°弯钩，弯钩端头平直段长度不应小于 $10d$（d 为箍筋直径），如图 8-9 所示。

受扭箍筋的间距和直径均应满足受弯构件关于最大箍筋间距和最小箍筋直径的要求，参见第 5 章。

8.2　钢筋混凝土矩形截面纯扭构件承载力计算

根据试验资料和理论分析结果，并考虑到可靠度要求，将钢筋混凝土受扭构件的受扭承载力分成两部分叠加：即混凝土受扭作用和钢筋的受扭作用，其中混凝土的受扭作用取式 (8-5) 的一半，钢筋的受扭作用取式 (8-14) 的 0.6 倍。所以，矩形截面纯扭构件受扭承载力计算公式为：

$$T\leqslant T_u=0.35f_tW_t+1.2\sqrt{\zeta}f_{yv}\frac{A_{st1}A_{cor}}{s} \tag{8-17}$$

式中　f_t——混凝土的轴心抗拉强度设计值；

W_t——受扭构件的截面受扭塑性抵抗矩，按式 (8-3) 计算；

ζ——受扭纵向钢筋与箍筋的配筋强度比值，按式 (8-6) 计算，受式 (8-7) 制约，截面设计时取 $\zeta=1.2$ 左右；

A_{st1}——受扭计算中沿截面周边布置的箍筋单肢截面面积；

f_{yv}——受扭箍筋的抗拉强度设计值；

A_{cor}——截面核心部分面积，$A_{cor}=b_{cor}h_{cor}$。

截面设计时，可假定ζ值，取$T=T_u$，由式（8-17）计算A_{st1}/s，选取箍筋直径后，可得到箍筋间距；然后由式（8-6）计算受扭纵筋截面面积。

为了防止出现混凝土被压碎而钢筋不屈服的超配筋构件的脆性破坏，配筋率的上限以截面限制条件的形式给出：

当$h_w/b\leqslant 4$时

$$T\leqslant 0.2\beta_c f_c W_t \tag{8-18}$$

当$h_w/b=6$时

$$T\leqslant 0.16\beta_c f_c W_t \tag{8-19}$$

当$4<h_w/b<6$时，按线性内插法确定。

式中　β_c——混凝土强度影响系数，当混凝土强度等级不超过C50时，取$\beta_c=1.0$；当混凝土强度等级为C80时，取$\beta_c=0.8$；其间按线性内插法确定。

当截面尺寸和扭矩设计值之间符合以下条件

$$T\leqslant 0.7f_t W_t \tag{8-20}$$

可不进行构件受扭承载力计算，仅需按构造要求配置纵向钢筋和箍筋。箍筋的最小配筋率按式（8-16）确定。对纯扭构件取$T/(Vb)=2.0$，所以纵筋的最小配筋率计算公式（8-15）成为

$$\rho_{tl,\min}=0.6\sqrt{2}\frac{f_t}{f_y}=0.85\frac{f_t}{f_y} \tag{8-21}$$

【例题 8-1】 钢筋混凝土矩形截面纯扭构件，已知截面尺寸$b=250$mm、$h=500$mm，承受扭矩设计值$T=18.5$kN·m。C30混凝土，纵筋采用HRB335级钢筋，箍筋采用HPB300级钢筋，一类环境，试配置受扭钢筋。

【解】（1）几何参数

取保护层厚度$c_c=c=20$mm，设箍筋直径为8mm，则

$$c_s=c_c+d_{e1}=20+8=28\text{mm}$$

取$a_s=40$mm

$$h_0=h-a_s=500-40=460\text{mm}$$

$$b_{cor}=b-2c_s=250-2\times 28=194\text{mm}$$

$$h_{cor}=h-2c_s=500-2\times 28=444\text{mm}$$

$$u_{cor}=2(b_{cor}+h_{cor})=2\times(194+444)=1276\text{mm}$$

$$A_{cor}=b_{cor}h_{cor}=194\times 444=8.614\times 10^4\text{mm}^2$$

$$W_t=\frac{b^2}{6}(3h-b)=\frac{250^2}{6}\times(3\times 500-250)=1.302\times 10^7\text{mm}^3$$

（2）验算截面尺寸

$$\frac{h_w}{b}=\frac{h_0}{b}=\frac{460}{250}=1.84<4$$

$$0.2\beta_c f_c W_t=0.2\times 1.0\times 14.3\times 1.302\times 10^7\text{N}\cdot\text{mm}$$

$$=37.2\text{kN}\cdot\text{m}>T=18.5\text{kN}\cdot\text{m}\quad 满足要求$$

（3）配置箍筋

$$0.7f_t W_t=0.7\times 1.43\times 1.302\times 10^7\text{N}\cdot\text{mm}$$

$$=13.03\text{kN}\cdot\text{m}<T=18.5\text{kN}\cdot\text{m}\quad 需计算配筋$$

设 $\zeta=1.2$，取 $T=T_u$，由式（8-17）解得

$$\frac{A_{st1}}{s}=\frac{T-0.35f_tW_t}{1.2\sqrt{\zeta}f_{yv}A_{cor}}=\frac{18.5\times10^6-0.35\times1.43\times1.302\times10^7}{1.2\times\sqrt{1.2}\times270\times8.614\times10^4}=0.392$$

选Φ8 钢筋，$A_{st1}=50.3\text{mm}^2$，则有

$$s=\frac{A_{st1}}{0.392}=\frac{50.3}{0.392}=128.3\text{mm}$$

取 $s=120$mm。验算配箍率：

$$\rho_{sv,min}=0.28\frac{f_t}{f_{yv}}=0.28\times\frac{1.43}{270}=0.15\%$$

$$\rho_{sv}=\frac{A_{sv}}{bs}=\frac{2A_{st1}}{bs}=\frac{2\times50.3}{250\times120}=0.34\%>\rho_{sv,min}=0.15\% \quad 满足$$

（4）受扭纵筋

由式（8-6）得

$$A_{stl}=\frac{\zeta f_{yv}A_{st1}u_{cor}}{f_ys}=\frac{1.2\times270\times50.3\times1276}{300\times120}=577.6\text{mm}^2$$

选配 8 Φ 10，$A_{stl}=628\text{mm}^2$。验算配筋率：

$$\rho_{tl,min}=0.85\frac{f_t}{f_y}=0.85\times\frac{1.43}{300}=0.41\%$$

$$\rho_{tl}=\frac{A_{stl}}{bh}=\frac{628}{250\times500}=0.50\%>\rho_{tl,min}=0.41\% \quad 满足$$

构件截面配筋情况如图 8-10 所示。

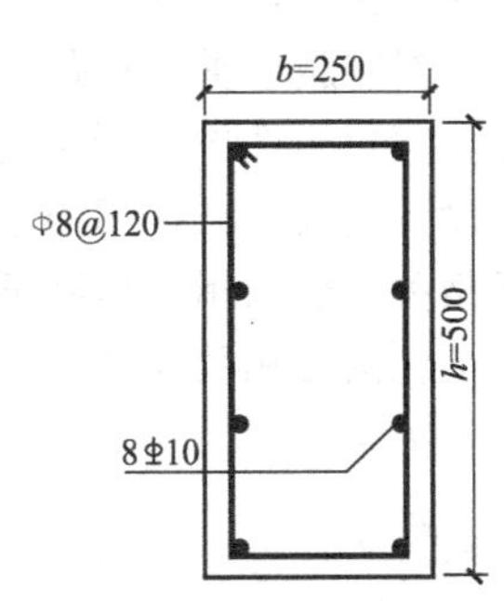

图 8-10 例题 8-1 图

8.3 钢筋混凝土矩形截面弯剪扭构件承载力计算

依据构件截面内力 M、V 和 T 的数量关系，受扭构件除纯扭构件以外，还有所谓的剪扭构件、弯扭构件和弯剪扭构件。在弯矩、剪力和扭矩共同作用下，首先应该复核截面尺寸，确保不会出现超配筋情况，然后才是承载力计算。矩形截面弯剪扭构件，其截面尺寸应符合下列要求：

当 $h_w/b\leqslant4$ 时

$$\frac{V}{bh_0}+\frac{T}{0.8W_t}\leqslant0.25\beta_cf_c \tag{8-22}$$

当 $h_w/b=6$ 时

$$\frac{V}{bh_0}+\frac{T}{0.8W_t}\leqslant0.2\beta_cf_c \tag{8-23}$$

当 $4<h_w/b<6$ 时，按线性内插法确定。

8.3.1 剪扭构件承载力计算

8.3.1.1 剪扭构件混凝土受扭承载力降低系数

对于剪扭构件，可引入受扭承载力降低系数 β_t 对混凝土的受扭承载力进行折减、受剪承载力降低系数 β_v 对混凝土受剪承载力项进行折减，以体现剪扭相关性的影响。

无腹筋剪扭构件的试验结果表明，无量纲剪扭承载力相关曲线，可取圆的四分之一，如

图 8-11 所示。承载力相关方程可以写成

$$\left(\frac{T_c}{T_{c0}}\right)^2+\left(\frac{V_c}{V_{c0}}\right)^2=1 \tag{8-24}$$

式中　T_c——剪扭构件的混凝土受扭承载力；
　　T_{c0}——纯扭构件的混凝土受扭承载力；
　　V_c——剪扭构件的混凝土受剪承载力；
　　V_{c0}——受弯构件的混凝土受剪承载力。

由式（8-24）或图 8-11 可以看出，随着扭矩的增加，构件的受剪承载力降低，当扭矩达到受扭承载力时，受剪承载力下降为零；同样，随着剪力的增加，构件的受扭承载力降低，当剪力达到受剪承载力时，受扭承载力降为零。由此可见，在受剪承载力和扭矩之间存在相关关系，在受扭承载力和剪力之间也存在着相关关系。

对有腹筋剪扭构件，也可采用如图 8-11 所示的相关曲线（四分之一圆），按式（8-24）计算剪扭构件中混凝土的受剪承载力 V_c 和受扭承载力 T_c。但是，采用这种相关方程进行配筋设计比较复杂，不便于实际应用。实用中采用半相关方法，即混凝土部分相关，钢筋部分不相关，引入承载力降低系数，拟合近似公式。

将圆弧相关曲线近似地用 AB、BC 和 CD 三条折线来代替，如图 8-12 所示，应有如下数量关系。

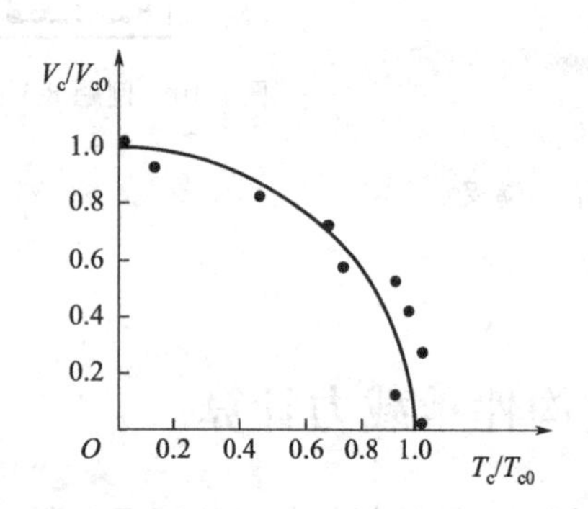

图 8-11　无腹筋剪扭构件的剪力与扭矩相关曲线

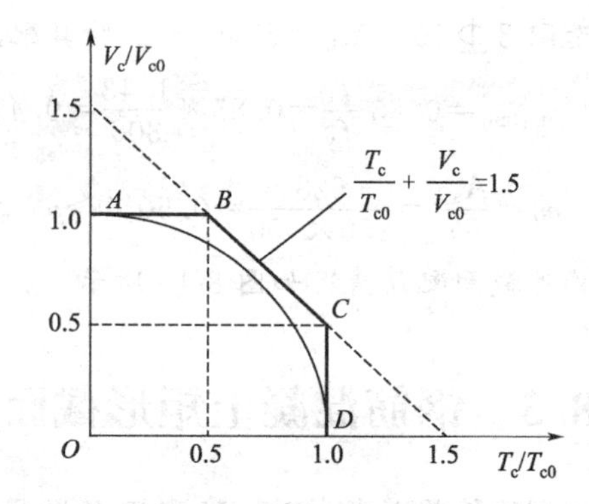

图 8-12　有腹筋剪扭构件承载力相关曲线简化

AB 直线段（$T_c/T_{c0}\leqslant 0.5$）：

$$\frac{V_c}{V_{c0}}=1.0 \tag{8-25}$$

CD 直线段（$V_c/V_{c0}\leqslant 0.5$）：

$$\frac{T_c}{T_{c0}}=1.0 \tag{8-26}$$

BC 直线段（T_c/T_{c0}、$V_c/V_{c0}>0.5$）：

$$\frac{T_c}{T_{c0}}+\frac{V_c}{V_{c0}}=1.5 \tag{8-27}$$

定义剪扭构件混凝土的受扭承载力降低系数 β_t：

$$\beta_t=\frac{T_c}{T_{c0}} \tag{8-28}$$

则式（8-27）可以写成如下形式

$$\frac{T_c}{T_{c0}}+\frac{V_c}{V_{c0}}=\beta_t\left(1+\frac{T_{c0}}{T_c}\times\frac{V_c}{V_{c0}}\right)=1.5$$

从而得到
$$\beta_t=\frac{1.5}{1+\frac{T_{c0}}{T_c}\times\frac{V_c}{V_{c0}}} \tag{8-29}$$

同理，定义剪扭构件混凝土的受剪承载力降低系数 β_v：
$$\beta_v=\frac{V_c}{V_{c0}} \tag{8-30}$$

由式（8-27）和式（8-28）得
$$\beta_v=1.5-\beta_t \tag{8-31}$$

如此一来，剪扭构件中承载力相关性的问题，就可以利用混凝土承载力降低系数来计算，使复杂问题得到合理的简化，给实际应用带来方便。剪扭构件的混凝土受扭承载力＝β_t×纯扭构件的混凝土受扭承载力，剪扭构件的混凝土受剪承载力＝β_v×受弯构件的混凝土受剪承载力＝$(1.5-\beta_t)$×受弯构件的混凝土受剪承载力。

对于一般剪扭构件，在式（8-29）中以 V/T 代替 V_c/T_c，并取 $T_{c0}=0.35f_tW_t$，$V_{c0}=0.7f_tbh_0$，则 β_t 应由下式计算
$$\beta_t=\frac{1.5}{1+0.5\frac{VW_t}{Tbh_0}} \tag{8-32}$$

对于集中荷载作用的独立剪扭构件，取 $V/T=V_c/T_c$，$T_{c0}=0.35f_tW_t$，$V_{c0}=1.75f_tbh_0/(\lambda+1)$，由式（8-29）得
$$\beta_t=\frac{1.5}{1+0.2(\lambda+1)\frac{VW_t}{Tbh_0}} \tag{8-33}$$

式中，λ 为计算截面剪跨比，可取 $\lambda=a/h_0$，a 为集中荷载作用点至支座或节点边缘的距离；当 $\lambda<1.5$ 时，取 $\lambda=1.5$，当 $\lambda>3$ 时，取 $\lambda=3$。

式（8-32）、式（8-33）计算所得 β_t 值，当 $\beta_t<0.5$ 时，取 $\beta_t=0.5$；当 $\beta_t>1$ 时，取 $\beta_t=1$。$\beta_t=0.5$ 对应于图 8-12 中的 AB 直线段，$\beta_t=1.0$ 则对应于图 8-12 中的 CD 直线段。

8.3.1.2　剪扭构件承载力计算公式

剪力 V 和扭矩 T 满足如下条件时
$$\frac{V}{bh_0}+\frac{T}{W_t}\leqslant 0.7f_t \tag{8-34}$$

可不进行构件受剪扭承载力计算，仅按构造要求配置纵向钢筋和箍筋（构造配筋）；否则需要进行受剪扭承载力计算（计算配筋）。

（1）受剪承载力　对一般剪扭构件，受剪承载力公式为
$$V\leqslant V_u=0.7(1.5-\beta_t)f_tbh_0+f_{yv}\frac{nA_{sv1}}{s}h_0 \tag{8-35}$$

此处 n 为箍筋肢数，A_{sv1} 为单肢箍筋截面面积。

对集中荷载作用下的独立剪扭构件，受剪承载力满足下式
$$V\leqslant V_u=(1.5-\beta_t)\frac{1.75}{\lambda+1}f_tbh_0+f_{yv}\frac{nA_{sv1}}{s}h_0 \tag{8-36}$$

当 $V\leqslant 0.35f_tbh_0$ 或 $V\leqslant 0.875f_tbh_0/(\lambda+1)$ 时，可不考虑剪力的影响，按纯扭构件进行承载力计算。

（2）受扭承载力
$$T\leqslant T_u=0.35\beta_tf_tW_t+1.2\sqrt{\zeta}f_{yv}\frac{A_{st1}A_{cor}}{s} \tag{8-37}$$

当 $T\leqslant 0.175f_tW_t$ 时，可不考虑扭矩的影响，仅按剪力配置箍筋。

8.3.1.3 配筋计算步骤

(1) 确定箍筋 首先由式 (8-35) 或式 (8-36) 计算受剪箍筋单肢用量 $(A_{sv1}/s)_v$，其次假定 ζ 值，由式 (8-37) 计算受扭箍筋单肢用量 $(A_{st1}/s)_t$，最后将两者相加得箍筋配置量：

$$\frac{A_{sv1}}{s}=\left(\frac{A_{sv1}}{s}\right)_v+\left(\frac{A_{st1}}{s}\right)_t \tag{8-38}$$

选择箍筋直径，则已知 A_{sv1}，由上式可确定箍筋间距，并验算箍筋配筋率。

(2) 确定纵筋 由假定的 ζ 值，依据式 (8-6) 确定受扭纵筋面积 A_{stl}，并验算纵筋配筋率。

8.3.2 弯扭构件承载力计算

截面上有内力弯矩 M 和扭矩 T 作用的构件为弯扭构件；当剪力 $V\leqslant 0.35f_tbh_0$ 或 $V\leqslant 0.875f_tbh_0/(\lambda+1)$ 时的弯剪扭构件，也可按弯扭构件对待。

(1) 确定箍筋 由 T 按纯扭构件承载力公式计算箍筋用量，配置箍筋，验算配箍率。

(2) 确定纵筋 根据计算受扭箍筋时所假定的 ζ 值，由式 (8-6) 确定受扭纵筋截面面积 A_{stl}，并验算配筋率。A_{stl} 沿截面周边均匀对称布置，间距不大于 200mm 和梁宽，四角必须有受扭纵向钢筋。

由 M 按受弯构件正截面承载力公式计算受弯纵向钢筋 A_s，并满足配筋率要求。A_s 布置在弯矩作用的受拉一侧。

在弯矩作用的受拉一侧，纵筋 A_s 和该侧相应的受扭纵筋截面面积合并，选配合适的钢筋直径和根数。

8.3.3 弯剪扭构件承载力计算

矩形截面弯剪扭构件，其纵向钢筋截面面积应分别按受弯构件正截面受弯承载力和剪扭构件的受扭承载力确定，并配置在相应位置；箍筋截面面积应分别按剪扭构件的受剪承载力和受扭承载力确定，并应配置在相应的位置。

【例题 8-2】 矩形截面一般弯剪扭构件，截面尺寸 $b\times h=300\text{mm}\times 500\text{mm}$，已知内力设计值 $M=120\text{kN}\cdot\text{m}$，$V=150\text{kN}$，$T=16.7\text{kN}\cdot\text{m}$。C30 混凝土，纵筋采用 HRB335 级热轧带肋钢筋，箍筋采用 HPB300 级热轧光圆钢筋，一类环境，试配置受力钢筋。

【解】 (1) 几何参数

取 $a_s=40\text{mm}$，$c_s=30\text{mm}$

$$h_0=h-a_s=500-40=460\text{mm}$$

$$b_{cor}=b-2c_s=300-2\times 30=240\text{mm}$$

$$h_{cor}=h-2c_s=500-2\times 30=440\text{mm}$$

$$u_{cor}=2(b_{cor}+h_{cor})=2\times(240+440)=1360\text{mm}$$

$$A_{cor}=b_{cor}h_{cor}=240\times 440=1.056\times 10^5\text{mm}^2$$

$$W_t=\frac{b^2}{6}(3h-b)=\frac{300^2}{6}\times(3\times 500-300)=1.8\times 10^7\text{mm}^3$$

(2) 验算截面尺寸

$$\frac{h_w}{b}=\frac{h_0}{b}=\frac{460}{300}=1.53<4$$

$$\frac{V}{bh_0}+\frac{T}{0.8W_t}=\frac{150\times 10^3}{300\times 460}+\frac{16.7\times 10^6}{0.8\times 1.8\times 10^7}=2.25\text{N/mm}^2$$

$$<0.25\beta_cf_c=0.25\times 1.0\times 14.3=3.58\text{N/mm}^2 \quad \text{满足要求}$$

而且还有

$$\frac{V}{bh_0}+\frac{T}{W_t}=\frac{150\times10^3}{300\times460}+\frac{16.7\times10^6}{1.8\times10^7}=2.01\text{N/mm}^2$$

$$>0.7f_t=0.7\times1.43=1.00\text{N/mm}^2$$，所以应计算配筋

(3) 验算计算中是否可以不考虑 T 或 V

$$0.175f_tW_t=0.175\times1.43\times1.8\times10^7\text{N}\cdot\text{mm}$$
$$=4.5\text{kN}\cdot\text{m}<T=16.7\text{kN}\cdot\text{m}$$，应考虑 T 的影响

$$0.35f_tbh_0=0.35\times1.43\times300\times460\text{N}$$
$$=69.1\text{kN}\cdot\text{m}<V=150\text{kN}$$，应考虑 V 的影响

(4) 正截面抗弯承载力计算纵向钢筋 A_s

$$x=h_0-\sqrt{h_0^2-\frac{2M}{\alpha_1f_cb}}=460-\sqrt{460^2-\frac{2\times120\times10^6}{1.0\times14.3\times300}}$$
$$=65.5\text{mm}<\xi_bh_0=0.550\times460=253\text{mm}$$

$$A_s=\frac{\alpha_1f_cbx}{f_y}=\frac{1.0\times14.3\times300\times65.5}{300}=936.7\text{mm}^2$$

$$45\frac{f_t}{f_y}=45\times\frac{1.43}{300}=0.21>0.20,\rho_{min}=0.21\%$$

$$\rho=\frac{A_s}{bh}=\frac{936.7}{300\times500}=0.62\%>\rho_{min}=0.21\%$$，满足

(5) 剪扭承载力计算箍筋

$$\beta_t=\frac{1.5}{1+0.5\frac{VW_t}{Tbh_0}}=\frac{1.5}{1+0.5\times\frac{150\times10^3\times1.8\times10^7}{16.7\times10^6\times300\times460}}=0.946$$

受剪承载力计算：设为双肢箍，$n=2$，由式 (8-35) 取等号解得

$$\left(\frac{A_{sv1}}{s}\right)_v=\frac{V-0.7(1.5-\beta_t)f_tbh_0}{nf_{yv}h_0}$$
$$=\frac{150\times10^3-0.7\times(1.5-0.946)\times1.43\times300\times460}{2\times270\times460}=0.296$$

受扭承载力计算：取 $\zeta=1.2$，由式 (8-37) 可解得

$$\left(\frac{A_{st1}}{s}\right)_t=\frac{T-0.35\beta_tf_tW_t}{1.2\sqrt{\zeta}f_{yv}A_{cor}}$$
$$=\frac{16.7\times10^6-0.35\times0.946\times1.43\times1.8\times10^7}{1.2\times\sqrt{1.2}\times270\times1.056\times10^5}=0.218$$

两部分箍筋叠加：

$$\frac{A_{sv1}}{s}=\left(\frac{A_{sv1}}{s}\right)_v+\left(\frac{A_{st1}}{s}\right)_t=0.296+0.218=0.514$$

选ϕ8 钢筋，$A_{sv1}=50.3\text{mm}^2$，则有

$$s=\frac{A_{sv1}}{0.514}=\frac{50.3}{0.514}=97.9\text{mm}$$

取 $s=90$mm。验算配箍率：

$$\rho_{sv,min}=0.28\frac{f_t}{f_{yv}}=0.28\times\frac{1.43}{270}=0.15\%$$

$$\rho_{sv}=\frac{A_{sv}}{bs}=\frac{2\times50.3}{300\times90}=0.37\%>\rho_{sv,min}=0.15\%$$　满足

(6) 剪扭承载力计算受扭纵筋

由式 (8-6) 得

$$A_{stl}=\frac{\zeta f_{yv}A_{st1}u_{cor}}{f_y s}=\frac{\zeta f_{yv}u_{cor}}{f_y}\left(\frac{A_{st1}}{s}\right)_t=\frac{1.2\times270\times1360}{300}\times0.218$$

$$=320.2\text{mm}^2$$

验算配筋率：

$$\frac{T}{Vb}=\frac{16.7\times10^6}{150\times10^3\times300}=0.371<2$$

$$\rho_{tl,\min}=0.6\sqrt{\frac{T}{Vb}\frac{f_t}{f_y}}$$

$$=0.6\times\sqrt{0.371}\times\frac{1.43}{300}=0.17\%$$

$$\rho_{tl}=\frac{A_{stl}}{bh}=\frac{320.2}{300\times500}=0.21\%$$

$$>\rho_{tl,\min}=0.17\%$$ 满足

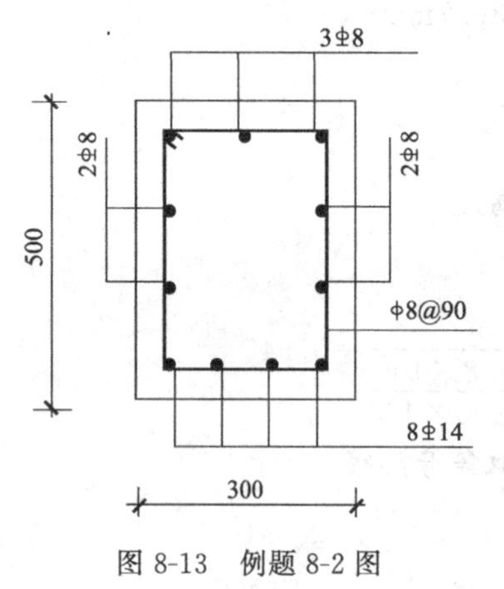

图 8-13 例题 8-2 图

(7) 纵筋配置

根据构造上的间距要求，≤200mm 且≤b=300mm，受扭纵筋应布置 4 排，而且顶面和底面应各配 3 根钢筋，侧面每排各配 2 根钢筋，合计需要 10 根受扭纵筋。每根受扭纵筋的面积应为 $A_{stl}/10=320.2/10=32.02\text{mm}^2$。

顶面需要钢筋面积 $32.02\times3=96.06\text{mm}^2$，实配钢筋 3Φ8，面积 151mm^2；侧面每排需要钢筋面积 $32.02\times2=64.04\text{mm}^2$，实配钢筋 2Φ8，面积 101mm^2；底面一排受扭纵筋和受弯纵筋 A_s 合并，所需面积为

$$A_s+32.02\times3=936.7+96.06=1032.8\text{mm}^2$$

实配 8Φ14 (并筋布置)，面积 1231mm^2。截面配筋情况如图 8-13 所示。

8.4 钢筋混凝土 T 形、I 形截面受扭构件承载力计算

8.4.1 T 形和 I 形截面划分和内力分配

8.4.1.1 截面划分

T 形和 I 形截面构件受扭承载力计算时，可划分为几个矩形截面分别计算。划分的原则是首先满足腹板截面的完整性，然后再划分为受拉翼缘和受压翼缘（抗弯的观点），如图 8-14 所示。T 形截面划分为腹板矩形和受压翼缘矩形两部分，I 形截面划分为腹板矩形、受压翼缘矩形和受拉翼缘矩形三部分。

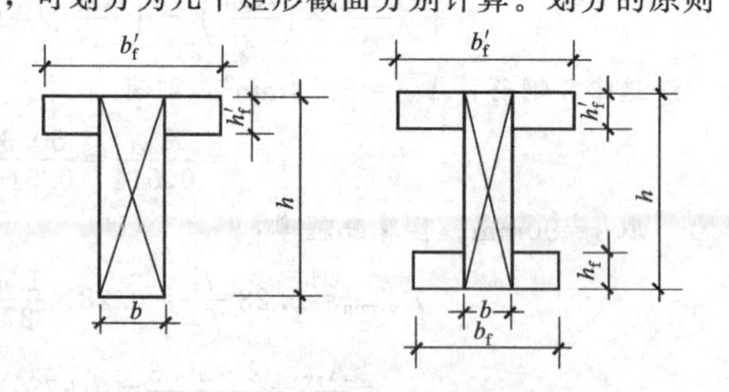

图 8-14 T 形和 I 形截面的矩形划分方法

各分块矩形截面受扭塑性抵抗矩可近似按下列公式计算：

腹板　$$W_{tw}=\frac{b^2}{6}(3h-b)\tag{8-39}$$

受压翼缘　$$W'_{tf}=\frac{h'^2_f}{2}(b'_f-b)\tag{8-40}$$

受拉翼缘　$$W_{tf}=\frac{h_f^2}{2}(b_f-b)\tag{8-41}$$

计算时取用的翼缘宽度尚应符合 $b'_f\leqslant b+6h'_f$ 及 $b_f\leqslant b+6h_f$ 的规定。

整个截面受扭塑性抵抗矩应为各分块矩形截面受扭塑性抵抗矩之和：

$$W_t=W_{tw}+W'_{tf}+W_{tf}\tag{8-42}$$

对 T 形截面，$W_{tf}=0$。

8.4.1.2　内力分配

(1) 弯矩 M　由整个截面承担，T 形截面和 I 形截面都按 T 形截面受弯承载力计算。

(2) 剪力 V　全部由腹板承担，翼缘不承担剪力。

(3) 扭矩 T　腹板和翼缘都要承担扭矩，依据各自截面受扭塑性抵抗矩占截面总的受扭塑性抵抗矩的比例分担扭矩，即：

$$T_w=\frac{W_{tw}}{W_t}T\tag{8-43}$$

$$T'_f=\frac{W'_{tf}}{W_t}T\tag{8-44}$$

$$T_f=\frac{W_{tf}}{W_t}T\tag{8-45}$$

8.4.2　T 形和 I 形截面受扭承载力计算方法

8.4.2.1　剪扭构件

(1) 受剪承载力　T 形和 I 形截面剪扭构件的受剪承载力按矩形截面剪扭构件受剪承载力公式计算，并将计算 β_t 公式中的 T 用 T_w 代替、W_t 用 W_{tw} 代替。

(2) 受扭承载力　用矩形截面的剪扭构件受扭承载力公式计算腹板受扭承载力，并将公式中的 T 及 W_t 分别用 T_w 及 W_{tw} 代替。

受压翼缘和受拉翼缘的受扭承载力按矩形截面纯扭构件承载力公式计算，计算时应将 T 及 W_t 分别用 T'_f 及 W'_{tf} 或 T_f 及 W_{tf} 代替。

8.4.2.2　弯剪扭构件

T 形截面和 I 形截面弯剪扭构件弯矩 M 按 T 形截面受弯构件正截面承载力公式计算

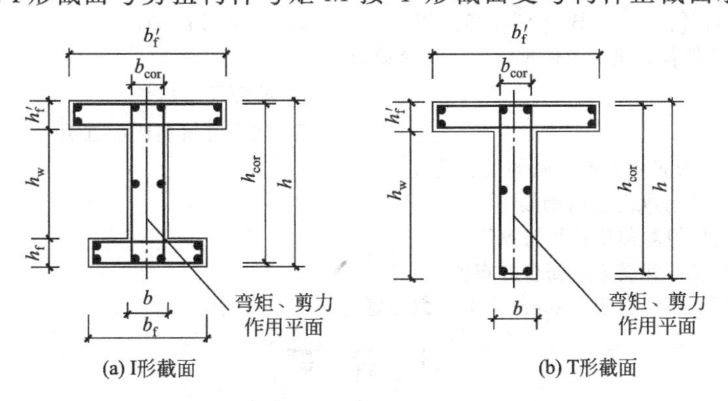

图 8-15　I 形和 T 形截面尺寸和配筋

A_s；剪力 V 和扭矩 T 按上述剪扭构件进行承载力计算。

T形截面和I形截面承载力计算中的有关尺寸及纵筋、箍筋的配置情况，如图 8-15 所示。

思 考 题

8-1 什么是平衡扭转和约束扭转？

8-2 简要说明素混凝土受扭构件的破坏特征。

8-3 试简述钢筋混凝土纯扭构件的受力特点，开裂扭矩如何计算？

8-4 配筋强度比 ζ 的物理意义是什么？取值是否无限制？

8-5 在钢筋混凝土剪扭构件中为何要引入系数 β_t？其取值有什么限制条件？

8-6 钢筋混凝土弯扭构件可能有哪些破坏形态？如何进行弯扭构件的承载力计算？

8-7 钢筋混凝土受扭构件的配筋有哪些构造要求？

8-8 钢筋混凝土矩形截面弯剪扭构件截面设计时如何确定纵向钢筋和箍筋用量？

8-9 简要说明T形截面纯扭构件的配筋计算方法。

选 择 题

8-1 在钢筋混凝土受扭构件中配置适当的抗扭纵筋和箍筋，可大大提高（　　）。

A. 开裂扭矩　　B. 开裂扭矩和抗扭承载力

C. 抗扭承载力　　D. 截面受扭塑性抵抗矩

8-2 抗扭纵筋与箍筋的配筋强度比 ζ，应满足条件：（　　），以保证构件破坏时纵筋和箍筋的应力都能达到屈服强度。

A. $1\leqslant\zeta\leqslant2$　　B. $0.6\leqslant\zeta\leqslant1.7$　　C. $2\leqslant\zeta\leqslant3$　　D. $1.6\leqslant\zeta\leqslant2.7$

8-3 钢筋混凝土受扭构件的抗扭钢筋是（　　）。

A. 箍筋　　B. 纵向钢筋

C. 封闭式箍筋和纵向钢筋　　D. 开口式箍筋和纵向钢筋

8-4 受扭钢筋承受（　　）。

A. 拉应力　　B. 剪应力

C. 压应力　　D. 压应力和剪应力

8-5 当钢筋混凝土受扭构件同时存在剪力作用时，（　　）。

A. 剪力越大，受扭承载力越大　　B. 剪力越大，受扭承载力越小

C. 二者关系不确定　　D. 二者互不影响

8-6 均布荷载作用下的弯剪扭复合受力构件，当满足（　　）时，可忽略剪力的影响。

A. $T\leqslant0.175f_tW_t$　　B. $T\leqslant0.35f_tW_t$　　C. $V\leqslant0.7f_tbh_0$　　D. $V\leqslant0.35f_tbh_0$

8-7 均布荷载作用下的弯剪扭复合受力构件，当满足（　　）时，可忽略扭矩的影响。

A. $T\leqslant0.175f_tW_t$　　B. $T\leqslant0.35f_tW_t$　　C. $V\leqslant0.7f_tbh_0$　　D. $V\leqslant0.35f_tbh_0$

8-8 I形截面受扭构件各分块矩形依据（　　）分摊扭矩。

A. 面积大小　　B. 截面长边边长

C. 截面周长　　D. 截面受扭塑性抵抗矩

8-9 下列抗扭纵筋的布置中，不正确的做法是（　　）。

A. 截面四角必须有纵向受扭钢筋

B. 沿截面周边均匀对称布置受扭纵筋

C. 全部抗扭纵筋应和受弯纵筋合并布置

D. 抗扭纵筋间距不应大于 200mm 和构件截面宽度 b

计 算 题

8-1 钢筋混凝土矩形截面纯扭构件，$b=250$mm，$h=450$mm，C30 混凝土，纵筋为 HRB335 级钢筋，箍筋

为 HPB300 级钢筋（直径 8mm），一类环境，承受扭矩设计值 $T=18\text{kN}\cdot\text{m}$。试配置钢筋。

8-2　承受均布荷载作用的矩形截面剪扭构件，截面尺寸 $b\times h=200\text{mm}\times400\text{mm}$，纵筋为 HRB400 级钢筋，箍筋为 HPB300 级钢筋（直径 10mm），C30 混凝土，一类环境，截面内力设计值 $V=80\text{kN}$，$T=10\text{kN}\cdot\text{m}$。试配置纵向钢筋和箍筋。

8-3　钢筋混凝土矩形截面一般弯剪扭构件，截面尺寸 $b\times h=250\text{mm}\times500\text{mm}$，承受内力设计值 $M=120\text{kN}\cdot\text{m}$，$V=125\text{kN}$，$T=11\text{kN}\cdot\text{m}$。采用 C30 混凝土，纵向受力钢筋为 HRB400 级钢筋，箍筋为 HPB300 级钢筋，使用环境一类。取 $a_s=40\text{mm}$，$c_s=30\text{mm}$，试配置受力钢筋。

第9章 预应力混凝土构件

9.1 预应力混凝土概述

9.1.1 预应力混凝土基本原理

钢筋混凝土较好地利用了混凝土较高的抗压性能和钢筋的抗拉性能，在土木工程领域获得广泛应用。但是，由于混凝土的抗拉能力较差，而致构件在工作阶段存在裂缝，影响耐久性，其应用也受到一定的限制。即使提高混凝土和钢筋的强度等级，也不能从根本上克服钢筋混凝土存在的问题：带裂缝工作，应用受限；当要求裂缝宽度不超过 0.20mm 时，钢筋拉应力一般不超过 150～200N/mm^2，钢筋的强度不能充分发挥。

为了避免混凝土开裂或减小裂缝开展宽度、降低构件变形、扩大混凝土结构的应用范围、充分利用高强度材料，早在 1886 年美国人杰克逊就提出了预应力混凝土的概念。他的基本思路是：在混凝土构件的受拉区，用有效的方法预先施加压力，使其产生预压应力，当构件在荷载作用下产生拉应力时，拉应力首先要被预压应力抵消，随着荷载的增加，只有当拉应力超过预压应力时，构件才处于受拉状态。这样一来，构件在使用荷载作用下可以不出现裂缝或不产生过宽裂缝，增大刚度减小变形，满足正常使用要求。经过长期研究，法国工程师弗雷西奈于 1928 年解决了预应力混凝土的关键技术，使这种结构形式得以走进土木工程领域。

由配置受力的预应力筋通过张拉或其他方法建立预加应力的混凝土，称为预应力混凝土。所谓预应力筋就是用于混凝土结构构件中施加预应力的钢丝、钢绞线和预应力螺纹钢筋的总称。预应力混凝土在承受外荷载之前，预应力筋受拉，混凝土受压，这种事先施加的应力就是预加应力。它需要高强度预应力筋和高强度混凝土协同工作，才能发挥其作用，这就是弗雷西奈所解决的关键技术。

如图 9-1 所示为轴心受拉构件，整个截面为受拉区。在工作之前人为施加轴心压力 P，横截面上产生均匀预压应力 σ_{pc}；工作阶段承受轴心拉力 N 作用，横截面上将产生均匀拉应力 σ。截面上最后的应力为（$\sigma-\sigma_{pc}$），当（$\sigma-\sigma_{pc}$）<0 时构件截面受压，当（$\sigma-\sigma_{pc}$）>0 时构件截面受拉、但拉应力很小。所以，可以保证截面裂缝宽度不超过限值，甚至不出现裂缝。

如图 9-2 所示为受弯梁，截面上存在受拉区和受压区。使用前施加一对偏心压力 P（偏向受拉区一侧），按材料力学的理论，截面压应力按梯形分布，如图 9-2(a) 所示；构件工作时，在荷载（g_k+q_k）作用下，下部受拉、上部受压，应力呈双三角形分布，如图 9-2(b) 所示；叠加上面两种情况的结果，得到截面上最后的应力分布，如图 9-2(c) 所示。在施加偏心压力 P 的同时，会使构件产生反向弯曲，即出现反拱变形。反拱可抵消一部分荷载引起的挠度，使挠度减小，说明提高了刚度。很明显，随着截面上预压应力的进一步增大，梁受拉区（截面下部）的拉应力将大大减小或不出现拉应力。

9.1.2 预应力混凝土的分类、特点及应用

9.1.2.1 预应力混凝土分类

预应力混凝土其实就是根据需要人为地引入某一分布与数值的内应力，用以全部或部分

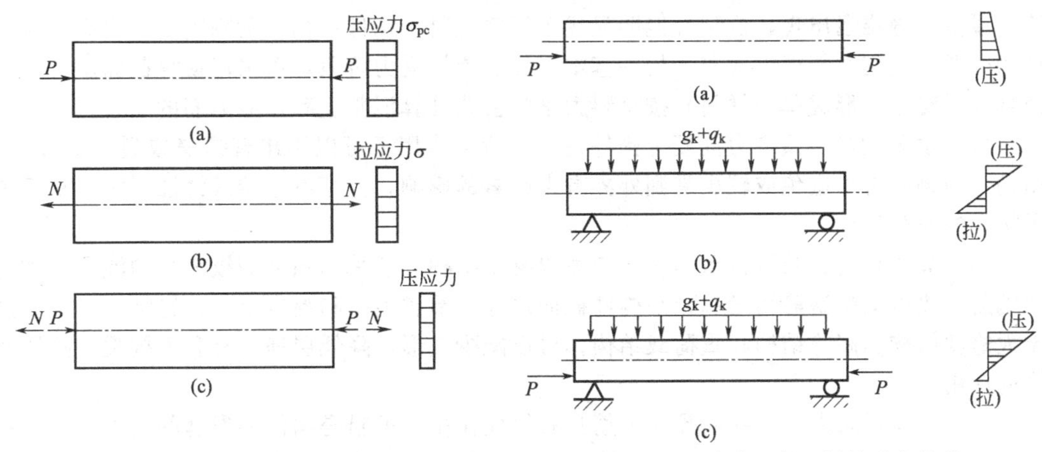

图 9-1　预应力混凝土轴心受拉构件的受力情况

图 9-2　预应力混凝土梁的受力情况

抵消外荷载应力的一种加筋混凝土，可以根据裂缝控制等级、黏结方式和施工工艺等进行分类。

(1) 按裂缝控制等级分类　国际预应力协会及欧洲混凝土委员会根据抗裂性能或预应力大小的不同程度将预应力混凝土分为三个等级。

① 全预应力混凝土（Ⅰ级）。全预应力混凝土是指在使用过程中不出现拉应力的预应力混凝土，它属于一级裂缝控制等级，要求严格不出现裂缝。

② 有限预应力混凝土（Ⅱ级）。有限预应力混凝土是指在荷载效应标准组合下可出现拉应力，但拉应力不超过混凝土的抗拉强度标准值的预应力混凝土，此为二级裂缝控制等级，即一般要求不出现裂缝。

③ 部分预应力混凝土（Ⅲ级）。部分预应力混凝土是指使用过程中允许出现裂缝，但裂缝宽度不超过限值的预应力混凝土，此为三级裂缝控制等级。

我国将有限预应力混凝土和部分预应力混凝土统称为部分预应力混凝土，预应力混凝土分全预应力混凝土和部分预应力混凝土两大类。其中部分预应力混凝土又分为 A、B 两小类，A 类对应于国际上的Ⅱ级，B 类对应于国际上的Ⅲ级。

(2) 按黏结方式分类　按混凝土与预应力筋之间是否存在黏结，可分为有黏结预应力混凝土和无黏结预应力混凝土两类。

① 有黏结预应力混凝土。通过灌浆或与混凝土直接接触使预应力筋与混凝土之间相互黏结而建立预应力，混凝土和预应力筋之间无相对位移，变形一致。

② 无黏结预应力混凝土。预应力筋沿全长涂有特制的防锈材料，外套防老化的塑料管（如 PE 管），预应力筋伸缩自由，不与混凝土黏结，靠端部锚固区传递预应力。

(3) 按施工工艺分类　依据施工工艺不同，可将预应力混凝土分为先张法预应力混凝土和后张法预应力混凝土两类。

① 先张法预应力混凝土。就是先在固定台座上张拉预应力筋，后浇筑混凝土，并通过放张预应力筋由黏结传递而建立预应力的混凝土。

② 后张法预应力混凝土。它是先浇筑混凝土，待混凝土达到规定强度后，通过张拉预应力筋并锚固而建立预应力的混凝土。

9.1.2.2　预应力混凝土结构的特点

与钢筋混凝土结构相比，预应力混凝土结构具有如下主要优点。

(1) 抗裂性好、刚度大　对构件施加预应力后，可使构件在使用荷载作用下不出现裂缝，或使裂缝推迟出现，抗裂性能明显优于钢筋混凝土构件；构件的刚度随之提高，减小构件的变形，使用性能得以改善。构件基本上处于弹性受力阶段，可采用换算截面法（将钢筋换算成混凝土，形成单一材料）按材料力学的公式计算混凝土和预应力筋的应力。

（2）耐久性好 预应力混凝土构件在使用荷载作用下可以不出现裂缝或裂缝宽度较小，结构中的钢筋将可避免或较少受到外界有害因素的影响，保证不生锈或锈蚀缓慢，从而提高了构件的耐久性。

（3）节约材料、减轻自重 因预应力混凝土结构必须采用强度等级较高的混凝土和高强度钢筋，故可减少钢筋用量和减小构件截面尺寸，节省钢材和混凝土，减轻结构自重。这对于大跨度结构、高耸结构和重荷载结构，可以减少变形，降低层高，有利于抗震、抗风及结构的使用。

（4）受剪承载力高 纵向预应力筋具有锚栓作用，可阻碍构件斜裂缝的出现与开展；预应力混凝土梁的曲线预应力筋合力的竖向分力将部分抵消剪力，使支座附近竖向剪力减小；混凝土截面上预压应力的存在，使荷载作用下的主拉应力也相应减小。据此，预应力混凝土构件的受剪承载能力高于钢筋混凝土构件。

然而，施加预应力对构件正截面承载能力并无明显影响。在承载能力极限状态下，预应力混凝土构件和钢筋混凝土构件的应力状态没有区别，即受拉区混凝土开裂退出工作，拉应力完全由钢筋承担，所以正截面承载能力相当。也就是说，预应力混凝土不能提高构件正截面承载能力，即在相同截面尺寸、相同混凝土强度等级、用钢量一样的情况下，预应力混凝土构件和钢筋混凝土构件正截面承载力基本相同。

（5）抗疲劳能力强 预应力混凝土结构预先引入了人为的应力状态，在使用阶段因加载或卸载引起的应力变化幅度相对较小，所以引起疲劳破坏的可能性也小，故预应力混凝土可提高抗疲劳强度，这对承受动荷载作用的结构很有利。

（6）提高工程质量 对预应力混凝土结构，施加预应力时预应力筋和混凝土都将经受一次强度检验，能及时发现结构构件的薄弱点，因而对控制工程质量是很有效的。

预应力混凝土结构虽然有诸多优点，但也存在一些缺点。

（1）工艺复杂，质量要求高，需要配备一支技术较熟练的专业队伍。

（2）需要一定的专门设备，如张拉机具、灌浆设备等。先张法需要有张拉台座、夹具；后张法需要耗用数量较多、并要求有一定加工精度的锚具。

（3）预应力反拱不易控制。受弯构件在受拉区预加偏心压力时，将引起构件反拱，反拱值会随混凝土的徐变而增大，这可能影响结构的使用效果。

（4）预应力混凝土结构的开工费用较大。对于跨径小，构件数量少的工程，成本较高。

9.1.2.3 预应力混凝土的应用

由于预应力混凝土的许多优点，所以大量应用于土木工程领域，特别是在大跨度、重荷载结构，以及不允许开裂的结构中得到了广泛的应用。

图 9-3 箱形截面预应力混凝土桥梁

20 世纪 50 年代，我国即开始研究预应力混凝土在桥梁结构中的应用，目前已得到迅速发展和普及。桥梁结构跨径大，因挠度与跨径的四次方成正比，故采用预应力混凝土的主要目的是减小挠度，其次才是控制裂缝。如图 9-3 所示为预制预应力混凝土箱形截面桥梁的制作现场，它属于后张法预应力混凝土箱梁，将其安装于桥墩上形成简支梁桥，其跨径可达数十米。1991 年建成的云南六库怒江桥为预应力混凝土连续梁桥，全长85m＋154m＋85m＝324m，最大跨径154m；1996年建成的广东南海九江公路大桥也为预应力混凝土连续梁桥，最大跨径达到160m；2013年建成的四川乐山岷江大桥，预应力混凝土连续箱梁，最大跨径达到180m。

预应力混凝土在房屋结构中的应用，早期集中在预制板的设计、生产，如1994年云南省设计院主编民用建筑结构构件《预应力混凝土空心板图集》——通用图：西南G221（跨度2.4～4.2m)、西南G222（跨度4.2～6.0m)。预应力混凝土应用于房屋结构，也有很多工程实例，如珠海玻璃纤维厂四跨预应力混凝土门式刚架（14m＋31.5m＋33m＋31.5m)，北京民航检修机库，采用了60m跨度的预应力混凝土拱形桁架。多层、高层预应力框架结构目前也获得了广泛应用，如珠海拱北海关大楼为一双向预应力混凝土框架结构，纵横向每跨都为18m，纵向7跨、横向5跨，在该大面积、大跨度框架结构中，由于采用了预应力，没有设置伸缩缝和沉降缝；再如苏州八面风商厦，为22层的高层商住楼，14层以下布置成7.5m×24m柱网的大跨度，采用预应力混凝土框架结构，基础也应用了预应力技术。高层建筑中改钢筋混凝土梁板结构为无黏结预应力混凝土平板结构（无梁楼盖)，因平板厚度仅为跨度的1/40～1/50，可大大降低建筑高度，总高度不变时，可增加建筑层数，20层可增加到22～23层，如63层的广东国际大厦就是采用的无黏结预应力平板结构。

预应力混凝土空心桩采用离心成型，如图9-4所示。工程上应用的预应力混凝土空心桩，有预应力高强度混凝土管桩（PHC)，混凝土强度等级为C80，外径300～1000mm，壁厚70～130mm；预应力混凝土管桩（PC)，C60混凝土，外径300～600mm，壁厚70～110mm；预应力高强度混凝土空心方桩（PHS)，混凝土强度等级为C80，边长300～600mm，内径160～380mm；预应力混凝土空心方桩（PS)，C60混凝土，边长300～600mm，内径160～380mm。

预应力混凝土结构也在诸如塔和桅杆结构、蓄液池、压力管道、原子能反应堆容器、船体结构等获得应用；在水利工程中也有其踪迹可寻，如基岩加固、护坡工程中的预应力混凝土锚桩，坝工结构中的预应力混凝土闸墩等。

图9-4 离心法生产预应力混凝土管桩

预应力混凝土在土木工程领域的应用越来越广泛，呈现出以下特点：①应用范围广，数量大，在传统的钢筋混凝土结构基础上产生了预应力混凝土独特的结构形式和结构体系；②从单个预应力构件发展到整体预应力混凝土结构；③无黏结预应力混凝土技术的大力发展和应用；④预应力混凝土技术已应用于已成建筑物的加固改造和加层工程中，并扩展到预应力钢结构中。

9.1.3 预应力混凝土构件的构造要求

9.1.3.1 先张法构件的构造要求

(1) 预应力筋净间距　先张法预应力筋之间的净间距不应小于其公称直径的2.5倍和混凝土粗集料最大粒径的1.25倍，且应符合下列规定：预应力钢丝，不应小于15mm；三股钢绞线，不应小于20mm；七股钢绞线，不应小于25mm。当混凝土振捣密实性具有可靠保证时，净间距可放宽为最大粗集料粒径的1.0倍。

(2) 端部加强措施　先张法预应力传递长度范围内局部挤压造成的环向拉应力容易导致构件端部混凝土出现劈裂裂缝，因此端部应采取构造措施，以保证自锚端的局部承载力。

① 单根配置的预应力筋，其端部宜设置螺旋筋，如图9-5(a) 所示；

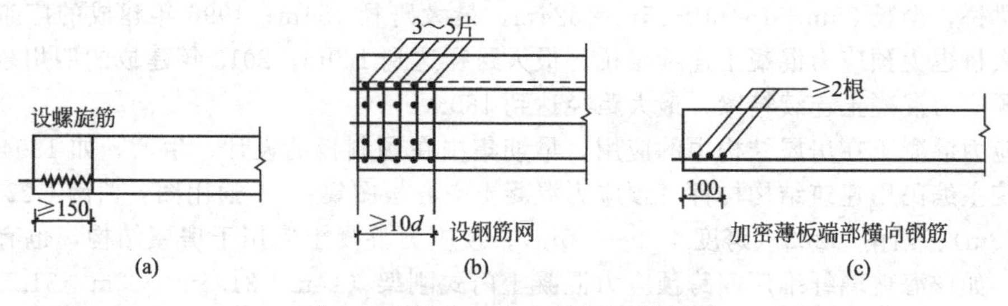

图 9-5 预应力筋端部周围加强措施

② 分散的多根预应力筋，在构件端部 10d（d 为预应力筋的公称直径）且不小于 100mm 长度范围内，宜设置 3～5 片与预应力筋垂直的钢筋网，见图 9-5(b)；

③ 采用预应力钢丝配筋的薄板，在板端 100mm 长度范围内宜适当加密横向钢筋，如图 9-5(c) 所示；

④ 槽形板类构件，应在构件端部 100mm 长度范围内沿构件板面设置附加横向钢筋，其数量不应少于 2 根。

当构件端部与下部支承结构焊接时，应考虑混凝土收缩、徐变及温度变化所产生的不利影响，宜在构件端部可能产生裂缝的部位设置纵向构造钢筋。

9.1.3.2 后张法构件的构造要求

(1) 预留孔道要求 为了防止发生后张法预应力混凝土构件在施工阶段受力后发生沿孔道的裂缝和破坏，根据多年的工程经验提出预留孔道应符合下列规定。

① 对预制构件，孔道之间的水平净间距不宜小于 50mm，且不宜小于粗集料粒径的 1.25 倍；孔道至构件边缘的净间距不宜小于 30mm，且不宜小于孔道直径的 50%。

② 现浇混凝土梁中预留孔道在竖直方向的净间距不应小于孔道外径，水平方向的净间距不宜小于 1.5 倍孔道外径，且不应小于粗集料粒径的 1.25 倍；从孔道外至构件边缘的净距离，梁底不宜小于 50mm，梁侧不宜小于 40mm，裂缝控制等级为三级的梁，梁底、梁侧分别不宜小于 60mm 和 50mm。

③ 预留孔道的内径应比预应力束外径及需穿过孔道的连接器外径大 6～15mm，且孔道的截面积宜为穿入预应力束截面积的 3.0～4.0 倍。

④ 当有可靠经验并能保证混凝土浇筑质量时，预留孔道可水平并列贴紧布置，但并排的数量不应超过 2 束。

⑤ 在现浇板中采用扁形锚固体系时，穿过每个预留孔道的预应力筋数量宜为 3～5 根；在常用荷载情况下，孔道在水平方向的净间距不应超过 8 倍板厚及 1.5m 中的较大值。

⑥ 板中单根无黏结预应力筋的间距不宜大于板厚的 6 倍，且不宜大于 1m；带状束的无黏结预应力筋根数不宜多于 5 根，带状束间距不宜大于板厚的 12 倍，且不宜大于 2.4m。

⑦ 梁中集束布置的无黏结预应力筋，集束的水平净间距不宜小于 50mm，束至构件边缘的净距离不宜小于 40mm。

(2) 部分预应力筋弯起配置 在预应力混凝土屋面梁、吊车梁等构件靠近支座的斜向主拉应力较大部位，宜将一部分预应力筋弯起配置。

(3) 端部锚固区配置间接钢筋 后张法预应力混凝土构件端部锚固区和构件端面在预应力筋张拉后常出现两类裂缝：其一是局部承压区承压垫板后面的纵向劈裂裂缝；其二是当预应力束在构件端部偏心布置，且偏心距较大时，在构件端面附近会产生较高的沿竖向的拉应力，故产生位于截面高度中部的纵向水平端面裂缝。为确保安全可靠地将张拉力通过锚具和垫板传递给混凝土构件，并控制这些裂缝的发生和开展，在端部锚固区应按下列规定配置间接钢筋。

① 采用普通垫板时，应进行局部受压承载力计算，并配置间接钢筋，其体积配筋率不应小于 0.5%，垫板的刚性扩散角应取 45°。

② 局部受压承载力计算时，局部压力设计值对有黏结预应力混凝土构件取 1.2 倍张拉控制力，对无黏结预应力混凝土取 1.2 倍张拉控制力和（$f_{ptk}A_p$）中的较大值。

③ 当采用整体铸造垫板时，其局部受压区的设计应符合相关标准的规定。

④ 在局部受压间接钢筋配置区以外，在构件端部长度 l 不小于截面形心线上部或下部预应力筋的合力点至邻近边缘的距离 e 的 3 倍、但不大于构件端部截面高度 h 的 1.2 倍，高度为 $2e$ 的附加配筋区范围内，应均匀配置附加防劈裂箍筋或网片，如图 9-6 所示。体积配筋率不应小于 0.5%，配筋面积可按下式计算：

$$A_{sb} \geqslant 0.18\left(1-\frac{l_l}{l_b}\right)\frac{P}{f_{yv}} \tag{9-1}$$

式中　P——作用在构件端部截面形心线上部或下部预应力筋的合力设计值，按第②款确定；

l_l、l_b——为沿构件高度方向 A_l、A_b 的边长或直径，A_l、A_b 分别为局部受压面积和局部受压计算底面积；

f_{yv}——附加防劈裂钢筋的抗拉强度设计值。

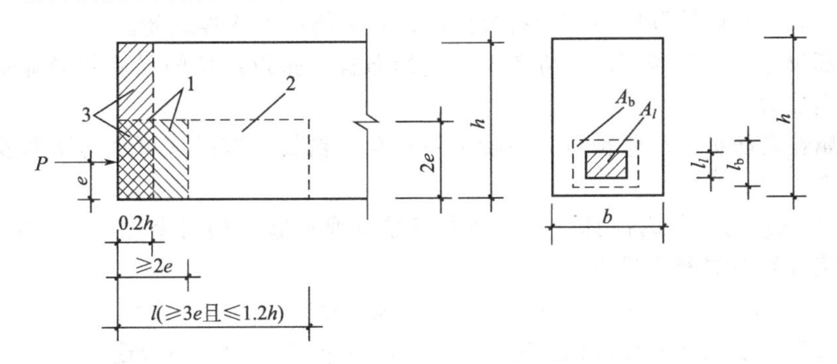

图 9-6　防止端部裂缝的配筋范围

1—局部受压间接钢筋配置区；2—附加防劈裂配筋区；3—附加防端面裂缝配筋区

⑤ 当构件端部预应力筋需集中布置在截面下部或集中布置在上部和下部时，应在构件端部 0.2h 范围内设置附加竖向防端面裂缝构造钢筋（见图 9-6），其截面面积应符合下列公式：

$$A_{sv} \geqslant \frac{T_s}{f_{yv}} \tag{9-2}$$

$$T_s=\left(0.25-\frac{e}{h}\right)P \tag{9-3}$$

式中　T_s——锚固端端面拉力；

P——作用在构件端部截面形心线上部或下部预应力筋的合力设计值，按第②款确定；

e——截面形心线上部或下部预应力筋的合力点至截面近边缘的距离；

h——构件端部截面高度。

当 e 大于 0.2h 时，可根据实际情况适当配置构造钢筋。竖向防端面裂缝钢筋宜靠近端面配置，可采用焊接钢筋网、封闭式箍筋或其他的形式，且宜采用带肋钢筋。

当端部截面上部和下部均有预应力筋时，附加竖向钢筋的总截面面积应按上部和下部的

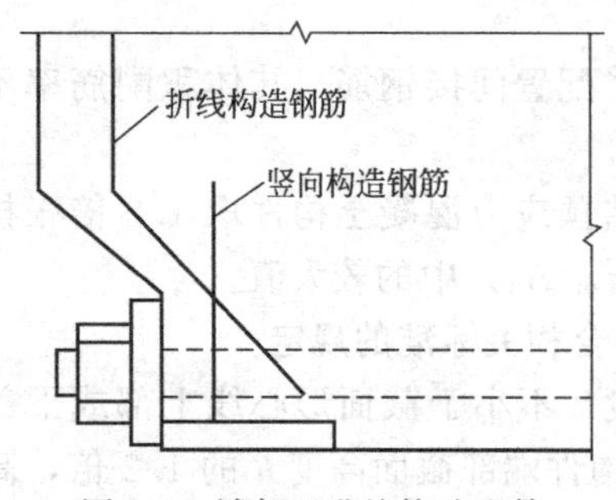

图 9-7 端部凹进处构造配筋

预应力合力分别计算的较大值采用。

在构件端面横向也应按上述方法计算抗端面裂缝钢筋，并与上述竖向钢筋形成网片筋配置。

（4）端部局部凹进时的构造 当构件在端部有局部凹进时，应增设折线构造钢筋（见图 9-7）或其他有效的构造钢筋。

（5）预应力筋曲线布置时的半径 后张法预应力混凝土构件中，当采用曲线预应力束时，其曲率半径 r_p 宜按下式计算确定，但不宜小于 4m。

$$r_p \geqslant \frac{P}{0.35 f_c d_p} \tag{9-4}$$

式中 P——预应力束的合力设计值；

d_p——预应力束孔道的外径；

f_c——混凝土轴心抗压强度设计值；当验算张拉阶段曲率半径时，可取与施工阶段混凝土立方抗压强度 f'_{cu} 对应的抗压强度设计值 f'_c，按附表 2 以线性内插法确定。

对于折线配筋的构件，在预应力束弯折处的曲率半径可适当减小。当曲率半径 r_p 不满足上述要求时，可在曲线预应力束弯折处内侧设置钢筋网片或螺旋筋。

（6）端部尺寸 构件端部尺寸应考虑锚具的布置、张拉设备的尺寸和局部受压的要求，必要时应适当加大。

（7）金属锚具防护 后张预应力混凝土外露金属锚具，应采取可靠的防腐及防火措施，并应符合下列规定。

① 无黏结预应力筋外露锚具应采用注有足量防腐油脂的塑料帽封闭锚具端头，并应采用无收缩砂浆或细石混凝土封闭。

② 对处于二 b、三 a、三 b 类环境条件下的无黏结预应力锚固系统，应采用全封闭的防腐蚀体系，其封锚端及各连接部位应能承受 10kPa 的静水压力而不得透水。

③ 采用混凝土封闭时，其强度等级宜与构件混凝土强度等级一致，且不应低于 C30。封锚混凝土与构件混凝土应可靠黏结，如锚具在封闭前应将周围混凝土界面凿毛并冲洗干净，且宜配置 1～2 片钢筋网，钢筋网应与构件混凝土拉结。

④ 采用无收缩砂浆或混凝土封闭保护时，其锚具及预应力筋端部的保护层厚度不应小于：一类环境时 20mm，二 a、二 b 类环境时 50mm，三 a、三 b 类环境时 80mm。

9.2 预应力施工工艺

9.2.1 预应力施加方法

目前预应力的施加方法主要是通过张拉预应力筋，利用预应力筋的回弹来挤压混凝土。按张拉预应力筋的方法不同，可分为机械张拉和电热张拉两种；而根据张拉预应力筋与浇筑混凝土次序的先后，又可分为先张法和后张法两种。

9.2.1.1 先张法

先张法就是先张拉预应力筋，后浇筑混凝土的方法，如图 9-8 所示。其主要工序是：

① 在台座或钢模上穿预应力筋；

② 预应力筋一端固定，另一端按设计规定的拉力或伸长值张拉预应力筋（通过千斤顶

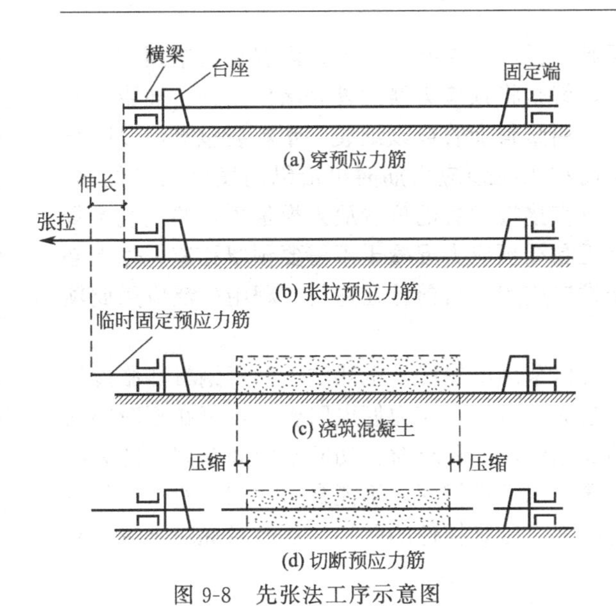

图 9-8　先张法工序示意图

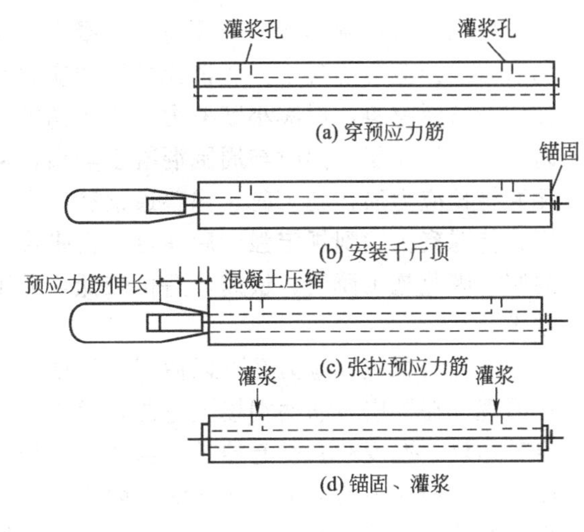

图 9-9　后张法工序示意图

或张拉车来实现），并利用夹具将其临时锚固（或固定）；

③ 绑扎普通钢筋，立模浇筑构件混凝土；

④ 当混凝土达到一定强度后（一般不低于设计强度值的 75%），切断或放松预应力筋（工程上称为“放张”），预应力筋产生弹性回缩，在回缩过程中，通过与混凝土之间的黏结作用将力传递给混凝土，使混凝土获得预压应力。

先张法构件所用的预应力筋，一般是钢丝（中强度预应力钢丝、消除应力钢丝）和直径较小的钢绞线。先张法的优点在于生产工艺简单，工序少、效率高，质量容易保证，同时由于省去了锚具和减少了预埋件，构件成本较低。先张法主要适用于工厂化大量生产，尤其适用于长线法生产中型、小型构件或配件。

9.2.1.2　*后张法*

后张法就是先浇筑构件混凝土，待混凝土养护结硬并达到一定强度后，再在构件上张拉预应力筋的方法，如图 9-9 所示。后张法的主要工序是：

① 浇筑构件混凝土，并在相应位置上预留孔道；

② 待混凝土达到规定强度后（≥设计强度的 75%）将预应力筋穿入预留的孔道内，以构件自身为支承安放千斤顶，用千斤顶张拉预应力筋，混凝土被压缩产生预压应力。预应力筋可以一端固定（固定端）、另一端张拉（张拉端），也可以两端同时张拉；

③ 当预应力筋的张拉应力达到规定值（张拉控制应力）后，张拉端用锚具将其锚固，使构件保持预压状态；

④ 在预留孔道内压注水泥浆，以保护预应力筋不被锈蚀，并使预应力筋与混凝土黏结成为整体。

后张法构件是靠锚具来传递和保持预加应力的，其主要优点是直接在构件上张拉预应力筋，不需要台座，可工厂生产、也可现场生产。因大型构件在现场生产可以避免长途搬运，故我国大型预应力混凝土构件主要采用后张法现场生产，如图 9-10 所示。

图 9-10　后张法预应力混凝土结构施工现场

后张法的主要缺点是生产周期长，需要工作锚具，工序多，操作复杂，生产成本较高。

后张法可以制作无黏结预应力混凝土。无黏结预应力混凝土，就是配置无黏结预应力筋的后张法预应力混凝土。所谓无黏结预应力筋，就是将预应力筋的外表涂以沥青、油脂或其他润滑防锈材料，以减小摩擦力、防止锈蚀，并用塑料套管或以纸袋、塑料袋包裹，以防止施工中碰坏涂层、同时与周围混凝土隔离，从而在张拉预应力筋时可沿纵向发生相对位移。无黏结预应力筋在施工时，像普通钢筋一样，可直接按配置的位置放入模板中，并浇筑混凝土，待混凝土达到规定强度后即可进行张拉。无黏结预应力混凝土不需要预留孔道，也不必灌浆，因此施工简便、快速，造价较低，易于推广应用。目前已在建筑工程中广泛应用此项技术。

后张法张拉预应力筋可以使用千斤顶，也可以采用电热法。电热法是利用钢材热胀冷缩的原理，在预应力筋两端接上电源，通以强大电流，由于预应力筋电阻较大，可在短时间内将其加热，温度升高引起伸长。当预应力筋伸长达到设计要求时，切断电源并锚固。随着温度下降，预应力筋逐渐冷却回缩。因为预应力筋两端已被锚固，不能自由冷缩，所以这种冷缩便在预应力筋中产生了拉应力。预应力筋的冷缩力压紧构件的两端，从而对混凝土建立起预压应力。

9.2.2 锚具和夹具

锚具和夹具是在制作预应力混凝土构件时锚固或固定预应力筋的重要工具。在后张法结构或构件中，为保持预应力筋的拉力并将其传递到混凝土上所用的永久性锚固装置，称为锚具，如图 9-11 所示。锚具与构件连成一体共同受力，不能取下重复使用。安装在预应力筋端部且可以张拉的锚具，称为张拉端锚具；而安装在预应力筋端部，通常埋入混凝土中且不用张拉的锚具，称为固定端锚具。所谓夹具，就是在先张法构件施工时，为保持预应力筋的拉力并将其固定在生产台座（或设备）上的临时性锚固装置；或在后张法结构或构件施工时，在张拉千斤顶或设备上夹持预应力筋的临时性锚固装置。夹具又称为工具锚，可以取下重复使用。

图 9-11 锚具

9.2.2.1 锚具的性能要求

使用锚具、夹具时，应满足以下要求：①可靠的锚固性能；②足够的承载能力；③良好的适用性能。

锚具的基本性能分静载锚固性能和动载性能（疲劳性能）两方面，它们都应由“预应力筋-锚具组装件”力学试验进行测试。所谓预应力筋-锚具组装件，就是由单根或成束预应力筋和安装在端部的锚具组合装配而成的受力单元。

承受静力荷载作用的预应力混凝土结构，其预应力筋-锚具组装件应满足静载锚固性能。由静载试验测定锚具效率系数 η_a 和达到极限拉力时组装件受力长度（预应力筋）的总应变 ε_{apu}，当满足 $\eta_a \geq 0.95$ 和 $\varepsilon_{apu} \geq 2.0\%$ 时，锚具静载性能合格，否则不合格。

承受静、动荷载作用的预应力混凝土结构，其预应力筋-锚具组装件，除应满足静载锚固性能外，尚应满足循环次数为 200 万次的疲劳性能试验要求。疲劳应力上限应为预应力钢丝、钢绞线抗拉强度标准值的 65%（当为精轧螺纹钢筋时，疲劳应力上限为屈服强度标准值的 80%），应力幅不应小于 80MPa。工程有特殊要求时，试验应力上限及疲劳应力幅取值可另定。试件经受 200 万次循环荷载后，锚具零件不应疲劳破坏，预应力筋在锚具夹持区域发生疲劳破坏的截面面积不应大于试件总截面面积的 5%。

在抗震结构中，预应力筋-锚具组装件还应满足循环次数为 50 次的周期荷载试验。组装件用钢丝、钢绞线时，试验应力上限为 $0.8f_{ptk}$；用精轧螺纹钢筋时，应力上限应为其屈服强度标准值的 90%。应力下限均应为相应强度的 40%。试件经历 50 次循环荷载后，预应力筋在锚具夹持区域不应发生断裂。

9.2.2.2　锚具和夹具的类型

锚具和夹具之所以能锚住或夹住预应力筋，主要是依据摩阻、承压和握裹等的作用。依据锚固方式不同，锚具和夹具可分为夹片式、支承式、锥塞式和握裹式四种基本类型。

(1) 夹片式锚具（夹具）　夹片式锚具（夹具）依靠预应力筋和夹片之间的摩擦阻力锚固预应力筋，如图 9-11 所示。

(2) 支承式锚具（夹具）　支承式锚具（夹具）是依靠端部承压来锚固预应力筋的。

(3) 锥塞式锚具（夹具）　锥塞式锚具（夹具）靠预应力筋和锥塞（锚塞）之间的摩擦阻力锚固预应力筋。

(4) 握裹式锚具（夹具）　握裹式锚具（夹具）利用挤压套筒的握裹力或锚头与混凝土之间的黏结力锚固预应力筋。

锚具和夹具的总代号分别用汉语拼音的第一个字母 M 和 J 表示，各类锚固方式的分类代号也用相应汉字的拼音首字母，参见表 9-1。

表 9-1　锚具和夹具的代号

分类代号		锚　具	夹　具
夹片式	圆　形	YJM	YJJ
	扁　形	BJM	
支承式	镦　头	DTM	DTJ
	螺　母	LMM	LMJ
锥塞式	钢　质	GZM	
	冷　铸	LZM	
	热　铸	RZM	
握裹式	挤　压	JYM	JYJ
	压　花	YHM	

锚具和夹具的标记方式为："产品代号、预应力钢材的直径-预应力钢材根数"三部分，如有需要，可在后面加注生产企业体系代号。例如，锚固 12 根直径 15.2mm 预应力混凝土用钢绞线的圆形夹片式群锚锚具，标记为 YJM15-12；预应力筋为 12 根直径 12.7mm 的钢绞线，用于固定端的挤压式锚具，标记为 JYM13-12。

9.2.2.3　工程上的常用锚具

(1) 螺母锚具　螺母锚具（LMM）属于支承式锚具。采用高强度粗钢筋作为预应力筋时，可采用螺母锚具固定，即借助粗钢筋两端的螺纹，在钢筋张拉后直接拧上螺母进行锚固，钢筋的回缩由螺帽经支承垫板承压传递给混凝土，从而获得预应力，如图 9-12 所示。

大直径预应力螺纹钢筋即精轧螺纹钢筋，它沿通长都有规则、但不连续的凸形螺纹，可在任意位置进行锚固和进行连接，加上垫板后，直接拧上螺帽即可锚固，操作十分方便。

螺母锚具的受力明确，锚固可靠；构造简单，施工方便；能重复张拉、放松或拆卸，并可以简单地用套筒接长。

(2) 镦头锚具　镦头锚具（DTM）也属于支承式

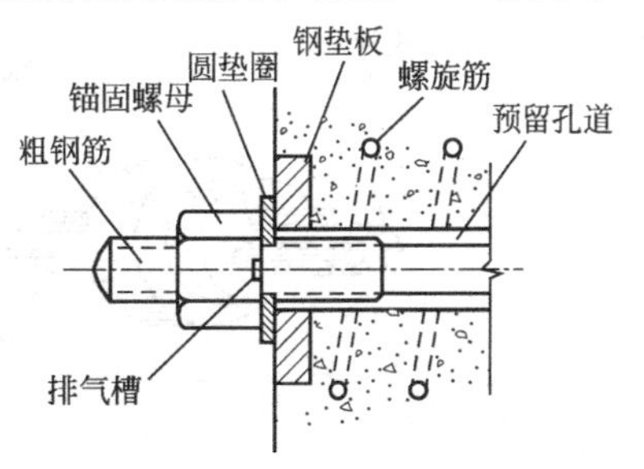

图 9-12　螺母锚具

锚具。它由被镦粗的预应力筋（钢筋或钢丝）头、锚环、外螺帽、内螺帽和垫板组成，如图 9-13 所示。锚环上的孔洞数和间距均由被锚固的预应力筋的根数和排列方式而定。可用于锚固多根直径 10～18mm 的平行钢筋束，或者锚固 18 根以下直径 5mm 的平行钢丝束。

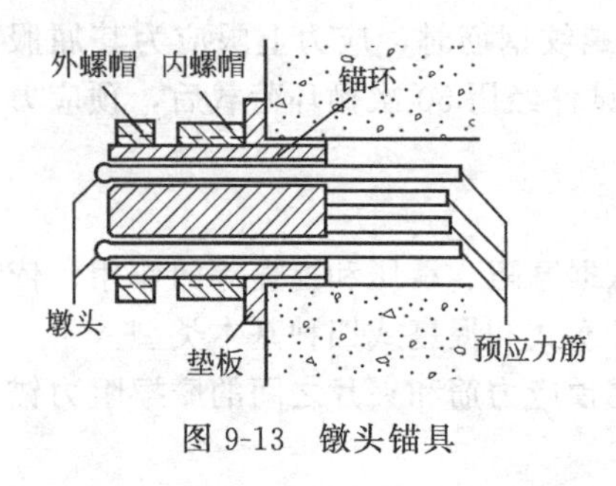

图 9-13　镦头锚具

操作时，将预应力筋穿过锚环孔眼，用镦头机进行冷镦或热镦，将钢筋或钢丝的端头镦粗成圆头，与锚环固定，然后将预应力筋束连同锚环一起穿过构件的预留孔道，待预应力筋伸出孔道口后，套上螺帽进行张拉，边张拉边拧紧内螺帽。预应力筋的预拉力首先通过镦头的承压力传到锚环，其次靠螺纹斜面上的承压力传到螺帽，最后经过垫板传到混凝土构件。

镦头锚具的优点在于锚固性能可靠、锚固力大、张拉操作方便，缺点是对钢筋或钢丝束长度的精度要求较高。

(3) YJM 锚具　YJM 型锚具属于夹片式锚具，分单孔和多孔，用于锚固平行放置的钢筋束和钢绞线。因为预应力筋与周围接触的面积较小，且强度高、硬度大，故对其锚具的锚固性能要求很高。YJM 型锚具的型号有 YJM12-5，YJM15-6、YJM15-7 等多种。

JM12-N 锚具是一种锚固 N 根（3～6 根）直径 d=12mm 的平行放置的钢筋束或者锚固 N 根（5～6 根）七股钢绞线所组成相互平行的钢绞线束的锚具。如图 9-14 所示为 YJM12-5 锚具，可锚固 5 根直径 12mm 的预应力筋。这种锚具由锚环和夹片组成，夹片的块数与预应力钢筋或钢绞线的根数相同。夹片截面呈扇形，每一块夹片有两个圆弧形槽，上有齿纹，用以锚住预应力筋。张拉时必须采用特制的双作用千斤顶，第一个作用是夹住预应力筋进行张拉，第二个作用是将夹片顶入锚环内，使预应力筋挤紧，牢牢锚住。

预应力筋依靠摩擦力将预拉力传给夹片。夹片依靠其斜面上的承压力将预拉力传给锚环，后者再通过承压力将预拉力传给混凝土。YJM12 型锚具既可用于张拉端，也可用于固定端。其缺点是钢筋的内缩量较大，实测表明，内缩量对于光圆钢筋可达 2mm、变形钢筋可达 3mm、钢绞线可达 5mm。

YJM 型群锚由锚板和夹片组成，其中夹片为三片式，可锚固多根钢绞线，如图 9-11 所

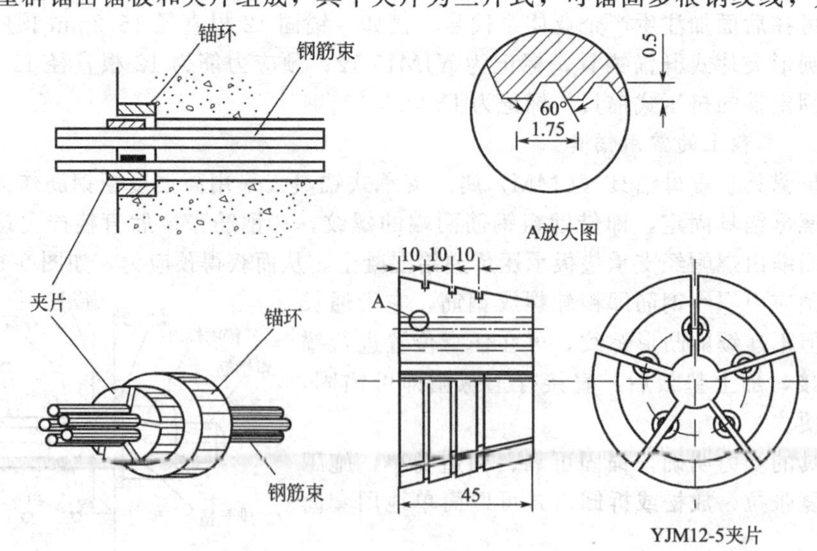

图 9-14　YJM12-5 锚具

示。这种群锚的特点是每根钢绞线均分开锚固，由一组夹片夹紧，各自独立地放在锚板的各个锥形孔内。任何一组夹片滑移、破裂或钢绞线拉断，都不会影响同束中其他钢绞线的锚固，具有锚固可靠，互换性好，自锚性能强的优点。

(4) 锥塞式锚具　锥塞式锚具又称为弗氏锚具，是最早研制出的摩擦式锚具，它由锚圈及带齿的圆锥体锚塞（即锥塞）组成，锚圈和锥塞一般用 45 号铸钢制成，如图 9-15 所示。锥塞式锚具分钢质（GZM）、冷铸（LZM）和热铸（RZM）三种。它用于锚固多根直径为 5mm、7mm、8mm、12mm 的平行钢丝束，或者锚固多根直径为 13mm、15mm 的平行钢绞线束。

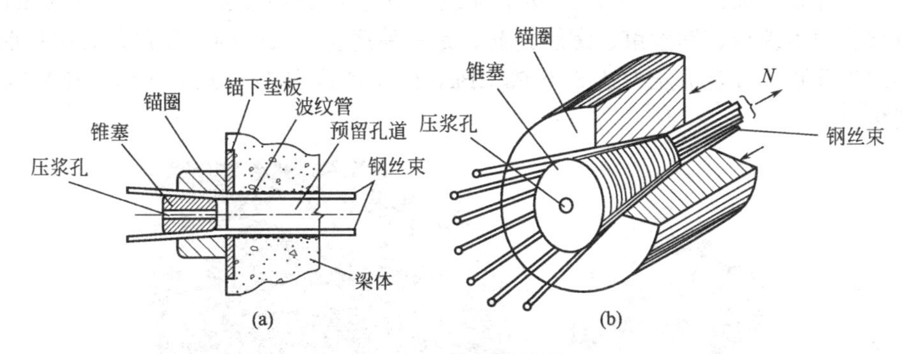

图 9-15　锥塞式锚具

预应力筋通过摩擦力将预拉力传到锚圈，锚圈再通过承压力将预拉力传到混凝土构件。这种锚具既可用于张拉端，也可用于固定端，采用特制的双作用千斤顶进行张拉，一面张拉预应力筋，一面将锥塞推入挤紧，锚塞中间留有小孔作锚固后压力灌浆用。

锥塞式锚具的优点是效率高，缺点是滑移大，而且不易保证每根钢筋（钢丝）中应力均匀，锚固预应力损失可达张拉控制应力的 5%。

(5) 握裹式锚具　握裹式锚具有挤压型（JYM）和压花型（YHM）两种类型，都用于固定端。

挤压锚具是利用压头机，将套在钢绞线端头的软钢（通常为 45 号钢）套筒与钢绞线一起强行顶压通过规定的模具孔挤压而成，如图 9-16 所示。为增加套筒与钢绞线间的摩擦阻力，挤压前，在钢绞线与套筒之间设置硬钢丝螺旋圈，挤压后使硬钢丝分别压入钢绞线与套筒内壁之内。套筒和预应力筋之间通过握裹作用传力，钢筋的预拉力传给套筒。套筒将力传给锚板，锚板使混凝土受压。产品有 JYM13-N，JYM15-N 等。

压花锚具是利用液压压花机将钢绞线端头压制成梨形散花状的一种锚具。梨形头的尺寸 $(5d\sim6.5d)\times(130\sim150)$ mm，如图 9-17 所示。利用梨形头诸钢筋与混凝土之间的黏结锚固预应力筋，张拉前需预先埋入混凝土中，所以只能用于固定端。

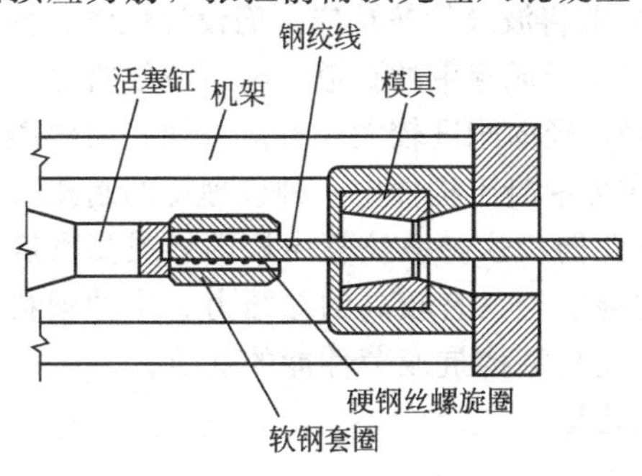

图 9-16　压头机的工作原理

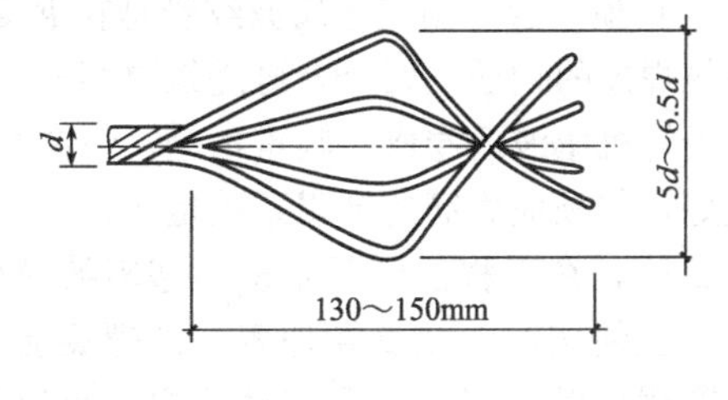

图 9-17　压花锚具

为了提高压花锚的四周混凝土及散花头根部混凝土的抗裂强度，在散化头的头部需配置构造筋，在散化头的根部配置螺旋筋。

9.2.3　预加应力的其他设备

9.2.3.1　千斤顶

千斤顶是预应力筋的施力设备，有液压千斤顶、螺旋千斤顶、齿条千斤顶等形式。预应力混凝土预应力筋张拉主要使用液压千斤顶，提供的拉力值从数十千牛到数兆牛，范围宽广。预应力用液压千斤顶可分为穿心式千斤顶和实心式千斤顶两类。

穿心式千斤顶，如图 9-18 所示。其中轴线上有通长的穿心孔，可从中穿入预应力筋，能够张拉预应力钢绞线、钢丝束、螺纹钢筋，是一种适应性较强的千斤顶。我国目前设计生产的穿心式千斤顶，额定油压力达 50～63MPa，张拉吨位在 18～120t（180～1200kN），并已经系列化。

图 9-18　穿心式千斤顶及张拉作业

根据穿心式千斤顶的功能作用不同，可分为双作用千斤顶和单作用千斤顶。所谓双作用千斤顶，就是在张拉预应力筋的同时，还能对锚具夹片或锥塞进行顶压，能够减小锚具滑移引起的预应力筋回缩，从而减小预应力损失；单作用千斤顶则只能对预应力筋进行张拉，而不能对锚具夹片或锥塞进行顶压。

9.2.3.2　制孔器

后张法构件的预留孔道是用制孔器制成的。目前预应力混凝土构件预留孔道所采用的制孔器主要有抽芯成型和预埋管。

(1) 抽芯成型　抽芯成型分钢管抽芯成型和橡胶管抽芯成型两类。钢管抽芯成型是事先放置好钢管，浇筑混凝土，然后抽去钢管形成孔道。橡胶管抽芯成型是在钢丝网胶管内事先穿入钢筋（称为芯棒），再将胶管连同芯棒一起放入模板内，然后浇筑混凝土，待混凝土达到一定强度后，抽去芯棒，再拔出胶管，则形成预留孔道。这种制孔器可重复使用，比较经济，管道内压注的水泥浆与构件混凝土结合较好。但缺点是不易形成多向弯曲形状复杂的管道，且需要控制好抽拔时间。

(2) 预埋管　预埋金属波纹管是在混凝土浇筑之前将波纹管按预应力筋设计位置，绑扎于与箍筋焊连的钢筋托架上，再浇筑混凝土，结硬后即可形成穿束的孔道。金属波纹管是用薄钢带经卷管机压波后卷成，其重量轻，纵向弯曲性能好，径向刚度较大，连接方便，与混凝土黏结良好，与预应力筋的摩阻系数也小，是后张法预应力混凝土构件中一种较理想的制孔器。

目前，在工程上已开始采用塑料波纹管作为制孔器，这种波纹管由聚丙烯或高密度聚乙烯制成。使用时，波纹管外表面的螺旋肋与周围的混凝土具有较高的黏结力。这种塑料波纹管具有耐腐蚀性能好、孔道摩擦损失小以及有利于提高结构抗疲劳性能的优点。

工程实践中，也可以通过预埋钢管的方法形成孔道。

9.2.3.3　穿索机

跨度或跨径较大时，预应力筋很长，人工穿束十分吃力，需要采用穿索（束）机进行操作。穿索（束）机有两种类型，一是液压式，二是电动式。一般采用单根钢绞线穿入，穿束时应在钢绞线前端套一个子弹形帽子，以减小穿束阻力。穿索机由电动机带动四个托轮支承的链板，钢绞线置于链板上，并用四个与托轮相对应的压紧轮压紧，则钢绞线就可借链板的转动向前穿入构件的预留孔中。穿索（束）机的最大推力为 3kN，最大水平传送距离可达 150m。

9.2.3.4　压浆机

在后张法预应力混凝土构件中，预应力筋张拉锚固后，应尽早进行孔道灌浆工作，以免钢筋锈蚀，降低结构的耐久性，同时也是为了使预应力筋与构件混凝土尽早结合为整体。压浆机是孔道灌浆的主要设备，它主要由灰浆搅拌桶、储浆桶和压送灰浆的灰浆泵以及供水系统组成。压浆机的最大工作压力可达到约 1.50MPa，可压送的最大水平距离为 150m，最大竖直高度为 40m。

9.2.3.5　张拉台座

采用先张法生产预应力混凝土构件时，则需设置用作张拉和临时锚固预应力筋的张拉台座，如图 9-19 所示。它需要承受张拉预应力筋的回缩力，设计时应保证其具有足够的强度、刚度和稳定性。

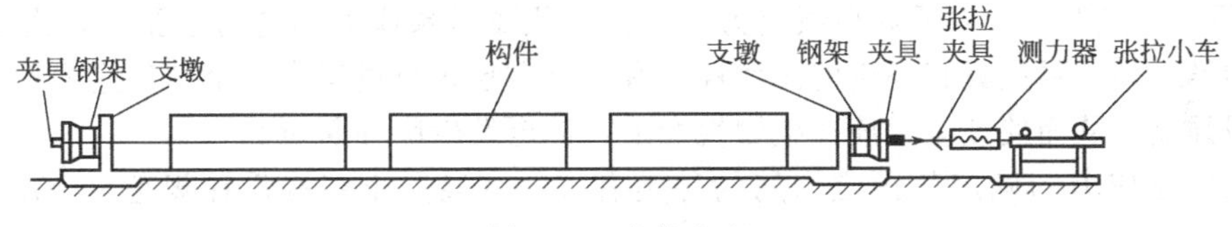

图 9-19　张拉台座

预应力筋也可直接在钢模上张拉，此时不必再设张拉台座，如图 9-4 所示的离心法生产预应力管桩便是如此。

9.2.3.6　连接器

预应力螺纹钢筋，利用带内螺纹的套筒，在任何位置都可以连接或接长或锚固，而预应力钢绞线则需要利用专门的连接器才能接长。预应力钢绞线的连接器有锚头连接器和接长连接器两种。锚头连接器是钢绞线束张拉锚固后，再连接新的钢绞线，如图 9-20(a) 所示；接长连接器则是用来将两段未经张拉的钢绞线接长，如图 9-20(b) 所示。

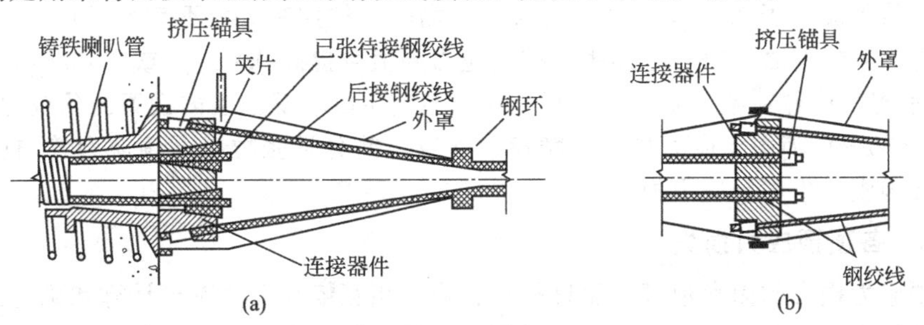

图 9-20　连接器示意图

9.3　张拉控制应力与预应力损失

9.3.1　张拉控制应力

张拉控制应力是指预应力筋在进行张拉时所控制达到的最大拉应力值，等于张拉设备（如千斤顶油压表）所指示的总张拉力除以预应力筋截面面积得到的应力值，用 σ_{con} 表示。

在施工阶段，张拉控制应力就是预应力筋所承受的最大应力。先张法构件中，由于预应力筋放张时混凝土的弹性压缩、预应力筋的松弛、混凝土的收缩和徐变等原因，预应力筋的应力将会逐渐减小；在后张法构件中，由于锚具变形、预应力筋与孔道之间的摩擦、预应力筋的松弛、混凝土的收缩和徐变等原因，预应力筋的应力同样也会减小。这种预应力筋拉应力降低的现象，称为预应力损失，各种预应力损失之和用σ_l表示。根据工程实践，预应力损失的总和约占张拉控制应力的15%～30%左右。

如果张拉控制应力σ_{con}过低，则预应力筋的拉应力在经历各种损失之后，对混凝土产生的预压应力就很小，不能有效地提高预应力混凝土构件的抗裂度和刚度。所以，为了充分发挥预应力的优点，张拉控制应力应尽可能定得高一些，可使混凝土获得较高的预压应力，以达到节约材料的目的，同时又可提高构件的刚度和抗裂能力。但是，如果σ_{con}取值过高，则可能引起下列问题：

① 混凝土失效。在施工阶段会使构件的某些部位受到拉力（称为预拉力）甚至开裂，对后张法构件则可能造成端部混凝土局部受压破坏；

② 构件延性下降。构件出现裂缝时的荷载与极限荷载很接近，使构件在破坏前无明显的预兆，构件的延性较差；

③ 预应力筋失效。为了减小预应力损失，往往要对预应力筋进行超张拉，由于预应力筋材质的不均匀，强度具有一定的离散性，有可能在超张拉过程中使个别预应力筋的应力超过其屈服强度，从而使预应力筋产生塑性变形，甚至发生脆性断裂。

张拉控制应力的确定与预应力筋的种类有关。《混凝土结构设计规范》(GB 50010—2010）规定：

① 消除应力钢丝、钢绞线

$$\sigma_{con} \leqslant 0.75 f_{ptk} \tag{9-5}$$

② 中强度预应力钢丝

$$\sigma_{con} \leqslant 0.70 f_{ptk} \tag{9-6}$$

③ 预应力螺纹钢筋

$$\sigma_{con} \leqslant 0.85 f_{pyk} \tag{9-7}$$

同时还规定了张拉控制应力的下限值。消除应力钢丝、钢绞线、中强度预应力钢丝的张拉控制应力值不应小于$0.4f_{ptk}$；预应力螺纹钢筋的张拉控制应力不宜小于$0.5f_{pyk}$。

当符合下列情况之一时，上述张拉控制应力限值可提高$0.05f_{ptk}$或$0.05f_{pyk}$：

① 要求提高构件在施工阶段的抗裂性能而在使用阶段受压区内设置的预应力筋；

② 要求部分抵消由于应力松弛、摩擦、预应力筋分批张拉以及预应力筋与张拉台座之间的温差等因素产生的预应力损失。

9.3.2 各项预应力损失

引起预应力损失的因素很多，而且相互影响、相互依存，要精确计算和确定预应力损失是一项非常复杂的工作。工程实践中为了简化计算，归结为六个方面的影响因素，并且假定总的预应力损失为各因素单独产生的损失值相加。这里介绍各项预应力损失的计算和减小损失的措施。

9.3.2.1 锚具变形和预应力筋内缩引起的预应力损失σ_{l1}

(1) 直线预应力筋　直线预应力筋当张拉到控制应力σ_{con}后，将其锚固在台座或构件上时，由于锚具变形，锚具、垫板与构件之间的滑移，使张紧的预应力筋产生回缩（内缩），引起预应力损失，其值为预应力筋的内缩应变与弹性模量的乘积，计算公式为：

$$\sigma_{l1} = \frac{a}{l} E_s \tag{9-8}$$

式中 a——张拉端锚具变形和预应力筋的内缩值，mm，可按表9-2采用；

l——张拉端至锚固端的距离，mm；

E_s——预应力筋的弹性模量，N/mm²，按附表8取值。当需要与普通钢筋区分时，用符号 E_p 表示预应力筋的弹性模量，而用 E_s 表示普通钢筋的弹性模量。

表9-2 锚具变形和预应力筋内缩值 a 单位：mm

锚具类别		a	锚具类别		a
支承式锚具（钢丝束镦头锚具等）	螺帽缝隙	1	夹片式锚具	有顶压时	5
	每块后加垫板的缝隙	1		无顶压时	6～8

注：1. 表中的锚具变形和预应力筋内缩值也可根据实测数据确定。

2. 其他类型的锚具变形和预应力筋内缩值应根据实测数据确定。

块体拼成的结构，其预应力损失尚应计及块体间填缝的预压变形。当采用混凝土或砂浆为填缝材料时，每条填缝的预压变形值可取为1mm。

锚具变形引起的预应力损失只考虑张拉端，因为锚固端的锚具在张拉过程中已被挤紧，故不再引起预应力损失。该项预应力损失既发生于先张法构件，也发生于后张法构件。减小该项损失的措施有：

① 选择自身变形小或使预应力筋回缩小的锚具、夹具；

② 尽量减少垫板数量，因为每增加一块垫板，a 值将增加1mm；

③ 对于先张法张拉工艺，选择长的台座。因为 σ_{l1} 与 l 成反比，所以增大 l 可以使 σ_{l1} 下降。当台座长度超过100m时，该项损失通常可忽略不计。

（2）后张法曲线预应力筋 曲线预应力筋的预应力损失 σ_{l1} 需另行计算。预应力筋回缩时，由于受到曲线形孔道反向摩擦力的影响，使构件各截面所产生的预应力损失不尽相同。因为摩擦力的方向与相对运动方向相反，所以预应力筋在张拉时，摩擦力指向跨中；在锚具变形和预应力筋内缩时，其摩擦力则指向张拉端，此力即为反向摩擦力。

反向摩擦力使预应力损失下降，当距张拉端某一距离 l_f 时，预应力损失降为零，此距离称为反向摩擦影响长度。该长度范围内的预应力筋变形应等于锚具变形和预应力筋内缩值，据此条件可以确定 l_f 值。σ_{l1} 在 l_f 范围内可按线性规律变化来考虑。

① 圆弧形曲线预应力筋。圆弧形曲线预应力筋，当对应的圆心角 $\theta\leqslant45°$ 时（对无黏结预应力筋 $\theta\leqslant90°$），由于锚具变形和预应力筋内缩，在反向摩擦影响长度 l_f（m）范围内的预应力损失值 σ_{l1} 可按下式计算（见图9-21）：

$$\sigma_{l1}=2\sigma_{con}l_f\left(\frac{\mu}{r_c}+\kappa\right)\left(1-\frac{x}{l_f}\right) \quad (9\text{-}9)$$

$$l_f=\sqrt{\frac{aE_s}{1000\sigma_{con}(\mu/r_c+\kappa)}} \quad (9\text{-}10)$$

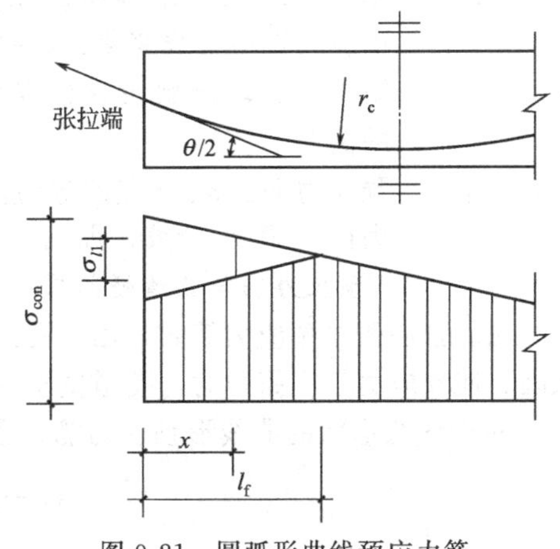

图9-21 圆弧形曲线预应力筋的预应力损失 σ_{l1}

式中 r_c——圆弧形曲线预应力筋的曲率半径，m；

μ——预应力筋与孔道壁之间的摩擦系数，按表9-3采用；

κ——考虑孔道每米长度局部偏差的摩擦系数，按表9-3采用；

x——张拉端至计算截面的距离，m；

a——张拉端锚具变形和预应力筋内缩值，mm，按表9-2采用；

E_s——预应力筋的弹性模量，N/mm^2。

抛物线形预应力筋可近似按圆弧形曲线预应力筋考虑。

表 9-3　摩擦系数

孔道成型方式	κ	μ	
		钢绞线、钢丝束	预应力螺纹钢筋
预埋金属波纹管	0.0015	0.25	0.50
预埋塑料波纹管	0.0015	0.15	—
预埋钢管	0.0010	0.30	—
抽芯成型	0.0014	0.55	0.60
无黏结预应力筋	0.0040	0.09	—

注：摩擦系数也可根据实测数据确定。

② 直线和圆弧形曲线组成的预应力筋。端部为直线（直线长度为 l_0），而后由两条圆弧形曲线（圆弧对应的圆心角 $\theta \leqslant 45°$，对无黏结预应力筋取 $\theta \leqslant 90°$）组成的预应力筋（见图 9-22），由于锚具变形和预应力筋内缩，在反向摩擦影响长度 l_f 范围内的预应力损失值 σ_{l1} 可按下列公式计算：

当 $x \leqslant l_0$ 时

$$\sigma_{l1} = 2i_1(l_1 - l_0) + 2i_2(l_f - l_1) \quad (9\text{-}11)$$

当 $l_0 < x \leqslant l_1$ 时

$$\sigma_{l1} = 2i_1(l_1 - x) + 2i_2(l_f - l_1) \quad (9\text{-}12)$$

当 $l_1 < x \leqslant l_f$ 时

$$\sigma_{l1} = 2i_2(l_f - x) \quad (9\text{-}13)$$

反向摩擦影响长度 l_f（m）可按下列公式计算：

$$l_f = \sqrt{\frac{aE_s}{1000 i_2} - \frac{i_1(l_1^2 - l_0^2)}{i_2} + l_1^2} \quad (9\text{-}14)$$

$$i_1 = \sigma_a(\kappa + \mu / r_{c1}) \quad (9\text{-}15)$$

$$i_2 = \sigma_b(\kappa + \mu / r_{c2}) \quad (9\text{-}16)$$

式中　l_1——预应力筋张拉端起点至反弯点的水平投影长度；

i_1、i_2——第一、二段圆弧形曲线预应力筋中应力近似直线变化的斜率；

r_{c1}、r_{c2}——第一、二段圆弧形曲线预应力筋的曲率半径；

σ_a、σ_b——预应力筋在 a、b 点的应力。由图 9-22 可知，a 点应力取张拉控制应力，b 点应力由 i_1 和 l_1 计算，即 $\sigma_b = \sigma_a - i_1(l_1 - l_0)$。

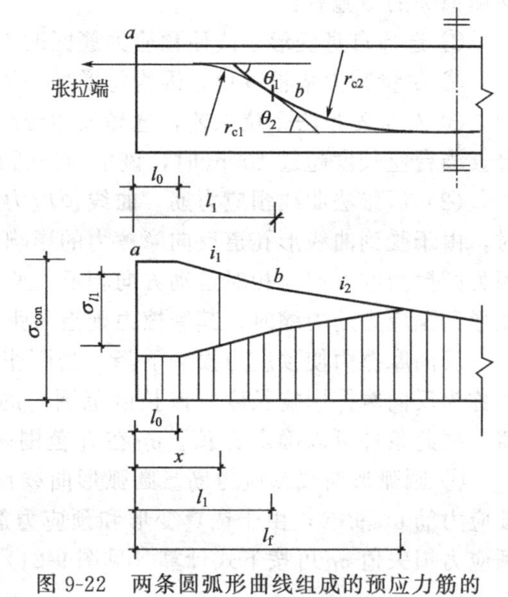

图 9-22　两条圆弧形曲线组成的预应力筋的预应力损失 σ_{l1}

9.3.2.2　预应力筋与孔道壁间摩擦引起的预应力损失 σ_{l2}

用后张法张拉预应力筋时，由于孔道尺寸偏差、孔壁粗糙、预应力筋不直及表面粗糙等原因，使预应力筋在张拉时与孔道壁接触而产生摩擦阻力，从而使预应力筋产生预应力损失 σ_{l2}。对于任意形状的曲线形预应力筋，预应力损失 σ_{l2} 可按下式计算：

$$\sigma_{l2} = \sigma_{con}\left(1 - \frac{1}{e^{\kappa x + \mu\theta}}\right) \quad (9\text{-}17)$$

式中　θ——从张拉端至计算截面曲线孔道各部分切线的夹角之和，rad，见图 9-23；

x——从张拉端至计算截面的孔道长度，可近似取该段孔道在纵轴上的投影长度，m；

κ——考虑孔道每米长度局部偏差的摩擦系数，按表 9-3 采用；

μ——预应力筋与孔道壁之间的摩擦系数，按表 9-3 采用。

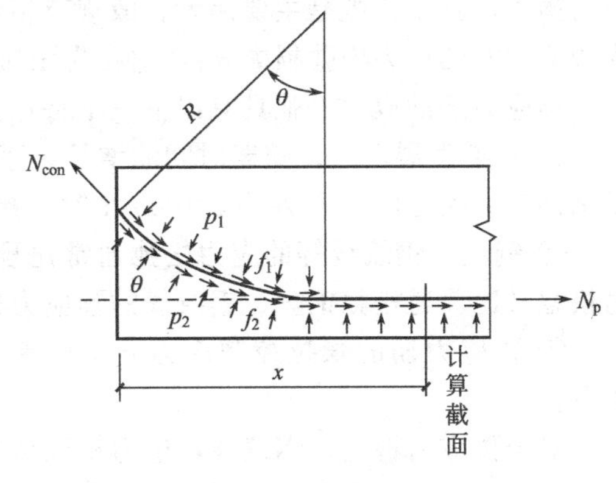

图 9-23　预应力摩擦损失

当 $(\kappa x+\mu\theta)\leqslant 0.3$ 时，σ_{l2} 可按如下近似公式计算：

$$\sigma_{l2}=(\kappa x+\mu\theta)\sigma_{con} \tag{9-18}$$

当采用夹片式群锚体系时，在 σ_{con} 中宜扣除锚口摩擦损失。张拉端锚口摩擦损失，按实测值或厂家提供的数据确定。

减小该项预应力损失的措施有：

① 对较长构件可在两端同时进行张拉，则计算中孔道长度的最大值可按构件长度的一半计算，此项损失的最大值可大为减小。但此时会使 σ_{l1} 增加，应用时需加以注意；

② 采用超张拉工艺。超张拉工艺的张拉程序，对于钢绞线束为

$$\boxed{0}\longrightarrow\boxed{1.1\sigma_{con}}\xrightarrow[\text{或持荷 2min}]{\text{停 2min}}\boxed{0.85\sigma_{con}}\xrightarrow[\text{或持荷 2min}]{\text{停 2min}}\boxed{\sigma_{con}}\longrightarrow\boxed{\text{锚固}}$$

对于钢丝束为

$$\boxed{0}\longrightarrow\boxed{1.05\sigma_{con}\sim 1.1\sigma_{con}}\xrightarrow[\text{或持荷 2min}]{\text{停 2min}}\boxed{0}\longrightarrow\boxed{\sigma_{con}}\longrightarrow\boxed{\text{锚固}}$$

电热后张法构件可不考虑摩擦损失 σ_{l2}；先张法构件当采用折线形预应力筋时，由于转向装置处的摩擦，应考虑 σ_{l2}，其值按实际情况确定。

9.3.2.3　预应力筋与台座之间温差引起的预应力损失 σ_{l3}

先张法构件有时需要加热养护，因为这可以加速混凝土的硬结，缩短张拉台座的周转时间，由预应力筋与台座之间的温差引发预应力损失 σ_{l3}。由于温度升高，预应力筋受热膨胀伸长，产生温度变形，但两端的张拉台座是固定不动的，距离保持不变，故预应力筋中的应力降低。此时混凝土尚未硬结，待混凝土硬结后，钢筋与混凝土之间产生黏结，温度降低时一起回缩，故升温过程中减少的应力基本保持不变，从而造成预应力损失 σ_{l3}。

混凝土加热养护时，设预应力筋与台座之间的温差为 Δt（℃），线膨胀系数为 α，则伸长量为 $\Delta l=\alpha l\Delta t$，相应的应变为 $\varepsilon=\Delta l/l=\alpha\Delta t$，所以预应力损失 σ_{l3} 为 $\sigma_{l3}=E_p\varepsilon=E_p\alpha\Delta t$，取预应力筋的弹性模量为 $E_p=2.0\times10^5\,\text{N/mm}^2$，线膨胀系数 $\alpha=1.0\times10^{-5}/℃$，则有

$$\sigma_{l3}=2.0\times10^5\times1.0\times10^{-5}\Delta t=2\Delta t\quad(\text{N/mm}^2) \tag{9-19}$$

减小温差引起预应力损失的措施有：

① 采用二次升温的养护方法。先在常温下养护，待混凝土达到一定强度等级（C10～C15）时，再逐渐升温至规定的养护温度，这时可以认为钢筋与混凝土结成整体，能够一起膨胀和收缩，不引起应力损失；

② 在钢模上张拉预应力筋。由于预应力筋是锚固在钢模上的，养护升温时钢模和预应力筋温度相同（$\Delta t=0$），可以不考虑此项损失。

9.3.2.4　预应力筋应力松弛引起的预应力损失 σ_{l4}

松弛和徐变是材料黏弹性性能的表现。应力松弛，是指预应力筋在高应力作用下，当长度保持不变（或应变保持不变）时，应力随时间增长而逐渐降低的现象；而徐变则是指在长期不变应力作用下，应变随时间增长而逐渐增大的现象。松弛和徐变都将导致预应力筋的预

应力损失，其中松弛是主要因素，故规范将预应力筋的松弛和徐变所引起的预应力损失统称为预应力筋的应力松弛损失 σ_{l4}，它在先张法和后张法构件中都可能出现。

预应力筋的应力松弛具有以下三个特点。

① 早期发展迅速，随着时间的增长，逐渐变慢，并最后趋于稳定。24 小时内，约可完成全部应力松弛的 80%左右，1000 小时即接近全部应力松弛值。

② 钢丝、钢绞线等的应力松弛通常比预应力螺纹钢筋大，而低松弛钢丝、钢绞线的应力松弛又比普通松弛钢丝、钢绞线的预应力松弛小。

③ 预应力筋的张拉控制应力 σ_{con} 值高，则预应力损失 σ_{l4} 也大，两者之间基本呈线性关系。

对于预应力钢丝、钢绞线，应力松弛试验表明，其应力松弛损失值与钢丝的初始应力值和极限强度有关。应力松弛引起预应力筋的预应力损失按下述公式计算：

普通松弛

$$\sigma_{l4}=0.4\left(\frac{\sigma_{con}}{f_{ptk}}-0.5\right)\sigma_{con} \tag{9-20}$$

低松弛

$$\text{当 } \sigma_{con}\leqslant 0.7f_{ptk}\text{ 时，}\quad \sigma_{l4}=0.125\left(\frac{\sigma_{con}}{f_{ptk}}-0.5\right)\sigma_{con} \tag{9-21}$$

$$\text{当 } 0.7f_{ptk}<\sigma_{con}\leqslant 0.8f_{ptk}\text{ 时，}\quad \sigma_{l4}=0.2\left(\frac{\sigma_{con}}{f_{ptk}}-0.575\right)\sigma_{con} \tag{9-22}$$

对于中强度预应力钢丝，应力松弛引起的预应力损失值为

$$\sigma_{l4}=0.08\sigma_{con} \tag{9-23}$$

对于预应力螺纹钢筋，应力松弛引起的预应力损失值应为

$$\sigma_{l4}=0.03\sigma_{con} \tag{9-24}$$

当 $\sigma_{con}/f_{ptk}\leqslant 0.5$ 时，实际的松弛损失值已很小，为简化计算，预应力筋的应力松弛损失值可取为零。

减小该项损失的措施有：

① 采用低松弛的钢丝、钢绞线。

② 采用超张拉工艺。施工中采用超张拉工艺，可使预应力筋的预应力松弛大约减小 40%～60%。

9.3.2.5 混凝土收缩和徐变引起的预应力损失 σ_{l5}

混凝土在结硬过程中要发生收缩，在预压应力作用下沿压应力方向还要产生徐变。收缩和徐变均会使构件的长度缩短，预应力筋亦会随之回缩，导致预应力损失。虽然收缩和徐变两者性质不同，但其影响却相似，所以这两方面因素导致的预应力损失统一考虑为 σ_{l5}。

混凝土收缩和徐变引起构件受拉区预应力筋的预应力损失 σ_{l5}（N/mm^2）和受压区预应力筋的预应力损失 σ'_{l5}（N/mm^2），可按下列公式进行计算：

先张法构件

$$\sigma_{l5}=\frac{60+340\dfrac{\sigma_{pc}}{f'_{cu}}}{1+15\rho},\quad \sigma'_{l5}=\frac{60+340\dfrac{\sigma'_{pc}}{f'_{cu}}}{1+15\rho'} \tag{9-25}$$

后张法构件

$$\sigma_{l5}=\frac{55+300\dfrac{\sigma_{pc}}{f'_{cu}}}{1+15\rho},\quad \sigma'_{l5}=\frac{55+300\dfrac{\sigma'_{pc}}{f'_{cu}}}{1+15\rho'} \tag{9-26}$$

式中　σ_{pc}、σ'_{pc}——受拉区、受压区预应力筋合力点处的混凝土法向压应力；

f'_{cu}——施加预应力时的混凝土立方体抗压强度；

ρ、ρ'——受拉区、受压区预应力筋和普通钢筋的配筋率。

因为式(9-25)、式(9-26) 的适用条件是线性徐变，所以受拉区、受压区预应力筋合力点处的混凝土法向压应力 σ_{pc}、σ'_{pc}值，不得大于 $0.5f'_{cu}$。当 σ_{pc}或 $\sigma'_{pc}>0.5f'_{cu}$时，则会出现非线性徐变，预应力损失将显著增大。若 σ'_{pc}为拉应力时，应在上述公式中取 σ'_{pc}为零。计算混凝土法向压应力 σ_{pc}、σ'_{pc}时，可根据构件制作情况考虑自重的影响。

配筋率按下列公式计算。对先张法构件

$$\rho=\frac{A_p+A_s}{A_0},\qquad \rho'=\frac{A'_p+A'_s}{A_0} \tag{9-27}$$

对于后张法构件

$$\rho=\frac{A_p+A_s}{A_n},\qquad \rho'=\frac{A'_p+A'_s}{A_n} \tag{9-28}$$

式中　A_0——混凝土换算截面面积；

A_n——混凝土净截面面积；

A_p——受拉区预应力筋截面面积；

A'_p——受压区预应力筋截面面积；

A_s——受拉区普通钢筋截面面积；

A'_s——受压区普通钢筋截面面积。

对于对称配置预应力筋和普通钢筋的构件，配筋率 ρ、ρ'应按钢筋总截面面积的一半计算。

因后张法预应力混凝土构件在张拉时，混凝土已完成了部分收缩，故后张法构件的 σ_{l5}值要比先张法的小。该项损失的计算公式是按构件周围空气相对湿度为 40%～70%得出的，对于相对湿度大于 70%的情况是偏于安全的，但对于相对湿度小于 40%的情况则是偏于不安全的，因此，对在相对湿度低于 40%环境下工作的构件应予以调整。规范规定：当构件处于相对湿度低于 40%的环境下，σ_{l5}及 σ'_{l5}值应增加 30%。

减小此项损失的措施有：

① 采用高强度混凝土，试验表明，高强度混凝土（≥C55）的收缩量，尤其是徐变量要比普通强度混凝土（≤C50）有所减少，且与 f_{ck}的平方根成反比；

② 采用级配较好的集料，加强振捣、提高混凝土的密实性；

③ 加强养护，以减少混凝土的收缩。

9.3.2.6　环向预应力筋挤压混凝土产生的预应力损失 σ_{l6}

在采用螺旋式预应力筋配筋时的圆形或环形构件中，由于预应力筋对混凝土的挤压，使得构件的直径减小，预应力筋回缩，从而引起预应力损失 σ_{l6}。损失值 σ_{l6}的大小与圆形或环形构件的直径 d 成反比，直径越小损失越大，直径越大损失越小。规范规定：当直径 $d>3$m 时，取 $\sigma_{l6}=0$；当直径 $d\leqslant 3$m 时，取 $\sigma_{l6}=30\text{N/mm}^2$。

9.3.3　预应力损失值组合

前述六项预应力损失，并不同时发生，有的只产生于先张法构件，有的只产生于后张法构件，有的存在于两种构件中。预应力损失值一般按构件的受力阶段分先张法和后张法进行组合。通常把混凝土预压前出现的预应力损失称为第一批损失，用 $\sigma_{l\mathrm{I}}$ 表示；将混凝土预压完成后出现的预应力损失称为第二批损失，用 $\sigma_{l\mathrm{II}}$ 表示。各阶段预应力损失值组合见表 9-4，总的预应力损失 $\sigma_l=\sigma_{l\mathrm{I}}+\sigma_{l\mathrm{II}}$。

表 9-4 各阶段预应力损失值的组合

预应力损失值的组合	先张法构件	后张法构件
混凝土预压前(第一批)的损失	$\sigma_{l1}+\sigma_{l2}+\sigma_{l3}+\sigma_{l4}$	$\sigma_{l1}+\sigma_{l2}$
混凝土预压后(第二批)的损失	σ_{l5}	$\sigma_{l4}+\sigma_{l5}+\sigma_{l6}$

注：先张法构件由于预应力筋应力松弛引起的损失值 σ_{l4} 在第一批和第二批损失中所占的比例，如需区分，可根据实际情况确定。

考虑到各项预应力损失的离散性，实际损失值有可能比计算值高，所以当计算求得的预应力总损失值小于下列数值时，应按下列数值取用：先张法构件，100N/mm²；后张法构件，80N/mm²。

9.4 预应力混凝土轴心受拉构件计算

9.4.1 轴心受拉构件各阶段应力分析

9.4.1.1 先张法构件

(1) 施工阶段 张拉预应力筋时，仅预应力筋受力，拉应力为 σ_{con}。完成第一批损失 $\sigma_{l\,\mathrm{I}}$（锚具变形、温度变化、预应力筋松弛等）后，混凝土和普通钢筋均不受力，预应力筋的拉应力为（$\sigma_{con}-\sigma_{l\,\mathrm{I}}$）。

放张后预应力筋收缩，混凝土获得压应力 $\sigma_{pc\,\mathrm{I}}$，由应变相等的条件可得普通钢筋的压应力 $\sigma_{s\,\mathrm{I}}$ 为：

$$\sigma_{s\mathrm{I}}=\alpha_{E_s}\sigma_{pc\,\mathrm{I}} \tag{9-29}$$

此处，α_{E_s} 为普通钢筋弹性模量 E_s 和混凝土弹性模量 E_c 之比，即 $\alpha_{E_s}=E_s/E_c$。因混凝土压缩变形引起预应力筋的拉应力减小 $\alpha_{E_p}\sigma_{pc\,\mathrm{I}}$，所以预应力筋的拉应力为

$$\sigma_{pe\,\mathrm{I}}=(\sigma_{con}-\sigma_{l\,\mathrm{I}})-\alpha_{E_p}\sigma_{pc\,\mathrm{I}} \tag{9-30}$$

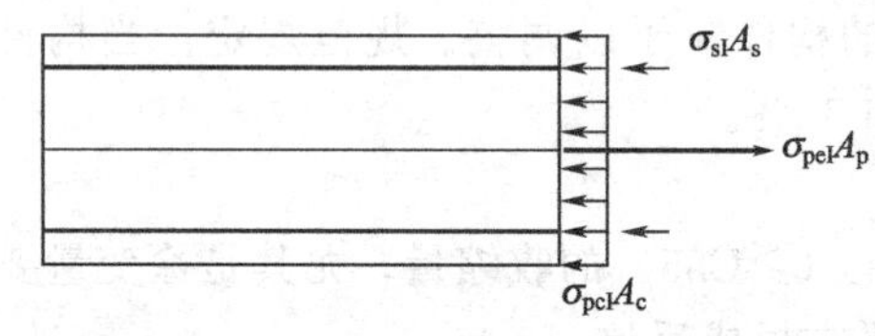

图 9-24 放张后截面上应力分布

式中，α_{E_p} 为预应力筋弹性模量 E_p 与混凝土弹性模量 E_c 之比，即 $\alpha_{E_p}=E_p/E_c$。构件截面上的应力分布如图 9-24 所示。由平衡条件 $\Sigma F_x=0$，得

$$\sigma_{pe\,\mathrm{I}}A_p-\sigma_{s\,\mathrm{I}}A_s-\sigma_{pc\,\mathrm{I}}A_c=0$$

将式(9-29)、式(9-30) 代入上式，解得混凝土获得的预压应力

$$\sigma_{pc\,\mathrm{I}}=\frac{(\sigma_{con}-\sigma_{l\,\mathrm{I}})A_p}{A_c+\alpha_{E_s}A_s+\alpha_{E_p}A_p} \tag{9-31}$$

上式分子为完成第一批损失后预应力筋总的预拉力，用 $N_{p\,\mathrm{I}}$ 表示：

$$N_{p\,\mathrm{I}}=(\sigma_{con}-\sigma_{l\,\mathrm{I}})A_p \tag{9-32}$$

定义构件净截面面积 A_n 和换算截面面积 A_0 如下：

$$A_n=A_c+\alpha_{E_s}A_s \tag{9-33}$$

$$A_0=A_n+\alpha_{E_p}A_p=A_c+\alpha_{E_s}A_s+\alpha_{E_p}A_p \tag{9-34}$$

则式(9-31) 成为

$$\sigma_{pc\,\mathrm{I}}=\frac{N_{p\,\mathrm{I}}}{A_0} \tag{9-35}$$

同理，可得完成全部损失（第二批损失）后，混凝土的有效预压应力

$$\sigma_{pc\,\mathrm{II}}=\frac{N_{p\,\mathrm{II}}}{A_0} \tag{9-36}$$

式中，$N_{p\mathrm{II}}$为完成全部损失（第二批损失）后预应力筋总的拉力，但要考虑到混凝土收缩与徐变对普通钢筋内力的影响，所以$N_{p\mathrm{II}}$按式(9-37) 计算

$$N_{p\mathrm{II}}=(\sigma_{con}-\sigma_l)A_p-\sigma_{l5}A_s \tag{9-37}$$

此时普通钢筋的压应力为

$$\sigma_{s\mathrm{II}}=\alpha_{E_s}\sigma_{pc\mathrm{II}}+\sigma_{l5} \tag{9-38}$$

预应力筋的拉应力为

$$\sigma_{pe\mathrm{II}}=\sigma_{con}-\sigma_l-\alpha_{E_p}\sigma_{pc\mathrm{II}} \tag{9-39}$$

(2) 使用阶段　在轴心拉力 N 作用下，截面上产生拉应力。该荷载引起的截面上混凝土拉应力与有效预压应力之差，即为构件截面上混凝土的实际拉应力 σ_{ct}：

$$\sigma_{ct}=\frac{N}{A_0}-\sigma_{pc\mathrm{II}}=\frac{N-N_{p\mathrm{II}}}{A_0} \tag{9-40}$$

若施加荷载N_{p0}刚好使构件截面上混凝土的应力为零，则称N_{p0}为消压外力。代入式(9-40) 得到消压外力

$$N_{p0}=N_{p\mathrm{II}} \tag{9-41}$$

说明消压外力等于完成全部损失后预应力筋的总拉力$N_{p\mathrm{II}}$。将消压外力N_{p0}与荷载标准组合下控制截面的拉力N_k之比定义为轴心受拉构件的预应力度，并用 λ 表示，即 $\lambda=N_{p0}/N_k$。加筋混凝土可以根据预应力度分类：当 $\lambda\geqslant1.0$ 时为全预应力混凝土，当 $0<\lambda<1.0$ 时为部分预应力混凝土，当 $\lambda=0$ 时为普通钢筋混凝土。

若施加荷载N_{cr}使混凝土开裂，即拉应力达到抗拉强度标准值 f_{tk}，则称N_{cr}为开裂外力。代入式(9-40) 就有

$$\sigma_{ct}=\frac{N_{cr}-N_{p\mathrm{II}}}{A_0}=f_{tk}$$

所以得开裂外力

$$N_{cr}=N_{p\mathrm{II}}+f_{tk}A_0 \tag{9-42}$$

(3) 破坏阶段　构件开裂后，混凝土退出工作，应力全部由钢筋承担，破坏时预应力筋和普通钢筋的拉应力分别达到各自的屈服强度，极限承载能力为

$$N_u=f_yA_s+f_{py}A_p \tag{9-43}$$

9.4.1.2　*后张法构件*

后张法构件在使用阶段和破坏阶段的应力计算同先张法构件，这里只介绍施工阶段的应力计算。在预应力筋张拉并锚固时，混凝土受压前的损失 $\sigma_{l\mathrm{I}}$ 已经完成，而且在张拉预应力筋的同时，混凝土的弹性压缩已经发生。混凝土的预压应力为

$$\sigma_{pc\mathrm{I}}=\frac{N_{p\mathrm{I}}}{A_n} \tag{9-44}$$

式中　$N_{p\mathrm{I}}$——完成第一批损失后，预应力筋的总拉力，按式(9-32) 计算；

A_n——净截面面积，按式(9-33) 计算。

普通钢筋的压应力由式(9-29) 计算，而预应力筋的拉应力为

$$\sigma_{pe\mathrm{I}}=\sigma_{con}-\sigma_{l\mathrm{I}} \tag{9-45}$$

完成全部损失 σ_l后，混凝土的有效预压应力为

$$\sigma_{pc\mathrm{II}}=\frac{N_{p\mathrm{II}}}{A_n} \tag{9-46}$$

式中，$N_{p\mathrm{II}}$为完成第二批损失后，预应力筋的总拉力，由式(9-37) 计算。普通钢筋的压应力计算公式同式(9-38)，而预应力筋的拉应力则应按式(9-47) 计算

$$\sigma_{pe\mathrm{II}}=\sigma_{con}-\sigma_l \tag{9-47}$$

9.4.2 轴心受拉构件设计计算

9.4.2.1 轴心受拉构件使用阶段计算

（1）正截面承载力计算

$$N \leqslant N_u = f_y A_s + f_{py} A_p \tag{9-48}$$

（2）抗裂度验算 一级裂缝控制等级，就是严格要求不出现裂缝的构件。在荷载标准组合下，要求截面上混凝土内不出现拉应力，即

$$\sigma_{ct} = \sigma_{ck} - \sigma_{pc\,\mathrm{II}} = \frac{N_k}{A_0} - \sigma_{pc\,\mathrm{II}} \leqslant 0 \tag{9-49}$$

二级裂缝控制等级，就是一般要求不出现裂缝的构件。在荷载标准组合下，要求混凝土的拉应力不应大于材料的抗拉强度标准值：

$$\sigma_{ct} = \sigma_{ck} - \sigma_{pc\,\mathrm{II}} = \frac{N_k}{A_0} - \sigma_{pc\,\mathrm{II}} \leqslant f_{tk} \tag{9-50}$$

三级裂缝控制等级，就是允许出现裂缝的构件。对预应力混凝土构件，可按荷载标准组合并考虑长期作用影响的效应计算，最大裂缝宽度不超过裂缝宽度限值，即

$$w_{max} = 2.2\psi \frac{\sigma_{sk}}{E_s}\left(1.9c_s + 0.08\frac{d_{eq}}{\rho_{te}}\right) \leqslant w_{lim} \tag{9-51}$$

$$\rho_{te} = \frac{A_s + A_p}{A_{te}} \tag{9-52}$$

$$\sigma_{sk} = \frac{N_k - N_{p0}}{A_s + A_p} \tag{9-53}$$

$$\psi = 1.1 - 0.65\frac{f_{tk}}{\rho_{te}\sigma_{sk}} \tag{9-54}$$

$$d_{eq} = \frac{\sum n_i d_i^2}{\sum n_i \nu_i d_i} \tag{9-55}$$

式中 A_{te}——有效受拉混凝土面积，对轴心受拉构件取构件截面面积，先张法 $A_{te}=bh$，后张法 A_{te}＝扣除孔道后的截面面积；

ρ_{te}——按有效受拉混凝土截面面积计算的纵向受拉钢筋配筋率，对无黏结后张构件，仅取纵向受拉普通钢筋计算配筋率，在最大裂缝宽度计算中，当 $\rho_{te}<0.01$ 时，取 $\rho_{te}=0.01$；

c_s——最外层纵向受拉钢筋外边缘至受拉区底边的距离，mm，当 $c_s<20$ 时，取 $c_s=20$，当 $c_s>65$ 时，取 $c_s=65$；

ψ——裂缝间纵向受拉钢筋应变不均匀系数，当 $\psi<0.2$ 时，取 $\psi=0.2$，当 $\psi>1.0$ 时，取 $\psi=1.0$，对直接承受重复荷载的构件，取 $\psi=1.0$；

d_{eq}——受拉区纵向钢筋的等效直径，mm，对无黏结后张构件，仅为受拉区纵向受拉普通钢筋的等效直径；

n_i——受拉区第 i 种纵向钢筋的根数，对于有黏结预应力钢绞线，取为钢绞线束数；

d_i——受拉区第 i 种纵向钢筋的公称直径，对于有黏结预应力钢绞线束的直径取为 $\sqrt{n_1}d_{p1}$，其中 d_{p1} 为单根钢绞线的公称直径，n_1 为单束钢绞线根数；

ν_i——受拉区第 i 种纵向钢筋的相对黏结特性系数，按表 9-5 取值。

对环境类别为二 a 类的预应力混凝土构件，在荷载准永久组合下，构件截面拉应力不应超过混凝土的抗拉强度标准值：

$$\sigma_{tc} = \sigma_{cq} - \sigma_{pc\,\mathrm{II}} = \frac{N_q}{A_0} - \sigma_{pc\,\mathrm{II}} \leqslant f_{tk} \tag{9-56}$$

表 9-5　钢筋的相对黏结特性系数

钢筋类别	普通钢筋		先张法预应力筋			后张法预应力筋		
	光圆钢筋	带肋钢筋	带肋钢筋	螺旋肋钢丝	钢绞线	带肋钢筋	钢绞线	光面钢丝
ν_i	0.7	1.0	1.0	0.8	0.6	0.8	0.5	0.4

注：对环氧树脂涂层带肋钢筋，其相对黏结特性系数应按表中系数的 80%取用。

9.4.2.2　轴心受拉构件施工阶段强度验算

(1) 构件应力计算　先张法构件按第一批损失出现后计算混凝土的压应力，即

$$\sigma_{cc}=\frac{(\sigma_{con}-\sigma_{l\mathrm{I}})A_p}{A_0} \tag{9-57}$$

后张法构件，按张拉端计算应力，且不考虑预应力损失，所以

$$\sigma_{cc}=\frac{\sigma_{con}A_p}{A_n} \tag{9-58}$$

(2) 强度条件　施工阶段的强度条件要求如下：

$$\sigma_{cc}\leqslant 0.8f'_{ck} \tag{9-59}$$

式中　f'_{ck}——与放张（先张法）或张拉预应力筋（后张法）时混凝土立方抗压强度 f'_{cu} 相对应的抗压强度标准值，可按附表 1 以线性内插法确定。

构件需要运输、吊装时，还需验算起吊应力。应力计算公式与吊装方式有关，如双吊点起吊，应按受弯构件计算吊点截面边缘混凝土的拉应力。起吊应力还需考虑动力系数，其值与加速度有关，一般可取 1.5。

9.4.2.3　先张法构件预应力筋的传递长度和锚固长度

先张法预应力混凝土构件，预应力筋的两端通常不设置永久锚具。预应力是靠构件两端一定距离内预应力筋和混凝土之间的黏结力，由预应力筋传给混凝土的。当预应力筋放松时，构件端部截面处预应力筋的应力为零，其拉应变也为零，预应力筋将向构件内部产生内缩或滑移，但预应力筋与混凝土之间的黏结力将阻止预应力筋的内缩。自端部起经过一定长度 l_{tr}后的某一截面，预应力筋的内缩将被完全阻止。说明在 l_{tr}长度范围内，预应力筋和混凝土黏结力之和正好等于预应力筋的预拉力 $N_p=\sigma_{pe}A_p$，且预应力筋在 l_{tr}后的各截面均将保持其相同的应力 σ_{pe}。预应力筋从应力为零的端部截面到应力为 σ_{pe} 的截面的这一段长度 l_{tr}，称为预应力筋的传递长度。

在预应力筋被拉伸时，纵向伸长，截面缩小。当预应力筋放松或切断时，端部应力为零，截面恢复原状。预应力筋在回缩过程中，将使传递长度范围内的部分黏结力受到破坏。但预应力筋在回缩时也使其直径变粗，且愈接近端部愈粗，形成锚楔作用。预应力筋周围混凝土限制预应力筋直径增大，从而引起较大的径向压力，如图 9-25(a) 所示，由此产生的摩擦力也会增大，这是预应力传递的有利一面。先张法预应力混凝土构件端部在应力传递长度 l_{tr}范围内，受力情况比较复杂。为便于分析计算，预应力筋的应力从零到 σ_{pe}，假定中间按直线规律变化，如图 9-25(b) 所示。

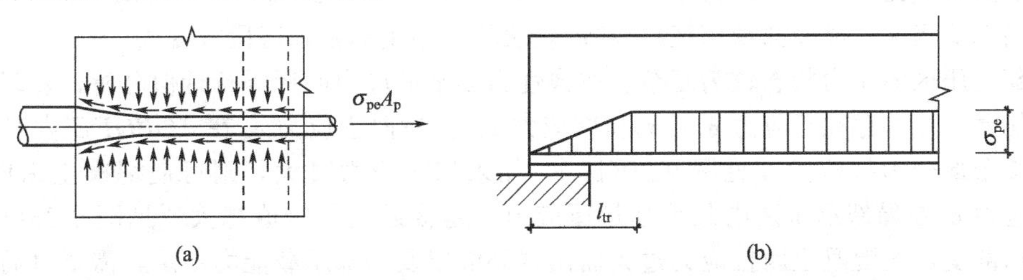

图 9-25　预应力筋传递长度内的应力变化

传递长度可按下式计算：

$$l_{tr}=\alpha\frac{\sigma_{pe}}{f'_{tk}}d \tag{9-60}$$

式中 σ_{pe}——放张时预应力筋的有效预应力；

d——预应力筋的公称直径；

α——预应力筋的外形系数，按表 9-6 采用；

f'_{tk}——与放张时混凝土立方抗压强度 f'_{cu} 相应的轴心抗拉强度标准值，按附表 1 以线性内插法确定。

当采用骤然放松预应力筋的施工工艺时，对光面预应力钢丝，l_{tr} 的起点应从距构件末端 $l_{tr}/4$ 处开始计算。

在先张法预应力混凝土构件端部区，预应力筋必须经过足够的长度之后，其应力才能达到抗拉强度设计值 f_{py}，这样的长度称为预应力筋的锚固长度。显然，预应力筋的锚固长度比传递长度要长一些。预应力筋的基本锚固长度按下式计算：

$$l_{ab}=\alpha\frac{f_{py}}{f_t}d \tag{9-61}$$

式中 f_{py}——预应力筋的抗拉强度设计值；

f_t——混凝土轴心抗拉强度设计值，当强度等级高于 C60 时，按 C60 取值；

d——预应力筋的公称直径；

α——预应力筋的外形系数，按表 9-6 采用。

表 9-6 预应力筋的外形系数

钢筋类型	光圆钢筋	带肋钢筋	螺旋肋钢丝	三股钢绞线	七股钢绞线
α	0.16	0.14	0.13	0.16	0.17

预应力筋的锚固长度 l_a 为基本锚固长度 l_{ab} 乘以修正系数 ζ_a，修正系数的取值参见本书第 4 章。当采用骤然放松预应力筋的施工工艺时，对光面预应力钢丝的锚固长度应从距构件末端 $l_{tr}/4$ 处开始计算。

9.4.2.4 *后张法构件端部锚固区的局部受压验算*

后张法构件中预应力筋的预应力通过锚具经垫板传给混凝土，因为预应力很大，而锚具下垫板与混凝土之间的接触面积相对较小，所以垫板下混凝土将承受很大的局部挤压应力。在该局部压应力作用下，构件端部可能产生纵向裂缝，甚至会发生因承载能力不足而破坏。因此，对后张法构件需要进行锚具下局部受压或承压计算。

(1) 局部受压区受力情况 如图 9-26 所示，构件在端部中心部分作用局部荷载 F_l，平均压应力为 $p=F_l/A_l$，此应力由构件端面向构件内部逐步扩散到一个较大的截面面积上。依据圣维南原理，在离开端面一定距离 H（大约等于构件截面高度 b）处的截面上，压应力已基本上沿全截面均匀分布，大小为 $\sigma=F_l/A$。一般把图 9-26 中 (a)、(b) 所示的 $ABDC$ 区称为局部受压区（或局部承压区），在后张法构件中也称锚固区段或端块。

局部受压区的应力状态较为复杂。按弹性力学平面应力问题进行近似分析，发现局部受压区内任意一点均存在正应力 σ_x、σ_y 和剪应力 τ_{xy}。横向正应力 σ_x 在 $AOBGFE$ 内时为压应力，在其余部分为拉应力 [见图 9-26(b)]，如果该拉应力过大，则可使混凝土纵向开裂；纵向正应力 σ_y 在局部承压区内几乎都是压应力，越接近端部峰值越大 [见图 9-26(c)]。为了防止局部受压区混凝土因拉应力过大而出现裂缝以及局部承载能力不足，需要对局部受压区进行抗裂性及承载能力计算。

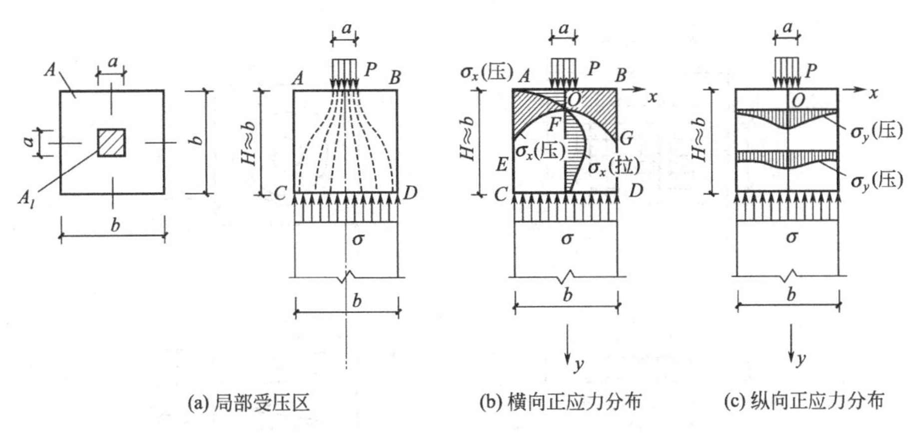

图 9-26 构件端部的局部受压区及其应力分布

(2) 混凝土局部受压强度提高系数

① 混凝土强度提高系数 β_l。研究表明，因为周围混凝土的约束作用，而致局部受压时混凝土的抗压强度高于棱柱体抗压强度。《混凝土结构设计规范》给出的混凝土局部受压承载力提高系数的计算公式为

$$\beta_l=\sqrt{\frac{A_b}{A_l}} \tag{9-62}$$

式中 A_l——混凝土局部受压面积，可按压力沿锚具垫板边缘在垫板中按 45°角扩散后传到混凝土端面的受压面积计算；

A_b——局部受压的计算底面积，可由局部受压面积与计算底面积按同心、对称的原则确定；对常用情况，可按图 9-27 取用（不扣除孔道面积）。

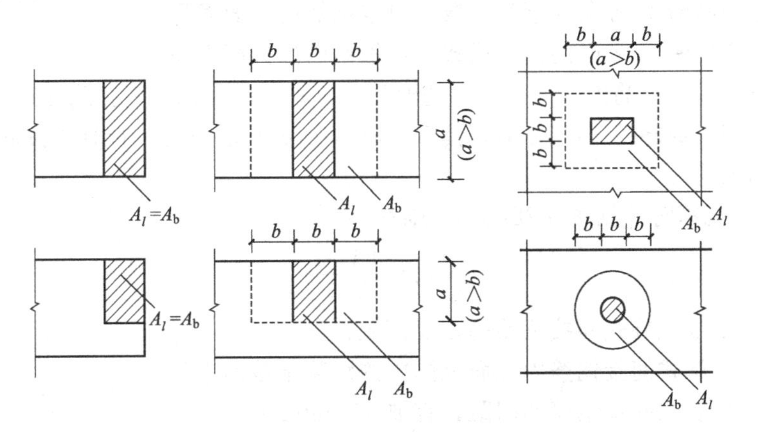

图 9-27 局部受压的计算底面积

② 配有间接钢筋的局部受压承载力提高系数 β_{cor}。为了提高局部受压的抗裂性和承载能力，通常在局部受压区范围内配置间接钢筋。间接钢筋可采用方格网和螺旋钢筋，如图9-28所示。

间接钢筋宜选用 HPB300 级钢筋，直径 6～10mm。间接钢筋的间距 s，宜取 30～80mm。间接钢筋应配置在图 9-28 所规定的高度 h 范围内，对方格网式钢筋，不应少于 4 片；对螺旋式钢筋，不应少于 4 圈。对柱接头，h 尚不应小于 $15d$，d 为柱的纵向钢筋直径。

间接钢筋的体积配筋率 ρ_v 是指核心面积 A_{cor} 范围内单位体积所含间接钢筋的体积，按

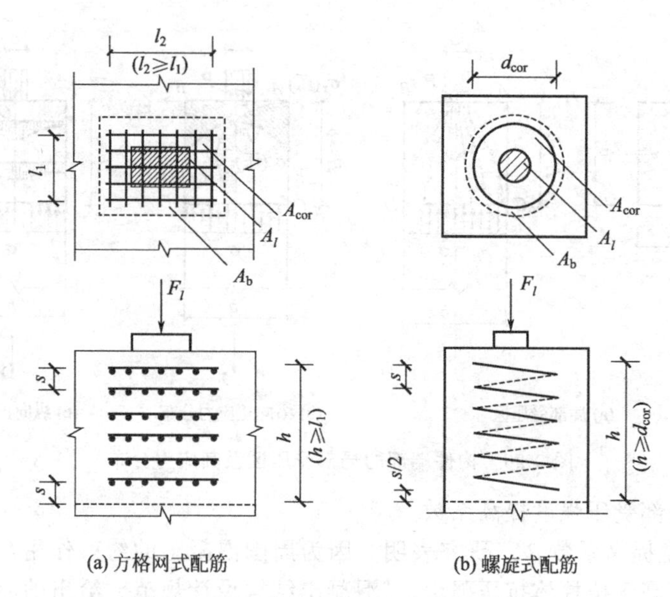

图 9-28 局部受压区内的间接钢筋配筋形式

下列公式计算，且不应小于 0.5%。

当为方格网式配筋时［见图 9-28(a)］，钢筋网两个方向上单位长度内钢筋截面面积的比值不宜大于 1.5，体积配筋率的计算公式为：

$$\rho_v = \frac{n_1 A_{s1} l_1 + n_2 A_{s2} l_2}{A_{cor} s} \tag{9-63}$$

式中 s——钢筋网片间距；

n_1、A_{s1}——方格网沿 l_1 方向的钢筋根数、单根钢筋的截面面积；

n_2、A_{s2}——方格网沿 l_2 方向的钢筋根数、单根钢筋的截面面积；

A_{cor}——方格网式钢筋内表面范围内的混凝土核心截面面积（不扣除孔道面积），应大于混凝土局部受压面积 A_l，其形心应与 A_l 的形心重合，计算中按同心、对称的原则取值。

当为螺旋式配筋时［见图 9-28(b)］，则有

$$\rho_v = \frac{4A_{ss1}}{d_{cor} s} \tag{9-64}$$

式中 A_{ss1}——单根螺旋式间接钢筋的截面面积；

d_{cor}——螺旋式间接钢筋内表面范围内的混凝土截面直径；

s——螺旋式间接钢筋的间距，宜取 30～80mm。

构件端部配置方格网或螺旋式间接钢筋时，局部受压承载力提高系数 β_{cor} 按下式计算：

$$\beta_{cor} = \sqrt{\frac{A_{cor}}{A_l}} \tag{9-65}$$

当 $A_{cor} > A_b$ 时，取 $A_{cor} = A_b$；$A_{cor} \leqslant 1.2A_l$ 时，取 $\beta_{cor} = 1.0$。

(3) 局部受压区抗裂性计算 为了防止局部受压区段出现沿构件长度方向的裂缝，对于在局部受压区中配有间接钢筋的情况，其局部受压区的截面尺寸应符合下式要求：

$$F_l \leqslant 1.35\beta_c \beta_l f_c A_{ln} \tag{9-66}$$

式中 F_l——局部受压面上作用的局部荷载或局部压力设计值，对后张法预应力混凝土构件中的锚头局压区的压力设计值，应取 1.2 倍张拉控制力，对无黏结

预应力混凝土取1.2倍张拉控制力和 $f_{ptk}A_p$ 中的较大值；

β_c——混凝土强度影响系数，当混凝土强度等级不超过C50时，取 $\beta_c=1.0$，当混凝土强度等级为C80时，取 $\beta_c=0.8$，其间按线性内插法确定；

β_l——混凝土局部受压时的强度提高系数；

f_c——混凝土轴心抗压强度设计值，在后张法预应力混凝土构件的张拉阶段验算中，可根据相应阶段的混凝土立方抗压强度 f'_{cu} 值按附表2以线性内插法确定；

A_{ln}——混凝土局部受压净面积，对后张法构件，应在混凝土局部受压面积中扣除孔道、凹槽部分的面积。

(4) 局部受压承载力计算　当配置方格网式或螺旋式间接钢筋时，局部受压承载力应符合下列规定：

$$F_l\leqslant 0.9(\beta_c\beta_l f_c+2\alpha\rho_v\beta_{cor}f_{yv})A_{ln} \tag{9-67}$$

式中　α——间接钢筋对混凝土约束的折减系数，当混凝土强度等级不超过C50时，取1.0，当混凝土强度等级为C80时，取0.85，其间按线性内插法确定。

【例题9-1】 某24m长屋架下弦拉杆，为后张法预应力混凝土构件，结构安全等级为一级，设计使用年限50年。设计的截面尺寸为250mm×160mm，C50混凝土，两个预留孔道的直径均为50mm，采用橡胶管抽芯成型。普通钢筋按构造配置4⏀12，箍筋设置为⏀6@200；有黏结低松弛预应力筋采用1×7股钢绞线束，每束公称直径12.7mm，极限强度标准值为 $f_{ptk}=1860\text{N/mm}^2$。张拉预应力筋时，混凝土达到设计强度，采用一端张拉，且一次张拉到位，设定张拉控制应力 $\sigma_{con}=0.75f_{ptk}$。选用YJM13型锚具，有顶压施工。已知轴力标准值 $N_{Gk}=380\text{kN}$、$N_{Qk}=195\text{kN}$，可变荷载组合值系数 $\psi_c=0.7$、准永久值系数 $\psi_q=0.5$。试设计该轴心受拉构件。

【解】 (1) 使用阶段承载力计算

轴力设计值（按1.2组合和1.35组合分别计算）

$$N=\gamma_0(\gamma_G N_{Gk}+\gamma_L\gamma_Q N_{Qk})=1.1\times(1.2\times380+1.0\times1.4\times195)=801.9\text{kN}$$

$$N=\gamma_0(\gamma_G N_{Gk}+\gamma_L\gamma_Q\psi_c N_{Qk})$$
$$=1.1\times(1.35\times380+1.0\times1.4\times0.7\times195)=774.5\text{kN}$$

取两者中的较大值作为设计值：$N=801.9\text{kN}$

承载力条件

$$N\leqslant N_u=f_yA_s+f_{py}A_p$$

取等号计算所需预应力筋的截面面积

$$A_p=\frac{N-f_yA_s}{f_{py}}=\frac{801.9\times10^3-300\times452}{1320}=504.8\text{mm}^2$$

选6Φ^s12.7，面积 $A_p=98.7\times6=592.2\text{mm}^2$，每个孔道布置3$\Phi^s$12.7。

(2) 几何参数计算

$$\alpha_{E_s}=\frac{E_s}{E_c}=\frac{2.00\times10^5}{3.45\times10^4}=5.80$$

$$\alpha_{E_p}=\frac{E_p}{E_c}=\frac{1.95\times10^5}{3.45\times10^4}=5.65$$

$$A_n=A_c+\alpha_{E_s}A_s$$
$$=250\times160-2\times\frac{\pi}{4}\times50^2-452+5.80\times452=38243\text{mm}^2$$

$$A_0=A_n+\alpha_{E_p}A_p=38243+5.65\times592.2=41589\text{mm}^2$$

(3) 预应力损失

① 张拉控制应力

$$\sigma_{con}=0.75f_{ptk}=0.75\times1860=1395\text{N/mm}^2$$

② 第一批损失

锚具变形和预应力筋内缩引起的损失

YJM 型锚具属于夹片式锚具，有顶压时 $a=5$mm

$$\sigma_{l1}=\frac{a}{l}E_p=\frac{5}{24000}\times1.95\times10^5=40.6\ \text{N/mm}^2$$

孔道摩擦引起的损失

按锚固端计算，$l=24$m，直线配筋 $\theta=0$rad，因为

$$\kappa x+\mu\theta=0.0014\times24+0=0.0336<0.3，所以$$

$$\sigma_{l2}=(\kappa x+\mu\theta)\ \sigma_{con}=0.0336\times1395=46.9\text{N/mm}^2$$

第一批损失

$$\sigma_{l\text{I}}=\sigma_{l1}+\sigma_{l2}=40.6+46.9=87.5\text{N/mm}^2$$

③ 第二批损失

钢筋应力松弛引起的损失

$$\sigma_{l4}=0.2\left(\frac{\sigma_{con}}{f_{ptk}}-0.575\right)\sigma_{con}=0.2\times(0.75-0.575)\times1395=48.8\text{N/mm}^2$$

混凝土徐变、收缩引起的损失

完成第一批损失后构件截面上混凝土受到的预压应力

$$\sigma_{pc\text{I}}=\frac{(\sigma_{con}-\sigma_{l\text{I}})A_p}{A_n}=\frac{(1395-87.5)\times592.2}{38243}=20.2\text{N/mm}^2$$

$$\frac{\sigma_{pc}}{f'_{cu}}=\frac{\sigma_{pc\text{I}}}{f_{cu,k}}=\frac{20.2}{50}=0.404<0.5$$

$$\rho=\frac{A_s+A_p}{A_n}=\frac{452+592.2}{38243}=0.0273$$

$$\sigma_{l5}=\frac{55+300\sigma_{pc}/f'_{cu}}{1+15\rho}=\frac{55+300\times0.404}{1+15\times0.0273}=125.0\text{N/mm}^2$$

第二批损失

$$\sigma_{l\text{II}}=\sigma_{l4}+\sigma_{l5}=48.8+125.0=173.8\text{N/mm}^2$$

④ 预应力总损失

$$\sigma_l=\sigma_{l\text{I}}+\sigma_{l\text{II}}=87.5+173.8=261.3\text{N/mm}^2>80\text{N/mm}^2，满足要求$$

(4) 抗裂度验算

① 混凝土的有效预压应力

$$N_{p\text{II}}=(\sigma_{con}-\sigma_l)A_p-\sigma_{l5}A_s$$

$$=(1395-261.3)\times592.2-125.0\times452=614877\text{N}$$

$$\sigma_{pc\text{II}}=\frac{N_{p\text{II}}}{A_n}=\frac{614877}{38243}=16.1\text{N/mm}^2$$

② 荷载标准组合下混凝土拉应力

$$N_k=N_{Gk}+N_{Qk}=380+195=575\text{kN}$$

$$\sigma_{ct}=\frac{N_k}{A_0}-\sigma_{pc\text{II}}=\frac{575\times10^3}{41589}-16.1=-2.3\text{N/mm}^2<0$$

说明全截面受压，能够保证严格不出现裂缝，达到一级裂缝控制等级。

(5) 施工阶段验算

一次张拉　　$N_p=\sigma_{con}A_p=1395\times592.2=826119\text{N}$

$$\sigma_{cc}=\frac{N_p}{A_n}=\frac{826119}{38243}=21.6\text{N/mm}^2$$

$$<0.8f'_{ck}=0.8\times32.4=25.9\text{N/mm}^2\text{，满足要求}$$

(6) 锚具下局部受压验算

锚具的直径为 100mm，锚具下垫板厚 20mm，局部受压面积可按压力 F_l 从锚具边缘开始在垫板中按 45°角扩散至混凝土表面的面积计算。具体计算时可近似按图 9-29(a) 中两条实线所围之矩形面积代替两个圆面积。

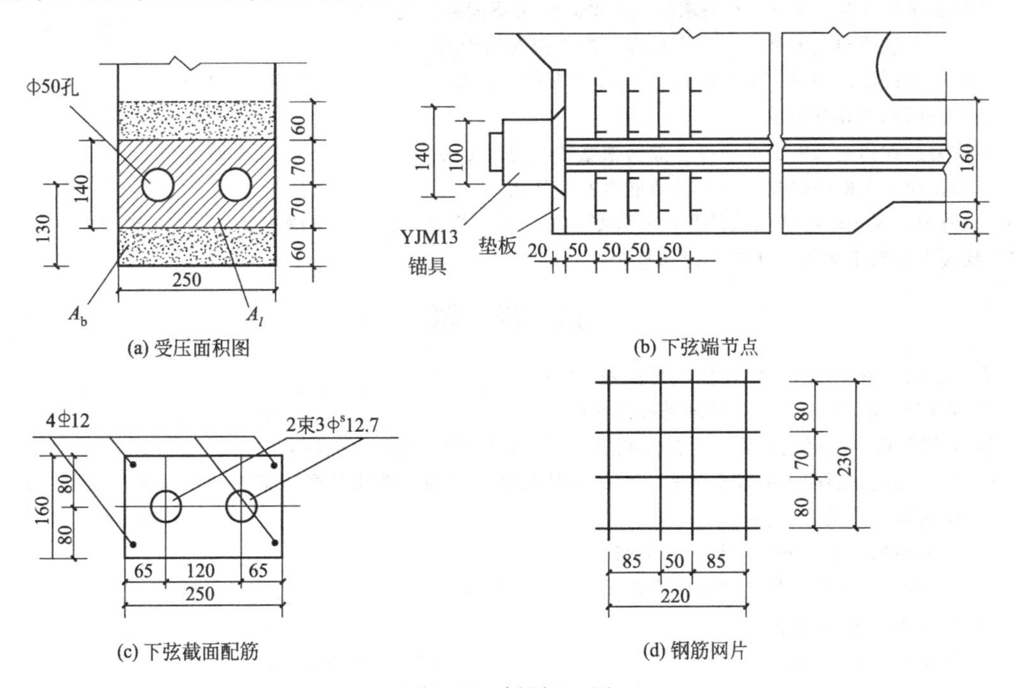

图 9-29　例题 9-1 图

① 局部受压区截面尺寸验算

$$A_l=250\times(70+70)=3.5\times10^4\text{mm}^2$$

$$A_b=250\times(140+2\times60)=6.5\times10^4\text{mm}^2$$

$$\beta_l=\sqrt{\frac{A_b}{A_l}}=\sqrt{\frac{6.5\times10^4}{3.5\times10^4}}=1.36$$

$$F_l=1.2\sigma_{con}A_p=1.2\times1395\times592.2\text{N}=991.3\text{kN}$$

$$A_{ln}=3.5\times10^4-2\times\frac{\pi}{4}\times50^2=31073\text{mm}^2$$

$$1.35\beta_c\beta_l f_c A_{ln}=1.35\times1.0\times1.36\times23.1\times31073\text{N}$$

$$=1317.9\text{kN}>F_l=991.3\text{kN，满足要求}$$

② 局部受压承载力验算

间接钢筋采用 4 片Φ6 的方格网片，网格尺寸如图 9-29 所示，间距 $s=50\text{mm}$。

$$A_{cor}=220\times230=5.06\times10^4\text{mm}^2<A_b=6.5\times10^4\text{mm}^2$$

$$\beta_{cor}=\sqrt{\frac{A_{cor}}{A_l}}=\sqrt{\frac{5.06\times10^4}{3.5\times10^4}}=1.20$$

$$\rho_v=\frac{n_1A_{s1}l_1+n_2A_{s2}l_2}{A_{cor}s}=\frac{4\times28.3\times220+4\times28.3\times230}{5.06\times10^4\times50}=0.0201$$

$$0.9(\beta_c\beta_l f_c+2\alpha\rho_v\beta_{cor}f_{yv})A_{ln}$$
$$=0.9\times(1.0\times1.36\times23.1+2\times1.0\times0.0201\times1.20\times270)\times31073\text{N}$$
$$=1242.8\text{kN}>F_l=991.3\text{kN}$$，满足要求。

思 考 题

9-1 钢筋混凝土构件有哪些缺点？其根本原因何在？

9-2 施加预应力的方法有哪些？各有何特点？

9-3 锚具的作用是什么？如何分类？

9-4 为什么张拉控制应力 σ_{con} 希望取得大一些，但又不能取得过大？

9-5 试简述预应力损失的种类、发生机理、减小损失的措施。

9-6 构件换算截面面积 A_0 和净截面面积 A_n 各有何物理意义？各在什么场合下应用？

9-7 何谓消压轴力和开裂轴力？

9-8 预应力度如何定义？加筋混凝土如何根据预应力度分类？

9-9 施加预应力后能否提高构件的承载能力？为什么？

9-10 预应力混凝土轴心受拉构件和钢筋混凝土轴心受拉构件，二者的裂缝宽度计算有何差异？

9-11 预应力混凝土构件设计应进行哪些计算和验算？

选 择 题

9-1 对于预应力混凝土以下结论何项是正确的？（　　）

A. 对构件施加预应力主要目的是提高承载力

B. 采用预应力混凝土结构，可提高刚度、减小变形和对裂缝加以控制

C. 所谓预应力混凝土的基本概念，就是在外荷载作用前，在梁的受压区施加一对大小相等、方向相反的偏心预压力 N_p

D. 所采用的预应力筋必须是光圆钢筋

9-2 先张法预应力混凝土构件的预应力损失 σ_l 的计算值（　　）。

A. 不应大于 80N/mm² B. 不应小于 80N/mm²

C. 不应大于 100N/mm² D. 不应小于 100N/mm²

9-3 后张法预应力混凝土构件，混凝土获得预压应力的途径是（　　）。

A. 依靠预应力筋与混凝土的黏结力 B. 依靠锚具通过钢垫板挤压混凝土

C. 依靠台座的挤压和摩擦 D. 依靠普通钢筋阻止混凝土的压缩

9-4 预应力筋的张拉控制应力 σ_{con} 是指（　　）。

A. 扣除第一批预应力损失后的预应力筋拉应力

B. 扣除全部预应力损失后的预应力筋拉应力

C. 张拉预应力筋时，张拉机具所指示的总张拉力除以预应力筋截面面积得到的数值

D. 固定预应力筋后的预应力筋拉应力

9-5 预应力损失 σ_{l3} 发生在（　　）。

A. 先张法构件自然养护时 B. 后张法构件自然养护时

C. 先张法构件加热养护且和台座间有温差时 D. 后张法构件加热养护时

9-6 后张法预应力构件的预应力损失 σ_l 的计算值（　　）。

A. 不应大于 80N/mm² B. 不应小于 80N/mm²

C. 不应大于 100N/mm² D. 不应小于 100N/mm²

9-7 先张法预应力混凝土一般要求混凝土强度达到（　　），才允许放松预应力筋。

A. 设计强度的 60%以上时 B. 设计强度的 70%以上时

C. 设计强度的 75%以上时 D. 设计强度的 80%以上时

9-8　下列关于预应力混凝土的叙述中，其中不正确的是（　　）。

A. 无黏结预应力混凝土采用先张法

B. 后张法依靠锚固施加预应力

C. 先张法适合于预制厂生产制作中、小构件

D. 先张法依靠预应力筋与混凝土之间的黏结力传递预应力

9-9　条件相同的先张法和后张法轴心受拉构件，当 σ_{con} 和 σ_l 相同时，预应力钢筋中的应力 $\sigma_{pe\text{II}}$ 满足的关系是：（　　）。

A. 二者相等　　B. 后张法大于先张法

C. 后张法小于先张法　　D. 无法判定

9-10　后张法轴心受拉构件完成全部预应力损失后，预应力筋的总预拉力 $N_{p\text{II}}=60\text{kN}$，若加载至混凝土应力为零，则外加荷载 N_{p0} 为（　　）。

A. $N_{p0}=40\text{kN}$　　B. $N_{p0}<60\text{kN}$　　C. $N_{p0}=60\text{kN}$　　D. $N_{p0}>60\text{kN}$

9-11　对于预应力混凝土轴心受拉构件，如果裂缝控制等级为一级，则应满足下列何项要求？（　　）

A. $\dfrac{N}{A_0}\leqslant f_{tk}$　　B. $\dfrac{N_k}{A_0}\leqslant \sigma_{pc\text{II}}$　　C. $\dfrac{N_q}{A_0}\leqslant f_{tk}$　　D. $\dfrac{N_k}{A_n}\leqslant \sigma_{pc\text{II}}$

9-12　下列关于钢筋选用的说法中，不正确的是（　　）。

A. 消除应力钢丝与预应力螺纹钢筋都可以用作预应力筋

B. 钢绞线是钢筋混凝土结构的主要钢筋

C. HPB300 级热轧光圆钢筋不宜用作预应力筋

D. HRB400、HRB500 级热轧带肋钢筋是钢筋混凝土结构的主要钢筋

计　算　题

9-1　预应力混凝土屋架下弦拉杆，截面尺寸 240mm×200mm，构件长 24m。预应力筋为普通松弛螺旋肋钢丝 12 Φ^{H}9、极限强度标准值 $f_{ptk}=1470\text{N/mm}^2$，普通钢筋为 4 Φ 12，均为对称布置。采用先张法在 50m 台座上张拉，张拉控制应力为 $0.75f_{ptk}$，采用夹片式夹具无顶压，取 $a=8\text{mm}$。混凝土强度等级为 C50，自然养护，达到 80%设计强度时放张。要求计算：①各项预应力损失；②消压轴力及开裂轴力。

9-2　某屋架下弦拉杆，设结构重要性系数 $\gamma_0=1.1$，设计使用年限 50 年。荷载标准值产生的轴力 $N_{Gk}=300\text{kN}$、$N_{Qk}=120\text{kN}$，可变荷载组合值系数 $\psi_c=0.7$、准永久值系数 $\psi_q=0.4$，裂缝控制等级为一级。截面尺寸、预留孔道、混凝土强度等级、普通钢筋配置、预应力筋的种类、张拉控制应力等设计条件同例题 9-1。要求进行下列计算：①使用阶段的承载力计算；②使用阶段抗裂验算；③施工阶段截面应力验算。

第三篇　砌体结构构件

砖石砌体的应用源远流长。据考证，自周朝始便能烧制砖瓦，汉朝已有空斗墙壁，北魏出现多层砖塔。南京灵谷寺无梁殿（砖石拱券）始建于明朝初年，至今仍可供游人参观。

万里长城成为人类奇观。秦长城用石料和黏土，将原秦、赵、燕各国北面的城墙连接成一体，总长万余里，故称为“万里长城”。现存明长城，东自山海关，西止嘉峪关，蜿蜒起伏达6350km，大部分由砖石砌筑而成。城墙具有军事防御功能，所以中国古代筑城必筑墙，这一特殊的建筑结构无一例外都是砌体结构。上图为建于明代的西安城墙，保存相当完好，城墙内部为夯土、外部由大型精制砖砌成，城楼为砖木结构。

古老的砌体结构与现代水泥、钢筋结合，又获得了新生。配筋砖砌体、配筋砌块砌体房屋，在我国已修到了十几层；全国基本建设中，砌体作为墙体占90%以上。砌体的应用前景仍然看好。

第 10 章　砌体的力学性能

10.1　砌体结构材料

由各种块体通过铺设砂浆黏结而成的材料称为砌体，砌体砌筑成的结构称为砌体结构。块体和砂浆是组成砌体的主要材料，它们的性能好坏将直接影响到作为复合体的砌体的强度与变形。

10.1.1　块体的种类及强度等级

所谓块体，就是砌体所用各种砖、石、小型砌块的总称。块体用 MU（Masonry Unit）为代号，以抗压强度 f_1(MPa❶) 来确定强度等级，将块体的强度等级表示为 MU f_1。

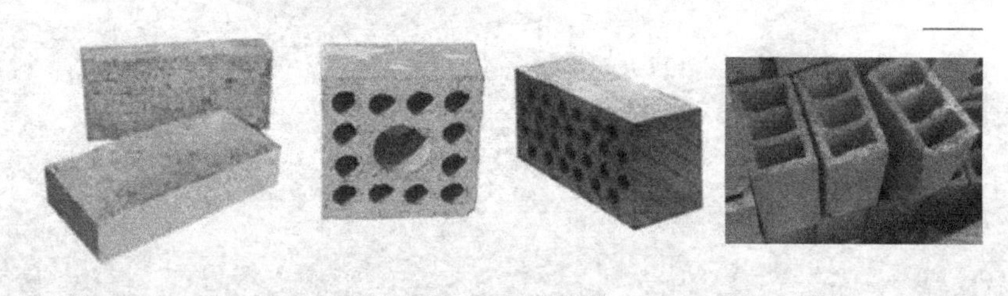

图 10-1　烧结砖

10.1.1.1　*砖*

砖是建筑用的人造小型块材，外形主要为直角六面体，分为烧结砖（见图 10-1)、蒸压砖和混凝土砖三类。以 10 块砖抗压强度的平均值确定砖的强度等级，根据变异系数不同，还需满足强度标准值和单块最小抗压强度值的要求。

(1) 烧结砖　烧结砖有烧结普通砖（实心砖)、烧结多孔砖和烧结空心砖。

烧结普通砖　烧结普通砖又称为标准砖（简称标砖)，它是由煤矸石、页岩、粉煤灰或黏土为主要原料，经塑压成型制坯，干燥后经焙烧而成的实心砖，国内统一的外形尺寸为 53mm×115mm×240mm。依据主要原料不同，可分为烧结煤矸石砖、烧结页岩砖、烧结粉煤灰砖、烧结黏土砖等。

烧结多孔砖　烧结多孔砖简称多孔砖，为大面有孔的直角六面体，如图 10-1 和图 10-2 所示，砌筑时孔洞垂直于受压面。它是以煤矸石、页岩、粉煤灰或黏土为主要原料，经焙烧

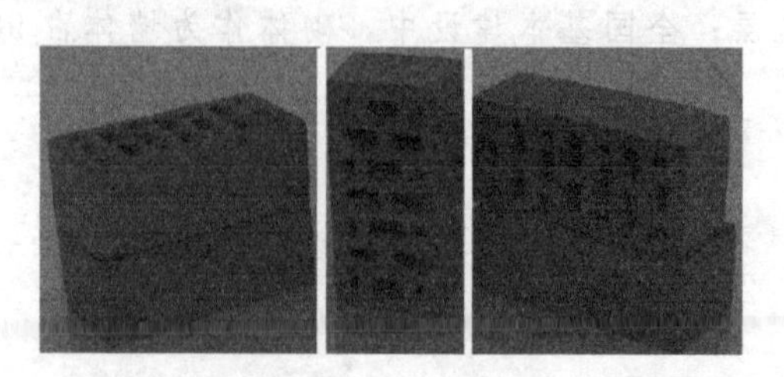

图 10-2　烧结矩形孔（或矩形条孔）多孔砖

❶ MPa 为应力单位（兆帕)：$1\text{MPa}=10^6\text{N/m}^2=1\text{N/mm}^2$。

而成，且孔洞率大于或等于 33%，孔的尺寸小而数量多，主要用于承重部位的砖。

烧结多孔砖过去曾大量采用圆孔砖（图 10-1），现在推广矩形孔（或矩形条孔）砖，如图 10-2 所示。烧结多孔砖的长度、宽度、高度（mm）应符合下列要求：290、240、190、180、140、115、90，常用规格尺寸有 290mm×140mm×90mm、240mm×115mm×90mm、190mm×190mm×90mm 等。

烧结空心砖　所谓空心砖就是孔洞率不小于 40%，孔的尺寸大而数量少的砖。烧结空心砖是以煤矸石、页岩、粉煤灰或黏土等为主要原料，经成型、干燥和焙烧而成的空心砖，主要用于自承重结构（非承重结构）。

烧结普通砖和烧结多孔砖的强度等级共分为五级：MU30、MU25、MU20、MU15 和 MU10；自承重墙的空心砖的强度等级有 MU10、MU7.5、MU5 和 MU3.5 四级。

(2) 蒸压砖　蒸压砖应用较多的是硅酸盐砖，材料压制成坯并经高压釜蒸汽养护而形成的砖，依主要材料不同又分为灰砂砖和粉煤灰砖，其尺寸规格与实心黏土砖相同。这种砖不能用于长期受热 200℃以上、受急冷急热或有酸性介质腐蚀的建筑部位。

蒸压灰砂普通砖　蒸压灰砂普通砖是以石灰等钙质材料和砂等硅质材料为主要原料，经坯料制备、压制排气成型、高压蒸汽养护而成的实心砖。

蒸压粉煤灰普通砖　蒸压粉煤灰普通砖是以石灰、消石灰（如电石渣）或水泥等钙质材料与粉煤灰等硅质材料及集料（砂等）为主要原料，掺加适量石膏，经坯料制备、压制排气成型、高压蒸汽养护而成的实心砖。

蒸压灰砂普通砖、蒸压粉煤灰普通砖的强度等级分为三级：MU25、MU20 和 MU15。

(3) 混凝土砖　混凝土砖是以水泥为胶结材料，以砂、石等为主要集料，加水搅拌、成型、养护制成的一种实心砖或多孔的半盲孔砖。实心砖的主要规格尺寸为 240mm×115mm×53mm、240mm×115mm×90mm 等；多孔砖的主要规格尺寸为 240mm×115mm×90mm、240mm×190mm×90mm、190mm×190mm×90mm 等。

混凝土普通砖、多孔砖的强度等级分四级：MU30、MU25、MU20 和 MU15。

10.1.1.2　*砌块*

砌块是建筑用的人造块材，外形主要为直角六面体，主要规格的长度、宽度和高度至少一项分别大于 365mm、240mm 和 115mm，且高度不大于长度或宽度的 6 倍，长度不超过高度的 3 倍。砌块的规格目前尚不统一，通常将高度大于 115mm 而小于 390mm 的砌块称为小型砌块，高度为 390～900mm 的砌块称为中型砌块，高度大于 900mm 的砌块称为大型砌块。

混凝土小型空心砌块由普通混凝土或轻集料（火山渣、浮石、陶粒、煤矸石）混凝土制成，其截面如图 10-3 所示，规格尺寸为 390mm×190mm×190mm、390mm×190mm×90mm、190mm×190mm×190mm、190mm×190mm×90mm，空心率为 25%～50%。混凝土小型空心砌块和轻集料混凝土小型空心砌块简称混凝土砌块或砌块。

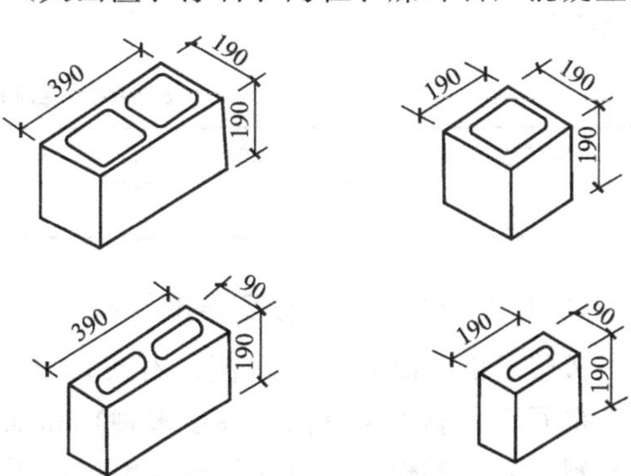

图 10-3　混凝土小型空心砌块的规格尺寸

砌块表观密度较小，可减轻结构自重，保温隔热性能好，施工速度快，能充分利用工业废料，价格便宜。目前已广泛应用于房屋的墙体，在一些地区小型砌块已成功用于高层建筑

图 10-4　混凝土空心砌块

的承重墙体。如图 10-4 所示为混凝土砌块产品。

以 5 个砌块试样毛截面抗压强度的平均值和单个块体抗压强度最小值来确定砌块的强度等级。承重结构用砌块的强度等级共分五级：MU20、MU15、MU10、MU7.5 和 MU5；自承重墙的轻集料混凝土砌块的强度等级分为 MU10、MU7.5、MU5 和 MU3.5 四级。

10.1.1.3　*石材*

砌体结构中，常用的天然石材为无明显风化的花岗岩、砂岩和石灰岩等。石材的抗压强度高，耐久性好，多用于房屋基础、勒脚部位。在有开采加工能力的地区，也可用于房屋的墙体，但石材传热性较高，用于采暖房屋的墙壁时，厚度需要很大。石材也可用来修筑水坝、拱桥和挡土墙等结构。

按加工后的外形规则程度，将石材分为料石和毛石两种。

(1) 料石　料石为形状比较规则的六面体。料石按加工的平整程度又细分为细料石、粗料石和毛料石三类。

细料石　通过加工，外表规则，叠砌面凹入深度不应大于 10mm，高度和宽度不小于 200mm 且不应小于长度的 1/4；

粗料石　通过加工，外表规则，叠砌面凹入深度不应大于 20mm，高度和宽度不小于 200mm 且不应小于长度的 1/4；

毛料石　外形大致方正，一般不加工或仅稍加修整，高度不应小于 200mm，叠砌面凹入深度不应大于 25mm。

(2) 毛石　形状不规则，中部厚度不应小于 200mm。

因为石材尺寸千变万化，所以规定以 70mm×70mm×70mm 的立方体试块测定抗压强度，并用三个试块抗压强度的平均值来确定石材的强度等级。对于其他尺寸的立方体试块，测得的抗压强度需乘以表 10-1 中相应的换算系数后才能作为石材的强度等级。

石材的强度共分为七个等级：MU100、MU80、MU60、MU50、MU40、MU30 和 MU20。

表 10-1　石材强度等级换算系数

立方体边长/mm	200	150	100	70	50
换算系数	1.43	1.28	1.14	1	0.86

10.1.2　砂浆的种类及强度等级

砂浆是由胶凝材料（水泥、石灰）、细集料（砂）、掺加料（可以是矿物掺合料、石灰膏、电石膏、黏土膏等的一种或多种）和水等为主要原材料进行拌合，硬化后具有强度的工程材料。砂浆的作用是将块体连成整体而形成砌体，并铺平块体表面使应力分布趋于均匀；砂浆填满块体之间的缝隙，可减少砌体的透气性，提高砌体的保温、抗冻性能。砌体强度直接与砂浆的强度、砂浆的流动性（可塑性）和砂浆的保水性密切相关，所以强度、流动性和保水性是衡量砂浆质量的三大指标。

10.1.2.1　*砂浆的种类*

砂浆按成分组成，通常分为以下几种。

① 水泥砂浆。由水泥、砂和水为主要原材料，也可根据需要加入矿物掺合料等配制而成的砂浆，称为水泥砂浆或纯水泥砂浆。水泥砂浆强度高、耐久性好，但流动性、保水性均稍差，一般用于房屋防潮层以下的砌体或对强度有较高要求的砌体。

② 混合砂浆。以水泥、砂和水为主要原材料，并加入石灰膏、电石膏、黏土膏的一种或多种，也可根据需要加入矿物掺合料等配制而成的砂浆，称为水泥混合砂浆，简称混合砂浆。依掺合料的不同，又有水泥石灰砂浆、水泥黏土砂浆等之分，但应用最广的混合砂浆还是水泥石灰砂浆。这种砂浆具有一定的强度和耐久性，且流动性、保水性均较好，易于砌筑，是一般墙体中常用的砂浆。

③ 砌块专用砂浆。由水泥、砂、水以及根据需要掺入的掺合料和外加剂等组分，按一定比例，采用机械拌合制成，专门用于砌筑混凝土砌块的砌筑砂浆，称为砌块专用砂浆。

④ 蒸压砖专用砂浆。由水泥、砂、水以及根据需要掺入的掺合料和外加剂等组分，按一定比例，采用机械拌合制成，专门用于砌筑蒸压灰砂砖或蒸压粉煤灰砖砌体，且砌体抗剪强度不应低于烧结普通砖砌体取值的砂浆，称为蒸压砖专用砂浆。

蒸压灰砂普通砖、蒸压粉煤灰普通砖等蒸压硅酸盐砖是半干压法生产的，制砖钢模十分光亮，在高压成型时会使砖质地密实、表面光滑，吸水率也较小，这种光滑的表面影响了砖与砖的砌筑与黏结，使砌体的抗剪强度较烧结普通砖低 1/3，故应采用工作性能好、黏结力高、耐候性强且施工方便的专用砌筑砂浆，以保证砌体的抗剪强度不低于烧结普通砖砌体的取值。

10.1.2.2　*砂浆的强度等级*

将砂浆做成 70.7mm×70.7mm×70.7mm 的立方体试块，标准养护 28 天（温度 20±2℃，相对湿度＞90%）。用养护好的砂浆试块进行抗压强度试验，由三个试块测试值确定砂浆立方抗压强度的平均值 f_2（精确至 0.1MPa）。M 为砂浆强度等级符号（砂浆英文单词 Mortar 的首字母），Mf_2 表示砂浆的强度等级。砂浆的强度等级共分为五级：M15、M10、M7.5、M5 和 M2.5；砌块专用砂浆的强度等级符号为 Mb，用 Mbf_2 表示强度等级，规范推荐使用的有以下四个级别：Mb15、Mb10、Mb7.5 和 Mb5；蒸压砖专用砂浆的强度等级符号为 Ms，用 Msf_2 表示强度等级，规范推荐应用如下四个级别：Ms15、Ms10、Ms7.5 和 Ms5。

需要注意的是，确定砂浆强度等级时，应采用同类块体作为砂浆强度试块的底模。

10.1.2.3　*砂浆的流动性和保水性*

（1）流动性　在砌筑砌体的过程中，要求块材与砂浆之间有较好的密实度，应使砂浆容易而且能够均匀地铺开，也就是有合适的稠度，以保证它有一定的流动性。砂浆的流动性又称可塑性，采用重力为 3N、顶角 30°的标准锥体沉入砂浆中的深度来测定，锥体的沉入深度根据砂浆的用途规定为：用于烧结普通砖砌体、蒸压粉煤灰砖砌体的砂浆稠度为 70～90mm，用于混凝土砖砌体、蒸压灰砂砖砌体的砂浆稠度为 50～70mm；用于石砌体的砂浆稠度为 30～50mm。

（2）保水性　砂浆能保持水分的能力，称为保水性。砂浆的质量在很大程度上取决于其保水性。在砌筑时，块体将吸收一部分水分，如果砂浆的保水性很差，新铺在块体上的砂浆的水分很快被吸去，将使砂浆难以铺平，从而使砌筑强度有所下降。

砂浆的保水性以分层度表示，即将砂浆静止 30min，上下层沉入量之差作为分层度，该值宜在 10～20mm 之间。

在砂浆中掺入适量的掺合料，可提高砂浆的流动性和保水性，既能节约水泥，又可提高砌筑质量。纯水泥砂浆的流动性和保水性都比混合砂浆差，试验发现，当 M5 以下的混合砂浆砌筑的砌体比相同强度等级的水泥砂浆砌筑的砌体强度要高。所以，施工中不应采用强度等级小于 M5 的水泥砂浆替代同强度等级的水泥混合砂浆，如需替代，应将水泥砂浆提高一个强度等级。

10.1.3　砌体结构材料选用要求

砌体结构的环境类别分为 5 类，参见表 10-2。砌体结构的耐久性应根据环境类别和设计使用年限进行设计。不同环境条件下，耐久性的要求不同；不同设计使用年限，耐久性要求也不相同。对于设计使用年限为 50 年的砌体结构，从耐久性的角度出发，对材料提出了如下相应要求。

表 10-2　砌体结构的工作环境类别

环境类别	条　件
1	正常居住及办公建筑的内部干燥环境
2	潮湿的室内或室外环境，包括与无侵蚀性土和水接触的环境
3	严寒和使用化冰盐的潮湿环境（室内或室外）
4	与海水直接接触的环境，或处于滨海地区的盐饱和的气体环境
5	有化学侵蚀的气体、液体或固态形式的环境，包括有侵蚀性土壤的环境

地面以下或防潮层以下的砌体，潮湿房间的墙或处于 2 类环境的砌体，所用材料的最低强度等级应符合表 10-3 的规定。

表 10-3　地面以下或防潮层以下的砌体、潮湿房间的墙所用材料的最低强度等级

潮湿程度	烧结普通砖	混凝土普通砖 蒸压普通砖	混凝土砌块	石　材	水泥砂浆
稍湿的	MU15	MU20	MU7.5	MU30	M5
很潮湿的	MU20	MU20	MU10	MU30	M7.5
含水饱和的	MU20	MU25	MU15	MU40	M10

注：1. 在冻胀地区，地面以下或防潮层以下的砌体，不宜采用多孔砖，如采用时，其孔洞应用不低于 M10 的水泥砂浆预先灌实。当采用混凝土空心砌块时，其孔洞应采用强度等级不低于 Cb20 的混凝土预先灌实。

2. 对安全等级为一级或设计使用年限大于 50 年的房屋，表中材料强度等级应至少提高一级。

处于环境类别 3～5 等有侵蚀性介质的砌体材料应符合下列规定：

① 不应采用蒸压灰砂普通砖、蒸压粉煤灰普通砖；

② 应采用实心砖（烧结砖、混凝土砖），砖的强度等级不应低于 MU20，水泥砂浆的强度等级不应低于 M10；

③ 混凝土砌块的强度等级不应低于 MU15，灌孔混凝土的强度等级不应低于 Cb30，砂浆的强度等级不应低于 Mb10；

④ 应根据环境条件对砌体材料的抗冻指标、耐酸、碱性能提出要求，或符合有关规范的规定。

无筋高强度等级的砖石结构，经历数百年甚至上千年的考验，其耐久性不容置疑。但对于由非烧结块材、多孔块材砌筑的砌体，处于冻胀或某些侵蚀环境条件下，其耐久性易于受损，故提高其块体强度等级是最有效和普遍采用的方法。

10.2　砌体的类型

砌体是由块体和砂浆砌筑而成的墙、柱，作为建筑物主要的受力构件。根据构件内是否配置钢筋，可分为无筋砌体和配筋砌体两大类。此外，工程上还存在大型预制墙板，可加快墙体施工进度。

10.2.1　无筋砌体

根据块材的种类不同，无筋砌体可分为砖砌体、砌块砌体和石砌体三类。

10.2.1.1　*砖砌体*

烧结砖或非烧结砖（蒸压砖、混凝土砖）由砂浆砌筑而成的砌体，称为砖砌体。

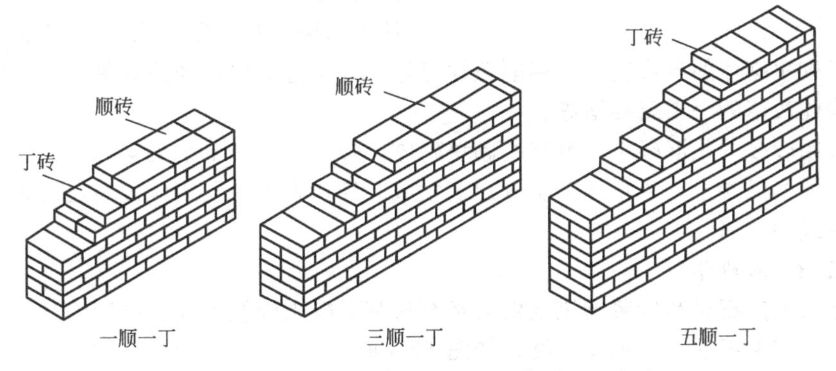

图 10-5　240mm 厚墙一顺一丁和多顺一丁砌法

实心砖可以砌成实心砖砌体。顺砖和丁砖交叉砌筑，砌法有一顺一丁、三顺一丁（见图 10-5），也可以砌成梅花丁（见图 10-6）。可按半砖的模数增加砌成厚度为 240mm、370mm、490mm、620mm 和 740mm 等的墙体或柱；按 1/4 砖的模数增加还可砌成厚度为 120mm、180mm、300mm、420mm 的墙体。厚度为 240mm 以下的墙，只有顺砖没有丁砖。实心砌筑的砖砌体整体性和受力性能较好，可以用作一般房屋的内外承重墙、柱和隔墙，但砌体自重较大。

实心砖也可以砌筑成空心的砖砌体。一般是将砖砌成两片薄壁，中部留有空洞，有的还在空洞内填充松散材料或轻质材料。这种砌体自重较轻，热工性能好。我国传统的空心砌体，是将实心砖部分或全部立砌，中间留有空斗形成空斗墙砌体。立砌的砖形成斗，平砌的砖的称为眠。空斗的砌筑方法示意图如图 10-7 所示，可以砌成一眠一斗、一眠多斗和无眠斗等。空斗墙一般为 240mm 厚。这种砌体可节约砖 22%～38%，节约砂浆 50%，降低造价

图 10-6　梅花丁砌法

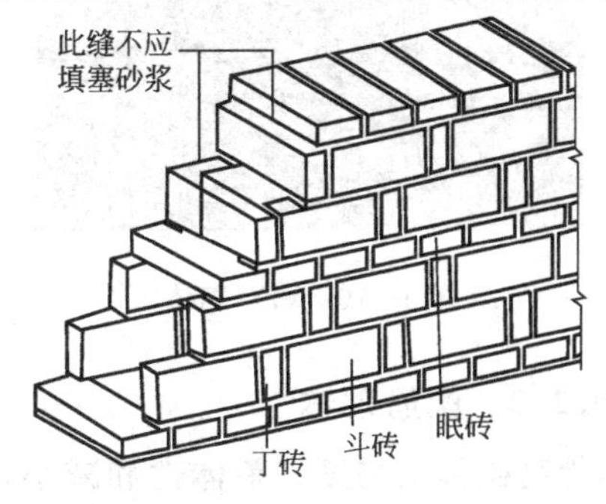

图 10-7　空斗墙的砌法示意图

图 10-8　空斗墙的应用

30%～40%，但整体性和抗震性能较差，在非抗震设防区可用作 1～3 层的一般民用房屋的墙体，如图 10-8 所示。

多孔砖砌体具有许多优点，表现在保温隔热性能好，表观密度较小。采用多孔砖砌体可减轻建筑物自重 30%～35%，使地震作用减小，且墙体较薄，相应房间的使用面积增加，房屋总造价降低，所以多孔砖砌体是大力推广应用的墙体材料之一。烧结多孔砖可砌成的墙厚为 90mm、120mm、190mm、240mm 和 390mm 等。

10.2.1.2　*砌块砌体*

各种砌块由专用砂浆砌筑的砌体称为为砌块砌体。由于砌块砌体的自重轻，保温隔热性能好，施工进度快，经济效果好，因此，采用砌块砌体是墙体改革的一项重要措施。

目前采用较多的是混凝土小型空心砌块砌体，轻集料混凝土小型空心砌块砌体也在推广应用之中，加气混凝土砌块也逐渐步入建筑领域。砌块砌体主要用作民用建筑和一般工业建筑的承重墙或围护墙。

10.2.1.3　*石砌体*

石砌体由天然石材和砂浆砌筑或由天然石材和混凝土砌筑而成。石砌体又可分为料石砌体，毛石砌体和毛石混凝土砌体三类，如图 10-9 所示。

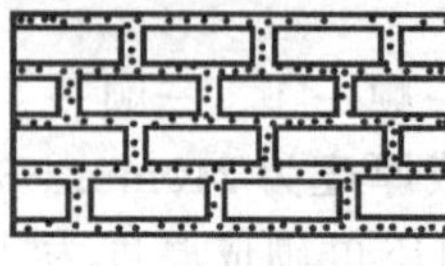

(a) 料石砌体

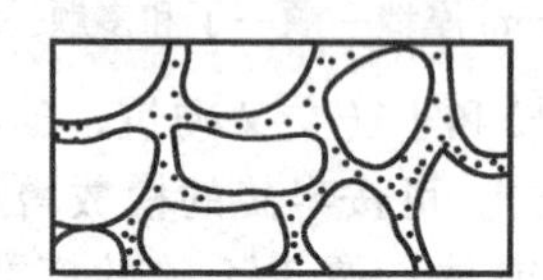

(b) 毛石砌体

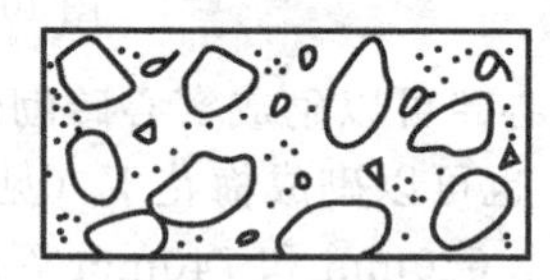

(c) 毛石混凝土砌体

图 10-9　石砌体

料石砌体除用于建造房屋外，还可用于建造石拱桥、水坝、护坡等构筑物，如图 10-10 所示；毛石砌体可用作房屋墙体和挡土墙（见图 10-11）；毛石混凝土砌体砌筑方便，一般用于房屋的基础部位或挡土墙。

图 10-10　料石砌体

图 10-11　毛石砌体

10.2.2　配筋砌体

为提高砌体的强度、整体性和减小构件的截面尺寸，可在砌体中设置钢筋或钢筋混凝土，这种砌体称为配筋砌体，其中以配筋砖砌体和配筋砌块砌体为常见。配筋砖砌体可分为横向配筋砖砌体、纵向配筋砖砌体和组合砖砌体三类。

10.2.2.1　*横向配筋砖砌体*

在水平灰缝内配置钢筋网形成的网状配筋砖砌体，称为横向配筋砖砌体，如图 10-12 所示。钢筋网的主要作用是通过约束砌体的横向变形来提高砌体的抗压强度。网状配筋砖砌体多应用于轴心受压或小偏心受压的墙和柱。

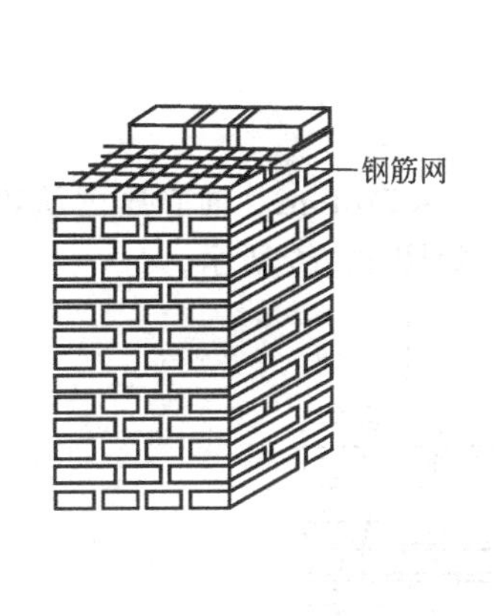

图 10-12　横向配筋砖砌体

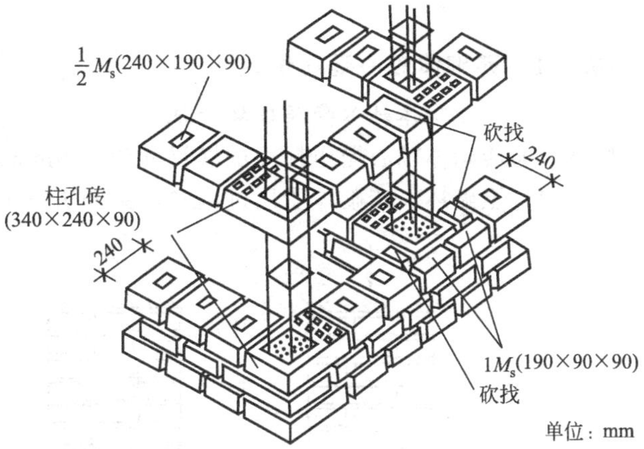

图 10-13　纵向配筋砖砌体

10.2.2.2　*纵向配筋砖砌体*

在竖向灰缝或孔洞内配置纵向钢筋的砖砌体，称为纵向配筋砖砌体。在实心砖砌体灰缝内配置纵向钢筋，不便于施工，采用较少；在带有孔口砖的竖向灰缝或孔洞内配置纵向钢筋，如图 10-13 所示，因其施工容易，应用逐渐增多。

10.2.2.3　*组合砖砌体*

由砖砌体和钢筋混凝土（或钢筋砂浆）构成的砌体称为组合砖砌体。组合砖砌体的砌体部分通常位于中间部位，而钢筋混凝土或钢筋砂浆作为面层，如图 10-14 所示。组合砖砌体可以形成组合砖墙和组合砖柱，用以承受较大的偏心轴向压力作用。

另一种组合砖砌体是砖砌体和钢筋混凝土构造柱组合墙，构造柱对墙体的横向变形实施约束，墙体的承载能力可有较大提高。

10.2.3　墙板

墙板是指用作房屋墙体尺寸较大的板，又称为大型墙板。墙板的宽度一般为房间的开间或进深，高度可以达到房屋的层高，利于建筑的工业化和机械化，缩短施工周期，提高生产效率，是一种有发展前途的墙体体系。

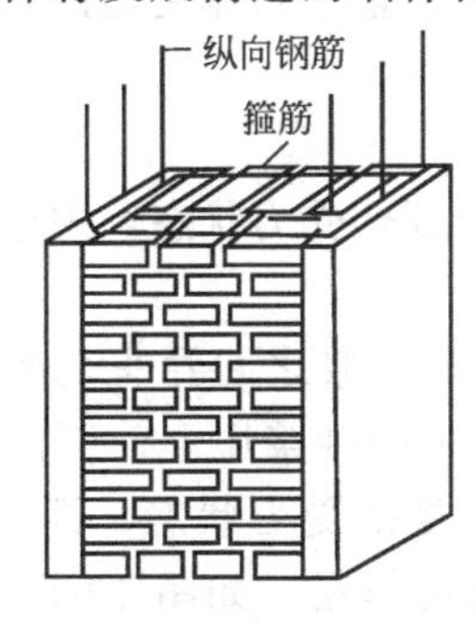

图 10-14　组合砖砌体

图 10-15　预制混凝土墙板

墙板可以采用单一材料制成，如矿渣混凝土墙板，预制混凝土空心墙板，如图 10-15 所示。也可以采用砌体块材制成，如用多孔砖或实心砖制作墙板、用实心砌块制作墙板。

10.3　砌体的受压性能

10.3.1　砖砌体轴心受压试验

10.3.1.1　砖砌体轴心受压破坏特征

烧结普通砖砌体轴心受压标准试样尺寸为 240mm×370mm×720mm，轴心压力从零开始逐渐增加直至破坏。砖砌体受压过程中，共经历三个阶段，如图 10-16 所示。

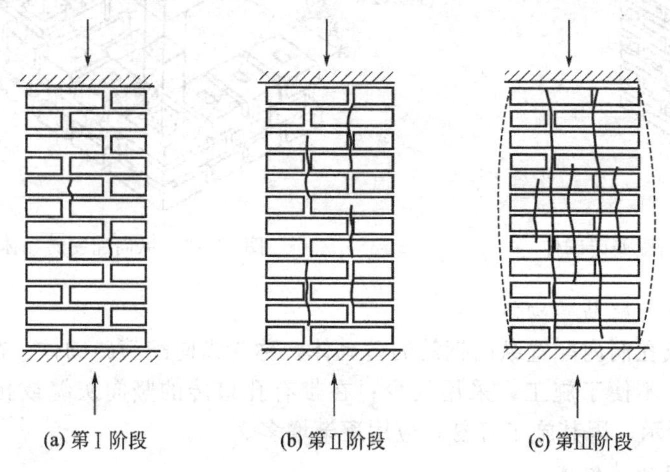

图 10-16　砖砌体受压破坏特征

(1) 第Ⅰ阶段，弹性和弹塑性阶段。从开始加载到个别砖出现微细裂缝为止，砌体的横向变形较小，压应力引起的变形主要是弹性变形，塑性变形较小。第一批裂缝出现时的荷载大约为破坏荷载的 0.5～0.7 倍。若不继续增加荷载，微细裂缝不会继续扩展或增加。

(2) 第Ⅱ阶段，裂缝扩展阶段。随着荷载的增加，微细裂缝逐渐发展，当荷载继续增加达到破坏荷载的 0.8～0.9 倍时，个别砖竖向裂缝不断扩展，并上下贯通若干皮砖，在砌体内逐渐连接成几段连续的裂缝。此时裂缝处于不稳定扩展阶段，即使荷载不再增加，裂缝也会继续发展。

(3) 第Ⅲ阶段，破坏阶段。当试验荷载进一步增加时，裂缝便迅速开展，其中几条主要竖向裂缝将把砌体分割成若干截面尺寸为半砖左右的小柱体，整个砌体明显向外鼓出。最后某些小柱体失稳或压碎，砖砌体宣告破坏。

10.3.1.2　单块砖在砌体内的受力特点

砖砌体轴心受压时，单块砖并不是简单受压，而是处于复合受力状态，理论分析十分复杂。可以从如下三个方面来说明砖的受力状态。

① 由于砂浆层的非均匀性和砖表面并不平整，使得砖与砂浆之间并非全面接触，而是支承在凹凸不平的砂浆层上，所以在轴心受压砌体中砖处于复杂受力状态，即受压的同时，还受弯曲和剪切作用，如图 10-17 所示。因为砖的抗弯、抗剪强度远低于抗压强度，所以在砌体中常常由于单块砖承受不了弯曲拉应力和

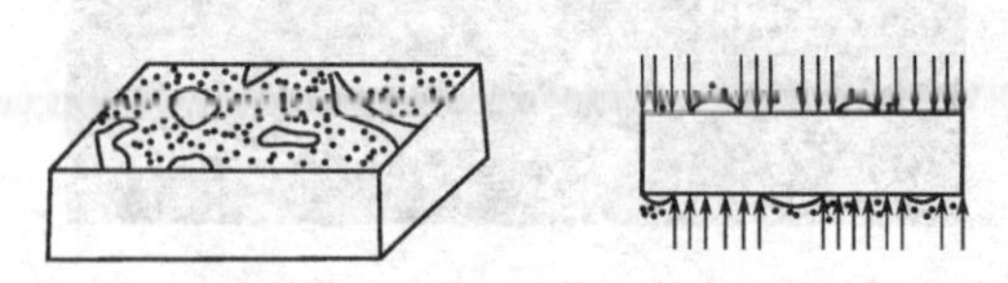

图 10-17　砌体内砖的受力示意图

剪应力而出现第一批裂缝。

② 砂浆和砖泊松比的比值大约为1.5～5，说明砂浆的横向变形大于砖的横向变形。由于黏结力和摩擦力的存在，砂浆和砖的横向变形不能各自独立进行，而要受到对方的制约。砖阻止砂浆横向变形，使砂浆横向受到压力作用，反之轴心受压砌体中砖横向受到砂浆的作用而受拉。砂浆处于各向受压状态，其抗压强度有所增加，因而用强度等级低的砂浆砌筑的砌体，其抗压强度可以高于砂浆强度。

③ 竖向灰缝内砂浆不能填实，在该截面内截面面积有所减损，同时砂浆和砖的黏结力也不可能完全保证。因此，在竖向灰缝截面上的砖内产生横向拉应力和剪应力的应力集中，引起砌体强度的降低。

鉴于上述受力特征，轴心受压砌体中的砖处于局部受压、受弯、受剪、横向受拉的复杂应力状态。由于砖的抗弯、抗拉强度很低，故砖砌体受压后砖块将出现因拉应力而产生的横向裂缝。这种裂缝随着荷载的增加而上下贯通，直至将整个砌体分割成若干半砖小柱，侧向鼓出，破坏了砌体的整体工作。砌体以失稳形式发生破坏，仅局部截面上的砖被压坏，就整个截面来说，砖的抗压能力并没有被充分利用，这也就是为什么砌体的抗压强度远小于块体抗压强度的原因。

10.3.1.3　*影响砌体抗压强度的因素*

大量的砌体轴心受压试验分析表明，影响砌体抗压强度的主要因素有块材的强度等级和尺寸、砂浆的强度等级和性能、砌筑质量等方面。

(1) 块材的强度等级和尺寸　块材的强度等级越高，其抗折强度越大，在砌体中越不容易开裂，因而可在很大程度上提高砌体的抗压强度。试验表明，当块材的强度等级提高一倍时，砌体的抗压强度大约能提高50%左右。

块材的截面高度（厚度）增加，其截面的抗弯、抗拉和抗剪能力均不同程度地增强。砌体受压时，处于复合受力状态的块材的抗裂能力提高，从而提高砌体的抗压强度。但块材的厚度（特别是砖的厚度）不能增加太多，以免给砌筑施工带来不便。

(2) 砂浆的强度等级和性能　砂浆的强度等级越高，受压后的横向变形越小，减少了砂浆与块材之间横向变形的差异，使块材承受的横向水平拉应力减小，改善砌体的受力状态，可在一定程度上提高砌体的抗压强度。试验表明，砂浆的强度等级提高一倍，砌体的抗压强度可提高20%左右，但水泥用量需要增加大约50%。砂浆强度等级对砌体抗压强度的影响比块材强度等级对砌体抗压强度的影响小，当砂浆强度等级较低时，提高砂浆强度等级，砌体的抗压强度增长较快；但是，当砂浆强度等级较高时，再提高砂浆强度等级，砌体的抗压强度增长将减缓。为了节约水泥用量，一般不宜采用提高砂浆强度等级的方法来提高其抗压强度。

流动性和保水性是衡量砂浆性能的指标，砂浆性能好，容易铺砌均匀、密实，可降低砌体内块体的弯曲正应力、剪切应力，使砌体的抗压强度得到提高。试验表明，纯水泥砂浆的流动性和保水性较差，当采用强度等级较低（<M5）的纯水泥砂浆砌筑时，砌体的抗压强度比采用相同强度等级的水泥混合砂浆砌筑的砌体的抗压强度降低15%左右。砂浆的流动性也不宜过大，因为流动性太大，受压后横向变形增加，会降低砌体的抗压强度。

(3) 砌筑质量　砂浆的饱满程度对砌体抗压强度影响较大。砂浆铺砌饱满、均匀，可改善块体在砌体中的受力性能，使其较均匀地受压，从而提高砌体的抗压强度。《砌体工程施工质量验收规范》(GB 50203—2011) 要求：砖墙水平灰缝的砂浆饱满度不得低于80%，竖向灰缝不应出现瞎缝、透明缝和假缝；砖柱不得采用包心砌法，且水平灰缝和竖向灰缝的砂浆饱满度≥90%。

砂浆层厚度对砌体抗压强度有影响，砂浆层过薄过厚都不利。因为砂浆层过薄，不易铺砌均匀；砂浆层过厚，则横向变形增大，所以砂浆层应有适当的厚度。实践证明，灰缝厚度以8～12mm为宜，平均厚度10mm。

砖的含水率也会影响砌体的抗压强度。砖的含水率过低，就会过多地吸收砂浆的水分，降低砂浆的保水性，影响砌体的抗压强度；反之，砖的含水率过高，将影响砖与砂浆的黏结力。所以，烧结砖在砌筑之前需要浇水润湿，烧结砖的相对含水率为60%～70%，这样可增强砖和砂浆之间的黏结性能。但非烧结砖砌筑之前不得浇水，这样可以减少非烧结砖砌体的干燥收缩裂缝；同时为了保证非烧结砖砌体的强度，应采用保水性好、黏结性能好的专用砂浆砌筑。

砖砌体施工质量控制等级分为A、B、C三个等级，它反映了施工技术、管理水平和材料消耗水平的关系。同样强度等级的砖和砂浆，不同质量等级的砌体，其抗压强度不同。A级质量最好，B级质量次之，C级质量再次之。若以B级质量等级砌体的抗压强度为1，则A级质量等级砌体的抗压强度>1，C级质量等级砌体的抗压强度<1。规范以系数来调整不同质量等级砌体承载能力的差异。

施工质量控制等级的选择主要根据设计和建设单位商定，并在工程设计图中明确设计采用的施工质量控制等级。但是，考虑到我国目前的施工质量水平，对一般多层房屋宜按B级控制。

10.3.2 砌体的抗压强度

将我国历年来各地众多砌体抗压强度的试验数据进行统计和回归分析，并经多次校核，《砌体结构设计规范》（GB 50003—2001）提出了一个比较完整、统一的表达砌体抗压强度平均值的计算公式，现行《砌体结构设计规范》（GB 50003—2011）沿用了这一公式：

$$f_m = k_1 f_1^{\alpha}(1+0.07f_2)k_2 \tag{10-1}$$

式中 f_m——砌体轴心抗压强度平均值，MPa；

k_1——砌体种类和砌筑方法等因素对砌体抗压强度的影响系数；

f_1——块体抗压强度平均值，MPa，即块体强度等级MU后面的数值；

α——公式回归参数；

f_2——砂浆抗压强度平均值，MPa，即砂浆强度等级M（或Mb、Ms）后面的数值；

k_2——砂浆强度等级不同时，砌体抗压强度的影响系数。

公式(10-1)中的系数k_1、α和k_2的值与块体、砂浆有关，按表10-4取值，且k_2在表列条件以外时均等于1。

混凝土砌块砌体的轴心抗压强度平均值，当$f_2>10$MPa时，应乘以系数（$1.1-0.01f_2$），MU20的砌体应乘系数0.95，且满足$f_1 \geqslant f_2$，$f_1 \leqslant 20$MPa。

表10-4 k_1、α及k_2值

砌体种类	k_1	α	k_2
烧结普通砖、烧结多孔砖、蒸压灰砂普通砖、蒸压粉煤灰普通砖、混凝土普通砖、混凝土多孔砖	0.78	0.5	当$f_2<1$时，$k_2=0.6+0.4f_2$
混凝土砌块、轻集料混凝土砌块	0.46	0.9	当$f_2=0$时，$k_2=0.8$
毛料石	0.79	0.5	当$f_2<1$时，$k_2=0.6+0.4f_2$
毛石	0.22	0.5	当$f_2<2.5$时，$k_2=0.4+0.24f_2$

10.3.3　砌体的变形性能

10.3.3.1　*砌体受压的应力-应变关系*

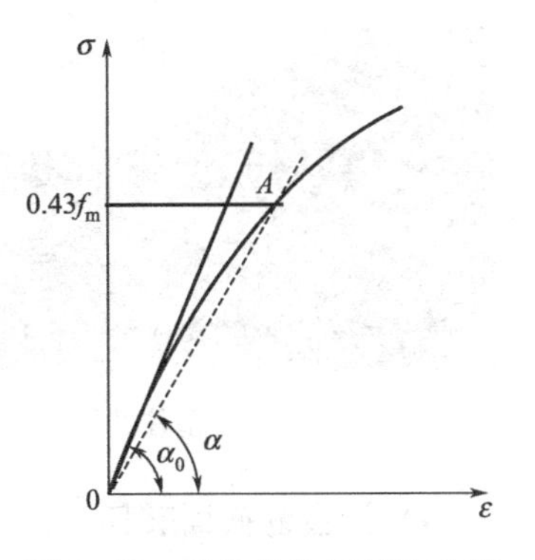

图 10-18　砌体的应力-应变曲线

砌体压缩变形由块体变形、砂浆变形及砂浆和块体间的空隙压密变形三部分构成，其中块体变形所占份额较小。当压应力较小时，砌体的应力-应变关系近似为直线，可以认为发生的变形是弹性变形；但当压应力增大时，砌体表现出弹塑性性质，应力-应变为曲线关系，如图 10-18 所示。

根据试验资料，砌体受压之 σ - ε 曲线，可用如下函数表述

$$\varepsilon = -\frac{1}{460\sqrt{f_m}}\ln\left(1-\frac{\sigma}{f_m}\right) \quad (10\text{-}2)$$

并取 $\sigma = 0.9f_m$所对应的应变为极限应变ε_u：

$$\varepsilon_u = 0.005f_m^{-0.5} \quad (10\text{-}3)$$

10.3.3.2　*砌体的弹性模量*

砌体的模量类似于混凝土，也有切线模量、割线模量之分。为了与使用阶段受力状态之工作性能相符，工程上将图 10-18 中 A 点的割线模量作为砌体的弹性模量。

(1) 砖砌体、砌块砌体的弹性模量　对于砖砌体和砌块砌体，取 A 点应力 $\sigma_A = 0.43f_m$，应变由式(10-2) 计算，则有弹性模量的计算公式

$$E = \frac{\sigma_A}{\varepsilon_A} = 0.43f_m \times \frac{-460\sqrt{f_m}}{\ln(1-0.43)} = 352f_m^{1.5} \quad (10\text{-}4)$$

上式说明弹性模量与抗压强度平均值的 1.5 次方成比例。现行规范根据试验实测结果的统计分析，取 E 与砌体抗压强度设计值 f 成正比，比例系数与砂浆强度、块体种类等有关，见附表 25。

(2) 石砌体的弹性模量　粗料石、毛料石和毛石砌体，取 $\sigma_A = 0.43f_m$，割线模量使用如下经验公式计算

$$E = 576 + 677f_2 \quad (10\text{-}5)$$

细料石砌体的弹性模量，取上式结果的 3 倍。石砌体的弹性模量亦列于附表 25。

(3) 单排孔且孔对孔砌筑的混凝土砌块灌孔砌体的弹性模量，取灌孔砌体抗压强设计值 f_g的二千倍，即 $E=2000f_g$。

10.3.3.3　*砌体的剪变模量*

在使用阶段 ($\sigma < 0.5f_m$)，砌体的泊松比 ν 大约为 0.15～0.3，则由材料力学可知

$$G = \frac{E}{2(1+\nu)} = (0.43\sim0.38)E$$

现行规范规定：砌体的剪变模量可按砌体弹性模量的 0.4 倍采用，即 $G=0.4E$。烧结普通砖砌体的泊松比可取 0.15。

10.4　砌体的其他受力性能

砌体除了受压以外，在不同的实际工程中还可能受拉、受弯和受剪。圆形水池池壁或谷仓在液体或松散物体的侧向压力作用下将产生轴向拉力；挡土墙在土压力作用下，将产生弯矩和剪力；砖砌过梁在自重和楼面荷载作用下，受到弯矩和剪力的作用。

图 10-19　带壁柱的围墙

如图 10-19 所示为带壁柱的围墙，在水平风荷载作用下，截面上有弯矩和剪力，产生弯曲变形和剪切变形。

10.4.1　砌体的轴心受拉性能

10.4.1.1　*砌体轴心受拉破坏特征*

砌体轴心受拉时，根据外力作用方向不同以及材料的抵抗能力差异，可能出现三种破坏情况，如图 10-20 所示。

(1) 沿齿缝截面破坏　当力的作用方向平行于水平灰缝时，若块材强度较高，砂浆强度较低，则将发生水平和竖向灰缝成齿形或阶梯形破坏，即沿齿缝截面 1-1 破坏，如图 10-20(a) 所示。

(2) 沿竖向灰缝和块体截面破坏　当力的作用方向平行于水平灰缝时，若块材强度较低，砂浆强度较高，切向黏结力高于块体的抗拉能力时，则将发生沿竖向灰缝和块体截面 2-2 破坏，如图 10-20(b) 所示。实际工程中，用提高块体的最低强度等级来防止出现沿竖向灰缝和块体截面破坏。

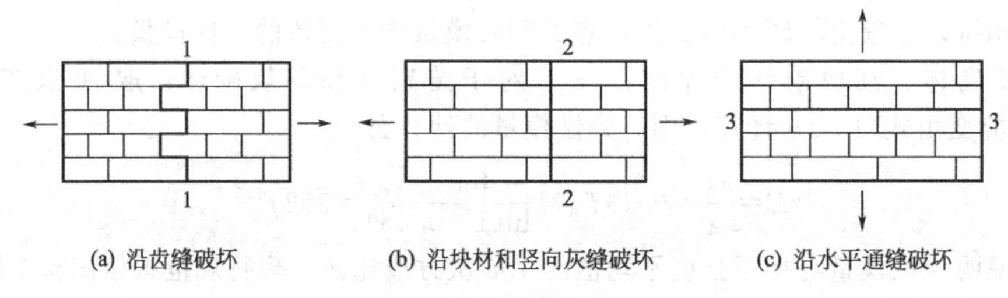

图 10-20　砌体轴心受拉破坏情况

(3) 沿水平通缝截面破坏　当力的作用方向垂直于水平灰缝时，将沿水平通缝截面 3-3 破坏，如图 10-20(c) 所示。这种破坏，截面的抗拉强度主要靠砂浆的法向黏结力提供，其抗拉强度较低，设计时应避免这种受力方式。

10.4.1.2　*砌体轴心抗拉强度*

砌体沿齿缝的轴心抗拉强度主要与砂浆和块体间的黏结强度有关，其平均值 $f_{t,m}$ 直接由砂浆强度确定

$$f_{t,m}=k_3\sqrt{f_2} \tag{10-6}$$

式中　k_3——与块材有关的系数，按表 10-5 取值；

f_2——砂浆抗压强度平均值。

表 10-5　k_3、k_4 和 k_5 值

砌体种类	k_3	k_4		k_5
		沿齿缝	沿通缝	
烧结普通砖、烧结多孔砖 混凝土普通砖、混凝土多孔砖	0.141	0.250	0.125	0.125
蒸压灰砂普通砖、蒸压粉煤灰普通砖	0.090	0.180	0.090	0.090
混凝土砌块	0.069	0.081	0.056	0.069
毛　石	0.075	0.113	—	0.188

10.4.2　砌体的弯曲受拉性能

10.4.2.1　砌体弯曲受拉的破坏特征

砌体在弯矩 M 作用下，截面一侧受拉，另一侧受压，由于砌体的抗压能力远高于抗拉能力，所以砌体发生弯曲受拉破坏。弯曲受拉时也有三种破坏形式，如图 10-21 所示。

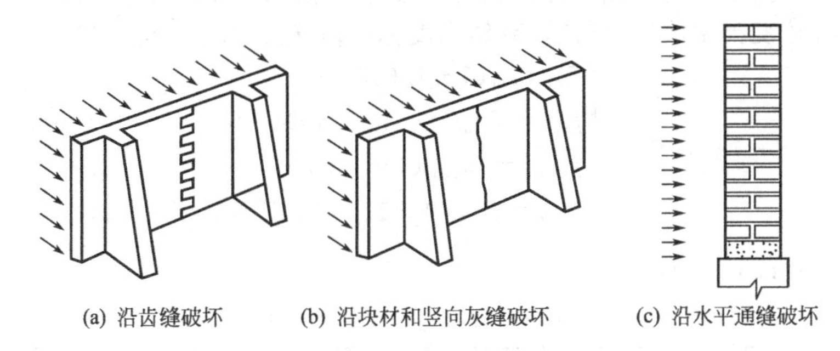

图 10-21　砌体弯曲受拉破坏形式

当弯矩所产生的拉应力与水平灰缝平行时，若块材强度较高、砂浆强度较低，则可能发生沿齿缝破坏；若块材强度较低、砂浆强度较高，则可能发生沿块材和竖向灰缝破坏。当弯矩所产生的拉应力与水平灰缝垂直时，可能沿通缝发生破坏。

砌体沿块体的弯曲抗拉强度主要取决于块体的强度等级，而《砌体结构设计规范》提高了块体的最低强度等级，防止了这类弯曲破坏的发生。

10.4.2.2　砌体的弯曲抗拉强度

砌体沿齿缝和沿通缝截面的弯曲抗拉强度平均值 $f_{\mathrm{tm,m}}$ 按下式计算

$$f_{\mathrm{tm,m}}=k_4\sqrt{f_2} \tag{10-7}$$

系数 k_4 与砌体种类有关，按表 10-5 取值。

10.4.3　砌体的受剪性能

在实际工程中，砌体在纯剪力作用下的受剪破坏形式有两类：沿通缝破坏和沿阶梯形截面破坏，如图 10-22 所示。因为竖向灰缝的砂浆往往不饱满，其抗剪能力很低，所以可取两类破坏的抗剪强度相等。

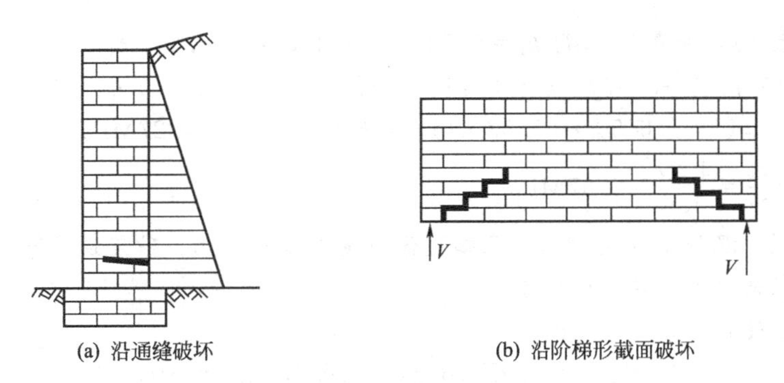

图 10-22　砌体的受剪破坏形式

砌体的抗剪强度主要取决于砂浆强度，其平均值 $f_{\mathrm{v,m}}$ 按下式计算

$$f_{\mathrm{v,m}}=k_5\sqrt{f_2} \tag{10-8}$$

式中系数 k_5 按表 10-5 采用。

10.5 砌体的强度指标取值

10.5.1 砌体强度标准值

按 95%保证率要求，砌体强度标准值为强度平均值减 1.645 倍标准差，或强度平均值乘以（1－1.645 倍变异系数）。据此，砌体强度标准值 f_k、$f_{t,k}$、$f_{tm,k}$和 $f_{v,k}$应按下式计算

$$\begin{cases} f_k = f_m(1-1.645\delta_f) \\ f_{t,k} = f_{t,m}(1-1.645\delta_f) \\ f_{tm,k} = f_{tm,m}(1-1.645\delta_f) \\ f_{v,k} = f_{v,m}(1-1.645\delta_f) \end{cases} \tag{10-9}$$

变异系数 δ_f按表 10-6 取值。

表 10-6 砌体强度变异系数 δ_f

砌 体 种 类	抗压	抗拉、弯、剪
烧结普通砖、烧结多孔砖、蒸压灰砂普通砖、蒸压粉煤灰普通砖、混凝土普通砖、混凝土多孔砖、混凝土砌块、料石砌体	0.17	0.2
毛石砌体	0.24	0.26

10.5.2 砌体强度设计值

10.5.2.1 一般砌体强度设计值

砌体强度设计值为砌体强度标准值除以材料分项系数 γ_f，当施工质量控制等级为 B 级时，取材料分项系数 $\gamma_f=1.6$（A 级质量等级时，取 $\gamma_f=1.5$；C 级质量等级时，取 $\gamma_f=1.8$），所以

$$f=\frac{f_k}{\gamma_f}, f_t=\frac{f_{t,k}}{\gamma_f}, f_{tm}=\frac{f_{tm,k}}{\gamma_f}, f_v=\frac{f_{v,k}}{\gamma_f} \tag{10-10}$$

由上式计算的砌体强度设计值，修约到 0.01MPa。施工质量等级为 B 级时，龄期为 28d 以毛截面计算的各类砌体强度设计值见附表 17～附表 24。

【例题 10-1】 试求用 MU20 标准砖、M10 混合砂浆砌筑的砌体的抗压强度设计值（B 级施工质量）。

【解】 由表 10-4 和表 10-6 得 $k_1=0.78$，$k_2=1$，$\alpha=0.5$，$\delta_f=0.17$

$$f_m=k_1 f_1^{\alpha}(1+0.07f_2)k_2=0.78\times20^{0.5}\times(1+0.07\times10)\times1=5.93\text{MPa}$$

$$f_k=f_m(1-1.645\delta_f)=5.93\times(1-1.645\times0.17)=4.27\text{MPa}$$

$$f=\frac{f_k}{\gamma_f}=\frac{4.27}{1.6}=2.67\text{MPa}$$

【例题 10-2】 混凝土砌块砌体，已知块体强度等级 MU15、砂浆强度等级 Mb7.5，B 级施工质量，试求轴心抗拉强度设计值。

【解】 沿齿缝 $k_3=0.069$，$\delta_f=0.2$

$$f_{t,m}=k_3\sqrt{f_2}=0.069\times\sqrt{7.5}=0.19\text{MPa}$$

$$f_{t,k}=f_{t,m}(1-1.645\delta_f)=0.19\times(1-1.645\times0.2)=0.13\text{MPa}$$

$$f_t=\frac{f_{t,k}}{\gamma_f}=\frac{0.13}{1.6}=0.08\ \text{MPa}$$

10.5.2.2 灌孔砌体的强度设计值

单排孔混凝土砌块对孔砌筑时，部分孔洞可以灌注混凝土，形成所谓的灌孔砌体。灌孔

砌体的抗压强度设计值 f_g，应按下列公式计算：

$$f_g = f + 0.6\alpha f_c \tag{10-11}$$

$$\alpha = \delta\rho \tag{10-12}$$

式中　f_g——灌孔砌体的抗压强度设计值，并不应大于未灌孔砌体抗压强度设计值的 2 倍；

f——未灌孔砌体的抗压强度设计值；

f_c——灌孔混凝土的轴心抗压强度设计值；

α——砌块砌体中灌孔混凝土面积和砌体毛面积的比值；

δ——混凝土砌块的孔洞率；

ρ——混凝土砌块砌体的灌孔率，系截面灌孔混凝土面积与截面孔洞面积的比值，灌孔率应根据受力或施工条件确定，且不应小于 33%。

砌块砌体的灌孔混凝土强度等级不应低于 Cb20，且不应低于 1.5 倍的块体强度等级。灌孔混凝土强度指标取同强度等级的混凝土强度指标。

单排孔混凝土砌块对孔砌筑时，灌孔砌体的抗剪强度设计值 f_{vg}，应按下式计算：

$$f_{vg} = 0.2 f_g^{0.55} \tag{10-13}$$

10.5.3　砌体强度设计值的调整系数

下列情况的各类砌体，其强度设计值应乘以调整系数 γ_a：

① 对无筋砌体构件，其截面面积 $A < 0.3\ m^2$ 时，$\gamma_a = 0.7 + A$；对配筋砌体构件，当其中砌体截面面积 $A < 0.2\ m^2$ 时，$\gamma_a = 0.8 + A$；构件截面面积 A 以“m^2”计；

② 当用强度等级小于 M5.0 的水泥砂浆砌筑时，轴心抗压，$\gamma_a = 0.9$；轴心抗拉、弯曲抗拉、抗剪，$\gamma_a = 0.8$；

③ 当验算施工中房屋的构件时，$\gamma_a = 1.1$；

④ 当施工质量控制等级为 C 级时（配筋砌体不允许采用 C 级），$\gamma_a = 0.89$；当采用 A 级施工质量控制等级时，$\gamma_a = 1.05$。

同时满足上述多项时，γ_a 的系数应连乘。

施工阶段砂浆尚未硬化的新砌体的强度和稳定性，可按砂浆强度为 0 进行验算。对于冬期施工采用掺盐砂浆法施工的砌体，砂浆强度等级按常温施工的强度等级提高一级时，砌体强度和稳定性可不验算。配筋砌体不得采用掺盐砂浆施工。

思考题

10-1　为什么砌体抗压强度远低于块体的抗压强度？

10-2　砂浆在砌体中起什么作用？

10-3　影响砌体抗压强度的主要因素有哪些？

10-4　砖砌体轴心受压时分哪几个受力阶段？它们的特征如何？

10-5　在砖墙砌筑施工时，为什么对水平灰缝的厚度有严格要求？

10-6　砌体在弯曲受拉时有哪几种破坏形态？

10-7　为什么工程上不允许将轴心受拉构件设计成沿水平灰缝截面受拉？

10-8　在何种情况下可按砂浆强度为零来确定砌体强度？此时砌体强度为零吗？

10-9　安全等级为一级的砌体房屋，在潮湿程度为稍湿的环境下，防潮层以下的砖墙如何选择烧结普通砖和水泥砂浆的强度等级？

选择题

10-1　烧结普通砖的强度等级是以砖的（　　）作为划分依据的。

A. 抗拉强度　　B. 抗弯强度　　C. 抗折强度　　D. 抗压强度

10-2 确定砂浆强度等级的立方体标准试块的边长尺寸是（　）。

A. 50mm　　B. 70.7mm　　C. 100mm　　D. 150mm

10-3 进行抗压试验的石材立方体边长为150mm，若以此种试块的抗压试验数据确定强度等级，则其换算系数为（　）。

A. 1.43　　B. 1.28　　C. 1.14　　D. 1.0

10-4 砌体的抗压强度主要取决于（　）。

A. 块材的强度　　B. 砂浆的强度

C. 块材的尺寸　　D. 砂浆的流动性和保水性

10-5 当用强度等级小于M5的水泥砂浆砌筑时，对各类砌体的强度设计值均应乘以调整系数 γ_a，这是由于水泥砂浆（　）的缘故。

A. 强度设计值较高　　B. 密实性较好

C. 耐久性较差　　D. 保水性、流动性较差

10-6 砌体弹性模量取值为（　）。

A. 原点切线模量　　B. $\sigma=0.43f_m$ 时的切线模量

C. $\sigma=0.43f_m$ 时的割线模量　　D. $\sigma=f_m$ 时的割线模量

10-7 验算施工阶段砂浆尚未硬化的新砌体的承载能力时，砌体强度（　）。

A. 按砂浆强度为零确定　　B. 按零计算

C. 按60%计算　　D. 按75%计算

10-8 砖砌体的强度与砖和砂浆强度的关系，何种为正确？（　）

① 砖的抗压强度恒大于砖砌体的抗压强度；

② 砂浆的抗压强度恒小于砖砌体的抗压强度；

③ 烧结普通砖的轴心抗拉强度仅取决于砂浆的强度等级；

④ 烧结普通砖砌体的抗剪强度仅取决于砂浆的强度等级。

A. ①②　　B. ①③　　C. ①④　　D. ③④

10-9 砂浆层的厚度对砌体的抗压强度有影响，施工要求砂浆层的平均厚度为（　）。

A. 20mm　　B. 16mm　　C. 12mm　　D. 10mm

10-10 由MU25烧结普通砖和M5混合砂浆砌筑的砖砌体，其抗压强度标准值为（　）。

A. 4.15MPa　　B. 3.79MPa　　C. 3.39MPa　　D. 3.30MPa

10-11 施工质量控制等级为B级时，砌体的材料分项系数取值为（　）。

A. 1.2　　B. 1.5　　C. 1.6　　D. 1.8

10-12 砖柱不得采用包心砌法，且水平灰缝和竖向灰缝砂浆的饱满度不得低于（　）。

A. 85%　　B. 80%　　C. 95%　　D. 90%

计算题

10-1 某工地砖砌体所用材料的强度等级为：烧结普通砖MU15、混合砂浆M2.5，施工质量控制等级为B级，试计算该砌体抗压强度平均值、标准值和设计值，并确定弹性模量。

10-2 毛料石砌体的石材强度等级为MU60，混合砂浆强度等级为M5，施工质量控制等级为C级，试确定砌体的抗压强度平均值、标准值、设计值。

第 11 章　无筋砌体构件承载力

11.1　无筋砌体构件整体受压承载力计算

11.1.1　无筋砌体整体受压的受力特点

砌体结构中，轴心受压构件和偏心受压构件是最基本的受力构件。

在轴心压力作用下，砌体截面上压应力分布均匀，承载力极限状态时，截面应力达到抗压强度 f，如图 11-1(a) 所示。此种受力状态是较好的受力状态，因为材料利用充分。

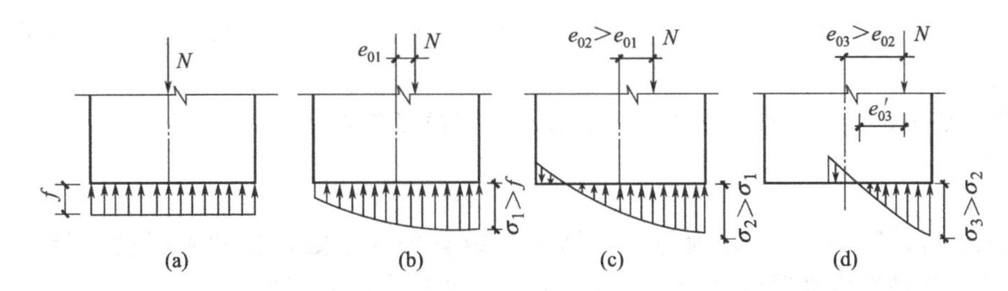

图 11-1　砌体受压时截面应力变化

在偏心压力作用下，截面上压应力分布不均匀，随着荷载偏心距的增大，受力特性将发生很大变化。当偏心距较小时，整个截面受压，受砌体非弹性性能影响，截面中压应力呈曲线分布，承载极限状态时，构件截面靠近轴力一侧边缘的压应力大于砌体的抗压强度，如图 11-1(b) 所示。当偏心距较大时，截面远离荷载一侧边缘附近为受拉区，其余部分为受压区，若受拉区边缘拉应力大于砌体沿通缝的弯曲抗拉强度，则出现沿截面通缝的水平裂缝，如图 11-1(c) 所示；随着裂缝的开展，受压区面积减小。对出现裂缝后剩余面积，轴向力的偏心距将由 e_{03} 减小为 e'_{03}，如图 11-1(d) 所示。破坏时，虽然砌体受压一侧的极限变形及极限强度比轴心受压构件高，但由于压应力不均匀的加剧和受压面积的减少，截面所能承担的轴向力将随偏心距的加大而明显下降。《砌体结构设计规范》采用偏心影响系数 φ 来反映截面承载能力受偏心距的影响。

11.1.2　受压构件偏心影响系数

11.1.2.1　轴心受压构件稳定系数

理论上，短的轴心受压构件发生强度破坏，长的轴心受压构件会发生失稳破坏。欧拉临界应力与构件长细比 λ 的平方成反比，即

$$\sigma_{cr}=\frac{\pi^2 E}{\lambda^2} \tag{11-1}$$

式中　E——材料弹性模量，可取切线模量。由式(10-2) 求导数得到

$$E=\left.\frac{d\sigma}{d\varepsilon}\right|_{\sigma=\sigma_{cr}}=460\sqrt{f_m}(f_m-\sigma_{cr}) \tag{11-2}$$

式(11-2) 代入式(11-1)

$$\sigma_{cr}=\frac{460\pi^2\sqrt{f_m}(f_m-\sigma_{cr})}{\lambda^2}$$

由此解得

$$\frac{\sigma_{cr}}{f_m}=\frac{1}{1+\frac{1}{460\pi^2\sqrt{f_m}}\lambda^2} \tag{11-3}$$

对于矩形截面，惯性半径为

$$i=\sqrt{\frac{I}{A}}=\sqrt{\frac{bh^3}{12}\times\frac{1}{bh}}=\frac{h}{\sqrt{12}}$$

设构件的计算高度为 H_0，则有构件长细比

$$\lambda=\frac{H_0}{i}=\sqrt{12}\frac{H_0}{h}=\sqrt{12}\beta \tag{11-4}$$

式中，$\beta=H_0/h$，称为截面的高厚比。将式(11-4) 代入式(11-3)，得

$$\frac{\sigma_{cr}}{f_m}=\frac{1}{1+\frac{12}{460\pi^2\sqrt{f_m}}\beta^2}=\frac{1}{1+\alpha\beta^2} \tag{11-5}$$

式中，$\alpha=12/(460\pi^2\sqrt{f_m})$ 与砌体的抗压强度平均值 f_m 有关，也即与砂浆强度和块体强度有关。

根据上述理论公式，规范采用的轴心受压构件稳定系数公式为

$$\varphi_0=\frac{1}{1+\alpha\beta^2} \tag{11-6}$$

当 $\beta\leqslant 3$ 时，取 $\varphi_0=1$。α 为与砂浆强度等级有关的系数，当砂浆强度等级≥M5 时，$\alpha=0.0015$；当砂浆强度等级为 M2.5 时，$\alpha=0.002$；当砂浆强度为零时，$\alpha=0.009$。而且构件的高厚比应按下述方法取值：

矩形截面

$$\beta=\gamma_\beta\frac{H_0}{h} \tag{11-7}$$

T 形截面

$$\beta=\gamma_\beta\frac{H_0}{h_T} \tag{11-8}$$

式中 γ_β——不同砌体材料的高厚比修正系数，按表 11-1 采用；

h——矩形截面的较小边长（厚度）；

h_T——T 形截面折算厚度，可取截面惯性半径的 3.5 倍，即 $h_T=3.5i$。

表 11-1 高厚比修正系数 γ_β

砌体材料类别	γ_β
烧结普通砖、烧结多孔砖	1.0
混凝土普通砖、混凝土多孔砖、混凝土及轻集料混凝土砌块	1.1
蒸压灰砂普通砖、蒸压粉煤灰普通砖、细料石	1.2
粗料石、毛石	1.5

注：对灌孔混凝土砌块砌体，γ_β 取 1.0。

将 T 形截面折算为矩形截面，b_T 为折算宽度，h_T 为折算厚度，如图 11-2 所示。折算的原则是两者的截面面积相等，对各自中性轴的惯性矩相同。设已知 T 形截面的面积为 A，对中性轴的惯性矩为 I，则有

$$A=b_Th_T,\ I=\frac{1}{12}b_Th_T^3$$

引入惯性半径

$$i=\sqrt{\frac{I}{A}}=\sqrt{\frac{b_Th_T^3}{12}\times\frac{1}{b_Th_T}}=\frac{h_T}{\sqrt{12}}$$

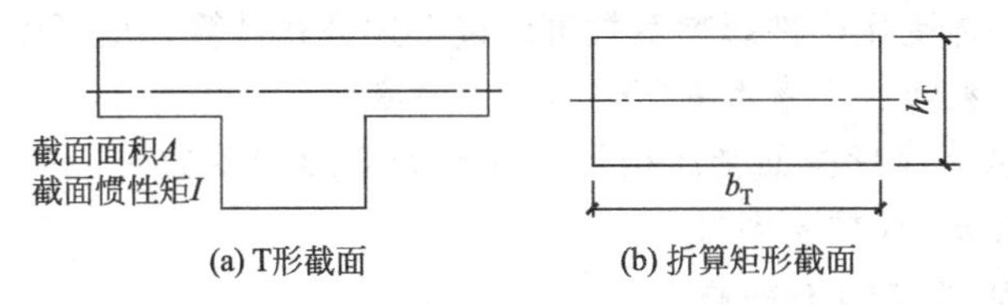

图 11-2　T 形截面折算为矩形截面

由此得到 T 形截面的折算厚度

$$h_T=\sqrt{12}i\approx3.5i \tag{11-9}$$

11.1.2.2　矩形截面偏心影响系数

根据我国对矩形、T 形、十字形等截面构件的偏心受压试验统计资料分析结果，提出短构件（$\beta\leqslant3$）受压时的偏心影响系数计算公式

$$\varphi=\frac{1}{1+(e/i)^2} \tag{11-10}$$

因为 $i=h/\sqrt{12}$，所以式(11-10) 成为

$$\varphi=\frac{1}{1+12(e/h)^2} \tag{11-11}$$

式中　e——轴向力偏心距（$e=M/N$）；

h——矩形截面偏心方向的边长。

对于 $\beta>3$ 的细长受压构件，在偏心压力作用下，将产生纵向弯曲，而使得实际的偏心距增加至 $e+e_i$（见图 11-3），其中 e_i 为附加偏心距。以新的偏心距代替式(11-11) 中的 e，可得到受压细长构件考虑纵向弯曲附加偏心距的影响系数

$$\varphi=\frac{1}{1+12\left(\frac{e+e_i}{h}\right)^2} \tag{11-12}$$

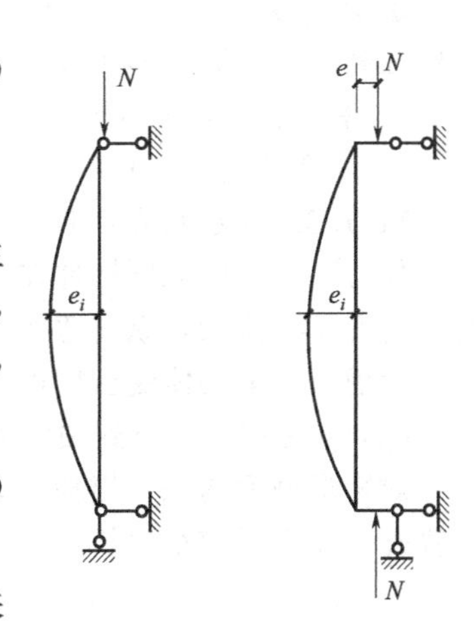

图 11-3　受压构件的纵向弯曲

附加偏心距 e_i，可以根据 $e=0$ 时，$\varphi=\varphi_0$ 的边界条件来确定，即

$$\varphi=\varphi_0=\frac{1}{1+12(e_i/h)^2}$$

所以

$$e_i=\frac{h}{\sqrt{12}}\sqrt{\frac{1}{\varphi_0}-1} \tag{11-13}$$

将式(11-13) 代入式(11-12) 得

$$\varphi=\frac{1}{1+12\left[\frac{e}{h}+\sqrt{\frac{1}{12}\left(\frac{1}{\varphi_0}-1\right)}\right]^2} \tag{11-14}$$

再将式(11-6) 代入上式，得细长受压构件偏心影响系数的最后计算公式

$$\varphi=\frac{1}{1+12\left[\frac{e}{h}+\beta\sqrt{\frac{\alpha}{12}}\right]^2} \tag{11-15}$$

式中　e——轴向力偏心距（$e=M/N$）；

h——矩形截面偏心方向的边长，当为轴心受压时为截面的较小边长；

β——构件的高厚比，当 $\beta\leqslant3$ 时，取 $\beta=0$ 代入公式。

矩形截面无筋砌体受压构件影响系数可以按上述公式计算，也可以直接查附表 26。

11.1.2.3 T形截面、十字形截面偏心影响系数

对于T形截面或十字形截面受压构件，计算偏心影响系数时，可以采用矩形截面的相应公式，以折算厚度 h_T 代替 h 即可。

11.1.3 受压构件承载力计算

11.1.3.1 单向偏心受压构件承载力计算公式

砌体结构受压构件承载力应按下式计算

$$N \leqslant \varphi f A \tag{11-16}$$

式中 N——轴向力设计值；

φ——高厚比 β 和轴向力的偏心距 e 对受压构件承载力的影响系数；

f——砌体抗压强度设计值；

A——截面面积，对各类砌体均应按毛截面计算。

对带壁柱墙，翼缘计算宽度 b_f，可按下列规定采用：

① 多层房屋，当有门窗洞口时，可取窗间墙宽度；当无门窗洞口时，每侧翼墙宽度可取壁柱高度（层高）的 1/3，但不应大于相邻壁柱间的距离；

② 单层房屋，可取壁柱宽加 2/3 墙高，但不大于窗间墙宽度和相邻壁柱间的距离；

③ 计算带壁柱墙的条形基础时，可取相邻壁柱间的距离。

11.1.3.2 承载力计算的基本要求

偏心距较大的受压构件在荷载较大时，往往在使用阶段砌体受拉边缘产生较宽的水平裂缝，构件刚度降低，纵向弯曲的影响增大，构件的承载力显著降低，因此，从安全和经济的角度考虑，无筋砌体受压构件由内力设计值计算的轴向力的偏心距 e 不能过大。规范要求 $e \leqslant 0.6y$，y 为截面形心到轴向力所在偏心方向截面边缘的距离。

对矩形截面构件，当轴向力偏心方向的截面边长大于另一方向的边长时，除按偏心受压计算外，还应对较小边长方向，按轴心受压进行验算。

11.1.3.3 双向偏心受压构件承载力计算

无筋砌体矩形截面双向偏心受压构件，沿 x 方向偏心 e_b，沿 y 方向偏心 e_h，如图 11-4 所示。构件的承载力仍可采用式(11-16) 进行计算，此时的承载力影响系数 φ 应按下列公式计算。

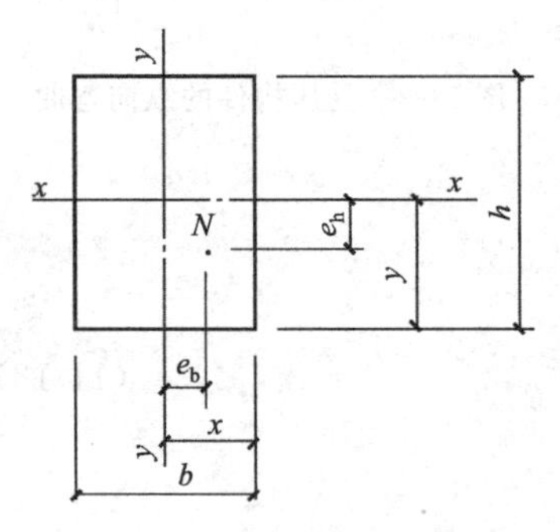

图 11-4 双向偏心受压

$$\varphi = \frac{1}{1+12\left[\left(\frac{e_b+e_{ib}}{b}\right)^2+\left(\frac{e_h+e_{ih}}{h}\right)^2\right]} \tag{11-17}$$

$$e_{ib} = \frac{b}{\sqrt{12}}\sqrt{\frac{1}{\varphi_0}-1}\left(\frac{e_b/b}{e_b/b+e_h/h}\right) \tag{11-18}$$

$$e_{ih} = \frac{h}{\sqrt{12}}\sqrt{\frac{1}{\varphi_0}-1}\left(\frac{e_h/h}{e_b/b+e_h/h}\right) \tag{11-19}$$

式中 e_b、e_h——轴向力在截面形心 x 轴、y 轴方向的偏心距，e_b、e_h 宜分别不大于 $0.5x$ 和 $0.5y$；

x、y——自截面形心沿 x 轴、y 轴至轴向力所在偏心方向截面边缘的距离；

e_{ib}、e_{ih}——轴向力在截面形心 x 轴、y 轴方向的附加偏心距。

【例题 11-1】 截面尺寸为 490mm×740mm 的砖柱，采用 MU10 烧结普通砖和 M5 混合砂浆砌筑，B级施工质量，长边和短边方向的计算高度相等，$H_0=5.9$m。轴向压力设计值

$N_1=84\text{kN}$ 和 $N_2=196\text{kN}$，作用点位置如图 11-5 所示，试验算该砖柱的承载力。

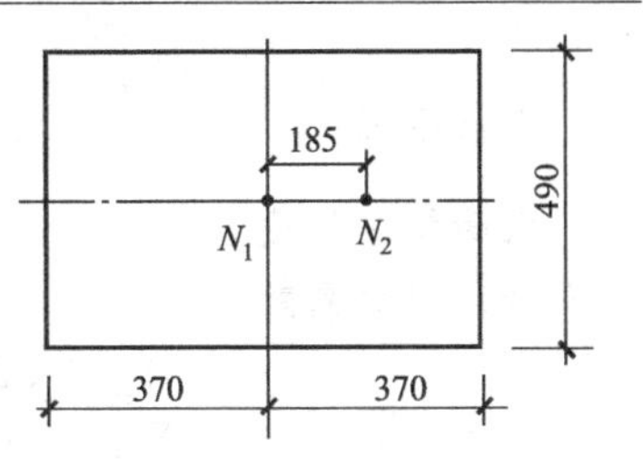

图 11-5　例题 11-1 图

【解】（1）长边方向偏心受压承载力

内力设计值

$$N=N_1+N_2=84+196=280\text{kN}$$

$$M=N_2\times185=196\times185=36260\text{kN}\cdot\text{mm}$$

偏心距

$$e=\frac{M}{N}=\frac{36260}{280}=129.5\text{mm}<0.6y=0.6\times370=222\text{mm}\text{，满足要求}$$

$$\frac{e}{h}=\frac{129.5}{740}=0.175$$

影响系数

$$\beta=\gamma_\beta\frac{H_0}{h}=1.0\times\frac{5900}{740}=8.0\text{，查附表 26，}\varphi=0.54$$

截面面积

$$A=490\times740=362600\text{mm}^2=0.3626\text{m}^2>0.3\text{m}^2$$

承载力验算

$$f=1.50\text{MPa}$$

$$\varphi fA=0.54\times1.50\times0.3626\times10^3=293.7\text{ kN}>N=280\text{ kN}\text{，承载力满足要求}$$

（2）短边方向轴心受压承载力

$$\frac{e}{h}=0$$

$$\beta=\gamma_\beta\frac{H_0}{h}=1.0\times\frac{5900}{490}=12\text{，查附表 26，}\varphi=0.82$$

$$\varphi fA=0.82\times1.50\times0.3626\times10^3=446.0\text{ kN}>N=280\text{ kN}\text{，满足要求}$$

【例题 11-2】 试验算某单层单跨无吊车工业房屋窗间墙截面的承载力。该窗间墙用 MU10 烧结普通砖和 M2.5 混合砂浆砌筑，B 级施工质量，截面如图 11-6 所示，计算高度 $H_0=6.5\text{m}$。承受轴向压力设计值 $N=310\text{kN}$，弯矩设计值 $M=37.2\text{kN}\cdot\text{m}$，荷载偏向翼缘。

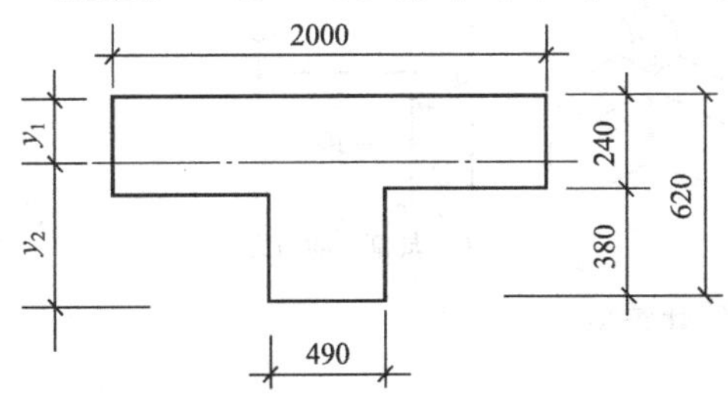

图 11-6　例题 11-2 图

【解】（1）截面几何性质

面积 $A=2000\times240+490\times380$
$=666200\text{mm}^2$
$=0.6662\text{m}^2>0.3\text{m}^2$

截面形心位置

$$y_1=\frac{A_1y_{c1}+A_2y_{c2}}{A}$$

$$=\frac{2000\times240\times120+490\times380\times(240+190)}{666200}=207\text{mm}$$

$$y_2=620-y_1=620-207=413\text{mm}$$

惯性矩

$$I=\frac{1}{12}\times2000\times240^3+2000\times240\times(207-120)^2+\frac{1}{12}\times490\times380^3$$

$$+490\times380\times(413-190)^2$$

$$=1.724\times10^{10}\text{mm}^4$$

惯性半径　　$i=\sqrt{\frac{I}{A}}=\sqrt{\frac{1.744\times10^{10}}{666200}}=162\text{mm}$

截面换算厚度　　$h_T=3.5i=3.5\times162=567\text{mm}$

(2) 影响系数

$$e=\frac{M}{N}=\frac{37.2\times10^3}{310}=120\text{mm}<0.6y=0.6\times207=124\text{mm}$$

$$\frac{e}{h_T}=\frac{120}{567}=0.212$$

$$\beta=\gamma_\beta\frac{H_0}{h_T}=1.0\times\frac{6500}{567}=11.5$$

砂浆强度等级 M2.5，$\alpha=0.002$

$$\varphi=\frac{1}{1+12\left[\frac{e}{h_T}+\beta\sqrt{\frac{\alpha}{12}}\right]^2}=\frac{1}{1+12\times\left[0.212+11.5\times\sqrt{\frac{0.002}{12}}\right]^2}=0.39$$

(3) 承载力验算

$f=1.30\text{MPa}$

$\varphi fA=0.39\times1.30\times0.6662\times10^3=337.8\text{kN}>N=310\text{kN}$，承载力满足要求

11.2　无筋砌体构件局部受压承载力计算

压力仅作用在砌体部分面积上的受力状态，称为砌体局部受压。在混合结构房屋中常有局部受压的情况，如屋架、梁支承在砖墙上，强度较高的砖柱或钢筋混凝土柱支承在强度较低的砖基础上等，支承处砌体便处于局部受压的受力状态。按照砌体局部受压面上压应力分布是否均匀，可分为局部均匀受压和局部非均匀受压两种情况，如图 11-7 所示。

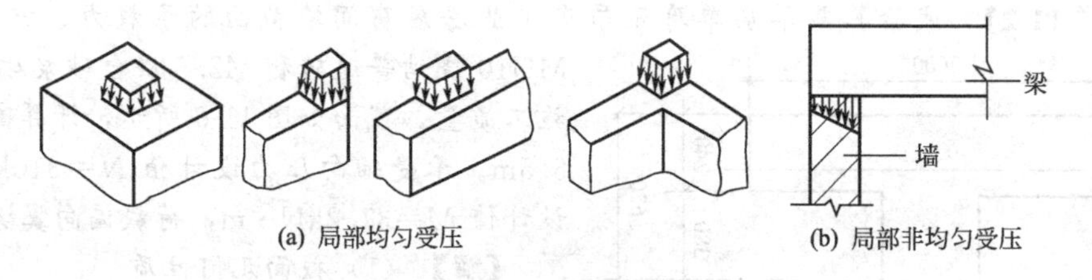

(a) 局部均匀受压　　(b) 局部非均匀受压

图 11-7　砌体局部受压情形

11.2.1　局部受压的受力特点和破坏形态

11.2.1.1　局部受压的受力特点

当砌体受到局部压应力作用时，压应力会沿着一定的扩散线（扩散面）分布到砌体构件较大截面或者全部截面上，如图 11-8 所示。砌体局部受压时，较小的承压面上承受着较大的压力，压应力较高；远离局部受压区的砌体，所承担的应力则较小。

局部受压截面周围存在有未受压或受有较小压力的砌体，这些未直接受压的砌体对中间局部受压砌体的横向变形（横向膨胀）起着约束作用，使其产生二向或三向受压应力状态，如图 11-9 所示。由于周围砌体的上述套箍作用，使得局部受压时砌体的抗压强度得以提高。设局部抗压强度与轴心抗压强度的比值为 γ，则称 γ 为砌体局部抗压强度提高系数，显然应有关系 $\gamma\geqslant1.0$。

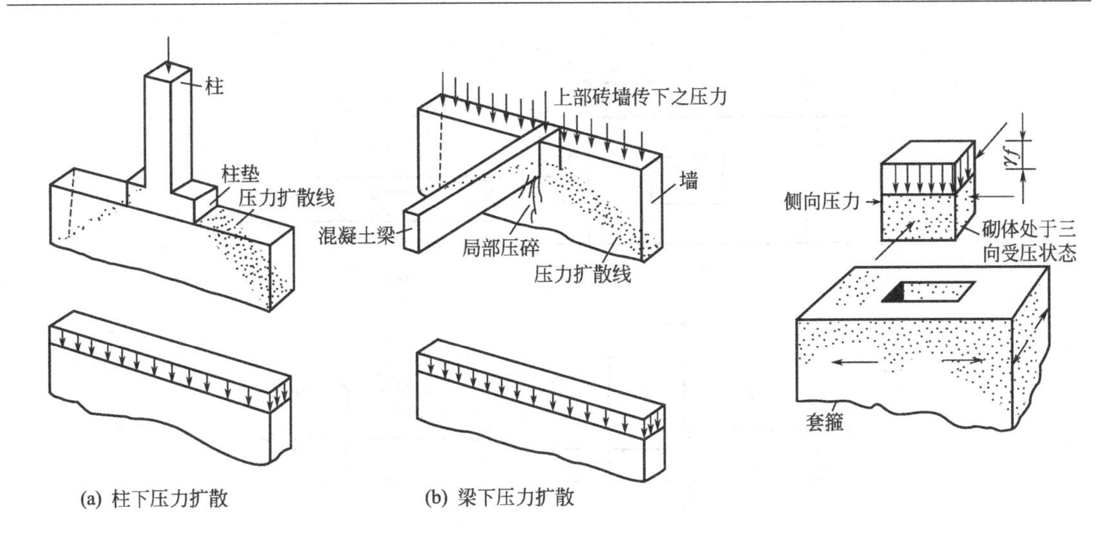

图 11-8　砌体局部压力的扩散　　图 11-9　砌体局部受压应力状态

11.2.1.2　*砌体局部受压破坏形态*

大量试验表明，砌体局部受压可能出现以下三种破坏形态。

(1) 纵向裂缝发展导致破坏——“先裂后坏”　在局部受压面附近处于三向受压应力状态，但在局部受压面下方出现横向拉应力，当此拉应力超过砌体的抗拉强度时，即出现竖向裂缝，然后向上、向下发展，导致构件破坏，称之为“先裂后坏”。这种破坏形态多发生在 A_0/A_l 不太大的情况下，此处 A_0 为影响局部抗压强度的计算面积，A_l 为局部受压面积。破坏时形成一条主裂缝，若干条次裂缝，具有一定的塑性变形性能。

(2) 劈裂破坏——“一裂就坏”　当 A_0/A_l 大于某一值时，随着压力增大到一定数值，一旦构件外侧出现与受力方向一致的竖向裂缝，构件立即开裂而导致破坏，破坏时犹如刀劈，裂缝少而集中，故称为劈裂破坏或“一裂就坏”。这种破坏属于脆性破坏，开裂荷载和破坏荷载几乎相等。

(3) 局部受压面积下砌体表面压碎——“未裂先坏”　当块体强度较低，局部受压面积内压力很大，在构件还没有开裂时局部受压区的砌体被压碎。破坏时构件外侧未发生竖向裂缝，故称之为“未裂先坏”，具有明显的脆性。

大多数砌体局部受压是先裂后坏的第一种破坏形态，因劈裂破坏和局部压碎破坏表现出明显的脆性，工程设计中必须避免其发生。

11.2.2　砌体局部均匀受压承载力计算

11.2.2.1　*砌体局部抗压强度提高系数*

砌体承受局部压力后，由于应力在砌体内部的扩散和周围砌体的约束作用，局部抗压强度将有所提高。试验表明，局部抗压强度提高系数主要和周围砌体对局部受压区的约束程度有关，规范提出的简化计算公式如下：

$$\gamma=1+0.35\sqrt{\frac{A_0}{A_l}-1} \tag{11-20}$$

影响砌体局部抗压强度的计算面积 A_0 按“厚度延长”的原则取用，如图 11-10 所示，应有：

图 11-10(a) 所示的四边约束，$A_0=(a+c+h)h$；

图 11-10(b) 所示的三边约束，$A_0=(a+2h)h$；

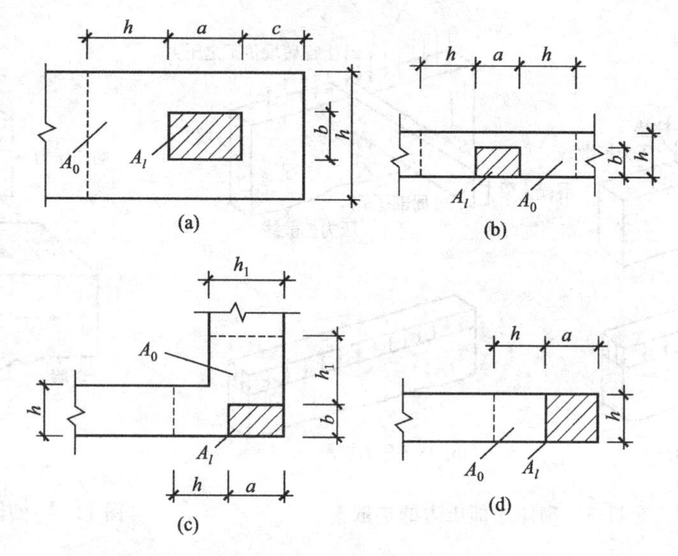

图 11-10　影响砌体局部抗压强度的计算面积 A_0

图 11-10(c) 所示的二边约束，$A_0=(a+h)h+(b+h_1-h)h_1$；

图 11-10(d) 所示的一边约束，$A_0=(a+h)h$。

式中　a、b——矩形局部受压面积 A_l 的边长；

h、h_1——墙厚或柱的较小边长，墙厚；

c——矩形局部受压面积的外边缘至构件边缘的较小距离，大于 h 时，应取为 h。

为了避免产生劈裂破坏，由式(11-20) 计算所得的提高系数不能过大，规范作出如下限制：

① 四边约束情况下，$\gamma \leqslant 2.5$；

② 三边约束情况下，$\gamma \leqslant 2.0$；

③ 二边约束情况下，$\gamma \leqslant 1.5$；

④ 一边约束情况下，$\gamma \leqslant 1.25$。

对于灌孔的混凝土砌块砌体，在①、②情况下，尚应符合 $\gamma \leqslant 1.5$；未灌孔混凝土砌块砌体，$\gamma=1.0$；

对多孔砖砌体孔洞难以灌实时，应按 $\gamma=1.0$ 取用；当设置混凝土垫块时，按垫块下砌体局部受压计算。

11.2.2.2　局部受压承载力计算

砌体截面中局部均匀受压力作用时，局部压应力应满足的强度条件为

$$\sigma_l=\frac{N_l}{A_l}\leqslant \gamma f$$

由此得由内力表示的承载力计算公式

$$N_l \leqslant \gamma f A_l \tag{11-21}$$

式中　N_l——局部受压面积上的轴向力设计值；

γ——砌体局部抗压强度提高系数；

f——砌体的抗压强度设计值，局部受压面积小于 0.3m² 时，可不考虑强度调整系数 γ_a 的影响；

A_l——局部受压面积，$A_l=ab$。

【例题 11-3】　如图 11-11 所示砖砌体局部受压平面，其局部抗压强度提高系数 γ，应取下列何项数值？（　）

A. 2.15　　B. 2.28

C. 2.00　　D. 2.30

图 11-11　例题 11-3 图

【解】　局部受压面积

$$A_l=200\times200=40000\text{mm}^2$$

计算面积

$$A_0=(490+200+490)\times490=578200\text{mm}^2$$

抗压强度提高系数

$$\gamma=1+0.35\sqrt{\frac{A_0}{A_l}-1}=1+0.35\sqrt{\frac{578200}{40000}-1}=2.28>2.0$$

三边约束，应取 $\gamma=2.0$，正确答案为 C。

【例题 11-4】　局部压力设计值 $N_l=80\text{kN}$，作用面积 150mm×240mm，如图 11-12 所示。砖墙厚度 240mm，由 MU10 的烧结普通砖和 M5 混合砂浆砌筑。试验算砖砌体的局部受压承载力。

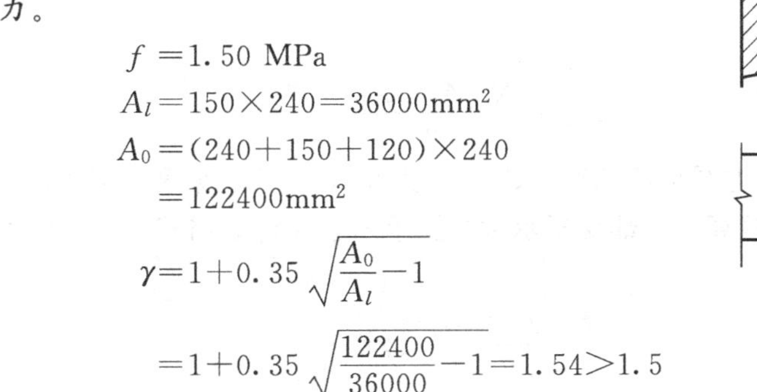

【解】

$$f=1.50\text{ MPa}$$

$$A_l=150\times240=36000\text{mm}^2$$

$$A_0=(240+150+120)\times240=122400\text{mm}^2$$

$$\gamma=1+0.35\sqrt{\frac{A_0}{A_l}-1}=1+0.35\sqrt{\frac{122400}{36000}-1}=1.54>1.5$$

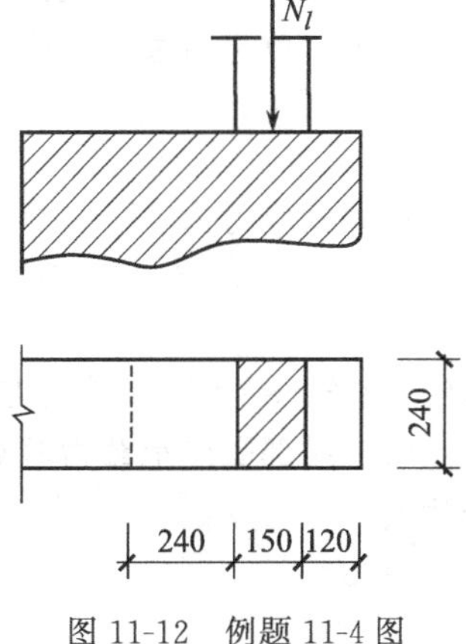

图 11-12　例题 11-4 图

二边约束，所以取 $\gamma=1.5$。

$\gamma fA_l=1.5\times1.50\times36000\text{N}=81\text{kN}>N_l=80\text{kN}$，砌体局部受压承载力满足要求。

11.2.3　砌体局部非均匀受压承载力计算

11.2.3.1　梁端支承处砌体的局部受压

在混合结构房屋中，钢筋混凝土梁支承于砌体上，砌体支承面受到梁端的局部压力作用。由于梁受外力后产生挠曲变形，梁端产生转角，支座内边缘处砌体的压缩变形量最大，向梁端方向压缩变形逐渐减小，所以压应力分布不均匀，是典型的局部非均匀受压情况。当梁的支承长度 a 较大或梁的转角较大时，可能出现梁端部分面积与砌体脱开，有效支承长度 a_0 小于实际支承长度 a，如图 11-13 所示。

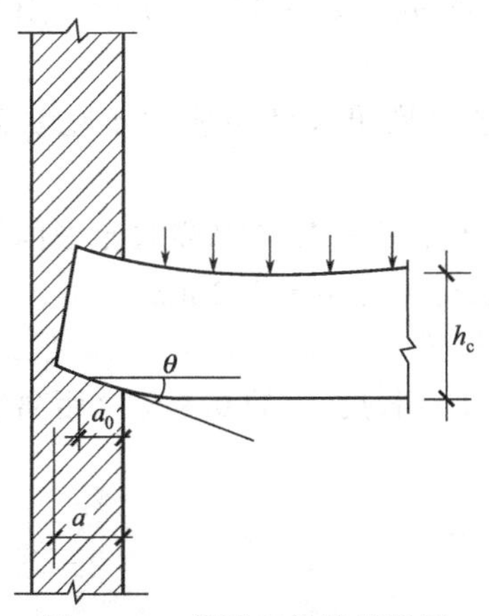

图 11-13　梁端砌体局部受压

(1) 梁端有效支承长度 a_0　设梁的截面高度为 h_c (mm)，砌体的抗压强度设计值为 f (MPa)，则梁端有效支承长度 a_0 (mm) 由如下近似公式计算

$$a_0=10\sqrt{\frac{h_c}{f}}\tag{11-22}$$

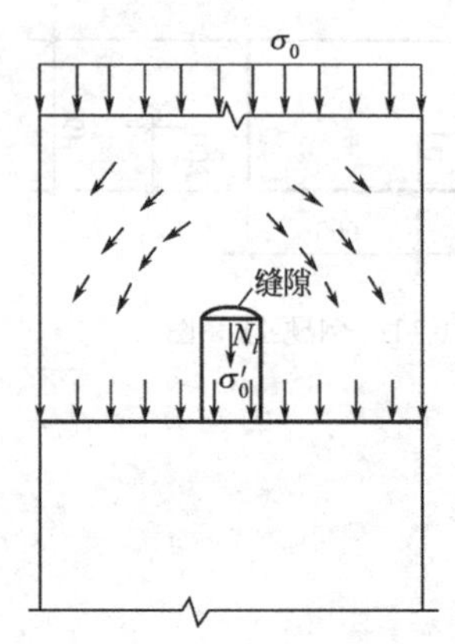

图 11-14 上部荷载的传递

计算结果不应大于实际支承长度，即 $a_0 \leqslant a$。当计算得到的 $a_0 > a$ 时，应取 $a_0 = a$。

(2) 上部荷载传来的压力 当梁端支承在墙、柱高度中的某一部位时，局部受压面积上除梁端压力外，还有上部砌体传来的压应力 σ_0。由于梁端顶面上翘的趋势而产生"拱作用"（见图 11-14），即内拱卸荷，卸荷作用随 A_0/A_l 的增大而增大。上部压应力 σ_0 传至梁端下砌体的平均压应力减小为 σ'_0：

$$\sigma'_0 = \psi\sigma_0 \tag{11-23}$$

$$\psi = 1.5 - 0.5\frac{A_0}{A_l} \tag{11-24}$$

式中 ψ——上部荷载折减系数，当 $A_0/A_l \geqslant 3$ 时，取 $\psi = 0$；

A_l——局部受压面积，$A_l = a_0 b$；

σ_0——上部平均压应力设计值。

(3) 局部受压区的最大压应力 砌体局部受压区的平均压应力为局部压力合力除以局部受压面积，也可由最大压应力乘以一个不超过 1 的系数 η 得到，所以有

$$\sigma_{平均} = \eta\sigma_{\max} = \frac{N_l + \sigma'_0 A_l}{A_l} = \frac{N_l}{A_l} + \psi\sigma_0$$

最大压应力为

$$\sigma_{\max} = \frac{N_l/A_l + \psi\sigma_0}{\eta} \tag{11-25}$$

式中 η——梁端底面压应力图形的完整系数，可取 0.7，对于过梁和墙梁可取 1.0。

(4) 局部受压承载力验算 局部受压承载力要求 $\sigma_{\max} \leqslant \gamma f$，将式(11-25) 代入则有应力表达式

$$\frac{N_l/A_l + \psi\sigma_0}{\eta} \leqslant \gamma f \tag{11-26}$$

由上式很容易得到内力表达式为

$$N_l + \psi N_0 \leqslant \eta\gamma f A_l \tag{11-27}$$

式中 N_0——局部受压面积内上部轴向力设计值，$N_0 = \sigma_0 A_l$。

11.2.3.2 梁下设有刚性垫块时，垫块下砌体的局部受压承载力计算

梁端下设置刚性垫块，可以改善砌体局部受压性能，提高局部受压承载力。刚性垫块可以预制，也可以现浇。垫块高度 t_b、宽度 b_b、伸入墙内的长度 a_b，如图 11-15 所示。刚性垫块的构造应符合下列要求：

① 刚性垫块的高度不应小于 180mm，自梁边算起的垫块挑出长度不应大于垫块高度 t_b；

② 在带壁柱墙的壁柱内设刚性垫块时（见图 11-15），其计算面积 A_0 应取壁柱范围内的面积，而不应计算翼缘部分。同时壁柱上垫块伸入翼墙内的长度不应小于 120mm；

③ 当现浇垫块与梁端整体浇筑时，垫块可在梁高范围内设置。

梁端设有刚性垫块时，局部压力 N_l 作用点可取梁端有效支承长度 a_0 的 0.4 倍（距离墙内缘）。梁端有效支承长度按下式确定：

$$a_0 = \delta_1\sqrt{\frac{h_c}{f}} \tag{11-28}$$

式中 δ_1——刚性垫块的影响系数，按表 11-2 采用。

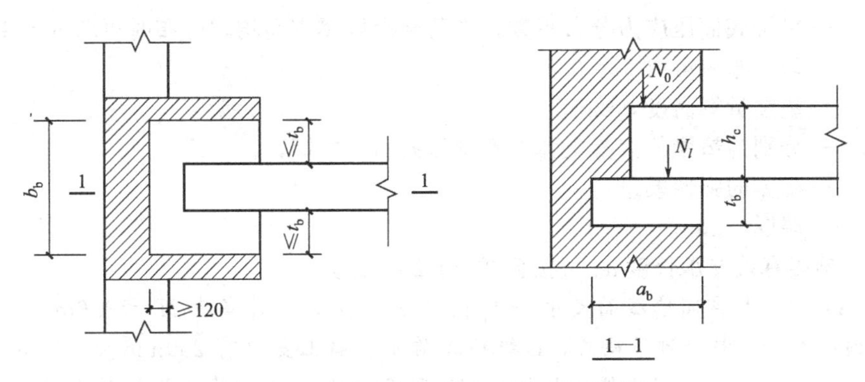

图 11-15　壁柱上设有垫块时梁端局部受压

表 11-2　系数 δ_1 值表

σ_0/f	0	0.2	0.4	0.6	0.8
δ_1	5.4	5.7	6.0	6.9	7.8

注：表中其间的数值可采用插入法求得。

刚性垫块下的局部受压状态可以视为以垫块截面尺寸为截面的砌体短柱（$\beta\leqslant3$）的偏心受压，并考虑砌体抗压强度的部分提高，所以有

$$N_l+N_0\leqslant\varphi\gamma_1 fA_b \tag{11-29}$$

式中　N_0——垫块面积 A_b 内上部轴向力设计值，$N_0=\sigma_0 A_b$；

φ——垫块上 N_0 及 N_l合力的影响系数，应取$\beta\leqslant3$ 时的 φ 值；N_l的作用位置为距内侧 $0.4a_0$；

γ_1——垫块外砌体面积的有利影响系数，γ_1 应为 0.8γ，但不小于 1.0。γ 为砌体局部抗压强度提高系数，由式(11-20) 以 A_b 代替 A_l计算得出；

A_b——垫块面积，$A_b=a_b b_b$。

11.2.3.3　*长度大于 πh_0 的垫梁下砌体局部受压承载力*

当梁端支承处的砌体上设有连续的钢筋混凝土梁（如圈梁）时，该梁可起到垫梁的作用，如图 11-16 所示。长度大于 πh_0 的垫梁下砌体局部受压承载力应按下列公式计算：

$$N_l+N_0\leqslant2.4\delta_2 fb_b h_0 \tag{11-30}$$

$$N_0=\pi b_b h_0\sigma_0/2 \tag{11-31}$$

$$h_0=2\sqrt[3]{\frac{E_c I_c}{Eh}} \tag{11-32}$$

式中　N_0——垫梁上部轴向力设计值，N；

b_b——垫梁在墙厚方向的宽度，mm；

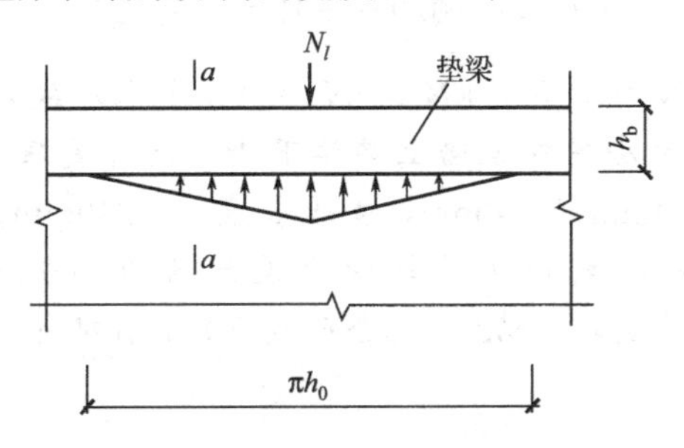

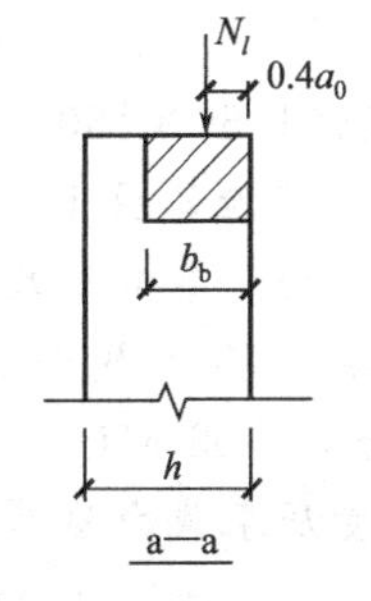

图 11-16　垫梁局部受压

δ_2——垫梁底面压应力分布系数，当荷载沿墙厚方向均匀分布时可取 $\delta_2=1.0$，不均匀分布时可取 $\delta_2=0.8$；

h_0——垫梁折算高度，mm；

E_c、I_c——分别为垫梁的混凝土弹性模量和截面惯性矩；

E——砌体的弹性模量；

h——墙厚，mm。

垫梁上梁端有效支承长度 a_0 可按公式(11-28) 计算。

【例题 11-5】 某窗间墙截面尺寸 1600mm×240mm，计算高度 $H_0=3.6$m，采用 MU10 的烧结普通砖和 M5 混合砂浆砌筑，B 级施工质量。墙上支承有 250mm×600mm 的钢筋混凝土梁，如图 11-17 所示。已知梁上荷载设计值产生的支承压力 $N_l=75$kN，上部荷载设计值产生的窗间墙的轴向压力设计值为 110kN。试验算梁端支承处砌体的局部受压承载力和窗间墙的整体受压承载力。

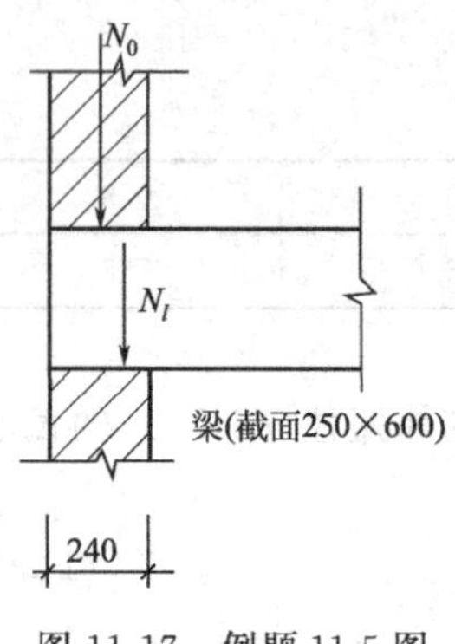

图 11-17 例题 11-5 图

【解】 (1) 局部受压承载力验算

$$f=1.50\ \text{MPa}$$

$$a_0=10\sqrt{\frac{h_c}{f}}=10\times\sqrt{\frac{600}{1.50}}=200\text{mm}<a=240\text{mm}$$

$$A_l=a_0b=200\times250=50000\text{mm}^2$$

$$A_0=(240+250+240)\times240=175200\text{mm}^2$$

$$\frac{A_0}{A_l}=\frac{175200}{50000}=3.5>3\ ,\ \psi=0$$

$$\gamma=1+0.35\sqrt{\frac{A_0}{A_l}-1}=1+0.35\times\sqrt{3.5-1}=1.55<2.0\ (\text{三边约束})$$

$$N_l+\psi N_0=75+0=75\text{kN}<\eta\gamma fA_l=0.7\times1.55\times1.50\times50000\text{N}=81.4\ \text{kN}，满足要求$$

(2) 窗间墙砌体整体受压承载力验算

$$N=N_l+N_0=75+110=185\text{kN}$$

$$e=\frac{N_l(h/2-0.4a_0)}{N}=\frac{75\times(120-0.4\times200)}{185}=16.2\text{mm}$$

$$\frac{e}{h}=\frac{16.2}{240}=0.068$$

$$\beta=\gamma_\beta\frac{H_0}{h}=1.0\times\frac{3600}{240}=15$$

$$\varphi=\frac{1}{1+12\left[\frac{e}{h}+\beta\sqrt{\frac{\alpha}{12}}\right]^2}=\frac{1}{1+12\times\left[0.068+15\times\sqrt{\frac{0.0015}{12}}\right]^2}=0.60$$

$$\varphi fA=0.60\times1.50\times1600\times240\text{N}=345.6\ \text{kN}>N=185\ \text{kN}，承载力满足要求$$

【例题 11-6】 试验算图 11-18 所示房屋外纵墙上梁端下砌体局部受压承载力，若不满足，请采取相应措施。梁截面尺寸 200mm×550mm，支承长度 $a=240$mm，梁端反力设计值 $N_l=86$kN。梁底墙体截面由上部荷载产生的轴向力设计值为 160kN，窗间墙截面 1200mm×370mm，采用 MU10 烧结普通砖、M2.5 混合砂浆砌筑，B 级施工质量。

【解】 局部受压承载力验算

$$f=1.30\ \text{MPa}$$

$$a_0=10\sqrt{\frac{h_c}{f}}=10\times\sqrt{\frac{550}{1.30}}=206\text{mm}$$

$$<a=240\text{mm}$$

$$A_l=a_0b=206\times200=41200\text{mm}^2$$

$$A_0=(370+200+370)\times370=347800\text{mm}^2$$

$$\frac{A_0}{A_l}=\frac{347800}{41200}=8.44>3\text{ ，}\psi=0$$

$$\gamma=1+0.35\sqrt{\frac{A_0}{A_l}-1}=1+0.35\times\sqrt{8.44-1}=1.95<2.0$$

（三边约束）

$N_l+\psi N_0=86+0=86\text{kN}>\eta\gamma fA_l=0.7\times1.95\times1.30\times41200\text{N}=73.1\text{kN}$，不满足要求

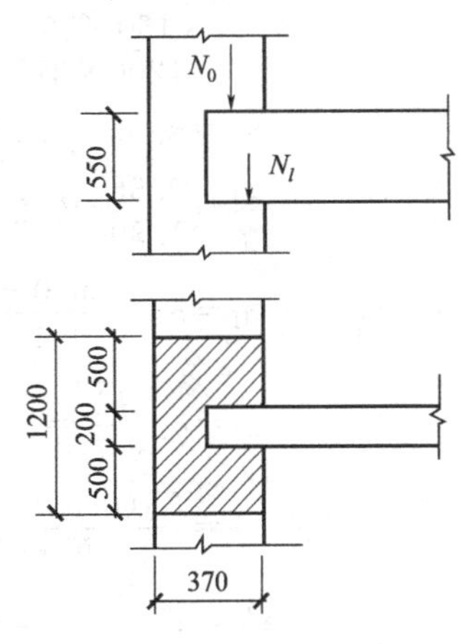

图 11-18　例题 11-6 图一

措施之一：提高材料强度等级，采用 MU15 的砖、M5 混合砂浆

$$f=1.83\text{MPa}$$

$$a_0=10\sqrt{\frac{h_c}{f}}=10\times\sqrt{\frac{550}{1.83}}=173\text{mm}<a=240\text{mm}$$

$$A_l=a_0b=173\times200=34600\text{mm}^2$$

$$A_0=(370+200+370)\times370=347800\text{mm}^2$$

$$\frac{A_0}{A_l}=\frac{347800}{34600}=10.1>3\text{ ，}\psi=0$$

$$\gamma=1+0.35\sqrt{\frac{A_0}{A_l}-1}=1+0.35\times\sqrt{10.1-1}=2.06>2.0\text{，取 }\gamma=2.0$$

$N_l+\psi N_0=86+0=86\text{kN}<\eta\gamma fA_l=0.7\times2.0\times1.83\times34600\text{N}=88.6\text{kN}$，满足要求

措施之二：加刚性垫块（见图 11-19），垫块尺寸取为 $a_b\times b_b\times t_b=240\text{mm}\times500\text{mm}\times180\text{mm}$

$$A_b=a_bb_b=240\times500=120000\text{mm}^2$$

$$A_0=1200\times370=444000\text{mm}^2$$

$$\gamma=1+0.35\sqrt{\frac{A_0}{A_l}-1}=1+0.35\times\sqrt{\frac{444000}{120000}-1}=1.58<2.0$$

$$\gamma_1=0.8\gamma=0.8\times1.58=1.26>1.0$$

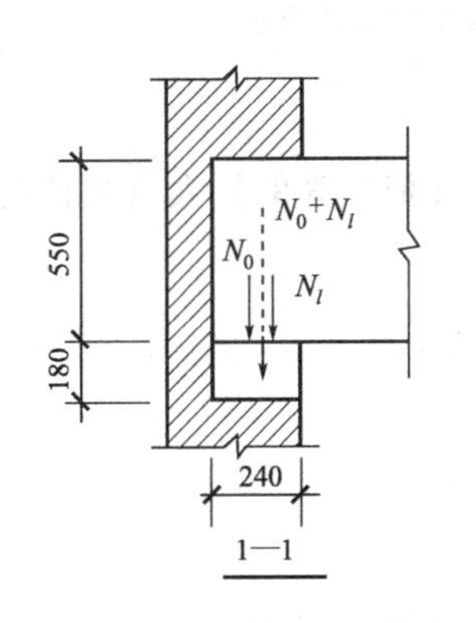

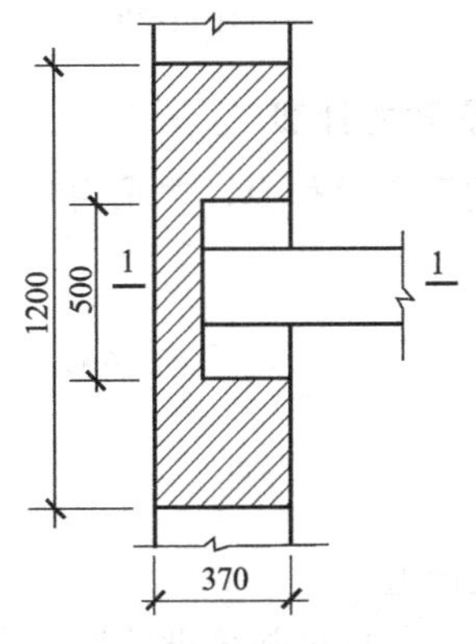

图 11-19　例题 11-6 图二

$$\sigma_0=\frac{160\times10^3}{1200\times370}=0.36\text{MPa}$$

$$N_0=\sigma_0 A_b=0.36\times120000\text{N}=43.2\text{kN}$$

$$\frac{\sigma_0}{f}=\frac{0.36}{1.30}=0.277$$

$$\delta_1=5.7+\frac{6.0-5.7}{0.4-0.2}\times(0.277-0.2)=5.82$$

$$a_0=\delta_1\sqrt{\frac{h}{f}}=5.82\times\sqrt{\frac{550}{1.30}}=119.7\text{mm}$$

$$e=\frac{N_l(0.5a_b-0.4a_0)}{N_l+N_0}=\frac{86\times(0.5\times240-0.4\times119.7)}{86+43.2}=48\text{mm}$$

$$\frac{e}{h}=\frac{e}{a_b}=\frac{48}{240}=0.2$$，按 $\beta\leqslant3$ 查附表 26：$\varphi=0.68$

$N_l+N_0=86+43.2=129.2\text{kN}<\varphi\gamma_1 fA_b=0.68\times1.26\times1.30\times120000\text{N}=133.7\text{ kN}$，满足要求

提高材料强度等级和加刚性垫块这两种措施均能满足要求，具体采用哪一种措施，需要经过技术经济论证（比较）。

11.3 无筋砌体构件受弯承载力计算

如图 11-20 所示，承受竖向荷载的砖砌平拱过梁，承受土压力的挡土墙以及承受水平风荷载作用的围墙等，都属于受弯构件。砌体可在不同的截面受到弯矩 M 作用，出现相应的弯曲受拉破坏形态：沿齿缝截面破坏，沿块材和竖向灰缝破坏，沿通缝截面破坏。受弯构件截面上还存在剪力 V，所以应同时进行受弯承载力和受剪承载力计算。

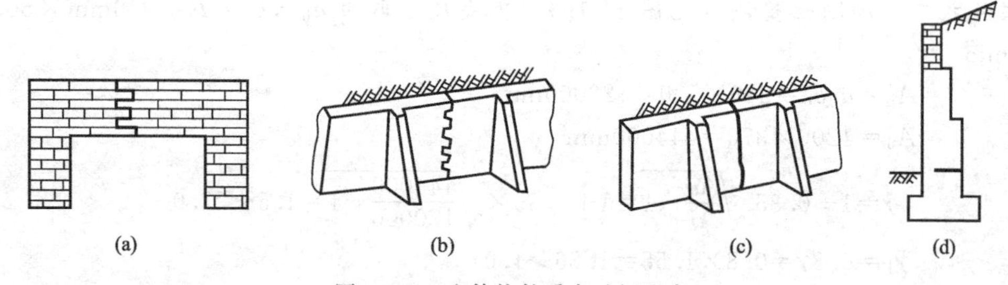

图 11-20 砌体构件受弯破坏形态

11.3.1 受弯承载力计算

砌体受弯构件的受弯承载力，要求由弯矩设计值计算的最大弯曲拉应力不超过砌体的弯曲抗拉强度设计值，即

$$\sigma_{\text{tmax}}=\frac{M}{W}\leqslant f_{\text{tm}} \tag{11-33}$$

或

$$M\leqslant f_{\text{tm}}W \tag{11-34}$$

式中 M——弯矩设计值；

f_{tm}——砌体的弯曲抗拉强度设计值，应按附表 24 采用；

W——截面抵抗矩。

11.3.2　受弯构件的受剪承载力计算

砌体受弯构件的受剪承载力，要求由剪力设计值计算的最大剪应力不超过砌体的抗剪强度设计值，即

$$\tau_{\max}=\frac{VS}{Ib}=\frac{V}{b(I/S)}=\frac{V}{bz}\leqslant f_{\mathrm{v}} \tag{11-35}$$

或

$$V\leqslant f_{\mathrm{v}}bz \tag{11-36}$$

式中　V——剪力设计值；

f_{v}——砌体的抗剪强度设计值，应按附表 24 采用；

b——截面宽度；

z——内力臂，$z=I/S$，当截面为矩形时 $z=2h/3$（h 为截面高度）；

I——截面惯性矩；

S——截面面积矩（中性轴为界的半个截面对中性轴的面积矩）。

【例题 11-7】 如图 11-21 所示 370mm 厚带壁柱墙，壁柱间距为 4.5m，由 MU10 的烧结普通砖和 M2.5 混合砂浆砌筑而成。承受横向水平均布风荷载标准值 $q_{\mathrm{k}}=0.9\mathrm{kN/m^2}$。试验算壁柱间墙的受弯承载力。

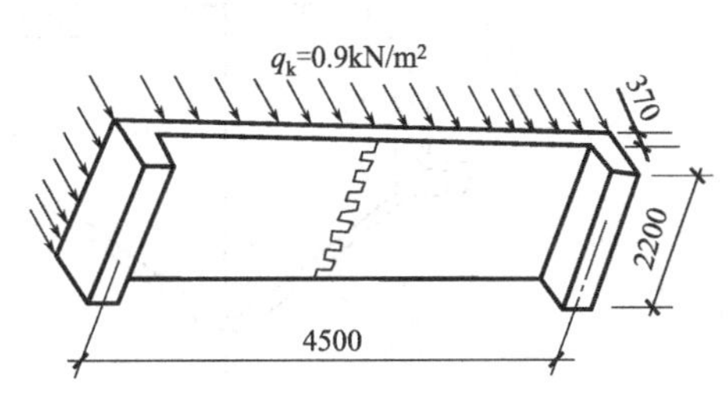

图 11-21　例题 11-7 图

【解】 取 1m 高的水平墙带作为计算单元，截面尺寸为 $b=1000\mathrm{mm}$，$h=370\mathrm{mm}$。按简支梁计算内力，跨中弯矩最大、支座剪力最大，内力设计值为（可变荷载分项系数 $\gamma_{\mathrm{Q}}=1.4$）：

$$M=\frac{1}{8}\times1.4\times0.9\times4.5^2=3.19\mathrm{kN\cdot m}$$

$$V=\frac{1}{2}\times1.4\times0.9\times4.5=2.84\mathrm{kN}$$

砌体强度设计值

构件截面面积＞0.3 m²，$f_{\mathrm{tm}}=0.17\mathrm{MPa}$，$f_{\mathrm{v}}=0.08\mathrm{MPa}$

受弯承载力

$$f_{\mathrm{tm}}W=0.17\times\frac{1}{6}\times1000\times370^2=3.88\times10^6\mathrm{N\cdot mm}$$

$$=3.88\mathrm{kN\cdot m}>M=3.19\mathrm{kN\cdot m}$$，满足要求

受剪承载力

$$z=\frac{2}{3}h=\frac{2}{3}\times370=246.7\mathrm{mm}$$

$$f_{\mathrm{v}}bz=0.08\times1000\times246.7=19.7\times10^3\mathrm{N}$$

$$=19.7\mathrm{kN}>V=2.84\mathrm{kN}$$，满足要求

11.4　无筋砌体构件受拉受剪承载力计算

11.4.1　轴心受拉构件承载力计算

砌体的抗拉能力很弱，工程上采用砌体轴心受拉的构件很少。对于容积不大的圆形水池

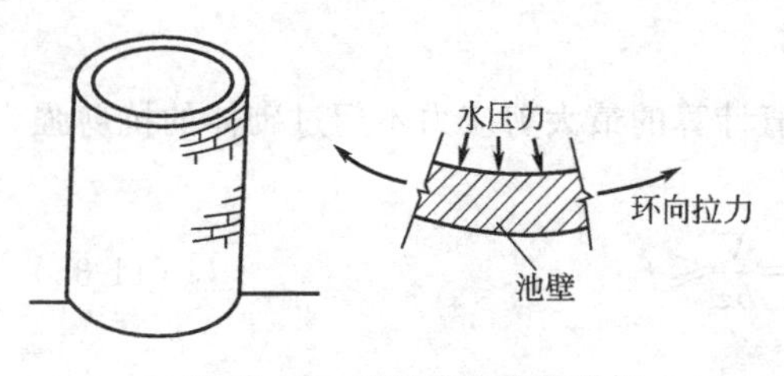

图 11-22　圆形水池池壁受拉

或筒仓，在液体或松散材料的侧压力作用下，壁内产生的环向拉力不大，可采用砌体结构，如图 11-22 所示。

砌体轴心受拉构件的承载力应按式(11-37) 计算：

$$N_t \leqslant f_t A \quad (11\text{-}37)$$

式中　N_t——轴心拉力设计值；

f_t——砌体的轴心抗拉强度设计值，应按附表 24 采用。

【例题 11-8】 如图 11-23 所示为圆形砖砌沉淀池，池壁用 MU10 烧结普通砖、M5 水泥砂浆砌筑，B 级施工质量。池壁上段厚 370mm、下段厚 490mm。已知在池壁 A—A 处产生的最大环向拉力设计值 $N_t=45\text{kN/m}$。试验算池壁 A—A 处的受拉承载力。

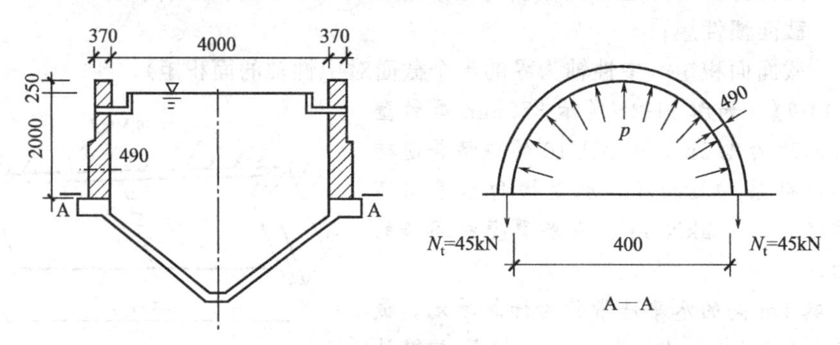

图 11-23　例题 11-8 图

【解】 取 1m 高砖砌体进行验算

(1) 砌体抗拉强度设计值

截面面积>0.3m²，水泥砂浆 M5，$f_t=0.13\text{MPa}$

(2) 承载力验算

池壁 A 处轴心拉力设计值

$$N_t=45\times1=45\text{kN}$$

$$f_tA=0.13\times490\times1000=63.7\times10^3\text{N}=63.7\text{kN}>N_t=45\text{kN}，满足要求$$

11.4.2　受剪构件承载力计算

砌体沿水平灰缝（通缝）截面或阶梯形截面的抗剪承载力，因截面上的垂直压应力对摩擦力的有利作用而提高。受剪构件的承载力计算中要考虑这一有利因素，计算公式如下：

$$V\leqslant(f_v+\alpha\mu\sigma_0)A \quad (11\text{-}38)$$

当 $\gamma_G=1.2$ 时　$$\mu=0.26-0.082\frac{\sigma_0}{f} \quad (11\text{-}39)$$

当 $\gamma_G=1.35$ 时　$$\mu=0.23-0.065\frac{\sigma_0}{f} \quad (11\text{-}40)$$

式中　V——截面剪力设计值。

A——水平截面面积，当有孔洞时，取净截面面积，阶梯形截面近似按其水平投影的水平截面来计算。

f_v——砌体抗剪强度设计值，对灌孔的混凝土砌块砌体取 f_{vg}。

α——修正系数，当 $\gamma_G=1.2$ 时，砖（含多孔砖）砌体取 0.60，混凝土砌块砌体取 0.64；当 $\gamma_G=1.35$ 时，砖（含多孔砖）砌体取 0.64，混凝土砌块砌体取 0.66。

μ——剪压复合受力影响系数。

f——砌体的抗压强度设计值。

σ_0——永久荷载设计值产生的水平截面平均压应力，其值不应大于 $0.8f$。

【例题 11-9】 如图 11-24 所示的砖砌弧拱过梁，用 MU10 烧结普通砖、M2.5 混合砂浆砌筑而成，B 级施工质量。已知荷载设计值产生的拱座水平推力（剪力）为 $V=15.6$ kN，永久荷载设计值产生的压力为 25.0 kN（按 $\gamma_G=1.2$ 组合）。受剪截面面积 370mm×490mm，试验算砌体的抗剪承载力。

【解】 砖砌体　1.2 组合　　$\alpha=0.60$

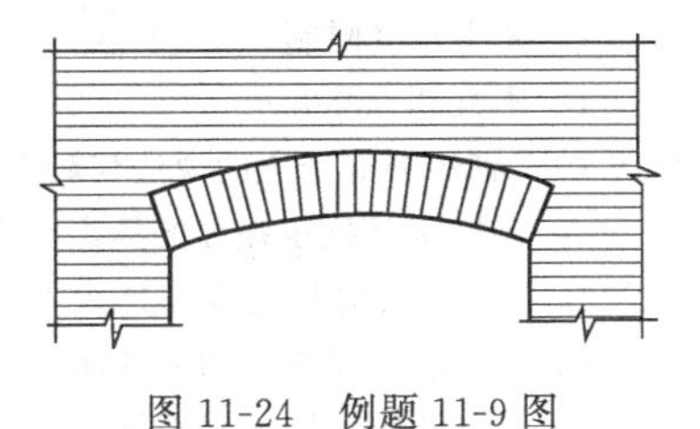

图 11-24　例题 11-9 图

截面面积　　$A=0.37\times0.49=0.1813\text{m}^2<0.3\text{ m}^2$

$$\gamma_a=0.7+A=0.7+0.1813=0.8813$$

砌体强度设计值

$$f=0.8813\times1.30=1.15\text{MPa}$$

$$f_v=0.8813\times0.08=0.07\text{MPa}$$

复合剪压系数

$$\sigma_0=\frac{25.0\times10^3}{370\times490}=0.138\text{MPa}$$

$$\frac{\sigma_0}{f}=\frac{0.138}{1.15}=0.12<0.8$$

$$\mu=0.26-0.082\frac{\sigma_0}{f}=0.26-0.082\times0.12=0.25$$

抗剪承载力

$$(f_v+\alpha\mu\sigma_0)A=(0.07+0.60\times0.25\times0.138)\times370\times490\text{N}$$

$$=16.4\text{kN}>V=15.6\text{kN}，满足要求$$

思 考 题

11-1　砌体受压时，随着偏心距的变化，截面应力状态如何变化？

11-2　受压砌体构件的稳定系数 φ_0、偏心影响系数 φ 与哪些因素有关？它们之间有何联系？

11-3　偏心距 e 如何确定？在受压承载力计算时有何限制？

11-4　砌体在局部压力作用下承载力为什么会提高？

11-5　什么是梁端有效支承长度 a_0？如何确定？梁端压力作用点位于什么位置？

11-6　验算梁端支承面的砌体局部受压承载力时，为什么要对其上部轴向力设计值 N_0 乘以折减系数 ψ？ψ 与什么因素有关？

11-7　当梁端支承面砌体局部受压承载力不足时，可采取哪些措施来解决此问题？

选 择 题

11-1　下列措施中，不能提高砌体受压构件承载力的是（　　）。

A. 提高块体和砂浆强度等级　　B. 提高构件的高厚比 β

C. 减小构件轴向力偏心距 e　　D. 加大构件截面尺寸

11-2　砌体强度调整系数 γ_a（　　）。

A. 配筋砖砌体，γ_a 大于 1.0

B. 配筋砖砌体，γ_a 等于 1.0

C. 当无筋砌体构件截面面积 A 小于 0.3m^2 时，$\gamma_a=0.7+A$

D. 当无筋砌体构件截面面积 A 大于 0.3m^2 时，$\gamma_a=0.7+A$

11-3　无筋砌体受压构件承载力计算公式的适用条件是（　　）。

A. $e \leqslant 0.7y$　　B. $e > 0.7y$　　C. $e \leqslant 0.6y$　　D. $e > 0.6y$

11-4 当梁截面高度为 h_c，支承长度为 a 时，梁直接支承在砌体上的有效支承长度 a_0 为（　）。

A. $a_0 > a$　　B. $a_0 = h_c$

C. $a_0 = 10\sqrt{\frac{h_c}{f}}$　　D. $a_0 = 10\sqrt{\frac{h_c}{f}}$ 且 $a_0 \leqslant a$

11-5 在进行无筋砌体受压构件的承载力计算时，下列关于轴向力的偏心距的叙述中，何者正确？（　）

A. 应由荷载标准值产生构件截面的内力计算求得

B. 应由荷载设计值产生构件截面的内力计算求得

C. 大小不受限制

D. 不宜超过 $0.8y$

11-6 关于砌体局部受压的说法何种正确？（　）。

A. 砌体局部抗压强度的提高是因为周围砌体的套箍作用使局部砌体处于二向或三向受力状态

B. 局部抗压强度的提高是因为力的扩散的影响

C. 对未灌实的空心砌块砌体，局部抗压强度提高系数 $\gamma \leqslant 1.25$

D. 对空心砖砌体，局部抗压强度提高系数 $\gamma \leqslant 1.0$

11-7 某楼面钢筋混凝土梁支承于砖墙上，梁宽为 200mm，墙厚 240mm，墙宽 1000mm，梁端有效支承长度为 240mm。砌体局部受压面积上由上部荷载设计值产生的轴向力为 10kN，如图 11-25 所示，在进行梁端支承处砌体的局部受压承载力计算时，该项荷载的取值应为（　）。

A. 10kN　　B. 0　　C. 15kN　　D. 5kN

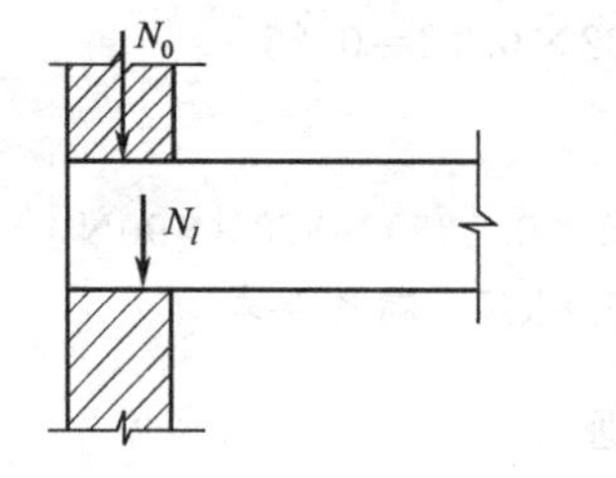

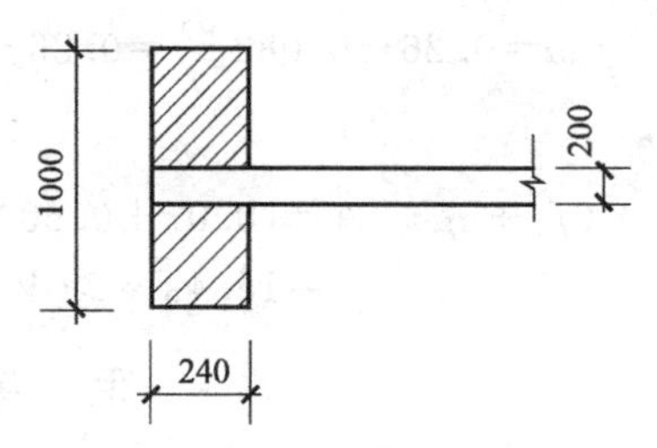

图 11-25 选择题 11-7 图

11-8 以下几种情况，哪一种可以不进行局部受压承载力验算？（　）。

A. 支承柱或墙的基础面　　B. 支承屋架或梁的砌体墙

C. 支承梁或屋架的砌体柱　　D. 窗间墙下面的砌体墙

11-9 梁端支承处砌体局部受压承载力应考虑的因素有（　）。

A. 上部荷载的影响

B. 梁端压力设计值产生的支承压力和压应力图形的完整系数

C. 局部承压面积

D. A、B 及 C

11-10 受剪承载力计算公式的适用条件是轴压比 σ_0/f（　）。

A. >0.8　　B. $\leqslant 0.8$　　C. >0.6　　D. $\leqslant 0.6$

计 算 题

11-1 有一承受轴心压力的砖柱，截面尺寸 490mm×490mm，采用烧结普通砖 MU10、混合砂浆 M2.5 砌筑，荷载设计值在柱顶产生的轴心压力为 200kN（由可变荷载控制的组合），柱的计算高度 $H_0 = H = 3.9$m，试验算该柱的承载力（验算柱底截面）。

11-2 某住宅外廊砖柱，截面尺寸为 370mm×490mm，采用 MU10 烧结普通砖、M2.5 混合砂浆砌筑，承受轴向压力设计值 $N = 120$kN，偏心距 $e = 60$mm（沿长边方向偏心），柱在长边和短边方向的计算高度相等，$H_0 = 3.6$m。试验算该柱的承载力。

11-3　验算某教学楼的窗间墙，截面如图 11-26 所示。轴向力设计值 $N=400\text{kN}$，弯矩设计值 $M=32.0\text{kN}\cdot\text{m}$，荷载偏向翼缘一侧。计算高度 $H_0=4.8\text{m}$，采用 MU10 的烧结普通砖和 M5 混合砂浆砌筑。

11-4　钢筋混凝土柱，截面尺寸为 200mm×240mm，支承在砖墙上，墙厚 240mm，如图 11-27 所示。墙体采用 MU15 烧结普通砖和 M5 的混合砂浆砌筑。柱传给墙的轴向力设计值 $N=118\text{kN}$，试进行砌体局部受压承载力验算（局部均匀受压）。

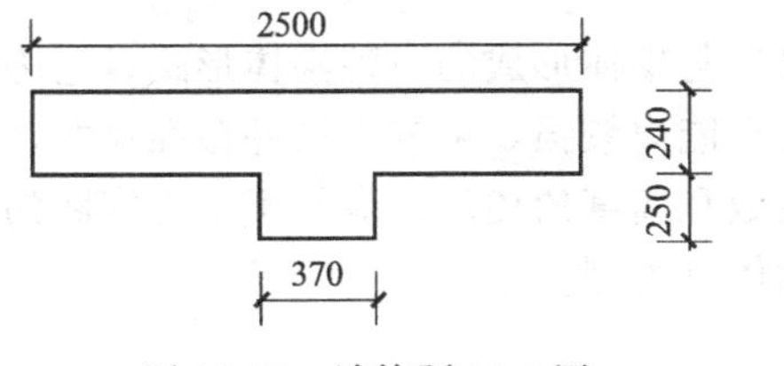

图 11-26　计算题 11-3 图

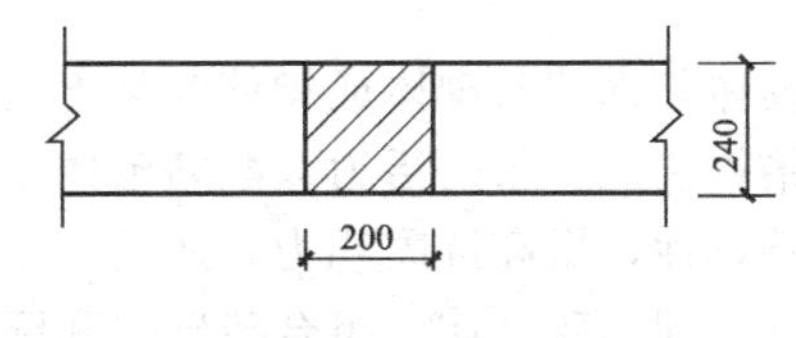

图 11-27　计算题 11-4 图

11-5　已知一窗间墙，截面尺寸为 1000mm×240mm，采用 MU10 的烧结普通砖和 M5 的混合砂浆砌筑。墙上支承钢筋混凝土梁，梁端支承长度 240mm，梁的截面尺寸为 200mm×500mm，梁端荷载设计值产生的支承压力为 50kN，上部荷载设计值在窗间墙上产生的轴向力设计值为 125kN。试验算梁端支承处砌体的局部受压承载力。

11-6　有一砖砌围墙，用 MU10 的烧结普通砖和 M5 混合砂浆砌筑。一个标准间距的截面如图 11-28 所示，墙底截面弯矩设计值为 10.9kN·m（翼缘受拉），剪力设计值为 5.82kN。验算该围墙的承载力。

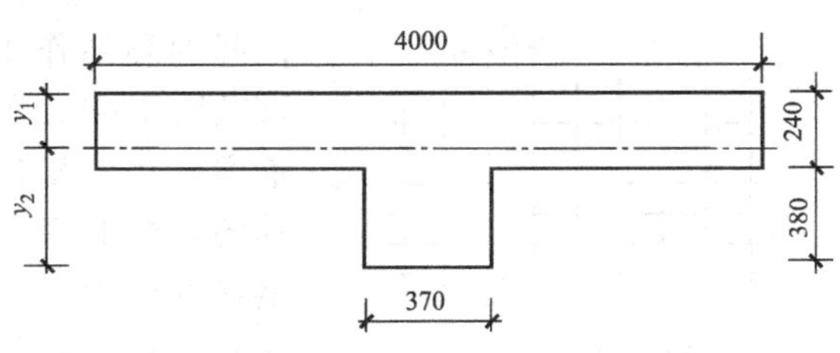

图 11-28　计算题 11-6 图

11-7　有一圆形砖砌水池，壁厚 370mm，采用 MU15 烧结普通砖和 M7.5 水泥砂浆砌筑，池壁承受的最大环向拉力设计值按 52kN/m 计算，试验算池壁的承载力（沿高度取 1m 计算）。

11-8　砖砌弧拱，由 MU10 烧结普通砖和 M5 混合砂浆砌筑而成。拱支座产生水平推力设计值 $V=24.8\text{kN}$（1.2 组合），支座上部传来恒载压力标准值为 50kN，支座砌体截面为 900mm×240mm，试计算拱座处砌体的抗剪承载力。

第 12 章　配筋砌体构件承载力

配筋砌体是钢筋与砌体或钢筋混凝土（钢筋砂浆）与砌体形成的一种砌体形式，它为古老的砌体结构注入了新的活力。配筋砌体强度高，变形能力较强，可减小构件截面尺寸，增加结构的整体性，提高抗震能力，适用于修建更高层数和高度的楼房。应用于工程实践的配筋砌体有网状配筋砖砌体、组合砖砌体和配筋砌块砌体等类型。

12.1　网状配筋砖砌体受压构件承载力

12.1.1　网状配筋砖砌体的受力特点和破坏过程

网状配筋砖砌体是在砖砌体的水平灰缝（通缝）内加入钢筋网片形成的砌体构件，钢筋网片的网格尺寸为 $a\times b$、竖向间距为 s_{n}，如图 12-1 所示。

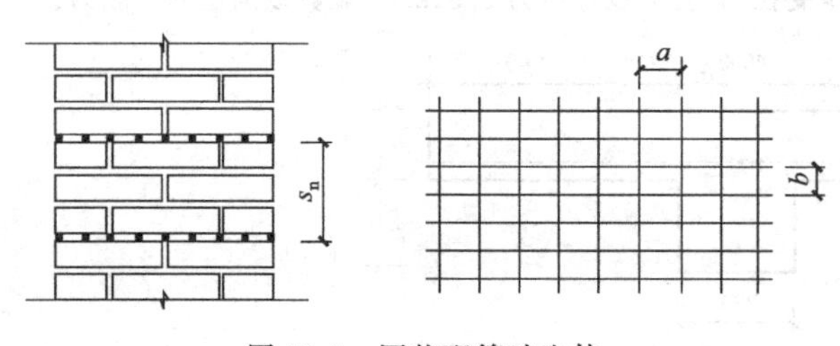

图 12-1　网状配筋砖砌体

由于钢筋和砂浆以及砂浆和块材之间的黏结作用，使得钢筋和砌体能够共同工作。在竖向压力作用下，钢筋因砌体的横向变形而受拉；因为钢筋的弹性模量大于砌体的弹性模量，钢筋的变形相对较小，所以它可以阻止砌体横向变形的发展。钢筋约束砌体的横向变形，使砌体处于三向压应力状态，钢筋还能联结被竖向裂缝分割的小砖柱，使其不至于过早失稳，从而间接地提高砌体承担竖向压力的能力。

网状配筋砖砌体从施加荷载开始到破坏为止，按照裂缝的出现和发展可分为三个受力阶段，其受力性能与无筋砌体存在着本质上的区别。

第Ⅰ阶段，在加载的初始阶段个别砖内出现裂缝，所表现出的受力特点与无筋砌体相同，但产生第一批裂缝的荷载大约为破坏荷载的 60%～75%，高于无筋砌体。

第Ⅱ阶段，在第一批裂缝出现后继续增加荷载，裂缝发展很缓慢，纵向裂缝受横向钢筋的约束，不能沿砌体高度方向形成连续裂缝，仅在横向钢筋网之间形成较小的纵向裂缝和斜裂缝，但裂缝数目较多。这一阶段所表现的破坏特征与无筋砌体有较大的不同。

第Ⅲ阶段，荷载增加至极限荷载，部分开裂严重的砖脱落或被压碎，导致砌体完全破坏。这一阶段不会像无筋砌体那样形成竖向小柱体，砖抗压强度的利用程度高于无筋砌体。

12.1.2　网状配筋砖砌体的适用范围和构造要求

12.1.2.1　适用范围

因为网状钢筋的作用使得网状配筋砖砌体的抗压强度高于无筋砌体的抗压强度，所以实际应用时应保证网状钢筋能够充分发挥其作用，这就要求：

① 偏心距不超过截面的核心范围，对于矩形截面 $e/h\leqslant 0.17$；

② 构件高厚比 $\beta\leqslant 16$。

12.1.2.2　构造要求

网状配筋砖砌体的构造应符合下列规定：

① 对于横截面面积为 A_s 的钢筋组成的钢筋网，设网格尺寸为 $a\times b$、钢筋网间距为 s_n，则体积配筋率为

$$\rho=\frac{A_s}{V}=\frac{(a+b)A_s}{abs_n} \tag{12-1}$$

规范要求 $0.1\% \leqslant \rho \leqslant 1.0\%$；

② 采用钢筋网时，钢筋的直径宜采用 3～4mm；

③ 钢筋网中钢筋的间距，不应大于 120mm，并不应小于 30mm；

④ 钢筋网的间距，不应大于五皮砖，并不应大于 400mm；

⑤ 网状配筋砖砌体所用的砂浆强度等级不应低于 M7.5；钢筋网应设置在砌体的水平灰缝中，灰缝厚度应保证钢筋上下至少各有 2mm 厚的砂浆层。

12.1.3　网状配筋砖砌体受压承载力计算

12.1.3.1　网状配筋砖砌体的抗压强度设计值

网状配筋砖砌体的抗压强度高于无筋砌体的抗压强度，根据试验资料分析得到如下经验公式

$$f_n=f+2\left(1-\frac{2e}{y}\right)\rho f_y \tag{12-2}$$

式中　f_n——网状配筋砖砌体抗压强度设计值；

f——砖砌体抗压强度设计值；

e——轴向力的偏心距；

y——截面形心到轴向力所在偏心方向截面边缘的距离；

ρ——体积配筋率；

f_y——钢筋的抗拉强度设计值，当 f_y 大于 320MPa 时，仍采用 320MPa。

12.1.3.2　承载力影响系数

无筋砌体受压构件承载力影响系数的计算公式(11-14) 也适用于网状配筋砖砌体构件。此时应以网状配筋砖砌体的稳定系数 φ_{0n} 代替 φ_0，所以

$$\varphi_n=\frac{1}{1+12\left[\frac{e}{h}+\sqrt{\frac{1}{12}\left(\frac{1}{\varphi_{0n}}-1\right)}\right]^2} \tag{12-3}$$

式中，稳定系数 φ_{0n} 可由式(11-6) 确定，但取 $\alpha=0.0015+0.45\rho$，即

$$\varphi_{0n}=\frac{1}{1+(0.0015+0.45\rho)\beta^2} \tag{12-4}$$

当 $\beta\leqslant3$ 时，取 $\beta=0$。式(12-4) 说明，当 $\beta>3$ 时，随着配筋率 ρ 的增大，稳定系数 φ_{0n} 下降。将式(12-4) 代入式(12-3) 得

$$\varphi_n=\frac{1}{1+12\left[\frac{e}{h}+\beta\sqrt{\frac{1+300\rho}{8000}}\right]^2} \tag{12-5}$$

承载力影响系数可直接按式(12-5) 计算，当 $\beta\leqslant3$ 时，取 $\beta=0$；也可由 e/h、ρ、β 查表 12-1。对比无筋砌体受压构件承载力影响系数 φ 的计算公式可知，当 $\beta\leqslant3$ 时，$\varphi_{0n}=\varphi$；而当 $\beta>3$ 时，$\varphi_{0n}<\varphi$。

表 12-1 影响系数 φ_n

ρ/%	β	e/h				
		0	0.05	0.10	0.15	0.17
0.1	4	0.97	0.89	0.78	0.67	0.63
	6	0.93	0.84	0.73	0.62	0.58
	8	0.89	0.78	0.67	0.57	0.53
	10	0.84	0.72	0.62	0.52	0.48
	12	0.78	0.67	0.56	0.48	0.44
	14	0.72	0.61	0.52	0.44	0.41
	16	0.67	0.56	0.47	0.40	0.37
0.3	4	0.96	0.87	0.76	0.65	0.61
	6	0.91	0.80	0.69	0.59	0.55
	8	0.84	0.74	0.62	0.53	0.49
	10	0.78	0.67	0.56	0.47	0.44
	12	0.71	0.60	0.51	0.43	0.40
	14	0.64	0.54	0.46	0.38	0.36
	16	0.58	0.49	0.41	0.35	0.32
0.5	4	0.94	0.85	0.74	0.63	0.59
	6	0.88	0.77	0.66	0.56	0.52
	8	0.81	0.69	0.59	0.50	0.46
	10	0.73	0.62	0.52	0.44	0.41
	12	0.65	0.55	0.46	0.39	0.36
	14	0.58	0.49	0.41	0.35	0.32
	16	0.51	0.43	0.36	0.31	0.29
0.7	4	0.93	0.83	0.72	0.61	0.57
	6	0.86	0.75	0.63	0.53	0.50
	8	0.77	0.66	0.56	0.47	0.43
	10	0.68	0.58	0.49	0.41	0.38
	12	0.60	0.50	0.42	0.36	0.33
	14	0.52	0.44	0.37	0.31	0.30
	16	0.46	0.38	0.33	0.28	0.26
0.9	4	0.92	0.82	0.71	0.60	0.56
	6	0.83	0.72	0.61	0.52	0.48
	8	0.73	0.63	0.53	0.45	0.42
	10	0.64	0.54	0.46	0.38	0.36
	12	0.55	0.47	0.39	0.33	0.31
	14	0.48	0.40	0.34	0.29	0.27
	16	0.41	0.35	0.30	0.25	0.24
1.0	4	0.91	0.81	0.70	0.59	0.55
	6	0.82	0.71	0.60	0.51	0.47
	8	0.72	0.61	0.52	0.43	0.41
	10	0.62	0.53	0.44	0.37	0.35
	12	0.54	0.45	0.38	0.32	0.30
	14	0.46	0.39	0.33	0.28	0.26
	16	0.39	0.34	0.28	0.24	0.23

12.1.3.3 受压承载力计算

网状配筋砖砌体受压构件的承载力，可按下式计算

$$N \leqslant \varphi_n f_n A \quad (12\text{-}6)$$

式中 N——轴向力设计值；

A——构件截面面积。

对矩形截面构件，当轴向力偏心方向的截面边长大于另一方向的边长时，除按偏心受压计算外，还应对较小边长方向按轴心受压进行验算。

当网状配筋砖砌体构件下端与无筋砌体交接时，尚应验算交接处无筋砌体的局部受压承载力。

【例题 12-1】 正方形截面砖柱采用 MU15 的烧结普通砖和 M7.5 的混合砂浆砌筑，截面尺寸 490mm×490mm，计算高度 $H_0=4.2\text{m}$，承受轴心压力设计值 $N=480\text{kN}$，试验算承载力。因截面尺寸受限制，若承载力不满足，可采用网状配筋砖砌体。

【解】 验算无筋砖柱承载力

$$A=0.49\times0.49=0.24\text{m}^2<0.3\text{m}^2$$

$$\gamma_a=0.7+A=0.7+0.24=0.94$$

$$f=0.94\times2.07=1.95\text{MPa}$$

$$\beta=\gamma_\beta\frac{H_0}{h}=1.0\times\frac{4.2}{0.49}=8.57$$

$$e/h=0$$

$$\varphi=\varphi_0=\frac{1}{1+\alpha\beta^2}=\frac{1}{1+0.0015\times8.57^2}=0.90$$

$\varphi fA=0.90\times1.95\times0.24\times10^3=421\text{kN}<N=480\ \text{kN}$,承载力不满足要求

设计网状配筋砖柱。因 $\beta=8.57<16$、$e/h=0<0.17$，故可采用网状配筋砖柱。选用 ϕ^b4 冷拔钢丝方格网（$A_s=12.6\text{mm}^2$，取 $f_y=320\text{MPa}$），网格尺寸 $a=b=60\text{mm}>30\text{mm}$ 且 $<120\text{mm}$，方格网片竖向间距 $s_n=300\text{mm}<400\text{mm}$ 且不超过五皮砖。

$$A=0.49\times0.49=0.24\text{m}^2>0.2\ \text{m}^2$$

$$f=2.07\ \text{MPa}$$

$$\rho=\frac{(a+b)A_s}{abs_n}=\frac{(60+60)\times12.6}{60\times60\times300}=0.14\%>0.1\%\ \text{且}<1.0\%$$

$$f_n=f+2\left(1-\frac{2e}{y}\right)\rho f_y$$

$$=2.07+2\times(1-0)\times0.14\%\times320=2.97\ \text{MPa}$$

$$\varphi_n=\frac{1}{1+12\left[\frac{e}{h}+\beta\sqrt{\frac{1+300\rho}{8000}}\right]^2}=\frac{1}{1+12\times\left[0+8.57\times\sqrt{\frac{1+300\times0.14\%}{8000}}\right]^2}$$

$$=0.86$$

$\varphi_n f_n A=0.86\times2.97\times0.24\times10^3=613\ \text{kN}>N=480\ \text{kN}$,承载力满足要求

【例题 12-2】 某一网状配筋砖柱，采用 MU10 烧结普通砖和 M7.5 混合砂浆砌筑，截面尺寸 370mm×490mm，计算高度 $H_0=5.18\text{m}$，承受轴向压力设计值 $N=160.0\text{kN}$，弯矩设计值 $M=12.54\text{kN}\cdot\text{m}$（沿长边）。网状配筋选用 ϕ^b4 冷拔钢丝焊接网（$A_s=12.6\text{mm}^2$，取 $f_y=320\text{MPa}$），网格尺寸 $a=b=50\text{mm}$，钢筋网片竖向间距 $s_n=240\text{mm}$。试验算承载力。

【解】 偏心受压承载力

$$A=0.37\times0.49=0.1813\text{m}^2<0.2\ \text{m}^2$$

$$\gamma_a=0.8+A=0.8+0.1813=0.9813$$

$$f=0.9813\times1.69=1.66\ \text{MPa}$$

$$\rho=\frac{(a+b)A_s}{abs_n}=\frac{(50+50)\times12.6}{50\times50\times240}=0.21\%>0.1\%\ \text{且}<1.0\%$$

$$e=\frac{M}{N}=\frac{12.54\times10^3}{160.0}=78.4\text{mm}<0.17h=0.17\times490=83.3\text{mm}$$

$$f_n=f+2\left(1-\frac{2e}{y}\right)\rho f_y$$

$$=1.66+2\times\left(1-\frac{2\times78.4}{245}\right)\times0.21\%\times320=2.14\text{MPa}$$

$$\beta=\gamma_\beta\frac{H_0}{h}=1.0\times\frac{5.18}{0.49}=10.57<16$$

$$\frac{e}{h}=\frac{78.4}{490}=0.16$$

$$\varphi_n=\frac{1}{1+12\left[\frac{e}{h}+\beta\sqrt{\frac{1+300\rho}{8000}}\right]^2}$$

$$=\frac{1}{1+12\times\left[0.16+10.57\sqrt{\frac{1+300\times0.21\%}{8000}}\right]^2}=0.46$$

$\varphi_n f_n A=0.46\times2.14\times0.1813\times10^3=178.5\text{ kN}>N=160.0\text{kN}$，承载力满足要求

构件短边方向轴心受压承载力验算

$$f_n=f+2\left(1-\frac{2e}{y}\right)\rho f_y$$

$$=1.66+2\times(1-0)\times0.21\%\times320=3.00\text{ MPa}$$

$$\beta=\gamma_\beta\frac{H_0}{h}=1.0\times\frac{5.18}{0.37}=14<16$$

$e/h=0$，$\rho=0.21\%$，查表12-1，内插法得

$$\varphi_n=0.72-\frac{0.72-0.64}{0.3-0.1}\times(0.21-0.1)=0.68$$

按式(12-4)或式(12-5)计算，也可得到$\varphi_n=\varphi_{0n}=0.68$

$\varphi_n f_n A=0.68\times3.00\times0.1813\times10^3=369.9\text{ kN}>N=160.0\text{ kN}$，满足要求

12.2 组合砖砌体受压构件承载力

组合砖砌体构件的形式之一为砖砌体和钢筋混凝土面层或钢筋砂浆面层组成的组合砌体构件，形式之二为砖砌体和钢筋混凝土构造柱组合墙。两种形式的组合砖砌体构件主要用于受压，其承载力均高于无筋砌体构件。

12.2.1 砖砌体和钢筋混凝土面层或钢筋砂浆面层组合砌体构件

12.2.1.1 适用条件

当轴向力偏心距$e>0.6y$时，宜采用砖砌体和钢筋混凝土面层或钢筋砂浆面层组成的组合砖砌体构件，如图12-2所示，其中图12-2(a)为矩形截面，图12-2(b)为T形截面。对于砖墙与组合砌体一同砌筑的T形截面构件［见图12-2(b)］，其承载力和高厚比可按矩形截面组合砌体构件计算，如图12-2(c)所示。

12.2.1.2 构造要求

组合砖砌体构件的构造应符合下列规定：

① 面层混凝土强度等级宜采用C20。面层水泥砂浆强度等级不宜低于M10。砌筑砂浆的强度等级不宜低于M7.5；

② 砂浆面层的厚度，可采用30～45mm。当面层厚度大于45mm时，其面层宜采用混凝土；

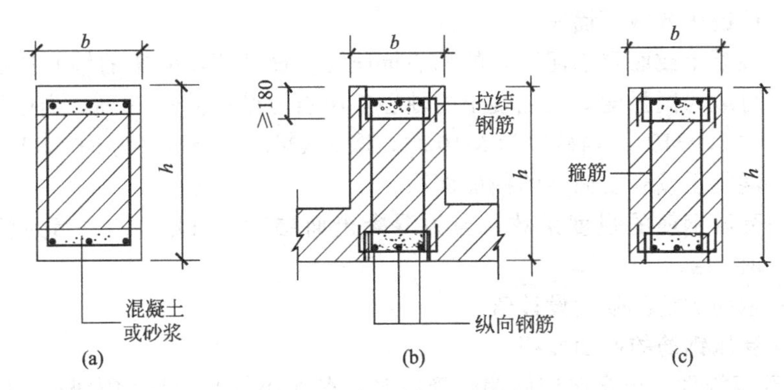

图12-2　组合砖砌体构件截面

③ 竖向受力钢筋宜采用HPB300级钢筋，对于混凝土面层，亦可采用HRB335级钢筋。受压钢筋一侧的配筋率，对砂浆面层，不宜小于0.1%，对混凝土面层，不宜小于0.2%。受拉钢筋的配筋率，不应小于0.1%。竖向受力钢筋的直径，不应小于8mm，钢筋的净间距，不应小于30mm；

④ 箍筋的直径，不宜小于4mm及0.2倍的受压钢筋直径，并不宜大于6mm。箍筋的间距，不应大于20倍受压钢筋的直径及500mm，并不应小于120mm；

⑤ 当组合砖砌体构件一侧的竖向受力钢筋多于4根时，应设置附加箍筋或拉结钢筋；

⑥ 对于截面长短边相差较大的构件如墙体等，应采用贯通墙体的拉结钢筋作为箍筋，同时设置水平分布钢筋。水平分布钢筋的竖向间距及拉结钢筋的水平间距均不应大于500mm（见图12-3）；

⑦ 组合砖砌体构件的顶部及底部，以及牛腿部位，必须设置钢筋混凝土垫块。竖向受力钢筋伸入垫块的长度，必须满足锚固要求。

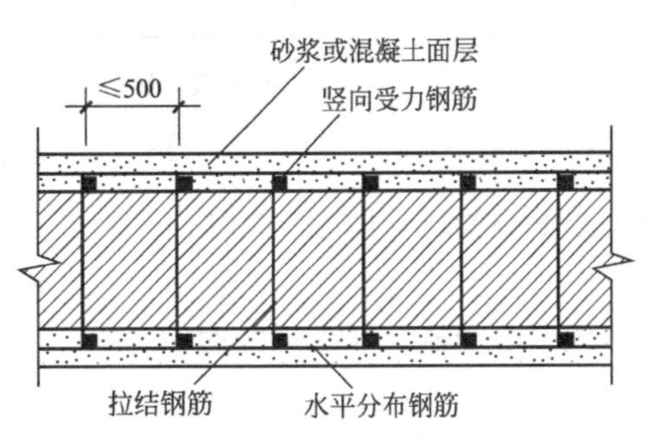

图12-3　混凝土或砂浆面层组合墙

12.2.1.3　受压承载力计算

(1) 轴心受压构件　组合砖砌体轴心受压构件的承载力应按下式计算：

$$N \leqslant \varphi_{com}(fA + f_c A_c + \eta_s f'_y A'_s) \quad (12\text{-}7)$$

式中　φ_{com}——组合砖砌体构件的稳定系数，可按表12-2采用；

表12-2　组合砖砌体构件的稳定系数 φ_{com}

高厚比	配筋率 ρ/%					
β	0	0.2	0.4	0.6	0.8	≥1.0
8	0.91	0.93	0.95	0.97	0.99	1.00
10	0.87	0.90	0.92	0.94	0.96	0.98
12	0.82	0.85	0.88	0.91	0.93	0.95
14	0.77	0.80	0.83	0.86	0.89	0.92
16	0.72	0.75	0.78	0.81	0.84	0.87
18	0.67	0.70	0.73	0.76	0.79	0.81
20	0.62	0.65	0.68	0.71	0.73	0.75
22	0.58	0.61	0.64	0.66	0.68	0.70
24	0.54	0.57	0.59	0.61	0.63	0.65
26	0.50	0.52	0.54	0.56	0.58	0.60
28	0.46	0.48	0.50	0.52	0.54	0.56

注：组合砖砌体构件截面的配筋率 $\rho = A'_s/(bh)$。

A——砖砌体的截面面积。

f_c——混凝土或面层水泥砂浆的轴心抗压强度设计值，砂浆的轴心抗压强度设计值可取为同强度等级混凝土的轴心抗压强度设计值的70%，当砂浆为M15时，取5.0MPa；当砂浆为M10时，取3.4MPa；当砂浆为M7.5时，取2.5MPa。

A_c——混凝土或砂浆面层的截面面积。

η_s——受压钢筋的强度系数，当为混凝土面层时，可取1.0；当为砂浆面层时可取0.9。

f'_y——钢筋的抗压强度设计值。

A'_s——受压钢筋的截面面积。

(2) 偏心受压构件　组合砖砌体偏心受压时，存在小偏心受压和大偏心受压两种情况，如图12-4所示。距轴向力较远一侧的钢筋 A_s 可能受拉，也可能受压，其应力（单位：MPa）以拉为正（压为负），按下列规定计算：

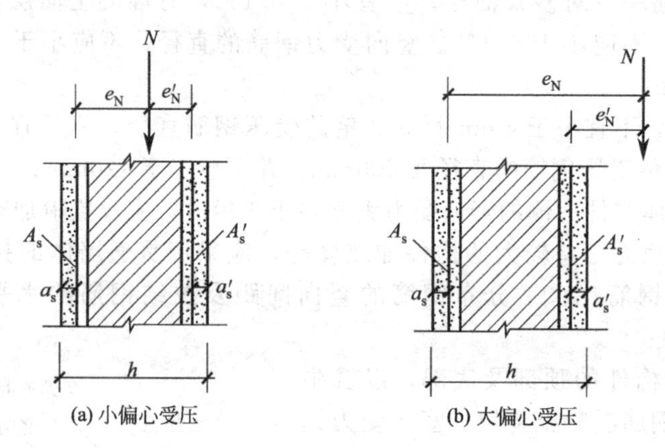

图12-4　组合砖砌体偏心受压构件

小偏心受压，即 $\xi > \xi_b$ 时

$$\sigma_s = 650 - 800\xi \tag{12-8}$$

大偏心受压，即 $\xi \leqslant \xi_b$ 时

$$\sigma_s = f_y \tag{12-9}$$

$$\xi = x/h_0 \tag{12-10}$$

式中　σ_s——钢筋的应力，当 $\sigma_s > f_y$ 时，取 $\sigma_s = f_y$；当 $\sigma_s < -f'_y$ 时；取 $\sigma_s = -f'_y$。

ξ——组合砖砌体构件截面的相对受压区高度。

f_y——钢筋的抗拉强度设计值，而 f'_y 则为钢筋的抗压强度设计值。

组合砖砌体构件受压区相对高度的界限值 ξ_b，对于HRB400级钢筋，应取0.36；对于HRB335级钢筋，应取0.44；对于HPB300级钢筋，应取0.47。

组合砖砌体偏心受压构件的承载力应按下列公式计算：

$$N \leqslant fA' + f_cA'_c + \eta_s f'_y A'_s - \sigma_s A_s \tag{12-11}$$

或

$$Ne_N \leqslant fS_s + f_cS_{c,s} + \eta_s f'_y A'_s (h_0 - a'_s) \tag{12-12}$$

此时受压区高度 x 可按下列公式确定：

$$fS_N + f_cS_{c,N} + \eta_s f'_y A'_s e'_N - \sigma_s A_s e_N = 0 \tag{12-13}$$

$$e_N = e + e_a + (h/2 - a_s) \tag{12-14}$$

$$e'_N = e + e_a - (h/2 - a'_s) \tag{12-15}$$

$$e_a=\frac{\beta^2 h}{2200}(1-0.022\beta) \tag{12-16}$$

式中　σ_s——钢筋 A_s 的应力；

A_s——距轴向力 N 较远侧钢筋的截面面积；

A'——砖砌体受压部分的面积；

A'_c——混凝土或砂浆面层受压部分的面积；

S_s——砖砌体受压部分的面积对钢筋 A_s 形心的面积矩；

$S_{c,s}$——混凝土或砂浆面层受压部分的面积对钢筋 A_s 形心的面积矩；

S_N——砖砌体受压部分的面积对轴向力 N 作用点的面积矩；

$S_{c,N}$——混凝土或砂浆面层受压部分的面积对轴向力 N 作用点的面积矩；

e_N、e'_N——分别为钢筋 A_s 和 A'_s 形心至轴向力 N 作用点的距离（见图 12-4）；

e——轴向力的初始偏心距，按荷载设计值计算，当 $e<0.05h$ 时，取 $e=0.05h$；

e_a——组合砖砌体构件在轴向力作用下的附加偏心距；

h_0——组合砖砌体构件截面的有效高度，取 $h_0=h-a_s$；

a_s、a'_s——分别为钢筋 A_s 和 A'_s 形心至截面较近边的距离。

确定 a_s 和 a'_s 时，涉及到钢筋的混凝土保护层厚度，配筋砌体钢筋的最小保护层厚度取值见 12.4 节。

【例题 12-3】 如图 12-5 所示的组合砖柱，由 MU10 烧结普通砖和 M7.5 混合砂浆砌筑而成，面层混凝土强度等级为 C20，配有 4 Φ 16 纵向受力钢筋（$A'_s=804\text{mm}^2$）。柱的截面尺寸为 370mm×490mm，计算高度 $H_0=3.35$m，承受轴心压力设计值 $N=850$kN。试验算该柱的承载力。

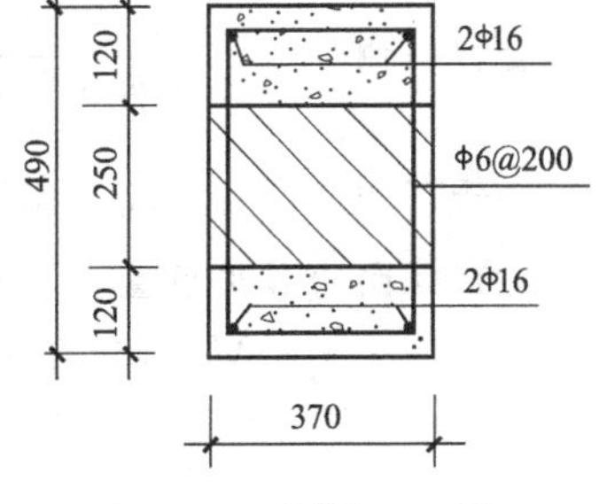

图 12-5　例题 12-3 图

【解】 轴心受压构件

$$A=0.25\times0.37=0.0925\text{m}^2<0.2\ \text{m}^2$$

$$A_c=2\times0.12\times0.37=0.0888\text{m}^2$$

$$\gamma_a=0.8+A=0.8+0.0925=0.8925$$

$$f=0.8925\times1.69=1.51\ \text{MPa}$$

$$f_c=9.6\text{MPa},\ f'_y=270\text{MPa},\ \eta_s=1.0$$

$$\beta=\gamma_\beta\frac{H_0}{h}=1.0\times\frac{3350}{370}=9$$

$$\rho=\frac{A'_s}{bh}=\frac{804}{370\times490}=0.44\%，受压钢筋一侧配筋率\ 0.22\%>0.2\%$$

由表 12-2，插值得

$$\varphi_{com}=0.935+\frac{0.955-0.935}{0.6-0.4}\times(0.44-0.4)=0.94$$

$$\varphi_{com}(fA+f_cA_c+\eta_s f'_y A'_s)$$
$$=0.94\times(1.51\times0.0925\times10^6+9.6\times0.0888\times10^6+1.0\times270\times804)$$
$$=1136.7\times10^3\ \text{N}$$
$$=1136.7\ \text{kN}>N=850\ \text{kN}，承载力满足要求$$

【例题 12-4】 如图 12-6 所示为某车间的组合砖柱，截面尺寸 490mm×740mm，计算高度 $H_0=7.2$m，承受轴向压力设计值 $N=552$kN，弯矩设计值 $M=160.1$kN·m（作用在长边方向）。采用 MU10 烧结普通砖和 M7.5 混合砂浆砌筑而成，面层混凝土强度等级为 C20，对称配置纵向受力钢筋 3 Φ 18。环境类别 1，设计使用年限 50 年，安全等级为二级，试验

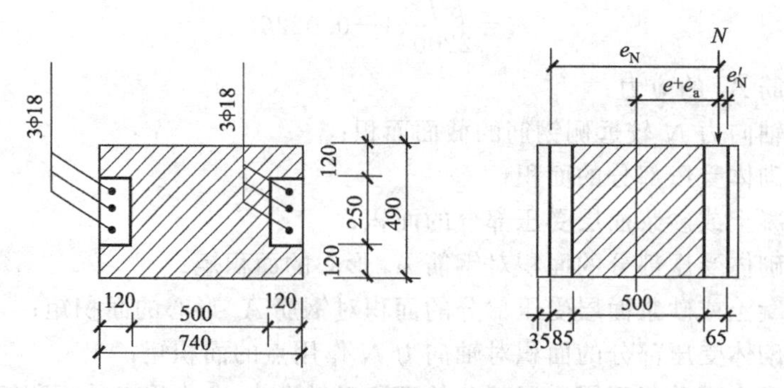

图 12-6 例题 12-4 图

算该柱的承载力。

【解】(1) 面积和抗压强度设计值

砌体部分 $A=490\times740-2\times(250\times120)=302600\text{mm}^2$

$=0.3026\ \text{m}^2>0.2\ \text{m}^2$

$f=1.69\text{N/mm}^2$

混凝土部分 $A_c=2\times(250\times120)=60000\text{mm}^2, f_c=9.6\text{N/mm}^2$

钢筋部分 $A_s=A'_s=763\text{mm}^2, f_y=f'_y=270\text{N/mm}^2$

(2) 配筋率验算

受拉一侧 $\dfrac{A_s}{bh}=\dfrac{763}{490\times740}=0.21\%>0.1\%$，满足构造要求

受压一侧 $\dfrac{A'_s}{bh}=\dfrac{763}{490\times740}=0.21\%>0.2\%$，满足构造要求

(3) 轴向力作用位置

$$e=\frac{M}{N}=\frac{160.1\times10^3}{552}=290\text{mm}>0.05h=0.05\times740=37\text{mm}$$

$$\beta=\gamma_\beta\frac{H_0}{h}=1.0\times\frac{7200}{740}=9.73$$

$$e_a=\frac{\beta^2h}{2200}(1-0.022\beta)=\frac{9.73^2\times740}{2200}\times(1-0.022\times9.73)=25\text{mm}$$

钢筋保护层的最小厚度为 20mm（从箍筋外表面算起），纵向钢筋外径 18mm，设箍筋直径 6mm，则可取 $a_s=a'_s=35\text{mm}$，所以

$$e_N=e+e_a+(h/2-a_s)=290+25+(740/2-35)=650\text{mm}$$

$$e'_N=e+e_a-(h/2-a'_s)=290+25-(740/2-35)=-20\text{mm}$$

说明轴向力 N 作用点位于钢筋 A_s 和 A'_s 之间。

(4) 受压区高度 x

$$h_0=h-a_s=740-35=705\text{mm}$$

根据轴向力的作用位置假设为小偏心受压，则有

$$\sigma_s=650-800\xi=650-800\frac{x}{h_0}=650-\frac{800}{705}x$$

$$S_N=490\times(x-120)\times\left(\frac{x-120}{2}+65\right)+2\times120\times120\times(65-60)$$

$$=(245x^2-26950x-150000)\text{mm}^3$$

$$S_{c,N}=250\times120\times(65-60)=150000\text{mm}^3$$

代入公式(12-13)，即

$$fS_N+f_cS_{c,N}+\eta_s f'_y A'_s e'_N-\sigma_s A_s e_N=0$$

有

$$1.69\times(245x^2-26950x-150000)+9.6\times150000$$
$$+1.0\times270\times763\times(-20)-\left(650-\frac{800}{705}x\right)\times763\times650=0$$

整理得关于 x 的一元二次方程

$$x^2+1249x-783858=0$$

据此解得　$x=458.9\text{mm}$

$$\xi=\frac{x}{h_0}=\frac{458.9}{705}=0.65>\xi_b=0.47\text{，与小偏心的假定相符}$$

(5) 偏心受压承载力验算

$$\sigma_s=650-\frac{800}{705}x=650-\frac{800}{705}\times458.9=129.3\text{N/mm}^2<f_y=270\text{N/mm}^2$$

由式(12-11) 进行验算

$$fA'+f_cA'_c+\eta_s f'_y A'_s-\sigma_s A_s$$
$$=1.69\times(458.9\times490-250\times120)+9.6\times250\times120$$
$$+1.0\times270\times763-129.3\times763$$
$$=724.7\times10^3\text{N}=724.7\text{kN}>N=552\text{kN}\text{，承载力满足要求}$$

(6) 构件短边方向轴心受压验算

$$\beta=\gamma_\beta\frac{H_0}{h}=1.0\times\frac{7200}{490}=14.7$$

$$\rho=\frac{A_s+A'_s}{bh}=\frac{763+763}{490\times740}=0.42\%$$

由表 12-2 插值求稳定系数

当 $\rho=0.4\%$ 时

$$\varphi_{com}=0.83-\frac{0.83-0.78}{16-14}\times(14.7-14)=0.8125$$

当 $\rho=0.6\%$ 时

$$\varphi_{com}=0.86-\frac{0.86-0.81}{16-14}\times(14.7-14)=0.8425$$

当 $\rho=0.42\%$ 时

$$\varphi_{com}=0.8125-\frac{0.8425-0.8125}{0.6-0.4}\times(0.42-0.4)=0.81$$

承载力条件

$$\varphi_{com}(fA+f_cA_c+\eta_s f'_y A'_s)$$
$$=0.81\times(1.69\times302600+9.6\times60000+1.0\times270\times2\times763)$$
$$=1214.5\times10^3\text{N}=1214.5\text{kN}>N=552\text{kN}\text{，满足要求}$$

12.2.2 砖砌体和钢筋混凝土构造柱组合墙

砖砌体和钢筋混凝土构造柱组合墙（见图 12-7)，是在砖墙中间隔一定间距设置钢筋混凝土构造柱，并在各层楼盖处设置钢筋混凝土圈梁，使砖墙与钢筋混凝土构造柱、圈梁组成一个整体结构共同受力。构造柱和圈梁形成“弱框架”，墙体受到约束，竖向承载力提高；构造柱也能分担一部分墙体上的荷载。试验表明，当构造柱的间距 l 为 2m 左右时，柱的作用得到充分发挥；构造柱的间距 l 大于 4m 时，它对墙体受压承载力影响很小。

12.2.2.1　组合砖墙材料和构造要求

为了充分发挥构造柱、圈梁弱框架对墙体的约束作用，规范对材料选用和构造措施都有严格的规定。

① 砂浆的强度等级不应低于M5，构造柱的混凝土强度等级不宜低于C20；

② 构造柱的截面尺寸不宜小于240mm×240mm，其厚度不应小于墙厚，边柱、角柱的截面宽度宜适当加大。柱内竖向受力钢筋，对于中柱，不宜少于4Φ12；对于边柱、角柱，不宜少于4Φ14。构造柱的竖向受力钢筋的直径也不宜大于16mm。其箍筋，一般部位采用Φ6@200，楼层上下500mm范围内宜采用Φ6@100。构造柱的竖向受力钢筋应在基础梁和楼层圈梁中锚固，并应符合受拉钢筋的锚固要求；

③ 组合砖墙砌体结构房屋，应在纵横墙交接处、墙端部和较大洞口的洞边设置构造柱，其间距不宜大于4m。各层洞口宜设置在相应位置，并宜上下对齐；

④ 组合砖墙砌体结构房屋应在基础顶面、有组合墙的楼层处设置现浇钢筋混凝土圈梁。圈梁的截面高度不宜小于240mm；纵向钢筋不宜小于4Φ12，纵向钢筋应伸入构造柱内，并应符合受拉钢筋的锚固要求；圈梁的箍筋宜采用Φ6@200；

⑤ 砖砌体与构造柱的连接处应砌成马牙槎，并应沿墙高每隔500mm设2Φ6的拉结钢筋，且每边伸入墙内不宜小于600mm；

⑥ 构造柱可不单独设置基础，但应伸入室外地坪下500mm，或与埋深小于500mm的基础梁相连；

⑦ 组合砖墙的施工程序应为先砌墙后浇混凝土构造柱。

12.2.2.2　组合砖墙轴心受压承载力计算

砖砌体和钢筋混凝土构造柱组合砖墙的轴心受压承载力可采用组合砖砌体轴心受压承载力公式(12-7)，取受压钢筋强度系数$\eta_s=1.0$，并对构造柱引入强度系数以反映两者之间的差别，所以

$$N\leqslant\varphi_{com}[fA+\eta(f_cA_c+f'_yA'_s)] \tag{12-17}$$

$$\eta=\left[\frac{1}{l/b_c-3}\right]^{0.25} \tag{12-18}$$

式中　φ_{com}——组合砖墙的稳定系数，可按表12-2采用；

η——强度系数，当$l/b_c<4$时，取$l/b_c=4$；

l——沿墙长方向构造柱的间距；

b_c——沿墙长方向构造柱的宽度；

A——扣除孔洞和构造柱的砖砌体截面面积；

A_c——构造柱的截面面积。

砖砌体和钢筋混凝土构造柱组合墙，平面外的偏心受压承载力，可按组合砖砌体偏心受

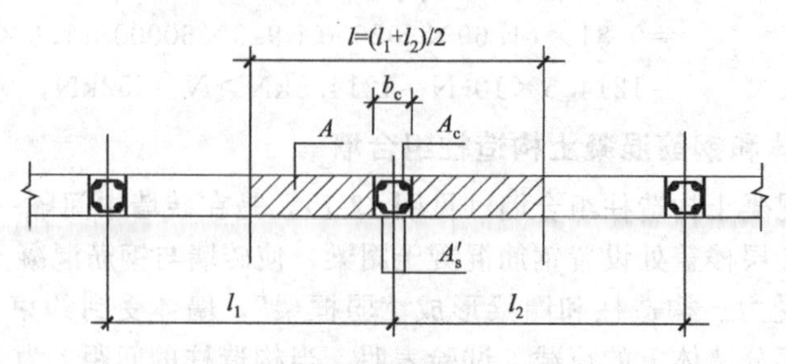

图12-7　砖砌体和构造柱组合墙截面

压构件的承载力公式确定构造柱的纵向钢筋，但截面宽度应改为构造柱间距 l；大偏心受压时，可不计受压区构造柱混凝土和钢筋的作用，构造柱的计算配筋不应小于构造要求。

12.3 配筋砌块砌体构件承载力

配筋砌块砌体构件是在砌块孔洞内设置纵向钢筋，在水平灰缝处设置水平钢筋或箍筋，并在孔洞内灌注混凝土形成的组合构件，如图 12-8 所示。在实际应用中，配筋砌块砌体构件有配筋砌块剪力墙和配筋砌块构造柱两种类型。

配筋砌块剪力墙宜采用全部灌芯砌体，在受力模式上类似于混凝土剪力墙结构，是结构的承重和抗侧力构件。由于配筋砌块砌体的强度高、延性好，所以不仅用于多层建筑，还可用于大开间和高层建筑。配筋砌块剪力墙（抗震墙）结构在抗震设防烈度为 6 度、7 度、8 度和 9 度地区建造房屋适用的最大高度分别可以达到 60m、55m、40m 和 24m，与现浇钢筋混凝土框架结构大致相同。

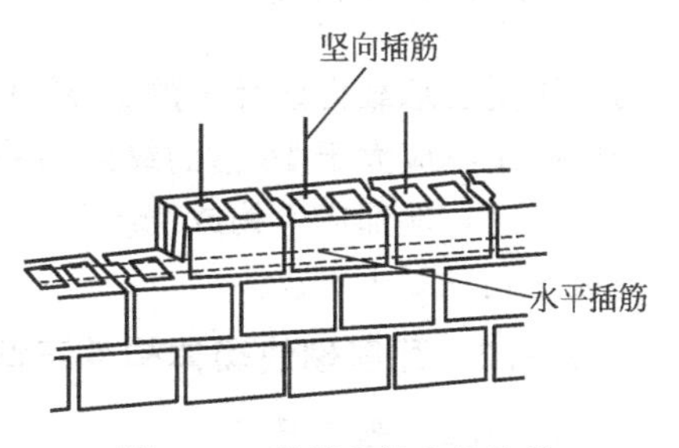

图 12-8　配筋砌块砌体构件

12.3.1 配筋砌块砌体基本构造要求

12.3.1.1　*配筋砌块剪力墙钢筋的规格和设置*

（1）钢筋的规格　钢筋的直径不宜大于 25mm，当设置在灰缝中时不应小于 4mm，在其他部位不应小于 10mm；配置在孔洞或空腔中的钢筋面积不应大于孔洞或空腔面积的 6%。

（2）钢筋的设置　设置在灰缝中的钢筋直径不宜大于灰缝厚度的 1/2；两平行钢筋间的净距不应小于 50mm；柱和壁柱中的竖向钢筋的净距不宜小于 40mm（包括接头处钢筋间的净距）。

12.3.1.2　*配筋砌块剪力墙构造钢筋要求*

① 应在墙的转角、端部和孔洞的两侧配置竖向连续的钢筋，且钢筋直径不应小于 12mm；

② 应在洞口的底部和顶部设置不小于 2 ϕ 10 的水平钢筋，其伸入墙内的长度不应小于 $40d$ 和 600mm；

③ 应在楼（屋）盖的所有纵横墙处设置现浇钢筋混凝土圈梁，圈梁的宽度和高度应等于墙厚和块高，圈梁主筋不应少于 4 ϕ 10，圈梁的混凝土强度等级不应低于同层混凝土块体强度等级的 2 倍，或该层灌孔混凝土强度等级，也不应低于 C20；

④ 剪力墙其他部位的竖向和水平钢筋的间距不应大于墙长、墙高的 1/3，也不应大于 900mm；

⑤ 剪力墙沿竖向和水平方向的构造钢筋配筋率不应小于 0.07%。

12.3.1.3　*砌体材料强度等级*

配筋砌块砌体的砌体材料强度等级应符合下列规定：

① 砌块不应低于 MU10；

② 砌筑砂浆不应低于 Mb7.5；

③ 灌孔混凝土不应低于 Cb20。

对安全等级为一级或设计使用年限大于 50 年的配筋砌块砌体房屋，所用材料的最低强度等级应至少提高一级。配筋砌块剪力墙的厚度不应小于 190mm。

12.3.1.4　*配筋砌块砌体柱的构造要求*

配筋砌块砌体柱（见图 12-9），除应符合上述要求外，尚应符合下列规定：

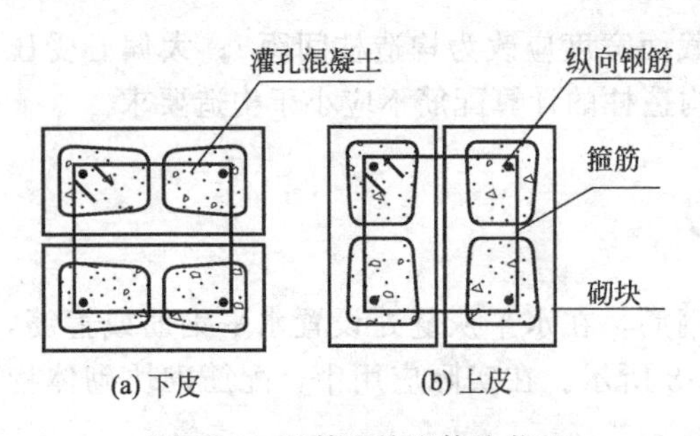

图 12-9 配筋砌块砌体柱截面

① 柱截面边长不宜小于 400mm，柱高度与截面短边之比不宜大于 30；

② 柱的纵向钢筋直径不宜小于 12mm，数量不应少于 4 根，全部纵向受力钢筋的配筋率不宜小于 0.2%；

③ 柱中箍筋的设置应根据下列情况确定：a. 当纵向钢筋的配筋率大于 0.25%，且柱承受的轴向力大于受压承载力设计值的 25%时，柱应设箍筋；当配筋率≤0.25%时，或柱承受的轴向力小于受压承载力设计值的 25%时，柱中可不设置箍筋；b. 箍筋直径不宜小于 6mm；c. 箍筋的间距不应大于 16 倍的纵向钢筋直径、48 倍箍筋直径及柱截面短边尺寸中较小者；d. 箍筋应封闭，端部应弯钩或绕纵筋水平弯折 90°，弯折段长度不小于 $10d$；e. 箍筋应设置在灰缝或灌孔混凝土中。

12.3.2 配筋砌块砌体构件正截面受压承载力计算

12.3.2.1 基本假定

配筋砌块砌体构件正截面承载力应按下列基本假定进行计算：

① 截面应变分布保持平面；

② 竖向钢筋与其毗邻的砌体、灌孔混凝土的应变相同；

③ 不考虑砌体、灌孔混凝土的抗拉强度；

④ 根据材料选择砌体、灌孔混凝土的极限应变：当轴心受压时不应大于 0.002，偏心受压时的极限压应变不应大于 0.003；

⑤ 根据材料选择钢筋的极限拉应变，且不应大于 0.01；

⑥ 纵向受拉钢筋屈服与受压区砌体破坏同时发生的相对界限受压区高度，应按式(12-19) 计算

$$\xi_b=\frac{0.8}{1+\dfrac{f_y}{0.003E_s}} \tag{12-19}$$

⑦ 大偏心受压时受拉钢筋考虑在 $h_0-1.5x$ 范围内屈服并参与工作。

12.3.2.2 轴心受压承载力

轴心受压配筋砌块砌体构件，当配有箍筋或水平分布钢筋时，其正截面受压承载力应按下列公式计算：

$$N\leqslant\varphi_{0g}(f_gA+0.8f'_yA'_s) \tag{12-20}$$

$$\varphi_{0g}=\frac{1}{1+0.001\beta^2} \tag{12-21}$$

式中 N——轴向力设计值；

f_g——灌孔砌体的抗压强度设计值，应按式(10-11) 确定；

f'_y——钢筋的抗压强度设计值；

A——构件的截面面积；

A'_s——全部竖向钢筋的截面面积；

φ_{0g}——轴心受压构件的稳定系数；

β——构件的高厚比。

无箍筋或水平分布钢筋时，承载力仍可按式(12-20) 计算，但应取 $f'_yA'_s=0$；配筋砌

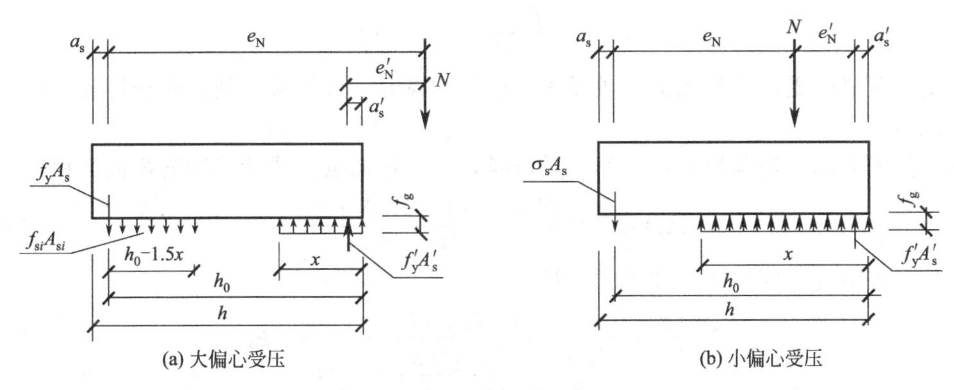

图 12-10　矩形截面偏心受压正截面承载力计算简图

块砌体构件的计算高度 H_0 可取层高。

配筋砌块砌体构件，当竖向钢筋仅配在中间时，其平面外偏心受压承载力可按式(11-16) 进行计算，但应采用灌孔砌体的抗压强度设计值。

12.3.2.3　矩形截面偏心受压承载力

(1) 偏心受压类型　当 $x \leqslant \xi_b h_0$ 时，为大偏心受压；当 $x > \xi_b h_0$ 时，为小偏心受压。相对界限受压区高度，对 HPB300 级钢筋，$\xi_b = 0.57$，对 HRB335 级钢筋，$\xi_b = 0.55$，对 HRB400 级钢筋，$\xi_b = 0.52$。

(2) 大偏心受压承载计算 [见图 12-10(a)]

$$N \leqslant f_g bx + f'_y A'_s - f_y A_s - \sum f_{si} A_{si} \tag{12-22}$$

$$Ne_N \leqslant f_g bx(h_0 - 0.5x) + f'_y A'_s (h_0 - a'_s) - \sum f_{si} S_{si} \tag{12-23}$$

式中　N——轴向力设计值；

f_g——灌孔砌体的抗压强度设计值；

f_y、f'_y——竖向受拉、受压主筋的强度设计值；

b——截面宽度；

f_{si}——竖向分布钢筋的抗拉强度设计值；

A_s、A'_s——竖向受拉、受压主筋的截面面积；

A_{si}——单根竖向分布钢筋的截面面积；

S_{si}——第 i 根竖向分布钢筋对竖向受拉主筋的面积矩；

e_N——轴向力作用点到竖向受拉主筋合力点之间的距离，可按式(12-14) 确定；

a'_s——受压区纵向钢筋合力点至截面受压区边缘的距离，对于 T 形、L 形、I 形截面，当翼缘受压时取 100mm，其他情况取 300mm；

a_s——受拉区纵向钢筋合力点至截面受拉区边缘的距离，对于 T 形、L 形、I 形截面，当翼缘受压时取 300mm，其他情况取 100mm。

当受压区高度 $x < 2a'_s$ 时，其正截面承载力可按下式计算：

$$Ne'_N \leqslant f_y A_s (h_0 - a'_s) \tag{12-24}$$

式中　e'_N——轴向力作用点至竖向受压主筋合力点之间的距离，可按式(12-15) 确定。

(3) 小偏心受压承载计算 [见图 12-10(b)]　小偏心受压时不考虑竖向分布钢筋的作用，承载力按下列公式计算：

$$N \leqslant f_g bx + f'_y A'_s - \sigma_s A_s \tag{12-25}$$

$$Ne_N \leqslant f_g bx(h_0 - 0.5x) + f'_y A'_s (h_0 - a'_s) \tag{12-26}$$

$$\sigma_s=\frac{f_y}{\xi_b-0.8}\left(\frac{x}{h_0}-0.8\right) \tag{12-27}$$

当受压区竖向受压主筋无箍筋或无水平钢筋约束时，可不考虑竖向受压钢筋的作用，即取 $f'_yA'_s=0$。

矩形截面对称配筋砌块砌体小偏心受压时，也可近似按下式计算钢筋截面面积：

$$A_s=A'_s=\frac{Ne_N-\xi(1-0.5\xi)f_gbh_0^2}{f'_y(h_0-a'_s)} \tag{12-28}$$

此处，相对受压区高度可按下式计算

$$\xi=\frac{x}{h_0}=\frac{N-\xi_bf_gbh_0}{\dfrac{Ne_N-0.43f_gbh_0^2}{(0.8-\xi_b)(h_0-a'_s)}+f_gbh_0}+\xi_b \tag{12-29}$$

12.3.3 配筋砌块砌体构件斜截面受剪承载力计算

12.3.3.1 截面尺寸验算

剪力墙的截面尺寸应满足下列要求：

$$V\leqslant 0.25f_gbh_0 \tag{12-30}$$

式中 V——剪力墙的剪力设计值；

b——剪力墙截面宽度；

h_0——剪力墙截面的有效高度。

12.3.3.2 矩形截面受剪承载力计算

(1) 偏心受压时斜截面受剪承载力

$$V\leqslant\frac{1}{\lambda-0.5}(0.6f_{vg}bh_0+0.12N)+0.9f_{yh}\frac{A_{sh}}{s}h_0 \tag{12-31}$$

$$\lambda=\frac{M}{Vh_0} \tag{12-32}$$

式中 f_{vg}——灌孔砌体抗剪强度设计值，应按式(10-13) 确定；

M、N、V——计算截面的弯矩、轴向力和剪力设计值，当 $N>0.25f_gbh$ 时取 $N=0.25f_gbh$；

λ——计算截面的剪跨比，当 λ 小于 1.5 时取 1.5，当 λ 大于 2.2 时取 2.2；

f_{yh}——水平钢筋的抗拉强度设计值；

A_{sh}——配置在同一截面内的水平分布钢筋或网片的全部截面面积；

h_0——剪力墙截面的有效高度；

s——水平分布钢筋的竖向间距。

(2) 偏心受拉时斜截面受剪承载力

$$V\leqslant\frac{1}{\lambda-0.5}(0.6f_{vg}bh_0-0.22N)+0.9f_{yh}\frac{A_{sh}}{s}h_0 \tag{12-33}$$

12.4 配筋砌体中钢筋的耐久性要求

砌体结构的耐久性包括两个方面，一是对配筋砌体结构构件的钢筋的保护，二是对砌体材料的保护。长期的实践证明，高强度的砖石结构可经历数百年乃至上千年，其耐久性不容质疑。对非烧结块材、多孔块材的砌体处于冻胀或某些侵蚀环境条件下其耐久性易于受损，通常采用提高强度等级的办法加以解决。锈蚀会严重影响钢筋的耐久性，故从耐久性角度出发，需要对钢筋表面进行防护处理以及设置足够的保护层厚度。

12.4.1　钢筋耐久性选择

设计使用年限为 50 年时，砌体中钢筋的耐久性选择应符合表 12-3 的规定。

表 12-3　砌体中钢筋耐久性选择

环境类别	钢筋种类和最低保护要求	
	位于砂浆中的钢筋	位于灌孔混凝土中的钢筋
1	普通钢筋	普通钢筋
2	重镀锌或有等效保护的钢筋	当采用混凝土灌孔时，可为普通钢筋；当采用砂浆灌孔时，应为重镀锌或有等效保护的钢筋
3	不锈钢或有等效保护的钢筋	重镀锌或有等效保护的钢筋
4 和 5	不锈钢或等效保护的钢筋	不锈钢或等效保护的钢筋

注：1. 对夹心墙的外页墙，应采用重镀锌或有等效保护的钢筋。

2. 表中的钢筋即为国家现行标准《混凝土结构设计规范》（GB 50010）和《冷轧带肋钢筋混凝土结构技术规程》（JGJ 95）等标准规定的普通钢筋或非预应力钢筋。

设计使用年限为 50 年时，夹心墙的钢筋连接件或钢筋网片、连接钢板、锚固螺栓或钢筋，应采用重镀锌或等效的防护涂层，镀锌层的厚度不应小于 290g/m^2；当采用环氯涂层时，灰缝钢筋涂层厚度不应小于 290μm，其余部件涂层厚度不应小于 450μm。

12.4.2　钢筋的保护层厚度

设计使用年限为 50 年时，砌体中钢筋的保护层厚度，应符合下列规定。

① 配筋砌体中钢筋的最小保护层厚度应符合表 12-4 的规定。

表 12-4　钢筋的最小保护层厚度

环境类别	混凝土强度等级			
	C20	C25	C30	C35
	最低水泥含量/(kg/m^3)			
	260	280	300	320
1	20	20	20	20
2	—	25	25	25
3	—	40	40	30
4	—	—	40	40
5	—	—	—	40

注：1. 材料中最大氯粒子含量和最大碱含量应符合现行国家标准《混凝土结构设计规范》（GB 50010）的规定。

2. 当采用防渗砌体块体和防渗砂浆时，可以考虑部分砌体（含抹灰层）的厚度作为保护层，但对环境类别 1、2、3，其混凝土保护层厚度不应小于 10mm、15mm 和 20mm。

3. 钢筋砂浆面层的组合砖砌体构件的钢筋保护层厚度宜比表 12-4 规定的混凝土保护层厚度数值增加 5～10mm。

4. 对安全等级为一级或设计使用年限为 50 年以上的砌体结构，钢筋保护层的厚度应至少增加 10mm。

② 灰缝中钢筋外露砂浆保护层的厚度不应小于 15mm。

③ 所有钢筋端部均应有与对应钢筋的环境类别条件相同的保护层厚度。

④ 对填实的夹心墙或特别的墙体构造，钢筋的最小保护层厚度，应符合下列规定：

a. 用于环境类别 1 时，应取 20mm 厚砂浆或灌孔混凝土与钢筋直径较大者；

b. 用于环境类别 2 时，应取 20mm 厚灌孔混凝土与钢筋直径较大者；

c. 采用重镀锌钢筋时，应取 20mm 厚砂浆或灌孔混凝土与钢筋直径较大者；

d. 采用不锈钢筋时，应取钢筋的直径。

思　考　题

12-1　为什么在砖砌体的水平灰缝中设置钢筋网可以提高构件的受压承载力？

12-2　简述网状配筋砖砌体受压构件的破坏特征。

12-3　网状配筋砖砌体的适用范围和构造要求是什么？

12-4　组合砖砌体构件有哪些形式？

12-5　配筋砌块砌体剪力墙房屋的最大适用高度和抗震设防烈度之间的关系如何？

12-6　砖砌体和钢筋混凝土构造柱组合墙中对构造柱有什么要求？

12-7　对 HPB300 级钢筋而言，比较界限相对受压区高度 ξ_b 的取值在混凝土结构、组合砖砌体和配筋砌块砌体中的差异。

12-8　配筋砌块砌体构件材料的最低强度等级是多少？

12-9　对安全等级为一级或设计使用年限为 50 年以上的配筋砌体结构，如何确定钢筋的保护层厚度？

选　择　题

12-1　网状配筋砖砌体的体积配筋率的最大值为（　　）。

A. 0.1%　　B. 0.2%　　C. 0.6%　　D. 1.0%

12-2　当轴向压力偏心距 $e>0.6y$ 时，宜采用（　　）。

A. 网状配筋砖砌体构件　　B. 组合砖砌体构件

C. 无筋砌体构件　　D. 配筋砌块砌体构件

12-3　在网状配筋砖砌体中，下述哪种规定正确？（　　）

A. 网状配筋砖砌体所用砂浆强度等级不应低于 M5，砖的强度等级≥MU10

B. 钢筋的直径不应大于 10mm

C. 钢筋网的间距，不应大于五皮砖，并不应大于 400mm

D. 砌体灰缝厚度应保证钢筋上下各有 10mm 的砂浆层

12-4　当网状配筋砖砌体受压构件和无筋砌体受压构件的截面尺寸、高度、材料强度等级及偏心距 e 均相同时，其承载力影响系数 φ_n（网状配筋砌体）和 φ（无筋砌体）之间的大小关系为（　　）。

A. $\varphi_n>\varphi$　　B. 当 $\beta>3$ 时，$\varphi_n<\varphi$

C. $\varphi_n=\varphi$　　D. 当 $\beta\leqslant3$ 时，$\varphi_n<\varphi$；当 $\beta>3$ 时，$\varphi_n>\varphi$

12-5　配筋砖砌体中，下列何项叙述为正确？（　　）

A. 当砖砌体受压构件承载力不符合要求时，应优先采用网状配筋砌体

B. 当砖砌体受压构件承载力不符合要求时，应优先采用组合砌体

C. 网状配筋砖砌体中，钢筋网中钢筋的间距应≤120mm，且≥30mm

D. 网状配筋砖砌体灰缝厚度应保证钢筋以下至少有 10mm 厚的砂浆层

12-6　在砖砌体和钢筋砂浆面层构成的组合砖砌体中，砂浆的轴心抗压强度设计值可取为同强度等级混凝土的轴心抗压强度设计值的（　　）。

A. 30%　　B. 50%　　C. 70%　　D. 90%

12-7　组合砖砌体中，下列何项叙述不正确？（　　）

① 砂浆的轴心抗压强度设计值可取砂浆的强度等级；

② 砂浆的轴心抗压强度设计值可取同等级混凝土的轴心抗压强度设计值；

③ 为了提高构件的受压承载力，采用强度较高的钢筋是有效的；

④ 某组合砖柱纵向受压钢筋为 3Φ25，其箍筋的直径不宜<4mm，并不宜>6mm。

A. ①②④　　B. ①②③　　C. ①③④　　D. ①②③④

12-8　关于组合砖砌体的说法何种正确？（　　）

① 当轴向力偏心距超过截面核心范围时，宜采用组合砖砌体；

② 组合砖砌体的砂浆面层的厚度越厚越好；

③ 组合砖砌体的砂浆面层应采用水泥砂浆；

④ 组合砖砌体的受力钢筋均须锚固于底部、顶部的钢筋混凝土垫块内。

A. ①③④　B. ①②③　C. ②③④　D. ①②④

12-9　组合砖砌体的形式之一是砖砌体和钢筋混凝土构造柱组合墙。构造柱间距（　　）。

A. 不宜小于 4m　B. 不宜大于 4m　C. 不宜小于 8m　D. 不宜大于 8m

12-10　砖砌体和钢筋混凝土构造柱组合墙中构造柱的混凝土强度等级不宜（　　）。

A. 高于 C30　B. 低于 C30　C. 高于 C20　D. 低于 C20

12-11　配筋砌块砌体的砂浆强度等级不应低于（　　）。

A. M7.5　B. M5　C. Mb7.5　D. Mb5

12-12　设计使用年限为 50 年，环境类别为 2，组合砖砌体的混凝土强度等级为 C25，钢筋的最小保护层厚度应为（　　）。

A. 10mm　B. 15mm　C. 20mm　D. 25mm

计　算　题

12-1　某承受荷载作用的砖柱，截面尺寸为 370mm×620mm，计算高度 $H_0=4.8$m，承受轴向压力设计值 $N=320$kN，弯矩设计值 $M=28$kN·m（沿长边方向作用）。柱采用 MU15 烧结普通砖和 M7.5 混合砂浆砌筑。试验算砖柱的承载力，若该柱承载力不满足，请配置钢筋网。

12-2　如图 12-11 所示组合砖砌体柱截面为 490mm×490mm，计算高度 $H_0=4.9$m，承受轴心压力设计值 $N=820$kN。面层混凝土 C20，烧结普通砖 MU10，混合砂浆 M7.5，混凝土内配有 6Φ16 的钢筋。试验算该柱的受压承载力。

12-3　某单层单跨无吊车厂房，其中 490mm×620mm 组合砖柱如图 12-12 所示。柱的计算高度 $H_0=9.9$m，采用 C20 混凝土，MU15 烧结普通砖，M7.5 混合砂浆，HPB300 级钢筋。承受轴向压力设计值 $N=500$kN，弯矩设计值 $M=180$kN·m（沿长边方向作用）。采用对称配筋，取 $a_s=a'_s=35$mm，试配置纵向受力钢筋。

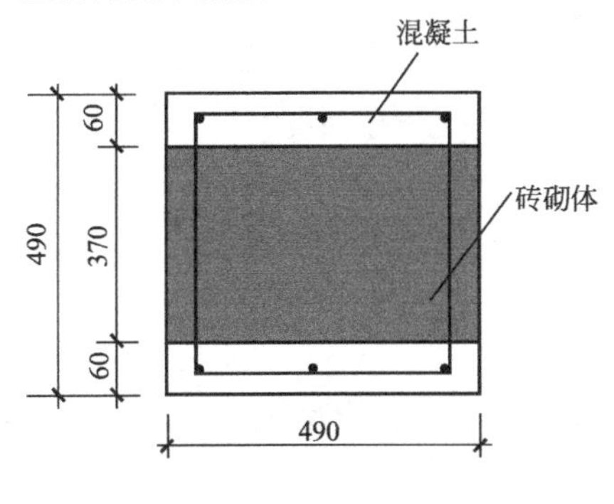

图 12-11　计算题 12-2 图

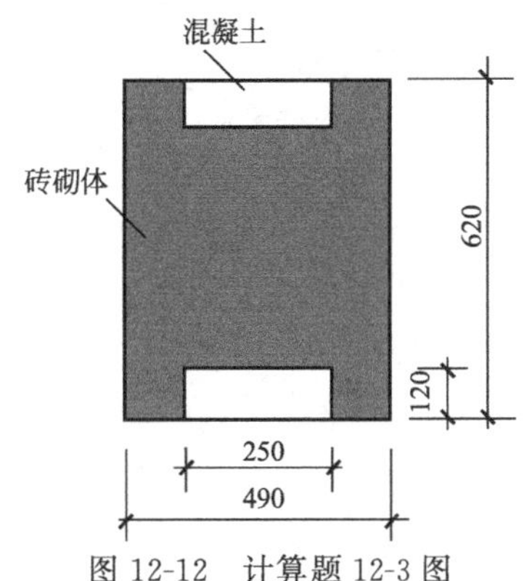

图 12-12　计算题 12-3 图

计 算 题

第四篇　钢结构构件

黄河大铁牛和牧牛铁人

鸟巢

金属材料如铜、铁等，古代产量低，属于稀缺物资，多用于制作生产、生活工具和用具，军事上制作武器。铁器在民用上亦见于建造铁链桥或桥锚。1989 年出土的黄河大铁牛和牧牛铁人，仍栩栩如生，它是玄宗时代的盛唐时期修建的黄河蒲津渡口（今山西省永济市）铁链桥的锚，长 3.3m、高 1.5m、重达万余斤。1856 年英国冶金学家贝塞麦发明酸性底吹转炉炼钢法，钢产量成倍增加，使钢材用于建筑结构成为可能。埃菲尔铁塔建于 1889 年，塔尖高度 320.7m，总重九千余吨，成为法国巴黎的标志性建筑之一。

钢结构具有高度和跨度两方面的优势。20 世纪建成的高度在 400 米以上的摩天大楼如美国纽约世界贸易中心（毁于 911 袭击事件）、芝加哥威利斯大厦等都是钢结构；2008 年北京奥运会主体育馆——鸟巢，椭圆形平面 340m×290m，是目前世界上建成的跨度最大的钢网架结构。现代超高层、大跨度房屋，钢结构具有较大的竞争能力。

第 13 章　建筑钢材的性能

13.1　建筑结构钢的品种和规格

13.1.1　钢材的种类和牌号

13.1.1.1　钢材种类

建筑结构用钢材，可分为碳素结构钢和低合金高强度结构钢两大类。

(1) 碳素结构钢　碳素钢按碳含量的多少，分为低碳钢、中碳钢和高碳钢三类。其中低碳钢碳含量<0.25%，中碳钢碳含量为 0.25%～0.6%，高碳钢碳含量为>0.6%。

建筑结构用碳素结构钢多采用低碳钢，因为其塑性、韧性和可焊性均好于中碳钢和高碳钢。有时也使用中碳钢，比如高强度螺栓用钢；也有使用高碳钢的情形，如碳素钢丝。

(2) 低合金高强度结构钢　低合金高强度结构钢按添加的主要合金元素分为若干钢系，比如锰系钢、硅锰系钢、硅钒系钢、硅钛系钢、硅铬系钢等。依据各合金元素含量的不同，又可派生出若干种合金钢。

钢材还可依据冶炼炉种不同而分为平炉钢、顶吹氧气转炉钢两类；依脱氧程度不同而分为沸腾钢——弱脱氧剂锰（Mn）脱氧，镇静钢——强脱氧剂硅（Si）、铝（Al）脱氧，半镇静钢和特殊镇静钢四类。

13.1.1.2　钢材牌号

(1) 铸造碳钢　铸造碳钢，简称为铸钢。铸钢形成的钢铸件可用来制造大型结构的支座，如大跨度桁架、网架、网壳等结构的弧形支座板和滚轴支座的枢轴及上下托座。按照国家标准《一般工程用铸造碳钢》(GB 979—87) 规定，铸钢的牌号按

『铸钢代号 ZG、屈服点 f_y-抗拉强度 f_u』

的顺序标注。常用铸造碳钢有 ZG200-400、ZG230-450、ZG270-500 和 ZG310-570，共四个牌号。其中 ZG270-500，说明该铸钢的屈服点为 $270N/mm^2$，抗拉强度为 $500N/mm^2$，由此可以算出屈强比为 0.54，表明强度储备较高。

(2) 螺栓用钢　螺栓用碳钢或合金钢制造，分级表示方法为

『抗拉强度 . 屈强比』

其中的抗拉强度以 t/cm^2 为单位。比如 8.8 级高强度螺栓表示材料抗拉强度 f_u 不低于 $800N/mm^2$ ($8t/cm^2$)，屈强比 $f_y/f_u=0.8$。普通螺栓有 4.6 级、4.8 级、5.6 级和 8.8 级，共四个级别，高强度螺栓有 8.8 级和 10.9 级两个级别。

(3) 碳素结构钢　按《碳素结构钢》(GB/T 700—2006) 的规定，碳素结构钢的牌号用屈服强度标准值编号，其牌号标注如下：

『代表屈服点字母、屈服应力标准值—质量等级、脱氧方法』

其中，代表屈服点字母为 Q；屈服应力标准值为钢材厚度（直径）≤16mm 时屈服点标准值 f_{yk}；质量等级共分 A、B、C、D 四级，与冲击韧性有关，参见表 13-1。

依脱氧方法不同分为沸腾钢（F）、半镇静钢（b）、镇静钢（Z）、特殊镇静钢（TZ）。其中 Z、TZ 可省略。

例如，Q235-BF 表示屈服点为 235N/mm^2 的 B 级沸腾钢；Q255-A 表示屈服点为 255N/mm^2 的 A 级镇静钢。

碳素结构钢有 Q195、Q215、Q235、Q255 和 Q275 共五个牌号，钢结构中通常只使用 Q235 钢。Q235 钢根据厚度尺寸分档，厚度越厚，存在的缺陷可能越多，强度就越低。

（4）低合金高强度结构钢　按《低合金高强度结构钢》（GB/T 1591—2008）的规定，低合金高强度结构钢的牌号用屈服强度标准值编号，其牌号标注为：

『Q、屈服应力标准值、质量等级』

其中质量等级分为 A、B、C、D、E 五级，与冲击韧性有关，参见表 13-1。

例如，Q345C 表示屈服点标准值为 345N/mm^2 的 C 级低合金钢；Q460E 表示屈服点标准值为 460N/mm^2 的 E 级低合金钢。

目前低合金高强度结构钢有 Q295、Q345、Q390、Q420 和 Q460 共五个牌号。其中 Q345 钢，Q390 钢和 Q420 钢为钢结构的选用钢材。

图 13-1　热轧钢板和热轧型钢

13.1.2　钢材品种和规格

钢结构中所使用的钢材，有热轧钢板、热轧型钢（图 13-1）和冷弯薄壁型钢三大类。

13.1.2.1　热轧钢板

钢板为热轧而成，由厚度 h、宽度 b 和长度 l 定义。根据钢板的厚度不同，可分为厚钢板、薄钢板和扁钢板等。

① 厚钢板。h=4.5～60mm，b=600～3000mm，l=4～12m。

② 薄钢板。h=0.35～4mm，b=500～1500mm，l=0.5～4m。

③ 扁钢板。h=4～60mm，b=30～200mm，l=3～9m。

④ 花纹钢板。h=2.5～8mm，b=600～1800mm，l=0.6～12m。

厚钢板广泛用来组成焊接构件和连接钢板，薄钢板是冷弯薄壁型材的原料，扁钢板和花纹钢板在建筑上亦有不同用途。钢板用符号“—”后面加“厚×宽×长（单位 mm）”或“长×宽×厚”的方法表示。如—18×800×2100，表示钢板厚 18mm、宽 800mm、长 2100mm。

13.1.2.2　热轧型钢

热轧型钢为钢锭加热轧制形成，依截面形状命名有角钢、工字钢、槽钢、H 型钢、T 型钢和圆管等，如图 13-2 所示。

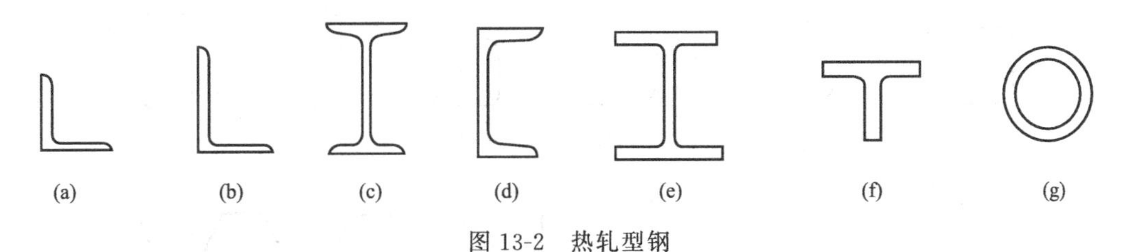

图 13-2　热轧型钢

（1）角钢　角钢分为等边角钢和不等边角钢两种，分别如图 13-2(a)、图 13-2(b) 所示。角钢符号为“L”，等边角钢用“肢宽×肢厚（mm）”表示，如L 36×5，表示肢宽为 36mm、肢厚为 5mm 的等边角钢。不等边角钢用“长肢宽×短肢宽×肢厚”表示，如L 100×80×7，表示长肢宽为 100mm、短肢宽为 80mm、肢厚为 7mm 的不等边角钢。

（2）工字钢　工字钢分普通工字钢和轻型工字钢两种，如图 13-2(c) 所示。普通工字钢用符号“I”后面跟截面高度的厘米数和腹板厚度类型a、b、c来表示型号。如I32a、I32b、I32c，表示普通工字钢截面高度均为32cm，腹板厚度则不同，其厚度依次为9.5mm、11.5mm和13.5mm（参见附表43）。轻型工字钢以符号“QI”后加截面高度的cm数表示，如QI25表示截面高度为25cm的热轧轻型工字钢。目前国产普通工字钢的规格为10～63号，轻型工字钢的规格有10～70号。

（3）槽钢　槽钢分普通槽钢和轻型槽钢两种，如图13-2(d)所示。普通槽钢的符号为“[”，用截面高度的厘米数和腹板厚度类型a、b、c表示型号。例如[36a、[36c表示截面高度均为36cm，腹板厚度分别9.0mm、13.0mm的普通槽钢。轻型槽钢的符号为“Q[”，后面跟截面高度的厘米数作为型号，如Q[25。号数相同的轻型槽钢比普通槽钢的翼缘宽而薄，惯性半径略大，重量较轻。

（4）H型钢和T型钢　H型钢是由工字钢发展而来的经济断面型材，如图13-2(e)所示。H型钢[1]的翼缘内外表面平行，内表面无斜度，翼缘端部为直角，便于与其他构件连接。设B为截面宽度、H为截面高度，则热轧H型钢根据宽高之间的关系分为宽翼缘H型钢（$B=H$）、中翼缘H型钢（$B=0.5H\sim0.66H$）、窄翼缘H型钢（$B=0.33H\sim0.5H$）和薄壁H型钢四种类型，此外还有H型钢柱。HW表示宽翼H型钢、HM为中翼H型钢，HN为窄翼H型钢、HT为薄壁H型钢，规格、尺寸参见附表44。

H型钢可沿腹板中部对等剖分成两个T形截面［图13-2(f)］，形成T型钢供应市场。

图13-3　圆钢管

（5）钢管　钢管有无缝钢管和焊接钢管两种，有圆钢管和方钢管之别。如图1-11所示的网架结构和网壳结构用的是圆钢管，而2008年北京奥运会游泳馆“水立方”屋盖用的却是方钢管。圆钢管（图13-3）用符号“φ”后面加“外径×壁厚（单位mm）”表示，如φ400×8，表示钢管外径为400mm、壁厚为8mm。

13.1.2.3　冷弯薄壁型钢

冷弯薄壁型钢是用Q235或Q345钢之薄钢板，经模压或弯曲制成，壁厚一般为1.5～5mm，国外厚度有增大的趋势，如美国可用到25.4mm厚。截面形式如图13-4(a)～(i)所示，各部分的厚度相同，转角处均呈圆弧形。因其壁薄，截面几何形状开展，因而与面积相同的热轧型钢相比，截面惯性矩大，是一种高效经济的截面。但薄壁截面存在对锈蚀影响较为敏感的缺点，故多用于跨度小、荷载轻的轻型钢结构中。

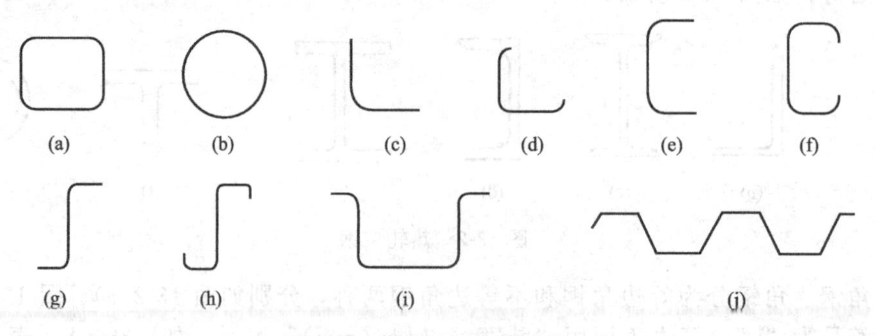

图13-4　薄壁型钢的截面形式

[1]除热轧H型钢外，还有普通焊接H型钢和轻型焊接H型钢。

有防锈涂层的彩色压型钢板，图 13-4(j) 所示，是近年来开始使用的薄壁型材，所用钢板厚度为 0.4～1.6mm，用作轻型屋面及墙面等构件。

图 13-5 所示板材为广泛应用于建筑工程上的夹芯彩色钢板，它是在两层薄钢板之间夹泡沫材料形成的。这种板材质量轻，保温、隔热的性能好，广泛用于屋盖和围护墙。2008 年 5 月 12 日四川汶川大地震后，四川重灾区在全国各地的支援下，用这种钢板搭建了六十余万套活动板房（图 13-6），来解决灾民的临时安置问题，在救灾中发挥了巨大作用。

图 13-5 夹芯彩色钢板

图 13-6 活动板房

13.2 建筑钢材的力学性能

13.2.1 钢材的静态力学性能

13.2.1.1 单向拉伸力学性能

(1) 强度指标 测定材料性能参数时，要考虑到试样尺寸的影响，为统一起见，采用钢材制作的标准试样（图 13-7），圆试样直径 10mm，标距 100mm 或 50mm。钢材拉伸时的应力-应变曲线，如图 13-8 所示，它与钢筋拉伸时的应力-应变曲线类似。所以强度指标有：比例极限 f_p，屈服点 f_y 和强度极限 f_u。强度极限之于单向拉伸，又称为抗拉强度（之于压缩又称为抗压强度），对应于图 13-8 中最高点 D 所对应的应力。当以屈服点作为强度计算的限值时，f_u 与 f_y 的差值可作为钢材的强度储备。强度储备的大小常用 f_y/f_u 表示，该比值称为屈强比。

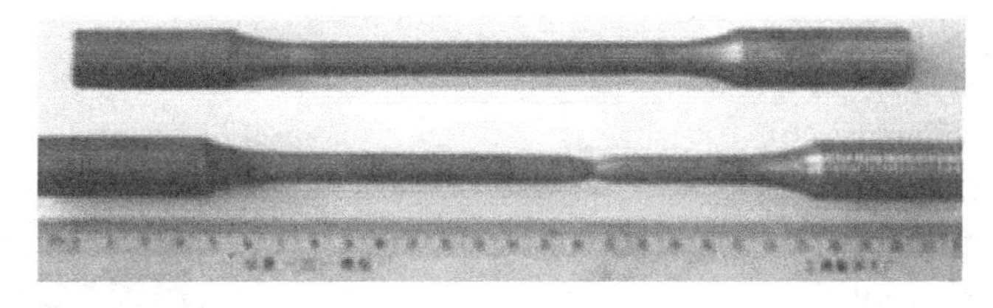

图 13-7 标准钢试样

(2) 塑性指标 材料塑性的好坏是决定结构或构件是否安全可靠的主要因素之一，它是以拉断试样后的残余变形量来定义的。试样初始标距长 l_0，试样断后标距长 l_1，则延伸率或伸长率 δ 定义为：

$$\delta=\frac{l_1-l_0}{l_0}\times 100\% \tag{13-1}$$

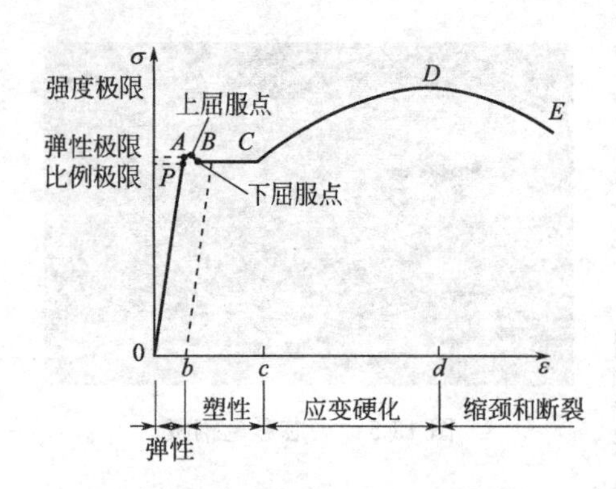

图 13-8　钢材典型的应力-应变曲线

δ之于长试样和短试样其值不同，故以l_0/d的数值为脚标加以区别。δ_{10}为长试样延伸率，δ_5为短试样延伸率，且$\delta_5>\delta_{10}$。工程上将$\delta\geqslant5\%$的材料称为塑性材料，$\delta<5\%$的材料称为脆性材料。

(3) 物理性质指标　钢材（短试件）单向受压时的性能与单向受拉时的性能基本相同，弹性模量、比例极限、屈服点一致，只是钢材压不烂，测不到抗压强度。受剪情况相似，但屈服点τ_y和抗剪强度τ_u均低于拉伸时的相应值，剪变模量G也低于弹性模量E。

钢材和钢铸件的物理性能指标包括弹性模量E、剪变模量G、线膨胀系数α和质量密度ρ，其值见附表 32。

13.2.1.2　复杂应力条件下钢材的屈服条件

二向应力状态和三向应力状态均属于复杂应力状态。如图 13-9 所示的应力单元，应力张量共有 9 个分量，考虑到切应力（剪应力）互等，仅有 6 个量独立。由独立的 6 个应力分量构成的应力矩阵为：

$$\begin{bmatrix} \sigma_x & \tau_{xy} & \tau_{zx} \\ \tau_{xy} & \sigma_y & \tau_{yz} \\ \tau_{zx} & \tau_{yz} & \sigma_z \end{bmatrix}$$

该应力矩阵的特征值σ，即为主应力。由线性代数可知，主应力（特征值）满足条件

$$\begin{vmatrix} \sigma_x-\sigma & \tau_{xy} & \tau_{zx} \\ \tau_{xy} & \sigma_y-\sigma & \tau_{yz} \\ \tau_{zx} & \tau_{yz} & \sigma_z-\sigma \end{vmatrix}=0 \tag{13-2}$$

式(13-2) 为关于σ的一元三次方程，解之可得三个根，即三个主应力。可以证明由式(13-2) 解得的三个主应力均为实数，按代数量的大小依次用σ_1、σ_2和σ_3表示，分别称为第一主应力、第二主应力和第三主应力。

(1) 三向应力状态下的屈服条件　建筑钢材在强度分析中，可以假设为理想弹塑性材料，屈服点是静强度指标。实践证明，钢材的破坏或失效可采用米赛斯（Mises）屈服准则来判断，等效应力（或折算应力）的计算公式为

$$\sigma_{eq}=\sqrt{\frac{1}{2}[(\sigma_x-\sigma_y)^2+(\sigma_y-\sigma_z)^2+(\sigma_z-\sigma_x)^2]+3(\tau_{xy}^2+\tau_{yz}^2+\tau_{zx}^2)} \tag{13-3}$$

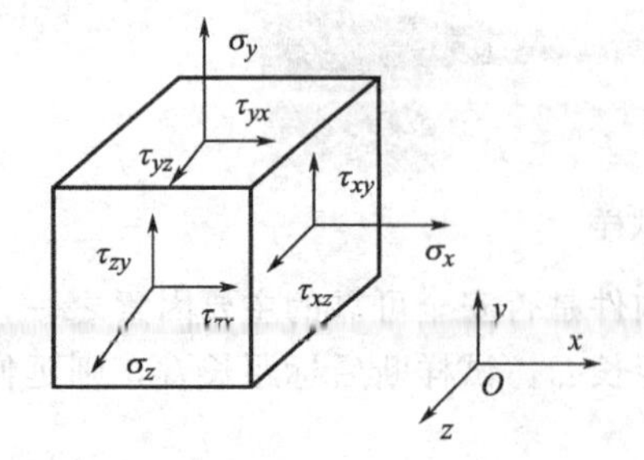

图 13-9　三向应力单元

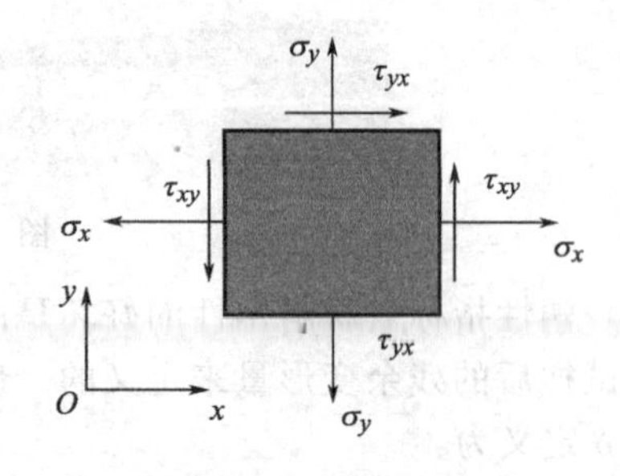

图 13-10　二向应力单元

或用主应力表示

$$\sigma_{eq}=\sqrt{\frac{1}{2}[(\sigma_1-\sigma_2)^2+(\sigma_2-\sigma_3)^2+(\sigma_3-\sigma_1)^2]} \tag{13-4}$$

当 $\sigma_{eq}<f_y$ 时，为弹性状态；$\sigma_{eq}\geqslant f_y$ 时为塑性状态。

(2) 二向应力状态下的屈服条件　三向应力中，若有一向应力很小或为零时，则属于二向应力状态或双向应力状态、平面应力状态，如图 13-10 所示。式(13-3) 成为：

$$\sigma_{eq}=\sqrt{\sigma_x^2+\sigma_y^2-\sigma_x\sigma_y+3\tau_{xy}^2} \tag{13-5}$$

对于一般的受弯梁，横截面上只存在 x 方向的正应力 σ 和 y 方向的剪应力 τ，此时的等效应力为

$$\sigma_{eq}=\sqrt{\sigma^2+3\tau^2} \tag{13-6}$$

对于纯剪应力状态（只有剪应力 τ，正应力 $\sigma=0$），屈服准则为 $\sigma_{eq}=\sqrt{3\tau^2}=\sqrt{3}\tau=f_y$，由此得到

$$\tau=\frac{f_y}{\sqrt{3}}=0.58f_y \tag{13-7}$$

因此，钢结构设计规范取钢材抗剪强度为抗拉强度的 0.58 倍。

试验得知，当三向应力或二向应力皆为拉应力时，材料破坏时没有明显的塑性变形产生，即材料处于脆性状态。虽然钢材为塑性材料，但由于应力状态不同，仍然可表现出两种破坏形式：塑性破坏和脆性破坏。脆性破坏为没有明显先兆的突发破坏，造成损失较大，在设计、施工和使用钢结构时，要特别注意防止出现脆性破坏。

13.2.2　钢材的冷弯性能和冲击韧性

拉伸试验所得到的力学性能指标是单一的指标，而且还是静力指标；冷弯性能是综合指标，冲击韧性也是综合指标，同时还是动力指标。

13.2.2.1　冷弯性能

冷弯性能由冷弯试验确定，如图 13-11 所示。在材料试验机上按照规定的弯心直径用冲头加压，将试样弯曲 180°后，再用放大镜检查试样表面，如无裂纹、分层等现象出现，则认为材料之冷弯性能合格。

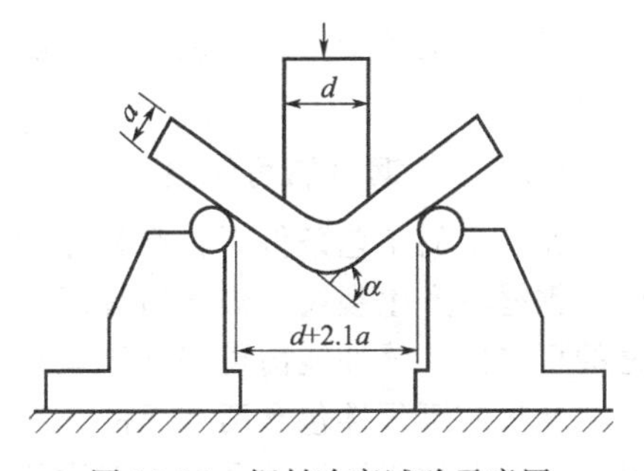

图 13-11　钢材冷弯试验示意图

冷弯试验不仅能直接检验钢材的弯曲变形能力或塑性性能，而且还能暴露钢材内部的冶金缺陷，如硫、磷偏析和硫化物与氧化物的掺杂情况。钢材的这些内部冶金缺陷，将降低冷弯性能。所以，冷弯性能合格是鉴定钢材在弯曲状态下的塑性应变能力和钢材质量的综合指标。

13.2.2.2　冲击韧性

冲击韧性表示材料抵抗冲击作用的能力。它与材料的塑性有关，而又不同于塑性，是强度与塑性的综合表现。若强度提高，韧性降低则说明钢材趋于脆性。

如图 13-12 所示，中部带有 V 型缺口的标准试样，尺寸为 55mm×10mm×10mm，两端铰支，用摆锤冲击缺口断面。缺口附近承受拉应力，且发生应力集中，故试样沿缺口断面断裂。测量试样破坏后所消耗的功 A_{kv}，单位为焦 (J)，以此定义冲击韧性。其值与材料的内在质量、宏观缺陷和微观组织变化有关，受温度影响大。

冲击韧性随温度的降低而下降。其规律是开始下降缓慢，当达到一定温度范围时，突然

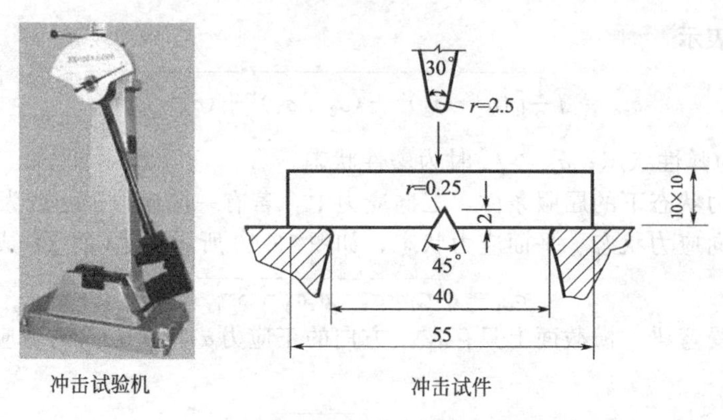

冲击试验机 冲击试件

图 13-12 冲击试验

下降很多而呈脆性，这种性质称为钢材的冷脆性，这时的温度称为脆性临界温度。钢材的脆性临界温度越低，低温冲击韧性越好。同一牌号的钢材质量根据不同温度下的冲击韧性指标划分等级（表 13-1），碳素结构钢分 A、B、C、D 四级，低合金高强度结构钢分 A、B、C、D、E 五级。

表 13-1 钢材的质量等级

质量等级	温度/℃	冲击功 A_{kv}(纵向)不小于/J	
		碳素结构钢	低合金高强度结构钢
A		不要求	不要求
B	20	27	34
C	0	27	34
D	−20	27	34
E	−40	—	27

对于直接承受动力荷载而且可能在负温下工作的重要结构，应有相应温度下的冲击韧性保证。

13.2.3 钢材的可焊性

在一定的工艺条件下，钢材经受住焊接时产生的高温热循环作用，焊缝金属和邻近焊缝区的钢材不产生裂纹，焊接后焊缝的主要力学性能不低于母材的力学性能，这种性能称为钢材的可焊性。该性能由可焊性试验确定。

钢材的可焊性包含两方面的含义：一是钢材本身具有可焊接的条件，通过焊接，可以方便地实现多种不同形状和不同厚度的钢材的连接；二是钢材焊接后，焊接接头的强度、刚度一般可达到与母材相等或相近，能够承受母材金属所能承受的各种作用。建筑钢材中，Q235 钢具有较好的可焊性，Q345 钢的可焊性次之，用于重要结构时需采取一些必要的措施，如预加热焊件等。

13.2.4 影响钢材性能的主要因素

影响钢材力学性能（强度、塑性、韧性、冷弯性能）和加工性能的因素很多，主要有化学成分、冶金工艺（冶金缺陷）、硬化（轧制工艺）、温度变化、应力集中、反复荷载作用等方面，以下逐一介绍。

13.2.4.1 化学成分

钢是由各种化学成分组成的，化学成分及其含量对钢的性能有着重要影响。钢的主要成分是铁（Fe）元素，其次为碳（C）元素，所以钢是含碳量 0.04%～2%的铁基合金。除铁、碳以外，还含有冶金过程中留下来的杂质，如硅（Si）、锰（Mn）、硫（S）、磷（P）、氮（N）、氧（O）等元素，这些杂质中部分有害、部分有益。低合金结构钢中，还添加有合金元素，如锰、硅、钒（V）、铜（Cu）、铌（Nb）、钛（Ti）、铝（Al）、铬（Cr）、钼（Mo）等合金元素。合金元素通过冶炼工艺以一定的结晶形式存在于钢中，可以改善钢的性能。同一种元素以合金的形式和杂质的形式存在于钢中，其影响是不同的。

（1）铁和碳　碳素结构钢中纯铁含量约占 99%，是钢的基本元素。纯铁通常较软，强度低，不直接使用于工程结构。

碳素结构钢中，尽管碳的含量小于 1%，但它却是形成钢材强度的主要成分。随着碳含量的增加，钢材的强度会提高，但塑性、韧性、冷弯性能和可焊性都会下降，抗锈蚀的能力亦有所降低。当碳含量超过 0.3%时，钢材的抗拉强度很高，但没有明显的屈服点，塑性变形能力很低；当碳含量低于 0.1%时，塑性变形能力很强，但强度很低，也没有明显的屈服点。所以，在钢结构中并不采用碳含量很高的钢材、也不采用碳含量很低的钢材，焊接结构中的钢材碳含量应控制在 0.12%～0.2%之间。

（2）锰和硅　锰和硅都是钢中的有益元素。它们都是脱氧剂，但脱氧能力锰弱于硅。锰、硅都可以提高钢材的强度，而不显著降低塑性、韧性等性能，但锰含量过高会降低钢材的可焊性。

在碳素钢中，锰含量为 0.3%～0.8%，硅的含量为 0.12%～0.3%；在低合金钢中，锰的含量为 1.0%～1.7%，硅的含量为 0.2%～0.55%。

（3）硫和磷　硫和磷是在冶炼过程中留在钢中的杂质，属于有害元素，它们降低钢材的塑性、韧性、可焊性和疲劳强度。硫可生成易于熔化的硫化铁，当热加工及焊接温度达到 800～1000℃时，钢材出现裂纹、变脆，这种现象谓之热脆。在低温条件下，磷可使钢材变脆，这种现象称之为冷脆。所以，结构用钢对硫和磷的含量都必须严加控制。一般硫的含量不超过 0.04%～0.05%，磷的含量不超过 0.045%。

磷可提高钢材的强度和抗锈蚀能力。可使用的高磷钢，其磷含量可达 0.12%，这时应减少碳含量，以保持一定的塑性和韧性。

（4）氧和氮　氧和氮都是钢中的有害杂质。氧的作用和硫类似，使钢热脆；氮的作用和磷类似，使钢冷脆。因为氧和氮在金属熔化后，极易从钢液中逸出，其含量较小，不会超过极限含量，所以通常不要求作含量分析。

（5）其他金属元素　钒、铌、钛是钢中的合金元素，既可提高钢材强度，又可保持良好的塑性、韧性。铬、镍是提高钢材强度的合金元素。铝是强脱氧剂，用铝进行补充脱氧，能进一步减少钢中的有害氧化物。铜在碳素结构钢中属于杂质成分，它可以显著地提高钢材的抗腐蚀性能，也可以提高钢材的强度，但对可焊性有不利影响。

建筑结构上所使用的碳素结构钢和低合金高强度结构钢的化学成分（含量）要求，国家标准《碳素结构钢》（GB/T 700—2006）、《低合金高强度结构钢》（GB/T 1591—2008）作了具体规定，参见表 13-2 和表 13-3。

13.2.4.2　*冶金工艺*

冶金工艺包括炼钢、浇注、轧制，这一过程的各个环节对钢材的性能都有影响，不同的工艺方法生产的钢材性能有一定的悬殊。特别是冶金缺陷的存在，对钢材性能会造成较大的负面影响。

（1）炼钢炉炉种　钢材生产中，有平炉、氧气转炉、空气转炉、电炉等炼钢方法。电炉炼钢生产成本高，生产的钢材一般不用于建筑结构。空气转炉钢因其质量较差，现已不用于承重钢结构。我国建筑钢材大量采用平炉钢、氧气转炉钢。

表 13-2 碳素结构钢钢材的化学成分（GB/T 700—2006）

牌号	等级	化学成分/%					脱氧方法
		C	Mn	Si	S	P	
				不大于			
Q195	—	0.06～0.12	0.25～0.50	0.30	0.050	0.045	F、b、Z
Q215	A	0.09～0.15	0.25～0.55	0.30	0.050	0.045	F、b、Z
	B				0.045		
Q235	A	0.14～0.22	0.30～0.65	0.30	0.050	0.045	F、b、Z
	B	0.12～0.20	0.30～0.70		0.045		
	C	≤0.18	0.35～0.80		0.040	0.040	Z
	D	≤0.17			0.035	0.035	TZ
Q255	A	0.18～0.28	0.40～0.70	0.30	0.050	0.045	Z
	B				0.045		
Q275	—	0.28～0.38	0.50～0.80	0.35	0.050	0.045	Z

注：Q235A、B级沸腾钢锰含量上限为0.60%。

表 13-3 低合金高强度结构钢的牌号和化学成分（GB/T 1591—2008）

牌号	质量等级	化学成分/%									
		C≤	Mn	Si≤	P≤	S≤	V	Nb	Ti	Al≥	Cr≤	Ni≤
Q295	A	0.16	0.80～1.50	0.55	0.045	0.045	0.02～0.15	0.015～0.060	0.02～0.20	—		
	B	0.16	0.80～1.50	0.55	0.040	0.040	0.02～0.15	0.015～0.060	0.02～0.20	—		
Q345	A	0.20	1.00～1.60	0.55	0.045	0.045	0.02～0.15	0.015～0.060	0.02～0.20	—		
	B	0.20	1.00～1.60	0.55	0.040	0.040	0.02～0.15	0.015～0.060	0.02～0.20	—		
	C	0.02	1.00～1.60	0.55	0.035	0.035	0.02～0.15	0.015～0.060	0.02～0.20	0.015		
	D	0.18	1.00～1.60	0.55	0.030	0.030	0.02～0.15	0.015～0.060	0.02～0.20	0.015		
	E	0.18	1.00～1.60	0.55	0.025	0.025	0.02～0.15	0.015～0.060	0.02～0.20	0.015		
Q390	A	0.20	1.00～1.60	0.55	0.045	0.045	0.02～0.20	0.015～0.060	0.02～0.20	—	0.30	0.70
	B	0.20	1.00～1.60	0.55	0.040	0.040	0.02～0.20	0.015～0.060	0.02～0.20	—	0.30	0.70
	C	0.20	1.00～1.60	0.55	0.035	0.035	0.02～0.20	0.015～0.060	0.02～0.20	0.015	0.30	0.70
	D	0.20	1.00～1.60	0.55	0.030	0.030	0.02～0.20	0.015～0.060	0.02～0.20	0.015	0.30	0.70
	E	0.20	1.00～1.60	0.55	0.025	0.025	0.02～0.20	0.015～0.060	0.02～0.20	0.015	0.30	0.70
Q420	A	0.20	1.00～1.70	0.55	0.045	0.045	0.02～0.20	0.015～0.060	0.02～0.20	—	0.40	0.70
	B	0.20	1.00～1.70	0.55	0.040	0.040	0.02～0.20	0.015～0.060	0.02～0.20	—	0.40	0.70
	C	0.20	1.00～1.70	0.55	0.035	0.035	0.02～0.20	0.015～0.060	0.02～0.20	0.015	0.40	0.70
	D	0.20	1.00～1.70	0.55	0.030	0.030	0.02～0.20	0.015～0.060	0.02～0.20	0.015	0.40	0.70
	E	0.20	1.00～1.70	0.55	0.025	0.025	0.02～0.20	0.015～0.060	0.02～0.20	0.015	0.40	0.70
Q460	C	0.20	1.00～1.70	0.55	0.035	0.035	0.02～0.20	0.015～0.060	0.02～0.20	0.015	0.70	0.70
	D	0.20	1.00～1.70	0.55	0.030	0.030	0.02～0.20	0.015～0.060	0.02～0.20	0.015	0.70	0.70
	E	0.20	1.00～1.70	0.55	0.025	0.025	0.02～0.20	0.015～0.060	0.02～0.20	0.015	0.70	0.70

注：表中的Al为全铝含量。如化验酸溶铝时，其含量应不小于0.010%。

平炉，亦称“马丁炉”。因法国冶金学家马丁于1865年用德国西门子兄弟所发明的蓄热室，以生铁和熟铁在反应炉内炼钢首次获得成功，故名马丁炉。它由炉头、熔炼室、蓄热室和沉渣室等组成，利用拱形炉顶的反射原理由燃煤气供热，使炉中含碳少的废钢和含碳高的铁炼成含碳量适中的钢液，并在氧化过程中除去杂质。平炉钢生产工艺成熟，质量较高，钢材性能好，但生产周期长，成本较高，所以平炉钢多用于重要的建筑结构。

转炉炼钢法，由英国冶金学家贝塞麦于1856年发明，是最早的大规模炼钢方法。氧气转炉炼钢由此发展而来，它利用鼓入的氧气使杂质氧化，从而达到除去杂质的目的，图13-13为某炼钢车间正在生产时的场景。氧气转炉钢所含有害元素及夹杂物较少，其化学成分、含量、分布和力学性能与平炉钢均无明显差异，钢材质量不亚于平炉钢，且生产周期短，成本低，故建筑结构上广泛采用氧气转炉钢。

图13-13　转炉炼钢

(2) 脱氧方式　钢液出炉后，先放在盛钢液的罐内，再注入钢锭模，经冷却后形成钢锭，这一过程称为浇注。钢材在浇注成锭过程中，因钢液中残留氧会使钢材晶粒粗细不均匀而容易发生热脆，必须加入脱氧剂以消除氧。因脱氧程度不同，最终分别形成沸腾钢、镇静钢、半镇静钢和特殊镇静钢，分别用符号F、Z、b、TZ表示（表13-2）。

在浇注过程中，如果向钢液内加入弱脱氧剂锰，脱氧不充分，氧、氮和一氧化碳等气体从钢液逸出，形成钢液的沸腾现象，称为沸腾钢（F）。沸腾钢注锭后冷却很快，氧和氮生成各种冶金缺陷，塑性、韧性和可焊性都较差。因为沸腾钢冶炼时间短、耗用脱氧剂少，钢锭顶部没有集中的缩孔，切头率小、成品率高，且成本较低，所以在建筑结构中大量使用沸腾钢（约占80%）。

强脱氧剂硅和铝，脱氧能力分别是锰的5倍和90倍。向钢液内加入硅或铝，可充分脱氧，可达到不再析出一氧化碳等气体，而且氮也大部分生成氮化物。由于脱氧过程中产生大量热量，延长了钢液的保温时间，气体杂质逸出有充分的时间，没有沸腾现象出现，浇注时钢锭内比较平静，所以称为镇静钢（Z）。镇静钢中有害杂质少、组织致密、化学成分分布均匀、冶金缺陷少，力学性能比沸腾钢好。但镇静钢的生产成本高，成品率低（钢锭切头率大约20%）。

半镇静钢（b）的脱氧程度介于镇静钢和沸腾钢之间，力学性能、冶金质量、生产成本亦介于两者之间。

特殊镇静钢（TZ）是在镇静钢的基础上进一步补充脱氧，质量优于镇静钢，成本更高。特殊环境下采用特殊镇静钢，比如－20℃有冲击韧性指标要求的碳素结构钢（Q235D）就必须是特殊镇静钢。

(3) 钢材轧制　钢材成品是由钢锭在高温下（1200～1300℃）轧制成型的，国产钢材主要有热轧型钢和热轧钢板。通过轧钢机将钢锭轧制成钢坯，然后再通过一系列不同形状和孔径的轧钢机，最后形成所需形状和尺寸的钢材，该过程谓之热轧。

热轧成型过程中能使钢材晶粒变得细小和致密，也能使气泡、裂纹等缺陷焊合，因而能改善材料的力学性能。试验证明，轧制的薄型材和薄钢板的强度较高，且塑性、韧性较好，其原因在于型材越薄，轧制时辊压次数越多，晶粒越细密，缺陷越少，所以薄型材的屈服点和伸长率等性能都优于厚型材。

(4) 冶金缺陷　钢材在冶炼过程中，总会产生冶金缺陷。常见的冶金缺陷有偏析、非金属夹杂、气孔、裂纹和分层等。

偏析是钢中化学成分不一致和不均匀性的称谓。特别是硫、磷偏析，会严重恶化钢材的性能，使强度、塑性、韧性和可焊性降低。沸腾钢中杂质元素较多，偏析现象较为严重。非金属夹杂是钢中含有硫化物、氧化物等杂质，气孔是浇注钢锭时由氧化铁与碳作用所生成的一氧化碳气体不能充分逸出而形成的，裂纹是由于冷脆、热脆和不均匀收缩所形成的。这些缺陷都将影响钢材的力学性能。浇注时的非金属夹杂物在轧制后能形成钢材的分层，分层现象会严重降低钢材的冷弯性能，在分层的夹缝里，还容易侵入潮气因而引起锈蚀。

冶金缺陷对钢材性能的影响，总是负面的，可能在结构（构件）受力时表现出来，也可能在构件加工制作过程中表现出来。

13.2.4.3　钢材硬化

钢材的硬化包括时效硬化、应变硬化和应变时效硬化三种情况，它们都能提高材料的强度（屈服点），但同时使塑性、韧性下降。

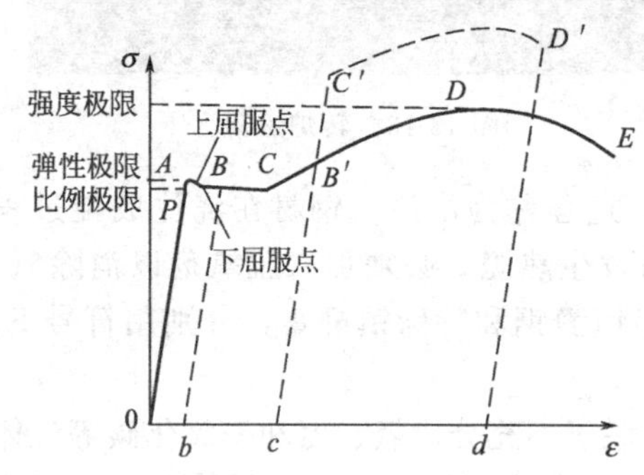

图 13-14　应变硬化和应变时效硬化

(1) 时效硬化　在高温时熔于铁中的少量氮和碳元素，随着时间的增长从纯铁中析出，形成自由碳化物和氮化物散布在纯铁体的结晶粒界面上，加强了晶粒之间的联系，对塑性变形起遏制作用，从而使强度提高，塑性、韧性下降。这种现象称为时效硬化，又称老化。时效硬化的过程一般很长，在自然条件下可延续几十年。

如果在材料塑性变形后加热，可使时效硬化发展特别迅速，这种方法谓之人工时效。

(2) 应变硬化　钢材在常温下加工，称为冷加工。冷拉、冷弯、冲孔、机械剪切等冷加工使钢材产生很大的塑性变形，提高了使用时的屈服点，同时降低了塑性、韧性，这种现象称为应变硬化或冷作硬化。

图 13-14 为钢材拉伸时的应力-应变关系曲线，若在屈服后的 B'卸载，则沿虚线下降到 c 点，留下残余应变 Oc，减小了钢的变形能力；若立即进行第二次加载，拉伸曲线为 $cB'DE$，提高了屈服点。在钢结构中，一般不利用应变硬化来提高钢材的强度，因为塑性、韧性的降低，增加了脆性，对结构危害更大。

(3) 应变时效硬化　钢材经过应变硬化后，其时效硬化速度将加快，从而在较短时间内钢材又产生显著的时效硬化，这一现象称为应变时效硬化。钢材经过应变硬化阶段卸载后间隔一定时间，再重新加载卸载，将沿 $cB'C'D'$上升到 D'，沿 $D'd$ 下降到 d 点，残余应变为 Od，钢的变形能力更小，塑性更低。但屈服点提高到了 C′点，所以应变时效硬化可提高钢材的强度。

13.2.4.4　温度变化

钢材的机械性能随温度的变化而发生改变。总的趋势是：温度升高，强度降低，应变增大（弹性模量下降），塑性提高（延伸率增大）；温度降低，钢材强度会略有增加，塑性和韧性会降低而变脆。

图 13-15 为温度变化对材料机械性能的影响曲线。由图可知，温度在 200℃范围以内，钢材性能没有很大变化；430～540℃之间，强度急剧下降；600℃时，强度很低，不能承担任何荷载。但在 250℃附近，钢材的强度反而略有提高，同时塑性和韧性均下降，材料有转脆倾向，钢材表面氧化膜呈现蓝色，故称为蓝脆现象。钢材应避免在蓝脆温度范围内进行热加工。当温度在 260～320℃之间时，在应力持

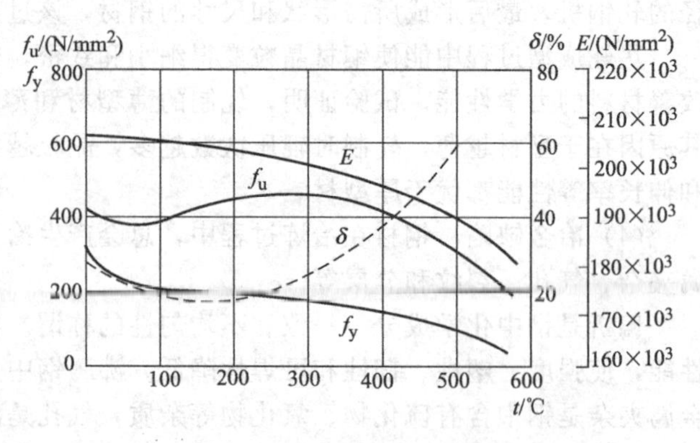

图 13-15　温度对钢材机械性能的影响

续不变的情况下，钢材以很缓慢的速度继续变形，这种现象称为徐变（力学上叫高温蠕变）。

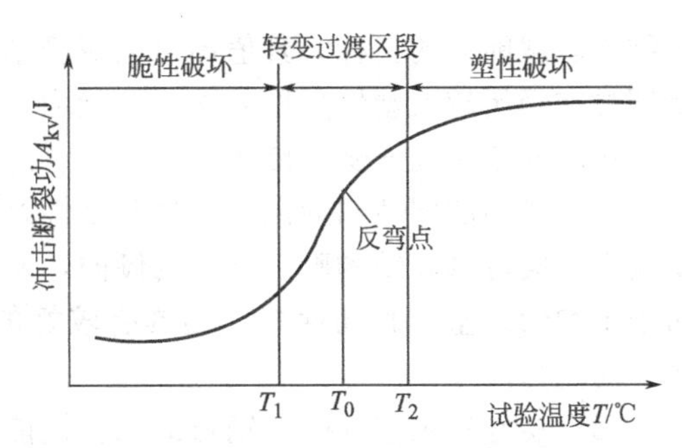

图 13-16　冲击韧性与温度的关系

钢材的韧性受温度变化的影响较大，特别是在负温度区。在负温度范围内，钢材强度虽有所提高，但塑性和韧性都降低，材料逐渐变脆，这种现象称为低温冷脆。钢材的韧性受温度变化的影响较大，图 13-16 为钢材冲击韧性与温度的关系曲线。随着温度降低，冲击功 A_{kv}迅速下降，材料将由塑性破坏转为脆性破坏，T_1T_2 称为钢材的脆性转变温度区，该区内的反弯点所对应的温度 T_0 称为转变温度。

如果把低于 T_0 完全脆性破坏的最高温度 T_1 作为钢材的脆性断裂设计温度，就可保证钢结构低温工作的安全。每种钢材的脆性转变温度区及脆性断裂设计温度需要由大量破坏实验或使用经验资料经过统计分析确定。

13.2.4.5　*应力集中*

构件可能存在裂纹、孔洞、凹角和截面尺寸突然变化，出现几何不连续时，截面上的应力分布将不符合材料力学规律。即使均匀受拉，截面应力分布也不会保持均匀，如图 13-17 所示。在截面变化附近处出现高峰应力，这种现象称为应力集中。应力集中处的应力线曲折，应力方向与构件受力方向不再保持一致，从而产生横向应力，在厚板中还会产生沿板厚度方向的应力，出现二向或三向同号应力场，使材料变脆。

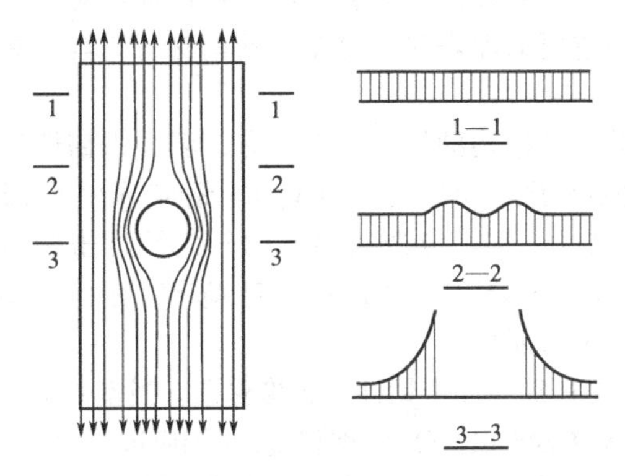

图 13-17　应力集中

建筑钢材塑性较好，在一定程度上能促使应力进行重新分布，使应力严重不均匀分布的现象趋于平缓，故承受静力荷载作用的构件在常温下工作时，设计计算中可不考虑应力集中的影响。但在动力荷载作用下或负温下工作的构件，应力集中的不利影响将十分突出，往往是引起脆性破坏的根源，设计时应避免或减小应力集中，并选用优质钢材。

13.2.4.6　*反复荷载*

钢材在反复荷载作用下，结构的抗力及性能都会发生重要变化，甚至发生疲劳破坏。在直接的连续反复的动力荷载作用下，钢材的强度低于一次静力荷载拉伸试验的极限强度，这种现象称为钢材的疲劳。疲劳破坏表现为突然发生的脆性断裂。疲劳破坏从宏观角度材料力学观点来看属于低应力脆性断裂，其真实机理目前可用断裂力学理论或累积损伤理论予以解释。

实践证明，在应力水平不高或荷载的反复次数不多的情况下，钢结构构件一般不会发生疲劳破坏，设计计算中不必考虑疲劳影响。但是，长期承受频繁的反复荷载的结构及其连接部位（如承受工作级别为 A6～A8 的吊车作用的吊车梁），在设计中就必须考虑结构的疲劳问题。

13.3　钢结构选材要求

13.3.1　钢结构对材料的要求

钢材种类繁多，性能差别很大。建筑钢结构使用的结构钢，必须符合下列要求。

（1）较高的强度　抗拉强度 f_u 和屈服点 f_y 作为强度指标，意义不同。屈服点 f_y 是衡量结构承载能力的指标，其值高可以减轻结构自重、节约钢材和降低造价。抗拉度 f_u 是衡量钢材在经历较大塑性变形后的抗拉能力，它直接反映钢材内部组织的优劣，其值高还可增加结构的安全保证或安全储备。

（2）较高的塑性和韧性　塑性和韧性好，结构在静力荷载和动力荷载作用下有足够的应变能力，既可减轻结构脆性破坏的倾向，又能通过较大的塑性变形调整局部应力，使应力分布趋于均匀。塑性和韧性好，还具有较好的抵抗重复荷载作用（交变应力或疲劳、地震作用）的能力。

（3）良好的工艺性能　钢材的工艺性能是指冷加工、热加工和可焊性能。良好的工艺性能不但要易于加工成各种形式的构件、易于连接（组装）成结构，而且不致因加工对结构的强度、塑性、韧性等造成较大的不利影响。

此外，根据具体工作条件，有时还要求钢材具有适应低温、高温和腐蚀性环境的能力。

13.3.2　钢材的选用

用于结构的钢材应具有较高的强度、足够的变形能力和良好的加工性能。选择结构用钢是指选择钢材类型（碳素结构钢或低合金高强度结构钢、镇静钢或沸腾钢）、化学成分的要求和力学性能保证项目的项数，目的是保证结构安全可靠且经济合理。

承重结构的钢材宜选用Q235钢、Q345钢、Q390钢和Q420钢，其质量应符合国家标准GB/T 700—2006、GB/T 1591—2008的规定。结构按连接形式分，有焊接结构和非焊接结构两类，它们对钢材的要求各不相同。

承重结构的钢材应具有抗拉强度、伸长率、屈服强度和硫、磷含量的合格保证，对焊接结构还应具有碳含量的合格保证。焊接承重结构和重要的非焊接承重结构的钢材还应具有冷弯试验的合格保证。

对于需要验算疲劳的以及重要的受拉或受弯的焊接结构的钢材，应具有常温冲击韧性的合格保证（B级钢）。当室外空气温度≤－10℃但高于－20℃时，对Q235钢应选用C级（0℃冲击韧性合格保证）；对Q345钢、Q390钢和Q420钢，应选用D级（－20℃冲击韧性的合格保证）。当室外空气温度低于－20℃时，对Q235钢应选用D级，对Q345钢、Q390钢和Q420钢，应选用E级（－40℃冲击韧性的合格保证）。

对于需要验算疲劳的非焊接结构的钢材，亦应具有常温冲击韧性的合格保证。当室外空气温度等于或低于－20℃时，对Q235钢应选用C级，对Q345钢、Q390钢和Q420钢应选用D级。

由于沸腾钢的脱氧能力弱，含有较多的有害氧化物（FeO），构造和晶粒粗细不均匀，其性能低于镇静钢；还由于沸腾钢容易存在硫的偏析，在硫的偏析区施焊可能引起裂纹，所以重要的承重结构不宜采用Q235沸腾钢。

建筑结构常用Q235钢和Q345钢，建议选材列于表13-4中。

表13-4　Q235钢和Q345钢选用情况参考表

荷载性质	结构类型	工作环境温度	焊接结构	非焊接结构
承受静载及间接动力荷载	受拉、受弯的重要结构	＞－20℃	Q235B，Q345A	Q235A，Q345A
		≤－20℃	Q235B，Q345B	Q235A，Q345A(B)
	其他重要结构	＞－30℃	Q235B·F，Q345A	Q235A(A·F)，Q345A
		≤－30℃	Q235B，Q345A(B)	Q235A，Q345A(B)
直接承受动力荷载	不需要验算疲劳的结构	＞－20℃	Q235B，Q345A(B)	Q235B(B)，Q345A
		≤－20℃	Q235C，Q345A(B)	Q235B，Q345A(B)
	需要验算疲劳的结构	＞－10℃	Q235B，Q345B	Q235B，Q345A
		－10～－20℃	Q235C，Q345C	Q235B，Q345B
		≤－20℃	Q235D，Q345D	Q235C，Q345C

13.4　钢材及其连接的强度取值

13.4.1　材料强度取值方法

材料强度作为构件承载力计算的依据之一，用符号 f 表示材料强度。

13.4.1.1　取值依据

钢材屈服后发生塑性流动，导致构件变形过大，从而影响正常使用，所以采用屈服点应力 f_y 作为其强度（失效判别依据）。对于无明显流动现象的高强度钢材，可取名义屈服值为其强度值。

13.4.1.2　材料强度标准值

按照现行《建筑结构设计统一标准》，取保证率为 95%的材料强度值为材料强度标准值 f_k。钢材出厂前，要进行抽样检验，以确保质量。抽样检验的判断标准为废品限值，如果屈服点应力低于废品限值，即认为是废品，不得按合格品出厂。目前的废品限值取值为屈服应力平均值减去 α 倍标准差，其中 $\alpha \geqslant 1.645$，保证率不低于 95%。所以，在《钢结构设计规范》中直接取废品限值为钢材的强度标准值。钢材的废品限值作为钢材出厂的屈服点予以标注。碳素结构钢和低合金高强度结构钢的强度标准值和抗拉强度分别列于表 13-5、表 13-6。

13.4.1.3　材料强度设计值

在结构设计中，为满足结构可靠度之要求，将材料强度标准值 f_k 除以大于 1 的材料抗

表 13-5　碳素结构钢的强度标准值

牌号	屈服点 f_y/(N/mm²)						抗拉强度 f_u /(N/mm²)
	钢材厚度(直径)/mm						
	≤16	>16～40	>40～60	>60～100	>100～150	>150	
	不小于						
Q195	(195)	(185)					315～390
Q215	215	205	195	185	175	165	335～410
Q235	235	225	215	205	195	185	375～460
Q255	255	245	235	225	215	205	410～510
Q275	275	265	255	245	235	225	490～610

表 13-6　低合金高强度结构钢的强度标准值

牌号	屈服点 f_y/(N/mm²)				抗拉强度 f_u /(N/mm²)
	钢材厚度(直径、边长)/mm				
	≤16	>16～35	>35～50	>50～100	
	不小于				
Q295	295	275	255	235	390～570
Q345	345	325	295	275	470～630
Q390	390	370	350	330	490～650
Q420	420	400	380	360	520～680
Q460	460	440	420	400	550～720

力分项系数 γ_R 定义为材料强度设计值 f：

$$f=\frac{f_k}{\gamma_R} \tag{13-8}$$

材料的抗力分项系数按照可靠度指标 β 并考虑工程经验而确定。结构承载能力计算中，使用材料强度设计值。

13.4.2　钢材及其连接的强度设计值

钢材及连接的强度设计值按下述相应公式计算，所得结果修约到 5N/mm²。

13.4.2.1　结构钢材强度设计值

(1) 抗拉、抗压和抗弯强度设计值 f　按式 (13-8) 计算，对 Q235 钢取材料抗力分项系数 $\gamma_R=1.087$，对 Q345、Q390 和 Q420 钢取 $\gamma_R=1.111$，所以

$$f=\frac{f_k}{\gamma_R}=\begin{cases}\dfrac{f_y}{1.087} & \text{Q235 钢}\\ \dfrac{f_y}{1.111} & \text{Q345、Q390、Q420 钢}\end{cases} \tag{13-9}$$

(2) 抗剪强度设计值 f_v　由纯剪切应力状态，利用材料力学的米赛斯屈服准则（第四强度理论），按式(13-7) 所表示关系计算，即：

$$f_v=0.58f \tag{13-10}$$

(3) 端面承压强度设计值 f_{ce}　构件承压是局部面积所为，周围面积对承压部分有约束作用，从而形成三向受压应力状态。承压应力允许超过屈服点，故取钢材的抗拉强度最小值 f_u 为其标准值，所以

$$f_{ce}=\frac{f_{cek}}{\gamma_{Ru}}=\frac{f_u}{\gamma_{Ru}} \tag{13-11}$$

其中抗力分项系数 γ_{Ru}，对 Q235 钢和 Q345 钢取 $\gamma_{Ru}=1.15$，对 Q390 钢和 Q420 钢取 $\gamma_{Ru}=1.175$。

【例题 13-1】　Q235 钢热轧钢板，当厚度为 20mm 时，由表 13-5 可知 $f_y=225\text{N/mm}^2$、$f_u=375\text{N/mm}^2$，试计算 f、f_v、f_{ce}之值。

【解】

$$f=\frac{f_y}{\gamma_R}=\frac{225}{1.087}=206.99,\quad \text{修约为 } f=205\text{N/mm}^2$$

$$f_v=0.58f=0.58\times205=118.9,\quad \text{修约为 } f_v=120\text{N/mm}^2$$

$$f_{ce}=\frac{f_u}{\gamma_{Ru}}=\frac{375}{1.15}=326.1,\quad \text{修约为 } f_{ec}=325\text{N/mm}^2$$

13.4.2.2　钢铸件强度设计值

取不同的材料抗力分项系数，有

(1) 抗拉、抗压和抗弯

$$f=0.78f_y \tag{13-12}$$

(2) 端面承压

$$f_{ce}=0.65f_u \tag{13-13}$$

抗剪强度设计值计算公式同式(13-10)。

【例题 13-2】　计算钢铸件 ZG270-500 的强度设计值。

【解】　由材料牌号可知 $f_y=270\text{N/mm}^2$，$f_u=500\text{N/mm}^2$，所以

$$f=0.78f_y=0.78\times270=210.6,\quad \text{修约为 } f=210\text{N/mm}^2$$

$$f_v = 0.58f = 0.58 \times 210 = 121.8，修约为\ f_v = 120\text{N/mm}^2$$

$$f_{ce} = 0.65f_u = 0.65 \times 500 = 325.0，修约为\ f_{ce} = 325\text{N/mm}^2$$

13.4.2.3　焊缝连接的强度设计值

(1) 对接焊缝连接　对接焊缝的抗压强度设计值 f_c^w，抗剪强度设计值 f_v^w 取母材强度值，即

$$f_c^w = f, f_v^w = 0.58f \tag{13-14}$$

对接焊缝的抗拉强度设计值 f_t^w 与焊缝质量等级有关，规范取值为

$$f_t^w = \begin{cases} f & 焊缝质量1、2级 \\ 0.85f & 焊缝质量3级 \end{cases} \tag{13-15}$$

(2) 角焊缝连接　抗拉、抗压、抗剪强度设计值，取值相同。

$$f_f^w = \begin{cases} 0.38f_u^w & \text{Q235钢} \\ 0.41f_u^w & \text{Q345钢、Q390钢、Q420钢} \end{cases} \tag{13-16}$$

式中　f_u^w——熔敷金属的抗拉强度。与焊条类型的关系为：E43 型焊条为 420N/mm²，E50 型焊条为 490N/mm²，E55 型焊条为 540N/mm²。

13.4.2.4　铆钉连接、螺栓连接的强度设计值

铆钉连接、螺栓连接的受力状态复杂，理论分析比较困难，一般取铆钉（螺栓）材料的抗拉强度 f_u 为标准值，再根据试验结果乘以一个经验系数（小于 1）而得到相应的强度设计值。

根据上述公式和原则，《钢结构设计规范》(GB 50017—2003) 给出了钢材、钢铸件、连接的强度设计值表，见附表 27～附表 31，需要时可直接查取数据。

思　考　题

13-1　用于建筑钢结构的常用国产钢材有哪几种，牌号如何？

13-2　试绘出有明显屈服的钢材的拉伸曲线（应力-应变曲线），说明各阶段的特点，指出比例极限、屈服点和抗拉强度的含义。

13-3　温度对钢材强度有何影响？

13-4　说明钢材的冲击韧性的定义、工程意义。

13-5　钢材质量等级分 A、B、C、D、E 级的依据是什么？

13-6　为什么说冷弯性能是衡量钢材力学性能的一项综合指标？

13-7　何谓伸长率？伸长率过小，对结构构件有什么不利之处？

13-8　何谓屈强比，其值相对较大对工程结构有利还是有害？

13-9　钢材强度取值与尺寸有关，Q345 钢何时 $f_y = 345\text{N/mm}^2$？在其他情况下 f_y 是大于还是小于 345N/mm^2？

13-10　热轧工字钢的型号如何表示？

13-11　钢材的抗剪强度值取抗拉强度值的 58%，其依据何在？

13-12　材料强度具有 95%保证率的含义是什么？钢材的强度是否具有这一保证率？

选　择　题

13-1　碳素结构钢中碳含量增加时，对钢材的强度、塑性、韧性和可焊性的影响是（　　）。

A. 强度增加，塑性、韧性降低，可焊性提高；　B. 强度增加，塑性、韧性、可焊性都提高；

C. 强度增加，塑性、韧性、可焊性降低；　D. 强度、塑性、韧性、可焊性都降低。

13-2　钢材经过冷作硬化或应变硬化处理后，屈服点（　　），塑性降低了。

A. 降低　B. 不变　C. 提高　D. 降为零

13-3　Q235 钢制作的标准试件在一次拉伸试验中，应力由零增加到比例极限，弹性模量很大，变形很小，则此阶段为（　　）。

A. 弹性阶段　　B. 弹塑性阶段　　C. 塑性阶段　　D. 强化阶段

13-4　对于民用建筑中承受静力荷载的钢屋架，下列关于选用钢材牌号和对钢材的叙述中，不正确的是（　　）。

A. 可选用 Q235 钢

B. 可选用 Q345 钢

C. 钢材须具有抗拉强度、伸长率、屈服强度的合格保证

D. 钢材须具有常温冲击韧性的合格保证

13-5　牌号 Q235-D 表示此碳素结构钢的（　　）。

A. 屈服点是 235MPa，质量最好　　B. 抗拉强度是 235MPa，质量最好

C. 屈服点是 235MPa，质量最差　　D. 合金含量为 2.35%，镇静平炉钢

13-6　建筑结构上所用钢材，主要是碳素结构钢中的（　　）和低合金高强度结构钢。

A. 高碳钢　　B. 低碳钢　　C. 硅锰结构钢　　D. 沸腾钢

13-7　下列关于常用建筑钢材的叙述中，不正确的是（　　）。

A. 建筑常用钢材一般分为碳素结构钢、低合金高强度结构钢两大类

B. 碳素结构钢随钢号（或牌号）的增大，强度提高，伸长率降低

C. 碳素结构钢随钢号（或牌号）的增大，强度提高，伸长率增加

D. 碳素结构钢按脱氧程度分为沸腾钢、镇静钢、半镇静钢和特殊镇静钢四种

13-8　在常温下使钢材产生塑性变形，从而提高（　　），这个过程称为冷加工强化处理或冷作硬化。

A. 屈服强度　　B. 塑性能力　　C. 冲击韧性　　D. 冷弯性能

13-9　工字钢 I32 中，数字 32 表示（　　）。

A. 工字钢截面高度为 32cm　　B. 工字钢截面宽度为 32cm

C. 工字钢截面高度为 32mm　　D. 工字钢截面宽度为 32mm

13-10　以下关于钢材规格的描述中，不正确的是（　　）。

A. ϕ500×8 表示外径为 500mm、壁厚为 8mm 的圆钢管；

B. ∟40×5 表示等边角钢，肢宽 40mm、肢厚 5mm；

C. ∟63×40×6 表示不等边角钢，长肢宽 63mm、短肢宽 40mm、肢厚 6mm；

D. I36a、I36b、I36c 均代表截面高度为 360mm 的工字钢，其中 a、b、c 为腹板厚度类型，腹板 a 类比 b 类厚、b 类比 c 类厚。

13-11　钢材的厚度愈大，则（　　）。

A. 抗拉、抗压、抗弯、抗剪强度设计值越大；

B. 抗拉、抗压、抗弯、抗剪强度设计值越小；

C. 抗拉、抗压、抗弯强度设计值愈大，抗剪强度设计值愈小；

D. 抗拉、抗压强度设计值愈大，抗弯、抗剪强度设计值愈小。

计　算　题

13-1　一块由 Q235 钢经热轧而成的钢板，已知板厚为 12mm，试按公式求该钢板材料的抗拉、抗剪强度设计值。

13-2　热轧工字钢梁 I45b，如材料为 Q345 钢，问其抗弯强度设计值、抗剪强度设计值各应是多少？

第 14 章　钢结构连接

14.1　钢结构的连接方法

连接就是通过一定的手段将板材或型钢组合成构件，或将若干构件组合成整体结构，以保证其共同工作。钢材或钢构件只有连接起来，才能形成钢结构。钢结构连接的基本原则是安全可靠、传力明确、构造简单、制造方便和节约钢材，接头需要有足够的强度，还要有适宜于施行连接手段的足够空间。

鉴于上述要求，建筑工程上可采用的连接方法有焊缝连接、螺栓连接和铆钉连接三种，分别如图 14-1 中(a)、(b)、(c) 所示。

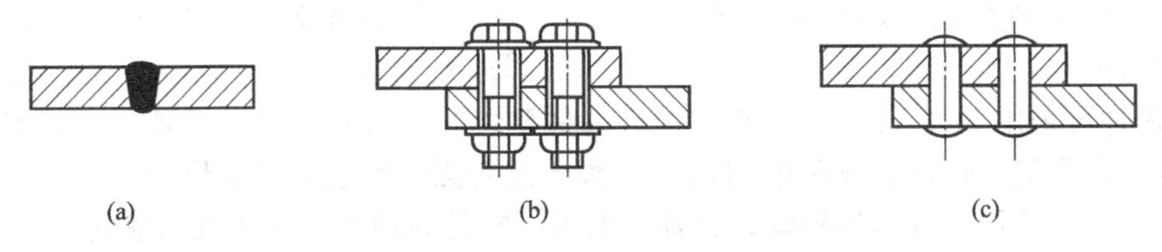

图 14-1　钢结构的连接方法

14.1.1　焊缝连接

焊缝连接就是将钢材连接处金属加热熔化，待冷却后形成焊缝，将缝两侧钢材连成一体，如图 14-2 所示。焊缝连接是目前钢结构连接的主要方法。

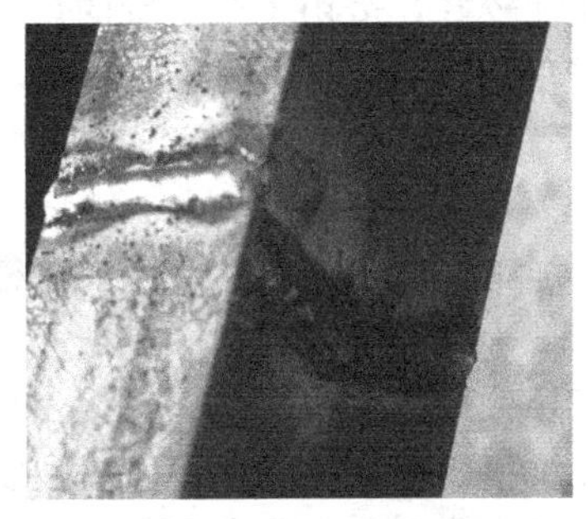

图 14-2　焊缝连接

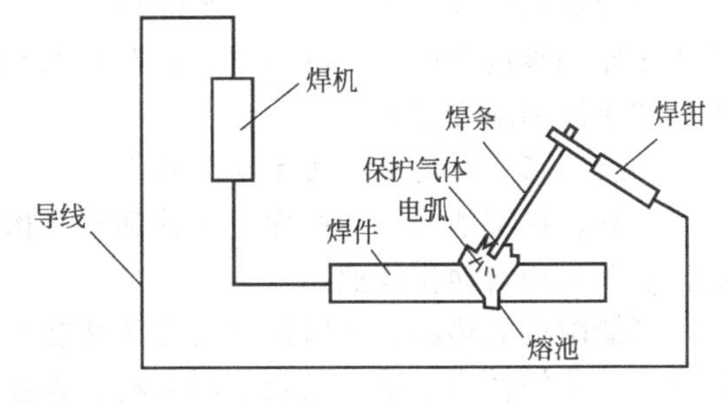

图 14-3　手工电弧焊

14.1.1.1　*常用焊接方法*

(1) 手工电弧焊　手工电弧焊是最常用的一种焊接方法，其原理如图 14-3 所示。通电后，涂有药皮的焊条和焊件之间产生电弧，其温度可高达 3000℃。在高温作用下，电弧周围金属熔化成液态，形成熔池。同时，焊条中的焊丝熔化滴入熔池中，与焊件金属溶液相互结合，冷却后形成焊缝。焊条药皮在燃烧过程中产生气体保护电弧和熔化金属，并形成焊渣覆盖于液态金属表面，隔绝空气中的氧、氮气体，避免形成脆性化合物。

手工电弧焊的优点在于设备简单，操作灵活方便，适用于任何空间位置的焊接，特别适于焊接短焊缝。其不足之处是生产效率低，劳动强度大，焊缝质量与焊工技术水平有关，且质量波动较大。

手工电弧焊常用的焊条分碳钢焊条和合金钢焊条两种，牌号有 E43 型、E50 型和 E55 型，其中 E 表示焊条，两位数字表示熔敷金属抗拉强度的最小值（kgf/mm^2）。焊条的选用应与主体金属（焊件钢材）相匹配，一般情况下，对 Q235 钢材采用 E43 型焊条，对 Q345 钢材则采用 E50 型焊条，对 Q390、Q420 钢材采用 E55 型焊条。当不同强度的两种钢材进行焊接时，宜采用与低强度钢材相适应的焊条。

（2）埋弧焊　埋弧焊是电弧在焊剂层下燃烧的一种电弧焊方法，分自动埋弧焊和半自动埋弧焊两种方式。通电引弧后，由于电弧的作用，使埋于焊剂下的焊丝和附近的焊剂熔化，熔渣浮在熔化的焊缝金属上面，使熔化金属不与空气接触，并供给焊缝金属所需要的合金元素，随着电焊机的移动，颗粒状的焊剂不断由料斗漏下，电弧完全被埋在焊剂之内，同时焊丝边熔化边下降。如果电焊机沿轨道按设定的速度自动移动，就称为自动埋弧焊；如果电焊机的移动是由人工操作，则称为半自动埋弧焊。

埋弧焊具有的优点较多，概括起来为：工艺条件稳定，与大气隔离、保护效果好，电弧热量集中；熔深大，焊缝的化学成分均匀；焊缝质量好，塑性和韧性较高；生产效率高。但自动埋弧焊只适合于焊接较长的直线焊缝，半自动埋弧焊可适合于焊接曲线焊缝。

埋弧焊采用的焊丝、焊剂要保证其熔敷金属抗拉强度不低于相应手工焊条的数值。Q235 钢焊件可采用 H08、H08A、H08MnA 等焊丝配合高锰、高硅型焊剂；Q345 钢和 Q390 钢焊件可采用 H08A、H08E 焊丝配合高锰型焊剂，也可采用 H08Mn、H08MnA 焊丝配合中锰型和高锰型焊剂，或采用 H10Mn2 焊丝配合无锰型或低锰型焊剂。

（3）气体保护焊　气体保护焊，又称气电焊。它是利用惰性气体或二氧化碳（CO_2）气体作为保护介质的一种电弧熔焊方法。该法依靠保护气体在电弧周围形成局部隔离区，以防止有害气体的侵入，从而保持焊接过程的稳定。

气体保护焊的优点是电弧热量集中，焊接速度快，焊件熔深大，热影响区较小，焊接变形较小；由于焊缝熔化区不产生焊渣，焊接过程中能清楚地看到焊缝成型的全过程；气体保护焊所形成的焊缝强度比手工电弧焊高、塑性和抗腐蚀性较好，适用于全位置的焊接，特别适用于厚钢板或厚度 100mm 以上的特厚钢板的连接。气电焊的缺点是设备较复杂，不适于野外或有风的地方施焊。

14.1.1.2　焊缝连接的主要优缺点

焊缝连接不削弱构件截面，节约钢材；构造简单，加工方便；连接的刚度大，密封性能好；易于采用自动化作业。

焊缝附近的热影响区内钢材的力学性能发生变化，导致局部材质变脆；焊接残余应力和残余变形使构件的承载力受到不利影响；焊接结构对裂纹很敏感，一旦局部发生裂纹，就容易迅速扩展到整个截面，低温冷脆现象较为突出。

图 14-4　螺栓连接

14.1.2　螺栓连接

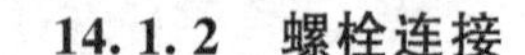

螺栓属于紧固件之一，常和螺帽、垫圈同时使用。螺栓连接就是螺栓、螺帽通过螺栓孔将钢材连接成整体，如图 14-4 所示。这种连接的优点在于施工简单，安装方便，进度和质量易于保证，但存在开孔对构件截面有削弱，有时需要辅助连接件、增加钢材用量等缺陷。螺栓连接分为普通螺栓连接和高强度螺栓连接两种。

14.1.2.1　普通螺栓连接

普通螺栓通常采用 Q235 钢制作，分 A 级、B 级和 C 级，安装时用普通扳手拧紧螺帽即可。

A 级、B 级螺栓为精制螺栓，是由毛坯在车床上经过切削加工精制而成。尺寸准确、表面光滑，要求配用Ⅰ类孔（孔径与栓杆直径相同）。精致螺栓由于精度高，故抗剪性能好，但制作安装复杂，价格较高，应用受到一些限制。

C 级螺栓为粗制螺栓，由未经加工的圆钢压制而成。因加工粗糙，尺寸不很准确，故只需要求Ⅱ类孔（孔径比螺栓直径大 1.5～3mm）。因为螺栓杆和螺栓孔之间的间隙较大，所以 C 级螺栓传递剪力时，将会产生较大的剪切滑移，连接的变形大。但安装方便，传递拉力的性能较好，且成本低廉，故 C 级螺栓多用于沿螺栓杆轴受拉的连接中，也用于次要结构的抗剪连接以及安装时的临时固定。

14.1.2.2　高强度螺栓连接

高强度螺栓是用高强度钢材经热处理制成，用能控制螺栓杆的扭矩或拉力的特制扳手拧紧到规定的扭矩或预拉力值，把被连接构件高度夹紧。依据传力机理的不同，高强度螺栓连接分为摩擦型连接和承压型连接两种类型。前者仅靠被连接板件之间的强大的摩擦阻力传递剪力，并以剪力不超过接触面摩擦力作为设计准则；后者允许接触面间滑移，以连接达到破坏（螺栓杆剪切破坏、承压破坏）的极限承载力作为设计准则。

高强度螺栓的摩擦型连接剪切变形小，弹性性能好，可拆卸，耐疲劳，特别适用于承受动力荷载作用的结构。承压型连接的承载力虽然高于摩擦型连接，但剪切变形大，故不得用于承受动力荷载的结构中。

14.1.3　铆钉连接

铆钉也是紧固件，一般为圆柱形，一端预制钉头。铆钉连接需事先在构件上开铆钉孔，将烧红的铆钉插入铆钉孔后用铆钉枪或压铆机进行铆合（压制铆钉的另一端钉头），也可用常温铆钉插入铆钉孔进行铆合，但需较大的铆合力。

图 14-5 为铆钉和铆钉连接的实例照片。这种连接传力可靠，塑性和韧性较好，质量易于检查，适合于承受动力荷载作用、荷载较大和跨度较大的结构。但由于铆钉连接构造复杂，费钢费工，除重要结构偶尔采用外，现已很少采用，而被高强度螺栓摩擦型连接所代替。

图 14-5　铆钉和铆钉连接

14.2　焊缝连接的特性和构造要求

14.2.1　焊缝连接形式和焊缝形式

14.2.1.1　焊缝连接形式

焊缝连接的形式按被连接构件间的相互位置分为对接连接、搭接连接、T 形连接和角部连接四种形式，如图 14-6 所示。

(1) 对接连接　相互连接的板件在同一平面内，传力均匀、平缓，没有明显的应力集中，且用料省，但焊件边缘需要加工，板件间隙和坡口尺寸有严格要求。对接连接主要用于厚度相同或接近相同的两构件的相互连接。

用拼接盖板的对接连接，虽然传力不均匀、费料，但是施工简便，板件间无需坡口、间

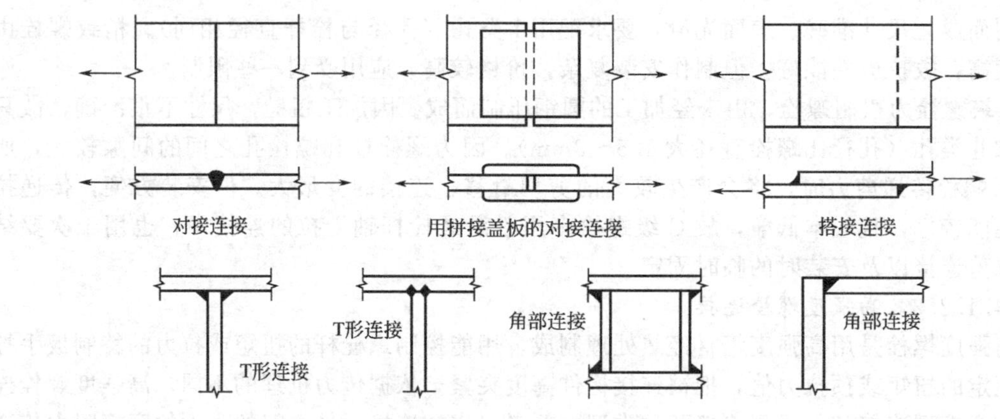

图 14-6　焊缝连接形式

隙无需严格限制，故工程上仍有应用。

（2）搭接连接　相互连接的构件不在同一平面，而是以一定的长度搭接，适用于不同厚度构件之间的连接。搭接传力不均匀、费材料，但构造简单、施工方便，所以应用广泛。

（3）T 形连接　T 形连接又称为顶接。这种连接省工省料，常用于制作组合截面。

（4）角部连接　角部连接主要用于制作箱形截面。

14.2.1.2　焊缝形式

焊缝形式是指焊缝本身的截面形式，实际应用中有对接焊缝和角焊缝两种形式，如图 14-7 所示。

（1）对接焊缝　对接焊缝按受力的方向分为正对接焊缝［图 14-7(a)］和斜对接焊缝［图 14-7(b)］。这类焊缝传力均匀、无明显应力集中现象发生，受力性能较好。对接连接都是采用对接焊缝。

（2）角焊缝　角焊缝位于板件边缘［图 14-7(c)］，传力不均匀，受力复杂，容易引起应力集中。角焊缝分正面角焊缝（垂直于外力作用方向）、侧面角焊缝（平行于外力作用方向）和斜向角焊缝（与外力作用方向斜交）三类。

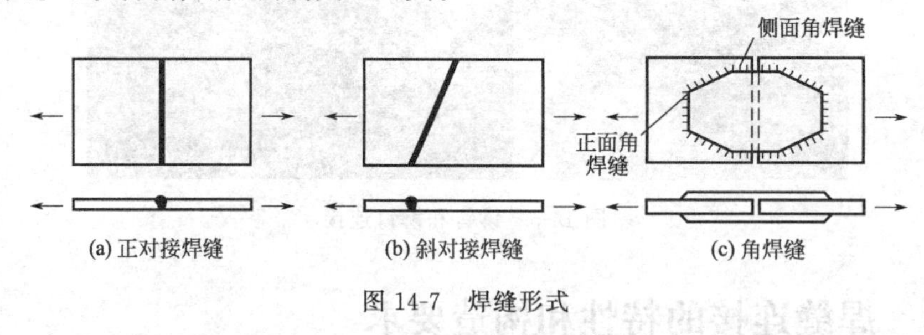

图 14-7　焊缝形式

角焊缝沿长度方向的布置可以是连续的，也可以是间断的，如图 14-8 所示。连续角焊缝受力性能较好，是主要的角焊缝形式。间断角焊缝的起、灭弧处易引起应力集中，重要结构应避免采用。间断角焊缝的净距离 l 不宜太大，以免连接不紧密而致潮气侵入引起构件锈蚀。在一般受压构件中应满足 $l \leqslant 15t$，受拉构件中 $l \leqslant 30t$（t 为较薄焊件的厚度）。

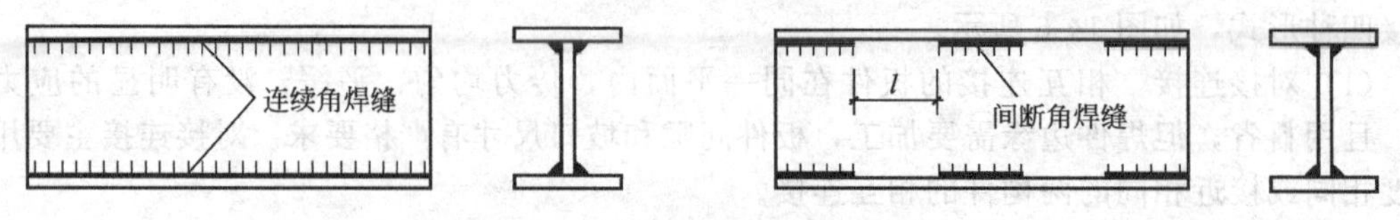

图 14-8　连续角焊缝和间断角焊缝

14.2.2　焊缝缺陷和质量等级

14.2.2.1　焊缝缺陷

焊缝缺陷是指焊接过程中产生于焊缝金属或附近热影响区钢材表面或内部的缺陷。常见的焊缝缺陷有裂纹、焊瘤、烧穿、弧坑、气孔、夹渣、咬边、未熔合、未焊透等（图 14-9），以及焊缝尺寸不符合要求、焊缝成形不良等。在所有焊接缺陷中，裂纹是焊缝连接中最危险的缺陷。产生裂纹的原因很多，如钢材的化学成分不当、焊接工艺条件（如电流、电压、焊接速度、施焊次序等）选择不合适、焊件表面油污未清除干净等。

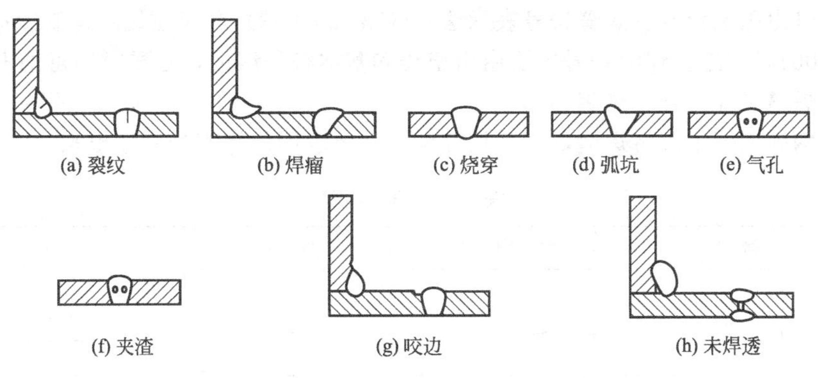

图 14-9　焊缝的缺陷

焊缝的缺陷将削弱焊缝的受力面积和引起应力集中，故对连接的强度（或承载力）、塑性和冲击韧性等受力性能产生不利影响，所以必须对焊缝质量按连接的受力性能和所处部位进行分级检验。

14.2.2.2　焊缝质量等级

焊缝质量检验方法可分为外观检查和无损检验。外观检查就是用肉眼或放大倍数不高的放大镜等来检验焊缝的外观缺陷和几何尺寸；无损检验就是用超声探伤、射线探伤、磁粉探伤以及可渗透探伤等手段，在不损坏焊缝性能和完整性的情况下，对焊缝质量是否符合规定要求和设计要求所进行的检验。

焊缝的质量等级按要求分为一级、二级和三级。三级焊缝只要求对焊缝作外观检查，即检查焊缝实际尺寸是否符合设计要求和有无看得见的裂纹、咬边等缺陷，检查结果需符合三级质量标准；二级焊缝应进行无损检测，抽检比例不应小于 20%，其合格等级应为现行国家标准《钢焊缝手工超声波探伤方法及质量分级方法》（GB 11345）B 级检验的Ⅲ级及Ⅲ级以上；一级焊缝应进行 100%的探伤检验，其合格等级应为现行国家标准《钢焊缝手工超声波探伤方法及质量分级方法》（GB 11345）B 级检验的Ⅱ级及Ⅱ级以上。

14.2.2.3　焊缝质量等级的选用

现行《钢结构设计规范》（GB 50017—2003）中，对焊缝质量等级的选用做出了规定。焊缝应根据结构的重要性、荷载特性、焊缝形式、工作环境以及应力状态等情况，按下述原则分别选用不同的质量等级。

① 在需要进行疲劳计算的构件中，凡对接焊缝均应焊透，其质量等级为：作用力垂直于焊缝长度方向的横向对接焊缝或 T 形对接焊缝与角接组合焊缝，受拉时应为一级，受压时应为二级；作用力平行于焊缝长度方向的纵向对接焊缝应为二级。

② 不需要计算疲劳的构件中，凡要求与母材等强的对接焊缝应予焊透，其质量等级当受拉时应不低于二级，受压时宜为二级。

③ 重级工作制和起重量 $Q \geqslant 50\text{t}$ 的中级工作制吊车梁的腹板与上翼缘之间以及吊车桁架

上弦杆与节点板之间的T形接头焊缝均要求焊透，焊缝形式一般为对接与角接的组合焊缝，其质量等级不应低于二级。

④ 不要求焊透的T形接头采用的角焊缝或部分焊透的对接与角接组合焊缝，以及搭接连接采用的角焊缝，其质量等级为：对直接承受动力荷载且需要验算疲劳的结构和吊车起重量等于或大于50t的中级工作制吊车梁，焊缝的外观质量标准应符合二级；对其他结构，焊缝的外观质量等级可为三级。

14.2.3 焊缝符号及标注方法

焊缝符号由国家标准《焊缝符号表示法》(GB 324—88) 和《建筑结构制图标准》(GB/T 50105—2001) 规定。焊缝符号主要由引出线和基本符号组成，必要时还可加上辅助符号、补充符号和焊缝尺寸符号，见表14-1。

在钢结构施工图上应将焊缝形式、尺寸和辅助要求用焊缝符号标注出来。

表14-1 焊缝符号

	名称		示意图	符号	示例
基本符号	对接焊缝	I型			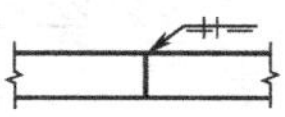
		V型			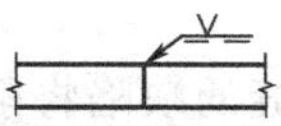
		单边V型			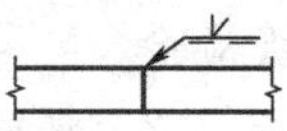
		K型	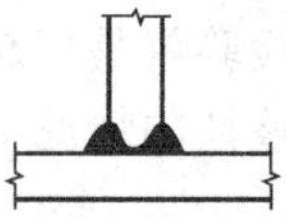		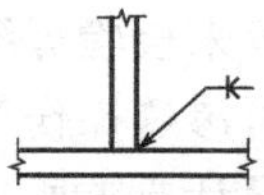
	角焊缝		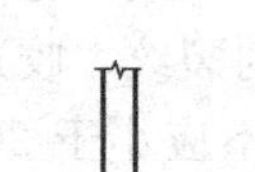		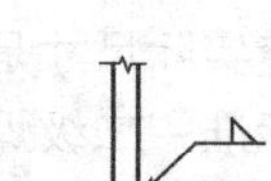
			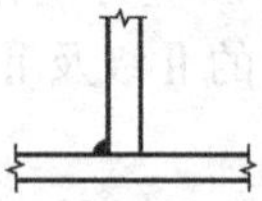		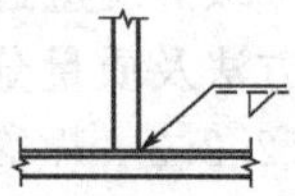
			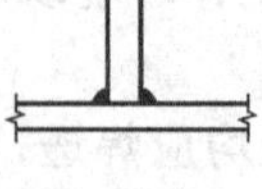		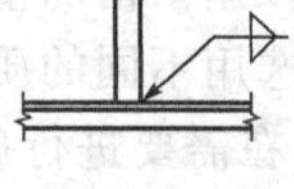
	塞焊缝		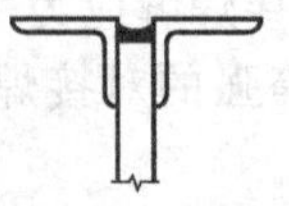		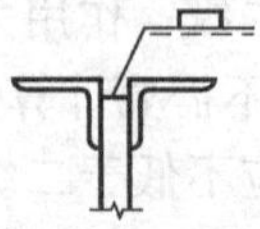

续表

	名　称	示 意 图	符　号	示　例
辅助符号	平面符号		—	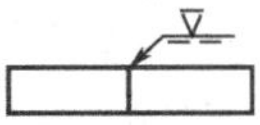
	凹面符号	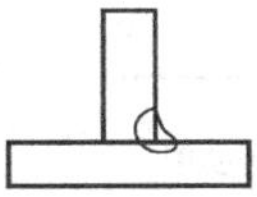	⌣	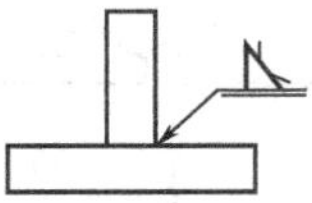
补充符号	三面围焊符号	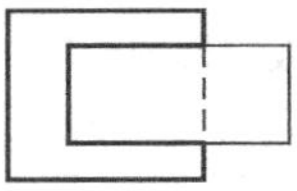	⊏	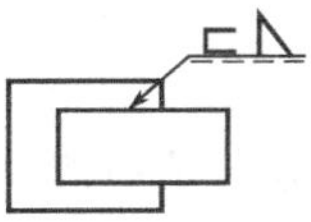
	周边围焊符号	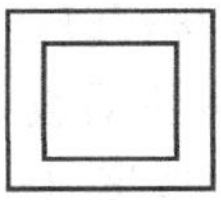	○	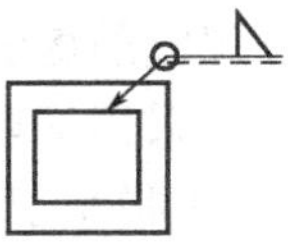
	工地现场焊符号		▶	
	焊缝底部有垫板的符号		▭	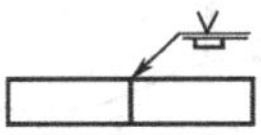
	尾部符号		<	
栅线符号	正面焊缝			
	背面焊缝			
	安装焊缝	 xxxxxxxxxxxxxxxxxxxxxxxxxxxxxx		

14.2.4　焊缝连接的构造要求

14.2.4.1　对接焊缝构造要求

对接焊缝连接的板件常开成各种形式的坡口，焊缝金属填充在坡口内。坡口形式有 I 形(直边缝)、单边 V 形、V 形、U 形、K 形和 X 形等，如图 14-10 所示。施焊时采用的坡口形式和焊件厚度有关：当焊件厚度较小（$t<10$mm）时，可采用直边缝（I 形）；对一般厚度的焊件（$t=10\sim20$mm），采用单边 V 形、V 形坡口；当焊件厚度较大（$t>20$mm）时，应采用 U 形、K 形或 X 形坡口。斜坡口和根部间隙 c 共同组成一根焊条能运转的施焊空间，使焊缝易于焊透；钝边 p 有托住熔化金属的作用。

在对接焊缝的拼接处：当焊件的宽度不同或厚度相差 4mm 以上时，应分别在宽度方向

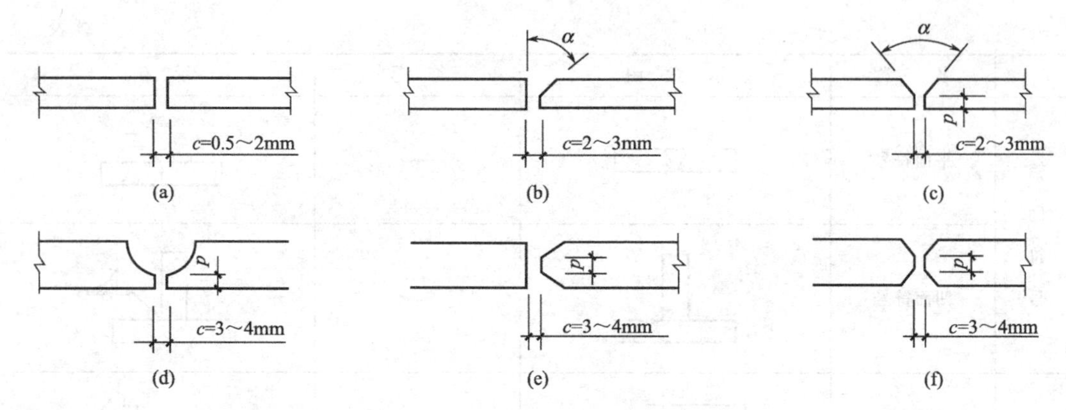

图 14-10 对接焊缝坡口形式

或厚度方向从一侧或两侧做成坡度不大于 1∶2.5 的斜角（图 14-11），以使截面过渡和缓，减小应力集中。当厚度不同时，焊缝坡口形式应按较薄厚度焊件选用。

根据焊缝的熔敷金属是否充满整个连接截面，对接焊缝还可以分为焊透和不焊透两种施焊形式。当采用不焊透的对接焊缝时，应在设计图中注明坡口的形式和尺寸，其有效厚度 h_e（mm）不得小于 $1.5t^{1/2}$，t 为坡口所在焊件的较大厚度（mm）。

对受动力荷载的构件，当垂直于焊缝长度方向受力时，未焊透处的应力集中会产生不利影响，因此规定：在直接承受动力荷载的结构中，垂直于受力方向的焊缝不宜采用不焊透的对接焊缝。

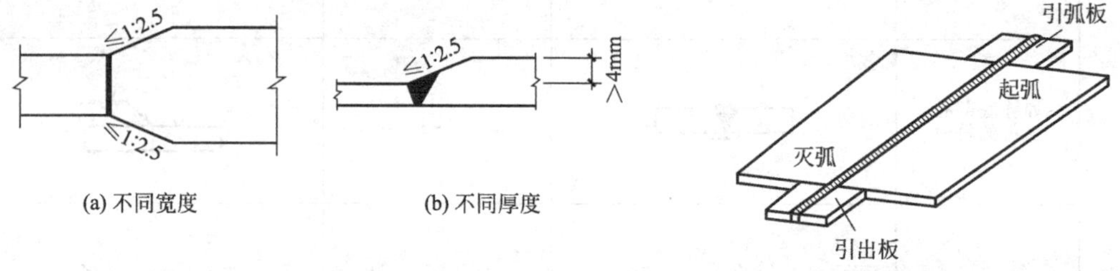

(a) 不同宽度 (b) 不同厚度

图 14-11 不同截面板件拼接

图 14-12 施焊时的引弧板与引出板

对接焊缝在施焊时的起点和终点，常因起弧和灭弧（落弧）出现弧坑等缺陷，此处极易产生应力集中和裂纹，对承受动力荷载的结构极为不利。为避免这种缺陷出现，可在施焊时采用引弧板和引出板，如图 14-12 所示。起弧在引弧板上发生，落弧在引出板上发生，焊接完毕后用气割切除，并将板边沿受力方向修理打磨平整，以消除焊口缺陷的影响。在某些特殊情况下，无法采用引弧板和引出板施焊时，计算每条焊缝的长度时，应取实际长度减去 $2t$（t 为焊件的较小厚度）。

14.2.4.2 角焊缝构造要求

角焊缝是最常用的焊缝。角焊缝两焊脚边的夹角为直角的称为直角角焊缝，如图 14-13 所示；若两焊脚边的夹角为锐角或钝角，则称为斜角角焊缝。两焊脚边的夹角＞135°或＜60°的斜角角焊缝，不宜作为受力焊缝（钢管结构除外）。焊缝截面中，h_f 称为焊脚尺寸，h_e 称为角焊缝的计算厚度。

（1）焊脚尺寸　角焊缝的焊脚尺寸 h_f（mm）不得小于 $1.5t^{1/2}$，t（mm）为较厚焊件厚度（当采用低氢型碱性焊条施焊时，t 可采用较薄焊件的厚度）。但对埋弧自动焊，最小焊脚尺寸可减小 1mm；对 T 形连接的单面角焊缝，应增加 1mm。当焊件厚度等于或小于 4mm 时，则最小焊脚尺寸应与焊件厚度相同。

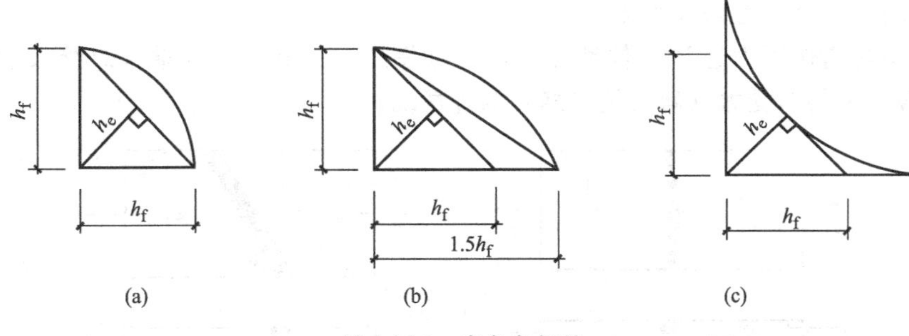

图 14-13　直角角焊缝

角焊缝的焊脚尺寸不宜大于较薄焊件厚度的 1.2 倍（钢管结构除外），但板件（厚度为 t）边缘的角焊缝最大焊脚尺寸，尚应符合下列要求：当 $t \leqslant 6$mm 时，$h_f \leqslant t$；当 $t > 6$mm 时，$h_f \leqslant t-(1 \sim 2)$ mm。圆孔或槽孔内的角焊缝焊脚尺寸尚不宜大于圆孔直径或槽孔短径的 1/3。计算时，焊脚尺寸取 mm 的整数，小数点后面的值都进位 1。

(2) 焊缝计算长度　侧面角焊缝的计算长度不得小于 $8h_f$ 和 40mm；侧面角焊缝的计算长度不宜大于 $60h_f$，当大于上述数值时，其超过部分在计算中不予考虑。若内力沿侧面角焊缝全长分布时，其计算长度不受此限制。

(3) 角焊缝截面形式　直角角焊缝通常做成表面微凸的等腰直角三角形截面，如图 14-13(a) 所示。在直接承受动力荷载的结构中，正面角焊缝的截面常采用图 14-13(b) 所示的坦式，焊角尺寸比例 1∶1.5（长边顺内力方向），侧面角焊缝的截面则做成图 14-13(c) 所示的凹面式。

(4) 断续角焊缝　在次要构件或次要焊接连接中，可采用断续角焊缝。断续角焊缝焊段的长度不得小于 $10h_f$ 或 50mm，其净距不应大于 $15t$（对受压构件）或 $30t$（对受拉构件），t 为较薄焊件的厚度。

(5) 板件端部角焊缝　当板件的端部仅有两侧面角焊缝连接时，每条侧面角焊缝长度不宜小于两侧面角焊缝之间的距离；同时两侧面角焊缝之间的距离不宜大于 $16t$（当 $t >$ 12mm）或 190mm（当 $t \leqslant 12$mm），t 为较薄焊件的厚度。

(6) 节点角焊缝　焊件与节点板的连接焊缝（图 14-14）一般宜采用两面侧焊，也可采用三面围焊，对角钢杆件可采用 L 形围焊，所有围焊的转角处必须连续施焊。

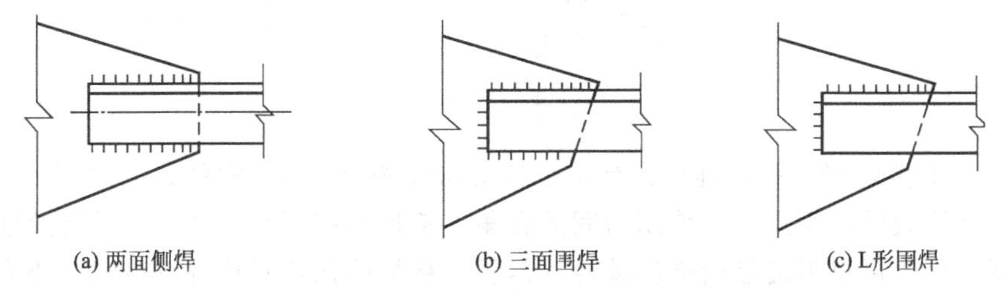

图 14-14　杆件与节点板的焊缝连接

当角焊缝的端部在构件转角处做长度为 $2h_f$ 的绕角焊时，转角处必须连续施焊。

(7) 搭接长度　在搭接连接中，搭接长度不得小于焊件较小厚度的 5 倍，并不得小于 25mm。

14.3　焊缝连接计算

14.3.1　对接焊缝计算

对接焊缝上的应力分布情况与焊件本身的分布基本相同，可用材料力学公式计算应力。

14.3.1.1 对接焊缝轴心受力

轴心受力是指作用力通过焊件截面形心，如图 14-15 所示，分垂直焊缝长度方向受力（正对接焊缝）和斜向受力（斜对接焊缝）两种情况。

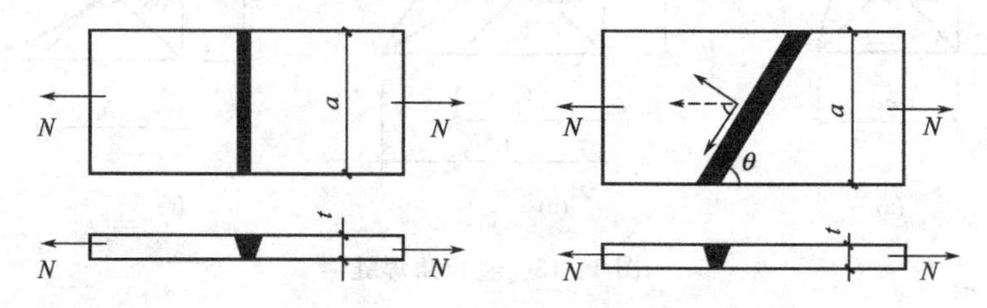

图 14-15 对接焊缝轴心受力

（1）正对接焊缝轴心受力 在对接接头和 T 形接头中，垂直于轴心拉力或轴心压力的对接焊缝或对接与角接组合焊缝，强度按下式计算：

$$\sigma=\frac{N}{l_{w}t}\leqslant f_{t}^{w} \text{ 或 } f_{c}^{w} \tag{14-1}$$

式中 N——轴心拉力或轴心压力，N；

l_w——焊缝计算长度，mm，当采用引弧板和引出板施焊时，为实际长度，当无法采用引弧板和引出板施焊时，每条焊缝的长度计算时应各减去 $2t$（t 为焊件的较小厚度）；

t——在对接接头中为连接件的较小厚度，在 T 形接头中为腹板的厚度，mm；

f_t^w、f_c^w——对接焊缝的抗拉、抗压强度设计值，N/mm^2，按附表 29 取值。

就抗拉强度而言，质量等级为一级、二级的焊缝，焊缝和构件等强；质量等级为三级的焊缝，焊缝强度低于构件强度。所以，对接焊缝抗拉计算只针对三级焊缝及未能采用引弧板、引出板施焊的一级、二级焊缝。焊缝与母材的抗压强度相等，只要采用了引弧板、引出板施焊，就不必验算焊缝的抗压强度。

（2）斜对接焊缝轴心受力 当承受轴心力的板件用斜焊缝对接时，可分别计算斜截面上的正应力和剪应力，各自满足强度条件：

$$\sigma=\frac{N\sin\theta}{l_{w}t}\leqslant f_{t}^{w} \text{ 或 } f_{c}^{w} \tag{14-2}$$

$$\tau=\frac{N\cos\theta}{l_{w}t}\leqslant f_{v}^{w} \tag{14-3}$$

式中 f_v^w——对接焊缝的抗剪强度设计值，N/mm^2，按附表 29 取值。

大量的计算表明，当焊缝与作用力间的夹角 θ 满足 $\tan\theta\leqslant1.5$ 时，斜焊缝的强度不低于母材的强度，可不再对焊缝进行强度计算。但斜对接焊缝比正对接焊缝费料，不宜多用。

14.3.1.2 弯曲变形构件中对接焊缝计算

焊缝截面中存在弯矩、剪力两个内力。在弯矩和剪力共同作用下，截面上正应力呈线性分布，剪应力按曲线分布。在上下边缘正应力最大，剪应力为零；在中和轴（中性轴）上剪应力最大，正应力为零；截面的其他位置，同时存在正应力和剪应力。

（1）截面边缘处正应力强度

$$\sigma=\frac{M}{W_{w}}\leqslant f_{t}^{w} \text{ 或 } f_{c}^{w} \tag{14-4}$$

式中 W_w——焊缝计算截面抵抗矩（或截面模量），mm^3。

（2）中和轴上剪应力强度

$$\tau=\frac{VS_{\mathrm{w}}}{I_{\mathrm{w}}t}\leqslant f_{\mathrm{v}}^{\mathrm{w}} \tag{14-5}$$

式中 I_{w}——焊缝计算截面对中和轴的惯性矩，mm^4；

S_{w}——计算剪应力处以上焊缝计算截面对中和轴的面积矩，mm^3。

(3) 工字形构件的腹翼交界处综合应力 在工字形截面的腹翼交界处同时存在正应力和剪应力，而且正应力 σ 和剪应力 τ 都较大，处于复杂应力状态，应按强度理论验算强度。第四强度理论计算等效应力或折算应力：

$$\sqrt{\sigma^2+3\tau^2}\leqslant 1.1f_{\mathrm{t}}^{\mathrm{w}} \tag{14-6}$$

式中 σ、τ——验算点的正应力和剪应力，$\mathrm{N/mm^2}$；

1.1——考虑到最大折算应力只在局部出现，而将强度设计值适当提高的系数。

【例题 14-1】 两块 Q235 钢板用对接焊缝连接，如图 14-16 所示。采用普通手工电弧焊，选用 E43 型焊条，施焊时未能采用引弧板和引出板，焊缝质量等级为二级。已知钢板宽 450mm，厚 10mm，承受轴心拉力设计值 $N=911.50\mathrm{kN}$，试验算焊缝强度。

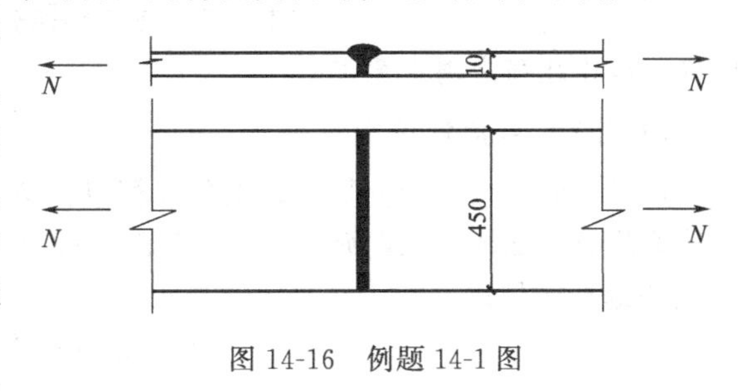

图 14-16 例题 14-1 图

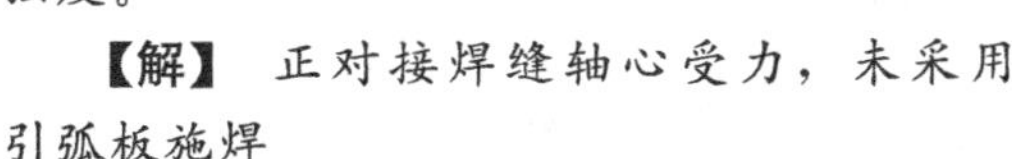
【解】 正对接焊缝轴心受力，未采用引弧板施焊

$$\begin{aligned}l_{\mathrm{w}}&=l-2t\\&=450-2\times10\\&=430\mathrm{mm}\end{aligned}$$

查附表 29：$f_{\mathrm{t}}^{\mathrm{w}}=215\mathrm{N/mm^2}$

$\sigma=\frac{N}{l_{\mathrm{w}}t}=\frac{911.50\times10^3}{430\times10}=212\mathrm{N/mm^2}<f_{\mathrm{t}}^{\mathrm{w}}=215\mathrm{N/mm^2}$，该焊缝满足强度条件。

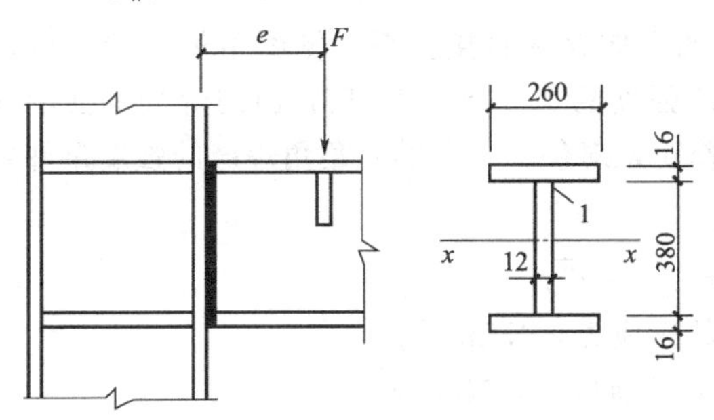

图 14-17 例题 14-2 图

【例题 14-2】 计算如图 14-17 所示工字形截面牛腿与钢柱连接的对接焊缝强度。集中力设计值 $F=536\mathrm{kN}$，偏心距 $e=300\mathrm{mm}$。钢材为 Q235-B，焊条为 E43 型，手工焊。三级焊缝质量要求，上下翼缘加引弧板和引出板施焊。

【解】 查附表 29：$f_{\mathrm{t}}^{\mathrm{w}}=185\mathrm{N/mm^2}$，$f_{\mathrm{v}}^{\mathrm{w}}=125\mathrm{N/mm^2}$

对接焊缝的计算截面与牛腿截面相同，几何参数为

$$I_x=\frac{12\times380^3}{12}+2\times\left[\frac{260\times16^3}{12}+260\times16\times198^2\right]=3.812\times10^8\mathrm{mm}^4$$

$$S_{x1}=260\times16\times198=8.237\times10^5\mathrm{mm}^3$$

$$S_x=S_{x1}+190\times12\times95=1.040\times10^6\mathrm{mm}^3$$

焊缝截面内力设计值为：$M=Fe=536\times0.3=160.8\mathrm{kN\cdot m}$，$V=F=536\mathrm{kN}$。

最大正应力（上下翼缘）

$$\sigma_{\max}=\frac{M}{I_x}\times\frac{h}{2}=\frac{160.8\times10^6\times206}{3.812\times10^8}=86.9\mathrm{N/mm^2}<f_{\mathrm{t}}^{\mathrm{w}}=185\mathrm{N/mm^2}$$

最大剪应力（中和轴）

$$\tau_{\max}=\frac{VS_x}{I_x t}=\frac{536\times10^3\times1.040\times10^6}{3.812\times10^8\times12}=121.9\text{N/mm}^2<f_v^w=125\text{N/mm}^2$$

腹翼交界处"1"点复合受力

正应力　　$\sigma_1=\sigma_{\max}\times\frac{190}{206}=86.9\times\frac{190}{206}=80.2\text{N/mm}^2$

剪应力　　$\tau_1=\frac{VS_{x1}}{I_x t}=\frac{536\times10^3\times8.237\times10^5}{3.812\times10^8\times12}=96.5\text{N/mm}^2$

等效应力（或折算应力）

$$\sqrt{\sigma_1^2+3\tau_1^2}=\sqrt{80.2^2+3\times96.5^2}=185.4\text{N/mm}^2$$
$$<1.1f_t^w=1.1\times185=203.5\text{N/mm}^2$$

所以，该焊缝强度满足要求。

14.3.2　直角角焊缝计算

角焊缝应力状态十分复杂，工程计算以大量试验为基础。沿焊缝长度方向的最小截面作为计算截面，如图 14-18 所示。计算截面又称有效截面，面积为 $h_e l_w$。其中 l_w 为焊缝长度，h_e 为焊缝有效厚度。

$$h_e=h_f\sin45°=0.7h_f \tag{14-7}$$

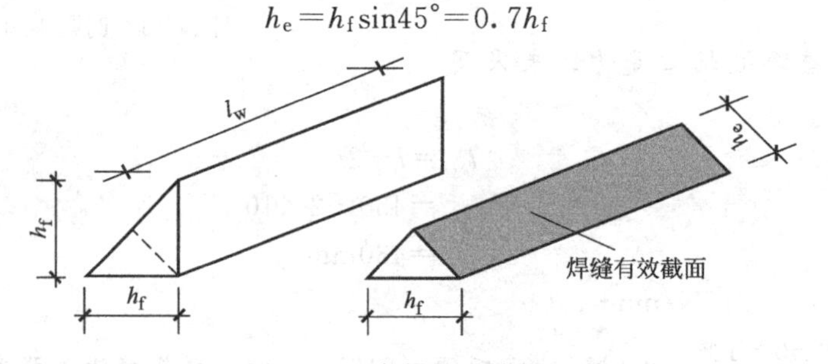

图 14-18　角焊缝有效截面

大量试验结果证明，角焊缝的强度和外力的方向存在直接关系。侧面角焊缝的强度最低，正面角焊缝的强度最高，大约为侧面角焊缝强度的 1.35～1.55 倍，斜向焊缝的强度介于二者之间。通过加权回归分析和偏于安全的修正，对任何方向的直角角焊缝的强度条件可用下式表达（图 14-19）

$$\sqrt{\sigma_\perp^2+3(\tau_\perp^2+\tau_{//}^2)}\leqslant\sqrt{3}f_f^w \tag{14-8}$$

式中　$\sigma_\perp$——垂直于焊缝有效缝截面（$h_e l_w$）的正应力，N/mm^2；

$\tau_\perp$——有效缝截面上垂直于焊缝长度方向的剪应力，N/mm^2；

$\tau_{//}$——有效缝截面上平行于焊缝长度方向的剪应力，N/mm^2；

f_f^w——角焊缝的强度设计值，N/mm^2。

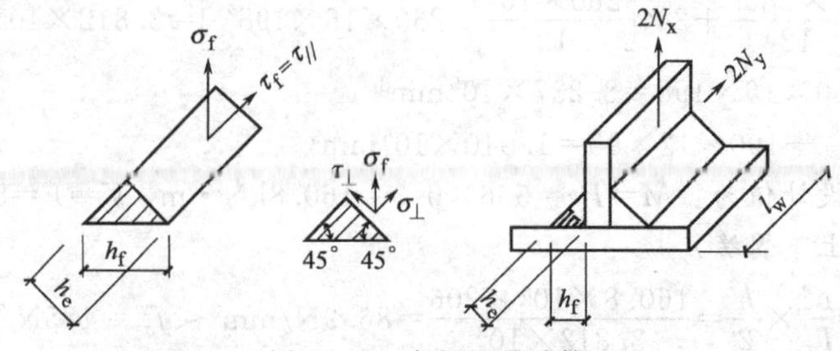

图 14-19　角焊缝的计算

式(14-8) 与欧洲钢结构协会（ECCS）采用的公式一致。在此式基础上进行简化，就是规范计算公式。

14.3.2.1　直角角焊缝基本公式

如图 14-19 所示，令 σ_f 为垂直于焊缝长度方向按焊缝有效截面面积计算的应力

$$\sigma_f=\frac{N_x}{h_e l_w} \tag{14-9}$$

它既不是正应力也不是剪应力。沿截面法向和切向分解，就得到正应力和剪应力

$$\sigma_\perp=\frac{\sigma_f}{\sqrt{2}},\tau_\perp=\frac{\sigma_f}{\sqrt{2}} \tag{14-10}$$

再令 τ_f 为沿焊缝长度方向按焊缝有效截面计算的剪应力，则有

$$\tau_{//}=\tau_f=\frac{N_y}{h_e l_w} \tag{14-11}$$

将式(4-10)、式(4-11) 代入式(4-8)，整理得

$$\sqrt{\left(\frac{\sigma_f}{\beta_f}\right)^2+\tau_f^2}\leqslant f_f^w \tag{14-12}$$

式中　β_f——正面角焊缝的强度设计值增大系数，$\beta_f=\sqrt{1.5}=1.22$。

（1）正面角焊缝　力垂直于焊缝长度方向，且通过焊缝形心，因 $N_x=N$，$N_y=0$，由式(14-9) 和式(14-12) 可得

$$\sigma_f=\frac{N}{h_e l_w}\leqslant\beta_f f_f^w \tag{14-13}$$

（2）侧面角焊缝　力平行于焊缝长度方向，且通过焊缝形心，因 $N_x=0$，$N_y=N$，由式(14-11) 和式(14-12) 可得

$$\tau_f=\frac{N}{h_e l_w}\leqslant f_f^w \tag{14-14}$$

式(14-12)、式(14-13) 和式(14-14) 是直角角焊缝计算的基本公式。其中 l_w 为角焊缝的计算长度，对每条焊缝取其实际长度减去 $2h_f$（起、灭弧处各减 h_f）。对承受静力荷载和间接动力荷载的结构，取 $\beta_f=1.22$ 可以保证安全。但对直接承受动力荷载的结构，正面角焊缝强度虽然高，但应力集中现象也较严重，又缺乏足够的试验依据，故规范规定取 $\beta_f=1.0$。

14.3.2.2　轴心受力直角角焊缝计算

轴心受力正面角焊缝按式(14-13) 计算，侧面角焊缝按式(14-14) 计算。由正面角焊缝、侧面角焊缝组成的焊缝或围焊，需分别不同情况进行计算。

（1）三面围焊角焊缝承受轴心力作用　如图 14-20 所示，加双盖板的对接连接，承受轴心力 N 作用。采用三面围焊，假定焊缝应力均匀分布，则长度为 l_{w3} 的正面角焊缝分担的内力 N_3 可由式(14-13) 取等号确定：

$$N_3=\beta_f f_f^w h_e l_{w3} \tag{14-15}$$

侧面角焊缝应承担的内力为（$N-N_3$），强度条件要求

$$\tau_f=\frac{N-N_3}{h_e l_w}\leqslant f_f^w \tag{14-16}$$

由此可验算侧面角焊缝的强度或确定侧面角焊缝的长度。

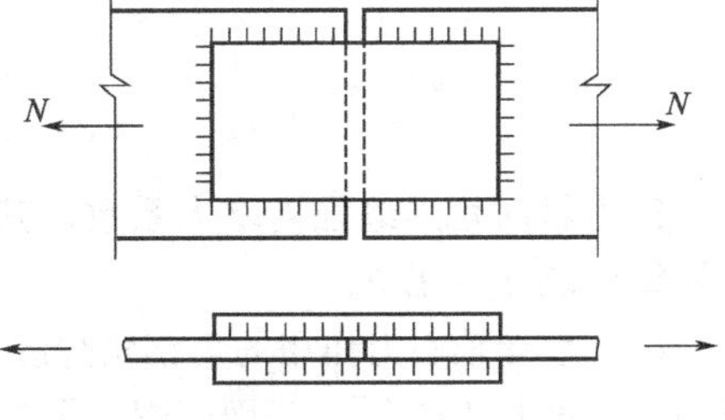

图 14-20　三面围焊

【例题 14-3】 如图 14-20 所示双盖板对接连接，钢板宽 450mm、厚 18mm，盖板宽 410mm、厚 10mm，直角焊缝采用三面围焊，试设计盖板长度。已知承受轴向拉力设计值 2250kN（间接动力荷载），钢材为 Q345 钢，采用 E50 焊条，手工电弧焊。

【解】 角焊缝强度设计值 $f_f^w=200\text{N/mm}^2$。

由较薄板件厚度 $t=10\text{mm}>6\text{mm}$，求得最大焊脚尺寸 $h_{f\max}=t-(1\sim2)\text{mm}=8\text{mm}$ 或 9mm；再由较厚板件厚度 $t=18\text{mm}$，求得最小焊脚尺寸 $h_{f\min}=1.5t^{1/2}=1.5\times18^{1/2}=6.4\text{mm}$，取整为 $h_{f\min}=7\text{mm}$。最后取 $h_f=8\text{mm}$。

正面角焊缝，上下各一条，所以

$l_{w3}=410\times2=820\text{mm}$，$h_e=0.7h_f=0.7\times8=5.6\text{mm}$，$\beta_f=1.22$

由式(14-15) 得正面角焊缝的承载力 N_3

$$N_3=\beta_f f_f^w h_e l_{w3}=1.22\times200\times5.6\times820\text{N}=1120.4\text{kN}$$

设一侧侧面角焊缝的长度为 l（左右对称），因左板上、下共 4 条侧面角焊缝，故

$$l_w=4l-2\times(2h_f)=4l-2\times(2\times8)=4l-32$$

代入式(14-16)

$$\tau_f=\frac{N-N_3}{h_e l_w}=\frac{N-N_3}{h_e(4l-32)}\leqslant f_f^w$$

得到

$$l\geqslant\frac{N-N_3}{4h_e f_f^w}+8=\frac{(2250-1120.4)\times10^3}{4\times5.6\times200}+8=260.1\text{mm}$$

取 $l=265\text{mm}$ 可满足要求。考虑钢板间隙 10mm，则盖板长度 L 为

$$L=l+10+l=265+10+265=540\text{mm}$$

盖板尺寸为：540mm×410mm×10mm。

（2）角焊缝承受斜向轴心力作用　力 N 作用于角焊缝长度的中点，它既不平行于焊缝长度方向，又不垂直于焊缝长度方向，如图 14-21 所示，这样的力称为斜向轴心力。因为 $N_x=N\sin\theta$，$N_y=N\cos\theta$，所以相应的应力为：

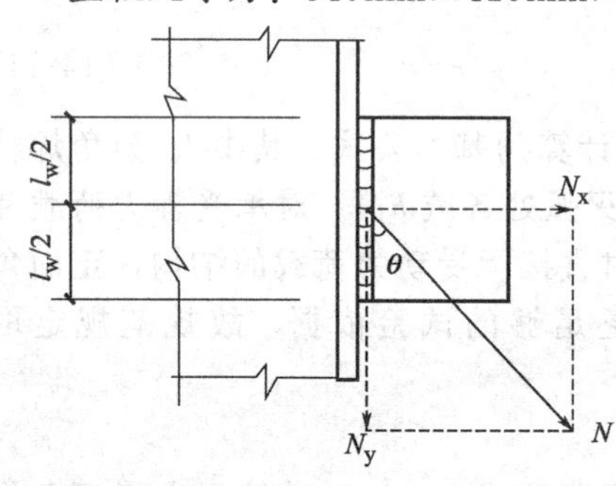

图 14-21　斜向轴心力作用的角焊缝

$$\sigma_f=\frac{N_x}{h_e l_w}=\frac{N\sin\theta}{h_e l_w}$$

$$\tau_f=\frac{N_y}{h_e l_w}=\frac{N\cos\theta}{h_e l_w}$$

将以上二式代入式(14-12)，并考虑到 $\beta_f^2=1.22^2=1.5$，得焊缝强度条件的表达式为

$$\frac{N}{h_e l_w}\leqslant\beta_{f\theta}f_f^w \tag{14-17}$$

$$\beta_{f\theta}=\frac{1}{\sqrt{1-\frac{\sin^2\theta}{3}}} \tag{14-18}$$

$\beta_{f\theta}$ 为斜向角焊缝强度增大系数，其值介于 1.0～1.22 之间；对直接承受动力荷载的斜向角焊缝，取 $\beta_{f\theta}=1.0$。

（3）承受轴心力作用的角钢角焊缝　双角钢组成 T 形截面与中间的节点板之间可采用二面侧焊［图 14-22(a)］、三面围焊［图 14-22(b)］和 L 形围焊［图 14-22(c)］三种方式，承受轴心力 N 作用。为了避免焊缝受力偏心，焊缝所传递的合力的作用线应与角钢杆件的轴线重合。

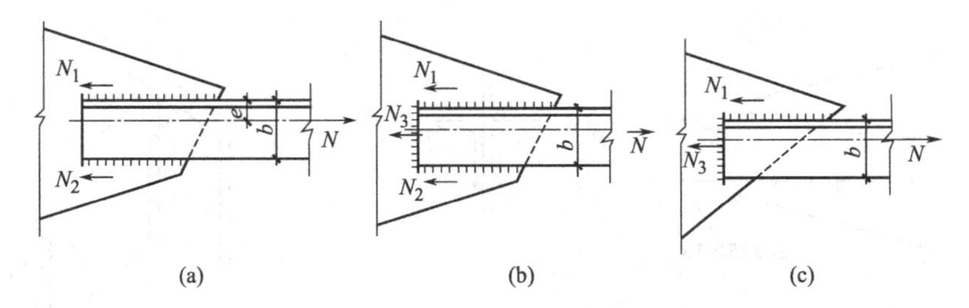

图 14-22　承受轴心力的角钢与节点板连接

对于三面围焊，正面角焊缝分担的力 N_3 为

$$N_3=h_{e3}l_{w3}\beta_f f_f^w=2h_{e3}b\beta_f f_f^w \tag{14-19}$$

由平衡条件可求出角钢肢背焊缝、肢尖焊缝分担的力 N_1、N_2：

$$\begin{cases}N_1=\dfrac{(b-e)N}{b}-\dfrac{N_3}{2}=k_1N-0.5N_3\\[2ex] N_2=\dfrac{eN}{b}-\dfrac{N_3}{2}=k_2N-0.5N_3\end{cases} \tag{14-20}$$

式(14-20) 也适合于两面侧焊缝情形，只要取 $N_3=0$ 便可求得 N_1、N_2。式中 k_1、k_2 为角钢肢背、肢尖的内力分配系数，可按表 14-2 取值。

表 14-2　角钢肢背、肢尖内力分配系数

角钢类型	连接情况	分配系数	
		角钢肢背 k_1	角钢肢尖 k_2
等边		0.70	0.30
不等边(短肢相连)		0.75	0.25
不等边(长肢相连)		0.65	0.35

肢背焊缝的计算长度 l_{w1} 和肢尖焊缝的计算长度 l_{w2} 分别由下列公式计算

$$l_{w1}=\frac{N_1}{2h_{e1}f_f^w} \tag{14-21}$$

$$l_{w2}=\frac{N_2}{2h_{e2}f_f^w} \tag{14-22}$$

对于 L 形围焊，因 $N_2=0$，所以由式(14-20) 得

$$N_3=2k_2N,\quad N_1=N-N_3 \tag{14-23}$$

角钢肢背上的焊缝计算长度由式(14-21) 计算，因角钢端部正面角焊缝的长度已知，所以按下式可确定焊脚尺寸

$$h_{f3}=\frac{N_3}{2\times0.7l_{w3}\beta_f f_f^w} \tag{14-24}$$

【例题 14-4】　试确定图 14-23 所示承受静态轴心力作用的双角钢三面围焊连接的承载力及肢尖焊缝的长度。已知角钢为 2∟125×10，节点板厚 8mm，搭接长度 300mm，焊脚尺寸

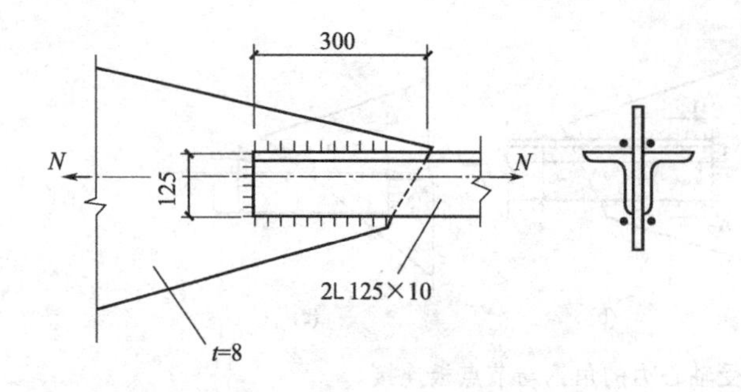

图 14-23　例题 14-4 图

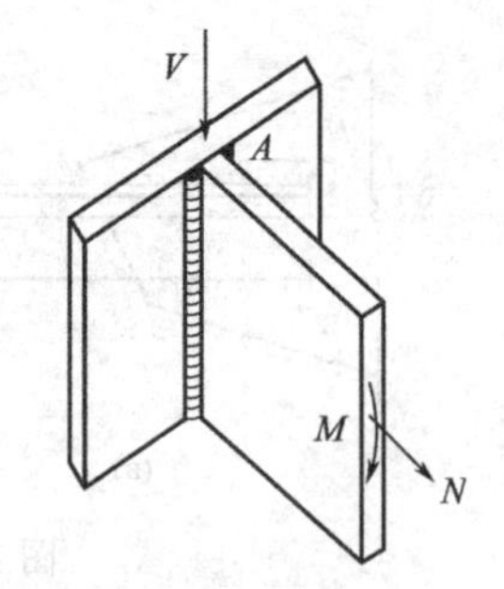

图 14-24　复合受力顶接角焊缝

$h_f=8$mm。钢材为 Q235-B，手工焊，焊条为 E43 型。

【解】 角焊缝强度设计值 $f_f^w=160\text{N/mm}^2$。角焊缝有效厚度 $h_e=0.7h_f=0.7\times8=5.6$mm。正面角焊缝的长度等于相连角钢肢的宽度，正面角焊缝承担的内力由式(14-19) 计算

$$N_3=2h_{e3}b\beta_f f_f^w=2\times5.6\times125\times1.22\times160\text{N}=273.3\text{kN}$$

肢背角焊缝承担的内力

$$N_1=2h_{e1}l_{w1}f_f^w=2\times5.6\times(300-8)\times160\text{N}=523.3\text{kN}$$

查表 14-2 得内力分配系数 $k_1=0.70$，$k_2=0.30$。由式(14-20) 解得承载力 N：

$$N=\frac{N_1+0.5N_3}{k_1}=\frac{523.3+0.5\times273.3}{0.70}=942.8\text{kN}$$

肢尖焊缝所承担的内力

$$N_2=k_2N-0.5N_3=0.30\times942.8-0.5\times273.3=146.2\text{kN}$$

肢尖焊缝长度为：$l_2=\dfrac{N_2}{2h_e f_f^w}+h_f=\dfrac{146.2\times10^3}{2\times5.6\times160}+8=89.6\text{mm}$

可取 $l_2=100$mm。

14.3.2.3　组合受力直角角焊缝计算

(1) 拉弯剪组合受力的顶接直角角焊缝　图 14-24 所示，双面直角角焊缝承受轴心拉力 N、弯矩 M 和剪力 V。轴心拉力 N 产生的应力

$$\sigma_N=\frac{N}{A_e}=\frac{N}{2h_e l_w}$$

弯矩 M 产生的应力

$$\sigma_M=\frac{M}{W_e}=\frac{6M}{2h_e l_w^2}$$

这两部分应力方向相同且垂直于焊缝长度方向，所以

$$\sigma_f=\sigma_N+\sigma_M=\frac{N}{2h_e l_w}+\frac{6M}{2h_e l_w^2} \tag{14-25}$$

剪力 V 在 A 点处产生平行于焊缝长度方向的应力

$$\tau_f=\frac{V}{A_e}=\frac{V}{2h_e l_w} \tag{14-26}$$

将式(14-25) 和式(14-26) 代入焊缝强度应满足的公式(14-12) 便可进行强度验算。

(2) 剪扭组合受力的三面围焊　图 14-25(a) 为三面围焊的牛腿连接。在吊车竖向荷载 F 作用下，角焊缝承受剪力 $V=F$ 和扭矩 $T=F(e_1+e_2)$ 作用。假定剪力引起的剪应力均匀分布

$$\tau_{Vy}=\frac{V}{A_e}=\frac{V}{h_e l_w}$$

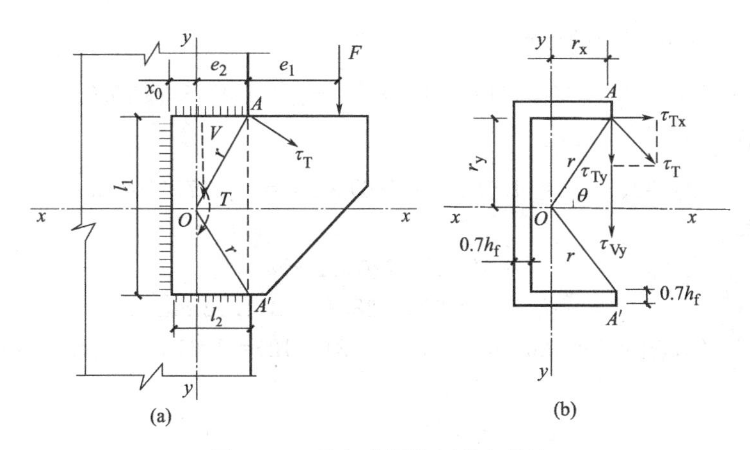

图 14-25　剪扭共同作用的角焊缝

计算扭矩引起的角焊缝应力时假定：①焊缝是弹性的，被连接构件是绝对刚性的，它有绕焊缝形心 O 旋转的趋势；②角焊缝群上任一点的剪应力方向垂直于该点与形心的连线，且应力大小与连线长度 r 成正比。据此，边缘点 A（或 A'）远离扭转中心，扭转剪应力最大，故 A 点为危险点（设计计算的控制点）。按材料力学公式计算扭转剪应力

$$\tau_{\mathrm{T}}=\frac{Tr}{I_{\mathrm{P}}}$$

$I_{\mathrm{P}}=I_{\mathrm{x}}+I_{\mathrm{y}}$，由焊缝的有效截面计算，如图 14-25(b) 所示。扭转剪应力沿 x、y 轴分解

$$\tau_{\mathrm{Tx}}=\tau_{\mathrm{T}}\sin\theta=\frac{Tr}{I_{\mathrm{P}}}\times\frac{r_{\mathrm{y}}}{r}=\frac{Tr_{\mathrm{y}}}{I_{\mathrm{P}}},\tau_{\mathrm{Ty}}=\tau_{\mathrm{T}}\cos\theta=\frac{Tr}{I_{\mathrm{P}}}\times\frac{r_{\mathrm{x}}}{r}=\frac{Tr_{\mathrm{x}}}{I_{\mathrm{P}}}$$

A 点受到垂直于焊缝长度方向的应力为

$$\sigma_{\mathrm{f}}=\tau_{\mathrm{Ty}}+\tau_{\mathrm{Vy}}=\frac{Tr_{\mathrm{x}}}{I_{\mathrm{P}}}+\frac{V}{h_{\mathrm{e}}l_{\mathrm{w}}} \tag{14-27}$$

A 点受到平行于焊缝长度方向的应力为

$$\tau_{\mathrm{f}}=\tau_{\mathrm{Tx}}=\frac{Tr_{\mathrm{y}}}{I_{\mathrm{P}}} \tag{14-28}$$

将式(14-27) 和式(14-28) 代入焊缝强度应满足的公式(14-12) 便可进行强度验算。

值得指出的是，在这一计算方法中，假定轴心力产生的应力均匀分布，与实际不符。图示水平焊缝为正面焊缝，竖直焊缝为侧面焊缝，两者单位长度上分担的应力是不相同的，前者大于后者。所以轴心力产生的应力假设为均匀分布，与前面基本公式推导中考虑焊缝方向的思路不符。同样，在确定焊缝形心位置和计算扭矩所产生的应力时，也没有考虑焊缝方向。所以，按式(14-27)、式(14-28) 计算焊缝应力，具有一定的近似性。

【例题 14-5】 设图 14-25 所示钢板长度 $l_1=400\mathrm{mm}$，与柱的搭接长度 $l_2=300\mathrm{mm}$；静力荷载设计值 $F=220\mathrm{kN}$，作用线距离柱边缘 $e_1=300\mathrm{mm}$。钢材为 Q235，手工焊，E43 型焊条。焊脚尺寸 $h_{\mathrm{f}}=8\mathrm{mm}$，试验算焊缝强度。

【解】 焊缝有效厚度 $h_{\mathrm{e}}=0.7h_{\mathrm{f}}=0.7\times8=5.6\mathrm{mm}$

焊缝计算截面的形心位置

$$x_0=\frac{2\times300\times5.6\times150+400\times5.6\times(-2.8)}{2\times300\times5.6+400\times5.6}=88.88\mathrm{mm}$$

焊缝计算截面极惯性矩

$$I_{\mathrm{x}}=\frac{1}{12}\times5.6\times400^3+2\times\left(\frac{1}{12}\times300\times5.6^3+5.6\times300\times202.8^2\right)$$

$$=1.681\times10^{8}\,\text{mm}^4$$

$$I_y=2\times\left[\frac{1}{12}\times5.6\times300^3+5.6\times300\times(150-88.88)^2\right]+\frac{1}{12}\times400\times5.6^3+5.6\times400\times(88.88+2.8)^2$$

$$=0.566\times10^{8}\,\text{mm}^4$$

$$I_P=I_x+I_y=(1.681+0.566)\times10^8=2.247\times10^8\,\text{mm}^4$$

剪力与扭矩

$$V=F=220\times10^3\,\text{N}$$

$$e_2=l_2-x_0=300-88.88=211.12\text{mm}$$

$$T=F(e_1+e_2)=220\times10^3\times(300+211.12)=1.124\times10^8\,\text{N}\cdot\text{mm}$$

焊缝应力

$$r_x=211.12\text{mm},\qquad r_y=200\text{mm}$$

$$\sigma_f=\frac{Tr_x}{I_P}+\frac{V}{h_e l_w}=\frac{1.124\times10^8\times211.12}{2.247\times10^8}+\frac{220\times10^3}{5.6\times(2\times300+400)}$$

$$=144.9\text{N/mm}^2$$

$$\tau_f=\frac{Tr_y}{I_P}=\frac{1.124\times10^8\times200}{2.247\times10^8}=100.0\text{N/mm}^2$$

焊缝强度验算

$$\sqrt{\left(\frac{\sigma_f}{\beta_f}\right)^2+\tau_f^2}=\sqrt{\left(\frac{144.9}{1.22}\right)^2+100.0^2}=155.3\text{N/mm}^2<f_f^w=160\text{N/mm}^2$$

焊缝强度满足要求。

14.3.3 斜角角焊缝计算

斜角角焊缝一般用于腹板倾斜的T形接头，如图14-26所示。斜角角焊缝的强度采用与直角角焊缝相同的公式进行计算，不考虑焊缝方向，公式中一律取 $\beta_f=1.0$（或 $\beta_{f0}=1.0$）。

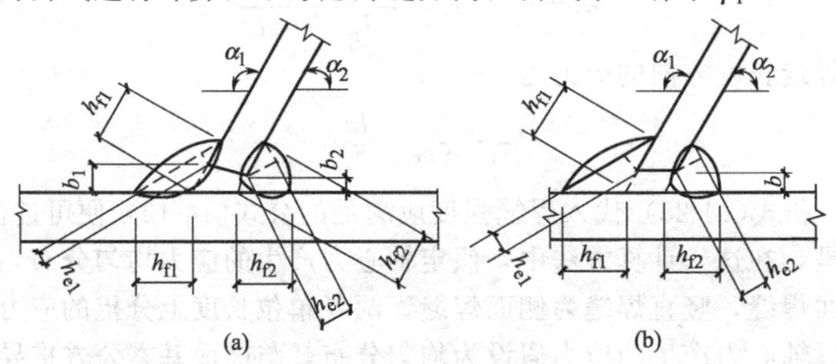

图14-26 斜角角焊缝

在确定焊缝有效厚度时，假定焊缝在其所成夹角的最小斜面上发生破坏。对于两焊脚边夹角 α 满足条件 $60°\leqslant\alpha\leqslant135°$ 的斜角角焊缝才能用于承载结构的连接。焊缝计算厚度参照美国焊接规范1988（AWS1988），我国钢结构设计规范规定按如下方法确定。

当根部间隙 b、b_1 或 $b_2\leqslant1.5$mm 时

$$h_e=h_f\cos\frac{\alpha}{2}\tag{14-29}$$

当根部间隙 b、b_1 或 $b_2>1.5$mm 但 $\leqslant5$mm 时

$$h_e=\left[h_f-\frac{b(\text{或}\ b_1、b_2)}{\sin\alpha}\right]\cos\frac{\alpha}{2}\tag{14-30}$$

任何根部间隙不得大于5mm，因为间隙大于5mm后焊缝质量不能保证。当图14-26(a)中的 $b_1>5$mm 时，可将板边切成图14-26(b)的形式，并使 $b\leqslant5$mm。

14.4　普通螺栓连接

14.4.1　螺栓连接的构造

14.4.1.1　螺栓的排列

螺栓在构件上的排列方式有齐列（或并列）和错列两种，如图 14-27 所示。并列比较简单、整齐，所用连接板尺寸小，但螺栓孔对截面的削弱较大；错列可以减小螺栓孔对截面的削弱，但螺栓孔排列不紧凑，所需连接板尺寸较大。

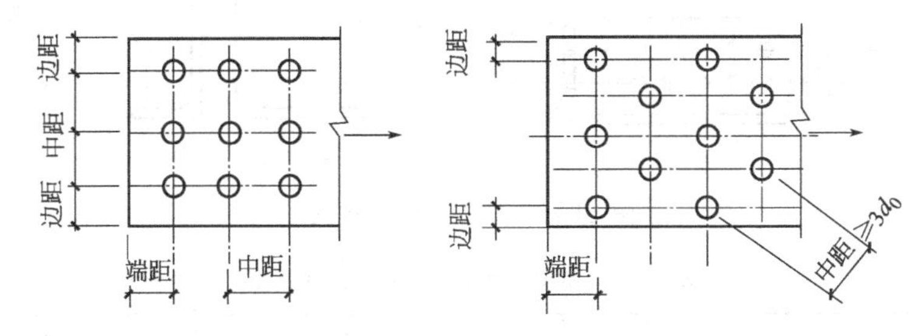

图 14-27　钢板螺栓排列

螺栓在构件上的排列应考虑下列要求。

(1) 受力要求　为避免钢板端部发生冲剪破坏，螺栓的端距不应小于 $2d_0$，d_0 为螺栓孔径。对受压构件，当沿作用力方向的螺栓距离过大时，在被连接板件间易发生张口或鼓曲现象。所以，需要规定最大、最小间距。

(2) 构造要求　若中距和边距过大，则构件接触不紧密，潮气易侵入缝隙而发生锈蚀，所以中距和边距不宜过大。

(3) 施工要求　施工上要保证一定的操作空间，便于转动扳手拧紧螺帽。根据扳手尺寸和工人的施工经验，规定最小中距为 $3d_0$。

根据以上要求，钢板上螺栓的容许距离见表 14-3。型钢上的螺栓排列规定见图 14-28 和表 14-4～表 14-6。

表 14-3　螺栓或铆钉的最大、最小容许距离

<table>
<tr><th>名称</th><th colspan="3">位置和方位</th><th>最大容许距离(取两者的较小值)</th><th>最小容许距离</th></tr>
<tr><td rowspan="5">中心间距</td><td colspan="3">外排(垂直内力方向或顺内力方向)</td><td>$8d_0$ 或 $12t$</td><td rowspan="5">$3d_0$</td></tr>
<tr><td rowspan="3">中间排</td><td colspan="2">垂直内力方向</td><td>$16d_0$ 或 $24t$</td></tr>
<tr><td rowspan="2">顺内力方向</td><td>构件受压力</td><td>$12d_0$ 或 $18t$</td></tr>
<tr><td>构件受拉力</td><td>$16d_0$ 或 $24t$</td></tr>
<tr><td colspan="3">沿对角线方向</td><td>—</td></tr>
<tr><td rowspan="4">中心至构件边缘距离</td><td colspan="3">顺内力方向</td><td rowspan="4">$4d_0$ 或 $8t$</td><td>$2d_0$</td></tr>
<tr><td rowspan="3">垂直内力方向</td><td colspan="2">剪切边或手工气切割边</td><td rowspan="2">$1.5d_0$</td></tr>
<tr><td rowspan="2">轧制边、自动气割或锯割边</td><td>高强度螺栓</td></tr>
<tr><td>其他螺栓或铆钉</td><td>$1.2d_0$</td></tr>
</table>

注：1. d_0 为螺栓的孔径，t 为外层较薄板件的厚度。

2. 钢板边缘与刚性构件（如角钢、槽钢等）相连的螺栓的最大间距，可按中间排的数值采用。

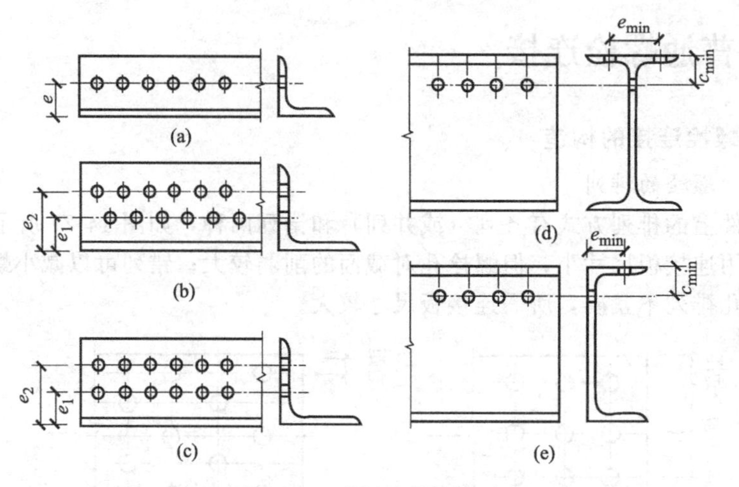

图 14-28 型钢的螺栓排列

表 14-4 角钢上螺栓的容许最小距离 单位：mm

肢宽		40	45	50	56	63	70	75	80	90	100	110	125	140	160	180	200
单行	e	25	25	30	30	35	40	40	45	50	55	60	70				
	d_0	12	13	14	15.5	17.5	20	21.5	21.5	23.5	23.5	26	26				
双行错列	e_1												55	60	70	70	80
	e_2												90	100	120	140	160
	d_0												23.5	23.5	26	26	26
双行并列	e_1														60	70	80
	e_2														130	140	160
	d_0														23.5	23.5	26

表 14-5 工字钢和槽钢腹板上的螺栓容许距离 单位：mm

工字钢型号	12	14	16	18	20	22	25	28	32	36	40	45	50	56	63
线距 c_{min}	40	45	45	45	50	50	55	60	60	65	70	75	75	75	75
槽钢型号	12	14	16	18	20	22	25	28	32	36	40				
线距 c_{min}	40	45	50	50	55	55	55	60	65	70	75				

表 14-6 工字钢和槽钢翼缘的螺栓容许距离 单位：mm

工字钢型号	12	14	16	18	20	22	25	28	32	36	40	45	50	56	63
线距 e_{min}	40	40	50	55	60	65	65	70	75	80	80	85	90	95	95
槽钢型号	12	14	16	18	20	22	25	28	32	36	40				
线距 e_{min}	30	35	35	40	40	45	45	45	50	56	60				

14.4.1.2 螺栓连接的构造要求

① 每一杆件在节点上以及拼接接头的一端，永久性的螺栓数不宜少于 2 个。对组合构件的缀条，其端部连接可采用 1 个螺栓。

② 高强度螺栓孔应采用钻成孔。摩擦型高强度螺栓的孔径比螺栓公称直径 d 大 1.5～2.0mm；承压型连接的高强度螺栓的孔径比螺栓公称直径 d 大 1.0～1.5mm。

③ C级螺栓宜用于沿其杆轴方向受拉的连接，在下列情况下可用于受剪连接：

a. 承受静力荷载或间接动力荷载结构中的次要连接。

b. 承受静力荷载的可拆卸结构的连接。

c. 临时固定构件用的安装连接。

④ 对直接承受动力荷载的普通螺栓受拉连接，应采用双螺帽或其他能防止螺帽松动的有效措施。

⑤ 当型钢构件拼接采用高强度螺栓连接时，其拼接件宜采用钢板。

⑥ 沿杆轴方向受拉的螺栓连接中的端板（或法兰板），应适当增强其刚度（如设加劲肋），以减少撬力对螺栓抗拉承载力的不利影响。

14.4.2　普通螺栓连接计算

普通螺栓连接按螺栓传力方式可分为三类：外力与栓杆垂直的受剪螺栓连接［图 14-29(a)］，外力与栓杆平行的受拉螺栓连接［图 14-29(b)］和同时受拉、受剪的螺栓连接［图 14-29(c)］。

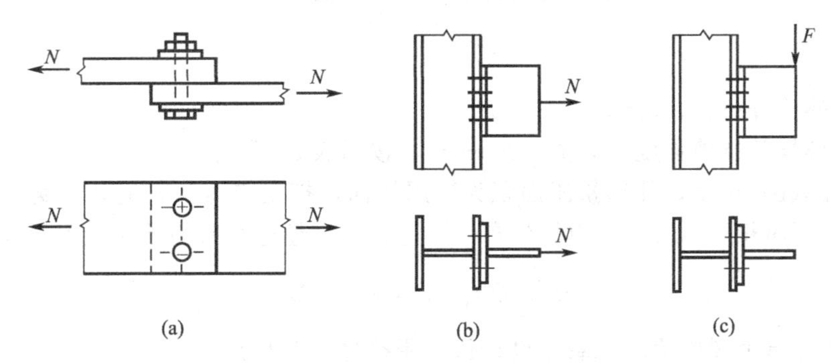

图 14-29　普通螺栓连接传力方式分类

14.4.2.1　受剪螺栓连接

受剪螺栓连接依靠栓杆抗剪和栓杆对孔壁的承压（挤压）传力。达到承载力极限时，这种连接可能出现五种形式的破坏，如图 14-30 所示。其中栓杆剪切破坏、孔壁挤压破坏通过计算单个螺栓承载力来控制，板件拉（压）破坏由构件强度计算来防止，通过限制板件端距来保证不发生冲剪破坏，限制叠板厚度（不超过 $5d$）可避免栓杆受弯破坏。连接计算只计算螺栓抗剪和抗挤压承载能力。

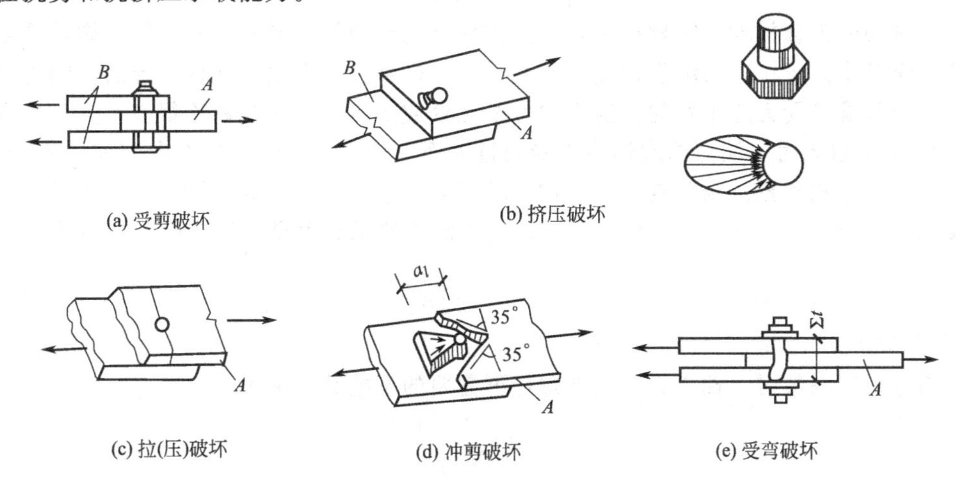

图 14-30　剪力螺栓的破坏形式

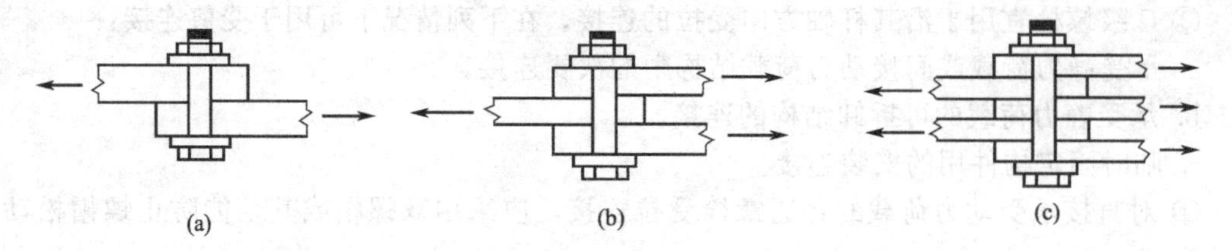

图 14-31　螺栓的剪切面

(1) 单个普通螺栓承载力　螺栓的剪切面数目用 n_v 表示，如图 14-31 所示：图 (a) 为单面剪切 $n_v=1$，图 (b) 为双面剪切 $n_v=2$，图 (c) 为四面剪切 $n_v=4$。一个螺栓上总的垂直于栓杆的力为 N，对于单面和双面剪切，则每一剪切面上的剪力为 $V=N/n_v$。强度条件要求剪应力不超过螺栓材料的抗剪强度设计值

$$\tau=\frac{V}{A}=\frac{N}{n_v A}\leqslant f_v^b \text{ 或 } N\leqslant n_v A f_v^b=n_v\ \frac{\pi d^2}{4}f_v^b$$

上式取等号即为单个螺栓受剪承载力设计值，用 N_v^b 表示

$$N_v^b=n_v\ \frac{\pi d^2}{4}f_v^b \tag{14-31}$$

式中　d——螺栓杆直径，mm；

f_v^b——螺栓的抗剪强度设计值，N/mm²，按附表 30 取值。

由图 14-30(b) 可知，孔壁挤压面积为半圆柱面，挤压应力分布复杂，实用计算中假定挤压应力在计算面积 ($d\sum t$) 上均匀分布，该应力不应超过材料的承压强度设计值

$$\sigma_c=\frac{N}{d\sum t}\leqslant f_c^b \text{ 或 } N\leqslant d\cdot\sum t\cdot f_c^b$$

上式取等号即为单个螺栓承压承载力设计值，用符号 N_c^b 表示

$$N_c^b=d\cdot\sum t\cdot f_c^b \tag{14-32}$$

式中　d——螺栓杆直径，mm；

$\sum t$——同一受力方向的承压构件的较小总厚度，mm；

f_c^b——螺栓的承压强度设计值，N/mm²，按附表 30 取值。

受剪连接的一个普通螺栓承载力设计值取抗剪承载力设计值和承压承载力设计值中的较小值，即

$$N_{\min}^b=\min(N_v^b, N_c^b) \tag{14-33}$$

(2) 轴心受力螺栓群　螺栓群在轴心力作用下处于弹性变形阶段时，各个螺栓受力不相等。中间螺栓受力较小，两端螺栓受力较大。当超过弹性变形出现塑性变形后，因内力重分布现象，使各螺栓受力趋于均匀。但当构件节点处或拼接缝的一侧螺栓很多，且沿受力方向的连接长度 l_1 过大时，端部的螺栓会因受力过大而首先破坏，随后依次向内发展逐个破坏，出现所谓的解纽扣现象。因此规定：在构件的节点处或拼接接头的一端，当螺栓沿受力方向的连接长度 l_1 大于 $15d_0$ (d_0 为孔径) 时，应将螺栓的承载力设计值乘以折减系数 η：

$$\eta=1.1-\frac{l_1}{150d_0} \tag{14-34}$$

当 l_1 大于 $60d_0$ 时，取 $\eta=0.7$。

不考虑折减系数时，轴心力作用下螺栓群需要的螺栓数目 n 为：

$$n=\frac{N}{N_{\min}^b} \tag{14-35}$$

考虑折减系数时，所需螺栓数目 n 为：

$$n=\frac{N}{\eta N_{\min}^{\mathrm{b}}} \tag{14-36}$$

在下列情况的连接中，螺栓数目应予以增加：

① 一个构件借助填板或其他中间板件与另一构件连接的螺栓（摩擦型连接的高强度螺栓除外）数目，应按计算增加 10%；

② 当采用搭接或拼接板的单面连接传递轴心力，因偏心引起连接部位发生弯曲时，螺栓（摩擦型连接的高强度螺栓除外）数目应按计算增加 10%；

③ 在构件的端部连接中，当利用短角钢连接型钢（角钢或槽钢）的外伸肢以缩短连接长度时，在短角钢两肢中的一肢上，所用的螺栓数目应按计算增加 50%。

【例题 14-6】 试设计两块钢板用普通螺栓加盖板的拼接连接。钢板和盖板材料均为 Q235，钢板宽 360mm，厚 8mm，盖板厚 6mm。轴心拉力设计值 $N=325\mathrm{kN}$，粗制螺栓 M20。

【解】 C 级剪力螺栓 $f_{\mathrm{v}}^{\mathrm{b}}=140\mathrm{N/mm^2}$，$f_{\mathrm{c}}^{\mathrm{b}}=305\mathrm{N/mm^2}$，加双盖板拼接属于双面剪切 $n_{\mathrm{v}}=2$。

单个螺栓的抗剪、承压承载力

$$N_{\mathrm{v}}^{\mathrm{b}}=n_{\mathrm{v}}\frac{\pi d^2}{4}f_{\mathrm{v}}^{\mathrm{b}}=2\times\frac{\pi\times20^2}{4}\times140=87965\mathrm{N}$$

$$N_{\mathrm{c}}^{\mathrm{b}}=d\cdot\sum t\cdot f_{\mathrm{c}}^{\mathrm{b}}=20\times8\times305=48800\mathrm{N}$$

单个螺栓承载力设计值

$$N_{\min}^{\mathrm{b}}=\min(N_{\mathrm{v}}^{\mathrm{b}},N_{\mathrm{t}}^{\mathrm{b}})=48800\mathrm{N}=48.8\mathrm{kN}$$

连接一侧需要螺栓数 n

$$n=\frac{N}{N_{\min}^{\mathrm{b}}}=\frac{325}{48.8}=6.7$$

取 $n=8$，两侧共 16 个螺栓，布置如图 14-32 所示。

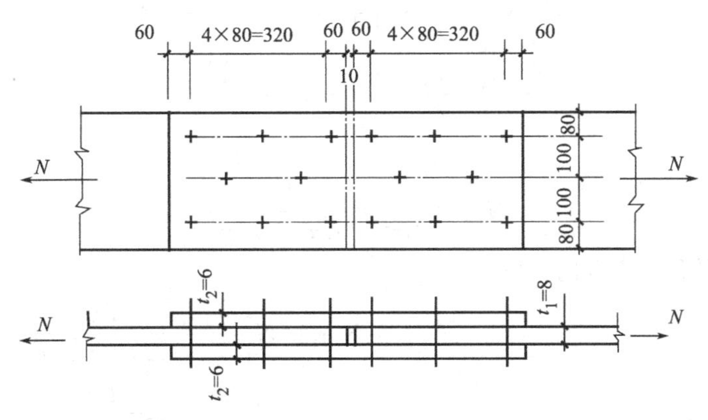

图 14-32　例题 14-6 图

（3）偏心受剪螺栓群　图 14-33 所示板件与柱的连接，属于偏心受剪。外力 F 的作用线到螺栓群中心的距离为 e，螺栓群受到轴心力 F 和扭矩 $T=Fe$ 的共同作用。

在轴心力作用下，可以认为每个螺栓平均受力

$$N_{1F\mathrm{y}}=\frac{F}{n} \tag{14-37}$$

螺栓群在扭矩作用下，每个螺栓均受剪，但剪力却不一样。为计算每个螺栓所受到的剪力大小，人们有两点假定：

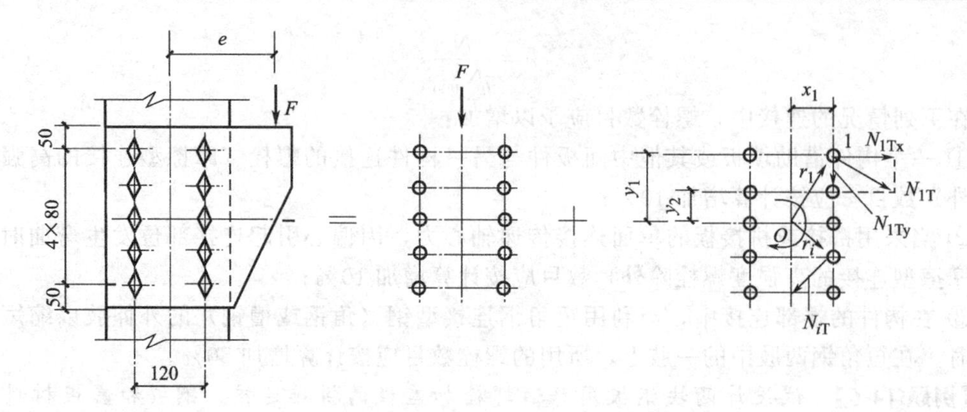

图 14-33 偏心受剪螺栓群

① 被连接构件是刚性的，而螺栓则是弹性的；

② 各螺栓绕螺栓群形心 O 旋转，其受力大小与其至螺栓群形心的距离 r 成正比，力的方向与其和螺栓群形心的连线相垂直。

根据上述假定，螺栓 1 距离形心最远，所受的剪力 N_{1T}最大。各个螺栓所受到的剪力存在如下关系

$$\frac{N_{1T}}{r_1}=\frac{N_{2T}}{r_2}=\frac{N_{3T}}{r_3}=\cdots=\frac{N_{nT}}{r_n}$$

由此可得

$$N_{2T}=\frac{r_2N_{1T}}{r_1},N_{3T}=\frac{r_3N_{1T}}{r_1},\cdots,N_{nT}=\frac{r_nN_{1T}}{r_1}$$

而依据平衡条件，应有

$$\begin{aligned}T&=N_{1T}r_1+N_{2T}r_2+N_{3T}r_3+\cdots+N_{nT}r_n\\&=\frac{r_1^2}{r_1}N_{1T}+\frac{r_2^2}{r_1}N_{1T}+\frac{r_3^2}{r_1}N_{1T}+\cdots+\frac{r_n^2}{r_1}N_{1T}\\&=\frac{r_1^2+r_2^2+r_3^2+\cdots+r_n^2}{r_1}N_{1T}=\frac{\sum r_i^2}{r_1}N_{1T}\end{aligned}$$

所以得到

$$N_{1T}=\frac{Tr_1}{\sum r_i^2}=\frac{Tr_1}{\sum x_i^2+\sum y_i^2} \tag{14-38}$$

将 N_{1T}沿水平和垂直方向分解

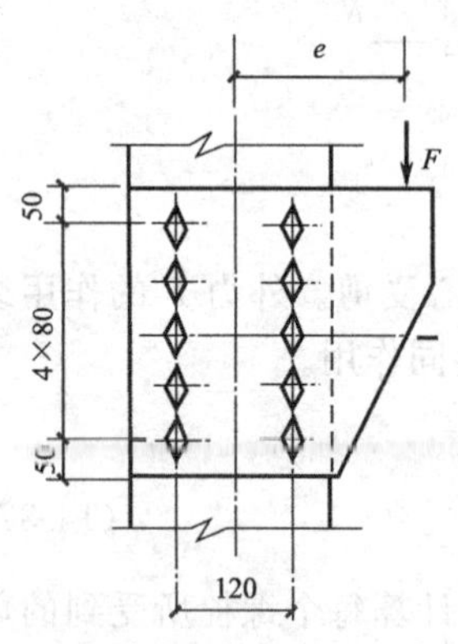

图 14-34 例题 14-7 图

$$N_{1Tx}=N_{1T}\frac{y_1}{r_1}=\frac{Ty_1}{\sum x_i^2+\sum y_i^2} \tag{14-39}$$

$$N_{1Ty}=N_{1T}\frac{x_1}{r_1}=\frac{Tx_1}{\sum x_i^2+\sum y_i^2} \tag{14-40}$$

螺栓群偏心受剪时，受力最大的螺栓 1 所受合力及其应满足的条件为

$$\sqrt{N_{1Tx}^2+(N_{1Ty}+N_{1Fy})^2}\leqslant N_{\min}^{b} \tag{14-41}$$

【例题 14-7】 验算如图 14-34 所示普通螺栓连接的承载力。柱翼缘厚 10mm，连接板厚 8mm，Q235-B 钢材，荷载设计值 $F=150$kN，偏心距 $e=250$mm，粗制螺栓 M22。

【解】 $f_v^b=140\text{N/mm}^2$，$f_c^b=305\text{N/mm}^2$

单面剪切 $n_v=1$，单个螺栓的承载力

$$N_v^b=n_v\frac{\pi d^2}{4}f_v^b=1\times\frac{\pi\times22^2}{4}\times140$$
$$=53.22\times10^3\text{N}$$
$$N_c^b=d\cdot\sum t\cdot f_c^b$$
$$=22\times8\times305=53.68\times10^3\text{N}$$
$$N_{\min}^b=\min(N_v^b,N_c^b)=53.22\times10^3\text{N}=53.22\text{kN}$$

螺栓群偏心受剪，以形心为坐标原点

$$\sum x^2+\sum y^2=10\times60^2+(4\times80^2+4\times160^2)=1.64\times10^5\text{mm}^2$$
$$T=Fe=150\times250=37.5\times10^3\text{kN}\cdot\text{mm}$$

离中心最远的螺栓 1 受力

$$N_{1Fy}=\frac{F}{n}=\frac{150}{10}=15\text{kN}$$
$$N_{1Tx}=\frac{Ty_1}{\sum x_i^2+\sum y_i^2}=\frac{37.5\times10^3\times160}{1.64\times10^5}=36.59\text{kN}$$
$$N_{1Ty}=\frac{Tx_1}{\sum x_i^2+\sum y_i^2}=\frac{37.5\times10^3\times60}{1.64\times10^5}=13.72\text{kN}$$

该螺栓的承载力

$$\sqrt{N_{1Tx}^2+(N_{1Ty}+N_{1Fy})^2}=\sqrt{36.59^2+(13.72+15)^2}=46.52\text{kN}$$
$$<N_{\min}^b=53.22\text{kN}，满足要求。$$

14.4.2.2　受拉螺栓连接

（1）单个螺栓抗拉承载力　在轴向受拉的连接中，每个拉力螺栓承载力设计值 N_t^b 为

$$N_t^b=A_e f_t^b=\frac{\pi d_e^2}{4}f_t^b \tag{14-42}$$

式中　d_e，A_e——普通螺栓在螺纹处的有效直径（mm）和有效面积（mm^2），见表 14-7；

f_t^b——普通螺栓的抗拉强度设计值，N/mm^2，按附表 30 取值。

表 14-7　螺栓的有效面积

螺栓直径 d/mm	螺距 p/mm	螺栓有效直径 d_e/mm	螺栓有效面积 A_e/mm^2	螺栓直径 d/mm	螺距 p/mm	螺栓有效直径 d_e/mm	螺栓有效面积 A_e/mm^2
10	1.8	8.3113	54.3	45	4.5	40.7781	1306
12	1.8	10.3113	83.5	48	5	43.3090	1473
14	2	12.1236	115.4	52	5	47.3090	1758
16	2	14.1236	156.7	56	5.5	50.8399	2030
18	2.5	15.6445	192.5	60	5.5	54.8399	2362
20	2.5	17.6545	244.8	64	6	58.3708	2676
22	2.5	19.6545	303.4	68	6	62.3708	3055
24	3	21.1854	352.5	72	6	66.3708	3460
27	3	24.1854	459.4	76	6	70.3708	3889
30	3.5	26.7163	560.6	80	6	74.3708	4344
33	3.5	29.7163	693.6	85	6	79.3708	4948
36	4	32.2472	816.7	90	6	84.3708	5591
39	4	35.2472	975.8	95	6	89.3708	6273
42	4.5	37.7781	1121	100	6	94.3708	6995

（2）螺栓群轴心受拉 螺栓在轴心力作用下的抗拉连接，通常假定每个螺栓平均受力。若已知螺栓群承担的总拉力设计值为 N，则可算出所需拉力螺栓数目 n

$$n=\frac{N}{N_{\mathrm{t}}^{\mathrm{b}}} \tag{14-43}$$

（3）螺栓群弯曲受拉 图 14-35 所示为螺栓群在弯矩 M 作用下的抗拉连接，图中剪力 V 通过承托板传递，不由螺栓承担。在 M 作用下，距离中和轴越远的螺栓所受拉力越大，其值与距离成正比。而中和轴的位置通常是在弯矩指向一侧最外排螺栓附近，实际计算可近似地取中和轴位于最下排螺栓 o 处。由比例关系有

$$\frac{N_1}{y_1}=\frac{N_2}{y_2}=\frac{N_3}{y_3}=\cdots=\frac{N_n}{y_n}$$

由此可得

$$N_2=\frac{y_2 N_1}{y_1},N_3=\frac{y_3 N_1}{y_1},\cdots,N_n=\frac{y_n N_1}{y_1}$$

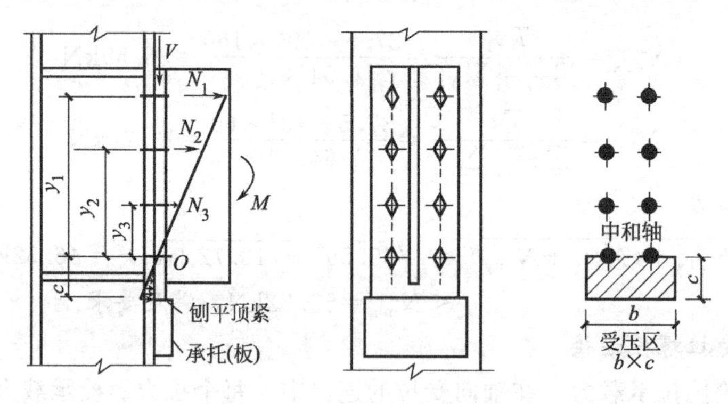

图 14-35 螺栓群弯曲受拉

据平衡条件可以得到受力最大的最外排螺栓 1 的拉力为

$$N_1=\frac{My_1}{\sum y_i^2} \tag{14-44}$$

承载力要求

$$N_1=\frac{My_1}{\sum y_i^2}\leqslant N_{\mathrm{t}}^{\mathrm{b}} \tag{14-45}$$

14.4.2.3 普通螺栓剪拉组合计算

承受剪力和拉力作用的普通螺栓，强度计算应考虑两种可能的破坏形式，即栓杆受剪、受拉破坏和孔壁承压破坏。相应的计算公式为

$$\sqrt{\left(\frac{N_{\mathrm{v}}}{N_{\mathrm{v}}^{\mathrm{b}}}\right)^2+\left(\frac{N_{\mathrm{t}}}{N_{\mathrm{t}}^{\mathrm{b}}}\right)^2}\leqslant 1 \tag{14-46}$$

$$N_{\mathrm{v}}\leqslant N_{\mathrm{c}}^{\mathrm{b}} \tag{14-47}$$

式中 N_{v}，N_{t}——每个普通螺栓所承受的剪力和拉力设计值，N 或 kN；

$N_{\mathrm{v}}^{\mathrm{b}}$、$N_{\mathrm{t}}^{\mathrm{b}}$、$N_{\mathrm{c}}^{\mathrm{b}}$——每个普通螺栓的受剪、受拉和承压承载力设计值，N 或 kN。

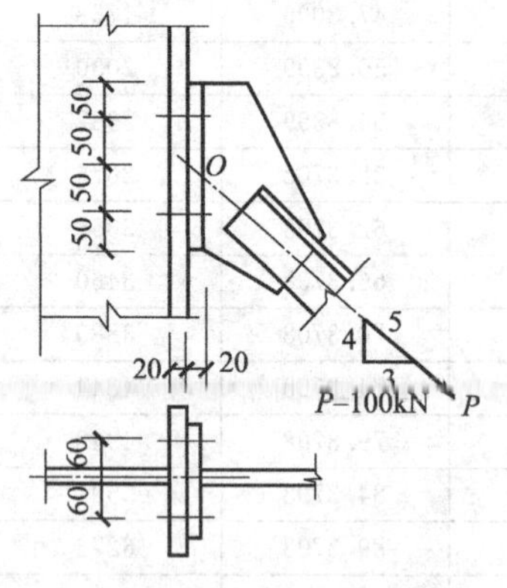

图 14-36 例题 4-8 图

【例题 14-8】 试验算图 14-36 所示普通螺栓的强度。粗制螺栓 M20，孔径 21.5mm，钢材为 Q235-B。

【解】 螺栓同时受剪和受拉

$$V=100\times0.8=80\text{kN}, N=100\times0.6=60\text{kN}$$

一个螺栓承受的剪力设计值、拉力设计值分别为

$$N_v=\frac{V}{n}=\frac{80}{4}=20\text{kN}, N_t=\frac{N}{n}=\frac{60}{4}=15\text{kN}$$

一个螺栓受剪、受拉承载力

$$f_v^b=140\text{N/mm}^2, f_t^b=170\text{N/mm}^2, f_c^b=305\text{N/mm}^2$$

$$N_v^b=n_v\frac{\pi d^2}{4}f_v^b=1\times\frac{\pi\times20^2}{4}\times140=43.98\times10^3\text{N}=43.98\text{kN}$$

$$N_c^b=d\cdot\sum t\cdot f_c^b=20\times20\times305=122\times10^3\text{N}=122\text{kN}$$

$$N_t^b=A_e f_t^b=244.8\times170=41620\text{N}=41.62\text{kN}$$

承载力验算

栓杆剪、拉强度

$$\sqrt{\left(\frac{N_v}{N_v^b}\right)^2+\left(\frac{N_t}{N_t^b}\right)^2}=\sqrt{\left(\frac{20}{43.98}\right)^2+\left(\frac{15}{41.62}\right)^2}=0.58<1 \text{ 满足}$$

孔壁承压

$$N_v=20\text{kN}<N_c^b=122\text{kN} \text{ 满足}$$

所以，图示连接的螺栓强度满足要求。

14.5 高强度螺栓连接

14.5.1 高强度螺栓连接的性能

高强度螺栓连接，从受力特性可分为摩擦型高强度螺栓连接和承压型高强度螺栓连接两类。摩擦型高强度螺栓连接仅依靠被连接构件之间的摩擦阻力传递剪力，以剪力等于摩擦力为承载能力极限状态；而承压型高强度螺栓连接的传力特征是剪力超过摩擦力，构件之间产生相对滑移，螺栓杆受剪、杆与孔壁之间承压，其可能的破坏形式与普通螺栓连接相同。

14.5.1.1 高强度螺栓的预拉力

高强度螺栓如图 14-37 所示，在实际中又分大六角头和扭剪型两种。通过拧紧螺帽，使螺栓杆受到拉伸作用，产生预拉力，进而使被连接板件之间产生压紧力。

图 14-37　高强度螺栓

拧紧螺帽的方法有扭矩法、转角法等。前者采用可直接显示扭矩的特制扳手，根据事先确定的扭矩和螺栓拉力之间的关系施加相应的扭矩值；后者先用普通扳手拧紧，再用强力扳手旋转螺母至预定的角度值。

预拉力 P 的取值以螺栓的抗拉强度为准，再考虑必要的系数，用螺栓的有效截面经计算确定。拧紧螺栓时，除使螺栓产生拉应力外，还产生剪应力。在正常施工条件下，试验表明可考虑对应力的影响系数为 1.2；考虑螺栓材质的不均匀性，引进折减系数 0.9；施工时为补偿螺栓预拉力的松弛，一般超张拉 5%～10%，为此采用一个超张拉系数 0.9；由于以螺栓的抗拉强度为准，为安全起见，再引入一个附加安全系数 0.9。据此，高强度螺栓的预拉力应由下式确定

$$P=\frac{0.9\times0.9\times0.9}{1.2}f_u A_e=0.6075 f_u A_e \tag{14-48}$$

式中　f_u——螺栓经热处理后的最低抗拉强度，N/mm²，对 8.8 级螺栓取 $f_u=830\text{N/mm}^2$，

对 10.9 级螺栓取 $f_u=1040\text{N/mm}^2$；

A_e——螺纹处的有效面积，mm^2，按表 14-7 取值。

按式(14-48) 计算，修约到 5kN，即为规范取值，见表 14-8。

表 14-8 每个高强度螺栓的预拉力 P 单位：kN

螺栓的性能等级	螺栓公称直径/mm					
	M16	M20	M22	M24	M27	M30
8.8 级	80	125	150	175	230	280
10.9 级	100	155	190	225	290	355

14.5.1.2 高强度螺栓连接摩擦面抗滑移系数

高强度螺栓连接摩擦面抗滑移系数的大小与连接处构件接触面的处理方法和构件的钢材有关。试验表明，该系数值有随被连接构件接触面间的压紧力减小而降低的现象，故与理论力学中的摩擦系数（或摩擦因数）有区别。

钢结构规范推荐的接触面处理方法有：喷砂，喷砂后涂无机富锌漆，喷砂后生赤锈和钢丝刷清除浮锈或对干净轧制表面不作处理等，各种情况下的抗滑移系数 μ 的取值见表 14-9。

表 14-9 摩擦面的抗滑移系数 μ

在连接处构件接触面的处理方法	构件的钢号		
	Q235 钢	Q345 钢、Q390 钢	Q420 钢
喷砂(丸)	0.45	0.50	0.50
喷砂(丸)后涂无机富锌漆	0.35	0.40	0.40
喷砂(丸)后生赤锈	0.45	0.50	0.50
钢丝刷清除浮锈或未经处理的干净轧制表面	0.30	0.35	0.40

14.5.2 摩擦型高强度螺栓连接计算

(1) 抗剪承载力

$$N_v^b=0.9n_f\mu P \tag{14-49}$$

式中 n_f——传力摩擦面数目；

μ——摩擦面的抗滑移系数，按表 14-9 采用；

P——每个高强度螺栓的预拉力，kN，按表 14-8 取值。

传递总力为 N，所需要的螺栓数目为

$$n=\frac{N}{N_v^b} \tag{14-50}$$

(2) 抗拉承载力 在杆轴方向受拉的连接中，每个摩擦型高强度螺栓的抗拉承载力设计值为

$$N_t^b=0.8P \tag{14-51}$$

承受拉力 N 所需要的螺栓数目为

$$n=\frac{N}{N_t^b}=1.25\frac{N}{P} \tag{14-52}$$

(3) 同时受剪和受拉时的承载力 当高强度螺栓摩擦型连接同时承受摩擦面间的剪力和螺栓杆轴方向的拉力时，其承载力应按下式计算：

$$\frac{N_v}{N_v^b}+\frac{N_t}{N_t^b}\leqslant 1 \tag{14-53}$$

式中　N_v，N_t——某个高强度螺栓所承受的剪力、拉力，N 或 kN；

N_v^b，N_t^b——单个高强度螺栓的受剪、受拉承载力设计值，N 或 kN。

14.5.3　承压型高强度螺栓连接计算

承压型高强度螺栓的预拉力 P 和连接处接触面的处理方法与摩擦型高强度螺栓相同，这种螺栓仅用于承受静力荷载和间接动力荷载结构中的连接。

承压型高强度螺栓在抗剪连接中，计算方法与普通螺栓相同；在杆轴方向受拉的连接中，每个螺栓承载力按式(4-51) 计算；同时承受剪力和杆轴方向拉力时，应按下面二式验算强度：

$$\sqrt{\left(\frac{N_v}{N_v^b}\right)^2+\left(\frac{N_t}{N_t^b}\right)^2}\leqslant 1 \tag{14-54}$$

$$N_v\leqslant N_c^b/1.2 \tag{14-55}$$

式中　N_v，N_t——每个承压型高强度螺栓所承受的剪力和拉力，N 或 kN；

N_v^b，N_t^b，N_c^b——每个承压型高强度螺栓的受剪、受拉和承压承载力设计值，N 或 kN。

【例题 14-9】 一双盖板拼接的钢板连接，已知盖板厚度 12mm，被连接钢板厚度 20mm，钢材为 Q235-B，高强度螺栓为 8.8 级的 M20，连接处接触面要求采用喷砂处理。作用在螺栓群形心处的轴心拉力设计值 $N=800$kN，试确定螺栓数目（分别采用摩擦型和承压型连接）。

【解】 ① 摩擦型连接

$\mu=0.45$，$P=125$kN，一个螺栓承载力设计值（$n_f=2$）

$$N_v^b=0.9n_f\mu P=0.9\times2\times0.45\times125=101.3\text{kN}$$

每侧所需螺栓个数

$$n=\frac{N}{N_v^b}=\frac{800}{101.3}=7.9\ \text{可取 8 个或 9 个}$$

② 承压型连接

$$f_v^b=250\text{N/mm}^2,f_c^b=470\text{N/mm}^2$$

单个螺栓承载力设计值

$$N_v^b=n_v\frac{\pi d^2}{4}f_v^b=2\times\frac{\pi\times20^2}{4}\times250=157\times10^3\text{N}=157\text{kN}$$

$$N_c^b=d\cdot\sum t\cdot f_c^b=20\times20\times470=188\times10^3\text{N}=188\text{kN}$$

$$N_{min}^b=\min(N_v^b,N_t^b)=\min(157,188)=157\text{kN}$$

所每侧所需螺栓个数

$$n=\frac{N}{N_{min}^b}=\frac{800}{157}=5.1\ \text{可取 6 个}$$

思 考 题

14-1　钢结构的焊缝有哪两种形式？各适用于哪些连接部位？

14-2　手工电弧焊所采用的焊条型号应如何选择？角焊缝的焊脚尺寸是否越大越好？

14-3　手工电弧焊、自动或半自动埋弧焊的原理是什么？各有何特点？

14-4　杆件与节点板的连接焊缝有哪几种形式？

14-5　引弧板、引出板的作用是什么？

14-6　受剪普通螺栓连接的传力机理是什么？高强度螺栓摩擦型连接和承压型连接的传力机理又是什么？

14-7　受剪螺栓连接的破坏形式有哪些？

14-8　如何增大高强度螺栓连接的摩擦面抗滑移系数 μ？

14-9 高强度螺栓的预拉力 P 起什么作用？施工中如何保证达到规定的控制预拉力？预拉力的大小与承载力有什么关系？

选 择 题

14-1 斜向对接焊缝中，焊缝与作用力的夹角 θ 满足条件（　　）时，斜向焊缝的强度不低于母材强度，可不进行焊缝强度验算。

A. $\sin\theta \leqslant 1.5$　B. $\sin\theta \leqslant 1.0$　C. $\tan\theta \leqslant 1.5$　D. $\tan\theta \leqslant 1.0$

14-2 对接焊缝的计算长度 l_w，当未采用引弧板、引出板施焊时，取实际长度减去（　　）。

A. t　B. $2t$　C. 10mm　D. 20mm

14-3 焊脚尺寸和焊缝计算长度相同的正面角焊缝承载力（　　）侧面角焊缝承载力。

A. 大于　B. 小于　C. 等于　D. 小于或等于

14-4 手工电弧焊，E50 型焊条应与下列哪种构件钢材相匹配？（　　）

A. Q235　B. Q345　C. Q390　D. Q420

14-5 与焊缝质量等级有关的焊缝强度设计值是（　　）。

A. 抗拉强度　B. 抗压强度　C. 抗剪强度　D. 承压强度

14-6 将两块钢板用普通螺栓搭接连接，螺栓的直径为 20mm，已知钢板厚度分别为 12mm 和 10mm，且 $f_c^b = 400\text{N/mm}^2$，钢板在轴心力作用下，则一个螺栓的承压承载力为（　　）。

A. 96kN　B. 176kN　C. 40kN　D. 80kN

14-7 抗剪连接中，单个普通螺栓的承载力设计值取决于（　　）。

A. $N_v^b = n_v \dfrac{\pi d^2}{4} f_v^b$　B. $N_t^b = \dfrac{\pi d_e^2}{4} f_t^b$

C. $N_c^b = d \cdot \sum t \cdot f_c^b$　D. N_c^b、N_v^b 中的较小值

14-8 5.6 级 M20 的普通螺栓受拉连接时，一个螺栓的抗拉承载力是（　　）kN。

A. 51.4　B. 66.0　C. 122.4　D. 157.1

14-9 摩擦型高强度螺栓同时承受剪力 N_v 和拉力 N_t 作用时，应按下列何项公式进行验算？（　　）。

A. $N_v^b = 0.9 n_f \mu (P - 1.25 N_t) \geqslant N_v$　B. $N_t \leqslant 1.25P$

C. $\dfrac{N_t}{N_t^b} + \dfrac{N_v}{N_v^b} \leqslant 1$　D. $\sqrt{\left(\dfrac{N_t}{N_t^b}\right)^2 + \left(\dfrac{N_v}{N_v^b}\right)^2} \leqslant 1$

计 算 题

14-1 两块 Q235 钢板厚度和宽度相同：厚 10mm，宽 500mm。今用 E43 型焊条手工焊接连接，使其承受轴心拉力设计值 980kN。①试设计对接焊缝（二级质量标准）；②试设计加双盖板对接连接的角焊缝，采用两侧面焊或三面围焊。

14-2 验算图 14-38 所示的由三块钢板焊接组成的工字形截面钢梁的对接焊缝强度。已知工字形截面尺寸为：$b = 100\text{mm}$，$t = 12\text{mm}$，$h_0 = 200\text{mm}$，$t_w = 8\text{mm}$。截面上作用的轴心拉力设计值 $N = 250\text{kN}$，弯矩设计值 $M = 50\text{kN} \cdot \text{m}$，剪力设计值 $V = 200\text{kN}$。钢材为 Q345，采用手工焊，焊条为 E50 型，施焊时采用引弧板，三级质量检验标准。

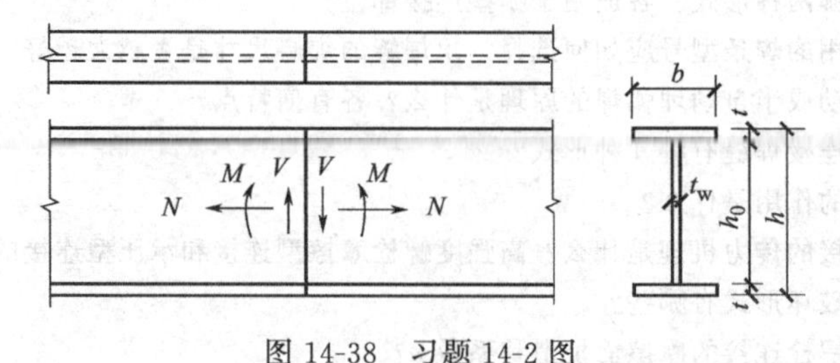

图 14-38 习题 14-2 图

14-3　如图 14-39 所示的牛腿，承受静力荷载设计值 $P=215\text{kN}$，牛腿由两块各厚 12mm 的钢板组成，其余尺寸如图所示。工字形柱翼缘板厚 16mm，钢材为 Q235，手工焊，E43 型焊条。试确定三面围焊的焊脚尺寸，并验算焊缝强度。

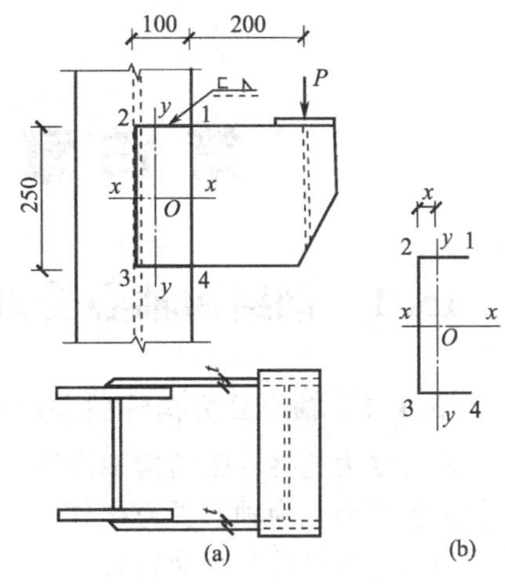

图 14-39　习题 14-3 图

14-4　截面 340mm×12mm 的钢板构件的拼接采用双盖板的普通螺栓连接，盖板厚度 8mm，钢材 Q235，螺栓为 C 级，M20，构件承受轴心拉力设计值 $N=600\text{kN}$。试设计该拼接接头的普通螺栓连接。

14-5　对 10.9 级 M16 摩擦型高强度螺栓，其预拉力 $P=100\text{kN}$，在受拉连接中，连接所承受的静载拉力设计值 $N=1200\text{kN}$，且连接板件具有足够的刚度，试计算连接所需的螺栓数目。

14-6　图 14-40 所示螺栓连接盖板采用 Q235 钢，精制螺栓（8.8 级）直径 $d=20\text{mm}$，钢板也是 Q235 钢，求此连接能承受的 $F_{\max}$。

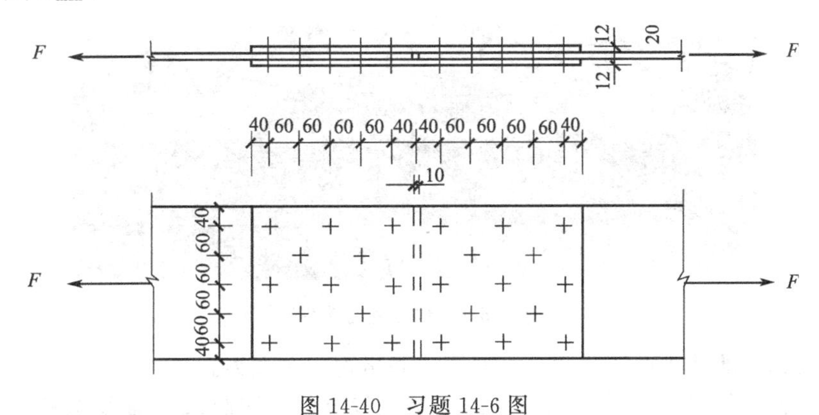

图 14-40　习题 14-6 图

14-7　图 14-41 所示为一屋架下弦支座节点用粗制螺栓连接于钢柱上。钢柱翼缘设有支托以承受剪力，螺栓采用 M20，钢材为 Q235 钢，栓距为 70mm；剪力设计值 $V=100\text{kN}$，距离柱翼缘表面 200mm；轴向力设计值 $N=150\text{kN}$。试验算螺栓强度。若改用精制螺栓（5.6 级），是否可以不用支托？

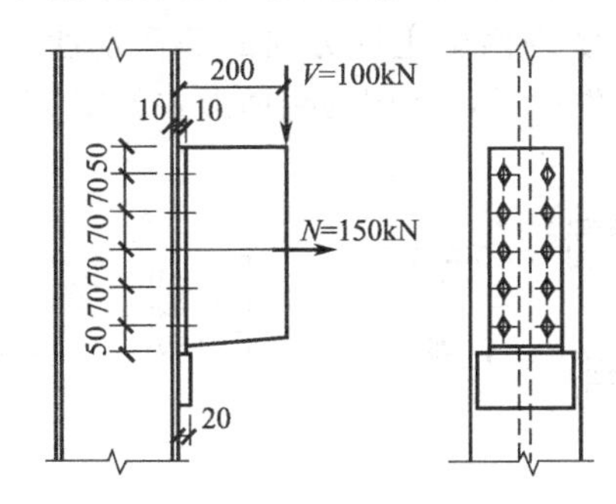

图 14-41　习题 14-7 图

第 15 章　钢结构构件计算

15.1　钢结构轴心受力构件

15.1.1　轴心受力构件截面形式

轴心受力构件在钢结构中应用十分广泛，例如桁架、网架、塔架的组成构件和支撑系统杆件都可以简化为轴心受力构件。如图 15-1 所示结构，假定节点为铰接连接，当无节间荷载作用时，各杆件只承受轴力作用。根据轴心力是拉力还是压力，轴心受力构件又分为轴心受拉构件和轴心受压构件两种构件，前者存在强度、刚度问题，后者除强度、刚度问题外，还有稳定性问题。

图 15-1　轴心受力构件

轴心受力构件的截面形式通常分为实腹式和格构式两大类。

实腹式构件制作简单，与其他构件的连接比较方便。实腹式截面形式多样，如图 15-2 所示，(a) 为单个型钢截面，(b) 为由型钢或钢板组成的组合截面，(c) 为双角钢组合截面，(d) 为冷弯薄壁型钢截面。轴心受拉构件一般采用截面紧凑或对两主轴刚度相差悬殊者，而轴心受压构件则通常采用较为开展、组成板件宽而薄的截面。

格构式构件易使受压杆件实现两个主轴方向的等稳定性，刚度大、抗扭性能好、用料省。截面由两个或多个型钢肢件组成，常用的截面形式如图 15-3 所示。各肢件之间采用缀

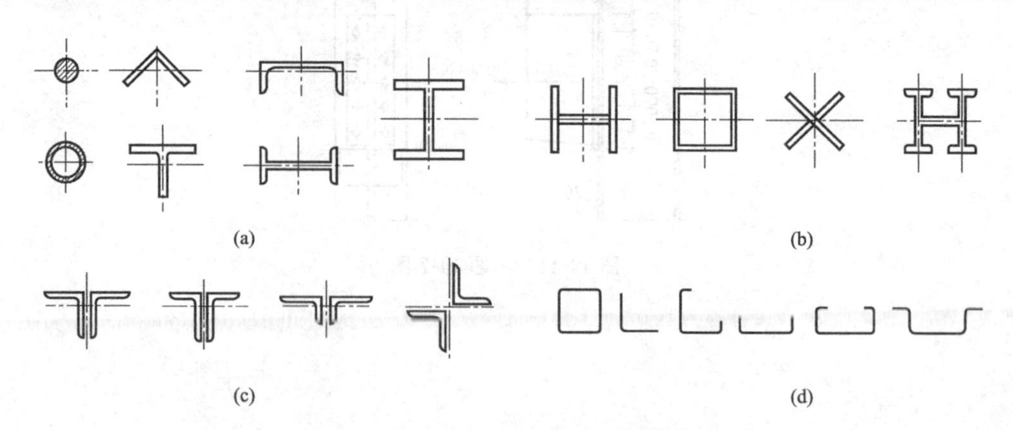

图 15-2　轴心受力实腹式构件的截面形式

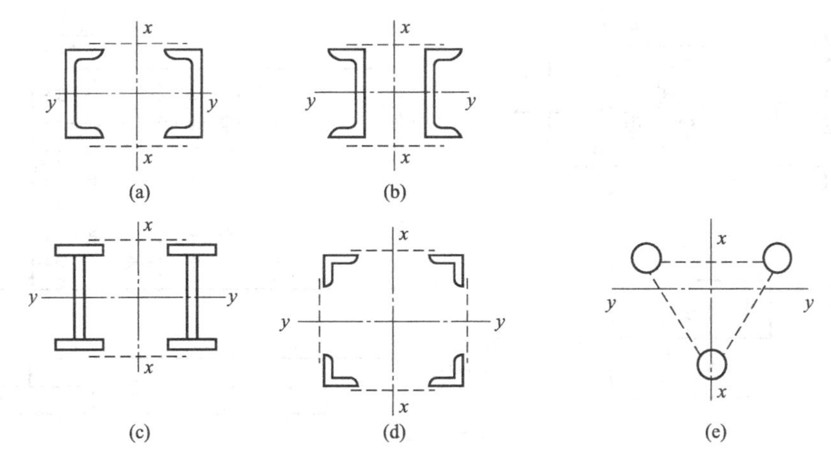

图 15-3　格构式构件的常用截面形式

材（缀板或缀条）连成整体，防止肢件失稳，如图 15-4 所示。与肢件垂直的主形心轴称为实轴，与缀材垂直的主形心轴称为虚轴。

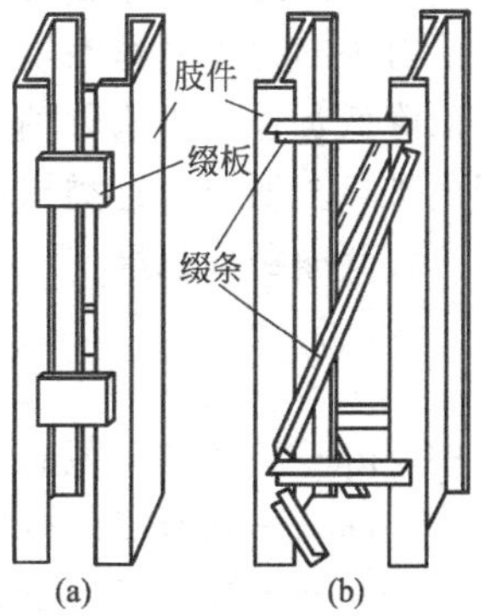

轴心受压构件存在稳定问题，稳定系数和截面类型有关。根据截面形式、对截面哪一个主轴屈曲、钢材边缘加工方法、组成截面板材厚度四个因素，截面分为 a、b、c、d 四类，详见附表 33。a 类截面有两种，残余应力的影响最小，稳定系数 φ 值最高；b 类截面有多种，稳定系数 φ 值低于 a 类截面；c 类截面，残余应力的影响较大，稳定系数 φ 值更低；d 类截面，为厚板工字形截面绕弱轴（y 轴）屈曲时的情形，其残余应力在厚度方向变化影响更显著，稳定系数 φ 值最低。

肢件　缀板　缀条

(a)　(b)

图 15-4　格构式构件的缀材布置

15.1.2　轴心受力构件强度计算

15.1.2.1　以净截面计算的强度条件

除高强度螺栓摩擦型连接以外，轴心受力构件的强度仅按净截面计算：

$$\sigma=\frac{N}{A_n}\leqslant f \tag{15-1}$$

式中　N——轴心拉力或压力，N；

A_n——净截面面积，mm^2；

f——钢材的抗拉或抗压强度设计值，N/mm^2，按附表 27 取值。

对于无孔眼削弱的构件截面，净截面面积与毛截面面积相等 $A_n=A$；对于有螺栓孔削弱的构件截面，净截面面积小于毛截面面积 $A_n<A$。当螺栓（或铆钉）为齐列布置时，A_n 为Ⅰ-Ⅰ截面的面积［图 15-5(a)］；若螺栓错列布置时［图 15-5(b)、(c)］，构件可能沿正交截面Ⅰ-Ⅰ破坏，也可能沿齿状截面Ⅱ-Ⅱ破坏，此时应取Ⅰ-Ⅰ和Ⅱ-Ⅱ截面的较小面积计算。

对于孔径为 d_0，厚度为 t 的钢板（图 15-6），Ⅰ-Ⅰ截面的净面积计算公式为：

$$A_n=A-n_1d_0t \tag{15-2}$$

Ⅱ-Ⅱ截面的净面积计算公式为：

$$A_n=[2e_1+(n_1+n_2-1)\sqrt{a^2+e^2}-(n_1+n_2)d_0]t \tag{15-3}$$

式中　n_1——连接一侧第一排的螺栓数目；

n_2——连接一侧第二排的螺栓数目。

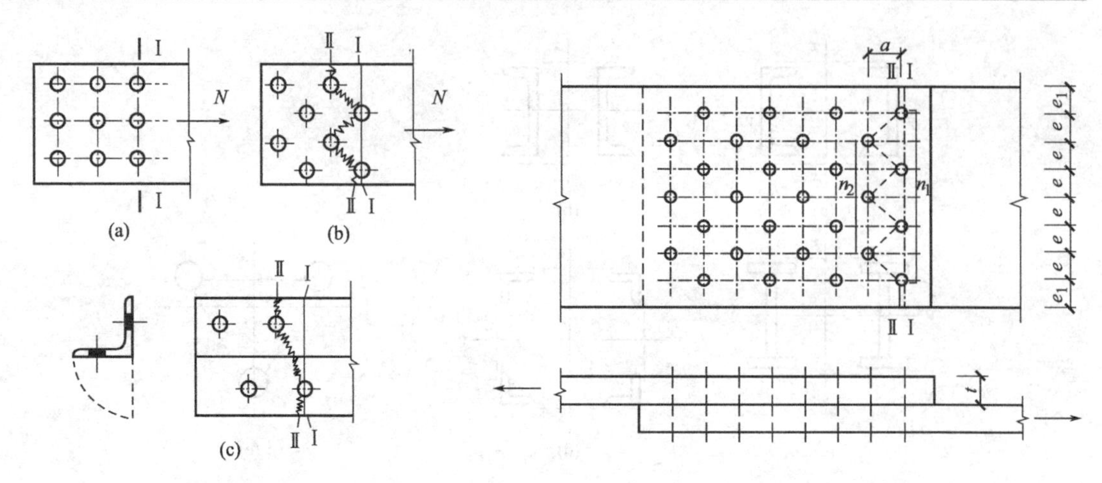

图 15-5　孔洞削弱后的危险截面　　　　图 15-6　净截面面积计算

15.1.2.2　*由净截面和毛截面计算的强度条件*

对于高强度螺栓摩擦型连接，净截面小于毛截面，但净截面处的轴心力由于表面的摩擦力而降低，也小于构件轴力，危险截面不能直接判断，构件可能沿净截面破坏，也可能沿毛截面破坏。所以，这类构件需要同时验算净截面强度和毛截面强度。

(1) 净截面强度

$$\sigma=\left(1-0.5\frac{n_1}{n}\right)\frac{N}{A_n}\leqslant f \tag{15-4}$$

式中　n_1——所计算截面（最外列螺栓处）上高强度螺栓数目；

n——在节点或拼接处，构件一端连接的高强度螺栓数目；

0.5——孔前传力系数。

(2) 毛截面强度

$$\sigma=\frac{N}{A}\leqslant f \tag{15-5}$$

15.1.3　轴心受力构件刚度计算

为了满足结构的正常使用要求，轴心受力构件应具有一定的刚度，以保证构件不会产生过度的变形。轴心受力构件以长细比为刚度参数，长细比太大时，会产生以下一些不利影响：

① 在运输和安装过程中产生弯曲或过大变形；

② 使用期间因自重而明显下挠；

③ 在动力荷载作用下发生较大的振动；

④ 压杆的长细比过大时，还会使极限承载力显著降低；同时，初始弯曲和自重产生的挠度也将对构件的整体稳定带来不利影响。

所以，轴心受力构件的刚度条件要求：

$$\lambda=\frac{l_0}{i}\leqslant[\lambda] \tag{15-6}$$

式中　λ——构件的最大长细比；

l_0——构件的计算长度，mm；

i——截面的回转半径（规范称“回转半径”不确切，因回转半径与旋转物体的转动惯量相关，截面无转动惯量，所以 i 应称为截面的惯性半径），mm；

$[\lambda]$——构件的容许长细比。受压构件的容许长细比按表 15-1 取值，受拉构件的容许长细比按表 15-2 取值。

表 15-1　受压构件的容许长细比

项次	构件名称	容许长细比
1	柱、桁架和天窗架中的杆件	150
	柱的缀条、吊车梁或吊车桁架以下的柱间支撑	
2	支撑(吊车梁或吊车桁架以下的柱间支撑除外)	200
	用以减小受压构件长细比的杆件	

注：1. 桁架（包括空间桁架）的受压腹杆，当其内力≤承载能力的 50%时，容许长细比可取 200。

2. 计算单角钢受压构件的长细比时，应采用角钢的最小回转半径，但计算在交叉点相互连接的交叉杆件平面外的长细比时，可采用与角钢肢边平行轴的回转半径。

3. 跨度等于或大于 60m 的桁架，其受压弦杆和端压杆的容许长细比值宜取 100，其他受压腹杆可取 150（承受静力荷载或间接承受动力荷载）或 120（直接承受动力荷载）。

4. 由容许长细比控制截面的杆件，在计算其长细比时，可不考虑扭转效应。

表 15-2　受拉构件的容许长细比

项次	构　件　名　称	承受静力荷载或间接承受动力荷载的结构		直接承受动力荷载的结构
		一般建筑结构	有重级工作制吊车的厂房	
1	桁架的杆件	350	250	250
2	吊车梁或吊车桁架以下的柱间支撑	300	200	—
3	其他拉杆、支撑、系杆等(张紧的圆钢除外)	400	350	—

注：1. 承受静力荷载的结构中，可仅计算受拉构件在竖向平面内的长细比。

2. 在直接或间接承受动力荷载的结构中，单角钢受拉构件长细比的计算方法与表 15-1 注 2 相同。

3. 中、重级工作制吊车桁架下弦杆的长细比不宜超过 200。

4. 在设有夹钳或刚性料耙等硬钩吊车的厂房中，支撑（表中第 2 项除外）的长细比不宜超过 300。

5. 受拉构件在永久荷载与风荷载组合作用下受压时，其长细比不宜超过 250。

6. 跨度等于或大于 60m 的桁架，其受拉弦杆和腹杆的长细比不宜超过 300（承受静力荷载或间接承受动力荷载）或 250（直接承受动力荷载）。

【例题 15-1】 如图 15-7 所示，中级工作制吊车的厂房屋架的下弦拉杆，由双角钢组成，角钢型号为∟100×10，布置有交错排列的普通螺栓连接，螺栓孔直径 $d_0=20\text{mm}$。已知轴心拉力设计值 $N=620\text{kN}$，计算长度 $l_{0x}=3000\text{mm}$，$l_{0y}=7800\text{mm}$。材料为 Q235 钢，试算该拉杆的强度和刚度。

【解】 $f=215\text{N/mm}^2$，$[\lambda]=350$，等边角钢肢厚 10mm

① 强度验算。确定危险截面之前，先将其按中面展开，如图 15-7（b）所示。分别计算正交截面Ⅰ-Ⅰ、齿状截面Ⅱ-Ⅱ的净面积：

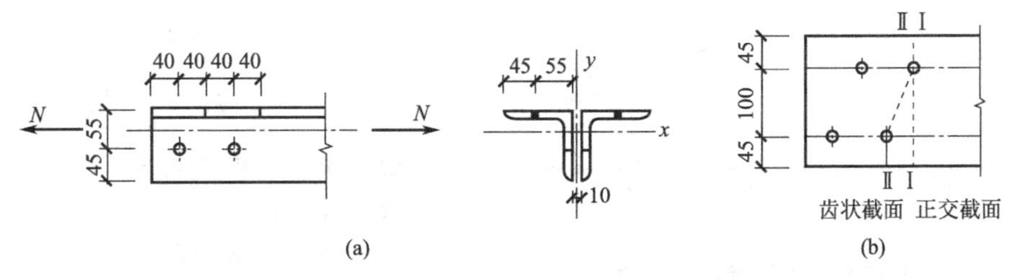

图 15-7　例题 15-1 图

Ⅰ-Ⅰ截面

$$A_n=2\times(45+100+45-20)\times10=3400\text{mm}^2$$

Ⅱ-Ⅱ截面

$$A_n=2\times(45+\sqrt{100^2+40^2}+45-2\times20)\times10=3154\text{mm}^2$$

齿状截面为危险截面。因为

$$\sigma=\frac{N}{A_n}=\frac{620\times10^3}{3154}=196.6\text{N/mm}^2<f=215\text{N/mm}^2$$

所以，该拉杆满足强度条件。

② 刚度验算。查附表40，$i_x=3.05\text{cm}=30.5\text{mm}$，利用附表40计算$i_y$

$$A=2\times19.261=38.522\text{cm}^2$$

$$I_y=2\times[179.51+19.261\times(0.5+2.84)^2]=788.756\text{cm}^4$$

$$i_y=\sqrt{\frac{I_y}{A}}=\sqrt{\frac{788.756}{38.522}}=4.525\text{cm}=45.25\text{mm}$$

杆件沿x、y方向的计算长度不同，截面回转半径也不同，表现出计算长度大的方向截面回转半径大，所以需要分别验算长细比。

$$\lambda_x=\frac{l_{0x}}{i_x}=\frac{3000}{30.5}=98.4<[\lambda]=350，满足$$

$$\lambda_y=\frac{l_{0y}}{i_y}=\frac{7800}{45.25}=172.4<[\lambda]=350，满足$$

15.1.4 轴心受压构件的整体稳定性

对于轴心受压构件，除了杆件很短或是有孔洞等削弱的截面可能发生强度破坏以外，通常是由整体稳定性控制其承载力。

15.1.4.1 整体稳定系数φ

稳定系数定义为临界应力与材料强度的比值，即$\varphi=\sigma_{cr}/f_y$。现行《钢结构设计规范》中，轴心受压构件的稳定系数φ，是按柱的最大强度理论用数值方法算出大量φ-λ曲线（柱子曲线）归纳确定的。进行理论计算时，考虑了截面的不同形式和尺寸，不同的加工条件及相应的残余应力图式，并考虑了1/1000杆长的初始弯曲。根据大量数据和曲线，选择其中常用的96条曲线作为确定φ的依据。经过归类处理后，采用的柱子曲线与试验值的比较情况如图15-8所示。由于试件的厚度较小，试验值一般偏高，如果试件的厚度较大，有组成板件超过40mm的试件，自然就会有接近于d曲线的试验点。

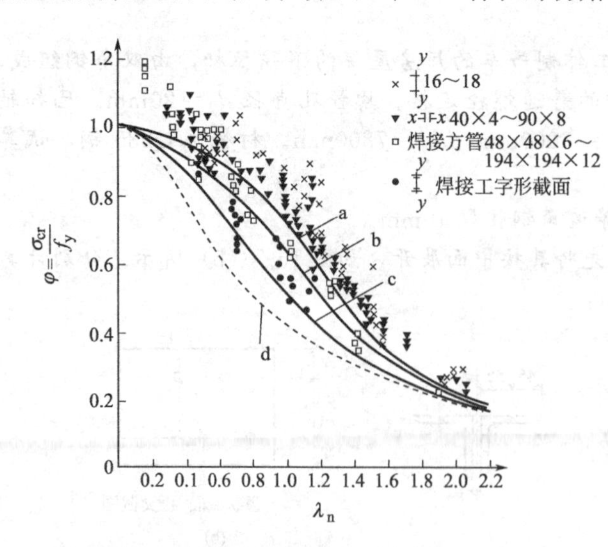

图15-8 柱子曲线与试验值

图15-8中的横坐标为正则化长细比λ_n，其定义如下：

$$\lambda_n=\frac{\lambda}{\pi}\sqrt{\frac{f_y}{E}} \quad (15\text{-}7)$$

稳定系数φ可查附表34，也可按下列公式计算：

当$\lambda_n\leqslant0.215$时

$$\varphi=1-\alpha_1\lambda_n^2 \quad (15\text{-}8)$$

当 $\lambda_n > 0.215$ 时

$$\varphi=\frac{1}{2\lambda_n^2}\left[(\alpha_2+\alpha_3\lambda_n+\lambda_n^2)-\sqrt{(\alpha_2+\alpha_3\lambda_n+\lambda_n^2)^2-4\lambda_n^2}\right] \tag{15-9}$$

式中系数 α_1、α_2 和 α_3，根据截面类别按表 15-3 取用。

表 15-3　系数 α_1、α_2、α_3

截面类别		α_1	α_2	α_3
a 类		0.41	0.986	0.152
b 类		0.65	0.965	0.300
c 类	$\lambda_n \leqslant 1.05$	0.73	0.906	0.595
	$\lambda_n > 1.05$		1.216	0.302
d 类	$\lambda_n \leqslant 1.05$	1.35	0.868	0.915
	$\lambda_n > 1.05$		1.375	0.432

15.1.4.2　构件的长细比

要按式(15-8)、式(15-9) 计算稳定系数 φ 或从附表 34 查取稳定系数 φ，都必须先知道受压构件的长细比。构件的长细比 λ 应按照下列规定采用。

(1) 截面为双轴对称或极对称的构件

$$\lambda_x=\frac{l_{0x}}{i_x},\lambda_y=\frac{l_{0y}}{i_y} \tag{15-10}$$

式中　l_{0x}、l_{0y}——构件对主轴 x 和 y 的计算长度，mm；

i_x、i_y——构件截面对主轴 x 和 y 的回转半径，mm。

对双轴对称的十字形截面构件，λ_x 或 λ_y 取值不得小于 $5.07b/t$（其中 b/t 为悬伸板件的宽厚比）。

(2) 截面为单轴对称的构件　设截面的对称轴为 y，非对称轴为 x，当截面形心与剪切中心不重合时，在弯曲失稳时会伴随扭转变形，发生弯扭屈曲。在相同情况下，弯扭失稳比弯曲失稳的临界应力要低。所以，绕非对称轴的长细比 λ_x 仍按式(15-10) 计算，但绕对称轴的稳定应取计及扭转效应的下列换算长细比代替 λ_y：

$$\lambda_{yz}=\frac{1}{\sqrt{2}}\left[(\lambda_y^2+\lambda_z^2)+\sqrt{(\lambda_y^2+\lambda_z^2)^2-4(1-e_0^2/i_0^2)\lambda_y^2\lambda_z^2}\right]^{1/2} \tag{15-11}$$

$$\lambda_z^2=\frac{i_0^2A}{I_t/25.7+I_\omega/l_\omega^2} \tag{15-12}$$

$$i_0^2=e_0^2+i_x^2+i_y^2 \tag{15-13}$$

式中　e_0——截面形心至剪切中心（剪心）的距离，mm；

i_0——截面对剪心的极回转半径，mm；

λ_y——构件对对称轴的长细比；

λ_z——扭转屈曲的换算长细比；

I_t——毛截面抗扭惯性矩，mm^4；

I_ω——毛截面扇性惯性矩，mm^6，对 T 形截面（轧制、双板焊接、双角钢组合）、十字形截面和角形截面可近似取 $I_\omega=0$；

A——毛截面面积，mm^2；

l_ω——扭转屈曲的计算长度，mm，对两端铰接端部截面可自由翘曲或两端嵌固端部截面的翘曲完全受到约束的构件，取 $l_\omega=l_{0y}$。

单角钢截面和双角钢组合 T 形截面（图 15-9）绕对称轴的换算长细比 λ_{yz} 可采用下列简化方法确定。

① 等边单角钢截面［图 15-9(a)］

当 $b/t \leqslant 0.54 l_{0y}/b$ 时：

$$\lambda_{yz}=\lambda_y\left(1+\frac{0.85b^4}{l_{0y}^2 t^2}\right) \tag{15-14}$$

当 $b/t > 0.54 l_{0y}/b$ 时：

$$\lambda_{yz}=4.78\frac{b}{t}\left(1+\frac{l_{0y}^2 t^2}{13.5b^4}\right) \tag{15-15}$$

式中 b、t——角钢肢的宽度和厚度。

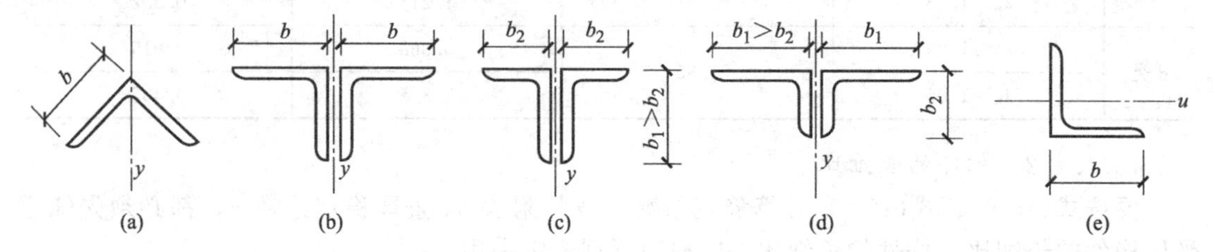

图 15-9 单角钢截面和双角钢组合 T 形截面

② 等边双角钢截面［图 15-9(b)］

当 $b/t \leqslant 0.58 l_{0y}/b$ 时：

$$\lambda_{yz}=\lambda_y\left(1+\frac{0.475b^4}{l_{0y}^2 t^2}\right) \tag{15-16}$$

当 $b/t > 0.58 l_{0y}/b$ 时：

$$\lambda_{yz}=3.9\frac{b}{t}\left(1+\frac{l_{0y}^2 t^2}{18.6b^4}\right) \tag{15-17}$$

③ 长肢相并的不等边双角钢截面［图 15-9(c)］

当 $b_2/t \leqslant 0.48 l_{0y}/b_2$ 时：

$$\lambda_{yz}=\lambda_y\left(1+\frac{1.09b_2^4}{l_{0y}^2 t^2}\right) \tag{15-18}$$

当 $b_2/t > 0.48 l_{0y}/b_2$ 时：

$$\lambda_{yz}=5.1\frac{b_2}{t}\left(1+\frac{l_{0y}^2 t^2}{17.4b_2^4}\right) \tag{15-19}$$

④ 短肢相并的不等边双角钢截面［图 15-9(d)］

当 $b_1/t \leqslant 0.56 l_{0y}/b_1$ 时，可近似取 $\lambda_{yz}=\lambda_y$，否则应取

$$\lambda_{yz}=3.7\frac{b_1}{t}\left(1+\frac{l_{0y}^2 t^2}{52.7b_1^4}\right) \tag{15-20}$$

单轴对称的轴心受压构件在绕非对称主轴以外的任意一轴失稳时，应按照弯扭屈曲计算其稳定性。当计算等边单角钢构件绕平行轴［图 15-9(e) 的 u 轴］稳定时，可用下式计算其换算长细比 λ_{uz}，并按 b 类截面确定 φ 值。

当 $b/t \leqslant 0.69 l_{0u}/b$ 时：

$$\lambda_{uz}=\lambda_u\left(1+\frac{0.25b^4}{l_{0u}^2 t^2}\right) \tag{15-21}$$

当 $b/t > 0.69 l_{0u}/b$ 时：

$$\lambda_{yz}=5.4b/t \tag{15-22}$$

式中 $\lambda_u=l_{0u}/i_u$；l_{0u}为构件对 u 轴的计算长度，i_u 为构件截面对 u 轴的回转半径。

无任何对称轴且又非极对称的截面（单面连接的不等边单角钢除外）不宜用作轴心受压构件。

对单面连接的单角钢轴心受压构件，考虑强度折减系数后（参见《钢结构设计规范》），可不考虑弯扭效应。当槽形截面用于格构式构件的分肢，计算分肢绕对称轴（y 轴）的稳定性时，不必考虑扭转效应，直接用 λ_y 查出 φ_y 值。

15.1.4.3　整体稳定计算

轴心受压构件以毛截面计算的压应力不应大于整体稳定临界应力，在考虑抗力分项系数 γ_R 后，就有

$$\sigma=\frac{N}{A}\leqslant\frac{\sigma_{cr}}{\gamma_R}=\frac{\sigma_{cr}}{f_y}\times\frac{f_y}{\gamma_R}=\varphi f$$

所以得稳定计算公式

$$\sigma=\frac{N}{A}\leqslant\varphi f \tag{15-23}$$

或

$$\frac{N}{\varphi A}\leqslant f \tag{15-24}$$

或

$$N\leqslant\varphi fA \tag{15-25}$$

【例题 15-2】 图 15-10 所示支柱，采用由 Q235 钢热轧而成的普通工字钢，上下端铰支，在两个三分点处有侧向支撑，以防止柱在弱轴方向过早失稳。构件承受的轴心压力设计值 $N=300\text{kN}$，容许长细比取 $[\lambda]=150$，试选择工字钢的型号。

【解】 已知 $l_{0x}=9000\text{mm}$，$l_{0y}=3000\text{mm}$，$f=215\text{N/mm}^2$，$[\lambda]=150$，$N=300\text{kN}$

假定 $\lambda=140$，则由附表 34 可得绕截面强轴和弱轴的稳定系数，$\varphi_x=0.383$（a 类截面），$\varphi_y=0.345$（b 类截面）。所以弱轴危险，由式(15-23) 解得所需截面面积：

$$A\geqslant\frac{N}{\varphi f}=\frac{300\times10^3}{0.345\times215}=4044\text{mm}^2=40.44\text{cm}^2$$

所需截面回转半径

$$i_x=\frac{l_{0x}}{\lambda}=\frac{9000}{140}=64.3\text{mm}=6.43\text{cm}$$

$$i_y=\frac{l_{0y}}{\lambda}=\frac{3000}{140}=21.4\text{mm}=2.14\text{cm}$$

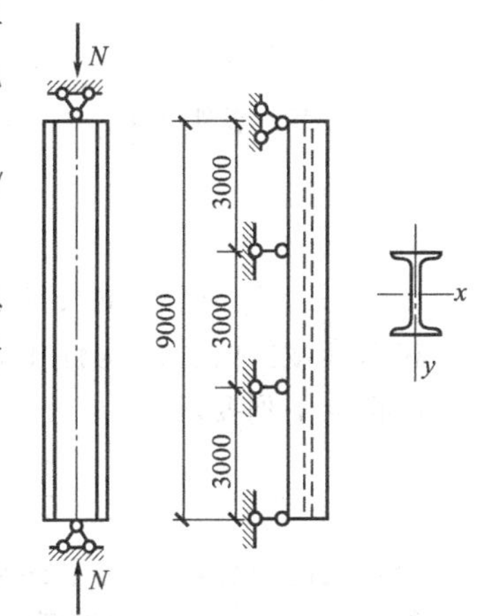

图 15-10　例题 15-2 图

查附表 43，工字钢型号 22a 可以满足上述要求：$A=42.128\text{cm}^2$，$i_x=8.99\text{cm}$，$i_y=2.31\text{cm}$。选取 22a 号工字钢，其几何参数均大于计算需要值，能满足刚度条件和整体稳定条件，所以不必再验算；截面没有孔洞削弱，也不必验算强度条件。

15.1.5　轴心受压构件的局部稳定性

轴心受压构件组成板件的厚度与宽度之比较小时，设计时应考虑局部稳定问题。局部失稳就是部分板件发生屈曲。图 15-11 所示为一工字形截面轴心受压构件发生局部失稳时的变形形态，其中图(a) 为腹板受压失稳，图(b) 为翼缘板受压失稳。构件丧失局部稳定后，还可能继续维持着整体平衡状态，但由于部分板件屈曲后退出工作，使构件的有效截面减小，所以会加速整体失稳而丧失承载力。

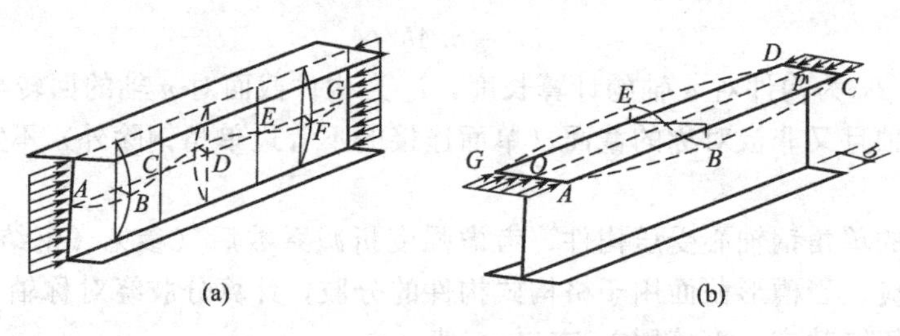

图 15-11 轴心受压构件的局部失稳

受压构件中板件的局部稳定以板件局部屈曲不先于构件的整体失稳为条件，并通过限制板件的宽厚比来加以控制。

15.1.5.1 翼缘宽厚比

板件尺寸如图 15-12 所示，保证翼缘局部稳定的宽厚比应符合下列要求：

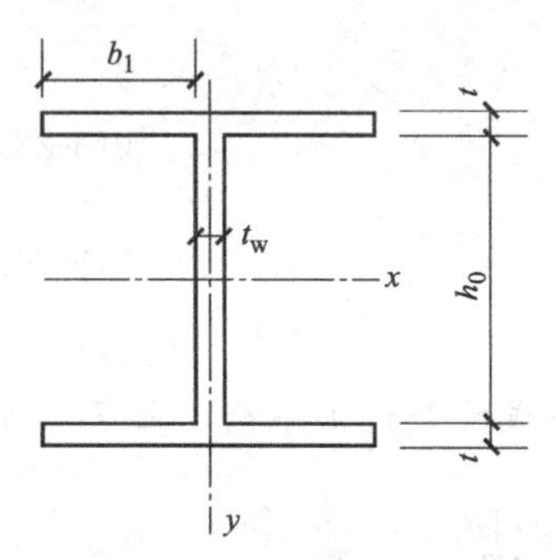

图 15-12 板件尺寸

$$\frac{b_1}{t}\leqslant(10+0.1\lambda)\sqrt{\frac{235}{f_y}} \tag{15-26}$$

式中 λ——构件两个方向长细比的较大值，当 $\lambda<30$ 时，取 $\lambda=30$，当 $\lambda>100$ 时，取 $\lambda=100$；

b_1——翼缘板自由外伸宽度，mm，对焊接构件，取腹板边缘至翼缘板（肢）边缘的距离，对轧制构件，取内圆弧起点至翼缘板（肢）边缘的距离。

15.1.5.2 腹板的高厚比

在工字形及 H 形截面的受压构件中，腹板计算高度 h_0 与其厚度 t_w 之比，应符合下列要求

$$\frac{h_0}{t_w}\leqslant(25+0.5\lambda)\sqrt{\frac{235}{f_y}} \tag{15-27}$$

式中 λ——构件两个方向长细比的较大值，当 $\lambda<30$ 时，取 $\lambda=30$；当 $\lambda>100$ 时，取 $\lambda=100$。

在箱形截面的受压构件中，腹板的计算高度 h_0 与其厚度 t_w 之比，应符合下列要求

$$\frac{h_0}{t_w}\leqslant 40\sqrt{\frac{235}{f_y}} \tag{15-28}$$

当腹板高厚比不满足上述要求时，可在腹板中部设置纵向加劲肋，如图 15-13 所示。再验算高厚比时，h_0 取翼缘与纵向加劲肋之间的距离。

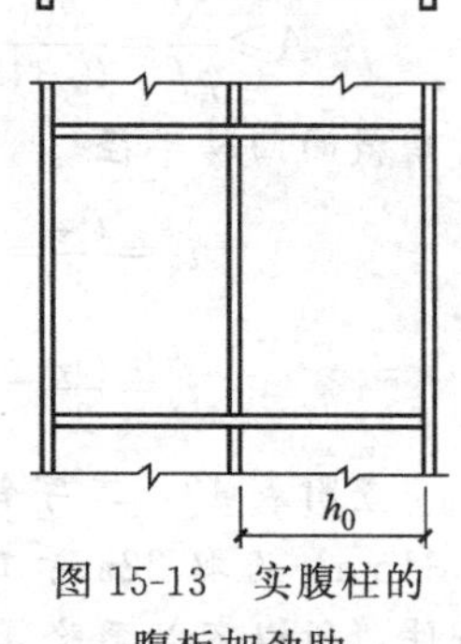

图 15-13 实腹柱的腹板加劲肋

15.1.5.3 圆管的径厚比

圆管截面受压构件，其外径与壁厚之比应满足如下条件

$$\frac{D}{t}\leqslant 100\times\frac{235}{f_y} \tag{15-29}$$

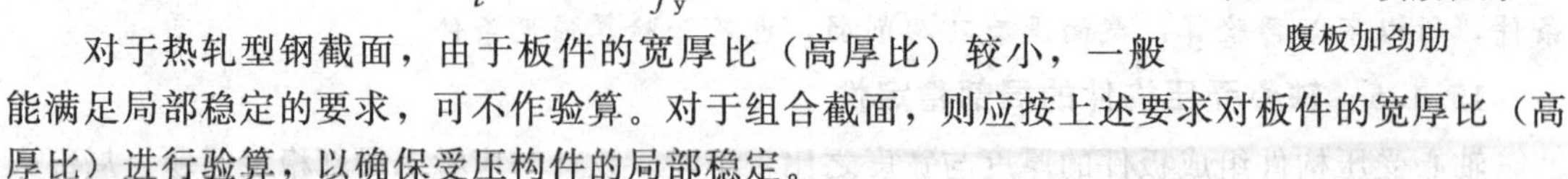

对于热轧型钢截面，由于板件的宽厚比（高厚比）较小，一般能满足局部稳定的要求，可不作验算。对于组合截面，则应按上述要求对板件的宽厚比（高厚比）进行验算，以确保受压构件的局部稳定。

【例题 15-3】 图 15-14(a) 所示为一管道支架，其支柱承受的轴心压力设计值为 $N=1600\text{kN}$。柱两端铰接，Q235 钢，热轧 H 型钢截面，无孔眼削弱。试设计此支柱截面（选择型钢型号）。

【解】 Q235 钢材料的抗拉、抗压强度设计值 $f=215\text{N/mm}^2$（厚度 $t\leqslant16\text{mm}$ 时）。

支柱两个方向的计算长度不相等，故取图 15-14(b) 所示的截面朝向，强轴方向 x 的计算长度大，弱轴方向 y 的计算长度小

$$l_{0x}=6000\text{mm}=600\text{cm}$$

$$l_{0y}=3000\text{mm}=300\text{cm}$$

(1) 试选截面　采用热轧宽翼缘 H 型钢，$b/h>0.8$，无论对 x 轴还是对 y 轴都属于 b 类截面，假定 $\lambda=70$，查附表 34 得 $\varphi=0.751$，则所需截面几何量为：

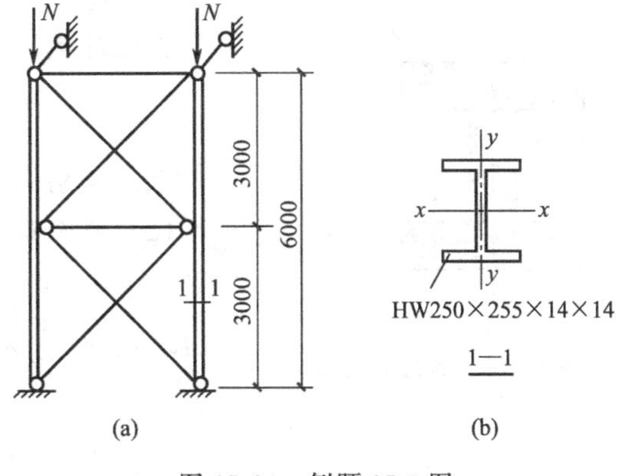

图 15-14　例题 15-3 图

$$A\geqslant\frac{N}{\varphi f}=\frac{1600\times10^3}{0.751\times215}=9909\text{mm}^2=99.09\text{cm}^2$$

$$i_x=\frac{l_{0x}}{\lambda}=\frac{600}{70}=8.57\text{cm}，i_y=\frac{l_{0y}}{\lambda}=\frac{300}{70}=4.29\text{cm}$$

查附表 44，可选型号为 HW250×255×14×14 的热轧宽翼缘 H 型钢，如图 15-14(b) 所示，此时有

$A=103.93\text{cm}^2$、$i_x=10.45\text{cm}$、$i_y=6.11\text{cm}$，材料厚度 $t_1=t_2=14.0\text{mm}<16\text{mm}$，故由附表 27 知 $f=215\text{N/mm}^2$。

(2) 截面验算　无孔眼削弱，可不验算强度；热轧型钢，板件的宽厚比较小，可不验算局部稳定，只需要验算以下两种情况：刚度条件和整体稳定条件。

$$\lambda_x=\frac{l_{0x}}{i_x}=\frac{600}{10.45}=57.4<[\lambda]=150$$

$$\lambda_y=\frac{l_{0y}}{i_y}=\frac{300}{6.11}=49.1<[\lambda]=150 \text{ 满足刚度条件}$$

取 $\lambda=\lambda_x=57.4$ 查附表 34（b 类截面）得稳定系数（线性内插值法确定）

$$\varphi=0.823-\frac{0.823-0.818}{58-57}\times(57.4-57)=0.821$$

$$\frac{N}{\varphi A}=\frac{1600\times10^3}{0.821\times103.93\times10^2}=187.5\text{N/mm}^2<f=215\text{N/mm}^2 \text{ 满足要求}$$

【例题 15-4】 试设计一根两端铰支的焊接工字形组合截面轴心受压柱。该柱承受轴心压力设计值 $N=820\text{kN}$，柱长 4.8m，钢材为 Q235，翼缘为轧制边，板厚小于 40mm。

【解】 (1) 初选截面　由附表 33 可知，当板厚<40mm 时，翼缘为轧制边的焊接工字形截面对 x 轴属于 b 类截面，对 y 轴为 c 类截面。假设实际所选板厚≤16mm，则由附表 27 得 $f=215\text{N/mm}^2$。设 $\lambda=80$，则由附表 34 可得 $\varphi_x=0.688$、$\varphi_y=0.578$，取两者之中的较小值作为计算用稳定系数 $\varphi=\varphi_y=0.578$。所需几何量为

$$A\geqslant\frac{N}{\varphi f}=\frac{820\times10^3}{0.578\times215}=6599\text{mm}^2$$

$$i_x=\frac{l_{0x}}{\lambda}=\frac{4800}{80}=60\text{mm}，i_y=\frac{l_{0y}}{\lambda}=\frac{4800}{80}=60\text{mm}$$

由附表 35 的近似关系可得

$$h=\frac{i_x}{0.43}=\frac{60}{0.43}=139.5\text{mm}，b=\frac{i_y}{0.24}=\frac{60}{0.24}=250\text{mm}$$

先确定截面宽度，取 $b=250\text{mm}$，根据轴心受压构件截面高度和宽度大致相等的原则取 $h=260\text{mm}$。翼缘板采用 250mm×10mm，腹板所需面积为：

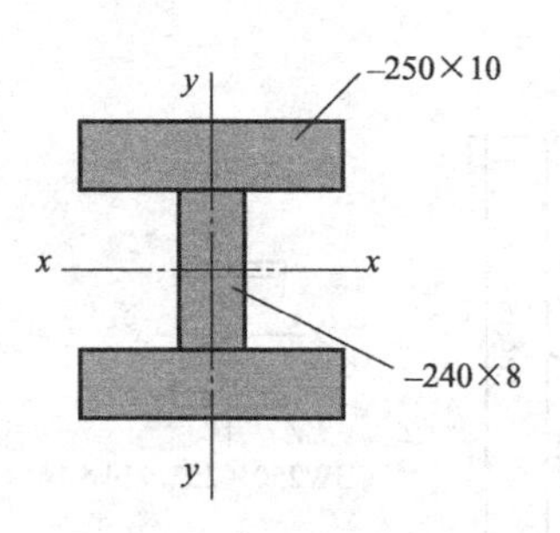

图 15-15 例题 15-4 图

$$A_w = A - A_f = 6599 - 2\times(250\times10) = 1599\text{mm}^2$$

腹板厚度

$$t_w = \frac{A_w}{h_0} = \frac{1599}{260-2\times10} = 6.66\text{mm}$$

取 $t_w = 8$mm。初步确定的截面尺寸如图 15-15 所示。

(2) 截面验算 截面几何特性参数

$$A = 2\times(250\times10) + 240\times8 = 6920\text{mm}^2$$

$$I_x = 2\times\left(\frac{1}{12}\times250\times10^3 + 250\times10\times125^2\right) + \frac{1}{12}\times8\times240^3 = 8.738\times10^7\text{mm}^4$$

$$I_y = 2\times\left(\frac{1}{12}\times10\times250^3\right) + \frac{1}{12}\times240\times8^3 = 2.605\times10^7\text{mm}^4$$

$$i_x = \sqrt{\frac{I_x}{A}} = \sqrt{\frac{8.738\times10^7}{6920}} = 112.4\text{mm}$$

$$i_y = \sqrt{\frac{I_y}{A}} = \sqrt{\frac{2.605\times10^7}{6920}} = 61.4\text{mm}$$

① 强度验算

$$\sigma = \frac{N}{A_n} = \frac{820\times10^3}{6920} = 118.5\text{N/mm}^2 < f = 215\text{N/mm}^2\text{，满足要求}$$

② 刚度验算

$$\lambda_x = \frac{l_{0x}}{i_x} = \frac{4800}{112.4} = 42.7 < [\lambda] = 150 \text{ 满足要求}$$

$$\lambda_y = \frac{l_{0y}}{i_y} = \frac{4800}{61.4} = 78.2 < [\lambda] = 150 \text{ 满足要求}$$

③ 整体稳定验算

稳定系数（附表 34）

b 类截面（对 x 轴）：

$$\varphi_x = 0.891 - \frac{0.891-0.887}{43-42}\times(42.7-42) = 0.888$$

c 类截面（对 y 轴）：

$$\varphi_y = 0.591 - \frac{0.591-0.584}{79-78}\times(78.2-78) = 0.590$$

取 $\varphi = \min(\varphi_x, \varphi_y) = 0.590$，整体稳定条件

$$\frac{N}{\varphi A} = \frac{820\times10^3}{0.590\times6920} = 200.8\text{N/mm}^2 < f = 215\text{N/mm}^2 \text{ 满足要求}$$

④ 局部稳定验算

$$\lambda = \max(\lambda_x, \lambda_y) = \max(42.7, 78.2) = 78.2$$

翼缘：悬挑自由长度 $b_1 = (250-8)/2 = 121$mm

$$\frac{b_1}{t} = \frac{121}{10} = 12.1 < (10+0.1\lambda)\sqrt{\frac{235}{f_y}} = (10+0.1\times78.2)\times1 = 17.82 \text{ 满足}$$

腹板：

$$\frac{h_0}{t_w} = \frac{240}{8} = 30 < (25+0.5\lambda)\sqrt{\frac{235}{f_y}} = (25+0.5\times78.2)\times1 = 64.1 \text{ 满足}$$

15.2 钢结构受弯构件

15.2.1 钢结构受弯构件的形式

钢结构受弯构件可分为实腹式受弯构件和格构式受弯构件两类。在钢结构中，实腹式受弯构件通常称为钢梁，格构式受弯构件又称为钢桁架（钢网架）。它们在工程上都是承受垂直于轴线方向的荷载，主要作为水平构件使用。

15.2.1.1 钢梁的形式

按支承形式上的不同，钢梁可分为简支钢梁、连续钢梁和悬臂钢梁。简支钢梁因制造简单、安装方便、可避免支座沉陷所产生的不利影响而广泛采用。

按截面形式的不同，钢梁分为型钢梁和组合钢梁，如图 15-16 所示。型钢梁又可分为热轧型钢梁和冷弯薄壁型钢梁。热轧工字钢、H 型钢［图 15-16 中(a)、(b)］截面分布较为合理，经济性较好，应用广泛；热轧槽钢［图 15-16(c)］因弯曲中心在腹板外侧，当荷载作用线不通过弯曲中心时，在发生弯曲变形的同时会产生扭转变形，故受力不利。当能确保荷载作用线通过弯曲中心时，才采用槽钢梁。冷弯薄壁型钢［图 15-16 中(d)、(e)、(f)］可作为屋面檩条使用，其经济性能较好，但防腐要求较高。

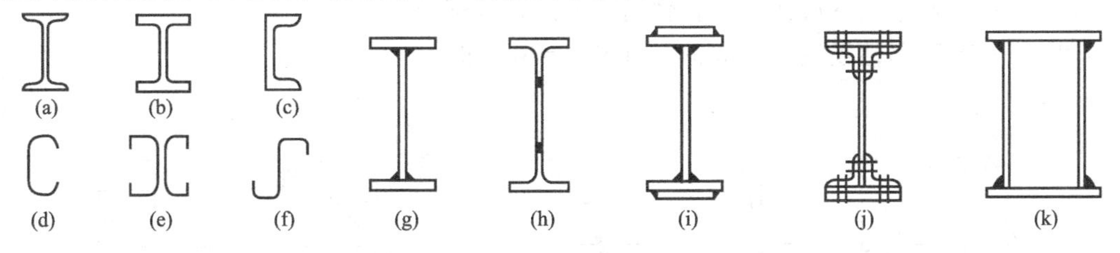

图 15-16 钢梁截面形式

组合钢梁可由型钢和型钢、型钢和钢板、钢板和钢板通过焊缝连接或螺栓连接而成，截面形式主要有工字形和箱形两种［图 15-16 中(g) ～(k)］。箱形截面因腹板用料较多、构造复杂、施焊不便，故仅当跨度较大或荷载很大而高度受限制或对梁的抗扭要求较高时才采用。

15.2.1.2 钢桁架的形式

桁架是格构式受弯构件，如图 15-17 所示。它以弦杆代替梁的翼缘，腹杆代替腹板，并在节点处将腹杆与弦杆连接。桁架梁整体受弯，各杆承受轴心拉力或压力作用。弯矩由上、下弦杆抵抗，剪力由腹杆抵抗，分工明确。

钢桁架的优势在于当跨度较大时，用钢量省，刚度大，制造、运输、拼装方便，可根据荷载情况和使用条件制成不同的外形。钢桁架的缺点是杆件和节点较多，构造复杂，制造较为费工。

图 15-17 钢桁架

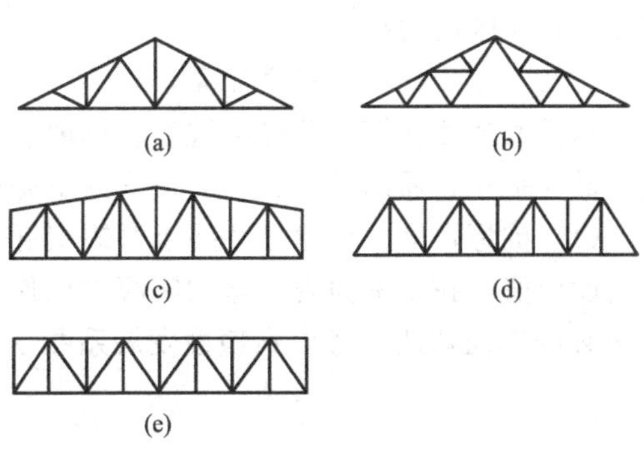

图 15-18 桁架常用形式

常用钢桁架的外形有三角形、梯形、平行弦形等（图 15-18），可用于屋架、托架、吊车桁架、桁架桥等工程结构。

15.2.2　钢梁的强度和刚度

15.2.2.1　塑性发展对梁受力的影响

根据平截面假定，钢梁在弯矩作用下的应变服从线性分布［图 15-19(a)］；弹性阶段的应力为三角形分布，随着弯矩的增大，截面边缘应力首先达到屈服值 f_y［图 15-19(b)］，此时的应力状态称为弹性极限状态。由静力关系得弹性极限弯矩 M_e：

$$M_e=\sigma_{max}W=f_yW \tag{15-30}$$

当弯矩继续增加时，梁截面变形进入弹塑性状态，边缘部分区域为塑性区，应力为矩形分布，大小为 f_y；中和轴上、下一定范围内为弹性区，应力仍为三角形分布，如图 15-19(c) 所示。弯矩再继续增大，弹性区逐步缩小而趋于零，整个截面进入塑性状态，形成塑性铰。如图 15-19(d) 所示，受拉侧和受压侧的正应力均匀分布且等于 f_y，此时已达到承载力极限。截面上合力对中和轴取矩，等于塑性极限弯矩 M_P：

$$M_P=f_yS_1+f_yS_2=f_yW_P \tag{15-31}$$

式中　S_1——中和轴以上截面对中和轴的面积矩，mm^3；

S_2——中和轴以下截面对中和轴的面积矩，mm^3；

W_P——截面塑性抵抗矩，mm^3，且 $W_P=S_1+S_2$。

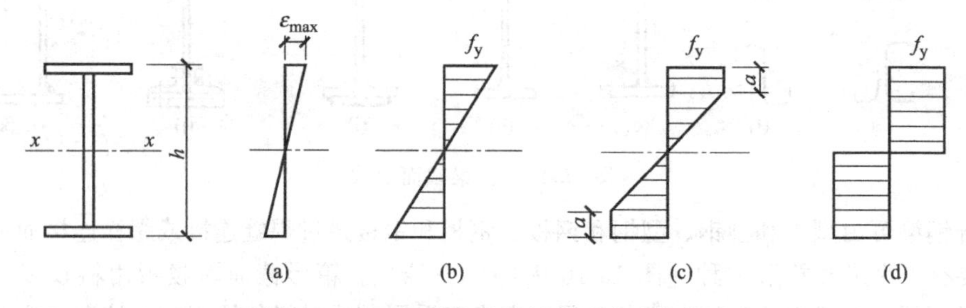

图 15-19　不同受力阶段梁的正应力分布

塑性状态截面中和轴的位置，按轴力为零（$f_yA_1-f_yA_2=0$）的条件得 $A_1=A_2$：即中和轴以上的面积等于中和轴以下的面积。若截面上下对称，则中和轴与形心轴重合；若截面上下不对称，则中和轴与形心轴不重合，有别于弹性状态。

将 W_P 与 W 的比值定义为截面的塑性发展系数，即 $\gamma_F=W_P/W$，它仅与截面的几何形状有关，而与材料性质无关。若截面上存在弹性区和塑性区［图 15-19(c)］，即塑性区限制在一定范围内，则塑性发展系数 γ_x 满足条件 $1<\gamma_x<\gamma_F$。实用中限制 γ_x 的取值，就是限制截面上塑性区的大小。

15.2.2.2　钢梁的强度计算

钢梁的强度计算一般包括抗弯、抗剪、局部承压和复合应力四个方面，但以抗弯、抗剪强度最为基本，局部受压和复合受力并不是所有梁都需要计算。

(1) 抗弯强度　抗弯强度要求弯矩引起构件横截面上的最大正应力不应超过钢材的抗弯强度设计值。在主平面内受弯的实腹式构件（考虑腹板屈曲后强度者除外）由弯矩 M_x 引起绕 x 轴的单向弯曲，考虑到塑性发展系数 γ_x，则有

$$\sigma_{max}=\frac{M_x}{\gamma_xW_{nx}}\leqslant f \tag{15-32}$$

由弯矩 M_x 和 M_y 引起的绕 x 轴、y 轴的双向弯曲，由正应力叠加可得

$$\sigma_{max}=\frac{M_x}{\gamma_x W_{nx}}+\frac{M_y}{\gamma_y W_{ny}}\leqslant f \tag{15-33}$$

式中　M_x、M_y——同一截面绕 x 轴、y 轴的弯矩设计值（对工字形截面，x 轴为强轴，y 轴为弱轴），N·mm；

W_{nx}、W_{ny}——对 x 轴和 y 轴的净截面模量，mm^3，对热轧工字钢、H 型钢可查附录相应表格；

γ_x、γ_y——截面塑性发展系数，对工字形截面取 $\gamma_x=1.05$、$\gamma_y=1.20$，对箱形截面取 $\gamma_x=\gamma_y=1.05$，对其他截面，可按附表 36 取值；

f——钢材的抗弯强度设计值，N/mm^2，按附表 27 取值。

当梁受压翼缘的自由外伸宽度与其厚度之比大于 $13\sqrt{235/f_y}$ 而不超过 $15\sqrt{235/f_y}$ 时，应取 $\gamma_x=1.0$。f_y 为钢材牌号所指屈服点。

对需要计算疲劳的梁宜取 $\gamma_x=\gamma_y=1.0$。

(2) 抗剪强度　在主平面内受弯的实腹式构件（考虑腹板屈曲后强度者除外），剪应力按弹性理论计算，以中和轴上的最大剪应力进行验算，即

$$\tau=\frac{VS}{It_w}\leqslant f_v \tag{15-34}$$

式中　V——计算截面沿腹板平面作用的剪力，N；

S——计算剪应力处以上毛截面对中和轴的面积矩，mm^3；

I——毛截面惯性矩，mm^4；

t_w——腹板厚度，mm；

f_v——钢材的抗剪强度设计值，N/mm^2，按附表 27 取值。

(3) 局部承压强度　当梁上翼缘受有沿腹板平面作用的集中荷载且该荷载处又未设置支承加劲肋时，腹板计算高度上边缘需要进行局部承压强度计算。

梁截面腹板的计算高度 h_0 [图 15-20(a)] 按如下规定取值：①对轧制型钢梁，h_0 为腹板与上、下翼缘相接处两内弧起点间的距离；②对焊接组合梁，h_0 为腹板高度；③对高强度螺栓连接（或铆接）组合梁，h_0 为上、下翼缘与腹板连接的高强度螺栓（或铆钉）线间最近距离。h_0 确定后，自梁顶面至腹板计算高度上边缘的距离 h_y 也就确定了。

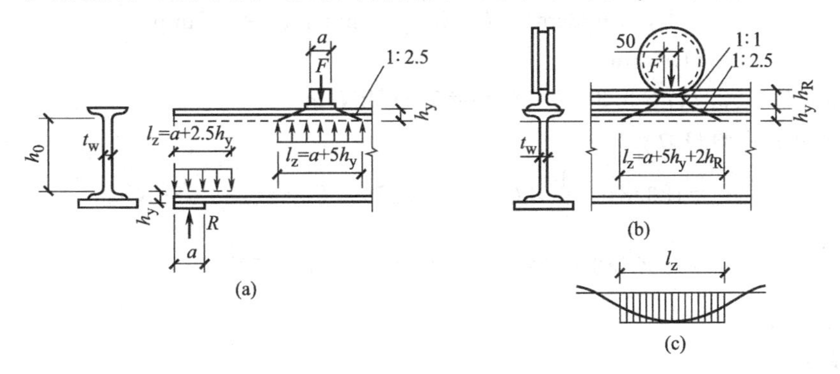

图 15-20　梁的局部承压应力

局部受压面的计算长度 l_z（图 15-20）的取值问题，规范作如下考虑：在 h_y 范围内按 1∶2.5、在 h_R（轨道高度，对梁顶无轨道的梁 $h_R=0$）范围内按 1∶1 进行扩散，所以有

$$l_z=a+5h_y+2h_R \tag{15-35}$$

式中　a——集中荷载沿梁跨度方向的支承长度，对钢轨上的轮压可取为 50mm。

局部受压计算面积为 $A_l=t_w l_z$，假定压应力在计算面积上均匀分布，所以

$$\sigma_c=\frac{\psi F}{t_w l_z}\leqslant f \tag{15-36}$$

式中 F——集中荷载，对动力荷载应考虑动力系数，N；

ψ——集中荷载增大系数，对重级工作制吊车梁，$\psi=1.35$；对其他梁，$\psi=1.0$；

f——钢材的抗压强度设计值，N/mm^2，按附表 27 取值。

在梁的支座处，当不设置支承加劲肋时，也应按式(15-36)计算腹板计算高度下边缘的局部压应力，但取 $\psi=1.0$；支座集中反力的假定分布长度，根据支座具体尺寸参照式(15-35)计算，并取 $h_R=0$，即 $l_z=a+2.5h_y$。

(4) 复合应力 在组合梁的腹板计算高度边缘处，若同时受有较大的正应力 σ、剪应力 τ 和局部压应力 σ_c，或同时受有较大的正应力和剪应力（如连续梁支座处或梁的翼缘截面改变处），此为复合应力状态。折算应力 σ_{eq} 应满足如下条件

$$\sigma_{eq}=\sqrt{\sigma^2+\sigma_c^2-\sigma\sigma_c+3\tau^2}\leqslant\beta_1 f \tag{15-37}$$

因为计算折算应力的区域是梁的局部区域，所以考虑强度设计值增大系数 β_1。当 σ 与 σ_c 异号（拉为正，压为负）时，取 $\beta_1=1.2$；当 σ 与 σ_c 同号或 $\sigma_c=0$ 时，取 $\beta_1=1.1$。

【例题 15-5】 某简支钢梁上翼缘承受均布静力线荷载设计值 $g+q=82kN/m$（不含自重），计算跨度 $l=4.2m$，支座的支承长度 $a=100mm$。材料为 Q345 钢，截面无孔眼削弱，试按强度条件选择工字钢的型号。

【解】 ① 基本数据：$\gamma_x=1.05$，$f=310N/mm^2$，$f_v=180N/mm^2$

② 按抗弯强度初选型号

$$M_x=\frac{1}{8}(g+q)l^2=\frac{1}{8}\times82\times4.2^2=180.81kN\cdot m$$

由 $\frac{M_x}{\gamma_x W_{nx}}\leqslant f$ 得

$$W_{nx}\geqslant\frac{M_x}{\gamma_x f}=\frac{180.81\times10^6}{1.05\times310}=0.5555\times10^6 mm^3=555.5cm^3$$

查附表 43：选 32a 号工字钢

$$W_{nx}=692cm^3,\ I_x/S_x=275mm,\ t_w=9.5mm$$

$t=15.0mm$，$r=11.5mm$

自重标准值：$52.717\times9.8=517N/m=0.517kN/m$

③ 考虑自重后的内力

$$M_x=180.81+\frac{1}{8}\times(1.2\times0.517)\times4.2^2=182.18kN\cdot m$$

$$V=\frac{1}{2}\times(82+1.2\times0.517)\times4.2=173.50kN$$

④ 强度验算

抗弯强度

$$\sigma_{max}=\frac{M_x}{\gamma_x W_{nx}}=\frac{182.18\times10^6}{1.05\times692\times10^3}=250.7N/mm^2$$

$$<f=310N/mm^2 \text{ 满足}$$

抗剪强度

$$\tau=\frac{VS}{It_w}=\frac{V}{(I_x/S_x)t_w}=\frac{173.50\times10^3}{275\times9.5}=66.4N/mm^2$$

$$<f_v=180\text{N/mm}^2 \text{ 满足}$$

支座局部承压

$$\psi=1.0,\ a=100\text{mm},\ F=V=173.50\text{kN}$$

$$l_z=a+2.5h_y=a+2.5(r+t)$$
$$=100+2.5\times(11.5+15.0)=166.25\text{mm}$$

$$\sigma_c=\frac{\psi F}{t_w l_z}=\frac{1.0\times 173.50\times 10^3}{9.5\times 166.25}=109.9\text{N/mm}^2<f=310\text{N/mm}^2 \text{ 满足}$$

所以，从强度的观点而言，可选 32a 号工字钢。

15.2.2.3　钢梁的刚度计算

梁的刚度以挠度 v 为参数。刚度大者，挠度小；刚度小者，挠度大。挠度过大，将影响外观，影响人们的心里安全，影响正常使用。如楼盖的挠度过大，会给人一种不安全的感觉；吊车梁的挠度过大，会加剧吊车运行时的冲击和振动，甚至使吊车不能正常运行。刚度计算属于正常使用极限状态，荷载采用标准组合，梁的截面采用毛面积。刚度条件要求全部荷载标准值产生的挠度 v_T 和可变荷载标准值产生的挠度 v_Q 分别不超过容许值：

$$v_T\leqslant[v_T],v_Q\leqslant[v_Q] \tag{15-38}$$

v_T、v_Q 可根据支承情况和荷载类型由结构力学中的图形相乘法计算。对于计算跨度为 l_0、承受均匀分布荷载作用的简支梁，v_T 应为

$$v_T=\frac{5}{384}\times\frac{(g_k+q_k)l_0^4}{EI} \tag{15-39}$$

式中　E——钢材的弹性模量，N/mm^2；

I——毛截面惯性矩，mm^4；

g_k——永久荷载标准值，kN/m；

q_k——可变荷载标准值，kN/m。

受弯构件的挠度容许值 $[v_T]$、$[v_Q]$ 的规定取值见附表 37。当有实践经验或有特殊要求时，可根据不影响正常使用和观感的原则对附表 37 的规定值进行适当的调整。

冶金工厂或类似车间中设有工作制级别为 A7、A8 级吊车的车间，其跨间每侧吊车梁或吊车桁架的制动结构，由一台最大吊车横向水平荷载（按荷载规范取值）所产生的挠度不宜超过制动结构跨度的 1/2200。

15.2.3　钢梁的整体稳定

梁的截面通常做成高而窄的形式，保证有较大的抗弯承载力，但由于侧向刚度、抗扭刚度都较小，在荷载作用下其变形会突然偏离原来的弯曲平面，同时发生侧向弯曲和扭转（图 15-21），这种现象称为整体失稳（或弯扭失稳）。

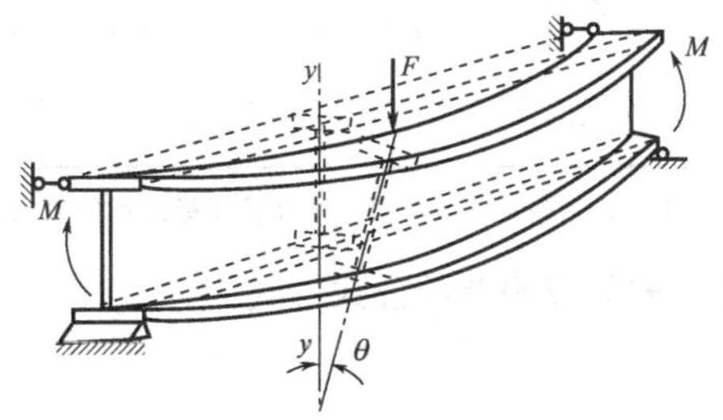

图 15-21　梁整体失稳

梁发生整体失稳的主要原因是侧向刚度太小、抗扭刚度太小以及侧向支承点的间距太大等。保持稳定的临界弯矩 M_{cr} 可由薄壁结构理论求解，对双轴对称工字形截面梁在纯弯曲时有

$$M_{cr}=\pi\sqrt{1+\pi^2\left(\frac{h}{2l}\right)^2\frac{EI_y}{GI_t}}\times\frac{\sqrt{EI_yGI_t}}{l} \tag{15-40}$$

式中　EI_y——截面对弱轴的抗弯刚度，$\text{N}\cdot\text{mm}^2$；

GI_t——截面的自由扭转刚度，N·mm²；

l——翼缘的自由长度（受压翼缘两相邻侧向支承点之间的距离），mm。

临界弯矩除以截面抗弯模量，就是临界应力。式(15-40) 表示的计算公式比较复杂，不便于应用。工程实践中，引进稳定系数，使公式得以简化。

当满足一定条件时，结构整体稳定有保证，可不必进行验算。

15.2.3.1　可不进行整体稳定验算的情况

符合下列情况之一时，可不计算梁的整体稳定性。

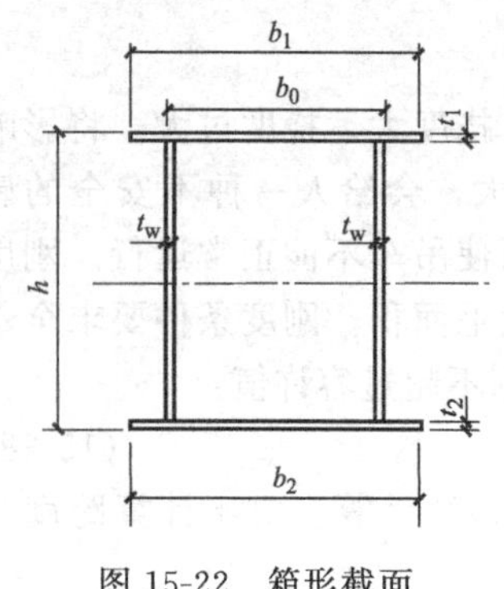

图 15-22　箱形截面

① 有铺板（各种钢筋混凝土板和钢板）密铺在梁的受压翼缘上并与其牢固相连，能阻止梁受压翼缘的侧向位移时。

② H 型钢截面或等截面工字形简支梁受压翼缘的自由长度 l_1 与其宽度 b_1 之比不超过表 15-4 所规定的数值时。

对跨中无侧向支承点的梁，l_1 为其跨度；对跨中有侧向支承点的梁，l_1 为受压翼缘侧向支承点间的距离（梁的支座处视为有侧向支承）。

③ 箱形截面简支梁，其截面尺寸（图 15-22）满足 $h/b_0 \leqslant 6$ 和 $l_1/b_0 \leqslant 95\ (235/f_y)$。

15.2.3.2　整体稳定验算

不符合上述条件的梁，需要进行整体稳定性验算。引进整体稳定系数 $\varphi_b = f_{cr}/f$，在最大刚度主平面内受弯的梁，就有

$$\sigma_{max} = \frac{M_x}{W_x} \leqslant f_{cr} = \varphi_b f$$

表 15-4　H 型钢或等截面工字形简支梁不需要计算整体稳定性的最大 l_1/b_1 值

钢　号	跨中无侧向支承的梁		跨中受压翼缘有侧向支承点的梁，不论荷载作用于何处
	荷载作用在上翼缘	荷载作用在下翼缘	
Q235	13.0	20.0	16.0
Q345	10.5	16.5	13.0
Q390	10.0	15.5	12.5
Q420	9.5	15.0	12.0

注：其他钢号的梁不需要计算整体稳定性的最大 l_1/b_1 值，应取 Q235 钢的数值乘以$\sqrt{235/f_y}$。

将上式写成规范的公式形式为

$$\frac{M_x}{\varphi_b W_x} \leqslant f \tag{15-41}$$

在两个主平面内受弯的 H 型钢截面或工字形截面构件，其整体稳定性要求

$$\frac{M_x}{\varphi_b W_x} + \frac{M_y}{\gamma_y W_y} \leqslant f \tag{15-42}$$

式中　W_x、W_y——按受压纤维确定的对 x 轴和 y 轴的毛截面模量，mm³；

φ_b——绕强轴弯曲所确定的梁整体稳定系数。

15.2.3.3　梁的整体稳定系数 φ_b

影响 φ_b 的因素很多，主要有侧向抗弯刚度 EI_y、受压翼缘侧向自由长度 l_1、荷载类型及作用位置、支座类型和截面形式等。各种截面的梁（包括轧制工字形钢梁），其整体稳定系数都是按弹性稳定理论求得的，考虑上述各因素后，人们制定了 φ_b 的实用计算公式和表

格，以方便应用。

(1) 轧制普通工字钢梁　由型钢号和 l_1 查附表 38 得 φ_b 值。研究证明，当 $\varphi_b>0.6$ 时，梁已进入非弹性工作阶段，整体稳定临界应力有明显降低，必须对稳定系数进行修正，由式(15-43)计算出 φ_b'来代替 φ_b。

$$\varphi_b'=1.07-\frac{0.282}{\varphi_b}\leqslant 1.0 \tag{15-43}$$

(2) 轧制槽钢简支梁

$$\varphi_b=\frac{570bt}{l_1h}\times\frac{235}{f_y} \tag{15-44}$$

式中　h、b、t——槽钢截面的高、翼缘宽度和平均厚度，mm；

f_y——钢材的屈服点，N/mm²。

当按式(15-44) 计算的结果大于 0.6 时，应按式(15-43) 算出相应的 φ_b'代替 φ_b 值。

(3) 等截面焊接工字形和轧制 H 型钢简支梁　等截面焊接工字形和轧制 H 型钢（图 15-23）简支梁的整体稳定系数 φ_b 应按下式计算

$$\varphi_b=\beta_b\frac{4320}{\lambda_y^2}\times\frac{Ah}{W_x}\left[\sqrt{1+\left(\frac{\lambda_y t_1}{4.4h}\right)^2}+\eta_b\right]\frac{235}{f_y} \tag{15-45}$$

式中　β_b——梁整体稳定的等效临界弯矩系数，按附表 39 采用；

λ_y——梁在侧向支承点间对截面弱轴 y-y 的长细比，$\lambda_y=l_1/i_y$，i_y 为梁毛截面对 y 轴的截面惯性半径，mm；

A——梁的毛截面面积，mm²；

h、t_1——梁截面的全高和受压翼缘厚度，mm；

η_b——截面不对称影响系数，对双轴对称截面［图 15-23 中(a)、(d)］，$\eta_b=0$；对单轴对称工字形截面［图 15-23 中(b)、(c)］：

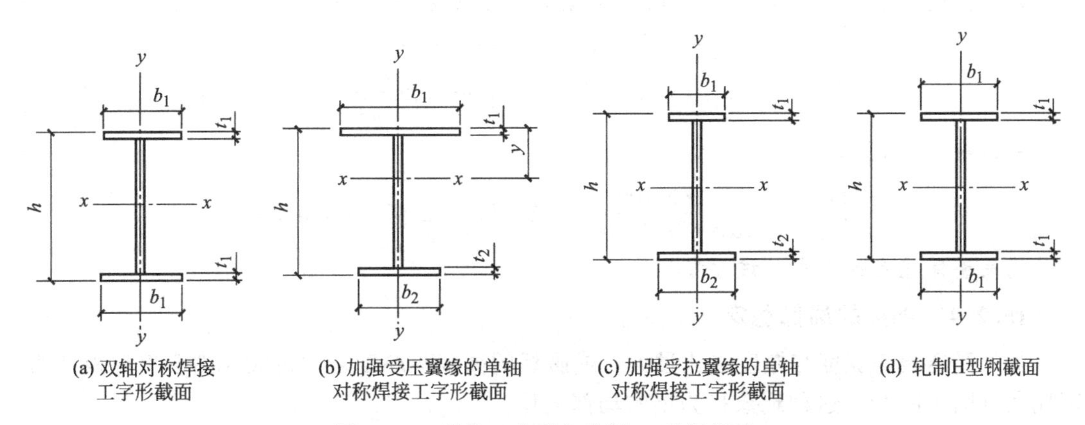

图 15-23　焊接工字形和轧制 H 型钢截面

加强受压翼缘　　$\eta_b=0.8(2\alpha_b-1)$

加强受拉翼缘　　$\eta_b=2\alpha_b-1$

$\alpha_b=\dfrac{I_1}{I_1+I_2}$，$I_1$ 和 I_2 分别为受压翼缘和受拉翼缘对 y 轴的惯性矩。

当按式(15-45) 计算的结果大于 0.6 时，应按式(15-43) 算出相应的 φ_b'代替 φ_b 值。

【例题 15-6】 验算例题 15-5 选定之简支钢梁的整体稳定性。按跨中无侧向支承点和跨正中位置受压翼缘有侧向支承点两种方案分别验算。

【解】 ① 已知数值

$M_x=182.18\text{kN}\cdot\text{m}, f=310\text{N/mm}^2, W_x=692\text{cm}^3, b_1=b=130\text{mm}$

② 跨中无侧向支承点

$$l_1=4200\text{mm}$$

$$\frac{l_1}{b_1}=\frac{4200}{130}=32.3>10.5\text{，需要验算整体稳定性}$$

查附表 38 项次 3 得：$\varphi_b=0.93-\frac{0.93-0.73}{5-4}\times(4.2-4)=0.89$

表值仅适用于 Q235 钢，对 Q345 钢需乘修正系数 $235/f_y$ 进行修正，所以

$$\varphi_b=0.89\times235/345=0.606>0.6$$

由式(15-43)，有

$$\varphi_b'=1.07-\frac{0.282}{\varphi_b}=1.07-\frac{0.282}{0.606}=0.605<1.0$$

所以取 $\varphi_b=\varphi_b'=0.605$

$$\frac{M_x}{\varphi_b W_x}=\frac{182.18\times10^6}{0.605\times692\times10^3}=435.2\text{N/mm}^2>f=310\text{N/mm}^2$$

不满足整体稳定性条件，显然该方案不可取。

③ 跨正中位置有侧向支承点

$$l_1=2100\text{mm}$$

$$\frac{l_1}{b_1}=\frac{2100}{130}=16.2>13.0\text{，需要验算整体稳定性}$$

查表附表 38 项次 5 得

$$\varphi_b=3.0-\frac{3.0-1.8}{3-2}\times(2.1-2)=2.88$$

表值仅适用于 Q235 钢，对 Q345 钢需乘修正系数 $235/f_y$ 进行修正，所以

$$\varphi_b=2.88\times235/345=1.96>0.6$$

$$\varphi_b'=1.07-\frac{0.282}{\varphi_b}=1.07-\frac{0.282}{1.96}=0.93<1.0$$

所以取 $\varphi_b=\varphi_b'=0.93$

$$\frac{M_x}{\varphi_b W_x}=\frac{182.18\times10^6}{0.93\times692\times10^3}=283.1\text{N/mm}^2<f=310\text{N/mm}^2$$

满足整体稳定性要求，该方案可取。

15.2.4 钢梁的局部稳定

如果受压翼缘宽度与厚度之比过大，或腹板的高度与厚度之比过大，则会出现板件的局部屈曲（图 15-24），这种现象称为梁的局部失稳。

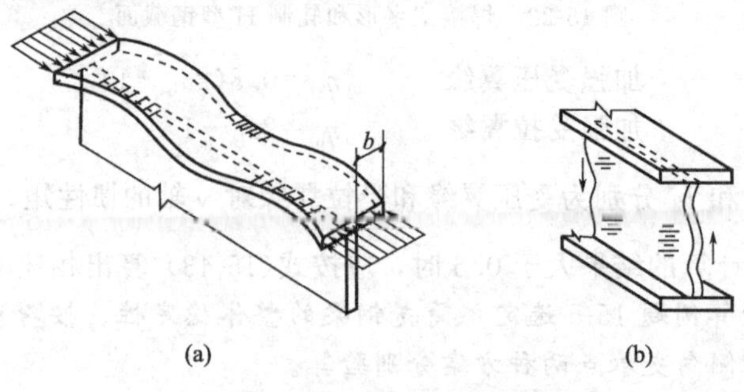

图 15-24　梁局部失稳

当梁丧失局部稳定时，虽然不会使整个构件立即失去承载能力，但薄板局部屈曲部位会迅速退出工作，导致整体弯曲中心偏离荷载平面，使强度和稳定性下降。梁局部失稳主要是由于受压翼缘的宽厚比或腹板的高厚比过大所造成的，所以，限制板件宽厚比或高厚比和采用加劲肋等构造措施，可以提高受弯梁的局部稳定性。热轧型钢板件的宽厚比都较小，能满足局部稳定要求，不需要计算；由薄钢板组成的组合截面，设计时要考虑局部稳定问题。

15.2.4.1 *受压翼缘局部稳定*

弯曲梁受压翼缘的局部稳定与轴心受压构件一样，采用限制板件宽厚比来实现。

(1) 悬挑翼缘板的局部稳定 悬挑翼缘板的自由外伸宽度 b 与厚度 t 之比应满足下列条件：

$$\frac{b}{t}\leqslant 13\sqrt{\frac{235}{f_y}} \tag{15-46}$$

当计算梁抗弯强度取 $\gamma_x=1.0$ 时，宽厚比 b/t 可放宽为

$$\frac{b}{t}\leqslant 15\sqrt{\frac{235}{f_y}} \tag{15-47}$$

(2) 腹板间翼缘板的局部稳定 箱形截面的翼缘板在腹板之间的无支承部分（宽度用 b_0 表示），宽厚比要求：

$$\frac{b_0}{t}\leqslant 40\sqrt{\frac{235}{f_y}} \tag{15-48}$$

当箱形截面梁受压翼缘板设有纵向加劲肋时，则 b_0 取值为腹板与纵向加劲肋之间的翼缘板无支承宽度。

15.2.4.2 *腹板局部稳定*

为保证组合梁腹板的局部稳定性，应按下列规定在腹板上配置加劲肋，如图 15-25 所示。设 h_0 为腹板计算高度（对单轴对称梁，当确定是否需要配置纵向加劲肋时，h_0 应取受压区高度 h_c 的 2 倍），t_w 为腹板宽度，则：

① 当 $h_0/t_w\leqslant 80\sqrt{235/f_y}$时，对有局部压应力（$\sigma_c\neq 0$）的梁，应按构造配置横向加劲肋；但对无局部压应力（$\sigma_c=0$）的梁，可不配置加劲肋。

② 当 $h_0/t_w>80\sqrt{235/f_y}$时，应配置横向加劲肋。其中，当 $h_0/t_w>170\sqrt{235/f_y}$（受压

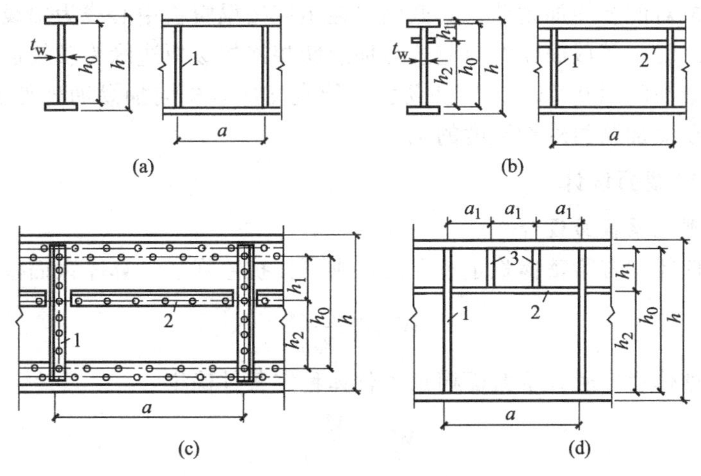

图 15-25 加劲肋布置

1—横向加劲肋；2—纵向加劲肋；3—短加劲肋

翼缘扭转受到约束，如连有刚性铺板、制动板或焊有钢轨时）或 $h_0/t_w>150\sqrt{235/f_y}$（受压翼缘扭转未受到约束时），或按计算需要时，应在弯曲应力较大区格的受压区增加配置纵向加劲肋。局部压应力很大的梁，必要时尚宜在受压区配置短加劲肋。任何情况下 h_0/t_w 均不应超过 250。

③ 梁的支座处和上翼缘受有较大固定集中荷载处，宜设置支承加劲肋。加劲肋宜在腹板两侧成对配置，也可单侧配置，但支承加劲肋、重级工作制吊车梁的加劲肋不应单侧配置。

横向加劲肋的最小间距应为 $0.5h_0$，最大间距应为 $2h_0$（对无局部压应力的梁，当 $h_0/t_w\leqslant100$时，可采用 $2.5h_0$）。纵向加劲肋至腹板计算高度受压边缘的距离应在 $h_c/2.5\sim h_c/2$ 范围内。

在腹板两侧成对配置的钢板横向加劲肋，其截面尺寸应符合下列公式的要求：

外伸宽度

$$b_s\geqslant\frac{h_0}{30}+40\quad(\text{mm})\tag{15-49}$$

厚度

$$t_s\geqslant\frac{b_s}{15}\tag{15-50}$$

在腹板一侧配置的钢板横向加劲肋，其外伸宽度应大于按式(15-49）算得的 1.2 倍，厚度不应小于其外伸宽度的 1/15。

在同时用横向加劲肋和纵向加劲肋加强的腹板中，横向加劲肋的截面尺寸除应符合上面的规定外，其截面惯性矩 I_z 尚应符合下式要求：

$$I_z\geqslant3h_0t_w^3\tag{15-51}$$

纵向加劲肋的惯性矩 I_y，应符合下列公式的要求：

当 $a/h_0\leqslant0.85$ 时：

$$I_y\geqslant1.5h_0t_w^3\tag{15-52}$$

当 $a/h_0>0.85$ 时：

$$I_y\geqslant\left(2.5-0.45\frac{a}{h_0}\right)\left(\frac{a}{h_0}\right)^2h_0t_w^3\tag{15-53}$$

在腹板两侧成对配置的加劲肋，其截面惯性矩应按梁腹板中心线为轴线进行计算；在腹板一侧配置的加劲肋，其截面惯性矩应按与加劲肋相连的腹板边缘为轴线进行计算。

短加劲肋的最小间距 $0.75h_1$。短加劲肋外伸宽度应取横向加劲肋外伸宽度的 0.7～1.0 倍，厚度不应小于短加劲肋外伸宽度的 1/15。

15.2.5 钢梁截面设计

15.2.5.1 型钢梁截面设计

(1) 单向弯曲梁　若梁整体稳定有保证，则可按抗弯强度计算净截面模量

$$W_{nx}\geqslant\frac{M_{max}}{\gamma_xf}\tag{15-54}$$

当需要计算整体稳定时，毛截面模量由整体稳定条件确定

$$W_x\geqslant\frac{M_{max}}{\varphi_bf}\tag{15-55}$$

式中的整体稳定系数 φ_b 值可根据具体情况估计假定。

由计算所得截面模量选择合适型号的型钢，然后计算弯曲正应力、剪应力、局部压应

力、整体稳定和刚度。由于型钢截面的翼缘和腹板厚度较大，不必验算局部稳定；端部无大的削弱时，不必验算剪应力，不必验算腹翼交界处的折算应力（等效应力）。局部承压应力只在较大集中荷载或支座反力处才验算。

（2）双向弯曲梁　对双向弯曲型钢梁，设计时尽量满足不需要计算整体稳定的条件，这样就可根据弯曲正应力条件选择型钢截面。由

$$\frac{M_x}{\gamma_x W_{nx}}+\frac{M_y}{\gamma_y W_{ny}}\leqslant f$$

得

$$W_{nx}\geqslant\left(M_x+\frac{\gamma_x W_{nx}}{\gamma_y W_{ny}}M_y\right)\frac{1}{\gamma_x f}=\frac{M_x+\alpha M_y}{\gamma_x f} \tag{15-56}$$

式中系数

$$\alpha=\frac{\gamma_x}{\gamma_y}\times\frac{W_{nx}}{W_{ny}}$$

对窄翼缘 H 型钢和工字钢可取 $\alpha=6\sim7$，对槽钢可取 $\alpha=5\sim6$。

【例题 15-7】 一个工作平台的主次梁布置如图 15-26 所示。铺板与次梁牢固连接，次梁在主梁上的支承长度为 120mm。平台板自重标准值 3.2kN/m²，活载标准值 9.0kN/m²。次梁拟采用 Q235 热轧工字钢，结构安全等级为二级，试设计次梁。

【解】 次梁可简化为跨度 6m 的简支梁，承受板荷载的宽度为 3m。

① 荷载、内力

$g_k=3.2\times3=9.6\text{kN/m}$（不含次梁自重），$q_k=9.0\times3=27.0\text{kN/m}$

内力以可变荷载起控制作用（1.2 组合，其中可变荷载分项系数为 1.3）

$$g+q=\gamma_G g_k+\gamma_Q q_k=1.2\times9.6+1.3\times27.0=46.62\text{kN/m}$$

$$M_{max}=\gamma_0\frac{1}{8}(g+q)l^2=1.0\times\frac{1}{8}\times46.62\times6^2=209.79\text{kN}\cdot\text{m}$$

② 初选工字钢型号

$$f=215\text{N/mm}^2,\gamma_x=1.05$$

$$W_{nx}\geqslant\frac{M_{max}}{\gamma_x f}=\frac{209.79\times10^6}{1.05\times215}=929\times10^3\text{mm}^3$$

选 I40a：$I_x=21700\text{cm}^4$，$W_x=1090\text{cm}^3$

$$r=12.5\text{mm},t=16.5\text{mm},t_w=10.5\text{mm}$$

自重　$67.598\times9.8/1000=0.7\text{kN/m}$

因翼缘板厚度 $t=16.5\text{mm}>16\text{mm}$，所以抗弯强度设计值 $f=205\text{N/mm}^2$

③ 各种验算

$$g_k=0.7+9.6=10.3\text{kN/m}$$

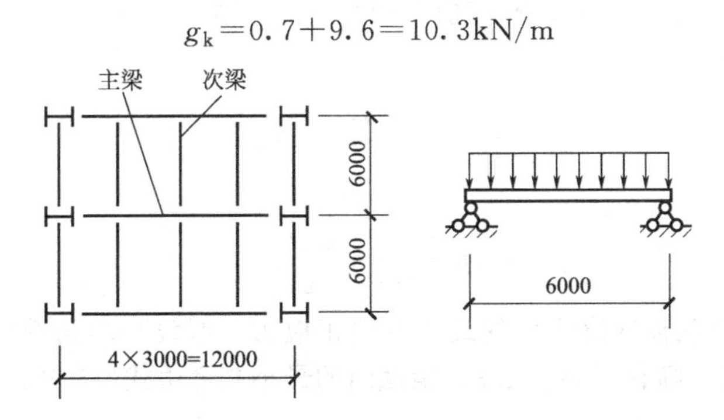

图 15-26　例题 15-7 图

$$q_k=27.0\text{kN/m}$$

不必验算局部稳定，不必验算整体稳定（翼缘与铺板牢固相连），不必验算剪应力。

验算弯曲正应力：

$$g+q=1.2\times10.3+1.3\times27.0=47.46\text{kN/m}$$

$$M_{\max}=1.0\times\frac{1}{8}\times47.46\times6^2=213.57\text{kN}\cdot\text{m}$$

$$\frac{M_{\max}}{\gamma_x W_{nx}}=\frac{213.57\times10^6}{1.05\times1090\times10^3}=186.6\text{N/mm}^2<f=205\text{N/mm}^2 \text{ 满足}$$

验算支座处局部承压强度

$$\psi=1.0, a=120\text{mm}$$

$$F=V=1.0\times\frac{1}{2}\times47.46\times6=142.38\text{kN}$$

$$l_z=a+2.5h_y=a+2.5(r+t)$$
$$=120+2.5\times(12.5+16.5)=192.5\text{mm}$$

$$\sigma_c=\frac{\psi F}{t_w l_z}=\frac{1.0\times142.38\times10^3}{10.5\times192.5}=70.4\text{N/mm}^2<f=205\text{N/mm}^2 \text{ 满足}$$

验算挠度：

$$v_T=\frac{5}{384}\frac{(g_k+q_k)l^4}{EI}=\frac{5}{384}\times\frac{(10.3+27.0)\times6000^4}{206\times10^3\times21700\times10^4}=14.1\text{mm}$$

$$<[v_T]=\frac{l}{250}=\frac{6000}{250}=24\text{mm} \text{ 满足}$$

$$v_q<v_T=14.1\text{mm}<[v_Q]=l/300=20\text{mm} \text{ 满足}$$

结论：40a号热轧工字钢可作为本题结构的次梁。其实36c号工字钢也能通过各种验算，也是一个方案，但用钢量会加大，因为36c号工字钢自重大于40a号工字钢的自重。

15.2.5.2 组合钢梁截面尺寸拟定

(1) 梁截面高度 ①梁截面的最大高度 $h_{\max}$。梁截面的最大高度由建筑高度所限定，它是由生产工艺和使用要求决定的梁的底面到铺板顶面的高度。

② 梁截面的最小高度 $h_{\min}$。梁截面的最小高度由刚度条件确定

$$v=\frac{5}{384}\times\frac{(g_k+q_k)l^4}{EI}=\frac{5}{48}\frac{(g_k+q_k)l^2}{8}\times\frac{l^2}{EI}=\frac{5}{48}\times\frac{M_k l^2}{EI}\leqslant[v_T] \quad (15\text{-}57)$$

因为存在关系

$$\sigma_k=\frac{M_k h}{2I} \quad \text{或} \quad \frac{M_k}{I}=\frac{2\sigma_k}{h}$$

所以式(15-57) 成为

$$v=\frac{10}{48}\times\frac{\sigma_k l^2}{Eh}\leqslant[v_T]$$

由此解得

$$h\geqslant\frac{10}{48}\times\frac{\sigma_k l^2}{E[v_T]} \quad (15\text{-}58)$$

式中 σ_k 为全部荷载标准值产生的最大弯曲正应力。假设平均荷载分项系数为1.3，梁的抗弯强度基本用足，则有 $\sigma_k=f/1.3$，梁截面的最小高度由式(15-58) 取等号而得

$$h_{\min}=\frac{10}{48}\times\frac{f}{1.3E}\times\frac{l^2}{[v_T]}=\frac{10}{48}\times\frac{f}{1.3\times206\times10^3}\times\frac{l^2}{[v_T]}$$

$$=\frac{f}{1.29\times10^{6}}\times\frac{l^{2}}{[v_{T}]} \tag{15-59}$$

③ 梁截面的经济高度 h_s。在满足强度、刚度和稳定性的条件下，用钢量最少的截面高度就是经济高度。用钢量最少，等同于截面面积最小。组合梁一般用作主梁，侧向有次梁支承，整体稳定不是主要的问题，所以梁的截面一般由抗弯强度控制。如图 15-27 所示具有双轴对称的工字形截面，忽略翼缘板绕自身轴的惯性矩，应有

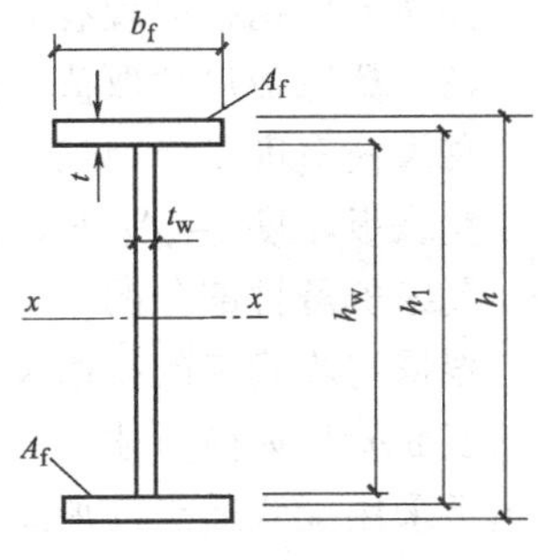

图 15-27　组合梁截面尺寸

$$I_x=\frac{1}{12}t_wh_w^3+2A_f\left(\frac{h_1}{2}\right)^2=W_x\frac{h}{2}$$

由此得到每个翼缘板的面积

$$A_f=W_x\frac{h}{h_1^2}-\frac{1}{6}t_w\frac{h_w^3}{h_1^2}$$

近似取 $h\approx h_1\approx h_w$，则有

$$A_f=\frac{W_x}{h_w}-\frac{1}{6}t_wh_w \tag{15-60}$$

由腹板局部稳定要求设置加劲肋，加劲肋用钢约为腹板用钢量的 20%，将腹板面积乘以系数 1.2 考虑这一因素，所以总面积为

$$A=2A_f+1.2t_wh_w=\frac{2W_x}{h_w}+\frac{13}{15}t_wh_w$$

腹板厚度 t_w 的取值与高度有关，根据经验有 $t_w=\sqrt{h_w}/3.5$（t_w 和 h_w 的单位为 mm），代入上式得

$$A=\frac{2W_x}{h_w}+\frac{26}{105}h_w^{3/2}$$

总面积最小的条件为

$$\frac{dA}{dh_w}=-\frac{2W_x}{h_w^2}+\frac{13}{35}h_w^{1/2}=0$$

由此解得用钢量最少的经济高度

$$h_s\approx h_w=2W_x^{0.4} \tag{15-61}$$

式中，h_w 的单位为 mm，W_x 的单位为 mm^3。

W_x 可按强度条件求出

$$W_x=\frac{M_x}{\alpha f} \tag{15-62}$$

此处 α 为常数。对一般单向弯曲梁，当最大弯矩处无孔眼削弱时 $\alpha=\gamma_x=1.05$；有孔眼时$\alpha=0.85\sim0.9$。对于吊车梁，考虑横向水平荷载作用可取 $\alpha=0.7\sim0.9$。

(2) 腹板尺寸取值　腹板高度取值应在最大高度和最小高度之内，一般取等于或略小于由式(15-61) 所确定的经济高度，并取 50mm 的倍数。

腹板的厚度 t_w 要满足抗剪强度和局部稳定等方面的要求。估算时可假设腹板内最大剪应力为平均剪应力的 1.2 倍，即

$$\tau_{max}=1.2\frac{V_{max}}{t_wh_w}\leqslant f_v$$

于是有

$$t_w\geqslant1.2\frac{V_{max}}{h_wf_v} \tag{15-63}$$

由上式确定的腹板厚度往往偏小，考虑到局部稳定和构造等因素，腹板厚度一般采用经

验公式确定

$$t_w=\frac{\sqrt{h_w}}{3.5} \tag{15-64}$$

并需考虑钢板的现有规格，取2mm的倍数，但不得小于6mm。

(3) 翼缘板尺寸取值　腹板尺寸拟定后，由式(15-60)计算需要的翼缘面积A_f。

翼缘板宽度$b_f=(1/5\sim1/3)h$，取10mm的倍数；

翼缘板厚度$t=A_f/b_f$，取2mm的倍数；

翼缘板悬挑部分的宽厚比b/t应满足局部稳定要求。

根据初步确定的截面尺寸，计算面积、惯性矩、截面模量等几何参数，然后进行验算。梁的截面验算如前所述，应包括强度、刚度、整体稳定和局部稳定几个方面。腹板的局部稳定通常采用配置适当的加劲肋来保证。

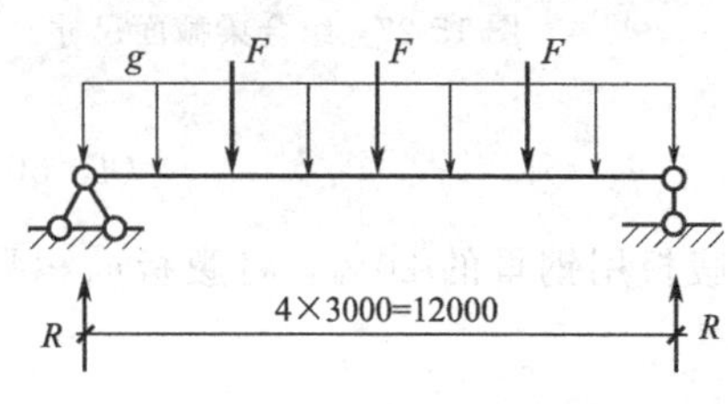

图15-28　例题15-8图

【例题15-8】　如图15-28所示为工作平台简支大梁的计算简图，其跨度为12m，次梁传来的集中荷载标准值$F_k=203.5$kN，设计值$F=260.6$kN，钢材为Q235，E43型焊条，采用焊接工字形组合截面，试拟定截面尺寸。

【解】　假设梁的自重标准值$g_k=2.5$kN/m，则设计值为$g=1.2g_k=1.2\times2.5=3.0$kN/m。

① 内力计算

支座反力　　$R=1.5F+6g=1.5\times260.6+6\times3.0=408.9$kN

最大内力设计值

$$V_{max}=R=408.9\text{kN}$$

$$M_{max}=R\frac{l}{2}-\frac{1}{8}gl^2-Fb=408.9\times6-\frac{1}{8}\times3.0\times12^2-260.6\times3$$

$$=1617.6\text{kN}\cdot\text{m}$$

② 拟定腹板尺寸。预估翼缘板厚度$t>16$mm，则Q235钢的抗拉（抗弯）强度设计值为$f=205\text{N/mm}^2$，由式(15-62)计算所需截面模量

$$W_x=\frac{M_{max}}{\alpha f}=\frac{1617.6\times10^6}{1.05\times205}=7.515\times10^6\text{mm}^3$$

按刚度条件计算最小高度（$[v_T]=l/400$），由式(15-59)得

$$h_{min}=\frac{f}{1.29\times10^6}\times\frac{l^2}{[v_T]}=\frac{400fl}{1.29\times10^6}=\frac{400\times205\times12000}{1.29\times10^6}=763\text{mm}$$

梁的经济高度，由式(15-61)计算

$$h_s\approx h_w=2W_x^{0.4}=2\times(7.515\times10^6)^{0.4}=1126\text{mm}$$

取腹板高度$h_w=1000$mm。

由抗剪强度确定腹板的厚度。$f_v=125\text{N/mm}^2$，由式(15-63)得

$$t_w\geqslant1.2\frac{V_{max}}{h_wf_v}=1.2\times\frac{408.9\times10^3}{1000\times125}=3.9\text{mm}$$

按经验公式(15-64)可得腹板厚度

$$t_w=\frac{\sqrt{h_w}}{3.5}=\frac{\sqrt{1000}}{3.5}=9.0\text{mm}$$

综合起来取腹板厚度：$t_w=8$mm。

③ 翼缘板尺寸

每侧翼缘板所需面积按式(15-60) 计算

$$A_f=\frac{W_x}{h_w}-\frac{1}{6}t_wh_w=\frac{7.515\times10^6}{1000}-\frac{1}{6}\times8\times1000=6182\text{mm}^2$$

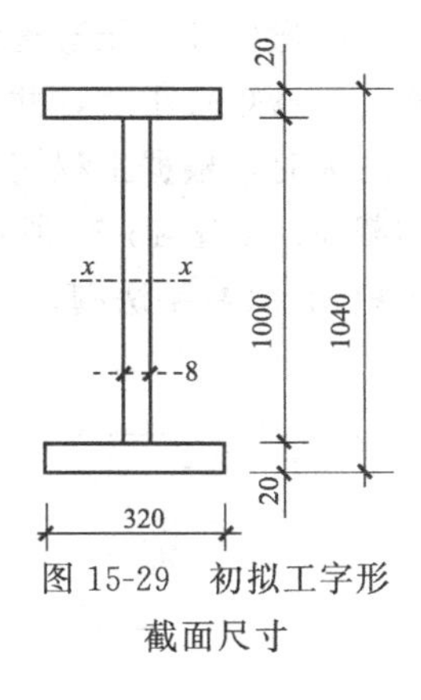

图 15-29　初拟工字形截面尺寸

翼缘宽度

$b_f=h/5\sim h/3=1000/5\sim1000/3=200\sim333$mm，取 $b_f=320$mm

翼缘板厚度为

$$t=\frac{A_f}{b_f}=\frac{6182}{320}=19.3\text{mm}，取\ t=20\text{mm}$$

翼缘板外伸宽度 $b=(320-8)/2=156$mm，宽厚比

$$\frac{b}{t}=\frac{156}{20}=7.8<13\sqrt{\frac{235}{f_y}}=13，满足局部稳定要求$$

初拟截面尺寸如图 15-29 所示。

④ 几何参数

$$A=2\times(320\times20)+8\times1000=20800\text{mm}^2$$

$$I_x=\frac{1}{12}\times320\times1040^3-\frac{1}{12}\times(320-8)\times1000^3=3.996\times10^9\text{mm}^4$$

$$W_x=\frac{2I_x}{h}=\frac{2\times3.996\times10^9}{1040}=7.685\times10^6\text{mm}^3$$

自重标准值（钢材容重为 77kN/m^3）

$$g_k=(20800\times10^{-6})\times77=1.6\text{kN/m}$$

该值比原假设值 2.5kN/m 略低，但考虑腹板加劲肋等增加的重量以后，两者基本吻合，故可按原计算荷载进行截面验算。

15.3　钢结构偏心受力构件

15.3.1　偏心受力构件概述

轴心拉力和弯矩作用下的构件称为拉弯构件，即偏心受拉构件；轴心压力和弯矩作用下的构件称为压弯构件，即偏心受压构件；拉弯构件和压弯构件又统称为偏心受力构件。当弯矩作用在截面的一个主平面内时，为单向偏心受力构件，而当弯矩作用在截面的两个主平面内时，则为双向偏心受力构件。

在钢结构中，拉弯构件和压弯构件应用十分广泛。有横向力作用的拉弯构件常见之于工程结构，如有节间荷载作用的屋架下弦杆件、网架结构的下部水平杆件等都可能是拉弯构件。压弯构件应用最广泛的是作为结构的柱子，如单层厂房排架柱、多层或高层建筑框架柱、工作平台立柱等。如图 15-30 所示为施工中的某重工业厂房的钢结构排架柱，使用过程中要承受屋盖传来的荷载，还要承受吊车荷载、风荷载等的作用，截面内力有轴心压力、弯矩和剪力，属于典型的偏心受压构件（压弯构件）。

图 15-30　钢结构厂房排架柱

拉弯构件和压弯构件通常采用单轴对称截面或双轴对称截面，有实腹式和格构式两种形式。当弯矩较小时，截面形式与轴心受力构件相同，宜采用双轴对称截面。当构件承受的弯矩较大时，根据工程实际需要，宜采用在弯矩作用平面内高度较大的双轴对称截面或单轴对称截面。如图 15-31 所示为常见的压弯构件截面形式，图中双箭头为用矢量表示的绕 x 轴的弯矩 M_x（右手法则）。对于格构式构件，宜使虚轴垂直于弯矩作用平面。

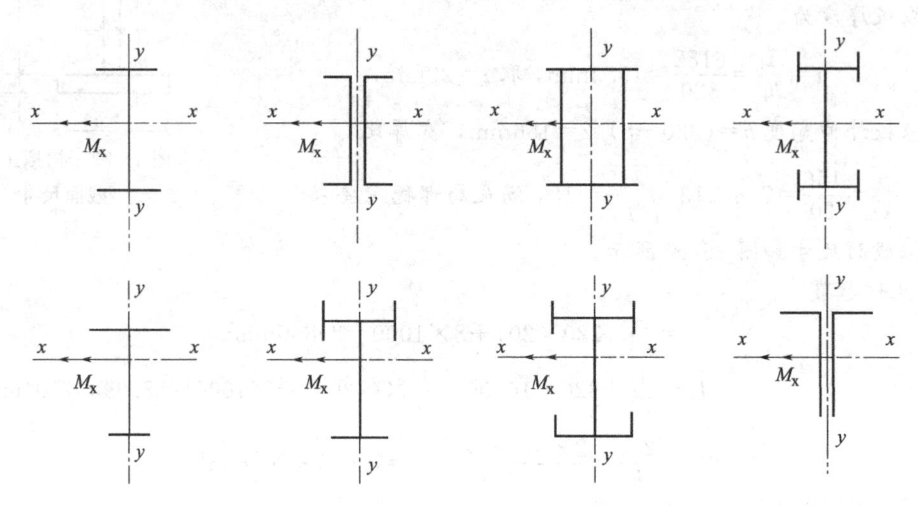

图 15-31 弯矩较大的实腹式压弯构件截面

偏心受力构件也应同时满足承载力极限状态和正常使用极限状态的要求，具体设计时拉弯构件只需要进行强度和刚度计算，而压弯构件则需要进行强度、刚度和稳定性计算。

15.3.2 偏心受力构件的强度和刚度计算

15.3.2.1 强度计算

实腹式偏心受力钢构件，当截面出现塑性铰时达到强度极限状态。考虑截面塑性时，与受弯构件强度计算一样，引入塑性发展系数 γ_x 和 γ_y 以限制塑性区的发展。弯矩作用在主平面内的拉弯构件和压弯构件，其强度按下列公式计算：

$$\frac{N}{A_n}+\frac{M_x}{\gamma_x W_{nx}}+\frac{M_y}{\gamma_y W_{ny}}\leqslant f \tag{15-65}$$

单向受弯时，上式简化为

$$\frac{N}{A_n}+\frac{M_x}{\gamma_x W_{nx}}\leqslant f \tag{15-66}$$

式中 N——轴心拉力或压力，N；

M_x，M_y——作用在拉弯和压弯构件截面的 x 轴和 y 轴方向的弯矩，N·mm；

W_{nx}，W_{ny}——对 x 轴、y 轴的净截面模量，mm^3。

对于需要计算疲劳的拉弯、压弯构件，可不考虑截面塑性发展，宜取 $\gamma_x=\gamma_y=1.0$。当压弯构件受压翼缘的自由外伸宽度与其厚度之比大于 $13\sqrt{235/f_y}$ 而不超过 $15\sqrt{235/f_y}$ 时，应取 $\gamma_x=1.0$。

15.3.2.2 刚度计算

拉弯构件和压弯构件的刚度要求和轴心受拉构件、轴心受压构件一样，采用限制长细比的方法，即要求：

$$\lambda\leqslant[\lambda] \tag{15-67}$$

式中　λ——拉弯和压弯构件绕对应主轴的长细比；

$[\lambda]$——受拉或受压构件的容许长细比，按表 15-1、表 15-2 取值。

15.3.3　实腹式压弯构件的稳定验算

15.3.3.1　整体稳定性验算

实腹式压弯构件需要进行弯矩作用平面内和弯矩作用平面外的整体稳定计算。

(1) 弯矩作用平面内的稳定性

$$\frac{N}{\varphi_x A}+\frac{\beta_{mx}M_x}{\gamma_{1x}W_{1x}\left(1-0.8\frac{N}{N'_{Ex}}\right)}\leqslant f \tag{15-68}$$

式中　N——所计算构件段范围内的轴心压力，N；

N'_{Ex}——参数，$N'_{Ex}=\pi^2 EA/(1.1\lambda_x^2)$；

φ_x——弯矩作用平面内的轴心受压构件稳定系数；

M_x——所计算构件段范围内的最大弯矩，N·mm；

W_{1x}——在弯矩作用平面内对较大受压纤维的毛截面模量，mm^3；

β_{mx}——等效弯矩系数，按下列规定采用。

对于框架柱和两端支承的构件，无横向荷载作用时

$$\beta_{mx}=0.65+0.35\frac{M_2}{M_1} \tag{15-69}$$

这里 M_1 和 M_2 为端弯矩，使构件产生同向曲率（无反弯点）时取同号；使构件产生反向曲率（有反弯点）时取异号，$|M_1|>|M_2|$；对于框架柱和两端支承的构件，有端弯矩和横向荷载作用时，$\beta_{mx}=0.85$；无端弯矩但有横向荷载作用时，$\beta_{mx}=1.0$。

悬臂构件和分析内力未考虑二阶效应的无支撑纯框架和弱支撑框架柱，$\beta_{mx}=1.0$。

对于 T 型钢、双角钢组成的 T 形截面等单轴对称截面（附表 36 中的 3、4 项）压弯构件，当弯矩作用于对称轴平面且使翼缘受压时，可能在无翼缘一侧因受拉区塑性发展过大而导致构件破坏。对于这类压弯构件，除按式(15-68) 验算弯矩平面内稳定外，还应作下列补充验算：

$$\left|\frac{N}{A}-\frac{\beta_{mx}M_x}{\gamma_{2x}W_{2x}\left(1-1.25\frac{N}{N'_{Ex}}\right)}\right|\leqslant f \tag{15-70}$$

式中　W_{2x}——对无翼缘端的毛截面模量，mm^3；

γ_{2x}——与 W_{2x} 相应的截面塑性发展系数。

(2) 弯矩作用平面外的稳定性　弯矩作用在截面最大刚度的平面内时，因弯矩作用平面外截面的刚度较小，构件可能向弯矩平面外发生侧向弯扭屈曲破坏，所以需要验算弯矩作用平面外的稳定性。实腹式压弯构件在弯矩作用平面外的稳定性按下式计算：

$$\frac{N}{\varphi_y A}+\eta\frac{\beta_{tx}M_x}{\varphi_b W_{1x}}\leqslant f \tag{15-71}$$

式中　φ_y——弯矩作用平面外的轴心受压构件稳定系数；

φ_b——均匀弯曲的受弯构件整体稳定系数（对闭口截面 $\varphi_b=1.0$）；

M_x——所计算构件段范围内的最大弯矩，N·mm；

η——截面影响系数，闭口截面 $\eta=0.7$，其他截面 $\eta=1.0$；

β_{tx}——等效弯矩系数，确定方法同 β_{mx}。

为了设计上的方便，当 $\lambda_y \leqslant 120\sqrt{235/f_y}$ 时，压弯构件的 φ_b 可按下列近似公式计算。

① 工字形截面（含H型钢）

双轴对称时

$$\varphi_b = 1.07 - \frac{\lambda_y^2}{44000} \times \frac{f_y}{235} \leqslant 1.0 \tag{15-72}$$

单轴对称时

$$\varphi_b = 1.07 - \frac{W_x}{(2\alpha_b + 0.1)Ah} \times \frac{\lambda_y^2}{14000} \times \frac{f_y}{235} \leqslant 1.0 \tag{15-73}$$

式中 $\alpha_b = I_1/(I_1 + I_2)$，$I_1$ 和 I_2 分别为受压翼缘和受拉翼缘对 y 轴的惯性矩。

② T形截面（弯矩作用在对称轴平面，绕 x 轴）

弯矩使翼缘受压时的双角钢T形截面：

$$\varphi_b = 1 - 0.0017\lambda_y\sqrt{f_y/235} \tag{15-74}$$

弯矩使翼缘受压时的剖分T型钢和两板组合T形截面：

$$\varphi_b = 1 - 0.0022\lambda_y\sqrt{f_y/235} \tag{15-75}$$

弯矩使翼缘受拉且腹板宽厚比不大于 $18\sqrt{235/f_y}$ 时

$$\varphi_b = 1 - 0.0005\lambda_y\sqrt{f_y/235} \tag{15-76}$$

15.3.3.2　局部稳定性验算

压弯构件的局部稳定也是通过限制板件的宽厚比或高厚比来保证。

（1）翼缘板宽厚比　工字形和T形截面翼缘外伸宽度 b 与厚度 t 之比应满足

$$\frac{b}{t} \leqslant 13\sqrt{\frac{235}{f_y}} \tag{15-77}$$

当构件按弹性设计时，即强度和整体稳定计算中取 $\gamma_x = 1.0$ 时，宽厚比可以放宽为

$$\frac{b}{t} \leqslant 15\sqrt{\frac{235}{f_y}} \tag{15-78}$$

箱形截面压弯构件，受压翼缘板在两腹板之间无支承部分，宽度 b_0 与厚度 t 之比应满足下列要求：

$$\frac{b_0}{t} \leqslant 40\sqrt{\frac{235}{f_y}} \tag{15-79}$$

（2）腹板高厚比

① 工字形及H形截面压弯构件腹板计算高度 h_0 与其厚度 t_w 之比，应符合下列要求：

当 $0 \leqslant \alpha_0 \leqslant 1.6$ 时：

$$\frac{h_0}{t_w} \leqslant (16\alpha_0 + 0.5\lambda + 25)\sqrt{\frac{235}{f_y}} \tag{15-80}$$

当 $1.6 < \alpha_0 \leqslant 2.0$ 时：

$$\frac{h_0}{t_w} \leqslant (48\alpha_0 + 0.5\lambda - 26.2)\sqrt{\frac{235}{f_y}} \tag{15-81}$$

$$\alpha_0 = \frac{\sigma_{max} - \sigma_{min}}{\sigma_{max}} \tag{15-82}$$

式中　σ_{max}——腹板计算高度边缘的最大压应力，计算时不考虑构件的稳定系数和截面塑性发展系数；

σ_{min}——腹板计算高度另一边缘的相应的应力，压应力取正值，拉应力取负值；

λ——构件在弯矩作用平面内的长细比，当 $\lambda < 30$ 时，取 $\lambda = 30$，当 $\lambda > 100$ 时，取

$\lambda=100$。

② 箱形截面压弯构件腹板高厚比不应超过公式(15-80)、式(15-81) 右侧乘以 0.8 后的值（此值小于 $40\sqrt{235/f_y}$时，应采用 $40\sqrt{235/f_y}$）。

③ T 形截面压弯构件腹板高度与其厚度之比，不应超过下列数值：

弯矩使腹板自由边受拉：

热轧剖分 T 型钢 $(15+0.2\lambda)\sqrt{235/f_y}$

焊接 T 型钢 $(13+0.17\lambda)\sqrt{235/f_y}$

弯矩使腹板自由边受压：

当 $\alpha_0\leqslant1.0$ 时　$15\sqrt{235/f_y}$

当 $\alpha_0>1.0$ 时　$18\sqrt{235/f_y}$

【例题 15-9】 如图 15-32 所示的某压弯组合受力柱，两端铰支，中间 1/3 长度处有侧向支撑。截面为 Q235 钢焰切边工字形，无削弱。承受轴心压力设计值 $N=900$kN，跨中集中力设计值 $F=100$kN。试验算此柱的承载力（强度、刚度和稳定性）。

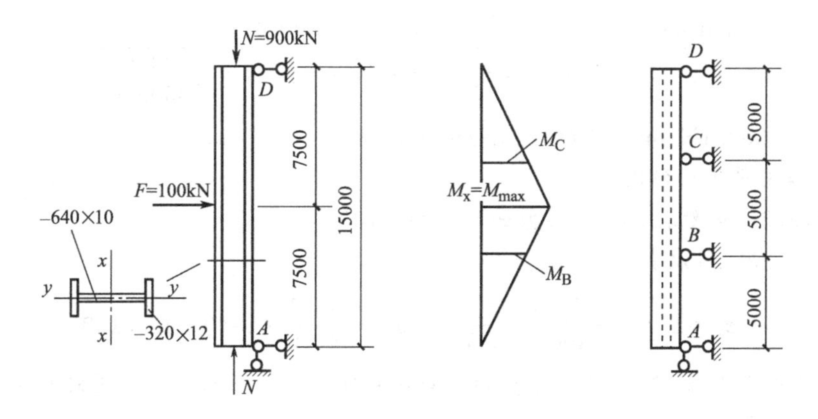

图 15-32　例题 15-9 图

【解】 ① 截面几何特性

$$A=2\times(320\times12)+640\times10=14080\text{mm}^2$$

$$I_x=2\times\left[\frac{1}{12}\times320\times12^3+(320\times12)\times326^2\right]+\frac{1}{12}\times10\times640^3=1.0347\times10^9\text{mm}^4$$

$$I_y=2\times\frac{1}{12}\times12\times320^3+\frac{1}{12}\times640\times10^3=6.5589\times10^7\text{mm}^4$$

$$W_{1x}=\frac{I_x}{y_{max}}=\frac{1.0347\times10^9}{332}=3.1166\times10^6\text{mm}^3$$

$$i_x=\sqrt{\frac{I_x}{A}}=\sqrt{\frac{1.0347\times10^9}{14080}}=271.09\text{mm}$$

$$i_y=\sqrt{\frac{I_y}{A}}=\sqrt{\frac{6.5589\times10^7}{14080}}=68.25\text{mm}$$

② 强度验算

$$M_x=\frac{1}{4}\times100\times15=375\text{kN}\cdot\text{m}$$

$$\frac{N}{A_n}+\frac{M_x}{\gamma_xW_{nx}}=\frac{900\times10^3}{14080}+\frac{375\times10^6}{1.05\times3.1166\times10^6}=178.5\text{N/mm}^2$$

$<f=215\text{N/mm}^2$，满足条件

③ 刚度验算

$$\lambda_x=\frac{l_{0x}}{i_x}=\frac{15000}{271.09}=55.3<[\lambda]=150$$

$$\lambda_y=\frac{l_{0y}}{i_y}=\frac{5000}{68.25}=73.3<[\lambda]=150，满足刚度条件$$

④ 整体稳定验算

a. 弯矩作用平面内稳定

由 $\lambda_x=55.3$，查附表 34（b 类截面）$\varphi_x=0.831$

$$N'_{Ex}=\frac{\pi^2EA}{1.1\lambda_x^2}=\frac{\pi^2\times206\times10^3\times14080}{1.1\times55.3^2}=8509.9\times10^3\text{N}=8509.9\text{kN}$$

$\beta_{mx}=1.0$

$$\frac{N}{\varphi_xA}+\frac{\beta_{mx}M_x}{\gamma_{1x}W_{1x}\left(1-0.8\frac{N}{N'_{Ex}}\right)}$$

$$=\frac{900\times10^3}{0.831\times14080}+\frac{1.0\times375\times10^6}{1.05\times3.1166\times10^6\times\left(1-0.8\times\frac{900}{8509.9}\right)}$$

$=202.1\text{N/mm}^2<f=215\text{N/mm}^2$，满足

b. 弯矩作用平面外稳定

由 $\lambda_y=73.3$，查附表 34（b 类截面）$\varphi_y=0.730$

因为 $\lambda_y<120$，所以有

$$\varphi_b=1.07-\frac{\lambda_y^2}{44000}\cdot\frac{f_y}{235}=1.07-\frac{73.3^2}{44000}\times1=0.948<1.0$$

所计算构件段为 BC 段，有端弯矩和横向荷载作用，但使构件产生同向曲率，故取 $\beta_{tx}=1.0$，另有 $\eta=1.0$。

$$\frac{N}{\varphi_yA}+\eta\frac{\beta_{tx}M_x}{\varphi_bW_{1x}}=\frac{900\times10^3}{0.730\times14080}+1.0\times\frac{1.0\times375\times10^6}{0.948\times3.1166\times10^6}$$

$=214.5\text{N/mm}^2<f=215\text{N/mm}^2$，满足

⑤ 局部稳定验算

$$\sigma_{max}=\frac{N}{A}+\frac{M_x}{I_x}\times\frac{h_0}{2}=\frac{900\times10^3}{14080}+\frac{375\times10^6}{1.0347\times10^9}\times320=179.9\text{N/mm}^2$$

$$\sigma_{min}=\frac{N}{A}-\frac{M_x}{I_x}\times\frac{h_0}{2}=\frac{900\times10^3}{14080}-\frac{375\times10^6}{1.0347\times10^9}\times320=-52.1\text{N/mm}^2$$

$$\alpha_0=\frac{\sigma_{max}-\sigma_{min}}{\sigma_{max}}=\frac{179.9-(-52.1)}{179.9}=1.29<1.6$$

翼缘板宽厚比

$$\frac{b}{t}=\frac{160-5}{12}=12.9<13\sqrt{\frac{235}{f_y}}=13，满足$$

腹板高厚比

$$\frac{h_0}{t_w}=\frac{640}{10}=64<(16\alpha_0+0.5\lambda+25)\sqrt{\frac{235}{f_y}}$$

$=(16\times1.29+0.5\times55.3+25)\times1=73.3$，满足

思　考　题

15-1　钢结构轴心受拉构件和轴心受压构件各自的计算内容有哪些？

15-2　如何保证实腹式轴心受压构件的整体稳定？

15-3　钢梁的种类和截面形式有哪些？

15-4　在钢梁的强度计算中，为什么引入塑性发展系数？

15-5　承受均匀分布荷载作用的型钢梁，强度计算包括哪些内容？

15-6　在组合工字形截面梁腹板计算高度边缘处，折算应力计算的依据是什么？

15-7　如何保证钢梁的整体稳定和局部稳定？

15-8　钢结构偏心受力构件的截面形式有哪些？

15-9　拉弯构件和压弯构件的刚度计算参数是什么，刚度条件如何验算？

选　择　题

15-1　实腹式轴心受拉构件应计算的全部内容为（　　）。

A. 强度　　B. 强度及整体稳定性

C. 强度、局部稳定和整体稳定　　D. 强度及刚度

15-2　实腹式轴心受压构件的整体稳定性计算公式是（　　）。

A. $\frac{N}{\varphi A}\leqslant f$　　B. $\frac{N}{A}\leqslant f$　　C. $\frac{N}{\varphi A_n}\leqslant f$　　D. $\frac{\varphi N}{A_n}\leqslant f$

15-3　一般建筑结构的桁架受拉杆件，在承受静力荷载时的容许长细比是（　　）。

A. 250　　B. 300　　C. 350　　D. 400

15-4　桁架中压杆的容许长细比是（　　）

A. 100　　B. 150　　C. 200　　D. 250

15-5　引起钢梁受压翼缘板局部失稳的原因是（　　）。

A. 弯曲压应力　　B. 剪应力　　C. 局部压应力　　D. 折算应力

15-6　关于钢梁的设计计算，下列何项是正确的？（　　）

A. 抗弯强度按弹性计算　　B. 抗剪强度按弹性计算

C. 不需要计算整体稳定　　D. 不需要计算局部稳定

15-7　拟定焊接组合梁截面尺寸时，其最小梁高 $h_{\min}$ 是根据（　　）确定的。

A. 弯曲压应力　　B. 剪应力　　C. 局部压应力　　D. 刚度条件

15-8　实腹式受弯构件应计算的全部内容为（　　）。

A. 强度和刚度　　B. 强度及整体稳定性

C. 刚度和局部稳定性　　D. 强度、刚度、整体稳定和局部稳定

15-9　适合于做楼面梁的型钢是（　　）。

A. 等边角钢　　B. 不等边角钢　　C. 工字钢　　D. 槽钢

计　算　题

15-1　有一水平两端铰接的由 Q345 钢制作而成的轴心受拉构件，长 9m，截面为由双角钢 2∟90×8 组成的肢件向下的 T 形截面，无孔眼削弱。问该构件能否承受轴心拉力设计值 870kN？

15-2　屋架下弦杆件截面如图 15-33 所示，计算所能承受的最大拉力 N，并验算长细比是否符合要求。下弦截面为 2∟110×10 的双角钢，肢间距 10mm，有两个安装螺栓，螺栓孔径为 21.6mm，钢材为 Q235 钢，计算长度 6.0m。

15-3　轴心受压构件的截面（焰切边缘）形式如图 15-34(a)、(b) 所示，面积相等，钢材为 Q235 钢。构件

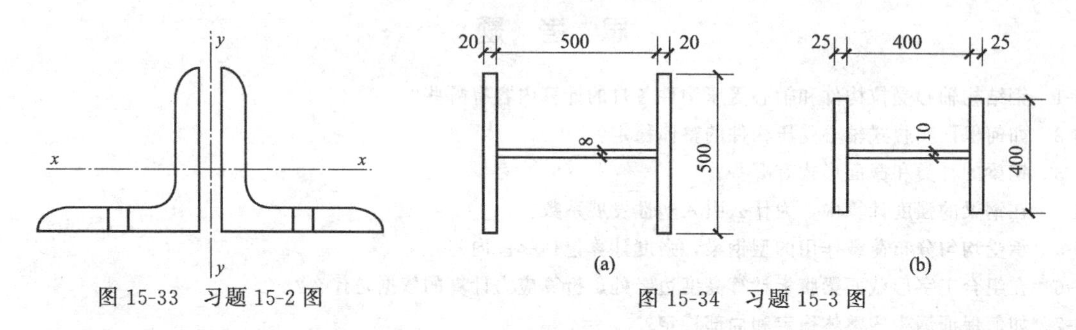

图 15-33 习题 15-2 图 图 15-34 习题 15-3 图

长度为 10m，两端铰接，轴心压力设计值 $N=3200$kN，验算（a）、（b）两种截面柱的强度、刚度和稳定性。

15-4 普通热轧工字钢楼盖简支梁跨度 4.5m，与铺板焊接连接，承受永久荷载标准值 8kN/m（不含梁自重），可变荷载标准值 15kN/m（可变荷载分项系数 $\gamma_Q=1.3$），钢材为 Q235-B，结构安全等级为二级，设计使用年限 50 年，试选择工字钢型号。

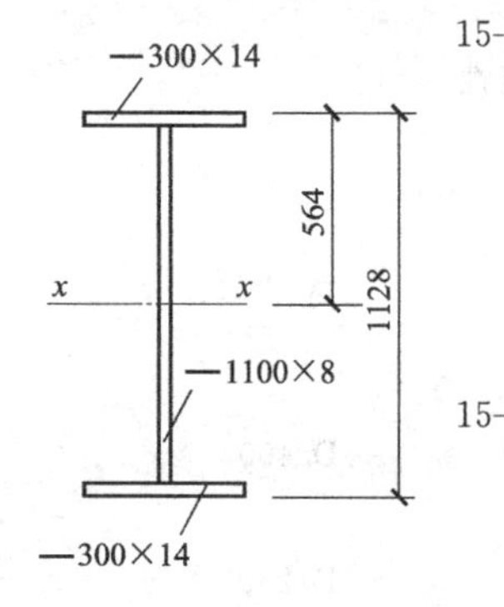

图 15-35 习题 15-5 图

15-5 某一焊接工字形等截面简支梁，跨度为 15m，侧向水平支承的间距为 5m，截面尺寸如图 15-35 所示，材料为 Q345 钢。荷载作用于上翼缘，均布恒载标准值 12.0kN/m，均布活载标准值 26.5kN/m（可变荷载分项系数 $\gamma_Q=1.3$）。结构安全等级为二级，设计使用年限 50 年试验算梁的强度、刚度、整体稳定性和局部稳定性（板件宽厚比、高厚比）。

15-6 如图 15-36 所示简支梁，其截面为单轴对称工字形，材料为 Q345 钢。荷载作用在梁的上翼缘，其中跨中央的集中荷载设计值为 390kN，沿全梁的均布荷载设计值 170kN/m。该梁跨中无侧向支承，试验算强度和整体稳定性。

15-7 如图 15-37 所示的拉弯构件，截面为 20a 号热轧工字钢，承受轴心拉力设计值 $N=540$kN，两端铰接，在跨中 1/3 处作用有集中荷载设计值 F，钢材为 Q235。试求该构件能承受的最大横向荷载 F。

15-8 有一高度为 4.0m 的压弯构件，两端铰接，材料采用 Q235 钢，截面选择 HN450×200×9×14，承受的内力设计值为 $N=500$kN，$M_x=80$kN·m。试验算该构件的强度、刚度和稳定性。

15-9 某天窗架中有一根杆件采用不等边角钢长肢相拼截面（设肢间距 10mm），如图 15-38 所示。两端铰接，长度为 3.5m，轴心压力设计值 $N=165$kN，横向均布荷载设计值 $q=10$kN/m。材料为 Q235 钢，试选择角钢型号。

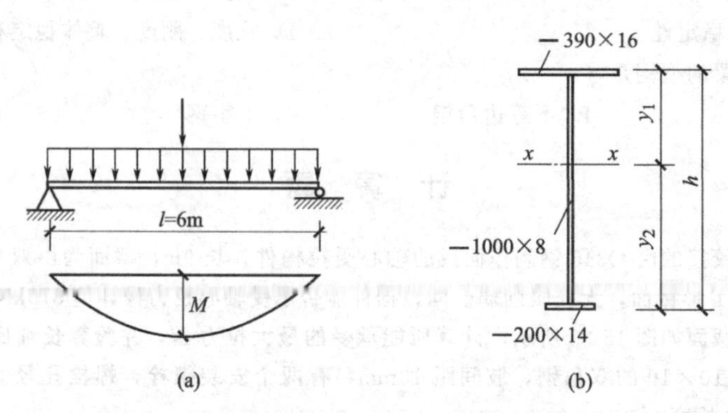

图 15-36 习题 15-6 图

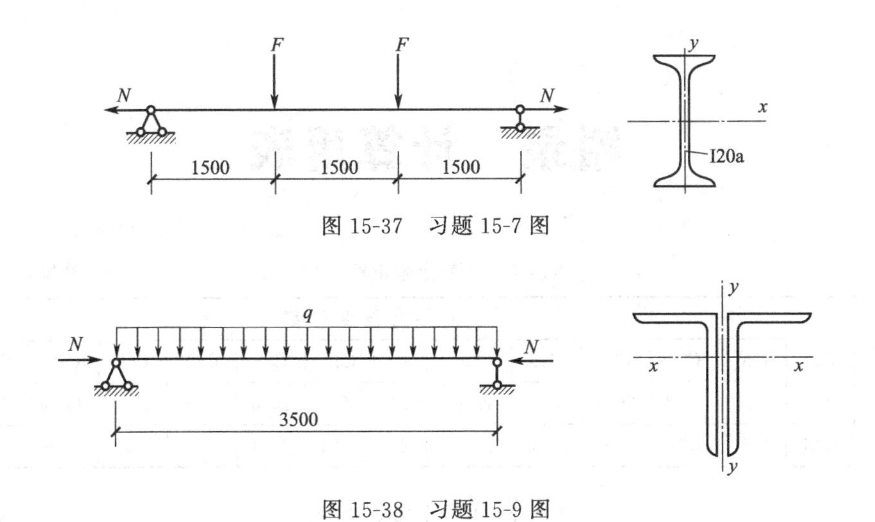

图 15-37　习题 15-7 图

图 15-38　习题 15-9 图

附录　计算用表

附表 1　混凝土强度标准值　　单位：N/mm^2

强度种类	混凝土强度等级													
	C15	C20	C25	C30	C35	C40	C45	C50	C55	C60	C65	C70	C75	C80
f_{ck}	10.0	13.4	16.7	20.1	23.4	26.8	29.6	32.4	35.5	38.5	41.5	44.5	47.4	50.2
f_{tk}	1.27	1.54	1.78	2.01	2.20	2.39	2.51	2.64	2.74	2.85	2.93	2.99	3.05	3.11

附表 2　混凝土强度设计值　　单位：N/mm^2

强度种类	混凝土强度等级													
	C15	C20	C25	C30	C35	C40	C45	C50	C55	C60	C65	C70	C75	C80
f_c	7.2	9.6	11.9	14.3	16.7	19.1	21.1	23.1	25.3	27.5	29.7	31.8	33.8	35.9
f_t	0.91	1.10	1.27	1.43	1.57	1.71	1.80	1.89	1.96	2.04	2.09	2.14	2.18	2.22

附表 3　混凝土的弹性模量　　单位：$\times 10^4$ N/mm^2

混凝土强度等级	C15	C20	C25	C30	C35	C40	C45	C50	C55	C60	C65	C70	C75	C80
E_c	2.20	2.55	2.80	3.00	3.15	3.25	3.35	3.45	3.55	3.60	3.65	3.70	3.75	3.80

注：1. 当有可靠试验依据时，弹性模量可根据实测数据确定。

2. 当混凝土中掺有大量矿物掺合料时，弹性模量可按规定龄期根据实测数据确定。

附表 4　普通钢筋强度标准值

牌　号	符　号	公称直径 d/mm	屈服强度标准值 f_{yk}/(N/mm^2)	极限强度标准值 f_{stk}/(N/mm^2)
HPB300	Φ	6～14	300	420
HRB335	Φ	6～14	335	455
HRB400 HRBF400 RRB400	Φ $Φ^F$ $Φ^R$	6～50	400	540
HRB500 HRBF500	Φ $Φ^F$	6～50	500	630

附表 5　预应力筋强度标准值

种　类		符　号	公称直径 d/mm	屈服强度标准值 f_{pyk}/(N/mm^2)	极限强度标准值 f_{ptk}/(N/mm^2)
中强度预应力钢丝	光面 螺旋肋	$Φ^{PM}$ $Φ^{HM}$	5、7、9	620	800
				780	970
				980	1270
预应力螺纹钢筋	螺纹	$Φ^T$	18、25、32、40、50	785	980
				930	1080
				1080	1230

续表

种类		符号	公称直径 d/mm	屈服强度标准值 f_{pyk}/(N/mm²)	极限强度标准值 f_{ptk}/(N/mm²)
消除应力钢丝	光面 螺旋肋	Φ^{P} Φ^{H}	5	—	1570
				—	1860
			7	—	1570
			9	—	1470
				—	1570
钢绞线	1×3 (三股)	Φ^{S}	8.6、10.8、12.9	—	1570
				—	1860
				—	1960
	1×7 (七股)		9.5、12.7、15.2、17.8	—	1720
				—	1860
				—	1960
			21.6	—	1860

注：极限强度标准值为1960N/mm²的钢绞线作后张预应力配筋时，应有可靠的工程经验。

附表 6　普通钢筋强度设计值　　单位：N/mm²

牌号	抗拉强度设计值 f_y	抗压强度设计值 f'_y
HPB300	270	270
HRB 335	300	300
HRB 400、HRBF400、RRB400	360	360
HRB500、HRBF500	435	435

附表 7　预应力筋强度设计值　　单位：N/mm²

种类	极限强度标准值 f_{ptk}	抗拉强度设计值 f_{py}	抗压强度设计值 f'_{py}
中强度预应力钢丝	800	510	410
	970	650	
	1270	810	
消除应力钢丝	1470	1040	410
	1570	1110	
	1860	1320	
钢绞线	1570	1110	390
	1720	1220	
	1860	1320	
	1960	1390	
预应力螺纹钢筋	980	650	400
	1080	770	
	1230	900	

注：当预应力筋的强度标准值不符合本表的规定时，其强度设计值应进行相应的比例换算。

附表 8　钢筋弹性模量　　单位：$\times 10^5$ N/mm²

牌号或种类	E_s
HPB300 钢筋	2.10
HRB335、HRB400、HRB500 钢筋 HRBF400、HRBF500 钢筋 RRB400 钢筋 预应力螺纹钢筋	2.00
消除应力钢丝、中强度预应力钢丝	2.05
钢绞线	1.95

注：必要时可采用实测的弹性模量。

附表 9　混凝土保护层的最小厚度 c　　单位：mm

环境类别	板、墙、壳	梁、柱、杆
一	15	20
二 a	20	25
二 b	25	35
三 a	30	40
三 b	40	50

注：1. 混凝土强度等级不大于 C25 时，表中保护层厚度数值应增加 5mm。

2. 钢筋混凝土基础宜设置混凝土垫层，基础的钢筋的混凝土保护层厚度应从垫层顶面算起，且不应小于 40mm。

附表 10　纵向受力钢筋的最小配筋百分率 ρ_{min}　　单位：%

受力类型			最小配筋百分率
受压构件	全部纵向钢筋	强度等级 500MPa	0.50
		强度等级 400MPa	0.55
		强度等级 300MPa、335MPa	0.60
	一侧纵向钢筋		0.20
受弯构件、偏心受拉、轴心受拉构件一侧的受拉钢筋			0.20 和 $45f_t/f_y$ 中的较大值

注：1. 受压构件全部纵向钢筋最小配筋百分率，当采用 C60 以上强度等级的混凝土时，应按表中规定增大 0.10。

2. 板类受弯构件（不包括悬臂板）的受拉钢筋，当采用强度等级 400MPa、500MPa 的钢筋时，其最小配筋百分率应允许采用 0.15 和 $45f_t/f_y$ 中的较大值。

3. 偏心受拉构件中的受压钢筋，应按受压构件一侧的纵向钢筋考虑。

4. 受压构件的全部纵向钢筋和一侧纵向钢筋的配筋率以及轴心受拉构件和小偏心受拉构件一侧受拉钢筋的配筋率均应按构件的全截面面积计算。

5. 受弯构件、大偏心受拉构件一侧受拉钢筋的配筋率应按全截面面积扣除受压翼缘面积 $(b'_f-b)\ h'_f$ 后的截面面积计算。

6. 当钢筋沿构件截面周边布置时，“一侧纵向钢筋”系指沿受力方向两个对边中一边布置的纵向钢筋。

附表 11　混凝土受弯构件挠度限值

构件类型		挠度限值
吊车梁	手动吊车	$l_0/500$
	电动吊车	$l_0/600$
屋盖、楼盖及楼梯构件	当 $l_0<7$m 时	$l_0/200(l_0/250)$
	当 7m$\leqslant l_0\leqslant$9m 时	$l_0/250(l_0/300)$
	当 $l_0>9$m 时	$l_0/300(l_0/400)$

注：1. 表中 l_0 为构件的计算跨度；计算悬臂构件的挠度限值时，其计算跨度 l_0 按实际悬臂长度的 2 倍取用。

2. 表中括号内的数值适用于使用上对挠度有较高要求的构件。

3. 如果构件制作时预先起拱，且使用上也允许，则在验算挠度时，可将计算所得的挠度值减去起拱值；对预应力混凝土构件，尚可减去预加力所产生的反拱值。

4. 构件制作时的起拱值和预加力所产生的反拱值，不宜超过构件在相应荷载组合作用下的计算挠度值。

附表 12　结构构件的裂缝控制等级及最大裂缝宽度的限值　　单位：mm

环境类别	钢筋混凝土结构		预应力混凝土结构	
	裂缝控制等级	w_{lim}	裂缝控制等级	w_{lim}
一	三级	0.30(0.40)	三级	0.20
二 a		0.20		0.10
二 b			二级	—
三 a、三 b			一级	—

注：1. 对处于年平均相对湿度小于 60% 地区一类环境下的受弯构件，其最大裂缝宽度限值可采用括号内的数值。

2. 在一类环境下，对钢筋混凝土屋架、托架及需作疲劳验算的吊车梁，其最大裂缝宽度限值应取为 0.20mm；对钢筋混凝土屋面梁和托梁，其最大裂缝宽度限值应取为 0.30mm。

3. 在一类环境下，对预应力混凝土屋架、托架及双向板体系，应按二级裂缝控制等级进行验算；对一类环境下的预应力混凝土屋面梁、托梁、单向板，应按表中二 a 级环境的要求进行验算；在一类和二 a 类环境下需作疲劳验算的预应力混凝土吊车梁，应按裂缝控制等级不低于二级的构件进行验算。

4. 表中规定的预应力混凝土构件的裂缝控制等级和最大裂缝宽度限值仅适用于正截面的验算；预应力混凝土构件的斜截面裂缝控制验算应符合《混凝土结构设计规范》第 7 章的有关规定。

5. 对于烟囱、筒仓和处于液体压力下的结构，其裂缝控制要求应符合专门标准的有关规定。

6. 对于处于四、五类环境下的结构构件，其裂缝控制要求应符合专门标准的有关规定。

7. 表中的最大裂缝宽度限值为用于验算荷载作用引起的最大裂缝宽度。

附表 13　每米板宽内的钢筋截面面积　　单位：mm^2

钢筋间距/mm	钢筋公称直径/mm											
	3	4	5	6	6/8	8	8/10	10	10/12	12	12/14	14
70	101	180	280	404	561	719	920	1121	1369	1616	1907	2199
75	94.2	168	262	377	524	671	859	1047	1277	1508	1780	2052
80	88.4	157	245	354	491	629	805	981	1198	1414	1669	1924
85	83.2	148	231	333	462	592	758	924	1127	1331	1571	1811
90	78.5	140	218	314	437	559	716	872	1064	1257	1483	1710
95	74.5	132	207	298	414	529	678	826	1008	1190	1405	1620
100	70.6	126	196	283	393	503	644	785	958	1131	1335	1539
110	64.2	114	178	257	357	457	585	714	871	1028	1214	1399
120	58.9	105	163	236	327	419	537	654	798	942	1113	1283
125	56.5	101	157	226	314	402	515	628	766	905	1068	1231
130	54.4	96.6	151	218	302	387	495	604	737	870	1027	1184
140	50.5	89.8	140	202	281	359	460	561	684	808	954	1099
150	47.1	83.8	131	189	262	335	429	523	639	754	890	1026
160	44.1	78.5	123	177	246	314	403	491	599	707	834	962
170	41.5	73.9	115	166	231	296	379	462	564	665	785	905
180	39.2	69.8	109	157	218	279	358	436	532	628	742	855
190	37.2	66.1	103	149	207	265	339	413	504	595	703	810
200	35.3	62.8	98.2	141	196	251	322	393	479	565	668	770
220	32.1	57.1	89.2	129	179	229	293	357	436	514	607	700
240	29.4	52.4	81.8	118	164	210	268	327	399	471	556	641
250	28.3	50.3	78.5	113	157	201	258	314	383	452	534	616
260	27.2	48.3	75.5	109	151	193	248	302	369	435	513	592
280	25.2	44.9	70.1	101	140	180	230	280	342	404	477	550
300	23.6	41.9	65.5	94.2	131	168	215	262	319	377	445	513
320	22.1	39.3	61.4	88.4	123	157	201	245	299	353	417	481

附表 14 钢筋的公称直径、公称截面面积及理论质量

公称直径/mm	不同根数钢筋的公称截面面积/mm²									单根钢筋理论质量/(kg/m)
	1	2	3	4	5	6	7	8	9	
6	28.3	57	85	113	142	170	198	226	255	0.222
8	50.3	101	151	201	252	302	352	402	453	0.395
10	78.5	157	236	314	393	471	550	628	707	0.617
12	113.1	226	339	452	565	678	791	904	1017	0.888
14	153.9	308	461	615	769	923	1077	1231	1385	1.21
16	201.1	402	603	804	1005	1206	1407	1608	1809	1.58
18	254.5	509	763	1017	1272	1527	1781	2036	2290	2.00(2.11)
20	314.2	628	942	1256	1570	1884	2199	2513	2827	2.47
22	380.1	760	1140	1520	1900	2281	2661	3041	3421	2.98
25	490.9	982	1473	1964	2454	2945	3436	3927	4418	3.85(4.10)
28	615.8	1232	1847	2463	3079	3695	4310	4926	5542	4.83
32	804.2	1609	2413	3217	4021	4826	5630	6434	7238	6.31(6.65)
36	1017.9	2036	3054	4072	5089	6107	7125	8143	9161	7.99
40	1256.6	2513	3770	5027	6283	7540	8796	10053	11310	9.87(10.34)
50	1964	3928	5892	7856	9820	11784	13748	15712	17676	15.42(16.28)

注：括号内为预应力螺纹钢筋的数值。

附表 15 钢绞线的公称直径、公称截面面积及理论质量

种 类	公称直径/mm	公称截面面积/mm²	理论质量/(kg/m)
1×3	8.6	37.7	0.296
	10.8	58.9	0.462
	12.9	84.8	0.666
1×7 标准型	9.5	54.8	0.430
	12.7	98.7	0.775
	15.2	140	1.101
	17.8	191	1.500
	21.6	285	2.237

附表 16 钢丝的公称直径、公称截面面积及理论质量

公称直径/mm	公称截面面积/mm²	理论质量/(kg/m)
4.0	12.57	0.099
5.0	19.63	0.154
6.0	28.27	0.222
7.0	38.48	0.302
8.0	50.26	0.394
9.0	63.62	0.499

附表 17 烧结普通砖和烧结多孔砖砌体的抗压强度设计值 单位：MPa

砖强度等级	砂浆强度等级					砂浆强度
	M15	M10	M7.5	M5	M2.5	0
MU30	3.94	3.27	2.93	2.59	2.26	1.15
MU25	3.60	2.98	2.68	2.37	2.06	1.05
MU20	3.22	2.67	2.39	2.12	1.84	0.94
MU15	2.79	2.31	2.07	1.83	1.60	0.82
MU10	—	1.89	1.69	1.50	1.30	0.67

注：当烧结多孔砖的孔洞率大于 30%时，表中数值应乘以 0.9。

附表 18　混凝土普通砖和混凝土多孔砖砌体的抗压强度设计值　　单位：MPa

砖强度等级	砂浆强度等级					砂浆强度
	Mb20	Mb15	Mb10	Mb7.5	Mb5	0
MU30	4.61	3.94	3.27	2.93	2.59	1.15
MU25	4.21	3.60	2.98	2.68	2.37	1.05
MU20	3.77	3.22	2.67	2.39	2.12	0.94
MU15	—	2.79	2.31	2.07	1.83	0.82

附表 19　蒸压灰砂普通砖和蒸压粉煤灰普通砖砌体的抗压强度设计值　单位：MPa

砖强度等级	砂浆强度等级				砂浆强度
	M15	M10	M7.5	M5	0
MU25	3.60	2.98	2.68	2.37	1.05
MU20	3.22	2.67	2.39	2.12	0.94
MU15	2.79	2.31	2.07	1.83	0.82

注：当采用专用砂浆砌筑时，其抗压强度设计值按表中数值采用。

附表 20　单排孔混凝土砌块和轻集料混凝土砌块对孔砌筑砌体的抗压强度设计值　单位：MPa

砌块强度等级	砂浆强度等级					砂浆强度
	Mb20	Mb15	Mb10	Mb7.5	Mb5	0
MU20	6.30	5.68	4.95	4.44	3.94	2.33
MU15	—	4.61	4.02	3.61	3.20	1.89
MU10	—	—	2.79	2.50	2.22	1.31
MU7.5	—	—	—	1.93	1.71	1.01
MU5	—	—	—	—	1.19	0.70

注：1. 对独立柱或厚度为双排组砌的砌块砌体，应按表中数值乘以 0.7。
2. 对 T 型截面墙体、柱，应按表中数值乘以 0.85。

附表 21　双排孔或多排孔轻集料混凝土砌块砌体的抗压强度设计值　单位：MPa

砌块强度等级	砂浆强度等级			砂浆强度
	Mb10	Mb7.5	Mb5	0
MU10	3.08	2.76	2.45	1.44
MU7.5	—	2.13	1.88	1.12
MU5	—	—	1.31	0.78
MU3.5	—	—	0.95	0.56

注：1. 表中的砌块为火山渣、浮石和陶粒轻集料混凝土砌块。
2. 对厚度方向为双排组砌的轻集料混凝土砌块砌体的抗压强度设计值，应按表中数值乘以 0.8。

附表 22　毛料石砌体的抗压强度设计值　单位：MPa

毛料石强度等级	砂浆强度等级			砂浆强度
	M7.5	M5	M2.5	0
MU100	5.42	4.80	4.18	2.13
MU80	4.85	4.29	3.73	1.91
MU60	4.20	3.71	3.23	1.65
MU50	3.83	3.39	2.95	1.51
MU40	3.43	3.04	2.64	1.35
MU30	2.97	2.63	2.29	1.17
MU20	2.42	2.15	1.87	0.95

注：对细料石砌体、粗料石砌体和干砌勾缝石砌体，表中数值应分别乘以调整系数 1.4、1.2 和 0.8。

附表 23 毛石砌体的抗压强度设计值 单位：MPa

毛石强度等级	砂浆强度等级			砂浆强度
	M7.5	M5	M2.5	0
MU100	1.27	1.12	0.98	0.34
MU80	1.13	1.00	0.87	0.30
MU60	0.98	0.87	0.76	0.26
MU50	0.90	0.80	0.69	0.23
MU40	0.80	0.71	0.62	0.21
MU30	0.69	0.61	0.53	0.18
MU20	0.56	0.51	0.44	0.15

附表 24 沿砌体灰缝截面破坏时砌体的轴心抗拉强度设计值、弯曲抗拉强度设计值和抗剪强度设计值 单位：MPa

强度类别	破坏特征及砌体种类		砂浆强度等级			
			≥M10	M7.5	M5	M2.5
轴心抗拉	沿齿缝	烧结普通砖、烧结多孔砖	0.19	0.16	0.13	0.09
		混凝土普通砖、混凝土多孔砖	0.19	0.16	0.13	—
		蒸压灰砂普通砖、蒸压粉煤灰普通砖	0.12	0.10	0.08	—
		混凝土和轻集料混凝土砌块	0.09	0.08	0.07	—
		毛石	—	0.07	0.06	0.04
弯曲抗拉	沿齿缝	烧结普通砖、烧结多孔砖	0.33	0.29	0.23	0.17
		混凝土普通砖、混凝土多孔砖	0.33	0.29	0.23	—
		蒸压灰砂普通砖、蒸压粉煤灰普通砖	0.24	0.20	0.16	—
		混凝土和轻集料混凝土砌块	0.11	0.09	0.08	—
		毛石	—	0.11	0.09	0.07
	沿通缝	烧结普通砖、烧结多孔砖	0.17	0.14	0.11	0.08
		混凝土普通砖、混凝土多孔砖	0.17	0.14	0.11	—
		蒸压灰砂普通砖、蒸压粉煤灰普通砖	0.12	0.10	0.08	—
		混凝土和轻集料混凝土砌块	0.08	0.06	0.05	—
抗剪		烧结普通砖、烧结多孔砖	0.17	0.14	0.11	0.08
		混凝土普通砖、混凝土多孔砖	0.17	0.14	0.11	—
		蒸压灰砂普通砖、蒸压粉煤灰普通砖	0.12	0.10	0.08	—
		混凝土和轻集料混凝土砌块	0.09	0.08	0.06	—
		毛石	—	0.19	0.16	0.11

注：1. 对于用形状规则的块体砌筑的砌体，当搭接长度与块体高度的比值小于 1 时，其轴心抗拉强度设计值 f_t 和弯曲抗拉强度设计值 f_{tm} 应按表中数值乘以搭接长度与块体高度比值后采用。

2. 表中数值是依据普通砂浆砌筑的砌体确定的，采用经研究性试验且通过技术鉴定的专用砂浆砌筑的蒸压灰砂普通砖、蒸压粉煤灰普通砖砌体，其抗剪强度设计值按相应普通砂浆强度等级砌筑的烧结普通砖砌体采用。

3. 对混凝土普通砖、混凝土多孔砖、混凝土和轻集料混凝土砌块砌体，表中砂浆强度等级分别为：≥Mb10、Mb7.5 及 Mb5。

附表 25 砌体的弹性模量 单位：MPa

砌体种类	砂浆强度等级			
	≥M10	M7.5	M5	M2.5
烧结普通砖、烧结多孔砖砌体	1600 f	1600 f	1600 f	1390 f
混凝土普通砖、混凝土多孔砖砌体	1600 f	1600 f	1600 f	—
蒸压灰砂普通砖、蒸压粉煤灰普通砖砌体	1060 f	1060 f	1060 f	—
非灌孔混凝土砌块砌体	1700 f	1600 f	1500 f	—
粗料石、毛料石、毛石砌体	—	5650	4000	2250
细料石砌体	—	17000	12000	6750

注：1. 轻集料混凝土砌块砌体的弹性模量，可按表中混凝土砌块砌体的弹性模量采用。

2. 表中砌体抗压强度设计值 f 不需要乘调整系数 γ_a。

3. 表中砂浆为普通砂浆，采用专用砂浆砌筑的砌体的弹性模量也按此表取值。

4. 对混凝土普通砖、混凝土多孔砖、混凝土和轻集料混凝土砌块砌体，表值的砂浆强度等级分别为：≥Mb10、Mb7.5 及 Mb5。

5. 对蒸压灰砂普通砖和蒸压粉煤灰普通砖砌体，当采用专用砂浆砌筑时，其抗压强度设计值 f 按附表 19 的数值采用。

附表 26 无筋砌体受压构件承载力影响系数 φ

影响系数 φ（砂浆强度等级≥M5）

β	e/h 或 e/h_T												
	0	0.025	0.05	0.075	0.1	0.125	0.15	0.175	0.2	0.225	0.25	0.275	0.3
≤3	1	0.99	0.97	0.94	0.89	0.84	0.79	0.73	0.68	0.62	0.57	0.52	0.48
4	0.98	0.95	0.90	0.85	0.80	0.74	0.69	0.64	0.58	0.53	0.49	0.45	0.41
6	0.95	0.91	0.86	0.81	0.75	0.69	0.64	0.59	0.54	0.49	0.45	0.42	0.38
8	0.91	0.86	0.81	0.76	0.70	0.64	0.59	0.54	0.50	0.46	0.42	0.39	0.36
10	0.87	0.82	0.76	0.71	0.65	0.60	0.55	0.50	0.46	0.42	0.39	0.36	0.33
12	0.82	0.77	0.71	0.66	0.60	0.55	0.51	0.47	0.43	0.39	0.36	0.33	0.31
14	0.77	0.72	0.66	0.61	0.56	0.51	0.47	0.43	0.40	0.36	0.34	0.31	0.29
16	0.72	0.67	0.61	0.56	0.52	0.47	0.44	0.40	0.37	0.34	0.31	0.29	0.27
18	0.67	0.62	0.57	0.52	0.48	0.44	0.40	0.37	0.34	0.31	0.29	0.27	0.25
20	0.62	0.57	0.53	0.48	0.44	0.40	0.37	0.34	0.32	0.29	0.27	0.25	0.23
22	0.58	0.53	0.49	0.45	0.41	0.38	0.35	0.32	0.30	0.27	0.25	0.24	0.22
24	0.54	0.49	0.45	0.41	0.38	0.35	0.32	0.30	0.28	0.26	0.24	0.22	0.21
26	0.50	0.46	0.42	0.38	0.35	0.33	0.30	0.28	0.26	0.24	0.22	0.21	0.19
28	0.46	0.42	0.39	0.36	0.33	0.30	0.28	0.26	0.24	0.22	0.21	0.19	0.18
30	0.42	0.39	0.36	0.33	0.31	0.28	0.26	0.24	0.22	0.21	0.20	0.18	0.17

影响系数 φ（砂浆强度等级 M2.5）

β	e/h 或 e/h_T												
	0	0.025	0.05	0.075	0.1	0.125	0.15	0.175	0.2	0.225	0.25	0.275	0.3
≤3	1	0.99	0.97	0.94	0.89	0.84	0.79	0.73	0.68	0.62	0.57	0.52	0.48
4	0.97	0.94	0.89	0.84	0.78	0.73	0.67	0.62	0.57	0.52	0.48	0.44	0.40
6	0.93	0.89	0.84	0.78	0.73	0.67	0.62	0.57	0.52	0.48	0.44	0.40	0.37
8	0.89	0.84	0.78	0.72	0.67	0.62	0.57	0.52	0.48	0.44	0.40	0.37	0.34
10	0.83	0.78	0.72	0.67	0.61	0.56	0.52	0.47	0.43	0.40	0.37	0.34	0.31
12	0.78	0.72	0.67	0.61	0.56	0.52	0.47	0.43	0.40	0.37	0.34	0.31	0.29
14	0.72	0.66	0.61	0.56	0.51	0.47	0.43	0.40	0.36	0.34	0.31	0.29	0.27
16	0.66	0.61	0.56	0.51	0.47	0.43	0.40	0.36	0.34	0.31	0.29	0.26	0.25
18	0.61	0.56	0.51	0.47	0.43	0.40	0.36	0.33	0.31	0.29	0.26	0.24	0.23
20	0.56	0.51	0.47	0.43	0.39	0.36	0.33	0.31	0.28	0.26	0.24	0.23	0.21

续表

β	e/h 或 e/h_T												
	0	0.025	0.05	0.075	0.1	0.125	0.15	0.175	0.2	0.225	0.25	0.275	0.3
22	0.51	0.47	0.43	0.39	0.36	0.33	0.31	0.28	0.26	0.24	0.23	0.21	0.20
24	0.46	0.43	0.39	0.36	0.33	0.31	0.28	0.26	0.24	0.23	0.21	0.20	0.18
26	0.42	0.39	0.36	0.33	0.31	0.28	0.26	0.24	0.22	0.21	0.20	0.18	0.17
28	0.39	0.36	0.33	0.30	0.28	0.26	0.24	0.22	0.21	0.20	0.18	0.17	0.16
30	0.36	0.33	0.30	0.28	0.26	0.24	0.22	0.21	0.20	0.18	0.17	0.16	0.15

影响系数 φ（砂浆强度 0）

β	e/h 或 e/h_T												
	0	0.025	0.05	0.075	0.1	0.125	0.15	0.175	0.2	0.225	0.25	0.275	0.3
≤3	1	0.99	0.97	0.94	0.89	0.84	0.79	0.73	0.68	0.62	0.57	0.52	0.48
4	0.87	0.82	0.77	0.71	0.66	0.60	0.55	0.51	0.46	0.43	0.39	0.36	0.33
6	0.76	0.70	0.65	0.59	0.54	0.50	0.46	0.42	0.39	0.36	0.33	0.30	0.28
8	0.63	0.58	0.54	0.49	0.45	0.41	0.38	0.35	0.32	0.30	0.28	0.25	0.24
10	0.53	0.48	0.44	0.41	0.37	0.34	0.32	0.29	0.27	0.25	0.23	0.22	0.20
12	0.44	0.40	0.37	0.34	0.31	0.29	0.27	0.25	0.23	0.21	0.20	0.19	0.17
14	0.36	0.33	0.31	0.28	0.26	0.24	0.23	0.21	0.20	0.18	0.17	0.16	0.15
16	0.30	0.28	0.26	0.24	0.22	0.21	0.19	0.18	0.17	0.16	0.15	0.14	0.13
18	0.26	0.24	0.22	0.21	0.19	0.18	0.17	0.16	0.15	0.14	0.13	0.12	0.12
20	0.22	0.20	0.19	0.18	0.17	0.16	0.15	0.14	0.13	0.12	0.12	0.11	0.10
22	0.19	0.18	0.16	0.15	0.14	0.14	0.13	0.12	0.12	0.11	0.10	0.10	0.09
24	0.16	0.15	0.14	0.13	0.13	0.12	0.11	0.11	0.10	0.10	0.09	0.09	0.08
26	0.14	0.13	0.13	0.12	0.11	0.11	0.10	0.10	0.09	0.09	0.08	0.08	0.07
28	0.12	0.12	0.11	0.11	0.10	0.10	0.09	0.09	0.08	0.08	0.08	0.07	0.07
30	0.11	0.10	0.10	0.09	0.09	0.09	0.08	0.08	0.07	0.07	0.07	0.07	0.06

附表 27　钢材的强度设计值　　　　单位：N/mm^2

钢材		抗拉、抗压和抗弯 f	抗剪 f_v	端面承压(刨平顶紧) f_{ce}
牌号	厚度或直径/mm			
Q235 钢	≤16	215	125	325
	>16～40	205	120	
	>40～60	200	115	
	>60～100	190	110	
Q345 钢	≤16	310	180	400
	>16～35	295	170	
	>35～50	265	155	
	>50～100	250	145	
Q390 钢	≤16	350	205	415
	>16～35	335	190	
	>35～50	315	180	
	>50～100	295	170	
Q420 钢	≤16	380	220	440
	>16～35	360	210	
	>35～50	340	195	
	>50～100	325	185	

注：表中厚度系指计算点的钢材厚度，对轴心受拉和轴心受压构件系指截面中较厚板件的厚度。

附表 28　钢铸件的强度设计值　　单位：N/mm^2

钢　号	抗拉、抗压和抗弯 f	抗 剪 f_v	端面承压(刨平顶紧) f_{ce}
ZG200-400	155	90	260
ZG230-450	180	105	290
ZG270-500	210	120	325
ZG310-570	240	140	370

附表 29　焊缝的强度设计值　　单位：N/mm^2

焊接方法和焊条型号	构件钢材		对接焊缝				角焊缝
	牌号	厚度或直径/mm	抗压 f_c^w	焊缝质量为下列等级时，抗拉 f_t^w		抗剪 f_v^w	抗拉、抗压和抗剪 f_f^w
				一级、二级	三级		
自动焊、半自动焊和E43型焊条的手工焊	Q235 钢	≤16	215	215	185	125	160
		>16～40	205	205	175	120	
		>40～60	200	200	170	115	
		>60～100	190	190	160	110	
自动焊、半自动焊和E50型焊条的手工焊	Q345 钢	≤16	310	310	265	180	200
		>16～35	295	295	250	170	
		>35～50	265	265	225	155	
		>50～100	250	250	210	145	
自动焊、半自动焊和E55型焊条的手工焊	Q390 钢	≤16	350	350	300	205	220
		>16～35	335	335	285	190	
		>35～50	315	315	270	180	
		>50～100	295	295	250	170	
自动焊、半自动焊和E55型焊条的手工焊	Q420 钢	≤16	380	380	320	220	220
		>16～35	360	360	305	210	
		>35～50	340	340	290	195	
		>50～100	325	325	275	185	

注：1. 自动焊和半自动焊所采用的焊丝和焊剂，应保证其熔敷金属的力学性能不低于现行国家标准《埋弧焊用碳钢焊丝和焊剂》(GB/T 5293) 和《低合金钢埋弧焊用焊剂》(GB/T 12470) 中相关的规定。

2. 焊缝质量等级应符合现行国家标准《钢结构工程施工质量验收规范》(GB 50205) 的规定。其中厚度小于 8mm 钢材的对接焊缝，不应采用超声波确定焊缝质量等级。

3. 对接焊缝受压区的抗弯强度设计值取 f_c^w，在受拉区的抗弯强度设计值取 f_t^w。

4. 表中厚度系指计算点的钢材厚度，对轴心受拉和轴心受压构件系指截面中较厚板件的厚度。

附表 30　螺栓连接的强度设计值　　单位：N/mm^2

螺栓的性能等级、锚栓和构件钢材的牌号		普通螺栓						锚栓	承压型连接高强度螺栓		
		C 级螺栓			A 级、B 级螺栓						
		抗拉 f_t^b	抗剪 f_v^b	承压 f_c^b	抗拉 f_t^b	抗剪 f_v^b	承压 f_c^b	抗拉 f_t^a	抗拉 f_t^b	抗剪 f_v^b	承压 f_c^b
普通螺栓	4.6 级、4.8 级	170	140								
	5.6 级				210	190					
	8.8 级				400	320					

续表

螺栓的性能等级、锚栓和构件钢材的牌号		普通螺栓						锚栓	承压型连接高强度螺栓		
		C级螺栓			A级、B级螺栓						
		抗拉 f_t^b	抗剪 f_v^b	承压 f_c^b	抗拉 f_t^b	抗剪 f_v^b	承压 f_c^b	抗拉 f_t^a	抗拉 f_t^b	抗剪 f_v^b	承压 f_c^b
锚栓	Q235钢							140			
	Q345钢							180			
承压型连接高强度螺栓	8.8级								400	250	
	10.9级								500	310	
构件	Q235钢			305			405				470
	Q345钢			385			510				590
	Q390钢			400			530				615
	Q420钢			425			560				655

注：1. A级螺栓用于 $d \leqslant 24$ mm 和 $l \leqslant 10d$ 或 $l \leqslant 150$ mm（按较小直径）的螺栓；B级螺栓用于 $d > 24$ mm 或 $l > 10d$ 或 $l > 150$ mm（按较小直径）的螺栓。d 为公称直径，l 为螺杆公称长度。

2. A级、B级螺栓孔的精度和孔壁表面粗糙度，C级螺栓孔的允许偏差和孔壁表面粗糙度，均应符合现行国家标准《钢结构工程施工质量验收规范》（GB 50205）的要求。

附表 31 铆钉连接的强度设计值 单位：N/mm²

铆钉钢号和构件钢材牌号		抗拉(钉头拉脱) f_t^r	抗剪 f_v^r		承压 f_c^r	
			Ⅰ类孔	Ⅱ类孔	Ⅰ类孔	Ⅱ类孔
铆钉	BL2 或 BL3	120	185	155		
构件	Q235钢				450	365
	Q345钢				565	460
	Q390钢				590	480

注：1. 属于下列情况者为Ⅰ类孔：1) 在装配好的构件上按设计孔径钻成的孔；2) 在单个零件和构件上按设计孔径分别用钻模钻成的孔；3) 在单个零件上先钻成或冲成较小的孔径，然后在装配好的构件上再扩钻至设计孔径的孔。

2. 在单个零件上一次冲成或不用钻模钻成设计孔径的孔属于Ⅱ类孔。

附表 32 钢材和钢铸件的物理性能指标

弹性模量 E/(N/mm²)	剪变模量 G/(N/mm²)	线膨胀系数 α(以每℃计)	质量密度 ρ/(kg/m³)
206×10^3	79×10^3	12×10^{-6}	7850

附表 33 钢结构轴心受压构件截面分类

板厚 $t<40$mm

截面形式和对应轴		类别
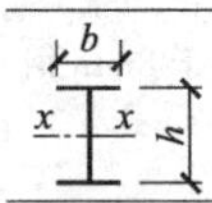 轧制，$b/h \leqslant 0.8$，对 x 轴	 轧制，对任意轴	a类
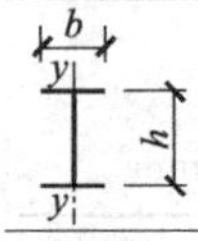 轧制，$b/h \leqslant 0.8$，对 y 轴	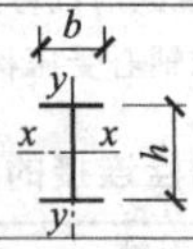 轧制，$b/h > 0.8$，对 x、y 轴	b类
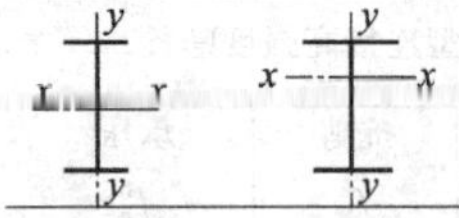 焊接，翼缘为焰切边，对 x、y 轴	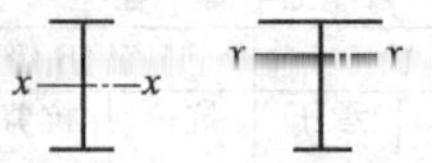 焊接，翼缘为轧制或剪切边，对 x 轴	
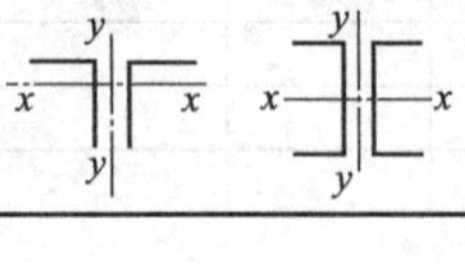 轧制，对 x、y 轴	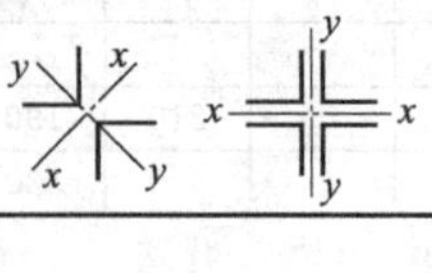 轧制，对 x、y 轴	

续表

截面形式和对应轴		类别
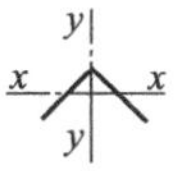 轧制(等边角钢),对 x、y 轴	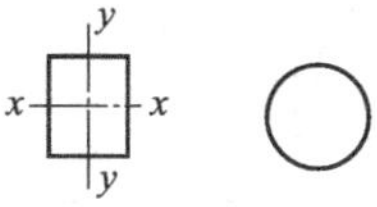 轧制矩形和焊接圆管对任意轴;焊接矩形,板件宽厚比大于20,对 x、y 轴	b类
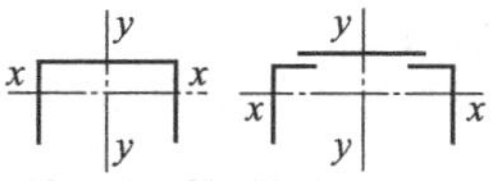 轧制或焊接,对 x、y 轴	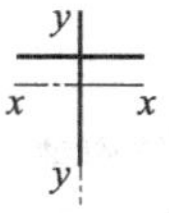 轧制截面和翼缘为焰切边的焊接截面,对 x、y 轴 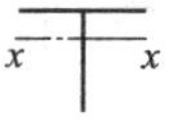焊接,翼缘为轧制或剪切边,对 x 轴	b类
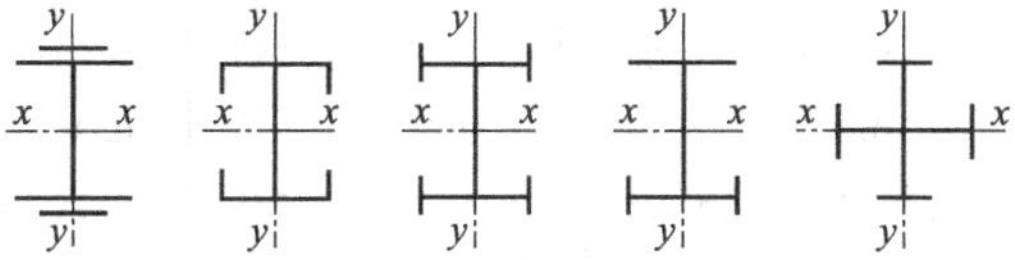 焊接,对 x、y 轴	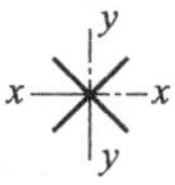 焊接,板件边缘焰割,对 x、y 轴	b类
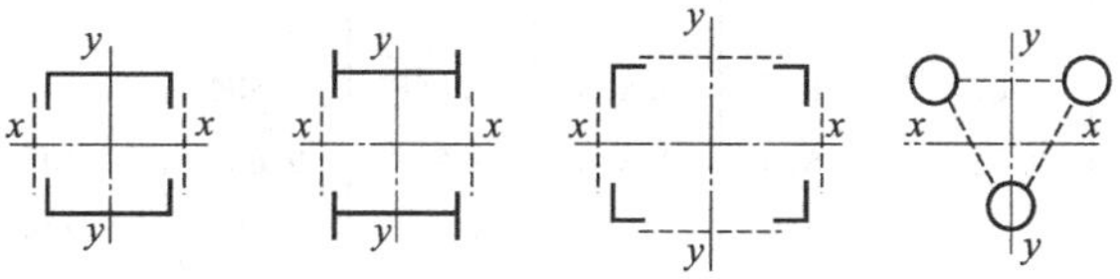 格构式,对 x、y 轴		b类
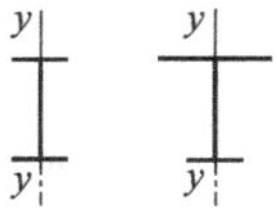 焊接,翼缘为轧制或剪切边,对 y 轴	 焊接,翼缘为轧制或剪切边,对 y 轴	c类
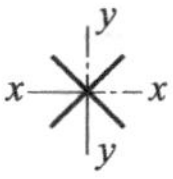 焊接,板件边缘轧制或剪切,对 x、y 轴	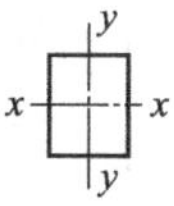 焊接,板件宽厚比≤20,对 x、y 轴	c类

板厚 $t \geqslant 40$mm

截面情况			对 x 轴	对 y 轴
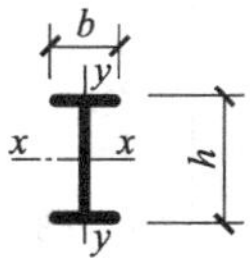 轧制工字形或H形截面	$b/h \leqslant 0.8$		b	b
	$b/h > 0.8$	$t < 80$mm	b	c
		$t \geqslant 80$mm	c	d
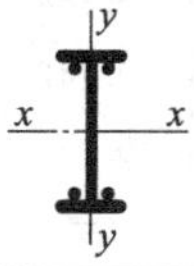 焊接工字形截面	翼缘为焰切边		b	b
	翼缘为轧制或剪切边		c	d

续表

截面情况			对 x 轴	对 y 轴
（焊接箱形截面示意图，x—x、y—y 轴）	焊接箱形截面	板件宽厚比＞20	b	b
		板件宽厚比≤20	c	c

附表 34　钢结构轴心受压构件的稳定系数

a类截面轴心受压构件的稳定系数 φ

$\lambda\sqrt{\frac{f_y}{235}}$	0	1	2	3	4	5	6	7	8	9
0	1.000	1.000	1.000	1.000	0.999	0.999	0.998	0.998	0.997	0.996
10	0.995	0.994	0.993	0.992	0.991	0.989	0.988	0.986	0.985	0.983
20	0.981	0.979	0.977	0.976	0.974	0.972	0.970	0.968	0.966	0.964
30	0.963	0.961	0.959	0.957	0.955	0.952	0.950	0.948	0.946	0.944
40	0.941	0.939	0.937	0.934	0.932	0.929	0.927	0.924	0.921	0.919
50	0.916	0.913	0.910	0.907	0.904	0.900	0.897	0.894	0.890	0.886
60	0.883	0.879	0.875	0.871	0.867	0.863	0.858	0.854	0.849	0.844
70	0.839	0.834	0.829	0.824	0.818	0.813	0.807	0.801	0.795	0.789
80	0.783	0.776	0.770	0.763	0.757	0.750	0.743	0.736	0.728	0.721
90	0.714	0.706	0.699	0.691	0.684	0.676	0.668	0.661	0.653	0.645
100	0.638	0.630	0.622	0.615	0.607	0.600	0.592	0.585	0.577	0.570
110	0.563	0.555	0.548	0.541	0.534	0.527	0.520	0.514	0.507	0.500
120	0.494	0.488	0.481	0.475	0.469	0.463	0.457	0.451	0.445	0.440
130	0.434	0.429	0.423	0.418	0.412	0.407	0.402	0.397	0.392	0.387
140	0.383	0.378	0.373	0.369	0.364	0.360	0.356	0.351	0.347	0.343
150	0.339	0.335	0.331	0.327	0.323	0.320	0.316	0.312	0.309	0.305
160	0.302	0.298	0.295	0.292	0.289	0.285	0.282	0.279	0.276	0.273
170	0.270	0.267	0.264	0.262	0.259	0.256	0.253	0.251	0.248	0.246
180	0.243	0.241	0.238	0.236	0.233	0.231	0.229	0.226	0.224	0.222
190	0.220	0.218	0.215	0.213	0.211	0.209	0.207	0.205	0.203	0.201
200	0.199	0.198	0.196	0.194	0.192	0.190	0.189	0.187	0.185	0.183
210	0.182	0.180	0.179	0.177	0.175	0.174	0.172	0.171	0.169	0.168
220	0.166	0.165	0.164	0.162	0.161	0.159	0.158	0.157	0.155	0.154
230	0.153	0.152	0.150	0.149	0.148	0.147	0.146	0.144	0.143	0.142
240	0.141	0.140	0.139	0.138	0.136	0.135	0.134	0.133	0.132	0.131
250	0.130	—	—	—	—	—	—	—	—	—

b 类截面轴心受压构件的稳定系数 φ

$\lambda\sqrt{\frac{f_y}{235}}$	0	1	2	3	4	5	6	7	8	9
0	1.000	1.000	1.000	0.999	0.999	0.998	0.997	0.996	0.995	0.994
10	0.992	0.991	0.989	0.987	0.985	0.983	0.981	0.978	0.976	0.973
20	0.970	0.967	0.963	0.960	0.957	0.953	0.950	0.946	0.943	0.939
30	0.936	0.932	0.929	0.925	0.922	0.918	0.914	0.910	0.906	0.903
40	0.899	0.895	0.891	0.887	0.882	0.878	0.874	0.870	0.865	0.861
50	0.856	0.852	0.847	0.842	0.838	0.833	0.828	0.823	0.818	0.813
60	0.807	0.802	0.797	0.791	0.786	0.780	0.774	0.769	0.763	0.757
70	0.751	0.745	0.739	0.732	0.726	0.720	0.714	0.707	0.701	0.694
80	0.688	0.681	0.675	0.668	0.661	0.655	0.648	0.641	0.635	0.628
90	0.621	0.614	0.608	0.601	0.594	0.588	0.581	0.575	0.568	0.561
100	0.555	0.549	0.542	0.536	0.529	0.523	0.517	0.511	0.505	0.499
110	0.493	0.487	0.481	0.475	0.470	0.464	0.458	0.453	0.447	0.442
120	0.437	0.432	0.426	0.421	0.416	0.411	0.406	0.402	0.397	0.392
130	0.387	0.383	0.378	0.374	0.370	0.365	0.361	0.357	0.353	0.349
140	0.345	0.341	0.337	0.333	0.329	0.326	0.322	0.318	0.315	0.311
150	0.308	0.304	0.301	0.298	0.295	0.291	0.288	0.285	0.282	0.279
160	0.276	0.273	0.270	0.267	0.265	0.262	0.259	0.256	0.254	0.251
170	0.249	0.246	0.244	0.241	0.239	0.236	0.234	0.232	0.229	0.227
180	0.225	0.223	0.220	0.218	0.216	0.214	0.212	0.210	0.208	0.206
190	0.204	0.202	0.200	0.198	0.197	0.195	0.193	0.191	0.190	0.188
200	0.186	0.184	0.183	0.181	0.180	0.178	0.176	0.175	0.173	0.172
210	0.170	0.169	0.167	0.166	0.165	0.163	0.162	0.160	0.159	0.158
220	0.156	0.155	0.154	0.153	0.151	0.150	0.149	0.148	0.146	0.145
230	0.144	0.143	0.142	0.141	0.140	0.138	0.137	0.136	0.135	0.134
240	0.133	0.132	0.131	0.130	0.129	0.128	0.127	0.126	0.125	0.124
250	0.123	—	—	—	—	—	—	—	—	—

c 类截面轴心受压构件的稳定系数 φ

$\lambda\sqrt{\frac{f_y}{235}}$	0	1	2	3	4	5	6	7	8	9
0	1.000	1.000	1.000	0.999	0.999	0.998	0.997	0.996	0.995	0.993
10	0.992	0.990	0.988	0.986	0.983	0.981	0.978	0.976	0.973	0.970
20	0.966	0.959	0.953	0.947	0.940	0.934	0.928	0.921	0.915	0.909
30	0.902	0.896	0.890	0.884	0.877	0.871	0.865	0.858	0.852	0.846
40	0.839	0.833	0.826	0.820	0.814	0.807	0.801	0.794	0.788	0.781
50	0.775	0.768	0.762	0.755	0.748	0.742	0.735	0.729	0.722	0.715
60	0.709	0.702	0.695	0.689	0.682	0.676	0.669	0.662	0.656	0.649
70	0.643	0.636	0.629	0.623	0.616	0.610	0.604	0.597	0.591	0.584
80	0.578	0.572	0.566	0.559	0.553	0.547	0.541	0.535	0.529	0.523
90	0.517	0.511	0.505	0.500	0.494	0.488	0.483	0.477	0.472	0.467
100	0.463	0.458	0.454	0.449	0.445	0.441	0.436	0.432	0.428	0.423
110	0.419	0.415	0.411	0.407	0.403	0.399	0.395	0.391	0.387	0.383
120	0.379	0.375	0.371	0.367	0.364	0.360	0.356	0.353	0.349	0.346
130	0.342	0.339	0.335	0.332	0.328	0.325	0.322	0.319	0.315	0.312
140	0.309	0.306	0.303	0.300	0.297	0.294	0.291	0.288	0.285	0.282
150	0.280	0.277	0.274	0.271	0.269	0.266	0.264	0.261	0.258	0.256
160	0.254	0.251	0.249	0.246	0.244	0.242	0.239	0.237	0.235	0.233
170	0.230	0.228	0.226	0.224	0.222	0.220	0.218	0.216	0.214	0.212
180	0.210	0.208	0.206	0.205	0.203	0.201	0.199	0.197	0.196	0.194
190	0.192	0.190	0.189	0.187	0.186	0.184	0.182	0.181	0.179	0.178
200	0.176	0.175	0.173	0.172	0.170	0.169	0.168	0.166	0.165	0.163
210	0.162	0.161	0.159	0.158	0.157	0.156	0.154	0.153	0.152	0.151
220	0.150	0.148	0.147	0.146	0.145	0.144	0.143	0.142	0.140	0.139
230	0.138	0.137	0.136	0.135	0.134	0.133	0.132	0.131	0.130	0.129
240	0.128	0.127	0.126	0.125	0.124	0.124	0.123	0.122	0.121	0.120
250	0.119	—	—	—	—	—	—	—	—	—

d类截面轴心受压构件的稳定系数 φ

$\lambda\sqrt{\frac{f_y}{235}}$	0	1	2	3	4	5	6	7	8	9
0	1.000	1.000	0.999	0.999	0.998	0.996	0.994	0.992	0.990	0.987
10	0.984	0.981	0.978	0.974	0.969	0.965	0.960	0.955	0.949	0.944
20	0.937	0.927	0.918	0.909	0.900	0.891	0.883	0.874	0.865	0.857
30	0.848	0.840	0.831	0.823	0.815	0.807	0.799	0.790	0.782	0.774
40	0.766	0.759	0.751	0.743	0.735	0.728	0.720	0.712	0.705	0.697
50	0.690	0.683	0.675	0.668	0.661	0.654	0.646	0.639	0.632	0.625
60	0.618	0.612	0.605	0.598	0.591	0.585	0.578	0.572	0.565	0.559
70	0.552	0.546	0.540	0.534	0.528	0.522	0.516	0.510	0.504	0.498
80	0.493	0.487	0.481	0.476	0.470	0.465	0.460	0.454	0.449	0.444
90	0.439	0.434	0.429	0.424	0.419	0.414	0.410	0.405	0.401	0.397
100	0.394	0.390	0.387	0.383	0.380	0.376	0.373	0.370	0.366	0.363
110	0.359	0.356	0.353	0.350	0.346	0.343	0.340	0.337	0.334	0.331
120	0.328	0.325	0.322	0.319	0.316	0.313	0.310	0.307	0.304	0.301
130	0.299	0.296	0.293	0.290	0.288	0.285	0.282	0.280	0.277	0.275
140	0.272	0.270	0.267	0.265	0.262	0.260	0.258	0.255	0.253	0.251
150	0.248	0.246	0.244	0.242	0.240	0.237	0.235	0.233	0.231	0.229
160	0.227	0.225	0.223	0.221	0.219	0.217	0.215	0.213	0.212	0.210
170	0.208	0.206	0.204	0.203	0.201	0.199	0.197	0.196	0.194	0.192
180	0.191	0.189	0.188	0.186	0.184	0.183	0.181	0.180	0.178	0.177
190	0.176	0.174	0.173	0.171	0.170	0.168	0.167	0.166	0.164	0.163
200	0.162	—	—	—	—	—	—	—	—	—

附表 35 各种截面惯性半径的近似值

$i_x=0.30h$ $i_y=0.30b$ $i_z=0.195h$	$i_x=0.40h$ $i_y=0.21b$	$i_x=0.38h$ $i_y=0.60b$	$i_x=0.41h$ $i_y=0.22b$
$i_x=0.32h$ $i_y=0.28b$ $i_z=0.18\frac{h+b}{2}$	$i_x=0.45h$ $i_y=0.235b$	$i_x=0.38h$ $i_y=0.44b$	$i_x=0.32h$ $i_y=0.49b$
$i_x=0.30h$ $i_y=0.215b$	$i_x=0.44h$ $i_y=0.28b$	$i_x=0.32h$ $i_y=0.58b$	$i_x=0.29h$ $i_y=0.50b$
$i_x=0.32h$ $i_y=0.20b$	$i_x=0.43h$ $i_y=0.43h$	$i_x=0.32h$ $i_y=0.40b$	$i_x=0.29h$ $i_y=0.45b$
$i_x=0.28h$ $i_y=0.24b$	$i_x=0.39h$ $i_y=0.20b$	$i_x=0.32h$ $i_y=0.12b$	$i_x=0.29h$ $i_y=0.29b$

续表

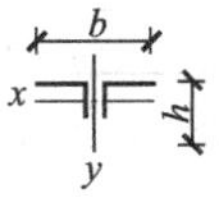 $i_x=0.30h$ $i_y=0.17b$	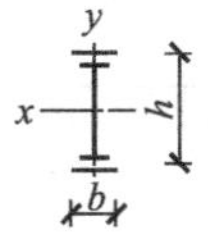 $i_x=0.42h$ $i_y=0.22b$	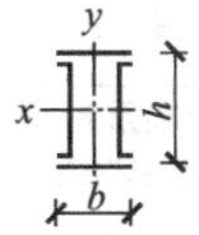 $i_x=0.44h$ $i_y=0.32b$	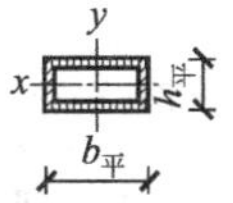 $i_x=0.40h_{平}$ $i_y=0.40b_{平}$
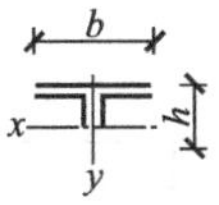 $i_x=0.28h$ $i_y=0.21b$	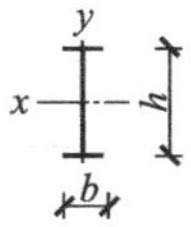 $i_x=0.43h$ $i_y=0.24b$	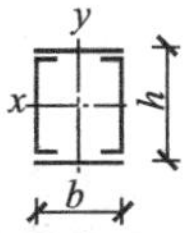 $i_x=0.44h$ $i_y=0.38b$	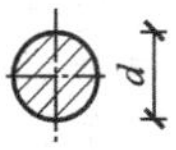 $i=0.25d$
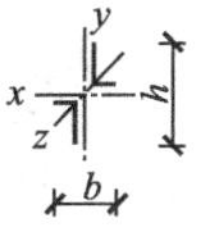 $i_x=0.21h$ $i_y=0.21b$ $i_z=0.185h$	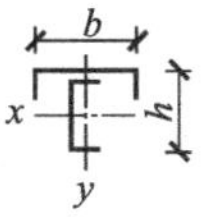 $i_x=0.365h$ $i_y=0.275b$	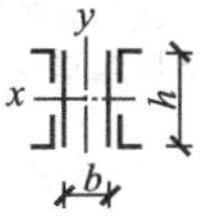 $i_x=0.37h$ $i_y=0.54b$	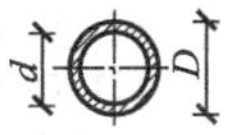 $i=0.35d_{平}$
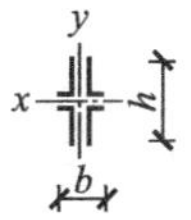 $i_x=0.21h$ $i_y=0.21b$	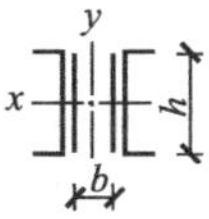 $i_x=0.35h$ $i_y=0.56b$	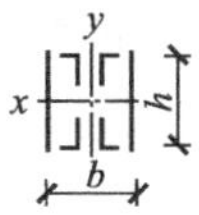 $i_x=0.37h$ $i_y=0.54b$	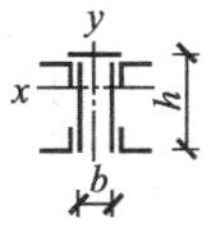 $i_x=0.39h$ $i_y=0.53b$
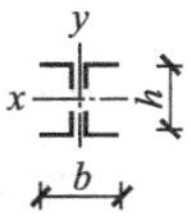 $i_x=0.45h$ $i_y=0.24b$	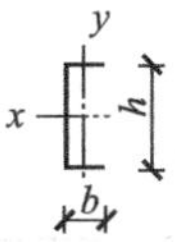 $i_x=0.39h$ $i_y=0.29b$	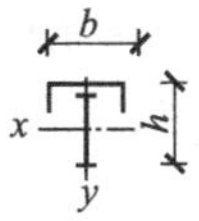 $i_x=0.40h$ $i_y=0.24b$	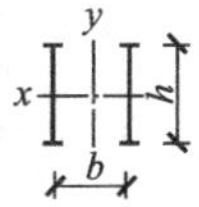 $i_x=0.40h$ $i_y=0.50b$

附表 36 截面塑性发展系数 γ_x、γ_y

项次	截面	γ_x	γ_y
1	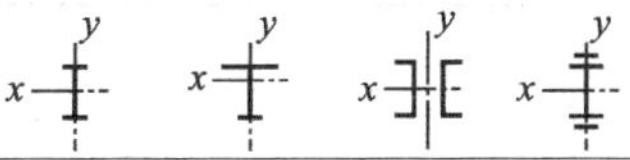	1.05	1.2
2	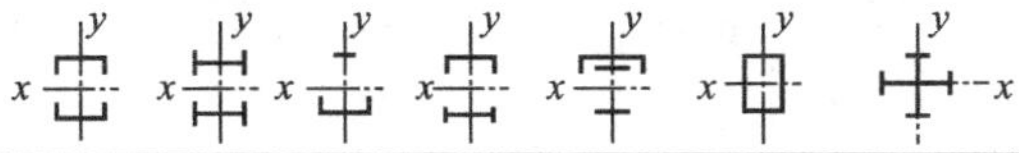		1.05
3	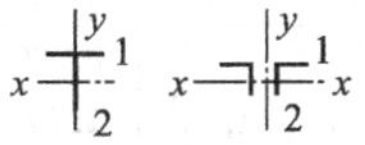	$\gamma_{x1}=1.05$	1.2
4	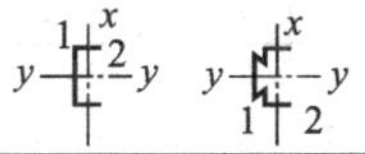	$\gamma_{x2}=1.2$	1.05
5	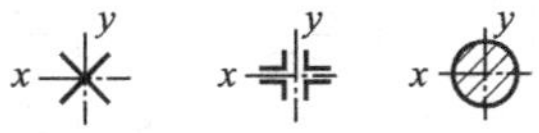	1.2	1.2
6	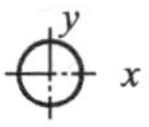	1.15	1.15
7	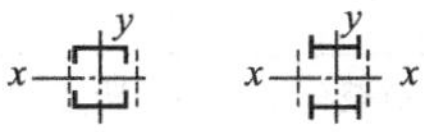	1.0	1.05
8	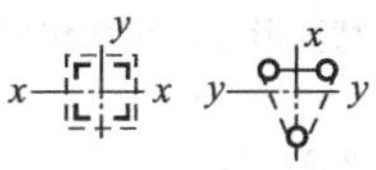		1.0

附表 37 钢结构受弯构件挠度容许值

项次	构件类别	挠度容许值	
		$[v_T]$	$[v_Q]$
1	吊车梁和吊车桁架(按自重和起重量最大的一台吊车计算挠度)		—
	(1)手动吊车和单梁吊车(含悬挂吊车)	$l/500$	
	(2)轻级工作制桥式吊车	$l/800$	
	(3)中级工作制桥式吊车	$l/1000$	
	(4)重级工作制桥式吊车	$l/1200$	
2	手动或电动葫芦的轨道梁	$l/400$	—
3	有重轨(重量大于或等于 38kg/m)轨道的工作平台梁	$l/600$	—
	有轻轨(重量小于或等于 24kg/m)轨道的工作平台梁	$l/400$	
4	楼(屋)盖梁或桁架、工作平台梁(第 3 项除外)和平台板		
	(1)主梁或桁架(包括设有悬挂起重设备的梁和桁架)	$l/400$	$l/500$
	(2)抹灰顶棚的次梁	$l/250$	$l/350$
	(3)除(1)、(2)款外的其他梁(包括楼梯梁)	$l/250$	$l/300$
	(4)屋盖檩条		
	支承无积灰的瓦楞铁和石棉瓦屋面者	$l/150$	—
	支承压型金属板、有积灰的瓦楞铁和石棉瓦屋面者	$l/200$	—
	支承其他屋面材料者	$l/200$	—
	(5)平台板	$l/150$	—
5	屋架构件(风荷载不考虑阵风系数)		
	(1)支柱		$l/400$
	(2)抗风桁架(作为连续支柱的支承时)		$l/1000$
	(3)砌体墙的横梁(水平方向)		$l/300$
	(4)支承压型金属板、瓦楞铁和石棉瓦墙面的横梁(水平方向)		$l/200$
	(5)带有玻璃窗的横梁(竖直和水平方向)	$l/200$	$l/200$

注：1. l 为受弯构件的跨度（对悬臂梁和伸臂梁为悬伸长度的 2 倍）。

2. $[v_T]$ 为永久荷载和可变荷载标准值产生的挠度（如有起拱应减去拱度）的容许值；$[v_Q]$ 为可变荷载标准值产生的挠度的容许值。

附表 38 轧制普通工字钢简支梁的 φ_b

项次	荷载情况			工字钢型号	自由长度 l_1/m								
					2	3	4	5	6	7	8	9	10
1	跨中无侧向支承点的梁	集中荷载作用于	上翼缘	10～20	2.00	1.30	0.99	0.80	0.68	0.58	0.53	0.48	0.43
				22～32	2.40	1.48	1.09	0.86	0.72	0.62	0.54	0.49	0.45
				36～63	2.80	1.60	1.07	0.83	0.68	0.56	0.50	0.45	0.40
2			下翼缘	10～20	3.10	1.95	1.34	1.01	0.82	0.69	0.63	0.57	0.52
				22～40	5.50	2.80	1.84	1.37	1.07	0.86	0.73	0.64	0.56
				45～63	7.30	3.60	2.30	1.62	1.20	0.96	0.80	0.69	0.60
3		均布荷载作用于	上翼缘	10～20	1.70	1.12	0.84	0.68	0.57	0.50	0.45	0.41	0.37
				22～40	2.10	1.30	0.93	0.73	0.60	0.51	0.45	0.40	0.36
				45～63	2.60	1.45	0.97	0.73	0.59	0.50	0.44	0.38	0.35
4			下翼缘	10～20	2.50	1.55	1.08	0.83	0.68	0.56	0.52	0.47	0.42
				22～40	4.00	2.20	1.45	1.10	0.85	0.70	0.60	0.52	0.46
				45～63	5.60	2.80	1.80	1.25	0.95	0.78	0.65	0.55	0.49
5	跨中有侧向支承点的梁(不论荷载作用点在截面高度上的位置)			10～20	2.20	1.39	1.01	0.79	0.66	0.57	0.52	0.47	0.42
				22～40	3.00	1.80	1.24	0.96	0.76	0.65	0.56	0.49	0.43
				45～63	4.00	2.20	1.38	1.01	0.80	0.66	0.56	0.49	0.43

注：1. 表中项次 3、4 的集中荷载是指一个或少数几个集中荷载位于跨中央附近的情况，对其他情况的集中荷载，应按表中项次 1、2 内的数字采用。

2. 荷载作用在上翼缘系指荷载作用点在翼缘表面，方向指向截面形心；荷载作用在下翼缘系指荷载作用点在翼缘表面，方向背向截面形心。

3. 表中的 φ_b 适用于 Q235 钢。对其他钢号，表中数值应乘以 $235/f_y$。

附表 39 H 型钢和等截面工字形简支梁的系数 β_b

<table>
<tr><th>项次</th><th>侧向支承</th><th colspan="2">荷 载</th><th>$\xi \leqslant 2.0$</th><th>$\xi > 2.0$</th><th>适用范围</th></tr>
<tr><td>1</td><td rowspan="4">跨中无侧向支承</td><td rowspan="2">均布荷载作用在</td><td>上翼缘</td><td>$0.69+0.13\xi$</td><td>0.95</td><td rowspan="4">图(a)、图(b)和图(d)的截面</td></tr>
<tr><td>2</td><td>下翼缘</td><td>$1.73-0.20\xi$</td><td>1.33</td></tr>
<tr><td>3</td><td rowspan="2">集中荷载作用在</td><td>上翼缘</td><td>$0.73+0.18\xi$</td><td>1.09</td></tr>
<tr><td>4</td><td>下翼缘</td><td>$2.23-0.28\xi$</td><td>1.67</td></tr>
<tr><td>5</td><td rowspan="3">跨度中点有一个侧向支承点</td><td rowspan="2">均布荷载作用在</td><td>上翼缘</td><td colspan="2">1.15</td><td rowspan="6">图中的所有截面</td></tr>
<tr><td>6</td><td>下翼缘</td><td colspan="2">1.40</td></tr>
<tr><td>7</td><td colspan="2">集中荷载作用在截面高度上任意位置</td><td colspan="2">1.75</td></tr>
<tr><td>8</td><td rowspan="2">跨中有不少于两个等距离侧向支承点</td><td rowspan="2">任意荷载作用在</td><td>上翼缘</td><td colspan="2">1.20</td></tr>
<tr><td>9</td><td>下翼缘</td><td colspan="2">1.40</td></tr>
<tr><td>10</td><td colspan="3">梁端有弯矩,但跨中无荷载作用</td><td colspan="2">$1.75-1.05\left(\frac{M_2}{M_1}\right)+0.3\left(\frac{M_2}{M_1}\right)^2$
但$\leqslant 2.3$</td></tr>
</table>

注:1. ξ为参数,$\xi=\frac{l_1 t_1}{b_1 h}$。

2. M_1、M_2为梁的端弯矩,使梁产生同向曲率时M_1和M_2取同号,产生反向曲率时取异号,$|M_1| \geqslant |M_2|$。

3. 表中项次 3、4 和 7 的集中荷载是指一个或少数几个集中荷载位于跨中央附近的情况,对其他情况的集中荷载,应按表中项次 1、2、5、6 内的数值采用。

4. 表中项次 8、9 的β_b,当集中荷载作用在侧向支承点处时,取$\beta_b=1.20$。

5. 荷载作用在上翼缘系指荷载作用点在翼缘表面,方向指向截面形心;荷载作用在下翼缘系指荷载作用点在翼缘表面,方向背向截面形心。

6. 对$\alpha_b>0.8$的加强受压翼缘工字形截面,下列情况的β_b值应乘以相应的系数,项次 1:当$\xi \leqslant 1.0$时,乘以 0.95;项次 3:当$\xi \leqslant 0.5$时,乘以 0.90;$0.5<\xi \leqslant 1.0$时,乘以 0.95。

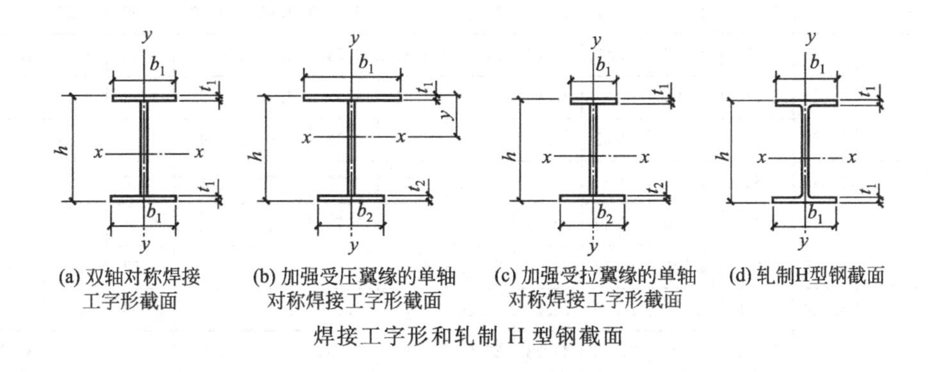

(a) 双轴对称焊接工字形截面 (b) 加强受压翼缘的单轴对称焊接工字形截面 (c) 加强受拉翼缘的单轴对称焊接工字形截面 (d) 轧制H型钢截面

焊接工字形和轧制 H 型钢截面

附表40 等边角钢截面尺寸、截面面积、理论质量及截面特性(GB/T 706—2008)

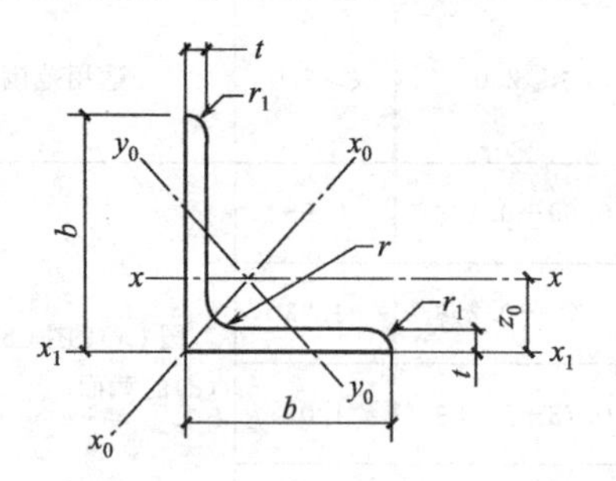

符号意义:b——边宽度(肢宽度);
t——边厚度(肢厚度);
r——内圆弧半径;
r_1——边端圆弧半径;
I——惯性矩;
i——惯性半径;
W——截面模量(弯曲截面系数);
z_0——形心距离。

型号	截面尺寸/mm			截面面积/cm^2	理论质量/(kg/m)	外表面积/(m^2/m)	惯性矩/cm^4				惯性半径/cm			截面模量/cm^3			形心距离/cm
	b	t	r				I_x	I_{x1}	I_{x0}	I_{y0}	i_x	i_{x0}	i_{y0}	W_x	W_{x0}	W_{y0}	z_0
2	20	3	3.5	1.132	0.889	0.078	0.40	0.81	0.63	0.17	0.59	0.75	0.39	0.29	0.45	0.20	0.60
		4		1.459	1.145	0.077	0.50	1.09	0.78	0.22	0.58	0.73	0.38	0.36	0.55	0.24	0.64
2.5	25	3		1.432	1.124	0.098	0.82	1.57	1.29	0.34	0.76	0.95	0.49	0.46	0.73	0.33	0.73
		4		1.859	1.459	0.097	1.03	2.11	1.62	0.43	0.74	0.93	0.48	0.59	0.92	0.40	0.76
3.0	30	3	4.5	1.749	1.373	0.117	1.46	2.71	2.31	0.61	0.91	1.15	0.59	0.68	1.09	0.51	0.85
		4		2.276	1.786	0.117	1.84	3.63	2.92	0.77	0.90	1.13	0.58	0.87	1.37	0.62	0.89
3.6	36	3		2.109	1.656	0.141	2.58	4.68	4.09	1.07	1.11	1.39	0.71	0.99	1.61	0.76	1.00
		4		2.756	2.163	0.141	3.29	6.25	5.22	1.37	1.09	1.38	0.70	1.28	2.05	0.93	1.04
		5		3.382	2.654	0.141	3.95	7.84	6.24	1.65	1.08	1.36	0.70	1.56	2.45	1.00	1.07
4.0	40	3	5	2.359	1.852	0.157	3.59	6.41	5.69	1.49	1.23	1.55	0.79	1.23	2.01	0.96	1.09
		4		3.086	2.422	0.157	4.60	8.56	7.29	1.91	1.22	1.54	0.79	1.60	2.58	1.19	1.13
		5		3.791	2.976	0.156	5.53	10.74	8.76	2.30	1.21	1.52	0.78	1.96	3.10	1.39	1.17
4.5	45	3		2.659	2.088	0.177	5.17	9.12	8.20	2.14	1.40	1.76	0.89	1.58	2.58	1.24	1.22
		4		3.486	2.736	0.177	6.65	12.18	10.56	2.75	1.38	1.74	0.89	2.05	3.32	1.54	1.26
		5		4.292	3.369	0.176	8.04	15.25	12.74	3.33	1.37	1.72	0.88	2.51	4.00	1.81	1.30
		6		5.076	3.985	0.176	9.33	18.36	14.76	3.89	1.36	1.70	0.88	2.95	4.64	2.06	1.33
5	50	3	5.5	2.971	2.332	0.197	7.18	12.50	11.37	2.98	1.55	1.96	1.00	1.96	3.22	1.57	1.34
		4		3.897	3.059	0.197	9.26	16.69	14.70	3.82	1.54	1.94	0.99	2.56	4.16	1.96	1.38
		5		4.803	3.770	0.196	11.21	20.90	17.79	4.64	1.53	1.92	0.98	3.13	5.03	2.31	1.42
		6		5.688	4.465	0.196	13.05	25.14	20.68	5.42	1.52	1.91	0.98	3.68	5.85	2.63	1.46
5.6	56	3	6	3.343	2.624	0.221	10.19	17.56	16.14	4.24	1.75	2.20	1.13	2.48	4.08	2.02	1.48
		4		4.390	3.446	0.220	13.18	23.43	20.92	5.46	1.73	2.18	1.11	3.24	5.28	2.52	1.53
		5		5.415	4.251	0.220	16.02	30.33	35.42	6.61	1.72	2.17	1.10	3.97	6.42	2.98	1.57
		6		6.420	5.040	0.220	18.69	35.26	29.66	7.73	1.71	2.15	1.10	4.68	7.49	3.40	1.61
		7		7.404	5.812	0.219	21.23	41.23	33.63	8.82	1.69	2.13	1.09	5.36	8.49	3.80	1.64
		8		8.367	6.568	0.219	23.63	47.24	37.37	9.89	1.68	2.11	1.09	6.03	9.44	4.16	1.68

续表

型号	截面尺寸/mm			截面面积	理论质量	外表面积	惯性矩/cm^4				惯性半径/cm			截面模量/cm^3			形心距离/cm
	b	t	r	/cm^2	/(kg/m)	/(m^2/m)	I_x	I_{x1}	I_{x0}	I_{y0}	i_x	i_{x0}	i_{y0}	W_x	W_{x0}	W_{y0}	z_0
6	60	5	6.5	5.829	4.576	0.236	19.89	36.05	31.57	8.21	1.85	2.33	1.19	4.59	7.44	3.48	1.67
		6		6.914	5.427	0.235	23.25	43.33	36.89	9.60	1.83	2.31	1.18	5.41	8.70	3.98	1.70
		7		7.977	6.262	0.235	26.44	50.65	41.92	10.96	1.82	2.29	1.17	6.21	9.88	4.45	1.74
		8		9.020	7.081	0.235	29.47	58.02	46.66	12.28	1.81	2.27	1.17	6.98	11.00	4.88	1.78
6.3	63	4	7	4.978	3.907	0.248	19.03	33.35	30.17	7.89	1.96	2.46	1.26	4.13	6.78	3.29	1.70
		5		6.143	4.822	0.248	23.17	41.73	36.77	9.57	1.94	2.45	1.25	5.08	8.25	3.90	1.74
		6		7.288	5.721	0.247	27.12	50.14	43.03	11.20	1.93	2.43	1.24	6.00	9.66	4.46	1.78
		7		8.412	6.603	0.247	30.87	58.60	48.96	12.79	1.92	2.41	1.23	6.88	10.99	4.98	1.82
		8		9.515	7.469	0.247	34.46	67.11	54.56	14.33	1.90	2.40	1.23	7.75	12.25	5.47	1.85
		10		11.657	9.151	0.246	41.09	84.31	64.85	17.33	1.88	2.36	1.22	9.39	14.56	6.36	1.93
7	70	4	8	5.570	4.372	0.275	26.39	45.74	41.80	10.99	2.18	2.74	1.40	5.14	8.44	4.17	1.86
		5		6.875	5.397	0.275	32.21	57.21	51.08	13.31	2.16	2.73	1.39	6.32	10.32	4.95	1.91
		6		8.160	6.406	0.275	37.77	68.73	59.93	15.61	2.15	2.71	1.38	7.48	12.11	5.67	1.95
		7		9.424	7.398	0.275	43.09	80.29	68.35	17.82	2.14	2.69	1.38	8.59	13.81	6.34	1.99
		8		10.667	8.373	0.274	48.17	91.92	76.37	19.98	2.12	2.68	1.37	9.68	15.43	6.98	2.03
7.5	75	5	9	7.412	5.818	0.295	39.97	70.56	63.30	16.63	2.33	2.92	1.50	7.32	11.94	5.77	2.04
		6		8.797	6.905	0.294	46.95	84.55	74.38	19.51	2.31	2.90	1.49	8.64	14.02	6.67	2.07
		7		10.160	7.976	0.294	53.57	98.71	84.96	22.18	2.30	2.89	1.48	9.93	16.02	7.44	2.11
		8		11.503	9.030	0.294	59.96	112.97	95.07	24.86	2.28	2.88	1.47	11.20	17.93	8.19	2.15
		9		12.825	10.068	0.294	66.10	127.30	104.71	27.48	2.27	2.86	1.46	12.43	19.75	8.89	2.18
		10		14.126	11.089	0.293	71.98	141.71	113.92	30.05	2.26	2.84	1.46	13.64	21.48	9.56	2.22
8	80	5		7.912	6.211	0.315	48.79	85.36	77.33	20.25	2.48	3.13	1.60	8.34	13.67	6.66	2.15
		6		9.397	7.376	0.314	57.35	102.50	90.98	23.72	2.47	3.11	1.59	9.87	16.08	7.65	2.19
		7		10.860	8.525	0.314	65.58	119.70	104.07	27.09	2.46	3.10	1.58	11.37	18.40	8.58	2.23
		8		12.303	9.658	0.314	73.49	136.97	116.60	30.39	2.44	3.08	1.57	12.83	20.61	9.46	2.27
		9		13.725	10.744	0.314	81.11	154.31	128.60	33.61	2.43	3.06	1.56	14.25	22.73	10.29	2.31
		10		15.126	11.874	0.313	88.43	171.74	140.09	36.77	2.42	3.04	1.56	15.64	24.76	11.08	2.35
9	90	6	10	10.637	8.350	0.354	82.77	145.87	131.26	34.28	2.79	3.51	1.80	12.61	20.63	9.95	2.44
		7		12.301	9.656	0.354	94.83	170.30	150.47	39.18	2.78	3.50	1.78	14.54	23.64	11.19	2.48
		8		13.944	10.946	0.353	106.47	194.80	168.97	43.97	2.76	3.48	1.78	16.42	26.55	12.35	2.52
		9		15.566	12.219	0.353	117.72	219.39	186.77	48.66	2.75	3.46	1.77	18.27	29.35	13.46	2.56
		10		17.167	13.476	0.353	128.58	244.07	203.90	53.26	2.74	3.45	1.76	20.07	32.04	14.52	2.59
		12		20.306	15.940	0.352	149.22	293.76	236.21	62.22	2.71	3.41	1.75	23.57	37.12	16.49	2.67
10	100	6	12	11.932	9.366	0.393	114.95	200.07	181.98	47.92	3.10	3.90	2.00	15.68	25.74	12.69	2.67
		7		13.796	10.830	0.393	131.86	233.54	208.97	54.74	3.09	3.89	1.99	18.10	29.55	14.26	2.71
		8		15.638	12.276	0.393	148.24	267.09	235.07	61.41	3.08	3.88	1.98	20.47	33.24	15.75	2.76
		9		17.462	13.708	0.392	164.12	300.73	260.30	67.95	3.07	3.86	1.97	22.79	36.81	17.18	2.80
		10		19.261	15.120	0.932	179.51	334.48	284.68	74.35	3.05	3.84	1.96	25.06	40.26	18.54	2.84
		12		22.800	17.898	0.391	208.90	402.34	330.95	86.84	3.03	3.81	1.95	29.48	46.80	21.08	2.91
		14		26.256	20.611	0.391	236.53	470.75	374.06	99.00	3.00	3.77	1.94	33.73	52.90	23.44	2.99
		16		29.627	23.257	0.390	262.53	539.80	414.16	110.89	2.98	3.74	1.94	37.82	58.57	25.63	3.06

续表

型号	截面尺寸/mm			截面面积/cm^2	理论质量/(kg/m)	外表面积/(m^2/m)	惯性矩/cm^4				惯性半径/cm			截面模量/cm^3			形心距离/cm
	b	t	r				I_x	I_{x1}	I_{x0}	I_{y0}	i_x	i_{x0}	i_{y0}	W_x	W_{x0}	W_{y0}	z_0
11	110	7	12	15.196	11.928	0.433	177.16	310.64	280.94	73.38	3.41	4.30	2.20	22.05	36.12	17.51	2.96
		8		17.238	13.535	0.433	199.46	355.20	316.49	82.42	3.40	4.28	2.19	24.95	40.69	19.39	3.01
		10		21.261	16.690	0.433	242.19	444.65	384.39	99.98	3.38	4.25	2.17	30.60	49.42	22.91	3.09
		12		25.200	19.782	0.431	282.55	534.60	448.17	116.93	3.35	4.22	2.15	36.05	57.62	26.15	3.16
		14		29.056	22.809	0.431	320.71	625.16	508.01	133.40	3.32	4.18	2.14	41.31	65.31	29.14	3.24
12.5	125	8	14	19.750	15.504	0.492	297.03	521.01	470.89	123.16	3.88	4.88	2.50	32.52	53.28	25.86	3.37
		10		24.373	19.133	0.491	361.67	651.93	573.89	149.46	3.85	4.85	2.48	39.97	64.93	30.62	3.45
		12		28.912	22.696	0.491	423.16	783.42	671.44	174.88	3.83	4.82	2.46	41.17	75.96	35.03	3.53
		14		33.367	26.193	0.490	481.65	915.61	763.73	199.57	3.80	4.78	2.45	54.16	86.41	39.13	3.61
		16		37.739	29.625	0.489	537.31	1048.62	850.98	223.65	3.77	4.75	2.43	60.93	96.28	42.96	3.68
14	140	10		27.373	21.488	0.551	514.65	915.11	817.27	212.04	4.34	5.46	2.78	50.58	82.56	39.20	3.82
		12		32.512	25.522	0.551	603.68	1099.28	958.79	248.57	4.31	5.43	2.76	59.80	96.85	45.02	3.90
		14		37.567	29.490	0.550	688.81	1284.22	1093.56	284.06	4.28	5.40	2.75	68.75	110.47	50.45	3.98
		16		42.593	33.393	0.549	770.24	1470.07	1221.81	318.67	4.26	5.36	2.74	77.46	123.42	55.55	4.06
15	150	8	16	23.750	18.644	0.592	521.37	899.55	827.49	215.25	4.69	5.90	3.01	47.36	78.02	38.14	3.99
		10		29.373	23.058	0.591	637.50	1125.09	1012.79	262.21	4.66	5.87	2.99	58.35	95.49	45.51	4.08
		12		34.912	27.406	0.591	748.85	1351.26	1189.97	307.73	4.63	5.84	2.97	69.04	112.19	52.38	4.15
		14		40.367	31.688	0.590	855.64	1578.25	1359.30	351.98	4.60	5.80	2.95	79.45	128.16	58.83	4.23
		15		43.063	33.804	0.590	907.39	1692.10	1441.09	373.69	4.59	5.78	2.95	84.56	135.87	61.90	4.27
		16		45.739	35.905	0.589	958.08	1806.21	1521.02	395.14	4.58	5.77	2.94	89.59	143.40	64.89	4.31
16	160	10		31.502	24.729	0.630	779.53	1365.33	1237.30	321.76	4.98	6.27	3.20	66.70	109.36	52.76	4.31
		12		37.441	29.391	0.630	916.58	1639.57	1455.68	377.49	4.95	6.24	3.18	78.98	128.67	60.74	4.39
		14		43.296	33.987	0.629	1048.36	1914.68	1665.02	431.70	4.92	6.20	3.16	90.95	147.17	68.24	4.47
		16		49.067	38.518	0.629	1175.08	2190.82	1865.57	484.59	4.89	6.17	3.14	102.63	164.89	75.31	4.55
18	180	12		42.241	33.159	0.710	1321.35	2332.80	2100.10	542.61	5.59	7.05	3.58	100.82	165.00	78.41	4.89
		14		48.896	38.383	0.709	1514.48	2723.48	2407.42	621.53	5.56	7.02	3.56	116.25	189.14	88.38	4.97
		16		55.467	43.542	0.709	1700.99	3115.29	2703.37	698.60	5.54	6.98	3.55	131.13	212.40	97.83	5.05
		18		61.055	48.634	0.708	1875.12	3502.43	2988.24	762.01	5.50	6.94	3.51	145.64	234.78	105.14	5.13
20	200	14	18	54.642	42.894	0.788	2103.55	3734.10	3343.26	863.83	6.20	7.82	3.98	144.70	236.40	111.82	5.46
		16		62.013	48.680	0.788	2366.15	4270.39	3760.89	971.41	6.18	7.79	3.96	163.65	265.93	123.96	5.54
		18		69.301	54.401	0.787	2620.64	4808.13	4164.54	1076.74	6.15	7.75	3.94	182.22	294.48	135.52	5.62
		20		76.505	60.056	0.787	2867.30	5347.51	4554.55	1180.04	6.12	7.72	3.93	200.42	322.06	146.55	5.69
		24		90.661	71.168	0.785	3338.25	6457.16	5294.97	1381.53	6.07	7.64	3.90	236.17	374.41	166.65	5.87
22	220	16	21	68.664	53.901	0.866	3187.36	5681.62	5063.73	1310.99	6.81	8.59	4.37	199.55	325.51	153.81	6.03
		18		76.752	60.250	0.866	3534.30	6395.93	5615.32	1453.27	6.79	8.55	4.35	222.37	360.97	168.29	6.11
		20		84.756	66.533	0.865	3871.49	7112.04	6150.08	1592.90	6.76	8.52	4.34	244.77	395.34	182.16	6.18
		22		92.676	72.751	0.865	4199.23	7830.19	6668.37	1730.10	6.73	8.48	4.32	266.78	428.66	195.45	6.26
		24		100.512	78.902	0.864	4517.83	8550.57	7170.55	1865.11	6.70	8.45	4.31	288.39	460.94	208.21	6.33
		26		108.264	84.987	0.864	4827.58	9273.39	7656.98	1998.17	6.68	8.41	4.30	309.62	492.21	220.49	6.41
25	250	18	21	87.842	68.956	0.985	5268.22	9379.11	8369.04	2167.41	7.74	9.76	4.97	290.12	473.42	224.03	6.84
		20		97.045	76.180	0.984	5779.34	10426.97	9181.94	2376.74	7.72	9.73	4.95	319.66	519.41	242.85	6.92
		24		115.201	90.433	0.983	6763.93	12529.74	10742.67	2785.19	7.66	9.66	4.92	377.34	607.70	278.38	7.07
		26		124.154	97.461	0.982	7238.08	13585.18	11491.33	2984.84	7.63	9.62	4.90	405.50	650.05	295.19	7.15
		28		133.022	104.422	0.982	7700.60	14643.62	12219.39	3181.81	7.61	9.58	4.89	433.22	691.23	311.42	7.22
		30		141.807	111.318	0.981	8151.80	15705.30	12927.26	3376.34	7.58	9.55	4.88	460.51	731.28	327.12	7.30
		32		150.508	118.149	0.981	8592.01	16770.41	13615.32	3568.71	7.56	9.51	4.87	487.39	770.20	342.33	7.37
		35		163.402	128.271	0.980	9232.44	18374.95	14611.16	3853.72	7.52	9.46	4.86	526.97	826.53	364.30	7.48

注：截面图中的 $r_1=t/3$ 及表中 r 的数据用于孔型设计，不做交货条件。

附表 41 不等边角钢截面尺寸、截面面积、理论质量及截面特性（GB/T 706—2008）

符号意义：B——长边宽度；
b——短边宽度；
t——边厚度；
r——内圆弧半径；
r_1——边端圆弧半径；
x_0——形心距离；
y_0——形心距离。

型号	截面尺寸/mm				截面面积/cm²	理论质量/(kg/m)	外表面积/(m²/m)	惯性矩/cm⁴					惯性半径/cm			截面模量/cm³			tanα	形心距离/cm	
	B	b	t	r				I_x	I_{x1}	I_y	I_{y1}	I_u	i_x	i_y	i_u	W_x	W_y	W_u		x_0	y_0
2.5/1.6	25	16	3	3.5	1.162	0.912	0.080	0.70	1.56	0.22	0.43	0.14	0.78	0.44	0.34	0.43	0.19	0.16	0.392	0.42	0.86
			4		1.499	1.176	0.079	0.88	2.09	0.27	0.59	0.17	0.77	0.43	0.34	0.55	0.24	0.20	0.381	0.46	1.86
3.2/2	32	20	3		1.492	1.171	0.102	1.53	3.27	0.46	0.82	0.28	1.01	0.55	0.43	0.72	0.30	0.25	0.382	0.49	0.90
			4		1.939	1.522	0.101	1.93	4.37	0.57	1.12	0.35	1.00	0.54	0.42	0.93	0.39	0.32	0.374	0.53	1.08
4/2.5	40	25	3	4	1.890	1.484	0.127	3.08	5.39	0.93	1.59	0.56	1.28	0.70	0.54	1.15	0.49	0.40	0.385	0.59	1.12
			4		2.467	1.936	0.127	3.93	8.53	1.18	2.14	0.71	1.36	0.69	0.54	1.49	0.63	0.52	0.381	0.63	1.32
4.5/2.8	45	28	3	5	2.149	1.687	0.143	4.45	9.10	1.34	2.23	0.80	1.44	0.79	0.61	1.47	0.62	0.51	0.383	0.64	1.37
			4		2.806	2.203	0.143	5.69	12.13	1.70	3.00	1.02	1.42	0.78	0.60	1.91	0.80	0.66	0.380	0.68	1.47
5/3.2	50	32	3	5.5	2.431	1.908	0.161	6.24	12.49	2.02	3.31	1.20	1.60	0.91	0.70	1.84	0.82	0.68	0.404	0.73	1.51
			4		3.177	2.494	0.160	8.02	16.65	2.58	4.45	1.53	1.59	0.90	0.69	2.39	1.06	0.87	0.402	0.77	1.60
5.6/3.6	56	36	3	6	2.743	2.153	0.181	8.88	17.54	2.92	4.70	1.73	1.80	1.03	0.79	2.32	1.05	0.87	0.408	0.80	1.65
			4		3.590	2.818	0.180	11.45	23.39	3.76	6.33	2.23	1.79	1.02	0.79	3.03	1.37	1.13	0.408	0.85	1.78
			5		4.415	3.466	0.180	13.86	29.25	4.49	7.94	2.67	1.77	1.01	0.78	3.71	1.65	1.36	0.404	0.88	1.82

续表

型号	截面尺寸/mm				截面面积/cm²	理论质量/(kg/m)	外表面积/(m²/m)	惯性矩/cm⁴					惯性半径/cm			截面模量/cm³			tanα	形心距离/cm	
	B	b	t	r				I_x	I_{x1}	I_y	I_{y1}	I_u	i_x	i_y	i_u	W_x	W_y	W_u		x_0	y_0
6.3/4	63	40	4	7	4.058	3.185	0.202	16.49	33.30	5.23	8.63	3.12	2.02	1.14	0.88	3.87	1.70	1.40	0.398	0.92	1.87
			5		4.993	3.920	0.202	20.02	41.63	6.31	10.86	3.76	2.00	1.12	0.87	4.74	2.07	1.71	0.396	0.95	2.04
			6		5.908	4.638	0.201	23.36	49.98	7.29	13.12	4.34	1.96	1.11	0.86	5.59	2.43	1.99	0.393	0.99	2.08
			7		6.802	5.339	0.201	26.53	58.07	8.24	15.47	4.97	1.98	1.10	0.86	6.40	2.78	2.29	0.389	1.03	2.12
7/4.5	70	45	4	7.5	4.547	3.570	0.226	23.17	45.92	7.55	12.26	4.40	2.26	1.29	0.98	4.86	2.17	1.77	0.410	1.02	2.15
			5		5.609	4.403	0.225	27.95	57.10	9.13	15.39	5.40	2.23	1.28	0.98	5.92	2.65	2.19	0.407	1.06	2.24
			6		6.647	5.218	0.225	32.54	68.35	10.62	18.58	6.35	2.21	1.26	0.98	6.95	3.12	2.59	0.404	1.09	2.28
			7		7.657	6.011	0.225	37.22	79.99	12.01	21.84	7.16	2.20	1.25	0.97	8.03	3.57	2.94	0.402	1.13	2.32
7.5/5	75	50	5	8	6.125	4.808	0.245	34.86	70.00	12.61	21.04	7.41	2.39	1.44	1.10	6.83	3.30	2.74	0.435	1.17	2.36
			6		7.260	5.699	0.245	41.12	84.30	14.70	25.37	8.54	2.38	1.42	1.08	8.12	3.88	3.19	0.435	1.21	2.40
			8		9.467	7.431	0.244	52.39	112.50	18.53	34.23	10.87	2.35	1.40	1.07	10.52	4.99	4.10	0.429	1.29	2.44
			10		11.590	9.098	0.244	62.71	140.80	21.96	43.43	13.10	2.33	1.38	1.06	12.79	6.04	4.99	0.423	1.36	2.52
8/5	80	50	5	8	6.375	5.005	0.255	41.96	85.21	12.82	21.06	7.66	2.56	1.42	1.10	7.78	3.32	2.74	0.388	1.14	2.60
			6		7.560	5.935	0.255	49.49	102.53	14.95	25.41	8.85	2.56	1.41	1.08	9.25	3.91	3.20	0.387	1.18	2.65
			7		8.724	6.848	0.255	56.16	119.33	46.96	29.82	10.18	2.54	1.39	1.08	10.58	4.48	3.70	0.384	1.21	2.69
			8		9.867	7.745	0.254	62.83	136.41	18.85	34.32	11.38	2.52	1.38	1.07	11.92	5.03	4.16	0.381	1.25	2.73
9/5.6	90	56	5	9	7.212	5.661	0.287	60.45	121.32	18.32	29.53	10.98	2.90	1.59	1.23	9.92	4.21	3.49	0.385	1.25	2.91
			6		8.557	6.717	0.286	71.03	145.59	21.42	35.58	12.90	2.88	1.58	1.23	11.74	4.96	4.13	0.384	1.29	2.95
			7		9.880	7.756	0.286	81.01	169.60	24.36	41.71	14.67	2.86	1.57	1.22	13.49	5.70	4.72	0.382	1.33	3.00
			8		11.183	8.779	0.286	91.03	194.17	27.15	47.93	16.34	2.85	1.56	1.21	15.27	6.41	5.29	0.380	1.36	3.04

续表

型号	截面尺寸/mm				截面面积/cm^2	理论质量/(kg/m)	外表面积/(m^2/m)	惯性矩/cm^4					惯性半径/cm			截面模量/cm^3			$\tan\alpha$	形心距离/cm	
	B	b	t	r				I_x	I_{x1}	I_y	I_{y1}	I_u	i_x	i_y	i_u	W_x	W_y	W_u		x_0	y_0
10/6.3	100	63	6	10	9.617	7.550	0.320	99.06	199.71	30.94	50.50	18.42	3.21	1.79	1.38	14.64	6.35	5.25	0.394	1.43	3.24
			7		11.111	8.722	0.320	113.45	233.00	35.26	59.14	21.00	3.20	1.78	1.38	16.88	7.29	6.02	0.394	1.47	3.28
			8		12.534	9.878	0.319	127.37	266.32	39.39	67.88	23.50	3.18	1.77	1.37	19.08	8.21	6.78	0.391	1.50	3.32
			10		15.467	12.142	0.319	153.81	333.06	47.12	85.73	28.33	3.15	1.74	1.35	23.32	9.98	8.24	0.387	1.58	3.40
10/8	100	80	6		10.637	8.350	0.354	107.04	199.83	61.24	102.68	31.65	3.17	2.40	1.72	15.19	10.16	8.37	0.627	1.97	2.95
			7		12.301	9.656	0.354	122.73	233.20	70.08	119.98	36.17	3.16	2.39	1.72	17.52	11.71	9.60	0.626	2.01	3.00
			8		13.944	10.946	0.353	137.92	266.61	78.58	137.37	40.58	3.14	2.37	1.71	19.81	13.21	10.80	0.625	2.05	3.04
			10		17.167	13.476	0.353	166.87	333.63	94.65	172.48	49.10	3.12	2.35	1.69	24.24	16.12	13.12	0.622	2.13	3.12
11/7	110	70	5	10	10.637	8.350	0.354	133.37	265.78	42.92	69.08	25.36	3.54	2.01	1.54	17.85	7.90	6.53	0.403	1.57	3.53
			6		12.301	9.656	0.354	153.00	310.07	49.01	80.82	28.95	3.53	2.00	1.53	20.60	9.09	7.50	0.402	1.61	3.57
			7		13.944	10.946	0.353	172.04	354.39	54.87	92.70	32.45	3.51	1.98	1.53	23.30	10.25	8.45	0.401	1.65	3.62
			8		17.167	13.476	0.353	208.39	443.13	65.88	116.83	39.20	3.48	1.96	1.51	28.54	12.48	10.29	0.397	1.72	3.70
12.5/8	125	80	7	11	14.096	11.066	0.403	227.98	454.99	74.42	120.32	43.81	4.02	2.30	1.76	26.86	12.01	9.92	0.408	1.80	4.01
			8		15.989	12.551	0.403	256.77	519.99	83.49	137.85	49.15	4.01	2.28	1.75	30.41	13.56	11.18	0.407	1.84	4.06
			10		19.712	15.474	0.402	312.04	650.09	100.67	173.40	59.45	3.98	2.26	1.74	37.33	16.56	13.64	0.404	1.92	4.14
			12		23.351	18.330	0.402	364.41	780.39	116.67	209.67	69.35	3.95	2.24	1.72	44.01	19.43	16.01	0.400	2.00	4.22
14/9	140	90	8	12	18.038	14.160	0.453	365.64	730.53	120.69	195.79	70.83	4.50	2.59	1.98	38.48	17.34	14.31	0.411	2.04	4.50
			10		22.261	17.475	0.452	445.50	913.20	140.03	245.92	85.82	4.47	2.56	1.96	47.31	21.22	17.48	0.409	2.12	4.58
			12		26.400	20.724	0.451	521.59	1096.09	169.79	296.89	100.21	4.44	2.54	1.95	55.87	24.95	20.54	0.406	2.19	4.66
			14		30.456	23.908	0.451	594.10	1279.26	192.10	348.82	114.13	4.42	2.51	1.94	64.18	28.54	23.52	0.403	2.27	4.74

续表

型号	截面尺寸/mm				截面面积/cm^2	理论质量/(kg/m)	外表面积/(m^2/m)	惯性矩/cm^4					惯性半径/cm			截面模量/cm^3			$\tan\alpha$	形心距离/cm	
	B	b	t	r				I_x	I_{x1}	I_y	I_{y1}	I_u	i_x	i_y	i_u	W_x	W_y	W_u		x_0	y_0
15/9	150	90	8	12	18.839	14.788	0.473	442.05	898.35	122.80	195.96	74.14	4.84	2.55	1.98	43.86	17.47	14.48	0.364	1.97	4.92
			10		23.261	18.260	0.472	539.24	1122.85	148.62	246.26	89.86	4.81	2.53	1.97	53.97	21.38	17.69	0.362	2.05	5.01
			12		27.600	21.666	0.471	632.08	1347.50	172.85	297.46	104.95	4.79	2.50	1.95	63.79	25.14	20.80	0.359	2.12	5.09
			14		31.856	25.007	0.471	720.77	1572.38	195.62	349.74	119.53	4.76	2.48	1.94	73.33	28.77	23.84	0.356	2.20	5.17
			15		33.952	26.652	0.471	763.62	1684.93	206.50	376.33	126.67	4.74	2.47	1.93	77.99	30.53	25.33	0.354	2.24	5.21
			16		36.027	28.281	0.470	805.51	1797.55	217.07	403.24	133.72	4.73	2.45	1.93	82.60	32.27	26.82	0.352	2.27	5.25
16/10	160	100	10	13	25.315	19.872	0.512	668.69	1362.89	205.03	336.59	121.74	5.14	2.85	2.19	62.13	26.56	21.92	0.390	2.28	5.24
			12		30.054	23.592	0.511	784.91	1635.56	239.06	405.94	142.33	5.11	2.82	2.17	73.49	31.28	25.79	0.388	2.36	5.32
			14		34.709	27.247	0.510	896.30	1908.50	271.20	476.42	162.23	5.08	2.80	2.16	84.56	35.83	29.56	0.385	2.43	5.40
			16		29.281	30.835	0.510	1003.04	2181.79	301.60	548.22	182.57	5.05	2.77	2.16	95.33	40.24	33.44	0.382	2.51	5.48
18/11	180	110	10	14	28.373	22.273	0.571	956.25	1940.40	278.11	447.22	166.50	5.80	3.13	2.42	78.96	32.49	26.88	0.376	2.44	5.89
			12		33.712	26.440	0.571	1124.72	2328.38	325.03	538.94	194.87	5.78	3.10	2.40	93.53	38.32	31.66	0.374	2.52	5.98
			14		38.967	30.589	0.570	1286.91	2716.60	369.55	631.95	222.30	5.75	3.08	2.39	107.76	43.97	36.32	0.372	2.59	6.06
			16		44.139	34.649	0.569	1443.06	3105.15	411.85	726.46	248.94	5.72	3.06	2.38	121.64	49.44	40.87	0.369	2.67	6.14
20/12.5	200	125	12		37.912	29.716	0.641	1570.90	3193.85	483.16	787.74	285.79	6.44	3.57	2.74	116.73	49.99	41.23	0.392	2.83	6.54
			14		43.687	34.436	0.640	1800.97	3726.17	550.83	922.47	326.58	6.41	3.54	2.73	134.65	57.44	47.34	0.390	2.91	6.62
			16		49.739	39.045	0.639	2023.35	4258.88	615.44	1058.86	366.21	6.38	3.52	2.71	152.18	64.89	53.32	0.388	2.99	6.70
			18		55.526	43.588	0.639	2238.30	4792.00	677.19	1197.13	404.83	6.35	3.49	2.70	169.33	71.74	59.18	0.385	3.06	6.78

注：截面图中的 $r_1=t/3$ 及表中 r 的数据用于孔型设计，不做交货条件。

附表 42 槽钢截面尺寸、截面面积、理论质量及截面特性（GB/T 706—2008）

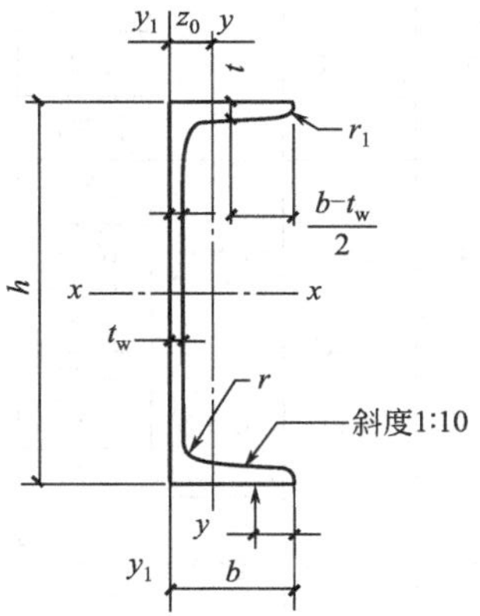

符号意义：h——高度；

b——腿宽度（翼缘宽度）；

t_w——腰厚度（腹板厚度）；

t——平均腿厚度（平均翼缘厚度）；

r——内圆弧半径；

r_1——腿端圆弧半径；

z_0——y—y 轴与 y_1—y_1 轴间距。

型号	截面尺寸/mm						截面面积/cm^2	理论质量/(kg/m)	惯性矩/cm^4			惯性半径/cm		截面模量/cm^3		形心距离/cm
	h	b	t_w	t	r	r_1			I_x	I_y	I_{y1}	i_x	i_y	W_x	W_y	z_0
5	50	37	4.5	7.0	7.0	3.5	6.928	5.438	26.0	8.30	20.9	1.94	1.10	10.4	3.55	1.35
6.3	63	40	4.8	7.5	7.5	3.8	8.451	6.634	50.8	11.9	28.4	2.45	1.19	16.1	4.50	1.36
6.5	65	40	4.3	7.5	7.5	3.8	8.547	6.709	55.2	12.0	28.3	2.54	1.19	17.0	4.59	1.38
8	80	43	5.0	8.0	8.0	4.0	10.248	8.045	101	16.6	37.4	3.15	1.27	25.3	5.79	1.43
10	100	48	5.3	8.5	8.5	4.2	12.748	10.007	198	25.6	54.9	3.95	1.41	39.7	7.80	1.52
12	120	53	5.5	9.0	9.0	4.5	15.362	12.059	346	37.4	77.7	4.75	1.56	57.7	10.2	1.62
12.6	126	53	5.5	9.0	9.0	4.5	15.692	12.318	391	38.0	77.1	4.95	1.57	62.1	10.2	1.59
14a	140	58	6.0	9.5	9.5	4.8	18.516	14.535	564	53.2	107	5.52	1.70	80.5	13.0	1.71
14b		60	8.0				21.316	16.733	609	61.1	121	5.35	1.69	87.1	14.1	1.67
16a	160	63	6.5	10.0	10.0	5.0	21.960	17.240	866	73.3	144	6.28	1.83	108	16.3	1.08
16b		65	8.5				25.162	19.752	935	83.4	161	6.10	1.82	117	17.6	1.75
18a	180	68	7.0	10.5	10.5	5.2	25.699	20.174	1270	98.6	190	7.04	1.96	141	20.0	1.88
18b		70	9.0				29.299	23.000	1370	111	210	6.84	1.95	152	21.5	1.84

续表

型号	截面尺寸/mm						截面面积	理论质量	惯性矩/cm^4			惯性半径/cm		截面模量/cm^3		形心距离/cm
	h	b	t_w	t	r	r_1	/cm^2	/(kg/m)	I_x	I_y	I_{y1}	i_x	i_y	W_x	W_y	z_0
20a	200	73	7.0	11.0	11.0	5.5	28.837	22.637	1780	128	244	7.86	2.11	178	24.2	2.01
20b		75	9.0				32.837	25.777	1910	144	268	7.64	2.09	191	25.9	1.95
22a	220	77	7.0	11.5	11.5	5.5	31.846	24.999	2390	158	298	8.67	2.23	218	28.2	2.10
22b		79	9.0				36.246	28.453	2570	176	326	8.42	2.21	234	30.1	2.03
24a	240	78	7.0	12.0	12.0	6.0	34.217	26.860	3050	174	325	9.45	2.25	254	30.5	2.10
24b		80	9.0				39.017	30.628	3280	194	355	9.17	2.23	274	32.5	2.03
24c		82	11.0				43.817	34.396	3510	213	388	8.96	2.21	293	34.4	2.00
25a	250	78	7.0	12.0	12.0	6.0	34.917	27.410	3370	176	322	9.82	2.24	270	30.6	2.07
25b		80	9.0				39.917	31.335	3530	196	353	9.41	2.22	282	32.7	1.98
25c		82	11.0				44.917	35.260	3690	218	384	9.07	2.21	295	35.9	1.92
27a	270	82	7.5	12.5	12.5	6.2	39.284	30.838	4360	216	393	10.5	2.34	323	35.5	2.13
27b		84	9.5				44.684	35.077	4690	239	428	10.3	2.31	347	37.7	2.06
27c		86	11.5				50.084	39.316	5020	261	467	10.1	2.28	372	39.8	2.03
28a	280	82	7.5	12.5	12.5	6.2	40.034	31.427	4760	218	388	10.9	2.33	340	35.7	2.10
28b		84	9.5				45.634	35.823	5130	242	428	10.6	2.30	366	37.9	2.02
28c		86	11.5				51.234	40.219	5500	268	463	10.4	2.29	393	40.3	1.95
30a	300	85	7.5	13.5	13.5	6.8	43.902	34.463	6050	260	467	11.7	2.43	403	41.1	2.17
30b		87	9.5				49.902	39.173	6500	289	515	11.4	2.41	433	44.0	2.13
30c		89	11.5				55.902	43.883	6950	316	560	11.2	2.38	463	46.4	2.09
32a	320	88	8.0	14.0	14.0	7.0	48.513	38.083	7600	305	552	12.5	2.50	475	46.5	2.24
32b		90	10.0				54.913	43.107	8140	336	593	12.2	2.47	509	49.2	2.16
32c		92	12.0				61.313	48.131	8690	374	643	11.9	2.47	543	52.6	2.09
36a	360	96	9.0	16.0	16.0	8.0	60.910	47.814	11900	455	818	14.0	2.73	660	63.5	2.44
36b		98	11.0				68.110	53.466	12700	497	880	13.6	2.70	703	66.9	2.37
36c		100	13.0				75.310	59.118	13400	536	948	13.4	2.67	746	70.0	2.34
40a	400	100	10.5	18.0	18.0	9.0	75.068	58.928	17600	592	1070	15.3	2.81	879	78.8	2.49
40b		102	12.5				83.068	65.208	18600	640	1140	15.0	2.78	932	82.5	2.44
40c		104	14.5				91.068	71.488	19700	688	1220	14.7	2.75	986	8.62	2.42

注：表中 r、r_1 的数据用于孔型设计，不做交货条件。

附表 43 工字钢截面尺寸、截面面积、理论质量及截面特性（GB/T 706—2008）

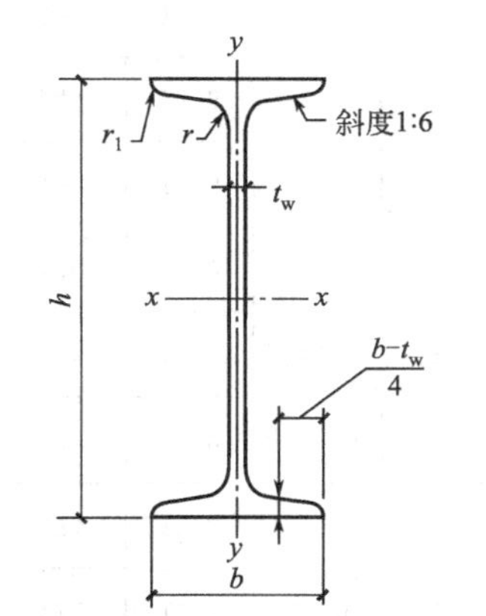

符号意义：h——高度；
b——腿宽度（翼缘宽度）；
t_w——腰厚度（腹板厚度）；
t——平均腿厚度（平均翼缘厚度）；
r——内圆弧半径；
r_1——腿端圆弧半径。

型号	截面尺寸/mm						截面面积/cm²	理论质量/(kg/m)	惯性矩/cm⁴		惯性半径/cm		截面模量/cm³	
	h	b	t_w	t	r	r_1			I_x	I_y	i_x	i_y	W_x	W_y
10	100	68	4.5	7.6	6.5	3.3	14.345	11.261	245	33.0	4.14	1.52	49.0	9.72
12	120	74	5.0	8.4	7.0	3.5	17.818	13.987	436	46.9	4.95	1.62	72.7	12.7
12.6	126	74	5.0	8.4	7.0	3.5	18.118	14.223	488	46.9	5.20	1.61	77.5	12.7
14	140	80	5.5	9.1	7.5	3.8	21.516	16.890	712	64.4	5.76	1.73	102	16.1
16	160	88	6.0	9.9	8.0	4.0	26.131	20.513	1130	93.1	6.58	1.89	141	21.2
18	180	94	6.5	10.7	8.5	4.3	30.756	24.143	1660	122	7.36	2.00	185	26.0
20a	200	100	7.0	11.4	9.0	4.5	35.578	27.929	2370	158	8.15	2.12	237	31.5
20b		102	9.0				39.578	31.069	2500	169	7.96	2.06	250	33.1
22a	220	110	7.5	12.3	9.5	4.8	42.128	33.070	3400	225	8.99	2.31	309	40.9
22b		112	9.5				46.528	36.524	3570	239	8.78	2.27	325	42.7
24a	240	116	8.0	13.0	10.0	5.0	47.741	37.477	4570	280	9.77	2.42	381	48.4
24b		118	10.0				52.541	41.245	4800	297	9.57	2.38	400	50.4
25a	250	116	8.0				48.541	38.105	5020	280	10.2	2.40	402	48.3
25b		118	10.0				53.541	42.030	5280	309	9.94	2.40	423	52.4

续表

型号	截面尺寸/mm						截面面积/cm^2	理论质量/(kg/m)	惯性矩/cm^4		惯性半径/cm		截面模量/cm^3	
	h	b	t_w	t	r	r_1			I_x	I_y	i_x	i_y	W_x	W_y
27a	270	122	8.5	13.7	10.5	5.3	54.554	42.825	6550	345	10.9	2.51	485	56.6
27b		124	10.5				59.954	47.064	6870	366	10.7	2.47	509	58.9
28a	280	122	8.5				55.404	43.492	7110	345	11.3	2.50	508	56.6
28b		124	10.5				61.004	47.888	7480	379	11.1	2.49	534	61.2
30a	300	126	9.0	14.4	11.0	5.5	61.254	48.084	8950	400	12.1	2.55	597	63.5
30b		128	11.0				67.254	52.794	9400	422	11.8	2.50	627	65.9
30c		130	13.0				73.254	57.504	9850	445	11.6	2.46	657	68.5
32a	320	130	9.5	15.0	11.5	5.8	67.156	52.717	11100	460	12.8	2.62	692	70.8
32b		132	11.5				73.556	57.741	11600	502	12.6	2.61	726	76.0
32c		134	13.5				79.956	62.765	12200	544	12.3	2.61	760	81.2
36a	360	136	10.0	15.8	12.0	6.0	76.480	60.037	15800	552	14.4	2.69	875	81.2
36b		138	12.0				83.680	65.689	16500	582	14.1	2.64	919	84.3
36c		140	14.0				90.880	71.341	17300	612	13.8	2.60	962	87.4
40a	400	142	10.5	16.5	12.5	6.3	86.112	67.598	21700	660	15.9	2.77	1090	93.2
40b		144	12.5				94.112	73.878	22800	692	15.6	2.71	1140	96.2
40c		146	14.5				102.112	80.158	23900	727	15.2	2.65	1190	99.6

续表

型　号	截面尺寸/mm						截面面积/cm^2	理论质量/(kg/m)	惯性矩/cm^4		惯性半径/cm		截面模量/cm^3	
	h	b	t_w	t	r	r_1			I_x	I_y	i_x	i_y	W_x	W_y
45a		150	11.5				102.446	80.420	32200	855	17.7	2.89	1430	114
45b	450	152	13.5	18.0	13.5	6.8	111.446	87.485	33800	894	17.4	2.84	1500	118
45c		154	15.5				120.446	94.550	35300	938	17.1	2.79	1570	122
50a		158	12.0				119.304	93.654	46500	1120	19.7	3.07	1860	142
50b	500	160	14.0	20.0	14.0	7.0	129.304	101.504	48600	1170	19.4	3.01	1940	146
50c		162	16.0				139.304	109.354	50600	1220	19.0	2.96	2080	151
55a		166	12.5				134.185	105.335	62900	13700	21.6	3.19	2290	164
55b	550	168	14.5				145.185	113.970	65600	1420	21.2	3.14	2390	170
55c		170	16.5				156.185	122.605	68400	1480	20.9	3.08	2490	175
56a		166	12.5	21.0	14.5	7.3	135.435	106.316	65600	1370	22.0	3.18	2340	165
56b	560	168	14.5				146.635	115.108	68500	1490	21.6	3.16	2450	174
56c		170	16.5				157.835	123.900	71400	1560	21.3	3.16	2550	183
63a		176	13.0				154.658	121.407	93900	1700	24.5	3.31	2980	193
63b	630	178	15.0	22.0	15.0	7.5	167.258	131.298	98100	1810	24.2	3.29	3160	204
63c		180	17.0				179.858	141.189	102000	1920	23.8	3.27	3300	214

注：表中 r、r_1 的数据用于孔型设计，不做交货条件。

在计算工字钢梁中性轴上的弯曲剪应力时，要用到截面对中性轴的惯性矩 I_x 与半截面对中性轴的静矩 S_x 的比值。下面给出部分型号工字钢的 I_x ∶ S_x 值，以供参考。

型　号	10	12.6	14	16	18	20a	20b	22a	22b	25a	25b	28a
I_x ∶ S_x/cm	8.59	10.8	12.0	13.8	15.4	17.2	16.9	18.9	18.7	21.6	21.3	24.6

型　号	28b	32a	32b	32c	36a	36b	36c	40a	40b	40c	45a	45b
I_x ∶ S_x/cm	24.2	27.5	27.1	26.8	30.7	30.3	29.9	34.1	33.6	33.2	38.6	38.0

型　号	45c	50a	50b	50c	56a	56b	56c	63a	63b	63c		
I_x ∶ S_x/cm	37.6	42.8	42.4	41.8	47.7	47.2	46.7	54.2	53.5	52.9		

附表 44　热轧 H 型钢截面尺寸、截面面积、理论质量及截面特性（GB/T 11263—2005）

热轧 H 型钢分宽翼（HW）、中翼（HM）、窄翼（HN）和薄壁（HT）四种类型。产品规格：高度×宽度×腹板厚度×翼缘厚度

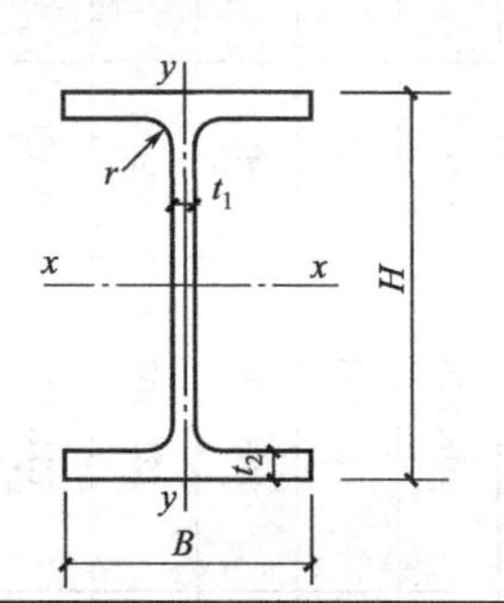

H——高度；
B——宽度；
t_1——腹板厚度；
t_2——翼缘厚度；
r——圆角半径。

类别	型号(高度×宽度)/(mm×mm)	截面尺寸/mm					截面面积/cm²	理论质量/(kg/m)	惯性矩/cm⁴		惯性半径/cm		截面模量/cm³	
		H	B	t_1	t_2	r			I_x	I_y	i_x	i_y	W_x	W_y
HW	100×100	100	100	6	8	8	21.59	16.9	386	134	4.23	2.49	77.1	26.7
	125×125	125	125	6.5	9	8	30.00	23.6	843	293	5.30	3.13	135	46.9
	150×150	150	150	7	10	8	39.65	31.1	1620	563	6.39	3.77	216	75.1
	175×175	175	175	7.5	11	13	51.43	40.4	2918	983	7.53	4.37	334	112
	200×200	200	200	8	12	13	63.53	49.9	4717	1601	8.62	5.02	472	160
		200	204	12	12	13	71.53	56.2	4984	1701	8.35	4.88	498	167
	250×250	244	252	11	11	13	81.31	63.8	8573	2937	10.27	6.01	703	233
		250	250	9	14	13	91.43	71.8	10689	3648	10.81	6.32	855	292
		250	255	14	14	13	103.93	81.6	11340	3875	10.45	6.11	907	304
	300×300	294	302	12	12	13	106.33	83.5	16384	5513	12.41	7.20	1115	365
		300	300	10	15	13	118.45	93.0	20010	6753	13.00	7.55	1334	450
		300	305	15	15	13	133.45	104.8	21135	7102	12.58	7.29	1409	466
	350×350	338	351	13	13	13	133.27	104.6	27352	9376	14.33	8.39	1618	534
		344	348	10	16	13	144.01	113.0	32545	11242	15.03	8.84	1892	646
		344	354	16	16	13	164.65	129.3	34581	11841	14.49	8.48	2011	669
		350	350	12	19	13	171.89	134.9	39637	13582	15.19	8.89	2265	776
		350	357	19	19	13	196.39	154.2	42138	14427	14.65	8.57	2408	808

续表

类别	型号(高度×宽度)/(mm×mm)	截面尺寸/mm					截面面积/cm²	理论质量/(kg/m)	惯性矩/cm⁴		惯性半径/cm		截面模量/cm³	
		H	B	t_1	t_2	r			I_x	I_y	i_x	i_y	W_x	W_y
HW	400×400	388	402	15	15	22	178.45	140.1	48040	16255	16.41	9.54	2476	809
		394	398	11	18	22	186.81	146.6	55597	18920	17.25	10.06	2822	951
		394	405	18	18	22	214.39	168.3	59165	19951	16.61	9.65	3003	985
		400	400	13	21	22	218.69	171.7	66455	22410	17.43	10.12	3323	1120
		400	408	21	21	22	250.69	196.8	70722	23804	16.80	9.74	3536	1167
		414	405	18	28	22	295.39	231.9	93518	31022	17.79	10.25	4518	1532
		428	407	20	35	22	360.65	283.1	12089	39357	18.31	10.45	5649	1934
		458	417	30	50	22	528.55	414.9	19093	60516	19.01	10.70	8338	2902
		*498	432	45	70	22	770.05	604.5	30473	94346	19.89	11.07	12238	2902
	*500×500	492	465	15	20	22	257.95	202.5	115559	33531	21.17	11.40	4698	1442
		502	465	15	25	22	304.45	239.0	145012	41910	21.82	11.73	5777	1803
		502	470	20	25	22	329.55	258.7	150283	43295	21.35	11.46	5987	1842
HM	150×100	148	100	6	9	8	26.35	20.7	995.3	150.3	6.15	2.39	134.5	30.1
	200×150	194	150	6	9	8	38.11	29.9	2586	506.6	8.24	3.65	266.6	67.6
	250×175	244	175	7	11	13	55.49	43.6	5908	983.5	10.32	4.21	484.3	112.4
	300×200	294	200	8	12	13	71.05	55.8	10858	1602	12.36	4.75	738.6	160.2
	350×250	340	250	9	14	13	99.53	78.1	20867	3468	14.48	6.05	1227	291.9
	400×300	390	300	10	16	13	133.25	104.6	37363	7203	16.75	7.35	1916	480.2
	450×300	440	300	11	18	13	153.89	120.8	54067	8105	18.74	7.26	2458	540.3
	500×300	482	300	11	15	13	141.17	110.8	57212	6756	20.13	6.92	2374	450.4
		488	300	11	18	13	159.17	124.9	67916	8106	20.66	7.14	2783	540.4
	550×300	544	300	11	15	13	147.99	116.2	74874	6756	22.49	6.76	2753	450.4
		550	300	11	18	13	165.99	130.3	88470	8106	23.09	6.99	3217	540.4
	600×300	582	300	12	17	13	169.21	132.8	97287	7659	23.98	6.73	3343	510.6
		588	300	12	20	13	187.21	147.0	112827	9009	24.55	6.94	3838	600.6
		594	302	14	23	13	217.09	170.4	132179	10572	24.68	6.98	4450	700.1
HN	100×50	100	50	5	7	8	11.85	9.3	191.0	14.7	4.02	1.11	38.2	5.9
	125×60	125	60	6	8	8	16.69	13.1	407.7	29.1	4.94	1.32	65.2	9.7
	150×75	150	75	5	7	8	17.85	14.0	645.7	49.4	6.01	1.66	86.1	13.2
	175×90	175	90	5	8	8	22.90	18.0	1174	97.4	7.16	2.06	134.2	21.6
	200×100	198	99	4.5	7	8	22.69	17.8	1484	113.4	8.09	2.24	149.9	22.9
		200	100	5.5	8	8	26.67	20.9	1753	133.7	8.11	2.24	175.3	26.7
	250×125	248	124	5	8	8	31.99	25.1	3346	254.5	10.23	2.82	269.8	41.1
		250	125	6	9	8	36.97	29.0	3868	293.5	10.23	2.82	309.4	47.0
	300×150	298	149	5.5	8	13	40.80	32.0	5911	441.7	12.04	3.29	396.7	59.3
		300	150	6.5	9	13	46.78	36.7	6829	507.2	12.08	3.29	455.3	67.6

续表

类别	型号(高度×宽度)/(mm×mm)	截面尺寸/mm					截面面积/cm²	理论质量/(kg/m)	惯性矩/cm⁴		惯性半径/cm		截面模量/cm³	
		H	B	t_1	t_2	r			I_x	I_y	i_x	i_y	W_x	W_y
HN	350×175	346	174	6	9	13	52.45	41.2	10456	791.1	14.12	3.88	604.4	90.9
		350	175	7	11	13	62.91	49.4	12980	983.8	14.36	3.95	741.7	112.4
	400×150	400	150	8	13	13	70.37	55.2	17906	733.2	15.95	3.23	895.3	97.8
	400×200	396	199	7	11	13	71.41	56.1	19023	1446	16.32	4.50	960.8	145.3
		400	200	8	13	13	83.37	65.4	22775	1735	16.53	4.56	1139	173.5
	450×200	446	199	8	12	13	82.97	65.1	27146	1578	18.09	4.36	1217	158.6
		450	200	9	14	13	95.43	74.9	31973	1870	18.30	4.43	1421	187.0
	500×200	496	199	9	14	13	99.29	77.9	39628	1842	19.98	4.31	1598	185.1
		500	200	10	16	13	112.25	88.1	45685	2138	20.17	4.36	1827	213.8
		506	201	11	19	13	129.31	101.5	54478	2577	20.53	4.46	2153	256.4
	550×200	546	199	9	14	13	103.79	81.5	49245	1842	21.78	4.21	1804	185.2
		550	200	10	16	13	149.25	117.2	79515	7205	23.08	6.95	2891	480.3
	600×200	596	199	10	15	13	117.75	92.4	64739	1975	23.45	4.10	2172	198.5
		600	200	11	17	13	131.71	103.4	73749	2273	23.66	4.15	2458	227.3
		606	201	12	20	13	149.77	117.6	86656	2716	24.05	4.26	2860	270.2
	650×300	646	299	10	15	13	152.75	119.9	107794	6688	26.56	6.62	3337	447.4
		650	300	11	17	13	171.21	134.4	122739	7657	26.77	6.69	3777	510.5
		656	301	12	20	13	195.77	153.7	144433	9100	27.16	6.82	4403	604.6
	700×300	692	300	13	20	18	207.54	162.9	164101	9014	28.12	6.59	4743	600.9
		700	300	13	24	18	231.54	181.8	193622	10814	28.92	6.83	5532	720.9
	750×300	734	299	12	16	18	182.70	143.4	155539	7140	29.18	6.25	4238	477.6
		742	300	13	20	18	214.04	168.0	191989	9015	29.95	6.49	5175	601.0
		750	300	13	24	18	238.04	186.9	225863	10815	30.80	6.74	6023	721.0
		758	303	16	28	18	284.78	223.6	271350	13008	30.87	6.76	7160	858.6
	800×300	792	300	14	22	18	239.50	188.0	242399	9919	31.81	6.44	6121	661.3
		800	300	14	26	18	263.50	206.8	280925	11719	32.65	6.67	7023	781.3
	850×300	834	298	14	19	18	227.46	178.6	243858	8400	32.74	6.08	5848	563.8
		842	299	15	23	18	259.72	203.9	291216	10271	33.49	6.29	6917	687.0
		850	300	16	27	18	292.14	229.3	339670	12179	34.10	6.46	7992	812.0
		858	301	17	31	18	324.72	254.9	389234	14125	34.62	6.60	9073	938.5
	900×300	890	299	15	23	18	266.92	209.5	330588	10273	35.19	6.20	7419	687.1
		900	300	16	28	18	305.85	240.1	397241	12631	36.04	6.43	8828	842.1
		912	302	18	34	18	360.06	282.6	484615	15652	36.60	6.59	10620	1037
	1000×300	970	297	16	21	18	276.00	216.7	382977	9203	37.25	5.77	7896	619.7
		980	298	17	26	18	315.50	247.7	462157	11508	38.27	6.04	9432	772.3
		990	298	17	31	18	345.30	271.1	535201	13713	39.37	6.30	10812	920.3
		1000	300	19	36	18	395.10	310.2	626396	16256	39.82	6.41	12528	1084
		1008	302	21	40	18	439.26	344.8	704572	17437	40.05	6.48	13980	1221

续表

类别	型号(高度×宽度)/(mm×mm)	截面尺寸/mm					截面面积/cm^2	理论质量/(kg/m)	惯性矩/cm^4		惯性半径/cm		截面模量/cm^3	
		H	B	t_1	t_2	r			I_x	I_y	i_x	i_y	W_x	W_y
HT	100×50	95	48	3.2	4.5	8	7.62	6.0	109.7	8.4	3.79	1.05	23.1	3.5
		97	49	4	5.5	8	9.38	7.4	141.8	10.9	3.89	1.08	29.2	4.4
	100×100	96	99	4.5	6	8	16.21	12.7	272.7	97.1	4.10	2.45	56.8	19.6
	125×60	118	58	3.2	4.5	8	9.26	7.3	202.4	14.7	4.68	1.26	34.3	5.1
		120	59	4	5.5	8	11.40	8.9	259.7	18.9	4.77	1.29	43.3	6.4
	125×125	119	123	4.5	6	8	20.12	15.8	523.6	186.2	5.10	3.04	88.0	30.3
	150×75	145	73	3.2	4.5	8	11.47	9.0	383.2	29.3	5.78	1.60	52.9	8.0
		147	74	4	5.5	8	14.13	11.1	488.0	37.3	5.88	1.62	66.4	10.1
	150×100	139	97	3.2	4.5	8	13.44	10.5	447.3	68.5	5.77	2.26	64.4	14.1
		142	99	4.5	6	8	18.28	14.3	632.7	97.2	5.88	2.31	89.1	19.6
	150×150	144	148	5	7	8	27.77	21.8	1070	378.4	6.21	3.69	148.6	51.1
		147	149	6	8.5	8	33.68	26.4	1338	468.9	6.30	3.73	182.1	62.9
	175×90	168	88	3.2	4.5	8	13.56	10.6	619.6	51.2	6.76	1.94	73.8	11.6
		171	89	4	6	8	17.59	13.8	852.1	70.6	6.96	2.00	99.7	15.9
	175×175	167	173	5	7	13	33.32	26.2	1731	604.5	7.21	4.26	207.2	69.9
		172	175	6.5	9.5	13	44.65	35.0	2466	849.2	7.43	4.36	286.8	97.1
	200×100	193	98	3.2	4.5	8	15.26	12.0	921.0	70.7	7.77	2.15	95.4	14.4
		196	99	4	6	8	19.79	15.5	1260	97.2	7.98	2.22	128.6	19.6
	200×150	188	149	4.5	6	8	26.35	20.7	1669	331.0	7.96	3.54	177.6	44.4
	200×200	192	198	6	8	13	43.69	34.3	2984	1036	8.26	4.87	310.8	104.6
	250×125	244	124	4.5	6	8	25.87	20.3	2529	190.9	9.89	2.72	207.3	30.8
	250×175	238	173	4.5	8	13	39.12	30.7	4045	690.8	10.17	4.20	339.9	79.9
	300×150	294	148	4.5	6	13	31.90	25.0	4342	324.6	11.67	3.19	295.4	43.9
	300×200	286	198	6	8	13	49.33	38.7	7000	1036	11.91	4.58	489.5	104.6
	350×175	340	173	4.5	6	13	36.97	29.0	6823	518.3	13.58	3.74	401.3	59.9
	400×150	390	148	6	8	13	47.57	37.3	10900	433.2	15.14	3.02	559.0	58.5
	400×200	390	198	6	8	13	55.57	43.6	13819	1036	15.77	4.32	708.7	104.6

注：1. 同一型号的产品，其内侧尺寸高度一致。

2. 截面面积计算公式为 $t_1(H-2t_2)+2Bt_2+0.858r^2$。

3. “*”所示规格表示国内暂不能生产。

选择题答案

第 1 章

1-1 B　1-2 C　1-3 D　1-4 A　1-5 D
1-6 C　1-7 B　1-8 A

第 2 章

2-1 B　2-2 D　2-3 A　2-4 D　2-5 D
2-6 C　2-7 D　2-8 C　2-9 B　2-10 C

第 3 章

3-1 A　3-2 C　3-3 D　3-4 D　3-5 C
3-6 B　3-7 D　3-8 B　3-9 B　3-10 A

第 4 章

4-1 A　4-2 B　4-3 A　4-4 B　4-5 D
4-6 C　4-7 D　4-8 A　4-9 C　4-10 A
4-11 D　4-12 B　4-13 A　4-14 B　4-15 D
4-16 C

第 5 章

5-1 B　5-2 B　5-3 C　5-4 A　5-5 B
5-6 A　5-7 D　5-8 A　5-9 A　5-10 C
5-11 A　5-12 B　5-13 D　5-14 C　5-15 B
5-16 A　5-17 C　5-18 D

第 6 章

6-1 D　6-2 C　6-3 A　6-4 B　6-5 C
6-6 A　6-7 D　6-8 A　6-9 C　6-10 B
6-11 C　6-12 C　6-13 B　6-14 B　6-15 C
6-16 A　6-17 D　6-18 D

第 7 章

7-1 C　7-2 A　7-3 D　7-4 D　7-5 A
7-6 B　7-7 B　7-8 A　7-9 C

第 8 章

8-1 C　8-2 B　8-3 C　8-4 A　8-5 B
8-6 D　8-7 A　8-8 D　8-9 C

第 9 章

9-1 B　9-2 D　9-3 B　9-4 C　9-5 C
9-6 B　9-7 C　9-8 A　9-9 B　9-10 C
9-11 B　9-12 B

第 10 章

10-1 D　10-2 B　10-3 B　10-4 A　10-5 D
10-6 C　10-7 A　10-8 C　10-9 D　10-10 B

10-11 C　10-12 D

第 11 章

11-1 B　11-2 C　11-3 C　11-4 D　11-5 B
11-6 A　11-7 B　11-8 D　11-9 D　11-10 B

第 12 章

12-1 D　12-2 B　12-3 C　12-4 B　12-5 C
12-6 C　12-7 A　12-8 A　12-9 B　12-10 D
12-11 C　12-12 D

第 13 章

13-1 C　13-2 C　13-3 A　13-4 D　13-5 A
13-6 B　13-7 C　13-8 A　13-9 A　13-10 D
13-11 B

第 14 章

14-1 C　14-2 B　14-3 A　14-4 B　14-5 A
14-6 D　14-7 D　14-8 A　14-9 C

第 15 章

15-1 D　15-2 A　15-3 C　15-4 B　15-5 A
15-6 B　15-7 D　15-8 D　15-9 C

计算题答案

第 2 章

2-1　2.74kN/m²

2-2　7.50kN/m²

2-3　q_k=5.4kN/m

第 3 章

3-1　M=88.18kN·m

3-2　M=58.6kN·m，V=58.4kN

第 4 章

4-1　C30 混凝土：f_{ck}=20.1N/m²，f_c=14.3N/m²；f_{tk}=2.01N/m²，f_t=1.43N/m²；
E_c=3.00×10⁴N/m²

C55 混凝土：f_{ck}=35.5N/m²，f_c=25.3N/m²；f_{tk}=2.74N/m²，f_t=1.96N/m²；
E_c=3.55×10⁴N/m²

4-2　775.4mm

4-3　8 根，8 根

第 5 章

5-1　A_s=493mm²

5-2　3亜22，或 4亜18，或 2亜20+2亜16

5-3　3Ф18，或 2Ф22

5-4　Φ8@180，或Φ6@100

5-5　M_u=62.6kN·m

5-6　M_u=179.4kN·m，正截面承载力满足要求

5-7　8Ф20，或 3Ф25+3Ф22

5-8　A_s=2358mm²

5-9　A_s=1687mm²

5-10　M_u=180kN·m，安全性有保证

5-11　压筋 2Ф14，拉筋 6Ф25 3/3

5-12　压筋 2Ф14，拉筋 6Ф20 3/3

5-13　压筋（重新配）3Ф20，拉筋 8Ф20 4/4

5-14　M_u=53.8kN·m，正截面承载力满足

5-15　Φ6@160

5-16　Φ6@300

5-17　Φ8@100

5-18　w_{max}=0.17mm＜w_{lim}=0.30mm，裂缝宽度满足要求

5-19　v=9.0mm＜l_0/250=22.8mm，挠度满足要求

第 6 章

6-1　纵筋 4Ф25，箍筋Φ8@350

6-2　螺旋箍筋Φ8@70

6-3 $M=250\text{kN}\cdot\text{m}$

6-4 $M=90.7\text{kN}\cdot\text{m}$

6-5 每侧 2 ⌀28+2 ⌀25

6-6 $A_s=A'_s=1281\text{mm}^2$

6-7 每侧 3 ⌀18

6-8 $A_s=A'_s=776\text{mm}^2$

6-9 承载力满足要求

6-10 $M_u=210.8\text{kN}\cdot\text{m}$

6-11 $N_u=807.9\text{kN}$

6-12 $A'_s=480\text{mm}^2$，$A_s=1015\text{mm}^2$

6-13 $A_s=934\text{mm}^2$

6-14 $N_u=687.3\text{kN}$，$M_u=148.7\text{kN}\cdot\text{m}$

6-15 Φ8@180，或Φ6@100

6-16 $w_{max}=0.25\text{mm}<w_{lim}=0.30\text{mm}$，满足要求

第 7 章

7-1 $N_u=369.3\text{kN}>N=360\text{kN}$，承载力满足要求

7-2 8 ⌀14，$w_{max}=0.16\text{mm}<w_{lim}=0.20\text{mm}$

7-3 远侧钢筋 2 ⌀14，近侧钢筋 3 ⌀22

7-4 $N=205.7\text{kN}$

7-5 Φ8@140

第 8 章

8-1 箍筋Φ8@130，纵筋 8 ⌀10、四排布置

8-2 箍筋Φ10@130，纵筋 6 ⌀10、三排布置

8-3 箍筋Φ8@150，从上到下四排纵筋：2 ⌀10、2 ⌀10、2 ⌀10、3 ⌀20

第 9 章

9-1 $\sigma_{l1}=32.8\text{N/mm}^2$，$\sigma_{l4}=110.3\text{N/mm}^2$，$\sigma_{l5}=131.2\text{N/mm}^2$

9-2 ① 4 Φ^s12.7

② 到达一级裂缝控制等级

③ 施工阶段截面应力满足要求

第 10 章

10-1 $f_m=3.55\text{MPa}$，$f_k=2.56\text{MPa}$，$f=1.60\text{MPa}$

10-2 $f_m=8.26\text{MPa}$，$f_k=5.95\text{MPa}$，$f=3.31\text{MPa}$

第 11 章

11-1 $\varphi fA=260.7\text{kN}>N=221.3\text{kN}$，承载力满足要求

11-2 长边方向：$\varphi fA=133.4\text{kN}>N=120\text{kN}$，满足要求

短边方向：$\varphi fA=175.1\text{kN}>N=120\text{kN}$，满足要求

11-3 $\varphi fA=415.5\text{kN}>N=400\text{kN}$，承载力满足要求

11-4 $\gamma fA_l=131.8\text{kN}>N_l=118\text{kN}$，局部受压承载力满足要求

11-5 $N_l+\psi N_0=50\text{kN}<\eta\gamma fA_l=63.3\text{kN}$

11-6 $f_{tm}W=12.5\text{kN}\cdot\text{m}>M=10.9\text{kN}\cdot\text{m}$，$f_v bz=156.2\text{kN}>V=5.82\text{kN}$

11-7 $f_tA=59.2\text{kN}>N_t=52\text{kN}$

11-8 $(f_v+\alpha\mu\sigma_0)A=29.0\text{kN}>V=24.8\text{kN}$

第12章

12-1 偏心受压 $\varphi f A=272.6\text{kN}<N=320\text{kN}$，无筋砌体承载力不满足要求

采用 ϕ^b4 冷拔钢丝方格网，取 $a=b=60\text{mm}$，$s_n=300\text{mm}$

长边方向偏心受压：$\varphi_n f_n A=328.9\text{kN}>N=320\text{kN}$，满足

短边方向轴心受压：$\varphi_n f_n A=501.5\text{kN}>N=320\text{kN}$，满足

12-2 $\varphi_{con}(fA+f_cA_c+\eta_s f'_yA'_s)=1108\text{kN}>N=820\text{kN}$，承载力满足要求

12-3 每侧对称配置纵筋 4Φ16 或 3Φ20

第13章

13-1 $f=215\text{N/mm}^2$，$f_v=125\text{N/mm}^2$

13-2 $f=295\text{N/mm}^2$，$f_v=180\text{N/mm}^2$

第14章

14-1 ① 二级对接焊缝，加引弧板、引出板施焊时，不必验算焊缝强度

不加引弧板、引出板施焊时，$\sigma=204\text{N/mm}^2<f_t^w=215\text{N/mm}^2$

② 三面围焊，焊角尺寸 $h_f=6\text{mm}$，盖板长×宽×厚=210mm×460mm×10mm

14-2 下翼缘拉应力 235.7N/mm²、中性轴上折算应力 232.5N/mm²

下部腹翼交界点折算应力 276.0N/mm²，满足强度要求

14-3 焊角尺寸 $h_f=8\text{mm}$，$\sqrt{\left(\frac{\sigma_f}{\beta_f}\right)^2+\tau_f^2}=158.1\text{N/mm}^2<f_f^w=160\text{N/mm}^2$，满足

14-4 连接一侧需 9 个螺栓

14-5 $n=15$

14-6 $F_{max}=2106\text{kN}$（但构件即钢板不能承受该拉力）

14-7 (1) 螺栓抗拉验算：$N_1=39.0\text{kN}<N_t^b=41.6\text{kN}$，满足

(2) 采用 5.6 级螺栓，可以不设承托，螺栓拉剪组合，承载力满足要求

第15章

15-1 不能承受 870kN 的轴心拉力设计值

15-2 $N_{max}=821.4\text{kN}$，长细比满足要求

15-3 (a) 强度、刚度、整体稳定和局部稳定均满足要求

(b) 强度、刚度和局部稳定满足要求，但不满足整体稳定条件

15-4 24a 号工字钢

15-5 强度、刚度、整体稳定和局部稳定均满足要求

15-6 强度和整体稳定均满足要求

15-7 $F_{max}=10.49\text{kN}$

15-8 强度、刚度、弯矩平面内整体稳定和弯矩平面外整体稳定均满足要求

15-9 2∟125×80×10

参 考 文 献

[1] 中华人民共和国住房和城乡建设部，中华人民共和国国家质量监督检验检疫总局．GB 50153—2008 工程结构可靠性设计统一标准．北京：中国建筑工业出版社，2009.

[2] 中华人民共和国住房和城乡建设部，中华人民共和国国家质量监督检验检疫总局．GB 50009—2012 建筑结构荷载规范．北京：中国建筑工业出版社，2012.

[3] 中华人民共和国住房和城乡建设部，中华人民共和国国家质量监督检验检疫总局．GB 50010—2010 混凝土结构设计规范（2015 年版）．北京：中国建筑工业出版社，2016.

[4] 中华人民共和国住房和城乡建设部，中华人民共和国国家质量监督检验检疫总局．GB 50003—2011 砌体结构设计规范．北京：中国建筑工业出版社，2012.

[5] 中华人民共和国建设部，中华人民共和国国家质量监督检验检疫总局．GB 50017—2003 钢结构设计规范．北京：中国计划出版社，2003.

[6] 中华人民共和国住房和城乡建设部，中华人民共和国国家质量监督检验检疫总局．GB 50011—2010 建筑抗震设计规范．北京：中国建筑工业出版社，2010.

[7] 国家质量技术监督局，中华人民共和国建设部．GB/T 50283—1999 公路工程结构可靠度设计统一标准．北京：中国计划出版社，1999.

[8] 中华人民共和国住房和城乡建设部，JGJ/T 191—2009 建筑材料术语标准．北京：中国建筑工业出版社，2010.

[9] 中华人民共和国住房和城乡建设部，中华人民共和国国家质量监督检验检疫总局．GB 50203—2011 砌体结构工程施工质量验收规范．北京：中国建筑工业出版社，2011.

[10] 李章政．弹性力学．北京：中国电力出版社，2011.

[11] 李章政．工程力学．北京：化学工业出版社，2012.

[12] 李章政，余启明，郑文静，高峰．混凝土结构基本原理．北京：化学工业出版社，2013.

[13] 熊峰，李章政，李碧雄，钟声．结构设计原理．北京：中国建筑工业出版社，2013.

[14] 李章政，郝献华．混凝土结构基本原理．武汉：武汉大学出版社，2013.

[15] 郝献华，李章政．混凝土结构设计．武汉：武汉大学出版社，2013.

[16] 张建勋．砌体结构．第 4 版．武汉：武汉理工大学出版社，2012.

[17] 唐岱新．砌体结构设计规范理解与应用．第 2 版．北京：中国建筑工业出版社，2012.

[18] 贾正甫，李章政．土木工程概论．成都：四川大学出版社，2006.

[19] 应惠清．土木工程施工（上册）．上海：同济大学出版社，2002.

[20] 中国工程建设标准化协会砌体结构委员会．现代砌体结构．北京：中国建筑工业出版社，2000.

[21] 魏明钟．钢结构．武汉：武汉理工大学出版社，2004.

[22] 赵风华，齐永胜．钢结构原理与设计（上册）．重庆：重庆大学出版社，2010.